国家电网有限公司
STATE GRID
CORPORATION OF CHINA

U0226711

乡镇供电所专业工作标准汇编 上册

国家电网有限公司营销部（农电工作部） 编

中国电力出版社
CHINA ELECTRIC POWER PRESS

图书在版编目（CIP）数据

乡镇供电所专业工作标准汇编：全2册 / 国家电网有限公司营销部（农电工作部）编. —北京：中国电力出版社，2019.11（2019.11重印）

ISBN 978-7-5198-3969-7

Ⅰ．①乡…　Ⅱ．①国…　Ⅲ．①农村配电–标准–汇编–中国　Ⅳ．①TM727.1–65

中国版本图书馆 CIP 数据核字（2019）第 243029 号

出版发行：中国电力出版社
地　　址：北京市东城区北京站西街19号（邮政编码100005）
网　　址：http://www.cepp.sgcc.com.cn
责任编辑：孙世通（010-63412326）
责任校对：黄　蓓　李　楠　郝军燕
装帧设计：赵丽媛
责任印制：钱兴根

印　　刷：三河市百盛印装有限公司
版　　次：2019 年 11 月第一版
印　　次：2019 年 11 月北京第二次印刷
开　　本：787 毫米×1092 毫米　16 开本
印　　张：49.5
字　　数：1194 千字
定　　价：140.00 元（全 2 册）

版 权 专 有　侵 权 必 究

本书如有印装质量问题，我社营销中心负责退换

Foreword
前言

乡镇供电所是国家电网有限公司最基层的供电服务组织，是企业安全生产、配网运维、营销服务的最前端，承接着落实公司各项重点工作任务、推动专业标准落地的重要职责。2019 年初，公司围绕全面提升乡镇供电所安全质量、效率效益和供电服务水平，部署实施"全能型"乡镇供电所完善提升"六个一"工程，对乡镇供电所专业工作提出了新的要求。

为有效服务乡镇供电所专业工作开展，提升员工队伍专业素质，根据"六个一"工程总体安排，国网营销、安质、设备部组织，国网湖南电力牵头，国网山西、江苏、浙江、河南、四川、陕西电力参与，共同研究整理形成《乡镇供电所专业工作标准汇编》。全书分上、下两册，收集安全工作、设备运维、工艺质量、营销服务、新型业务五大类 34 项工作标准，部分标准节选了与乡镇供电所相关的内容。

本书可用作乡镇供电所人员开展专业工作的查阅及学习资料，也可作为各级乡镇供电所管理人员的参考工具用书。

编者

2019 年 11 月

下 册

第一部分　安全工作标准

农村低压安全用电规程

Safety regulations for low-voltage electricity consumption in rural areas

（节选）

DL 493 — 2015

代替 DL 493 — 2001

2015−04−02发布 　　　　　　　　　　　　　2015−09−01实施

目　　次

前　　言

本标准依据GB/T 1.1—2009给出的规则起草。

本标准是对DL 493—2001进行的修订。

本标准与DL 493—2001相比，除编辑性修改外主要技术变化如下：

——对电力管理部门、供电企业和用户的职责进行了删减；

——增加了"安全用电一般规定""附录"等内容；

——根据近年来农村人身触电伤亡事故的调查、统计与分析情况，对"安全用电"一章进行了增补修订、归类划分。

本标准由中国电力企业联合会提出。

本标准由电力行业农村电气化标准技术委员会归口。

本标准起草单位：国家电网公司农电工作部、国网安徽省电力公司、中国电力科学研究院、国网合肥供电公司。

本标准主要起草人：欧阳亚平、刘军、朱建军、许其国、盛万兴、邓志敏、邓文生、桂明、毕飞、郭家明、魏庆科、唐勇、黄健。

本标准自发布之日起代替DL 493—2001。

本标准在执行过程中的意见或建议反馈至中国电力企业联合会标准化管理中心（北京市白广路二条一号，100761）。

1 范围

本标准规定了农村安全用电的基本要求。

本标准适用于农村 220V/380V 低压电网供用电。

2 规范性引用文件

下列文件对于本文件的应用是必不可少的。凡是注日期的引用文件，仅所注日期的版本适用于本文件。凡是不注日期的引用文件，其最新版本（包括所有的修改单）适用于本文件。

GB/Z 6829 剩余电流动作保护电器的一般要求

GB/T 13869 用电安全导则

GB 16895.24—2005 建筑物电气装置 第 7－710 部分：特殊装置或场所的要求 医疗场所

DL/T 499 农村低压电力技术规程

中华人民共和国主席令〔1995〕60 号 《中华人民共和国电力法》

中华人民共和国国务院令〔1996〕196 号 《电力供应与使用条例》

中华人民共和国国务院令〔1998〕239 号 《电力设施保护条例》

中华人民共和国主席令〔2002〕70 号 《中华人民共和国安全生产法》

3 术语和定义

下列术语和定义适用于本文件。

3.1 低压 low voltage

设备对地电压在 1000V 及以下者。

3.2 用户受、用电设施 the effector and consumer of the user

供用电合同中双方约定的产权分界点及以下属于用户的用（配）电设施，如配电变压器、低压配电室（箱）、低压线路、接户线、进户线、室内配线、动力设备和用电器具及其相应的保护、控制等电气装置。

3.3 剩余电流动作保护电器 residual current operated protective devices

在规定条件下，当剩余电流达到或超过设定值时能自动断开电路的机械开关电器或组合电器。俗称"漏电保护器"。

3.4 农村低压电网接地方式 grounding system for rural low voltage power grids
主要分为以下 4 类：

TT 系统：变压器低压侧中性点直接接地，系统内所有受电设备的外露可导电部分用保护接地线（PEE）接至电气上与电力系统接地点无直接关联的接地极上。

TN－C 系统：变压器低压侧中性点直接接地，整个系统的中性线（N）与保护线（PE）是合一的，系统内所有受电设备的外露可导电部分用保护线（PE）与保护中性线（PEN）相连接。

TN－S 系统：变压器低压侧中性点直接接地，整个系统的中性线（N）与保护线（PE）是分开的，系统内所有受电设备的外露可导电部分用保护线（PE）与保护中性线（PEN）相连接。

IT 系统：变压器低压侧中性点不接地或经高阻抗接地，系统内所有受电设备的外露可导电部分用保护接地线（PEE）单独接至接地极上。

3.5 特低电压限值 the limitation of especially low voltage

在最不利情况下（预计到所有应考虑的外部因素，如电网电压的容差等），允许存在于两个可同时触及的可导电部分间的最高电压。

3.6 特低电压 especially low voltage

在特低电压限值范围的电压，在相应条件下对人体不会有危险。

4 安全用电

4.1 一般规定

4.1.1 用户办理各类用电业务时，应按照中华人民共和国国务院令〔1996〕196 号《电力供应与使用条例》的规定要求，向当地供电企业申请，办理相关手续，签订供用电合同，明确供用电双方产权分界点和各自安全责任、义务。严禁用户违章违规用电。

4.1.2 农村用户应安装剩余电流动作保护电器。未按规定要求安装使用的，供电企业有权依法中止供电。剩余电流动作保护电器应符合 GB/Z 6829 的规定。

4.1.3 农村低压供用电设施的设计、选型、质量、安装和运行维护应符合 GB/T 13869 的规定。

4.1.4 用户新装、变更供电方案相关图纸等应经供电企业审核。安装工程结束后，供电企业组织现场检验，检验不合格的，供电企业严禁供电。

4.1.5 用户应采取有效措施消除用电设施存在的安全隐患。对存在可能威胁人身、设备及公共安全的严重安全隐患拒不治理的，供电企业依法停止对该用户供电。

4.1.6 用户未经许可严禁擅自将小型分布式电源（风力发电、光伏发电、小型发电机等）接入供电企业电网。

4.1.7 严禁利用大地作为工作中性线。禁止采用"一相一地"方式用电。

4.1.8 严禁带电移动、维修水泵和农用电动机械等。

4.1.9 严禁私设电击网防盗和捕鼠、狩猎、捕鱼等。

4.1.10 严禁攀登、跨越电力设施的保护围墙或遮栏，严禁攀爬电力线路杆塔、变压器和配电箱等电力设施。

4.1.11 雷雨天气下严禁靠近线路铁塔、电杆、拉线、避雷针等易遭雷击的电力设施行走或避雷，防止感应电击。

4.2 家庭生活安全用电

4.2.1 家庭用电的导线、开关、插座等元器件的选择和安装应符合中华人民共和国国务院令〔1996〕196 号《电力供应与使用条例》和 DL/T 499 的规定要求。

4.2.2 用户应安装合格的户用和末级剩余电流动作保护电器，不得擅自解除、退出运行。

4.2.3 低压控制开关应串接在电源的相线上。擦拭、更换灯头和开关时，应断开电源后进行。在未断开电源的情况下，不能用湿手更换灯泡（管）；更换灯泡（管）时，人应站在干燥的木凳等绝缘物上。灯座的螺纹口应接至电源的中性线。

4.2.4　固定使用的用电产品，应在断电状态下移动，并防止任何降低其安全性能的损坏。

4.2.5　家用电器（具）出现冒烟、起火或爆炸等异常情况，应先断开电源，再采取相应措施防止引起火灾。

4.2.6　电动、电热等电器使用过程中若遇突然停电，离开使用电器的现场时，应断开相应的电源，防止突然来电引发火灾或人身伤害。

4.2.7　用电器具的外壳、手柄开关、机械防护有破损、失灵等有碍安全使用情况时，应及时修理，未经修复不得使用。

4.2.8　长期放置不用的用电器具在重新使用前，应经过必要的检修和安全性能测试。新购置家用潜水泵应经绝缘测试合格，且加装剩余电流动作保护电器后方能使用。

4.2.9　按照中华人民共和国主席令〔2002〕70 号《中华人民共和国安全生产法》、中华人民共和国主席令〔1995〕60 号《中华人民共和国电力法》的有关规定，家长和老师应教育和监督儿童安全用电。教育监督儿童不要随意触摸、插拔插头、插座，不要玩弄电气设备。在托儿所、幼儿园等儿童活动场所，电源插座安装高度不得低于 1.7m，并应采取必要的防护措施。

4.2.10　通信、有线电视等弱电线路与电力线路不得同孔入户或同管线敷设。

4.2.11　农村自建房的内线敷设应采用耐气候型绝缘导线，导线截面积按允许载流量选择，符合 DL/T 499 的规定。

4.2.12　雷雨天气时，不应打开电视机等使用天线的家用电器，并将电源插头拔出，防止雷击伤人或损坏电器。

4.3　农业生产安全用电

4.3.1　农业生产用电严禁私拉乱接。严禁使用挂钩线、地爬线和绝缘不合格的导线用电。

4.3.2　盖屋建房、排水灌溉、脱粒打稻等需在公用线路搭接电源的临时用电，应向当地供电企业办理临时用电申请。临时用电表箱内应安装合格的剩余电流动作保护电器。供电前应向用户交代临时用电安全注意事项，使用结束后及时拆除。临时用电期间，用户应设专人看管临时用电设施。

4.3.3　农业生产中使用的移动式抽水泵，农村家庭生活使用的潜水泵，以及养殖、制茶、大棚种植等需要使用的电动机械，因工作环境相对潮湿、高温、易污染，用户应遵循下列规定：

　　a)　必须安装单台设备专用的剩余电流动作保护电器（末级保护）。

　　b)　每次使用前，要检查剩余电流动作保护电器是否处于完好状态。

　　c)　使用的导线、开关等电器应确保满足载流量要求，绝缘和外观完好；当导线长度不满足要求需增加连接线时，接头处应用绝缘橡胶带、黑胶布等绝缘材料缠包牢靠。

　　d)　电动机的电缆接线连接要固定可靠，要防止使用过程中拉扯电缆或被重物碾轧。

　　e)　电动机露天使用时应采取防雨、防潮措施，并有专人看守。

　　f)　电动机械使用中发现有异常声响、异味、温度过高或冒烟时，应及时断开电源。

　　g)　长期停用的电器应妥善保管，新购置或长期停用的电器、农用电动机械使用前，应检查其绝缘、运转情况，所选择的熔丝（体）规格应能对短路和过负荷起到有效保护作用。

    h) 潜水泵在使用过程中，禁止在其附近水面游泳、放牧及洗涮，以防漏电而发生意外。

4.4 农村其他场所的安全用电

4.4.1 在浴场（室）、蒸汽房、游泳池等潮湿的公共场所，应有特殊的用电安全措施，保证在任何情况下人体不触及用电设施的带电部分，并在用电设施发生漏电、过载、短路或人员触电时能自动迅速切断电源。

4.4.2 医疗场所的电气装置应符合 GB 16895.24 的规定。

4.4.3 在可燃、助燃、易燃（爆）物体的储存、生产、使用等场所或区域内使用的用电器具，其阻燃或防爆等级要求应符合特殊场所的标准规定。

4.4.4 用户发现有线广播喇叭发出异常声响时，不得擅自处理，应由专业人员查明原因，再进行处理，以防触电。

4.5 电力设施保护及电力设施周围活动的安全规定

4.5.1 不准在电力线路 300m 范围内放炮采石。

4.5.2 架设电视天线时应远离电力线路，天线杆与 10kV 及以下电力线路的最小距离应大于杆高 3.0m，天线拉线与上述电力线路的净空距离应大于 3.0m。

4.5.3 必须跨房的低压电力导线与房顶的垂直和水平距离，应满足附录 A 的要求。不准在有电力线路跨越的屋顶上进行施工作业或游戏玩耍。

4.5.4 彩灯的安装应满足下列要求：

    a) 彩灯应采用绝缘电线。干线和分支线的最小截面积除满足安全电流外，不应小于 2.5mm^2，灯头线不应小于 1.0mm^2。每个支路负荷电流不应超过 10A。导线不应直接承力，导线支持物应安装牢固，彩灯应采用防水灯头。

    b) 供彩灯的电源，除总保护控制外，每个支路应有单独过流保护装置，并加装剩余电流动作保护电器。

    c) 彩灯的导线在人能接触的场所，应悬挂"有电危险"警告牌。

    d) 彩灯对地面距离小于 2.5m 时，应采用特低电压。

4.5.5 用电设备采用特低电压（交流有效值 55V 以下）供电时，必须满足下列条件：

    a) 特低电压要由隔离变压器提供。禁止直接使用自耦变压器、分压器、半导体整流装置作为电源；安全隔离变压器不应放在金属容器内使用，不应与热体接触，也不应放在潮湿的地方。在潮湿地方使用安全隔离变压器的，其电压不应超过特低电压限值 33V。

    b) 使用特低电压的插座与插头必须配套装设，并具备其他电压系统不能插入的特点。

    c) 工作在特低电压下的电路，必须与其他电气系统和任何无关的可导电部分实行电气上的隔离。

    d) 当采用 33V 以上的特低电压时，必须采取防止直接接触带电体的保护措施。

4.5.6 电力设施周围其他活动应符合中华人民共和国国务院令〔1998〕239 号《电力设施保护条例》的相关规定。

4.6 自备电源安全要求

4.6.1 用户自备电源、不并网电源的安装和使用，应符合中华人民共和国国务院令〔1996〕

196 号《电力供应与使用条例》的规定要求。凡有自备电源或备用电源的用户，应装设在电网停电时能有效防止向电网反送电的安全装置（如联锁、闭锁装置等）；在投入运行前，应向当地供电企业提出申请并签订安全协议。禁止用户自备电源与公用电网共用中性线。

4.6.2　凡需并网运行的农村小型分布式电源（风力发电、光伏发电、小型发电机等），应与供电企业依法签订并网协议后方可并网运行。

4.7　电气火灾预防及灭火

4.7.1　应按国家和行业有关规程的要求装配熔断器、断路器（开关）及保护装置，确保其动作正确可靠。不得随意增大熔体的规格，不得以铜、铁、铝丝等其他金属导体代替熔体。

4.7.2　导线连接应安全可靠，导线与插座、接线柱的连接应正确牢靠，且接触良好。不得使用老化、破损、劣质的电线、电器。

4.7.3　对现场环境存在潮湿、腐蚀、高温、污秽等不同的场所，应选用相应的设备和安装方式。

4.7.4　用电负荷不得超过导线的允许载流量，严禁在电力线路上盲目增加用电设备。

4.7.5　电气设备的安装位置及家用电器的放置，应避开热源、阳光直射、腐蚀性介质及容易被人或小动物损坏的场所。使用电热器具或长期使用的电器，应与易燃、易爆危险物品保持足够的安全距离。无自动控制的电热器具，人离开时必须断开电源。

4.7.6　应按期检查设备的安全运行情况，并定期保养。当发现导线有过热或异味时，必须立即断开电源进行处理。

4.7.7　发生电气火灾时，应先断开电源再行灭火。严禁用水扑救电气火灾。

4.8　防止触电事故及触电抢救

4.8.1　发现电力导线断落时，严禁靠近。如人体已进入距离导线的落地点 8m 以内时，应及时将双脚并立，按导线落地点相反方向并脚跳离，并找专人负责看守现场，立即通知供电企业处理。

4.8.2　凡有爆炸危险、严重腐蚀和高温场所的安全检查应按 GB/T 13869 的要求及有关规定执行。

4.8.3　人体直接或间接触电后，应在确保安全的前提下，迅速、正确地切断电源，使触电者脱离触电电源，并按照紧急救护法的要求，在现场对触电者进行急救。同时，应立即与医疗机构联系救治。

附 录 A

（规范性附录）

380V 裸导线、架空绝缘电线对地面、建筑物、树木的最小垂直、水平距离的要求

表 A.1 给出了 380V 裸导线、架空绝缘电线对地面、建筑物、树木的最小垂直、水平距离的要求。

表 A.1 380V 裸导线、架空绝缘电线对地面、建筑物、树木的最小垂直、水平距离的要求

导线类别	对地面、水面、建筑物及树木间的最小垂直、水平距离 m	
裸导线	a）集镇、村庄（垂直）	6
	b）田间（垂直）	5
	c）交通困难的地区（垂直）	4
	d）步行可达到的山坡（垂直）	3
	e）步行不能达到的山坡、峭壁和岩石（垂直）	1
	f）通航河流的常年高水位（垂直）	6
	g）通航河流最高航行水位的最高船桅顶（垂直）	1
	h）不能通航的河湖冰面（垂直）	5
	i）不能通航的河湖最高洪水位（垂直）	3
	j）建筑物（垂直）	2.5
	k）建筑物（水平）	1
	l）树木（垂直和水平）	1.25
架空绝缘电线	a）集镇、村庄居住区（垂直）	6
	b）非居住区（垂直）	5
	c）不能通航的河湖冰面（垂直）	5
	d）不能通航的河湖最高洪水位（垂直）	3
	e）建筑物（垂直）	2
	f）建筑物（水平）	0.25
	g）街道行道树（垂直）	0.2
	h）街道行道树（水平）	0.5

农村电网低压电气安全工作规程

The rural low-voltage electric safe working code

（节选）

DL/T 477 — 2010

代替 DL 477 — 2001

2011-01-09发布

2011-05-01实施

目　次

附录 H（规范性附录） 标示牌式样

前　言

本标准是对 DL 477—2001《农村低压电气安全工作规程》进行的修订。

本标准与 DL 477—2001 比较有以下主要变化：

——本标准共分 16 章和附录部分。对原标准第 7 章架空线路工作，第 10 章室内线路和电动机，第 11 章砍伐树木工作及第 12 章测量工作与仪表使用等章节部分内容进行了合并和删减。

——新增加了 4 个章节，第 7 章低压线路和设备的运行及维护、第 8 章一般安全措施、第 13 章低压配电及装表接电和第 14 章施工机具的使用、保管、检查和试验。

——对农村电网的安全稳定运行、施工器具的安全使用提出了具体的要求。

——重点对从事低压电网建设和运行维护人员的工作职责、工作规范和现场安全管理提出了更高的要求。

本标准由中国电力企业联合会提出。

本标准由电力行业农村电气化标准化技术委员会归口。

本标准起草单位：江西省电力公司、中国电力科学研究院。

本标准主要起草人：黄兴无、盛万兴、章久根、李林元、车榕军、钟国志、解芳、汪萍。

本标准实施后代替 DL 477—2001。

本标准在 1992 年首次发布。

本标准在执行过程中的意见或建议反馈至中国电力企业联合会标准化管理中心（北京市白广路二条一号，100761）。

1　范围

本标准规定了农村低压电网安全工作的基本要求和保证安全的措施。

本标准适用于 1000V 以下农村电网建设与改造、运行维护、经营管理。

2　规范性引用文件

下列文件对于本文件的应用是必不可少的。凡是注日期的引用文件，仅注日期的版本适用于本文件。凡是不注日期的引用文件，其最新版本（包括所有的修改单）适用于本文件。

GB/T 5905　起重机试验规范和程序

GB/T 6067　起重机械安全规程

DL/T 499　农村低压电力技术规程

JB 8716—1998　汽车起重机和轮胎起重机　安全规程

国务院〔2002〕第 344 号令　危险化学品安全管理条例

3 术语和定义

下列术语和定义适用于本标准。

3.1 低压 low voltage
电压等级在 1000V 以下者。

3.2 紧急事故处理 the manipulating of the emergencies
对于可能造成人身触电；使设备事故扩大，引发系统故障；导致电气火灾等类事故的处理。

3.3 低压间接带电作业 low voltage indirect electriferous jobslive working
指工作人员与带电体非直接接触，即手持绝缘工具对带电体进行作业。

3.4 接户线与进户线 service conductor and service entrance conductor
用户计量装置在室内时，从低压电力线路到用户室外第一支持物的一段线路称为接户线；从用户室外第一支持物至用户室内计量装置的一段线路称为进户线。

用户计量装置在室外时，从低压电力线路到用户室外计量装置的一段线路称为接户线；从用户室外计量箱出线端至用户室内第一支持物或配电装置的一段线路称为进户线。

4 总则

4.1 为加强农村低压电网作业现场管理，规范各类工作人员的行为，保证人身、电网和设备安全，依据国家有关法律、法规，结合农村低压电网生产的实际，制定本标准。各类从事低压电气工作的人员应熟悉并执行本标准。

4.2 作业现场的基本条件：

4.2.1 作业现场的生产条件和安全设施等应符合有关标准、规范的要求，工作人员的劳动防护用品应合格、齐备。

4.2.2 经常有人工作的场所及施工车辆上宜配备急救箱，宜存放急救用品，并应指定专人经常检查、补充或更换。

4.2.3 现场使用的安全工器具应合格并符合有关要求。

4.2.4 各类作业人员应被告知其作业现场和工作岗位存在的危险因素、危险点、防范措施及事故紧急处理措施。

4.3 作业人员的基本条件：

4.3.1 经医师鉴定，无妨碍工作的病症（体格检查每两年至少一次）。

4.3.2 具备必要的电气知识和业务技能，熟悉本标准及有关规程、规定，并经考试合格。

4.3.3 具备必要的安全生产知识，必须学会紧急救护法，熟练掌握触电急救。

4.4 教育和培训：

4.4.1 各类作业人员应接受相应的安全生产教育和岗位技能培训，经考试合格持证上岗。

4.4.2 对作业人员应每年考试一次本标准。因故间断低压电气工作连续三个月以上者，应重新学习本标准，并经考试合格后，方能恢复工作。

4.4.3 新参加电气工作的人员、实习人员和临时参加劳动的人员（管理人员、非全日制用工等），应经过安全知识教育后，方可进入现场参加指定的工作，并且不准单独工作。

4.5 任何人发现有违反本标准的情况，应立即制止，经纠正后才能恢复作业。各类作业人员有权拒绝违章指挥和强令冒险的作业；在发现直接危及人身、电网和设备安全的紧急情况时，有权停止作业或者在采取可靠的紧急措施后撤离作业场所，并立即报告。

4.6 工作人员应熟悉所管辖的电气设备。

4.7 在试验和推广新技术、新工艺、新设备、新材料时，应制定相应的安全措施，并经本单位分管生产的领导（总工程师）批准后执行。

4.8 各单位可以根据现场情况制定本标准的补充条款和实施细则，经各单位分管生产的领导（总工程师）批准后执行。

5 保证安全工作的组织措施

5.1 在低压电气设备上工作，保证安全的组织措施

    a） 现场勘察制度；
    b） 工作票制度；
    c） 工作许可制度；
    d） 工作监护制度；
    e） 工作间断制度；
    f） 工作终结和恢复送电制度。

5.2 现场勘察制度

5.2.1 下列工作工作票签发人或工作负责人应根据工作任务组织现场勘察，并做好记录（见附录 A）：

    a） 架设和撤除线路；
    b） 跨越铁路、公路、河流的线路检修施工作业；
    c） 同杆架设线路的电气作业；
    d） 低压电力电缆线路的电气作业；
    e） 低压配电柜（盘）上的安装、拆除和检修作业；
    f） 工作地段有临近、交叉、跨越、平行的电力线路的作业；
    g） 在具有两个及以上电源点的线路和设备的检修作业；
    h） 工作票签发人或工作负责人认为有必要进行现场勘察的其他作业。

5.2.2 现场勘察应查看现场施工（检修）作业需要停电的范围、保留的带电部位和作业现场的条件、环境及危险点等。

5.2.3 根据现场勘察结果，对危险性、复杂性和困难程度较大的作业项目，应编制组织措施、技术措施、安全措施，经主管部门负责人批准后执行。

5.3 工作票制度

5.3.1 在低压电气设备或线路上工作，应按下列方式之一进行：

    a） 填用低压第一种工作票（见附录 B）；
    b） 填用低压第二种工作票（见附录 C）；
    c） 口头和电话命令。

5.3.2 填用低压第一种工作票的工作：

    a） 在全部或部分停电的低压线路（含低压电缆）上的工作；
    b） 在全部或部分停电的低压配电箱（盘、柜）上的检修工作；

c) 其他须停电并接地的低压工作。

5.3.3　填用低压第二种工作票的工作：

a) 在运行的低压配电箱（盘、柜）上的工作；

b) 在运行的配电变压器台架上面的工作；

c) 除口头和电话命令的工作外，其他在低压带电线路杆塔上进行的工作；

d) 低压电力电缆无须停电的工作；

e) 其他低压间接带电的工作。

5.3.4　当设备发生事故（障碍）时，进行紧急事故处理不需要使用工作票；完成紧急事故处理后，若需转入检修，应使用工作票。

5.3.5　执行口头或电话命令的低压工作有：

a) 修剪与低压带电线路有 1m 及以上安全距离的树枝；

b) 低压电杆底部和基础等地面检查、消缺、培土工作；

c) 在低压电杆上刷写杆号或用电标语，安装标示牌等，工作地点在杆塔最下层导线以下，并能够保持与低压带电线路大于 1m 的距离；

d) 在住宅照明回路上的工作。

口头或电话命令的工作至少由两人进行并做好记录，在工作日志或值班记录中详细记录发令人姓名、受令人姓名、时间、工作任务、工作人员及注意事项等。

5.3.6　低压工作票的填写、签发与使用。

5.3.6.1　低压工作票应使用黑色或蓝色的钢（水）笔或圆珠笔填写与签发，一式两份，内容应正确，填写应清楚，不得任意涂改。如有个别错、漏字需要修改时，应使用规范的符号，字迹应清楚。工作票由工作负责人填写，也可由工作票签发人填写。

用计算机生成或打印的低压工作票应使用统一的票面格式。由工作票签发人审核无误，手工或电子签名后方可执行。

5.3.6.2　低压工作票由设备运行管理单位工作票签发人签发，也可经设备运行管理单位审核合格且经批准的修试及基建单位工作票签发人签发。修试及基建单位的工作票签发人、工作负责人名单应事先送有关设备运行管理单位备案。承发包工程中，工作票可实行"双签发"形式。签发工作票时，双方工作票签发人在工作票上分别签名，各自承担本标准工作票签发人相应的安全责任。

低压工作票经工作票签发人应认真审核后方可签发；工作票签发人对复杂工作或对安全措施有疑问时，应及时到现场进行核查。

5.3.6.3　在工作期间，低压工作票其中一份必须始终保留在工作负责人手中，另一份由工作许可人收执。工作许可人应将低压工作票编号、工作内容、许可及终结时间等记录在值班记录簿中。

5.3.6.4　低压第一种工作票所列的地点以一个电气连接部分为限，如同一地点且同时停送电，则允许在几个电气连接部分共用一张工作票。

低压第二种工作票，对当日同类型、同设备结构的工作可共用一张工作票。

5.3.6.5　一个工作负责人不能同时执行多张工作票。若一张工作票下设多个小组工作，每个小组应指定小组负责人（监护人），并办理工作任务单。

工作任务单应写明工作任务、停电范围、工作地段的起止杆号及补充的安全措施。工作任务单一式两份，由工作负责人签发，一份工作负责人留存，一份交小组工作负责人执行。小组工作结束后，由小组负责人交回工作任务单，向工作负责人办理工作结束手续。

5.3.6.6 一回线路检修或施工，其临近或交叉的其他电力线路需进行配合停电和接地时，应在工作票中列入相应的安全措施。若配合停电线路属于其他单位，应由检修（施工）单位事先书面申请，经配合停电线路的设备运行管理单位同意并实施停电、接地，并履行书面工作许可手续后，方可开始工作。

5.3.6.7 低压第一、二种工作票的有效时间，以批准的检修期为限。工作票需办理延期手续，应在有效时间尚未结束以前由工作负责人向工作许可人（第二种工作票为签发人）提出申请，经同意后给予办理。工作票的延期只能办理一次。

5.3.6.8 事故应急抢修单，每张只能用于应急抢修的一条线路或一个抢修任务，为防止抢修人员发生触电伤害，对危及事故抢修工作地段的交叉、跨越、平行和同杆架设的线路（包括用户线路），必须做好安全措施，指定工作负责人，严格履行工作许可制度及工作终结和恢复送电制度。

5.3.6.9 已执行的低压工作票、事故应急抢修单和工作任务单应保存一年。

5.3.7 低压工作票所列人员基本条件。

5.3.7.1 工作票签发人应由熟悉人员技术水平、熟悉管辖范围内设备情况、熟悉本标准，并具有相关工作经验的运行管理单位人员或经本单位分管生产领导批准的人员担任。

5.3.7.2 工作负责人（专责监护人）、工作许可人应由有一定工作经验、熟悉本标准、熟悉工作班成员的工作能力、熟悉工作范围内的设备情况，并经本单位批准的人员担任。

5.3.7.3 工作票签发人、工作负责人（专责监护人）、工作许可人三者在同一工作中不得兼任，工作票签发人、许可人可以作为该项工作的工作班成员。

5.3.7.4 工作票签发人、工作负责人（专责监护人）、工作许可人名单应行文公布。

5.3.8 工作票所列人员的安全责任。

5.3.8.1 工作票签发人：

  a) 工作必要性和安全性；

  b) 工作票上所填安全措施是否正确完备；

  c) 所派工作负责人和全体工作人员是否适当和充足。

5.3.8.2 工作负责人：

  a) 正确安全地组织工作；

  b) 负责检查工作票上所列安全措施是否正确完备和工作许可人所做的安全措施是否符合现场实际条件，必要时予以补充；

  c) 工作前对工作班成员进行危险点告知、交代工作任务、交代安全措施和技术措施，并确认每个工作班成员都已知晓；

  d) 严格执行工作票所列安全措施；

  e) 督促、监护工作班成员遵守本标准、正确使用劳动防护用品和执行现场安全措施；

  f) 工作班人员精神状态是否良好；

  g) 工作班人员变动是否合适。

5.3.8.3 工作许可人：

  a) 审查工作的必要性；

b) 停、送电和许可工作的命令是否正确；

c) 许可的接地等安全措施是否正确完备。

5.3.8.4 专责监护人：

a) 明确被监护人员和监护范围；

b) 工作前对被监护人员交代安全措施、告知危险点和安全注意事项；

c) 监督被监护人员遵守本标准和现场安全措施，及时纠正不安全行为。

5.3.8.5 工作班成员：

a) 熟悉工作内容、工作流程，掌握安全措施，明确工作中的危险点，并履行确认手续；

b) 严格遵守安全规章制度、技术规程和劳动纪律，对自己在工作中的行为负责，互相关心工作安全，并监督本标准的执行和现场安全措施的实施；

c) 正确使用安全工器具和劳动安全防护用品。

5.4 工作许可制度

5.4.1 工作负责人应在得到全部工作许可人的许可后，方可开始工作。

5.4.2 工作许可人收到低压第一种工作票后，对可能送电至检修线路或设备的各侧都停电，经验电确无电压，装设好接地线，并做好工作票所列的其他安全措施。

5.4.3 工作许可人完成工作票所列安全措施后，应立向工作负责人逐项交代已完成的安全措施。对临近工作地点的带电设备部位，应特别交代清楚。当所有安全措施和注意事项交代、核对完毕后，工作许可人和工作负责人应分别在工作票上签字，记录时间后，方可发出许可工作的命令。

5.4.4 工作负责人接到工作许可命令后，应向全体工作人员交代现场安全措施、带电部位和其他注意事项，并询问是否有疑问，工作班全体成员确认无疑问后，工作班成员必须在签名栏签名，方可开始工作。

5.4.5 工作许可后，任何人不得擅自变更有关检修线路和设备的运行方式。工作负责人、工作许可人任何一方不得擅自变更安全措施，工作中如有特殊情况需要变更时，应先取得对方及原工作票签发人同意，变更情况及时记录在工作票的备注栏内。

5.4.6 许可开始工作的命令，应通知工作负责人。其方法可采用当面通知、电话下达两种方式。对直接在现场许可的停电工作，工作许可人和工作负责人应在工作票上记录许可时间，并签名。电话下达时，工作许可人及工作负责人应记录清楚明确，并复诵核对无误。

5.4.7 每天开工与收工，均应履行工作票中"开工和收工许可"手续。

5.4.8 严禁约时停、送电。

5.5 工作监护制度

5.5.1 工作监护人由工作负责人（专责监护人）担任，当施工现场用一张工作票分组到不同的地点工作时，各小组监护人可由工作负责人指定。

5.5.2 工作期间，工作监护人必须始终在工作现场，对工作人员安全认真监护，及时纠正违反安全规定的行为。

5.5.3 在工作期间不宜变更工作负责人，工作负责人如需临时离开现场，则应指定具备担任工作负责人资格的人员担任临时工作负责人，工作负责人离开前必须将工作现场的情况交代清楚，并通知工作许可人和全体成员；原工作负责人返回工作现场时，应履行同样的交接手续。若工作现场无具备工作负责人资格的人员时，该工作必须暂停，并撤离工作现场。

若工作负责人需长时间离开现场，应办理工作负责人变更手续，变更工作负责人必须经工作票签发人批准，并设法通知全体工作人员和工作许可人，履行工作票交接手续，同时在工作票备注栏内注明。

5.5.4　为确保施工安全，工作负责人可指派一人或数人为专责监护人，在指定地点负责监护任务。监护人员要坚守工作岗位，不得擅离职守，只有得到工作负责人下达"已完成监护任务"命令时，方可离开岗位。

5.5.5　工作负责人对有触电危险、施工复杂容易发生事故的工作，应增设专责监护人和确定被监护的人员，专责监护人因故离开时，工作负责人应重新指定专责监护人，否则应通知被监护人员停止工作或离开工作现场，待专责监护人回来后方可恢复工作。

5.5.6　在线路停电时进行工作，工作负责人在班组成员确无触电危险的条件下，可以参加工作班工作，但专责监护人不得兼做其他工作。

5.5.7　安全措施的设置与线路设备的停送电操作应由两人进行，其中由较熟悉现场设备的一人担任监护人。

5.6　工作间断制度

5.6.1　在工作中遇雷、雨、大风或其他任何情况威胁到工作人员的安全时，工作负责人或专责监护人可根据情况，临时停止工作。

5.6.2　白天工作间断时，工作地点的全部安全措施仍应保留不变。工作人员离开工作地点时，要检查安全措施是否完好，必要时应派专人看守。

5.6.3　在工作间断时间内，任何人不得私自进入现场进行工作或碰触任何物件。

5.6.4　恢复工作前，应重新检查各项安全措施是否正确完整，然后由工作负责人再次向全体工作人员说明，方可进行工作。

5.6.5　填用数日内工作有效的第一种工作票，每日收工时如果将工作地点所装的接地线拆除，次日恢复工作前应重新验电挂接地线。

如果经设备运行管理单位负责人批准允许的连续停电、夜间不送电的线路或设备，工作地点的接地线可以不拆除，但次日恢复工作前应派人检查。

5.7　工作终结、验收和恢复送电制度

5.7.1　完工后，工作负责人（包括小组负责人）应检查清理现场，确认线路或设备上没有遗留的个人保安线、工具、材料等，查明全部工作人员确由线路或设备上撤离后，再命令拆除工作地段所装设的接地线。接地线拆除后，应即认为线路或设备带电，不准任何人再登杆或在设备上进行工作。多个小组工作，工作负责人应得到所有小组负责人工作结束的汇报，方可办理工作票终结手续。

5.7.2　工作终结后，工作负责人应及时报告工作许可人，报告方式分为当面报告和用电话报告并经复诵无误。若有其他单位配合停电线路，还应及时通知指定的配合停电设备运行管理单位联系人。

5.7.3　工作终结报告应简明扼要，并包括下列内容：工作负责人姓名，某线路上某处（说明起止杆塔号、分支线名称等）工作已经完工，设备改动情况，工作地点所挂的接地线、个人保安线已全部拆除，线路（设备）上已无本班组工作人员和遗留物，可以送电。

5.7.4 工作许可人在接到所有工作负责人（包括用户）的完工报告，并确认全部工作已经完毕，所有工作人员已由线路上撤离，接地线已经全部拆除，与记录簿核对无误并做好记录后，方可下令拆除各侧安全措施，向线路恢复送电。

6 保证安全工作的技术措施

6.1 在全部停电和部分停电的线路或设备上工作时，必须完成的技术措施

a) 停电；

b) 验电；

c) 装设接地线；

d) 使用个人保安线；

e) 悬挂标示牌和装设遮栏（围栏）。

6.2 停电

6.2.1 工作地点需要停电的线路或设备：

a) 检修、施工与试验的线路或设备；

b) 工作人员在工作中，正常活动范围边沿或工作时使用的工器具与线路或设备带电部位的安全距离小于 0.7m；

c) 工作人员周围临近带电导体且无可靠安全措施的设备；

d) 两台及以上配电变压器低压侧共用一个接地引下线时，其中一台配电变压器或低压出线停电检修，其他配电变压器也必须停电。

6.2.2 工作地点需要停电的线路或设备，必须把所有可能送电至工作地点的电源断开，每处都必须有一个明显断开点或可判断的断开点，并确保做到以下几点：

a) 断开线路各端（含分支）或设备（包括用户设备）的断路器（开关）和隔离开关（刀闸）、熔断器；

b) 断开危及工作地段（线路）作业人员人身安全，且不能采取相应安全措施的交叉跨越、平行和同杆架设线路（包括用户线路）的断路器（开关）、隔离开关（刀闸）和熔断器；

c) 断开有可能反送电的断路器（开关）、隔离开关（刀闸）、熔断器；

d) 停电操作后，应检查断开后的断路器（开关）、隔离开关（刀闸）应在断开位置，熔断器应取下。停电的低压配电柜（箱、盘）门应加锁。

6.2.3 检修设备和可能来电侧的断路器（开关），必须断开操作电源，取下熔断器，隔离开关（刀闸）操作把手应制动，防止误送电。

6.3 验电

6.3.1 在停电线路或设备的各个电源端或停电设备的进出线处，必须用合格的低压专用验电器进行验电。验电前应先在带电线路或设备上进行试验，确认验电器良好，然后在线路或设备的三相和中性线导体上，逐相验明确无电压。

6.3.2 不得仅以设备分合位置标示牌的指示、电压表指示零位、电源指示灯泡熄灭、电动机不转动、电磁线圈无电磁响声及变压器无响声等单一现象变化作为判断设备已停电的依据。

6.3.3 检修断路器（开关）、隔离开关（刀闸）或熔断器时，应在断口两侧验电。杆上低

压线路验电时，应先验下层，后验上层；先验近侧，后验远侧。

6.4 装设接地线

6.4.1 经验明停电线路或设备各端确无电压后，应立即装设接地线并各相（含中性线）短路直接接地（同杆架设的路灯线也要接地）。各工作班工作地段各端和有可能送电到停电线路工作地段的分支线（包括用户）都要验电、装设接地线。装设、拆除接地线应在监护下进行。

为防止工作地段失去接地线保护，断开引线前，应在断开的引线两侧装设接地线。

配合停电的线路可以只在工作地点附近装设一处接地线。

工作接地线应全部列入工作票，工作负责人应确认所有工作接地线均已挂设完成方可宣布开工。

6.4.2 凡有可能送电到停电检修设备上的各个方面的线路（包括中性线）都要装设接地线。同杆架设的多层电力线路装设接地线时，应先装设下层导线，后装设上层导线；先装设离人体较近的导线（设备），后装设离人体较远的导线（设备）。拆除时顺序相反。

6.4.3 当运行线路对停电检修的线路或设备产生感应电压而又无法停电时，应在检修的线路处或设备上加装接地线。

6.4.4 电缆及电容器接地前应逐相充分放电，星形接线电容器的中性点应接地，装在绝缘支架上的电容器外壳也应放电。

6.4.5 装设接地线时，应先接接地端，后接导线端，接地线应接触良好、连接应可靠。拆接地线的顺序与此相反。若设备处无接地网引出线时，可采用临时接地棒接地，接地棒截面积不准小于 $190mm^2$（如 $\phi 16$ 圆钢）。接地体在地面下的深度不得小于 0.6m。为了确保操作人员的人身安全，装、拆接地线时，应戴绝缘手套，人体不得接触接地线或未接地的导体。

6.4.6 严禁工作人员或其他人员擅自移动已装设好的接地线。

6.4.7 低压成套接地线应由有透明护套的多股软铜线组成，其截面积不得小于 $16mm^2$，同时应满足装设地点短路电流的要求。严禁使用其他导线作接地线或短路线。接地线应使用专用的线夹固定在导体上，禁止使用缠绕的方法进行接地或短路。

6.4.8 由单电源供电的照明用户在户内电气设备停电检修时，如果进户刀开关或熔断器已断开，并将配电箱门锁住，可不挂接地线。

6.5 使用个人保安线

6.5.1 工作地段如有临近、平行、交叉跨越及同杆塔架设线路，为防止停电检修线路上感应电压伤人，在需要接触或接近导线工作时，应使用个人保安线。

6.5.2 个人保安线应在杆塔上接触或接近导线的作业开始前挂接，作业结束脱离导线后拆除。装设时，应先接接地端，后接导线端，且接触良好，连接可靠。拆个人保安线的顺序与此相反。个人保安线由作业人员负责自行装、拆。

6.5.3 个人保安线应使用有透明护套的多股软铜线，截面积不得小于 $16mm^2$，且应带有绝缘手柄或绝缘部件。严禁用个人保安线代替接地线。

6.5.4 在杆塔或横担接地通道良好的条件下，个人保安线接地端允许接在杆塔或横担上。

6.6 装设遮栏和悬挂标示牌（见附录 H）

6.6.1 在下列断路器（开关）、隔离开关（刀闸）及跌落式熔断器的操作处，均应悬挂"禁止合闸，线路有人工作！"或"禁止合闸，有人工作！"的标示牌；

  a) 一经合闸即可送电到工作地点的断路器（开关）、隔离开关（刀闸）及跌落式熔断器；

  b) 已停用的设备，一经合闸即可启动并造成人身触电危险、设备损坏，或引起剩余电流动作保护装置动作的断路器（开关）、隔离开关（刀闸）及跌落式熔断器；

  c) 一经合闸会使两个电源系统并列，或引起反送电的断路器（开关）、隔离开关（刀闸）及跌落式熔断器。

6.6.2 在以下地点应挂"止步，有电危险！"的标示牌：

  a) 运行设备周围的固定遮栏上；

  b) 施工地段附近带电设备的遮栏上；

  c) 因电气施工禁止通过的过道遮栏上。

6.6.3 在以下临近带电线路设备的场所，应挂"禁止攀登，有电危险！"的标示牌：

  a) 工作人员或其他人员可能误登的电杆或配电变压器的台架；

  b) 距离线路或变压器较近，有可能误攀登的建筑物。

6.6.4 装设的临时遮栏距低压带电部分的距离应不小于 0.35m，户外安装的遮栏高度应不低于 1.5m，户内应不低于 1.2m。临时装设的遮栏应牢固、可靠。

6.6.5 在城镇、人口密集区地段或交通道口和通行道路上施工时，工作场所周围应装设遮栏（围栏），并在相应部位装设标示牌。必要时，派专人看管。

6.6.6 严禁工作人员和其他人员随意移动遮栏或取下标示牌。

7 低压线路和设备运行及维护

7.1 低压线路和设备的巡视

7.1.1 低压线路和设备的巡视工作应由有工作经验的人员担任。单独巡视线路和设备人员应考试合格并经工区（公司、所）分管生产领导批准。偏僻山区、隧道中的低压线路和夜间巡线应由两人进行。汛期、暑天、雪天等恶劣天气，必要时由两人进行。单人巡线时，禁止攀登电杆和铁塔。

7.1.2 雷雨、大风天气或事故巡线，巡视人员应穿绝缘鞋或绝缘靴；汛期、暑天、雪天等恶劣天气和山区巡线应配备必要的防护工具、自救器具和药品；夜间巡线应携带足够的照明工具。

7.1.3 夜间巡线应沿线路外侧进行；大风时，巡线应沿线路上风侧前进，以免万一触及断落的导线；特殊巡视应注意选择路线，防止洪水、塌方、恶劣天气等对人的伤害。巡线时禁止泅渡。

  事故巡线应始终认为线路带电。即使明知该线路已停电，亦应认为线路随时有恢复送电的可能。

7.1.4 巡线人员发现低压导线、电缆断落地面或悬挂空中，应立即派人看守，设法防止行人靠近断线地点 4m 以内，以免跨步电压伤人，同时应尽快将故障点的电源切断，并迅速报告调度和上级，等候处理。

7.1.5 巡视检查时，严禁更改施工作业已做好的安全措施、禁止攀登电杆或配电变压器台架。进行配电设备巡视的人员，应熟悉设备的内部结构和接线情况。巡视检查配电设备时，不得越过遮栏或围墙。进出配电室（箱）应随手关门，巡视完毕应上锁。

7.1.6 在巡视检查中，发现有威胁人身安全的缺陷时，应采取相应的应急措施。

7.2 电气操作

7.2.1 电气操作基本要求如下：

a) 电气倒闸操作应使用倒闸操作票（见附录 D）。倒闸操作人员应根据值班负责人的操作指令（口头、电话或传真、电子邮件）填写或打印倒闸操作票。操作指令应清楚明确，受令人应将指令内容向发令人复诵，核对无误，做好记录。

b) 事故应急处理可不使用操作票。

c) 操作票应用黑色或蓝色的钢（水）笔或圆珠笔逐项填写。用计算机开出的操作票应与手写格式票面统一。操作票票面应清楚整洁，不得任意涂改。操作票应填写设备双重名称，即设备名称和编号。操作人和监护人应根据模拟图或接线图核对所填写的操作项目，并分别手工或电子签名。

d) 操作票应事先连续编号，计算机生成的操作票应在正式出票前连续编号，操作票按编号顺序使用。作废的操作票，应注明"作废"字样，未执行的应注明"未执行"字样，已操作的应注明"已执行"字样。操作票应保存一年。

e) 倒闸操作应由两人进行，一人操作，一人监护，并认真执行唱票、复诵制。发布指令和复诵指令都要严肃认真，使用规范的操作术语，准确清晰，按操作票顺序逐项操作，每操作完一项，应检查无误后，做一个"√"记号。操作中发生疑问时，不准擅自更改操作票，应向操作发令人询问清楚无误后再进行操作。操作完毕，受令人应立即汇报发令人。

7.2.2 下列电气操作应使用操作票：

a) 低压电气设备、线路由运行状态转检修状态的操作；

b) 低压电气设备、线路由检修状态转运行状态的操作；

c) 低压双电源的解、并列操作。

7.2.3 低压操作票由操作人填写，填写完后，操作人和监护人应核对所填写的操作项目，并分别签名。操作前、后，都应检查核对现场设备名称、编号和断路器（开关）、隔离开关（刀闸）的断、合位置。操作完毕后，应进行全面检查。

电气设备操作后的位置检查应以设备实际位置为准，无法看到实际位置时，通过设备机械指示位置、电气指示、带电显示装置、仪表等两个及以上的指示，且所有指示均已同时发生对应发生变化，才能确认该设备已操作到位。以上检查项目应填写在操作票中作为检查项。必要时可用验电器验明。

7.2.4 电气操作顺序：停电时应先断开断路器（开关），后拉开隔离开关（刀闸）或熔断器；送电时与上述顺序相反。

7.2.5 合隔离开关（刀闸）时，当隔离开关（刀闸）动触头接近静触头时，应快速将隔离开关（刀闸）合入，当隔离开关（刀闸）触头接近合闸终点时，不得有冲击；拉隔离开关（刀闸）时，当动触头快要离开静触头时，应快速断开，然后操作至终点。

7.2.6 断路器（开关）、隔离开关（刀闸）和熔断器操作后，应逐相进行检查。合闸后，应检查各相接触是否良好，连动操作手柄制动是否良好；拉闸后，应检查各相动、静触头是否断开，连动操作手柄是否制动良好。

7.2.7 操作时如发现疑问或发生异常故障，均应停止操作，待问题查清、处理后，方可继续操作。

7.2.8 严禁以投切熔件的方法对线路进行送（停）电操作。

7.2.9 雷电时，严禁进行倒闸操作和更换熔丝工作。

7.2.10 在发生人身触电事故时，可不经过许可，即行断开有关设备的电源，但事后应立即报告设备运行管理单位。

7.3 测量工作

7.3.1 电气测量工作，应在无雷雨和干燥天气下进行。直接接触设备的电气测量工作，至少应由两人进行，一人操作，一人监护。夜间进行测量工作，应有足够的照明。

测量人员应了解仪表的性能、使用方法和正确接线，熟悉测量的安全措施。

7.3.2 测量电压、电流时，应戴绝缘手套，人体与带电设备应保持足够的安全距离。

7.3.3 电压测量工作应在较小容量的开关上、熔丝的负荷侧进行，不宜直接在母线上测量。

7.3.4 测量配电变压器低压侧电流时，可使用钳形电流表。应注意不触及其他带电部分，以防相间短路。

7.3.5 测试低压设备绝缘电阻时，应使用 500V 绝缘电阻表，并做到：

    a) 被测设备应全部停电，并与连接的其他回路断开；

    b) 设备在测量前后，都必须分别对地放电；

    c) 被测设备应派人看守，防止外人接近；

    d) 穿过同一管路中的多根绝缘线，不应有带电运行的线路；

    e) 在有感应电压的线路上（如同杆架设的双回线路或单回线路与另一线路有平行段）测量绝缘时，必须将另一回线路同时停电后方可进行。

7.3.6 测试低压电网中性点接地电阻时，必须在低压电网和该电网所连接的配电变压器全部停电的情况下进行；测试低压避雷器独立接地体接地电阻时，应在停电状态下进行。

7.3.7 测量架空线路对地面或对建筑物、树木以及导线与导线之间的距离时，一般应在线路停电后进行。带电线路导线的垂直距离（导线弛度、交叉跨越距离），可用测量仪或使用绝缘测量工具测量。严禁使用皮尺、普通绳索、线尺等非绝缘工具进行测量。

7.3.8 使用绝缘电阻表时应注意以下安全事项：

    a) 测量用的导线，应使用相应的绝缘导线，其端部应有绝缘套。

    b) 测量绝缘时，应将被测设备从各方面断开，验明无电压，确实证明设备无人工作后，方可进行。在测量中禁止他人接近被测设备。在测量绝缘前后，应将被测设备对地放电。测量线路绝缘时，应取得许可并通知对侧人员后方可进行。

    c) 在带电设备附近测量绝缘电阻时，测量人员和绝缘电阻表安放位置，应选择适当，保持安全距离，以免绝缘电阻表引线或引线支持物触碰带电部分。移动引线时，应注意监护，防止工作人员触电。

    d) 雷电时，严禁测量线路绝缘。

7.3.9 使用钳形电流表时，应注意以下安全事项：

    a) 使用钳形电流表时，应注意钳形电流表的电压等级。测量时戴绝缘手套，站在绝缘垫上，不得触及其他设备，以防短路或接地。观测表计时，要特别注意保持头部与带电部分的安全距离。

b）测量回路电流时，应选有绝缘层的导线上进行测量，同时要与其他带电部分保持安全距离，防止相间短路事故发生。测量中禁止更换电流挡位。

c）测量低压熔断器或水平排列的低压母线电流时，测量前应将各相熔断器和母线用绝缘材料加以包护隔离，以免引起相间短路，同时应注意不得触及其他带电部分。

d）钳形电流表应保存在干燥的室内，使用前要擦拭干净。

7.3.10　使用万用表时，应注意以下安全事项：

a）测量时，应确认转换开关、量程、表笔的位置正确。

b）在测量电流或电压时，如果对被测电压、电流值不清楚，应将量程置于最高挡位。不得带电转换量程。

c）测量电阻时，必须将被测回路的电源切断。

7.4　砍剪树木工作

7.4.1　在线路带电情况下，砍剪靠近线路的树木时，工作负责人应在工作开始前，向全体人员说明：电力线路有电，不得攀登电杆，树木、绳索不得接触导线。

7.4.2　砍剪树木时，应防止马蜂等昆虫或动物伤人。上树时，不应攀抓脆弱或枯死的树枝，并使用安全带。安全带不得系在待砍剪树枝的断口附近或以上。不应攀登已经锯过或砍过的未断树木。

7.4.3　砍剪树木应有专人监护。待砍剪的树木下面和倒树范围内不得有人逗留，防止砸伤行人。为防止树木（树枝）倒落在导线上，应设法用绳索将其拉向与导线相反的方向。绳索应有足够的长度和强度，以免拉绳的人员被倒落的树木砸伤。砍剪山坡树木应做好防止树木向下弹跳接近导线的措施。

7.4.4　树枝接触或接近带电导线时，应将线路停电或用绝缘工具使树枝远离带电导线至安全距离。此前严禁人体接触树木。

7.4.5　风力超过5级时，禁止砍剪高出或接近导线的树木。

7.4.6　油锯和电锯的安全操作要求：

a）使用油锯和电锯的作业，应由熟悉机械性能和操作方法的人员操作。油锯和电锯不宜带到树上使用。使用时，应先检查所能锯到的范围内有无铁钉等金属物件，以防金属物体飞出伤人。

b）操作前检查油锯和电锯各种性能是否良好，安全装置是否齐全并符合操作安全要求。

c）检查锯片不得有裂口，电锯各种螺丝应拧紧。

d）操作要戴防护眼镜，站在锯片一侧，禁止站在与锯片同一直线上，手臂不得跨越锯片。

e）锯树木时，电锯必须紧贴树木，不得用力过猛，遇硬节要慢推。

8　一般安全措施

8.1　高处作业

8.1.1　凡在坠落高度基准面2m及以上的高处进行的工作，都应视为高处作业。凡参加高处作业的人员，应每年进行一次体检。

8.1.2　高处作业时，必须使用合格且有后备绳的双保险安全带。安全带的挂钩或绳子应挂在结实牢固的构架上，并应采用高挂低用的方式。禁止系挂在移动或不牢固的物件上。应防止安全带从杆顶脱出或被锋利物损坏。

8.1.3 攀登杆塔作业前，应先检查杆根、杆身、基础和拉线是否牢固。新立杆塔在杆基未完全牢固或做好临时拉线前，严禁攀登。遇有冲刷、起土、上拔或导线、拉线松动的杆塔，应先培土加固，打好临时拉线或支好架杆后，再行登杆。

8.1.4 登杆塔前，应先检查登高工具、设施，如脚扣、升降板、安全带、梯子和脚钉、爬梯、防坠装置等是否完整牢靠。禁止携带器材登杆或在杆塔上移位。严禁利用绳索、拉线上下杆塔或顺杆下滑。

8.1.5 登杆塔前，应核对线路双重称号无误后，方可登杆。

8.1.6 高处作业应一律使用工具袋。较大的工具应用绳拴在牢固的构件上，不准随便乱放。上下传递物件应用绳索拴牢传递，严禁上下抛掷。

8.1.7 杆上作业转位时，手扶的构件应牢固，且不得失去安全带保护。上横担进行工作前，应检查横担连接是否牢固和腐蚀情况，检查时安全带（绳）应系在电杆或牢固的构架上。

8.1.8 在高处作业现场，工作人员不得站在作业处的垂直下方，高空落物区不得有无关人员通行或逗留。在行人道口或人口密集区从事高处作业，工作点下方应设围栏或其他保护措施，并有人看护。

8.1.9 杆塔上下无法避免垂直交叉作业时，应做好防落物伤人的措施，作业时要相互照应，密切配合。

8.1.10 杆塔上有人时，不得调整或拆除拉线。

8.1.11 在未做好安全措施的情况下，不准在不坚固的结构（如彩钢板屋顶）上进行工作。

8.1.12 使用梯子时，要有人扶持或绑牢。梯子应坚固完整，有防滑措施。梯子的支柱应能承受作业人员及所携带的工具、材料攀登时的总重量。硬质梯子的横档应嵌在支柱上，梯阶的距离不应大于 40cm，并在距梯顶 1m 处设限高标志。使用单梯工作时，梯与地面的斜角度为 60° 左右。梯子不宜绑接使用。人字梯应有限制开度的措施。间接带电作业或临近带电设备作业时，禁止使用非绝缘的梯子登高作业。

8.1.13 在气温低于 −10℃时，不宜进行高处作业。确因工作需要进行作业时，作业人员应采取保暖措施，施工场所附近设置临时取暖休息场所，并注意防火。高处连续工作时间不宜超过 1h；在冰雪、霜冻、雨雾天气进行高处作业，应采取防滑措施。

8.2 坑洞开挖与爆破

8.2.1 挖坑前，应与有关地下管道、电缆等地下设施的主管单位取得联系，明确地下设施的确切位置，做好防护措施。组织外来人员施工时，应将安全注意事项交代清楚，并加强监护。在挖掘过程中如发现电缆盖板或管道，则应立即停止工作，并报告现场工作负责人。

8.2.2 挖坑时，应及时清除坑口附近浮土、石块，坑边禁止外人逗留。在超过 1.5m 深的基坑内作业时，向坑外抛掷土石应防止土石回落坑内，并做好临边防护措施。作业人员不得在坑内休息。

8.2.3 在土质松软处挖坑，应有防止塌方措施，如加挡板、撑木等。不得站在挡板、撑木上传递土石或放置传土工具。禁止由下部掏挖土层。

8.2.4 在下水道、煤气管线、潮湿地、垃圾堆或有腐质物等附近挖坑时，应设监护人。在挖深超过 2m 的坑内工作时，应采取安全措施，如戴防毒面具、向坑中送风和持续检测等。

监护人应密切注意挖坑人员，防止煤气、沼气等有毒气体中毒。

8.2.5　在居民区及交通道路附近挖的基坑，应设坑盖或可靠遮栏，加挂警告标示牌，夜间应挂红灯。

8.2.6　进行石坑、冻土坑打眼或打桩时，应检查锤把、锤头及钢钎。作业人员应戴安全帽。打锤人应站在扶钎人侧面，严禁站在对面，并不得戴手套。钎头有开花现象时，应及时修理或更换。

8.2.7　爆破作业应由专业人员根据相关规程执行，严禁非专业人员从事爆破工作。

8.3　立杆和撤杆工作

8.3.1　立、撤杆应设专人统一指挥。开工前，应交代施工方法、指挥信号和安全组织、技术措施，作业人员应明确分工、密切配合、服从指挥。在居民区和交通道路附近立、撤杆时，应具备相应的交通组织方案，并设警戒范围或警告标志，必要时派专人看守。

8.3.2　立、撤杆要使用合格的起重、支撑设备和拉绳，使用前应仔细检查，必要时要进行试验。使用方法应正确，严禁过载使用。

8.3.3　立杆过程中，杆坑和杆下禁止有人工作或走动，除指挥人及指定人员外，其他人员必须与电杆至少保持 1.2 倍杆塔高度的距离。

8.3.4　立杆及修整杆坑时，应有防止杆身倾斜、滚动的措施，如采用拉绳和叉杆控制等。

8.3.5　顶杆及叉杆只能用于竖立 8m 以下的拔稍杆，不得用铁锹、桩柱等代用。立杆前，应开好"马道"。工作人员要均匀分配在电杆的两侧。

8.3.6　利用已有杆塔立、撤杆，应先检查杆塔根部及拉线和杆塔的强度，必要时增设临时拉线或其他补强措施。在带电线路或设备附近进行立、撤杆工作，杆塔、拉线与临时拉线，以及立杆工器具应与带电线路或设备保持足够的安全距离，并有防止立、撤杆过程中拉线跳动和杆塔倾斜接近带电导线的措施。

8.3.7　使用吊车立、撤杆时，绳套应吊在杆的重心偏上位置，防止电杆失去平衡而突然倾倒，必要时应用拉绳等安全措施防止电杆摆动。

8.3.8　在撤杆工作中，拆除杆上导线前，应先检查杆根和拉线，并做好防止倒杆措施。在挖坑前应先绑好拉绳。

8.3.9　使用抱杆立、撤杆时，主牵引绳、尾绳、杆塔中心及抱杆顶应在一条直线上。抱杆下部应固定牢固，抱杆顶部应设临时拉线控制，临时拉线应均匀调节并由有经验的人员控制。抱杆应受力均匀，两侧拉绳应拉好，不得左右倾斜。固定临时拉线时，不得固定在有可能移动的物体上，或其他不牢固的物体上。

8.3.10　立、撤杆塔过程中，吊件垂直下方、受力钢丝绳的内角侧严禁有人。杆顶起立离地约 0.8m 时，应对杆塔进行一次冲击试验，对各受力点处作一次全面检查，确无问题，再继续起立；杆塔起立 60° 后，应减缓速度，注意各侧拉线。

8.3.11　牵引时，不得利用树木或外露岩石作受力桩。临时拉线不得固定在有可能移动或其他不可靠的物体上。一个锚桩上的临时拉线不得超过两根，临时拉线绑扎工作应由有经验的人员担任。临时拉线应在永久拉线全部安装完毕承力后方可拆除。

8.3.12　已经起立的电杆，只有在杆基回土夯实完全牢固后，方可撤去抱杆（叉杆）及拉绳。回填土块直径应不大于 30mm，每回填 150mm 应夯实一次。基础未完全夯实牢固和拉线杆塔在拉线未制作完成前，严禁攀登。

杆塔施工中不宜用临时拉线过夜；需要过夜时，应对临时拉线采取加固措施。

8.4　放线、撤线、紧线

8.4.1　放线、撤线和紧线工作均应有专人指挥、统一信号，并做到通信畅通、加强监护。工作前应检查放线、撤线和紧线工具及设备是否良好。

8.4.2　交叉跨越各种线路、铁路、公路、河流等放、撤线时，应先取得主管部门同意，做好安全措施，如搭好可靠的跨越架、封航、封路、在路口设专人持信号旗看守等。

8.4.3　放线工作开始前，工作负责人应检查线盘及放线架是否牢固、平稳，明确分工，派专人负责看守线盘，并备有制动措施。发现异常情况应立即发信号停止工作。

8.4.4　紧线前，应检查导线有无障碍物挂住。紧线时，应检查接线管或接线头以及过滑轮、横担、树枝、房屋等处有无卡住现象。如遇导线有卡、挂住现象，应松线后处理。处理时操作人员应站在卡线处外侧，采用工具、大绳等撬、拉导线。严禁用手直接拉、推导线。

8.4.5　放线、撤线和紧线工作时，人员不得站在或跨在已受力的牵引绳、导线的内角侧和展放的导线圈内以及牵引绳或架空线的垂直下方，防止意外跑线时抽伤。

8.4.6　紧线、撤线前，应检查拉线、桩锚和杆塔。必要时，应加固桩锚或加设临时拉绳。

8.4.7　放线或撤线、紧线时，应采取措施防止导线由于摆（跳）动或其他原因而与带电导线接近至危险距离以内。

8.4.8　为了防止新架或停电检修线路的导线产生跳动，或因过牵引引起导线突然脱落、滑跑而发生意外，应用绳索将导线牵拉牢固或采用其他安全措施。

8.4.9　严禁采用突然剪断导线的做法松线。

8.5　起重与运输

8.5.1　起重工作应由有经验的人统一指挥，指挥信号应简明、统一、畅通，分工应明确。参加起重工作的人员应熟悉起重搬运方案及安全措施。工作前，工作负责人应对起重工作和工器具进行全面的检查。

8.5.2　起重机械，如绞磨、汽车吊、卷扬机、手摇绞车等，应安置平稳牢固，并应设有制动和逆止装置。制动装置失灵或不灵敏的起重机械禁止使用。

8.5.3　起重机械和起重工具的工作荷重应有铭牌规定，使用时不得超出。使用流动式起重机工作前应按说明书的要求平整停机场地，牢固可靠地打好支腿。电动卷扬机应可靠接地。

8.5.4　起吊物件应绑扎牢固，若物件有棱角或特别光滑的部位时，在棱角和滑面与绳索（吊带）接触处应加以包垫。

8.5.5　吊钩应有防止脱钩的保险装置。使用开门滑车时，应将开门勾环扣紧，防止绳索自动跑出。

8.5.6　当重物吊离地面后，工作负责人应再检查各受力部位和被吊物品，无异常情况后方可正式起吊。

8.5.7　在起吊、牵引过程中，受力钢丝绳的周围、上下方、转向滑车内角侧、吊臂和起吊物的下面，严禁有人逗留和通过。吊运重物不得从人头顶通过，吊臂下严禁站人。

8.5.8　起重钢丝绳的安全系数应符合下列条件：

    a)　用于固定起重设备为 3.5；

    b)　用于人力起重为 4.5；

    c)　用于机动起重为 5～6；

  d） 用于绑扎起重物为 10；

  e） 用于供人升降用为 14。

8.5.9 起重工作时，臂架、吊具、辅具、钢丝绳及重物等与带电体的最小距离不得小于表 1 的规定。

表 1 临近带电线路的起重工作应保持的最小安全距离

线路电压 kV	1 以下	1～20	35～110	220
与线路最大风偏时的安全距离 m	1.5	2.0	4.0	6.0

8.5.10 复杂道路、大件运输前应组织对道路进行勘察，并向司乘人员交底。

8.5.11 运输爆破器材，氧气瓶、乙炔气瓶等易燃、易爆物件时，应遵守国务院〔2002〕第 344 号令的规定，并设标志。

8.5.12 装运电杆和线盘时应绑扎牢固，并用绳索绞紧。水泥杆、线盘的周围应塞牢，防止滚动、移动伤人。运载超长、超高或重大物件时，物件重心应与车厢承重中心基本一致，超长物件尾部应设标志。严禁客货混装。

8.5.13 装卸电杆等笨重物件应采取措施，防止散堆伤人。分散卸车时，每卸一根之前，应防止其余杆件滚动；每卸完一处，应将车上其余的杆件绑扎牢固后，方可继续运送。

8.5.14 使用机械牵引杆件上山时，应将杆身绑牢，钢丝绳不得触磨岩石或坚硬地面，牵引路线两侧 5m 以内，不得有人逗留或通过。

8.5.15 人力运输的道路应事先清除障碍物，在山区抬运笨重物件时应事先制订运输方案，采取必要的安全措施。

8.5.16 多人抬扛，应同肩，步调一致，起放电杆时应相互呼应协调。重大物件不得直接用肩扛运，雨、雪后抬运物件时应有防滑措施。

8.5.17 在吊起或放落箱式配电设备、变压器、柱上断路器（开关）或隔离开关 （刀闸）前，应检查台、构架结构是否牢固。

8.5.18 起重工具应妥善保管，列册登记，定期检查，按期试验，见附录 G。

9 临近带电导线的工作

9.1 在低压带电线路杆塔上的工作

9.1.1 在带电电杆上工作时，只允许在带电线路的下方进行，如处理水泥杆裂纹、加固拉线、拆除鸟窝、紧固螺丝、防腐、消除杆塔异物、涂写杆号牌、查看导线金具和绝缘子等工作。

  作业人员活动范围及其所携带的工具、材料等，与低压带电导线的最小距离不得小于0.7m，如不能保证 0.7m 的距离时，应按照带电作业要求工作或停电进行。

  进行上述工作时，风力应不大于 5 级，并应有专人监护。

9.1.2 对带电电杆进行拉线加固工作时，只允许调整拉线下把的绑扎或补强工作，不得将连接处松开。

9.2　临近或交叉其他电力线路的工作

9.2.1　新架或停电检修低压线路（如放线、撤线或紧线、松线、落线等）时，如该线路与10kV 及以下带电线路交叉或接近，其安全距离小于 1.0m 时，带电线路必须停电。

9.2.2　低压线路如与 35kV 及以上线路临近或交叉，工作时可能接触或接近至危险距离以内（见表2），而 35kV 及以上线路又不能停电时，应遵守以下规定：

    a)　采取有效措施，使人体、导线、施工机具、牵引绳索和接绳等与带电导线符合表2 中的安全距离。

    b)　作业的导线应在工作地点可靠接地；绞车等牵引工具也应接地。

    c)　只有停电检修线路在带电线路下面时，方可在线路交叉挡内进行松紧、降低或架设导线的工作，并应采取防止导线产生跳动或过牵引而与带电导线接近表2 安全距离以内的措施。

表 2　临近或交叉其他电力线路工作的安全距离

电压等级 kV	安全距离 m	电压等级 kV	安全距离 m
10 及以下	1.0	63（66）、110	3.0
20、35	2.5	220	4.0

9.2.3　为防止登杆作业人员误登杆而造成人身触电事故，与检修线路临近的带电线路的电杆上必须挂标示牌，或派专人看守。

9.3　同杆塔架设多回线路中的低压停电的工作

9.3.1　工作票签发人和工作负责人对停电检修线路的称号应特别注意正确填写和检查。多回线路中的每回线路都应填写双重称号（即线路双重名称和位置称号，位置称号指上线、中线或下线和面向线路杆塔号增加方向的左线或右线）。

9.3.2　工作负责人在接受许可开始工作的命令时，应与工作许可人核对停电线路双重称号无误。如不符或有任何疑问时，不得开始工作。

9.3.3　在高低压同杆架设的低压线路上工作，所有低压线路必须停电并接地。

9.3.4　在同杆架设的多回线路中的任一低压线路检修，在高压不停电的情况下，低压线路停电检修应注意以下事项：

    a)　从事低压登杆（塔）或杆塔上工作时，人体与上层带电高压线路应保证足够的安全距离，每基杆塔应设专人监护。

    b)　作业人员登杆塔前应核对停电检修线路的识别标记和双重称号无误后，方可攀登。

    c)　绑线须绕成小盘后，再带上杆塔使用。严禁在杆塔上卷绕或展开绑线。

    d)　在线路一侧吊起或向下放落工具、材料等物体时，应使用绝缘无极绳圈传递，物件与带电导线的安全距离应符合表2 的要求。

9.3.5　禁止在有同杆架设的 10kV 及以下线路带电情况下，进行低压线路的停电施工作业。

10　架空绝缘导线作业

10.1　架空绝缘导线不应视为绝缘设备，作业人员不得直接接触。架空绝缘线路与裸导线线路停电作业的安全要求相同。

10.2 架空绝缘导线应在线路的适当位置设立验电接地环或其他验电接地装置，以满足运行、检修工作的需要。

10.3 禁止工作人员穿越未停电接地或未采取隔离措施的绝缘导线进行工作。

11 低压电缆作业

11.1 低压电力电缆作业的安全措施

11.1.1 工作前应详细核对电缆标示牌的名称与工作票所填写的相符，安全措施正确可靠后，方可开始工作。

11.1.2 电缆直埋敷设施工前应先查清图纸，再开挖足够数量的样洞和样沟，摸清地下管线分布情况，以确定电缆敷设位置及确保不损坏运行电缆和其他地下管线。为防止损伤运行电缆或其他地下管线设施，在城市道路红线范围内不应使用大型机械来开挖沟槽，硬路面面层破碎可使用小型机械设备，但应加强监护，不得深入土层，并告知施工人员有关施工的注意事项。若要使用大型机械设备时，应履行相应的报批手续。

11.1.3 掘路施工应具备相应的交通组织方案，做好防止交通事故的安全措施。施工区域应用标准路栏等严格分隔，并有明显标记，夜间施工应佩戴反光标志，施工地点应加挂警示灯，以防行人或车辆等误入。

11.1.4 沟槽开挖深度达到 1.5m 及以上时，应采取措施防止土层塌方。

11.1.5 沟槽开挖时，应将路面铺设材料和泥土分别堆置，堆置处和沟槽之间应保留通道供施工人员正常行走。在堆置物堆起的斜坡上不得放置工具材料等器物，以免滑入沟槽损伤施工人员或电缆。

11.1.6 挖到电缆保护板后，应由有经验的人员在场指导，方可继续进行，以免误伤电缆。

11.1.7 移动电缆接头一般应停电进行。如必须带电移动，应先调查该电缆的历史记录，由有经验的施工人员，在专人统一指挥下，平正移动，以防止损伤绝缘。

11.1.8 锯电缆以前，应确认该电缆确已停电，并在电缆两端可靠接地，同时在工作点附近用接地的带绝缘柄的铁钎钉入电缆芯后，方可工作。操作人应戴绝缘手套并站在绝缘垫上，并采取防灼伤措施（如防护面具等）。

11.1.9 开启电缆井井盖、电缆沟盖板及电缆隧道人孔盖时应使用专用工具，同时注意所立位置，以免滑脱后伤人。开启后应设置标准路栏围起，并有人看守。工作人员撤离电缆井或隧道后，应立即将井盖盖好，以免行人碰盖后摔跌或不慎跌入井内。

11.1.10 电缆隧道应有充足的照明，并有防火、防水、通风的措施。电缆井内工作时，禁止只打开一只井盖（单眼井除外）。进入电缆井、电缆隧道前，应先用吹风机排除浊气，再用气体检测仪检查井内或隧道内的易燃易爆及有毒气体的含量是否超标，并做好记录。电缆沟的盖板开启后，应自然通风一段时间，经测试合格后方可下井工作。电缆井、隧道内工作时，通风设备应保持常开，以保证空气流通。

11.1.11 制作环氧树脂电缆头和调配环氧树脂工作过程中，应采取有效的防毒和防火措施。

11.1.12 电缆施工完成后应将穿越过的孔洞进行封堵以达到防水、防火和防小动物的要求。

11.1.13　非开挖施工的安全措施：

a)　采用非开挖技术施工前，应首先探明地下各种管线及设施的相对位置；

b)　非开挖的通道，应离开地下各种管线及设施足够的安全距离；

c)　通道形成的同时，应及时对施工的区域进行灌浆等措施，防止路基的沉降。

11.2　低压电缆线路试验安全措施

11.2.1　电力电缆试验要拆除接地线时，应征得工作许可人的许可，方可进行。工作完毕后立即恢复。

11.2.2　电缆的试验过程中，更换试验引线时，应先对设备充分放电。作业人员应戴好绝缘手套。

11.2.3　电缆试验分芯进行时，其余缆芯应接地。

11.2.4　电缆试验结束，应对被试电缆进行充分放电，并在被试电缆上加装临时接地线，待电缆尾线接通后才可拆除。

11.2.5　电缆故障声测定点时，禁止直接用手触摸电缆外皮或冒烟小洞，以免触电。

12　间接带电作业

12.1　进行间接带电作业时，作业范围内电气回路的剩余电流动作保护器必须投入运行。

12.2　低压间接带电工作时应设专人监护。使用有绝缘柄的工具，其外裸的导电部位应采取绝缘措施，防止操作时相间或相对地短路。工作时，应穿绝缘鞋和全棉长袖工作服，并戴手套、安全帽和护目镜，工作服袖口必须套入手套内，站在干燥的绝缘物上进行。严禁使用锉刀、金属尺和带有金属物的毛刷、毛掸等工具。

12.3　户外间接带电作业，应在天气良好的条件下进行。

12.4　在带电的低压配电装置上工作时，应采取防止相间短路和单相接地短路的隔离措施。

12.5　带电断开配电盘或接线箱中的电压表和电能表的电压回路时，必须采取防止短路或接地的措施。严禁将电流互感器二次侧开路。

12.6　高低压同杆架设，在低压带电线路上工作时，应先检查与高压线的距离，采取防止误碰带电高压设备的措施。工作人员不得穿越低压带电线路。

12.7　上杆前，应先分清相线、零线，选好工作位置。断开导线时，应先断开相线，后断开零线。搭接导线时，顺序应相反。人体不得同时接触两根线头。

12.8　在紧急情况下，允许用有绝缘柄的钢丝钳断开带电的绝缘照明线。断线时，应分相进行，断开点应在导线固定点的负荷侧。被断开的线头，应用绝缘胶布包扎、固定。

12.9　更换户外式熔断器的熔丝或拆搭接头时，应在线路停电后进行。如需间接带电作业时必须在监护人的监护下进行，但严禁带负荷作业。

13　低压配电及装表接电作业

13.1　在低压配电装置上的停电工作：

13.1.1　在配电变压器台架上的低压配电装置上的工作应停电进行。不论线路是否停电，应先拉开低压侧断路器（开关），再拉开隔离开关（刀闸），后拉开高压侧隔离开关（刀闸）

或跌落式熔断器（保险），在停电的高、低压引线上验电、装设接地线。

13.1.2 进行配电设备停电作业前，应断开可能送电到待检修设备、配电变压器各侧的所有线路（包括用户线路）断路器（开关）、隔离开关（刀闸）和熔断器（保险），并验电、装设接地线后，才能进行工作。

13.1.3 配电设备验电时，应戴绝缘手套。

13.1.4 进行电容器停电工作时，应先断开电源，将电容器验电、充分放电、装设接地线后才能进行工作。

13.1.5 配电设备接地电阻不合格时，应戴绝缘手套方可接触箱体。

13.2 带电装表接电工作时，应采取防止短路和电弧灼伤的安全措施。

13.3 电能表与电流互感器、电压互感器的配合安装时，应有防止电流互感器二次开路和电压互感器二次短路的安全措施。

13.4 工作人员在接触运用中的配电箱、电表箱前，应用验电器确认无电压后，方可接触。

13.5 当发现配电箱、电表箱箱体带电时，应断开上一级电源将其停电，查明带电原因，并作相应的处理。

13.6 装表接电工作应由两人及以上协同进行，使用安全、可靠、绝缘的登高工器具，并做好防止高处坠落的安全措施。

13.7 装（拆）不经电流互感器的电能表、电流表时，线路不得带负荷。

14 施工机具的使用、保管、检查和试验

14.1 一般规定

14.1.1 施工机具应统一编号，专人保管。入库、出库、使用前应进行检查。禁止使用损坏、变形、有故障等不合格的施工机具和安全工器具。机具的各种监测仪表以及制动器、限位器、安全阀、闭锁机构等安全装置应齐全、完好。

14.1.2 自制或改装和主要部件更换或检修后的机具，应按国家有关规定进行试验，经鉴定合格后方可使用。

14.1.3 机具应由了解其性能并熟悉使用知识的人员操作和使用。机具应按出厂说明书和铭牌的规定使用。

14.1.4 起重机械的操作和维护应遵守 GB/T 6067 的规定。

14.1.5 特种设备的操作人员应经过专项培训，并取得特种设备操作资格证。

14.2 施工机具的使用要求

14.2.1 各类绞磨和卷扬机：

14.2.1.1 绞磨应放置平稳，锚固可靠，受力前方不得有人。锚固绳应有防滑动措施。

14.2.1.2 牵引绳应从卷筒下方卷入，排列整齐，并与卷筒垂直，在卷筒上不得少于 5 圈（卷扬机：不得少于 3 圈）。钢绞线不得进入卷筒。导向滑车应对正卷筒中心。滑车与卷筒的距离：光面卷筒不应小于卷筒长度的 20 倍，有槽卷筒不应小于卷筒长度的 15 倍。

14.2.1.3 人力绞磨架上固定磨轴的活动挡板应装在不受力的一侧，严禁反装。人力推磨时，推磨人员应同时用力。绞磨受力时人员不得离开磨杠，防止飞磨伤人。作业完毕应取出磨杠。拉磨尾绳不应少于 2 人，应站在锚桩后面，且不得在绳圈内。绞磨受力时，不得用松

尾绳的方法卸荷。

14.2.1.4 拖拉机绞磨两轮胎应在同一水平面上，前后支架应受力平衡。严禁带拖斗牵引。绞磨卷筒应与牵引绳的最近转向点保持 5m 以上的距离。

14.2.2 抱杆的使用：

14.2.2.1 选用抱杆应经过计算或负荷校核。独立抱杆至少应有四根拉绳，人字抱杆至少应有两根拉绳并有限制腿部开度的控制绳，所有拉绳均应固定在牢固的地锚上，必要时经校验合格。

14.2.2.2 抱杆有下列情况之一者严禁使用：

a) 圆木抱杆：木质腐朽、损伤严重或弯曲过大。

b) 金属抱杆：整体弯曲超过杆长的 1/600。局部弯曲严重、磕瘪变形、表面严重腐蚀、缺少构件或螺栓、裂纹或脱焊。

c) 抱杆脱帽环表面有裂纹或螺纹变形。

14.2.3 导线联结网套：

导线穿入联结网套应到位，网套夹持导线的长度不得少于导线直径的 30 倍。网套末端应以铁丝绑扎不少于 20 圈。

14.2.4 双钩紧线器：

经常进行润滑保养。出现换向爪失灵、螺杆无保险螺丝、表面裂纹或变形等情况时严禁使用。紧线器受力后应至少保留 1/5 有效丝杆长度。

14.2.5 卡线器：

规格、材质应与线材的规格、材质相匹配。卡线器有裂纹、弯曲、转轴不灵活或钳口斜纹磨平等缺陷时应予报废。

14.2.6 放线架：

应支撑在坚实的地面上，松软地面应采取加固措施。放线轴与导线伸展方向应形成垂直角度。

14.2.7 地锚：

分布和埋设深度，应根据其作用和现场的土质设置。

14.2.8 链条葫芦：

14.2.8.1 使用前应检查吊钩、链条、转动装置及刹车装置是否良好。吊钩、链轮、倒卡等有变形时，以及链条直径磨损量达 10%时，严禁使用。刹车片严禁沾染油脂。

14.2.8.2 操作时，手拉链或扳手的拉动方向应与链轮槽方向一致，不得斜拉硬扳；操作人员不得站在链条葫芦的正下方。葫芦的起重链不得打扭，并不得拆成单股使用。在使用中如发生卡链情况，应将重物垫好后方可进行检修。

14.2.8.3 葫芦带负荷停留较长时间或过夜时，应将手拉链或扳手绑扎在起重链上，并采取保险措施。两台及两台以上链条葫芦起吊同一重物时，重物的重量应不大于每台链条葫芦的允许起重量。

14.2.9 钢丝绳：

14.2.9.1 钢丝绳应按出厂技术数据使用。无技术数据时，应进行单丝破断力试验。

14.2.9.2 钢丝绳应定期浸油，遇有下列情况之一者应予报废：

a) 钢丝绳在一个节距中有表 3 中的断丝根数者；

表 3　钢 丝 绳 断 丝 根 数

最初的安全系数	钢丝绳结构							
	6×19＝114＋1		6×37＝222＋1		6×61＝366＋1		18×19＝342＋1	
	逆捻	顺捻	逆捻	顺捻	逆捻	顺捻	逆捻	顺捻
小于6	12	6	22	11	36	18	36	18
6～7	14	7	26	13	38	19	38	19
大于7	16	8	30	15	40	20	40	20

    b)　钢丝绳的钢丝磨损或腐蚀达到原来钢丝直径的 40% 及以上，或钢丝绳受过严重退火或局部电弧烧伤者；

    c)　绳芯损坏或绳股挤出；

    d)　笼状畸形、严重扭结或弯折；

    e)　钢丝绳压扁变形及表面起毛刺严重者；

    f)　钢丝绳断丝数量不多，但断丝增加很快者。

14.2.9.3　钢丝绳端部用绳卡固定连接时，绳卡压板应在钢丝绳主要受力的一边，不得正反交叉设置；绳卡间距不应小于钢丝绳直径的 6 倍；绳卡数量应符合有关规定。

14.2.9.4　插接的环绳或绳套，其插接长度应不小于钢丝绳直径的 15 倍，且不得小于300mm。新插接的钢丝绳套应作 125%允许负荷的抽样试验。

14.2.9.5　通过滑轮及卷筒的钢丝绳不得有接头。滑轮、卷筒的槽底或细腰部直径与钢丝绳直径之比应遵守下列规定：

    a)　起重滑车：机械驱动时不应小于 11；人力驱动时不应小于 10。

    b)　绞磨卷筒：不应小于 10。

14.2.10　汽车吊、斗臂车：

14.2.10.1　汽车吊、斗臂车的使用应遵守 JB 8716—1998 的规定。

14.2.10.2　汽车吊、斗臂车应在水平地面上工作，其允许倾斜度不得大于 3°，支架应支撑在坚实的地面上，否则应采取加固措施。

14.2.10.3　在斗臂上工作应使用安全带。不得用汽车吊悬挂吊篮上人作业。不得用斗臂起吊重物。

14.2.10.4　在带电设备区域内使用汽车吊、斗臂车时，车身应使用不小于 $16mm^2$ 的软铜线可靠接地。在道路上施工应设围栏，并设置适当的警示标示牌。

14.3　施工机具的保管、检查和试验

14.3.1　施工机具应有专用库房存放，库房要经常保持干燥、通风。

14.3.2　施工机具应定期进行检查、维护、保养。施工机具的转动和传动部分应保持润滑。

14.3.3　对不合格或应报废的机具应及时清理，不得与合格的混放。

14.3.4　起重机具的检查、试验要求应满足起重工具试验表（见附录 G 中表 G.2）的规定。

14.3.5　汽车吊试验应符合 GB/T 5905 的规定，维护与保养应遵守国家有关的规定。斗臂车机械试验、维护与保养参照以上规程执行。

15 安全工器具的保管、使用、检查和试验

15.1 安全工器具的保管

15.1.1 安全工器具宜存放在温度为–15℃～+35℃、相对湿度为 80%以下、干燥通风的安全工器具室内。

15.1.2 安全工器具室内应配置适用的柜、架，并不得存放不合格的安全工器具及其他物品。

15.1.3 携带型接地线宜存放在专用架上，架上的号码与接地线的号码应一致。

15.1.4 绝缘隔板和绝缘罩应存放在室内干燥、离地面 200mm 以上的架上或专用的柜内。使用前应擦净灰尘。如果表面有轻度擦伤，应涂绝缘漆处理。

15.1.5 绝缘工具在储存、运输时不得与酸、碱、油类和化学药品接触，并要防止阳光直射或雨淋。橡胶绝缘用具应放在避光的柜内，并撒上滑石粉。

15.1.6 绝缘杆（棒）应垂直存放在支架上或悬挂起来，但不得接触墙壁；绝缘手套应用专用支架存放；仪表和绝缘鞋、绝缘夹等应存放在柜内；验电笔（器）存于盒（箱）内；安全工器具上面不准存放其他物件，橡胶制品不可与油脂类接触。

15.1.7 工器具及仪表等应分类编号登记，定期进行检查，按期进行绝缘和机械试验（常用登高、起重工具试验表见附录 G；常用电气绝缘工具试验表见附录 F）。

15.1.8 接地线、标示牌和临时遮栏的数量，应根据低压电网的规模或设备数量配备（标示牌式样见附录 H）。

15.2 安全工器具的使用和检查

15.2.1 安全工器具使用前的外观检查应包括绝缘部分有无裂纹、老化、绝缘层脱落、严重伤痕，固定连接部分有无松动、锈蚀、断裂等现象。对其绝缘部分的外观有疑问时应进行绝缘试验合格后方可使用。

15.2.2 绝缘操作杆、验电器和测量杆：允许使用电压应与设备电压等级相符。使用时，作业人员手不得越过护环或手持部分的界限。雨天在户外操作电气设备时，操作杆的绝缘部分应有防雨罩或使用带绝缘子的操作杆。使用时人体应与带电设备保持安全距离，并注意防止绝缘杆被人体或设备短接，以保持有效的绝缘长度。

15.2.3 携带型短路接地线：接地线的两端夹具应保证接地线与导体和接地装置都能接触良好、拆装方便，有足够的机械强度，并在大短路电流通过时不致松脱。携带型接地线使用前应检查是否完好，如发现绞线松股、断股、护套严重破损、夹具断裂松动等均不得使用。

15.2.4 绝缘隔板和绝缘罩：10kV 及以下绝缘隔板和绝缘罩的厚度不应小于 3mm，现场带电安放绝缘隔板及绝缘罩时，应戴绝缘手套、使用绝缘操作杆，必要时可用绝缘绳索将其固定。

15.2.5 安全帽：安全帽使用前，应检查帽壳、帽衬、帽箍、顶衬、下颌带等附件完好无损。使用时，应系好下颌带，防止工作中前倾后仰或其他原因造成滑落。

15.2.6 安全带：腰带和保险带、绳应有足够的机械强度，材质应有耐磨性，卡环（钩）应具有保险装置，操作应灵活。保险带、绳使用长度在 3m 以上的应加缓冲器。

15.2.7 脚扣和登高板：金属部分变形和绳（带）损伤者禁止使用。特殊天气使用脚扣和

登高板应采取防滑措施。

15.3 安全工器具试验

15.3.1 各类安全工器具应经过国家规定的型式试验、出厂试验和使用中的周期性试验，并做好记录。

15.3.2 应进行试验的安全工器具如下：

    a) 规程要求进行试验的安全工器具；

    b) 新购置和自制的安全工器具；

    c) 检修后或关键零部件经过更换的安全工器具；

    d) 对安全工器具的机械、绝缘性能发生疑问或发现缺陷时。

15.3.3 安全工器具经试验合格后，应在不妨碍绝缘性能且醒目的部位粘贴合格证。

15.3.4 安全工器具的电气试验和机械试验可由各使用单位根据试验标准和周期进行，也可委托有资质的试验研究机构试验。

15.3.5 各类绝缘安全工器具试验周期要求见附录F。

16 其他

16.1 雷电天气禁止在室内外电气设备上进行操作和维修。

16.2 严禁带电移动或维修、试验各种电气设备。

16.3 用户有自备电源的，必须采取防反送电措施（如加装联锁、闭锁装置等），以防用户自备电源在电网停电时向电网反送电。

16.4 遇有电气设备着火时，应立即将有关设备的电源切断，然后进行救火。对电气设备应使用干式灭火器、二氧化碳灭火器、四氯化碳灭火器等灭火。在室外使用灭火器时，使用人员应站在上风侧。

附 录 A

（规范性附录）

现 场 勘 察 记 录 格 式

现场勘察记录格式见表 A.1。

表 A.1 现 场 勘 察 记 录

勘察单位＿＿＿＿＿＿＿＿＿＿ 编号＿＿＿＿＿＿＿＿

勘察负责人＿＿＿＿＿＿＿＿＿＿ 勘察人员＿＿＿＿＿＿＿＿＿＿＿＿＿＿＿＿＿

勘察的线路或设备的双重名称（多回应注明双重称号）：

＿＿＿

工作任务（工作地点或地段以及工作内容）：＿＿＿＿＿＿＿＿＿＿＿＿＿＿＿＿＿

＿＿＿

现场勘察内容

1. 需要停电的范围：
2. 保留的带电部位：
3. 作业现场的条件、环境及其他危险点：
4. 应采取的安全措施：
5. 附图与说明：

记录人：_____　勘察日期：_____年___月___日___时___分至___日___时___分

附 录 B

（规范性附录）

低压第一种工作票格式

低压第一种工作票格式见表 B.1。

表 B.1 低 压 第 一 种 工 作 票

单位_____ 编号_____

1. 工作负责人（监护人）_____ 班组_____

2. 工作班人员（不包括工作负责人）

_____共_____人

3. 工作的线路或设备双重名称（多回路应注明双重称号）

_____

4. 工作任务

工作地点或地段 （注明分、支线路名称、线路的起止杆号）	工作内容

5. 计划工作时间

自_____年___月____日____时___分

至_____年___月____日____时___分

6. 安全措施（必要时可附页绘图说明）

6.1 应改为检修状态的线路间隔名称和应拉开的断路器（开关）、隔离开关（刀闸）、熔断器（包括分支线、用户线路和配合停电线路）：_____

_____

_____

_____

6.2 保留或临近的带电线路、设备：_____

_____

_____

_____

6.3 其他安全措施和注意事项：_____

_____

_____

_____

_____

6.4 应挂的接地线

线路名称及杆号						
接地线编号						

工作票签发人签名_____ _____年____月___日__时____分

工作负责人签名_____ _____年____月___日__时____分收到工作票

7. 确认本工作票1～6项，许可工作开始

许可方式	许可人	工作负责人签名	许可工作的时间				
			年	月	日	时	分
			年	月	日	时	分
			年	月	日	时	分

8. 确认工作负责人布置的工作任务和安全措施

工作班组人员签名：

_____

_____

_____

9. 工作负责人变动情况

原工作负责人_____离去，变更_____为工作负责人。

工作票签发人签名_____ _____年___月___日___时___分

10. 工作人员变动情况（变动人员姓名、日期及时间）

_____

_____

_____

_____

工作负责人签名_____

11. 工作票延期

有效期延长到_____年___月___日___时___分

工作负责人签名_____ _____年___月___日___时___分

工作许可人签名_____ _____年___月___日___时___分

12. 工作票终结

12.1 现场所挂的接地线编号_____ 共_____组，已全部拆除、带回。

12.2 工作终结报告

终结报告的方式	许可人	工作负责人签名	终结报告时间
			年　月　日　时　分
			年　月　日　时　分
			年　月　日　时　分

13. 备注

（1）指定专责监护人_____负责监护_____（人员、地点及具体工作）

（2）其他事项_____

_____

_____

附　录　C
（规范性附录）
低压第二种工作票格式

低压第二种工作票格式见表 C.1。

表 C.1　低 压 第 二 种 工 作 票

单位_____　　　　编号_____

1. 工作负责人（监护人）_____　　　班组_____

2. 工作班人员（不包括工作负责人）

_____

_____共_____人

3. 工作任务

线路或设备名称	工作地点、范围	工作内容

4. 计划工作时间

自_____年____月____日____时____分

至_____年____月____日____时____分

5. 注意事项（安全措施）

_____

_____

_____

工作票签发人签名_____ _____年___月___日___时___分

工作票负责人签名_____ _____年___月___日___时___分

6. 确认工作负责人布置的工作任务和安全措施

工作班组人员签名：

_____

_____

7. 工作开始时间_____年___月___日___时___分 工作负责人签名_____

工作完工时间_____年___月___日___时___分 工作负责人签名_____

8. 工作票延期

有效期延长到_____年___月___日___时___分

9. 备注

_____

_____

_____

附 录 D

（规范性附录）

低压倒闸操作票格式

低压倒闸操作票格式见表 D.1。

表 D.1 低 压 倒 闸 操 作 票

单位_____ 编号_____

发令人		受令人		发令时间： 年 月 日 时 分	
操作开始时间： 年 月 日 时 分				操作结束时间： 年 月 日 时 分	
操作任务：					
顺序	操 作 项 目				√

表 D.1（续）

顺序	操作项目	√
备注		

操作人：	监护人：

附　录　E

（规范性附录）

紧　急　救　护　法

E.1　通则

E.1.1　紧急救护的基本原则是在现场采取积极措施，保护伤员的生命，减轻伤情，减少痛苦，并根据伤情需要，迅速与医疗急救中心（医疗部门）联系救治。急救成功的关键是动作快，操作正确。任何拖延和操作错误都会导致伤员伤情加重或死亡。

E.1.2　要认真观察伤员全身情况，防止伤情恶化。发现伤员意识不清、瞳孔扩大无反应、呼吸、心跳停止时，应立即在现场就地抢救，用心肺复苏法支持呼吸和循环，对脑、心重要脏器供氧。心脏停止跳动后，只有分秒必争地迅速抢救，救活的可能才较大。

E.1.3　现场工作人员都应定期接受培训，学会紧急救护法，会正确解脱电源，会心肺复苏法、会止血、会包扎、会固定，会转移搬运伤员，会处理急救外伤或中毒等。

E.1.4　生产现场和经常有人工作的场所应配备急救箱，存放急救用品，并应指定专人经常检查、补充或更换。

E.2　触电急救

E.2.1　触电急救应分秒必争，一经明确心跳、呼吸停止的，立即就地迅速用心肺复苏法进行抢救，并坚持不断地进行，同时及早与医疗急救中心（医疗部门）联系，争取医务人员接替救治。在医务人员未接替救治前，不应放弃现场抢救，更不能只根据没有呼吸或脉搏的表现，擅自判定伤员死亡，放弃抢救。只有医生有权作出伤员死亡的诊断。与医务人员接替时，应提醒医务人员在触电者转移到医院的过程中不得间断抢救。

E.2.2　迅速脱离电源。

E.2.2.1　触电急救，首先要使触电者迅速脱离电源，越快越好。因为电流作用的时间越长，伤害越重。

E.2.2.2　脱离电源，就是要把触电者接触的那一部分带电设备的所有断路器（开关）、隔离开关（刀闸）或其他断路设备断开；或设法将触电者与带电设备脱离开。在脱离电源过程中，救护人员也要注意保护自身的安全。如触电者处于高处，应采取相应措施，防止该伤员脱离电源后自高处坠落形成复合伤。

E.2.2.3　低压触电可采用下列方法使触电者脱离电源：

（1）如果触电地点附近有电源开关或电源插座，可立即拉开开关或拔出插头，断开电源。但应注意到拉线开关或墙壁开关等只控制一根线的开关，有可能因安装问题只能切断零线而没有断开电源的相线。

（2）如果触电地点附近没有电源开关或电源插座（头），可用有绝缘柄的电工钳或有干燥木柄的斧头切断电线，断开电源。

（3）当电线搭落在触电者身上或压在身下时，可用干燥的衣服、手套、绳索、皮带、木板、木棒等绝缘物作为工具，拉开触电者或挑开电线，使触电者脱离电源。

（4）如果触电者的衣服是干燥的，又没有紧缠在身上，可以用一只手抓住他的衣服，拉离电源。但因触电者的身体是带电的，其鞋的绝缘也可能遭到破坏，救护人不得接触触电者的皮肤，也不能抓他的鞋。

（5）若触电发生在低压带电的架空线路上或配电台架、进户线上，对可立即切断电源的，则应迅速断开电源，救护者迅速登杆或登至可靠地方，并做好自身防触电、防坠落安全措施，用带有绝缘胶柄的钢丝钳、绝缘物体或干燥不导电物体等工具将触电者脱离电源。

E.2.2.4　高压触电可采用下列方法之一使触电者脱离电源：

（1）立即通知有关供电单位或用户停电。

（2）戴上绝缘手套，穿上绝缘靴，用相应电压等级的绝缘工具按顺序拉开电源开关或熔断器。

（3）抛掷裸金属线使线路短路接地，迫使保护装置动作，断开电源。注意抛掷金属线之前，应先将金属线的一端固定可靠接地，然后另一端系上重物抛掷，注意抛掷的一端不可触及触电者和其他人。另外，抛掷者抛出线后，要迅速离开接地的金属线 8m 以外或双腿并拢站立，防止跨步电压伤人。在抛掷短路线时，应注意防止电弧伤人或断线危及人员安全。

E.2.2.5　脱离电源后救护者应注意的事项：

（1）救护人不可直接用手、其他金属及潮湿的物体作为救护工具，而应使用适当的绝缘工具。救护人最好用一只手操作，以防自己触电。

（2）防止触电者脱离电源后可能的摔伤，特别是当触电者在高处的情况下，应考虑防止坠落的措施。即使触电者在平地，也要注意触电者倒下的方向，注意防摔。救护者也应注意救护中自身的防坠落、摔伤措施。

（3）救护者在救护过程中特别是在杆上或高处抢救伤者时，要注意自身和被救者与附近带电体之间的安全距离，防止再次触及带电设备。电气设备、线路即使电源已断开，对未做安全措施挂上接地线的设备也应视作有电设备。救护人员登高时应随身携带必要的绝缘工具和牢固的绳索等。

（4）如事故发生在夜间，应设置临时照明灯，以便于抢救，避免意外事故，但不能因此延误切除电源和进行急救的时间。

E.2.2.6 现场就地急救。

触电者脱离电源以后，现场救护人员应迅速对触电者的伤情进行判断，对症抢救。同时设法联系医疗急救中心（医疗部门）的医生到现场接替救治。要根据触电伤员的不同情况，采用不同的急救方法。

（1）触电者神志清醒、有意识，心脏跳动，但呼吸急促、面色苍白，或曾一度电休克、但未失去知觉时，不能用心肺复苏法抢救，应将触电者抬到空气新鲜、通风良好的地方躺下，安静休息 1h～2h，让他慢慢恢复正常。天凉时要注意保温，并随时观察呼吸、脉搏变化。条件允许，送医院进一步检查。

（2）触电者神志不清，判断意识无，有心跳，但呼吸停止或极微弱时，应立即用仰头抬颏法，使气道开放，并进行口对口人工呼吸。此时切记不能对触电者施行心脏按压。如此时不及时用人工呼吸法抢救，触电者将会因缺氧过久而引起心跳停止。

（3）触电者神志丧失，判定意识无，心跳停止，但有极微弱的呼吸时，应立即施行心肺复苏法抢救。不能认为尚有微弱呼吸，只需做胸外按压，因为这种微弱呼吸已起不到人体需要的氧交换作用，如不及时人工呼吸即会发生死亡，若能立即施行口对口人工呼吸法和胸外按压，就能抢救成功。

（4）触电者心跳、呼吸停止时，应立即进行心肺复苏法抢救，不得延误或中断。

（5）触电者和雷击伤者心跳、呼吸停止，并伴有其他外伤时，应先迅速进行心肺复苏急救，然后再处理外伤。

（6）发现杆塔上或高处有人触电，要争取时间及早在杆塔上或高处开始抢救。触电者脱离电源后，应迅速将伤员扶卧在救护人的安全带上（或在适当地方躺平），然后根据伤者的意识、呼吸及颈动脉搏动情况来进行前（1）～（5）项不同方式的急救。应提醒的是高处抢救触电者，迅速判断其意识和呼吸是否存在是十分重要的。若呼吸已停止，开放气道后立即口对口（鼻）吹气 2 次，再测试颈动脉，如有搏动，则每 5s 继续吹气 1 次；若颈动脉无搏动，可用空心拳头叩击心前区 2 次，促使心脏复跳。为使抢救更为有效，应立即设法将伤员营救至地面，并继续按心肺复苏法坚持抢救。具体操作方法见图 E.1。

图 E.1　杆塔上或高处触电者放下方法

　　1）单人营救法。首先在杆上安装绳索，将绳子的一端固定在杆上，固定时绳子要绕 2～3 圈，绳子的另一端放在伤员的腋下，绑的方法要先用柔软的物品垫在腋下，然后用绳子绕 1 圈，打 3 个靠结，绳头塞进伤员腋旁的圈内并压紧，绳子的长度应为杆的1.2～1.5 倍，最后将伤员的脚扣和安全带松开，再解开固定在电杆上的绳子，缓缓将伤员放下。

　　2）双人营救法。该方法基本与单人营救方法相同，只是绳子的另一端由杆下人员握住缓缓下放，此时绳子要长一些，应为杆高的 2.2～2.5 倍，营救人员要协调一致，防止杆上人员突然松手，杆下人员没有准备而发生意外。

　　（7）触电者衣服被电弧光引燃时，应迅速扑灭其身上的火源，着火者切忌跑动，方法可利用衣服、被子、湿毛巾等扑火，必要时可就地躺下翻滚，使火扑灭。

E.2.3　伤员脱离电源后的处理。

E.2.3.1　判断意识、呼救和体位放置：

E.2.3.1.1　判断伤员有无意识的方法：

　　（1）轻轻拍打伤员肩部，高声喊叫，"喂！你怎么啦？"，如图 E.2 所示。

　　（2）如认识，可直呼喊其姓名。有意识，立即送医院。

　　（3）眼球固定、瞳孔散大，无反应时，立即用手指甲掐压人中穴、合谷穴约 5s。

　　注意：以上 3 步动作应在 10s 以内完成，不可太长，伤员如出现眼球活动、四肢活动及疼痛感后，应即停止掐压穴位，拍打肩部不可用力太重，以防加重可能存在的骨折等损伤。

E.2.3.1.2　呼救：

　　一旦初步确定伤员意识丧失，应立即招呼周围的人前来协助抢救，哪怕周围无人，也应该大叫"来人啊！救命啊！"，如图 E.3 所示。

图 E.2　判断伤员有无意识　　　　图 E.3　呼救

注意：一定要呼叫其他人来帮忙，因为一个人作心肺复苏术不可能坚持较长时间，而且劳累后动作易走样。叫来的人除协助作心肺复苏外，还应立即打电话给救护站或呼叫受过救护训练的人前来帮忙。

E.2.3.1.3　放置体位。

正确的抢救体位是仰卧位。患者头、颈、躯干平卧无扭曲，双手放于两侧躯干旁。

如伤员摔倒时面部向下，应在呼救同时小心地将其转动，使伤员全身各部成一个整体。尤其要注意保护颈部，可以一手托住颈部，另一手扶着肩部，以脊柱为轴心，使伤员头、颈、躯干平稳地直线转至仰卧，在坚实的平面上，四肢平放，如图 E.4 所示。

注意：抢救者跪于伤员肩颈侧旁，将其手臂举过头，拉直双腿，注意保护颈部。解开伤员上衣，暴露胸部（或仅留内衣），冷天要注意使其保暖。

E.2.3.2　通畅气道、判断呼吸与人工呼吸。

E.2.3.2.1　当发现触电者呼吸微弱或停止时，应立即通畅触电者的气道以促进触电者呼吸或便于抢救。通畅气道主要采用仰头举颌法。即一手置于前额使头部后仰，另一手的食指与中指置于下颌骨近下颌角处，抬起下颌，如图 E.5 和图 E.6 所示。

 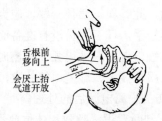

舌根前
移向上

会厌上抬
气道开放

图 E.4　放置伤员　　　　图 E.5　仰头举颌法

注意：严禁用枕头等物垫在伤员头下；手指不要压迫伤员颈前部、颌下软组织，以防压迫气道，颈部上抬时不要过度伸展，有假牙托者应取出。儿童颈部易弯曲，过度抬颈反而使气道闭塞，因此不要抬颈牵拉过甚。成人头部后仰程度应为 90°，儿童头部后仰程度应为 60°，婴儿头部后仰程度应为 30°，颈椎有损伤的伤员应采用双下颌上提法。

检查伤员口、鼻腔，如有异物立即用手指清除。

E.2.3.2.2　判断呼吸。

触电伤员如意识丧失，应在开放气道后 10s 内用看、听、试的方法判定伤员有无呼吸，见图 E.7。

图 E.6 抬起下颌法

图 E.7 看、听、试伤员呼吸

（1）看：看伤员的胸、腹壁有无呼吸起伏动作。

（2）听：用耳贴近伤员的口鼻处，听有无呼气声音。

（3）试：用颜面部的感觉测试口鼻部有无呼气气流。

若无上述体征可确定无呼吸。一旦确定无呼吸后，立即进行两次人工呼吸。

E.2.3.2.3 口对口（鼻）呼吸。

当判断伤员确实不存在呼吸时，应即进行口对口（鼻）的人工呼吸，其具体方法是：

（1）在保持呼吸通畅的位置下进行。用按于前额一手的拇指与食指，捏住伤员鼻孔（或鼻翼）下端，以防气体从口腔内经鼻孔逸出，施救者深吸一口气屏住并用自己的嘴唇包住（套住）伤员微张的嘴。

（2）每次向伤员口中吹（呵）气持续 1s～1.5s，同时仔细地观察伤员胸部有无起伏，如无起伏，说明气未吹进，如图 E.8 所示。

（3）一次吹气完毕后，应即与伤员口部脱离，轻轻抬起头部，面向伤员胸部，吸入新鲜空气，以便做下一次人工呼吸。同时使伤员的口张开，捏鼻的手也可放松，以便伤员从鼻孔通气，观察伤员胸部向下恢复时，则有气流从伤员口腔排出，如图 E.9 所示。

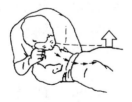

图 E.8 口对口吹气

图 E.9 口对口吸气

抢救一开始，应即向伤员先吹气两口，吹气时胸廓隆起者，人工呼吸有效；吹气无起伏者，则气道通畅不够，或鼻孔处漏气、或吹气不足、或气道有梗阻，应及时纠正。

注意：① 每次吹气量不要过大，约 600mL（6mL/kg～7mL/kg），大于 1200mL 会造成胃扩张；② 吹气时不要按压胸部，如图 E.10 所示；③ 儿童伤员需视年龄不同而异，其吹气量约为 500mL，以胸廓能上抬时为宜；④ 抢救一开始的首次吹气两次，每次时间 1s～1.5s；⑤ 有脉搏无呼吸的伤员，则每 5s 吹一口气，每分钟吹气 12 次；⑥ 口对鼻的人工呼吸，适用于有严重的下颌及嘴唇外伤，牙关紧闭，下颌骨骨折等情况的伤员，难以采用口对口吹气法；⑦ 婴、幼儿急救操作时要注意，因婴、幼儿韧带、肌肉松弛，故头不可过度后仰，以免气管受压，影响气道通畅，可用一手托颈，以保持气道平直；另一方面婴、幼儿口鼻开口均较小，位置又很靠近，抢救者可用口贴住婴、幼儿口与鼻的开口处，施行口对口鼻呼吸。

E.2.3.3 判断伤员有无脉搏与胸外心脏按压。

E.2.3.3.1 脉搏判断。

在检查伤员的意识、呼吸、气道之后，应对伤员的脉搏进行检查，以判断伤员的心脏跳动情况（非专业救护人员可不进行脉搏检查，对无呼吸、无反应、无意识的伤员立即实施心肺复苏）。具体方法如下：

（1）在开放气道的位置下进行（首次人工呼吸后）。

（2）一手置于伤员前额，使头部保持后仰，另一手在靠近抢救者一侧触摸颈动脉。

（3）可用食指及中指指尖先触及气管正中部位，男性可先触及喉结，然后向两侧滑移2cm～3cm，在气管旁软组织处轻轻触摸颈动脉搏动，如图 E.11 所示。

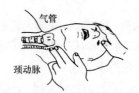

图 E.10　吹气时不要压胸部　　　　图 E.11　触摸颈动脉搏

注意：① 触摸颈动脉不能用力过大，以免推移颈动脉，妨碍触及；② 不要同时触摸两侧颈动脉，造成头部供血中断；③ 不要压迫气管，造成呼吸道阻塞；④ 检查时间不要超过10s；⑤ 未触及搏动：心跳已停止，或触摸位置有错误；触及搏动：有脉搏、心跳，或触摸感觉错误（可能将自己手指的搏动感觉为伤员脉搏）；⑥ 判断应综合审定：如无意识，无呼吸，瞳孔散大，面色紫绀或苍白，再加上触不到脉搏，可以判定心跳已经停止；⑦ 婴、幼儿因颈部肥胖，颈动脉不易触及，可检查肱动脉。肱动脉位于上臂内侧腋窝和肘关节之间的中点，用食指和中指轻压在内侧，即可感觉到脉搏。

E.2.3.3.2 胸外心脏按压。

在对心跳停止者未进行按压前，先手握空心拳，快速垂直击打伤员胸前区胸骨中下段1 次～2 次，每次 1s～2s，力量中等，若无效，则立即胸外心脏按压，不能耽误时间。

（1）按压部位。胸骨中 1/3 与下 1/3 交界处。如图 E.12 所示。

（2）伤员体位。伤员应仰卧于硬板床或地上。如为弹簧床，则应在伤员背部垫一硬板。硬板长度及宽度应足够大，以保证按压胸骨时，伤员身体不会移动。但不可因找寻垫板而延误开始按压的时间。

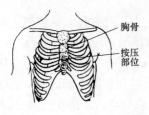

图 E.12　胸外按压位置

（3）快速测定按压部位的方法。快速测定按压部位可分 5个步骤，如图 E.13 所示。

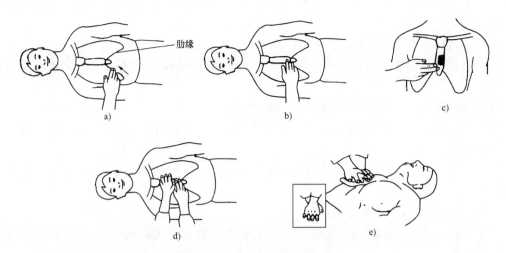

图 E.13 快速测定按压部位

a）二指沿肋弓向中移滑；b）切迹定位标志；c）按压区；

d）掌根部放在按压区；e）重叠掌根

1）首先触及伤员上腹部，以食指及中指沿伤员肋弓处向中间移滑，如图 E.13a）所示。

2）在两侧肋弓交点处寻找胸骨下切迹。以切迹作为定位标志。不要以剑突下定位如图 E.13b）所示。

3）然后将食指及中指两横指放在胸骨下切迹上方，食指上方的胸骨正中部即为按压区，如图 E.13c）所示。

4）以另一手的掌根部紧贴食指上方，放在按压区，如图 E.13d）所示。

5）再将定位之手取下，重叠将掌根放于另一手背上，两手手指交叉抬起，使手指脱离胸壁，如图 E.13e）所示。

（4）按压姿势。正确的按压姿势，如图 E.14 所示。抢救者双臂绷直，双肩在伤员胸骨上方正中，靠自身重量垂直向下按压。

（5）按压用力方式如图 E.15 所示。

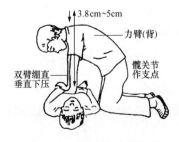

图 E.14 按压正确姿势

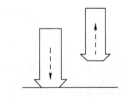

图 E.15 按压用力方式

1）按压应平稳，有节律地进行，不能间断。

2）不能冲击式的猛压。

3）下压及向上放松的时间应相等，如图 E.15 所示。压按至最低点处，应有一明显的停顿。

4）垂直用力向下，不要左右摆动。

5）放松时定位的手掌根部不要离开胸骨定位点，但应尽量放松，务使胸骨不受任何压力。

（6）按压频率。按压频率应保持在 100 次/min。

（7）按压与人工呼吸比例。按压与人工呼吸的比例关系通常是：成人为 30:2，婴儿、儿童为 15:2。

（8）按压深度。通常，成人伤员为 4cm～5cm，5～13 岁伤员为 3cm，婴幼儿伤员为 2cm。

（9）胸外心脏按压常见的错误。

1）按压除掌根部贴在胸骨外，手指也压在胸壁上，这容易引起骨折（肋骨或肋软骨）。

2）按压定位不正确，向下易使剑突受压折断而致肝破裂。向两侧易致肋骨或肋软骨骨折，导致气胸、血胸。

3）按压用力不垂直，导致按压无效或肋软骨骨折，特别是摇摆式按压更易出现严重并发症，如图 E.16a）所示。

4）抢救者按压时肘部弯曲，因而用力不够，按压深度达不到 3.8cm～5cm，如图 E.16b）所示。

5）按压冲击式，猛压，其效果差，且易导致骨折。

6）放松时抬手离开胸骨定位点，造成下次按压部位错误，引起骨折。

7）放松时未能使胸部充分松弛，胸部仍承受压力，使血液难以回到心脏。

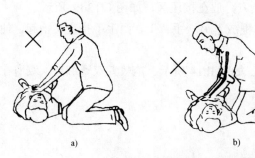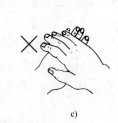

图 E.16　胸外心脏按压常见错误

a）按压用力不垂直；b）按压深度不够；c）双手掌交叉放置

8）按压速度不自主地加快或减慢，影响按压效果。

9）双手掌不是重叠放置，而是交叉放置，如图 E.16c）所示胸外心脏按压常见错误。

E.2.4　心肺复苏法综述。

E.2.4.1　操作过程有以下步骤：

（1）首先判断昏倒的人有无意识。

（2）如无反应，立即呼救，叫"来人啊！救命啊！"等。

（3）迅速将伤员放置于仰卧位，并放在地上或硬板上。

（4）开放气道（① 仰头举颏或颌；② 清除口、鼻腔异物）。

（5）判断伤员有无呼吸（通过看、听和感觉来进行）。

（6）如无呼吸，立即口对口吹气两口。

（7）保持头后仰，另一手检查颈动脉有无搏动。

（8）如有脉搏，表明心脏尚未停跳，可仅做人工呼吸，每分钟 12 次～16 次。

（9）如无脉搏，立即在正确定位下在胸外按压位置进行心前区叩击 1 次～2 次。

（10）叩击后再次判断有无脉搏，如有脉搏即表明心跳已经恢复，可仅做人工呼吸即可。

（11）如无脉搏，立即在正确的位置进行胸外按压。

（12）每做 30 次按压，需做 2 次人工呼吸，然后再在胸部重新定位，再做胸外按压，如此反复进行，直到协助抢救者或专业医务人员赶来。按压频率为 100 次/min。

（13）开始 2min 后检查一次脉搏、呼吸、瞳孔，以后每 4min～5min 检查一次，检查不超过 5s，最好由协助抢救者检查。

（14）如有担架搬运伤员，应该持续做心肺复苏，中断时间不超过 5s。

E.2.4.2　心肺复苏操作的时间要求：

0s～5s：判断意识。

5s～10s：呼救并放好伤员体位。

10s～15s：开放气道，并观察呼吸是否存在。

15s～20s：口对口呼吸 2 次。

20s～30s：判断脉搏。

30s～50s：进行胸外心脏按压 30 次，并再人工呼吸 2 次，以后连续反复进行。

以上程序尽可能在 50s 以内完成，最长不宜超过 1min。

E.2.4.3　双人复苏操作要求：

（1）两人应协调配合，吹气应在胸外按压的松弛时间内完成，如图 E.17 所示。

（2）按压频率为 100 次/min。

（3）按压与呼吸比例为 30:2，即 30 次心脏按压后，进行 2 次人工呼吸。

（4）为达到配合默契，可由按压者数口诀"1、2、3、4、…、29、吹"，当吹气者听到"29"时，做好准备，听到"吹"后，即向伤员嘴里吹气，按压者继而重数口诀"1、2、3、4、…、29、吹"，如此周而复始循环进行。

图 E.17　双人复苏法

（5）人工呼吸者除需通畅伤员呼吸道、吹气外，还应经常触摸其颈动脉和观察瞳孔等，如图 E.18 所示。

E.2.4.4　心肺复苏法注意事项：

（1）吹气不能在向下按压心脏的同时进行。数口诀的速度应均衡，避免快慢不一。

（2）操作者应站在触电者侧面便于操作的位置，单人急救时应站立在触电者的肩部位置；双人急救时，吹气人应站在触电者的头部，按压心脏者应站在触电者胸部、与吹气者

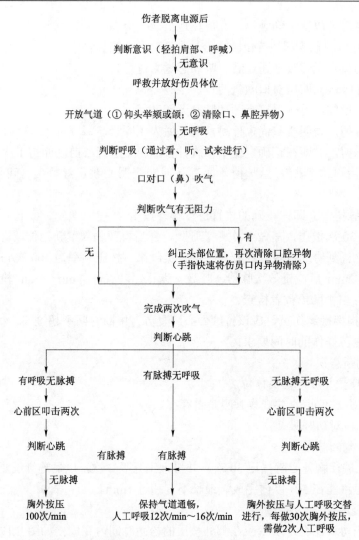

图 E.18　现场心肺复苏的抢救程序

相对的一侧。

（3）人工呼吸者与心脏按压者可以互换位置，互换操作，但中断时间不超过 5s。

（4）第二抢救者到现场后，应首先检查颈动脉搏动，然后再开始做人工呼吸。如心脏按压有效，则应触及搏动，如不能触及，应观察心脏按压者的技术操作是否正确，必要时应增加按压深度及重新定位。

（5）可以由第三抢救者及更多的抢救人员轮换操作，以保持精力充沛、姿势正确。

E.2.5　心肺复苏的有效指标、转移和终止。

E.2.5.1　心肺复苏的有效指标。

心肺复苏术操作是否正确，主要靠平时严格训练，掌握正确的方法。而在急救中判断复苏是否有效，可以根据以下五方面综合考虑：

（1）瞳孔。复苏有效时，可见伤员瞳孔由大变小。如瞳孔由小变大、固定、角膜混浊，则说明复苏无效。

（2）面色（口唇）。复苏有效，可见伤员面色由紫绀转为红润，如若变为灰白，则说明复苏无效。

（3）颈动脉搏动。按压有效时，每一次按压可以摸到一次搏动，如若停止按压，搏动亦消失，应继续进行心脏按压；如若停止按压后，脉搏仍然跳动，则说明伤员心跳已恢复。

（4）神志。复苏有效，可见伤员有眼球活动，睫毛反射与对光反射出现，甚至手脚开始抽动，肌张力增加。

（5）出现自主呼吸。伤员自主呼吸出现，并不意味可以停止人工呼吸。如果自主呼吸微弱，仍应坚持口对口呼吸。

E.2.5.2 转移和终止。

E.2.5.2.1 转移。在现场抢救时，应力争抢救时间，切勿为了方便或让伤员舒服去移动伤员，从而延误现场抢救的时间。

现场心肺复苏应坚持不断地进行，抢救者不应频繁更换，即使送往医院途中也应继续进行。鼻导管给氧绝不能代替心肺复苏术。如需将伤员由现场移往室内，中断操作时间不得超过 7s；通道狭窄、上下楼层、送上救护车等的操作中断不得超过 30s。

将心跳、呼吸恢复的伤员用救护车送医院时，应在伤员背部放一块长、宽适当的硬板，以备随时进行心肺复苏。将伤员送到医院而专业人员尚未接手前，仍应继续进行心肺复苏。

E.2.5.2.2 终止。何时终止心肺复苏是一个涉及医疗、社会、道德等方面的问题。不论在什么情况下，终止心肺复苏，决定于医生，或医生组成的抢救组的首席医生。否则不得放弃抢救。高压或超高压电击的伤员心跳、呼吸停止，更不应随意放弃抢救。

E.2.5.3 电击伤伤员的心脏监护。

被电击伤并经过心肺复苏抢救成功的电击伤员，都应让其充分休息，并在医务人员指导下进行不少于 48h 的心脏监护。因为伤员在被电击过程中，由于电压、电流、频率的直接影响和组织损伤而产生的高钾血症，以及由于缺氧等因素，引起的心肌损害和心律失常，经过心肺复苏抢救，在心跳恢复后，有的伤员还可能会出现"继发性心脏跳停止"，故应进行心脏监护，以对心律失常和高钾血症的伤员及时予以治疗。

对前面详细介绍的各项操作，现场心肺复苏法应进行的抢救步骤可归纳如图 E.18 所示。

E.2.6 抢救过程注意事项。

E.2.6.1 抢救过程中的再判定：

（1）按压吹气 2min 后（相当于单人抢救时做了 5 个 30:2 压吹循环），应用看、听、试方法在 5s～10s 时间内完成对伤员呼吸和心跳是否恢复的再判定。

（2）若判定颈动脉已有搏动但无呼吸，则暂停胸外按压，而再进行 2 次口对口人工呼吸，接着每 5s 吹气一次（即每分钟 12 次）。如脉搏和呼吸均未恢复，则继续坚持心肺复苏法抢救。

（3）抢救过程中，要每隔数分钟再判定一次，每次判定时间均不得超过 5s～10s。在医务人员未接替抢救前，现场抢救人员不得放弃现场抢救。

E.2.6.2 现场触电抢救，对采用肾上腺素等药物应持慎重态度。如没有必要的诊断设备条件和足够的把握，不得乱用。在医院内抢救触电者时，由医务人员经医疗仪器设备诊断，根据诊断结果决定是否采用。

E.3 创伤急救

E.3.1 创伤急救的基本要求。

E.3.1.1 创伤急救原则上是先抢救、后固定、再搬运，并注意采取措施，防止伤情加重或污染。需要送医院救治的，应立即做好保护伤员措施后送医院救治。急救成功的条件是：动作快，操作正确，任何延迟和误操作均可加重伤情，并可导致死亡。

E.3.1.2 抢救前先使伤员安静躺平，判断全身情况和受伤程度，如有无出血、骨折和休克等。

E.3.1.3 外部出血立即采取止血措施，防止失血过多而休克。外观无伤，但呈休克状态，神志不清或昏迷者，要考虑胸腹部内脏或脑部受伤的可能性。

E.3.1.4 为防止伤口感染，应用清洁布片覆盖。救护人员不得用手直接接触伤口，更不得在伤口内填塞任何东西或随便用药。

E.3.1.5 搬运时应使伤员平躺在担架上，腰部束在担架上，防止跌下。平地搬运时伤员头部在后，上楼、下楼、下坡时头部在上，搬运中应严密观察伤员，防止伤情突变。伤员搬运时的方法如图 E.19 所示。

E.3.1.6 若怀疑伤员有脊椎损伤（高处坠落者），在放置体位及搬运时必须保持脊柱不扭曲、不弯曲，应将伤员平卧在硬质平板上，并设法用沙土袋（或其他代替物）放置头部及躯干两侧以适当固定之，以免引起截瘫。

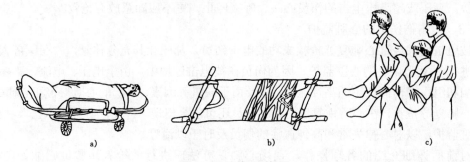

a)   b)   c)

图 E.19 搬运伤员

a）正常担架；b）临时担架及木板；c）错误搬运

E.3.2 止血。

E.3.2.1 伤口渗血：用较伤口稍大的消毒纱布数层覆盖伤口，然后进行包扎。若包扎后仍有较多渗血，可再加绷带适当加压止血。

E.3.2.2 伤口出血呈喷射状或鲜红血液涌出时，立即用清洁手指压迫出血点上方（近心端），使血流中断，并将出血肢体抬高或举高，以减少出血量。

E.3.2.3 用止血带或弹性较好的布带等止血时（见图 E.20），应先用柔软布片或伤员的衣袖等数层垫在止血带下面，再扎紧止血带以使肢端动脉搏动消失为度。上肢每 60min、下肢每 80min 放松一次，每次放松 1min～2min。开始扎紧与每次放松的时间均应书面标明在止血带旁。扎紧时间不宜超过 4h。不要在上臂中 1/3 处和窝下使用止血带，以免损伤神经。若放松时观察已无大出血可暂停使用。

E.3.2.4 严禁用电线、铁丝、细绳等作止血带使用。

E.3.2.5 高处坠落、撞击、挤压可能有胸腹内脏破裂出血。受伤者外观无出血但常表现面色苍白，脉搏细弱，气促，冷汗淋漓，四肢厥冷，烦躁不安，甚至神志不清等休克状态，应迅速躺平，抬高下肢（见图 E.21），保持温暖，速送医院救治。若送院途中时间较长，可给伤员饮用少量糖盐水。

图 E.20　止血带

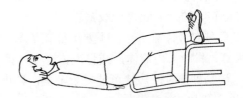

图 E.21　抬高下肢

E.3.3 骨折急救。

E.3.3.1 肢体骨折可用夹板或木棍、竹竿等将断骨上、下方两个关节固定，见图 E.22，也可利用伤员身体进行固定，避免骨折部位移动，以减少疼痛，防止伤势恶化。

开放性骨折，伴有大出血者，先止血、再固定，并用干净布片覆盖伤口，然后速送医院救治。切勿将外露的断骨推回伤口内。

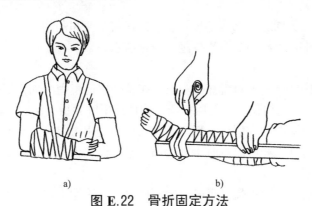

a)　　　　　　　　　　b)

图 E.22　骨折固定方法

a）上肢骨折固定；b）下肢骨折固定

E.3.3.2 疑有颈椎损伤，在使伤员平卧后，用沙土袋（或其他代替物）放置头部两侧（见图 E.23）使颈部固定不动。应进行口对口呼吸时，只能采用抬颏使气道通畅，不能再将头部后仰移动或转动头部，以免引起截瘫或死亡。

E.3.3.3 腰椎骨折应将伤员平卧在平硬木板上，并将腰椎躯干及两侧下肢一同进行固定预防瘫痪（见图 E.24）。搬动时应数人合作，保持平稳，不能扭曲。

图 E.23　颈椎骨折固定

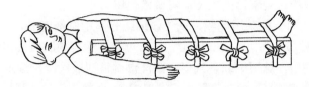
图 E.24　腰椎骨折固定

E.3.4　颅脑外伤。

E.3.4.1　应使伤员采取平卧位，保持气道通畅，若有呕吐，应扶好头部和身体，使头部和身体同时侧转，防止呕吐物造成窒息。

E.3.4.2　耳鼻有液体流出时，不要用棉花堵塞，只可轻轻拭去，以利降低颅内压力。也不可用力擤鼻，排除鼻内液体，或将液体再吸入鼻内。

E.3.4.3　颅脑外伤时，病情可能复杂多变，禁止给予饮食，速送医院诊治。

E.3.5　烧伤急救。

E.3.5.1　电灼伤、火焰烧伤或高温气、水烫伤均应保持伤口清洁。伤员的衣服鞋袜用剪刀剪开后除去。伤口全部用清洁布片覆盖，防止污染。四肢烧伤时，先用清洁冷水冲洗，然后用清洁布片或消毒纱布覆盖送医院。

E.3.5.2　强酸或碱灼伤应迅速脱去被溅染衣物，现场立即用大量清水彻底冲洗，要彻底，然后用适当的药物给予中和；冲洗时间不少于 10min；被强酸烧伤应用 5%碳酸氢钠（小苏打）溶液中和；被强碱烧伤应用 0.5%~5%醋酸溶液或 5%氯化铵或 10%构橼酸液中和。

E.3.5.3　未经医务人员同意，灼伤部位不宜敷搽任何东西和药物。

E.3.5.4　送医院途中，可给伤员多次少量口服糖盐水。

E.3.6　冻伤急救。

E.3.6.1　冻伤使肌肉僵直，严重者深及骨骼，在救护搬运过程中动作要轻柔，不要强使其肢体弯曲活动，以免加重损伤，应使用担架，将伤员平卧并抬至温暖室内救治。

E.3.6.2　将伤员身上潮湿的衣服剪去后用干燥柔软的衣服覆盖，不得烤火或搓雪。

E.3.6.3　全身冻伤者呼吸和心跳有时十分微弱，不应误认为死亡，应努力抢救。

E.3.7　动物咬伤急救。

E.3.7.1　毒蛇咬伤后，不要惊慌、奔跑、饮酒，以免加速蛇毒在人体内扩散。

E.3.7.1.1　咬伤大多在四肢，应迅速从伤口上端向下方反复挤出毒液，然后在伤口上方（近心端）用布带扎紧，将伤肢固定，避免活动，以减少毒液的吸收。

E.3.7 1.2　有蛇药时可先服用，再送往医院救治。

E.3.7.2　犬咬伤：

E.3.7.2.1　犬咬伤后应立即用浓肥皂水或清水冲洗伤口至少 15min，同时用挤压法自上而下将残留伤口内唾液挤出，然后再用碘酒涂搽伤口。

E.3.7.2.2　少量出血时，不要急于止血，也不要包扎或缝合伤口。

E.3.7.2.3　尽量设法查明该犬是否为"疯狗"，对医院制订治疗计划有较大帮助。

E.3.8　溺水急救。

E.3.8.1　发现有人溺水应设法迅速将其从水中救出，呼吸心跳停止者用心肺复苏法坚持抢救。曾受水中抢救训练者在水中即可抢救。

E.3.8.2　口对口人工呼吸因异物阻塞发生困难，而又无法用手指除去时，可用两手相叠，置于脐部稍上正中线上（远离剑突）迅速向上猛压数次，使异物退出，但也不用力太大。

E.3.8.3　溺水死亡的主要原因是窒息缺氧。由于淡水在人体内能很快经循环吸收，而气管能容纳的水量很少，因此在抢救溺水者时不应"倒水"而延误抢救时间，更不应仅"倒水"而不用心肺复苏法进行抢救。

E.3.9　高温中暑急救。

E.3.9.1　烈日直射头部，环境温度过高，饮水过少或出汗过多等可以引起中暑现象，其症状一般为恶心、呕吐、胸闷、眩晕、嗜睡、虚脱，严重时抽搐、惊厥甚至昏迷。

E.3.9.2　应立即将病员从高温或日晒环境转移到阴凉通风处休息。用冷水擦浴，湿毛巾覆盖身体，电扇吹风，或在头部置冰袋等方法降温，并及时给病员口服盐水。严重者送医院治疗。

E.3.10　有害气体中毒急救。

E.3.10.1　气体中毒开始时有流泪、眼痛、呛咳、咽部干燥等症状，应引起警惕。稍重时会头痛、气促、胸闷、眩晕。严重时会引起惊厥昏迷。

E.3.10.2　怀疑可能存在有害气体时，应即将人员撤离现场，转移到通风良好处休息。抢救人员进入险区应戴防毒面具。

E.3.10.3　已昏迷病员应保持气道通畅，有条件时给予氧气吸入。呼吸心跳停止者，按心肺复苏法抢救，并联系医院救治。

E.3.10.4　迅速查明有害气体的名称，供医院及早对症治疗。

附　录　F
（规范性附录）
常用电气绝缘工具试验表

常用电气绝缘工具试验见表 F.1。

表 F.1　常用电气绝缘工具试验表

序号	名　称	电压等级 kV	测试周期	工频耐压 kV	时间 min	泄漏电流 mA	备注
1	绝缘棒	0.5	6 个月	10	5	—	—
2	验电笔	0.5	6 个月	4	5	—	发光电压不高于 额定电压的 25%
3	绝缘手套	低压	6 个月	2.5	1	≤2.5	—
4	橡胶绝缘鞋	低压	6 个月	2.5	1	<2.5	—
5	绝缘绳	低压	6 个月	105/0.5m	5	—	—

附 录 G
（规范性附录）
常用登高、起重工具试验表

G.1 常用登高、起重工具试验见表 G.1。

表 G.1 登高工器具试验标准表

序号	名称	项目	周期	要求			说明
1	安全带	静负荷试验	1年	种类	试验静拉力 N	载荷时间 min	牛皮带试验周期为半年
				围杆带	2205	5	
				围杆绳	2205	5	
				护腰带	1470	5	
				安全绳	2205	5	
2	安全帽	冲击性能试验	按规定期限	受冲击力小于4900N			使用期限：从制造之日起，塑料帽≤2.5年，玻璃钢帽≤3.5年
		耐穿刺性能试验	按规定期限	钢锥不接触头模表面			
3	脚扣	静负荷试验	1年	施加1176N静压力，持续时间5min			—
4	升降板	静负荷试验	半年	施加2205N静压力，持续时间5min			—
5	竹（木）梯	静负荷试验	半年	施加1765N静压力，持续时间5min			—

G.2 起重工具试验见表 G.2。

表 G.2 起 重 工 具 试 验 表

分类	名 称	试验静重（允许工作倍数）	试验周期	外表检查周期	试荷时间 min
起重工具	白棕绳	2	每年一次	每月一次	10
	钢丝绳	2	每年一次	每月一次	10
	铁链	2	每年一次	每月一次	10
	葫芦及滑车	1.25	每年一次	每月一次	10
	扒杆	2	每年一次	每月一次	10
	夹头及卡	2	每年一次	每月一次	10
	吊钩	1.25	每年一次	每月一次	10
	绞磨	1.25	每年一次	每月一次	10

附 录 H
（规范性附录）
标 示 牌 式 样

标示牌式样见表 H.1。

表 H.1 标 示 牌 式 样

名 称	悬 挂 处	式 样		
		尺寸 mm	颜色	字样
禁止合闸，有人工作！	一经合闸即可送电到施工设备的断路器（开关）和隔离开关（刀闸）操作把手上	200×160 和 80×65	白底，红色圆形斜杠，黑色禁止标志符号	黑字
禁止合闸，线路有人工作！	线路断路器（开关）和隔离开关（刀闸）把手上	200×160 和 80×65	白底，红色圆形斜杠，黑色禁止标志符号	黑字
禁止分闸！	接地刀闸与检修设备之间的断路器（开关）操作把手上	200×160 和 80×65	白底，红色圆形斜杠，黑色禁止标志符号	黑字
在此工作！	工作地点或检修设备上	250×250 和 80×80	衬底为绿色，中有直径 200mm 和 65mm 白圆圈	黑字，写于白圆圈中
止步，有电危险！	施工地点临近带电设备的遮栏上；室外工作地点的围栏上；禁止通行的过道上；室外构架上；工作地点临近带电设备的横梁上	300×240 和 200×160	白底，黑色正三角形及标志符号，衬底为黄色	黑字
从此上下！	工作人员可以上下的铁架、爬梯上	250×250	衬底为绿色，中有直径 200mm 白圆圈	黑字，写于白圆圈中
从此进出！	室外工作地点围栏的出入口处	250×250	衬底为绿色，中有直径 200mm 白圆圈	黑体黑字，写于白圆圈中
禁止攀登，有电危险！	低压配电装置构架的爬梯上，变压器、电抗器等设备的爬梯上	500×400 和 200×160	白底，红色圆形斜杠，黑色禁止标志符号	黑字

注：在计算机显示屏上一经合闸即可送电到工作地点的断路器（开关）和隔离开关（刀闸）的操作把手处所设置的"禁止合闸，有人工作！""禁止合闸，线路有人工作！"和"禁止分闸"的标记可参照表中有关标示牌的式样。

国家电网公司安全工作规定

（节选）

国网（安监/2）406—2014

第一章 总 则

第一条 为了贯彻"安全第一、预防为主、综合治理"的方针，加强安全监督管理，防范安全事故，保证员工人身安全，保证电网安全稳定运行和可靠供电，保证国家和投资者资产免遭损失，制定本规定。

第二条 本规定依据《中华人民共和国安全生产法》《中华人民共和国突发事件应对法》《生产安全事故报告和调查处理条例》《电力安全事故应急处置和调查处理条例》等有关法律、法规，结合电力行业特点和国家电网公司（以下简称"公司"）组织形式制定，用于规范公司系统安全工作基本要求。

第三条 公司各级单位实行以各级行政正职为安全第一责任人的安全责任制，建立健全安全保证体系和安全监督体系，并充分发挥作用。

第四条 公司各级单位应建立和完善安全风险管理体系、应急管理体系、事故调查体系，构建事前预防、事中控制、事后查处的工作机制，形成科学有效并持续改进的工作体系。

第五条 公司各级单位应贯彻国家法律、法规和行业有关制度标准及其他规范性文件，补充完善安全管理规章制度和现场规程，使安全工作制度化、规范化、标准化。

第六条 公司各级单位应贯彻"谁主管谁负责、管业务必须管安全"的原则，做到计划、布置、检查、总结、考核业务工作的同时，计划、布置、检查、总结、考核安全工作。

第七条 本规定适用于公司总（分）部及所属各级单位（含全资、控股、代管单位）的安全管理和安全监督管理工作。

公司各级单位承包和管理的境外工程项目，以及公司系统其他相关单位的安全管理和安全监督管理工作参照执行。

第二章 目 标

第八条 国家电网公司安全工作的总体目标是防止发生如下事故（事件）：

（一）人身死亡；

（二）大面积停电；

（三）大电网瓦解；

（四）主设备严重损坏；

（五）电厂垮坝、水淹厂房；

（六）重大火灾；

（七）煤矿透水、瓦斯爆炸；

（八）其他对公司和社会造成重大影响、对资产造成重大损失的事故（事件）。

第九条 省（直辖市、自治区）电力公司和公司直属单位（以下简称"省公司级单位"）的安全目标：

（一）不发生人身死亡事故；

（二）不发生一般及以上电网、设备事故；

（三）不发生重大火灾事故；

（四）不发生五级信息系统事件；

（五）不发生煤矿重大及以上非伤亡事故；

（六）不发生本单位负同等及以上责任的特大交通事故；

（七）不发生其他对公司和社会造成重大影响的事故（事件）。

第十条 省（直辖市、自治区）电力公司支撑实施机构、直属单位、地市供电企业和公司直属单位下属单位（以下简称"地市公司级单位"）的安全目标：

（一）不发生重伤及以上人身事故；

（二）不发生五级及以上电网、设备事件；

（三）不发生一般及以上火灾事故；

（四）不发生六级及以上信息系统事件；

（五）不发生煤矿较大及以上非伤亡事故；

（六）不发生本单位负同等及以上责任的重大交通事故；

（七）不发生其他对公司和社会造成重大影响的事故（事件）。

第十一条 地市公司级单位直属单位、县供电企业、公司直属单位下属单位子企业（以下简称"县公司级单位"）的安全目标：

（一）不发生五级及以上人身事故；

（二）不发生六级及以上电网、设备事件；

（三）不发生一般及以上火灾事故；

（四）不发生七级及以上信息系统事件；

（五）不发生煤矿一般及以上非伤亡事故；

（六）不发生本单位负同等及以上责任的重大交通事故；

（七）不发生其他对公司和社会造成重大影响的事故（事件）。

第三章 责 任 制

第十二条 公司各级单位行政正职是本单位的安全第一责任人，对本单位安全工作和安全目标负全面责任。

第十三条 公司各级单位行政正职安全工作的基本职责：

（一）建立、健全本单位安全责任制；

（二）批阅上级有关安全的重要文件并组织落实，及时协调和解决各部门在贯彻落实中出现的问题；

（三）全面了解安全情况，定期听取安全监督管理机构的汇报，主持召开安全生产委员会议和安全生产月度例会，组织研究解决安全工作中出现的重大问题；

（四）保证安全监督管理机构及其人员配备符合要求，支持安全监督管理部门履行职责；

（五）保证安全所需资金的投入，保证反事故措施和安全技术劳动保护措施所需经费，保证安全奖励所需费用；

（六）组织制定本单位安全管理辅助性规章制度和操作规程；

（七）组织制定并实施本单位安全生产教育和培训计划；

（八）组织制定本单位安全事故应急预案；

（九）督促、检查本单位安全工作，及时消除安全事故隐患；

（十）建立安全指标控制和考核体系，形成激励约束机制；

（十一）及时、如实报告安全事故；

（十二）其他有关安全管理规章制度中所明确的职责。

第十四条　公司各级单位行政副职对分管工作范围内的安全工作负领导责任，向行政正职负责；总工程师对本单位的安全技术管理工作负领导责任；安全总监协助负责安全监督管理工作。

第十五条　公司各级单位的各部门、各岗位应有明确的安全管理职责，做到责任分担，并实行下级对上级的安全逐级负责制。安全保证体系对业务范围内的安全工作负责，安全监督体系负责安全工作的综合协调和监督管理。

第十六条　公司各级单位实行上级单位对下级单位的安全责任追究制度，包括对责任人和责任单位领导的责任追究。在公司各级单位内部考核上，上级单位为下级单位承担连带责任。

第四章　监　督　管　理

第十七条　安全监督管理机构是本单位安全工作的综合管理部门，对其他职能部门和下级单位的安全工作进行综合协调和监督。

第十八条　公司、省公司级单位和省公司级单位所属的检修、运行、发电、施工、煤矿企业（单位）以及地市供电企业、县供电企业，应设立安全监督管理机构。机构设置及人员配置执行公司"三集五大"体系机构设置和人员配置指导方案。

省公司级单位所属的电力科学研究院、经济技术研究院、信息通信（分）公司、物资供应公司、培训中心、综合服务中心等下属单位，地市供电企业、县供电企业两级单位所属的建设部、调控中心、业务支撑和实施机构及其二级机构（工地、分场、工区、室、所、队等，下同）等部门、单位，应设专职或兼职安全员。

地市供电企业、县供电企业两级单位所属业务支撑和实施机构下属二级机构的班组应设专职或兼职安全员。

第十九条　公司和省公司级单位的安全监督管理机构由本单位行政正职或行政正职委托的行政副职主管；地市供电企业、县供电企业安全监督管理机构由行政正职主管。

第二十条　安全监督管理机构应满足以下基本要求：

（一）从事安全监督管理工作的人员符合岗位条件，人员数量满足工作需要；

（二）专业搭配合理，岗位职责明确；

（三）配备监督管理工作必需的装备。

第二十一条 安全监督管理机构的职责：

（一）贯彻执行国家和上级单位有关规定及工作部署，组织制定本单位安全监督管理和应急管理方面的规章制度，牵头并督促其他职能部门开展安全性评价、隐患排查治理、安全检查和安全风险管控等工作，积极探索和推广科学、先进的安全管理方式和技术；

（二）监督本单位各级人员安全责任制的落实；监督各项安全规章制度、反事故措施、安全技术劳动保护措施和上级有关安全工作要求的贯彻执行；负责组织基建、生产、发电、供用电、农电、信息等安全的监督、检查和评价；负责组织交通安全、电力设施保护、防汛、消防、防灾减灾的监督检查；

（三）监督涉及电网、设备、信息安全的技术状况，涉及人身安全的防护状况；对监督检查中发现的重大问题和隐患，及时下达安全监督通知书，限期解决，并向主管领导报告；

（四）监督建设项目安全设施"三同时"（与主体工程同时设计、同时施工、同时投入生产和使用）执行情况；组织制定安全工器具、安全防护用品等相关配备标准和管理制度，并监督执行；

（五）参加和协助本单位领导组织安全事故调查，监督"四不放过"（即事故原因未查清不放过、责任人员未处理不放过、整改措施未落实不放过、有关人员未受教育不放过）原则的贯彻落实，完成事故统计、分析、上报工作并提出考核意见；对安全做出贡献者提出给予表扬和奖励的建议或意见；

（六）参与电网规划、工程和技改项目的设计审查、施工队伍资质审查和竣工验收以及安全方面科研成果鉴定等工作；

（七）负责编制安全应急规划并组织实施；负责组织协调公司应急体系建设及公司应急管理日常工作；负责归口管理安全生产事故隐患排查治理工作并进行监督、检查与评价；负责人武、保卫管理；负责指导集体企业安全监察相关管理工作。

第二十二条 安全监督管理机构有责任分析安全工作存在的突出和重大问题，向主管领导汇报，并积极向有关职能部门提出工作建议。

第二十三条 安全监督管理机构可借助学会、协会、专家组织或其他中介机构和社会组织，对本单位或所属单位的安全状况提供诊断、分析和评价。

第二十四条 公司各级单位应设立安全生产委员会，主任由单位行政正职担任，副主任由党组（委）书记和分管副职担任，成员由各职能部门负责人组成。

安全生产委员会办公室设在安全监督管理部门。

第二十五条 公司各级单位承、发包工程和委托业务（包括对外委托和接受委托开展的输变电设备运维、检修以及营销等运营业务，下同）项目，若同时满足以下条件，应成立项目安全生产委员会，主任由项目法人单位（或建设管理单位）主要负责人担任：

（一）项目同时有三个及以上中标施工企业参与施工；

（二）项目作业人员总数（包括外来人员）超过 300 人；

（三）项目合同工期超过 12 个月。

第六章 反事故措施计划与安全技术劳动保护措施计划

第三十二条 省公司级单位、地市公司级单位、县公司级单位及他们所属的检修、运行、发电、煤矿企业（单位）每年应编制年度反事故措施计划和安全技术劳动保护措计划。

电力施工企业应编制年度安全技术措施计划及项目安全施工措施。

第三十三条 年度反事故措施计划应由分管业务的领导组织，以运维检修部门为主，各有关部门参加制定；安全技术劳动保护措施计划应由分管安全工作的领导组织，以安全监督管理部门为主，各有关部门参加制定。

第三十四条 反事故措施计划应根据上级颁发的反事故技术措施、需要治理的事故隐患、需要消除的重大缺陷、提高设备可靠性的技术改进措施以及本单位事故防范对策进行编制。

反事故措施计划应纳入检修、技改计划。

第三十五条 安全技术劳动保护措施计划、安全技术措施计划应根据国家、行业、公司颁发的标准，从改善作业环境和劳动条件、防止伤亡事故、预防职业病、加强安全监督管理等方面进行编制；项目安全施工措施应根据施工项目的具体情况，从作业方法、施工机具、工业卫生、作业环境等方面进行编制。

第三十六条 安全性评价结果、事故隐患排查结果应作为制定反事故措施计划和安全技术劳动保护措施计划的重要依据。防汛、抗震、防台风、防雨雪冰冻灾害等应急预案所需项目，可作为制定和修订反事故措施计划的依据。

第三十七条 省公司级单位、地市公司级单位、县公司级单位及他们所属的检修、运行、发电、煤矿企业（单位）主管部门应优先从成本中据实列支反事故措施计划、安全技术劳动保护措施计划所需资金。

电力建设管理有关部门应根据国家、行业、公司的有关规定，优先安排安全技术措施计划所需费用，电力施工企业安全生产费用应优先用于保证工程建设过程达到安全生产标准化要求，所需的支出应按规定规范使用。

第三十八条 安全监督管理机构负责监督反事故措施计划和安全技术劳动保护措施计划的实施，并建立相应的考核机制，对存在的问题应及时向主管领导汇报。

第三十九条 省公司级单位、地市公司级单位、县公司级单位及他们所属的检修、运行、发电、煤矿企业（单位）负责人应定期检查反事故措施计划、安全技术劳动保护措施计划的实施情况，并保证反事故措施计划、安全技术劳动保护措施计划的落实；列入计划的反事故措施和安全技术劳动保护措施若需取消或延期，必须由责任部门提前征得分管领导同意。

第七章 教 育 培 训

第四十条 新入单位的人员（含实习、代培人员），应进行安全教育培训，经《电力安全工作规程》考试合格后方可进入生产现场工作。

第四十一条 新上岗生产人员应当经过下列培训，并经考试合格后上岗：

（一）运维、调控人员（含技术人员）、从事倒闸操作的检修人员，应经过现场规程制度的学习、现场见习和至少 2 个月的跟班实习；

（二）检修、试验人员（含技术人员），应经过检修、试验规程的学习和至少 2 个月的跟班实习；

（三）用电检查、装换表、业扩报装人员，应经过现场规程制度的学习、现场见习和至

少 1 个月的跟班实习;

（四）特种作业人员，应经专门培训，并经考试合格取得资格、单位书面批准后，方能参加相应的作业。

第四十二条　在岗生产人员的培训:

（一）在岗生产人员应定期进行有针对性的现场考问、反事故演习、技术问答、事故预想等现场培训活动;

（二）因故间断电气工作连续 3 个月以上者，应重新学习《电力安全工作规程》，并经考试合格后，方可再上岗工作;

（三）生产人员调换岗位或者其岗位需面临新工艺、新技术、新设备、新材料时，应当对其进行专门的安全教育和培训，经考试合格后，方可上岗;

（四）变电站运维人员、电网调控人员，应定期进行仿真系统的培训;

（五）所有生产人员应学会自救互救方法、疏散和现场紧急情况的处理，应熟练掌握触电现场急救方法，所有员工应掌握消防器材的使用方法;

（六）各基层单位应积极推进生产岗位人员安全等级培训、考核、认证工作;

（七）生产岗位班组长应每年进行安全知识、现场安全管理、现场安全风险管控等知识培训，考试合格后方可上岗;

（八）在岗生产人员每年再培训不得少于 8 学时;

（九）离开特种作业岗位 6 个月的作业人员，应重新进行实际操作考试，经确认合格后方可上岗作业。

第四十三条　外来工作人员必须经过安全知识和安全规程的培训，并经考试合格后方可上岗。

第四十四条　企业主要负责人、安全生产管理人员、特种作业人员应由取得相应资质的安全培训机构进行培训，并持证上岗。

发生或造成人员死亡事故的，其主要负责人和安全生产管理人员应当重新参加安全培训。

对造成人员死亡事故负有直接责任的特种作业人员，应当重新参加安全培训。

第四十五条　安全法律法规、规章制度、规程规范的定期考试:

（一）省公司级单位领导、安全监督管理机构负责人应自觉接受公司和政府有关部门组织的安全法律法规考试;

（二）省公司级单位对本单位运检、营销、农电、建设、调控等部门的负责人和专业技术人员，对所属地市公司级单位的领导、安全监督管理机构负责人，一般每两年进行一次有关安全法律法规和规章制度考试;

（三）地市供电企业对所属的县供电企业负责人，地市公司级单位和县公司级单位对所属的建设部、调控中心、业务支撑和实施机构及其二级机构的负责人、专业技术人员，每年进行一次有关安全法律法规、规章制度、规程规范考试;

（四）地市公司级单位、县公司级单位每年至少组织一次对班组人员的安全规章制度、规程规范考试。

第四十六条　公司所属各级单位应每年对生产人员的安全考试进行抽考、调考，并对抽考、调考情况进行通报。

第四十七条　地市公司级单位、县公司级单位每年应对工作票签发人、工作负责人、工作许可人进行培训，经考试合格后，书面公布有资格担任工作票签发人、工作负责人、工作许可人的人员名单。

第四十八条　地市公司级单位、县公司级单位应按规定建立安全培训机制，制定年度培训计划，定期检查实施情况；保证员工安全培训所需经费；建立员工安全培训管理档案，详细、准确记录企业主要负责人、安全生产管理人员、特种作业人员培训和持证情况、生产人员调换岗位和其岗位面临新工艺、新技术、新设备、新材料时的培训情况以及其他员工安全培训考核情况。

第四十九条　对违反规程制度造成安全事故、严重未遂事故的责任者，除按有关规定处理外，还应责成其学习有关规程制度，并经考试合格后，方可重新上岗。

第五十条　省公司级单位应依托培训中心建立安全教育实训基地，完善安全培训场所、设施设备，编写员工安全应知应会读本，建立安全事故案例库和制作警示片，及时对有关人员进行教育。

第五十一条　公司所属各级单位。应采用多种形式与手段，开展安全宣传教育活动，把安全理念、知识、技能作为重要培训内容，开展有针对性的实际操作、现场安全培训。利用信息化、智能化技术，分工种开发推广具有仿真、体感特色的互动化安全培训系统，提升安全培训效率和质量。

第五十二条　公司所属各级单位应加大应急培训和科普宣教力度，针对所属应急救援基干分队、应急抢修队伍、应急专家队伍人员，定期开展不同层面的应急理论和技能培训，结合实际经常向全体员工宣传应急知识。

第八章　例　行　工　作

第五十三条　安全生产委员会议。省公司级单位至少每半年，地市公司级单位、县公司级单位每季度召开一次安全生产委员会议，研究解决安全重大问题，决策部署安全重大事项。

按要求成立安全生产委员会的承、发包工程和委托业务项目，安全生产委员会应在项目开工前成立并召开第一次会议，以后至少每季度召开一次会议。

第五十四条　安全例会。公司各级单位应定期召开各类安全例会。

（一）年度安全工作会。公司各级单位应在每年初召开一次年度安全工作会，总结本单位上年度安全情况，部署本年度安全工作任务。

（二）月、周、日安全生产例会。省公司级单位、地市公司级单位、县公司级单位应建立安全生产月、周、日例会制度，对安全生产实行"月计划、周安排、日管控"，协调解决安全工作存在的问题，建立安全风险日常管控和协调机制。

（三）安全监督例会。省公司级单位应每半年召开一次安全监督例会，地市公司级单位、县公司级单位应每月召开一次安全网例会。

第五十五条　班前会和班后会。班前会应结合当班运行方式、工作任务，开展安全风险分析，布置风险预控措施，组织交代工作任务、作业风险和安全措施，检查个人安全工器具、个人劳动防护用品和人员精神状况。班后会应总结讲评当班工作和安全情况，表扬遵章守纪，批评忽视安全、违章作业等不良现象，布置下一个工作日任务。班前会和班后会均应做好记录。

第五十六条 安全活动。公司各级单位应定期组织开展各项安全活动。

（一）年度安全活动。根据公司年度安全工作安排，组织开展专项安全活动，抓好活动各项任务的分解、细化和落实；

（二）安全生产月活动。根据全国安全生产月活动要求，结合本单位安全工作实际情况，每年开展为期一个月的主题安全月活动；

（三）安全日活动。班组每周或每个轮值进行一次安全日活动，活动内容应联系实际，有针对性，并做好记录。班组上级主管领导每月至少参加一次班组安全日活动并检查活动情况。

第五十七条 安全检查。公司各级单位应定期和不定期进行安全检查，组织进行春季、秋季等季节性安全检查，组织开展各类专项安全检查。

安全检查前应编制检查提纲或"安全检查表"，经分管领导审批后执行。对查出的问题要制定整改计划并监督落实。

第五十八条 "两票"管理。公司所属各级单位应建立"两票"管理制度，分层次对操作票和工作票进行分析、评价和考核，班组每月一次，基层单位所属的业务支撑和实施机构及其二级机构至少每季度一次，基层单位至少每半年一次。基层单位每年至少进行一次"两票"知识调考。

第五十九条 反违章工作。公司各级单位应建立预防违章和查处违章的工作机制，开展违章自查、互查和稽查，采用违章曝光和违章记分等手段，加大反违章力度。定期通报反违章情况，对违章现象进行点评和分析。

第六十条 安全通报。公司各级单位应编写安全通报、快报，综合安全情况，分析事故规律，吸取事故教训。

第九章 风 险 管 理

第六十六条 作业安全风险管控。公司各级单位应针对运维、检修、施工等生产作业活动，从计划编制、作业组织、现场实施等关键环节，分析辨识作业安全风险，开展安全承载能力分析，实施作业安全风险预警，制定落实风险管控措施，落实到岗到位要求。

第十章 应 急 管 理

第六十七条 公司各级单位应贯彻国家和公司安全生产应急管理法规制度，坚持"预防为主、预防与处置相结合"的原则，按照"统一指挥、结构合理、功能实用、运转高效、反应灵敏、资源共享、保障有力"的要求，建立系统和完整的应急体系。

第六十八条 公司各级单位应成立应急领导小组，全面领导本单位应急管理工作，应急领导小组组长由本单位主要负责人担任；建立由安全监督管理机构归口管理、各职能部门分工负责的应急管理体系。

第六十九条 公司各级单位应根据突发事件类别和影响程度，成立专项事件应急处置领导机构（临时机构），在应急领导小组的领导下，具体负责指挥突发事件的应急处置工作。

第七十条 公司各级单位应按照"平战结合、一专多能、装备精良、训练有素、快速反应、战斗力强"的原则，建立应急救援基干队伍。加强应急联动机制建设，提高协同应对突发事件的能力。

第七十一条 公司各级单位应按照"实际、实用、实效"的原则，建立横向到边、纵向到底、上下对应、内外衔接的应急预案体系。应急预案由本单位主要负责人签署发布，并向上级有关部门备案。

第七十二条 公司各级单位应定期组织开展应急演练，每两年至少组织一次综合应急演练或社会应急联合演练，每年至少组织一次专项应急演练。

第七十三条 公司各级单位应建立应急资金保障机制，落实应急队伍、应急装备、应急物资所需资金，提高应急保障能力；以3～5年为周期，开展应急能力评估。

第七十四条 突发事件发生后，事发单位要做好先期处置，并及时向上级和所在地人民政府及有关部门报告。根据突发事件性质、级别，按照分级响应要求，组织开展应急处置与救援。

第七十五条 突发事件应急处置工作结束后，相关单位应对突发事件应急处置情况进行调查评估，提出防范和改进措施。

第十一章 事 故 调 查

第七十六条 公司各级单位发生安全事故后，应严格依据国家、行业和公司的有关规定，及时、准确、完整报告事故情况，任何单位和个人对事故不得迟报、漏报、谎报或者瞒报。

事故发生单位应按照相关规定做好事故资料的收集、整理、信息统计和存档工作，并按时向上级相关单位提交事故报告（报表）。

第七十七条 事故调查应当严格执行国家、行业和公司的有关规定和程序，依据事故等级分级组织调查。对于由国家和政府有关部门、公司系统上级单位组织的调查，事故发生单位应积极做好各项配合工作。

第七十八条 事故调查应坚持实事求是、尊重科学的原则，及时、准确地查清事故经过、原因和损失，明确事故性质，认定事故责任，总结事故教训，提出整改措施，并对事故责任者提出处理意见，严格执行"四不放过"。

事故调查和处理的具体办法按照国家、行业和公司的有关规定执行。

第七十九条 任何单位和个人不得阻挠和干涉对事故的报告和调查处理。任何单位和个人对隐瞒事故或阻碍事故调查的行为有权向公司系统各级单位反映。任何单位和个人不得故意破坏事故现场，不得伪造、隐匿或者毁灭相关证据。

第十三章 承、发包工程和委托业务

第八十八条 承、发包工程和委托业务项目，项目法人和工程（业务）总承包方（含接受委托方，下同），或项目法人和设计、监理、工程（业务）承包方应共同管理施工现场安全工作，并各自承担相应的安全责任。

第八十九条 项目法人（管理单位）应明确发布项目的安全方针、目标、政策和主要保证措施；明确应遵守的安全法规，制定项目现场安全管理制度；依托项目安全生产委员会，建立健全现场安全保证体系和监督体系。

第九十条 公司所属各级单位应建立承、发包工程和委托业务管理补充制度，规范管理流程，明确安全工作的评价考核标准和要求。

第九十一条　公司所属各级单位对外承、发包工程和委托业务应依法签订合同，并同时签订安全协议。合同的形式和内容应统一规范；安全协议中应具体规定发包方（含委托方，下同）和承包方各自应承担的安全责任和评价考核条款，并由本单位安全监督管理机构审查。

第九十二条　公司所属各级单位在工程项目和外委业务招标前必须对承包方以下资质和条件进行审查：

（一）企业资质（营业执照、法人资格证书）、业务资质（建设主管部门和电力监管部门颁发的资质证书）和安全资质（安全生产许可证、近 3 年安全情况证明材料）是否符合工程要求；

（二）企业负责人、项目经理、现场负责人、技术人员、安全员是否持有国家合法部门颁发有效安全证件，作业人员是否有安全培训记录，人员素质是否符合工程要求；

（三）施工机械、工器具、安全用具及安全防护设施是否满足安全作业需求；

（四）具有两级机构的承包方应设有专职安全管理机构，施工队伍超过 30 人的应配有专职安全员，30 人以下的应设有兼职安全员。

第九十三条　发包方应承担以下安全责任：

（一）对承包方的资质进行审查，确定其符合本规定第九十二条所列条件；

（二）开工前对承包方项目经理、现场负责人、技术员和安全员进行全面的安全技术交底，并应有完整的记录或资料；

（三）在有危险性的电力生产区域内作业，如有可能因电力设施引发火灾、爆炸、触电、高处坠落、中毒、窒息、机械伤害、灼烫伤等或容易引起人员伤害和电网事故、设备事故的场所作业，发包方应事先进行安全技术交底，要求承包方制定安全措施，并配合做好相关的安全措施；

（四）安全协议中规定由发包方承担的有关安全、劳动保护等其他事宜。

第九十四条　开工前，发包方应预留一定比例的合同价款作为安全保证金。在发生安全事故时，由发包方根据安全协议有关条款进行评价考核，扣除相应比例的安全保证金，并计入承包方安全业绩。

第九十五条　承包方在电力生产区域内违反有关安全规程制度时，业主方、发包方、监理方应予以制止，直至停止承包方的工作，并按照安全协议有关条款进行评价考核。

第九十六条　因承包方责任造成的发包方设备、电网事故，由发包方负责调查、统计上报，无论任何原因均对发包方进行考核。发包方根据安全协议对承包方进行处罚。

第九十七条　承、发包工程和委托业务发生人身事故，按事故责任进行考核。因承包方负主要责任造成的承包方人身事故，不对发包方进行考核；因发包方负主要责任造成的承包方人身事故，不对承包方进行考核。发包方与承包方有资产关系或有管理关系者除外。

第九十八条　具有独立法人的企业或经具有独立法人的企业委托授权的企业、单位才能作为工程（业务）的发包方对外发包，核心业务不得对外委托。

第九十九条　承包方不得将承包工程（接受委托业务）转包；施工承包方应自行完成主体工程的施工，不得采取除劳务分包以外的其他形式对主体工程进行分包；生产业务承包方承包整个业务项目时仅可进行一次专业分包或劳务分包，承包业务项目的专项任务时仅可进行一次劳务分包。

第一百条 公司所属各级单位应建立对施工承包队伍和业务接受委托队伍的安全动态评价考核机制，通过入网资质审查、日常检查和年终评价等制度对外包队伍进行安全动态管理。

第一百○一条 外来工作人员必须持证或佩戴标志上岗。

第一百○二条 外来工作人员从事有危险的工作时，应在有经验的本单位职工带领和监护下进行，并做好安全措施。开工前监护人应将带电区域和部位等危险区域、警告标志的含义向外来工作人员交代清楚并要求外来工作人员复述，复述正确方可开工。禁止在没有监护的条件下指派外来工作人员单独从事有危险的工作。

第一百○三条 按照"谁使用、谁负责"原则，外来工作人员的安全管理和事故统计、考核与本单位职工同等对待。

第十四章 考 核 与 奖 惩

第一百○四条 国家电网公司安全工作实行安全目标管理和以责论处的奖惩制度。安全奖惩坚持精神奖励与物质奖励相结合、惩罚和教育相结合的原则。

第一百○五条 公司各级单位应设立安全奖励基金，对实现安全目标的单位和对安全工作做出突出贡献的个人予以表扬和奖励；至少每年一次以适当的形式表彰、奖励对安全工作做出突出贡献的集体和个人。

第一百○六条 公司各级单位应按照职责管理范围，从规划设计、招标采购、施工验收、生产运行和教育培训等各个环节，对发生安全事故（事件）的单位及责任人进行责任追究和处罚。对造成后果的单位和个人，在评先、评优等方面实行"一票否决制"。

第一百○七条 公司实行安全事故"说清楚"制度，发生事故的单位应在限定时间内向上级单位说清楚。

第一百○八条 生产经营单位主要领导、分管领导因安全事故受到撤职处分的，自受处分之日起，五年内不得担任任何生产经营单位的主要领导。

第十五章 附 则

第一百○九条 本规定用于规定公司各级单位安全工作基本要求，不作为处理和判定民事责任的依据。

第一百一十条 本规定由国网安质部负责解释并监督执行。

第一百一十一条 本规定自 2014 年 10 月 1 日起施行，原公司《安全生产工作规定》（国家电网总〔2003〕407 号）《安全生产监督规定》（国家电网总〔2003〕408 号）同时废止。

国家电网公司电力安全工器具管理规定

（节选）

国网（安监/4）289—2014

第一章 总 则

第一条 为了保证工作人员在生产经营活动中的人身安全，确保电力安全工器具（以下简称"安全工器具"）产品质量和安全使用，规范安全工器具的管理，根据《电力安全工作规程》（GB 26859/GB 26860）、《国家电网公司安全工作规定》和《国家电网公司电力安全工作规程》等有关要求，制定本规定。

第二条 本规定所称安全工器具系指为防止触电、灼伤、坠落、摔跌、中毒、窒息、火灾、雷击、淹溺等事故或职业危害，保障工作人员人身安全的个体防护装备、绝缘安全工器具、登高工器具、安全围栏（网）和标识牌等专用工具和器具。安全工器具分类见附件1。

第三条 本规定适用于公司总（分）部及所属各级单位（含全资、控股、代管单位）的安全工器具管理工作。公司系统承包和管理的境外工程项目，以及公司系统其他相关单位的安全工器具管理参照执行。

第四条 安全工器具管理遵循"谁主管、谁负责""谁使用、谁负责"的原则，落实资产全寿命周期管理要求，严格计划、采购、验收、检验、使用、保管、检查和报废等全过程管理，做到"安全可靠、合格有效"，管理工作流程见附件2。

第五条 安全工器具管理实行"归口管理、分级实施"的模式。

第二章 职 责 分 工

第十五条 班组（站、所、施工项目部）管理职责：

（一）根据工作实际，提出安全工器具添置、更新需求。

（二）建立安全工器具管理台账，做到账、卡、物相符，试验报告、检查记录齐全。

（三）组织开展班组安全工器具培训，严格执行操作规定，正确使用安全工器具，严禁使用不合格或超试验周期的安全工器具。

（四）安排专人做好班组安全工器具日常维护、保养及定期送检工作。

第四章 试 验 与 检 验

第二十一条 安全工器具应通过国家、行业标准规定的型式试验，以及出厂试验和预防性试验。进口产品的试验不低于国内同类产品标准。

第二十二条 安全工器具应由具有资质的安全工器具检验机构进行检验。预防性试验可由经公司总部或省公司、直属单位组织评审、认可，取得内部检验资质的检测机构实施，也可委托具有国家认可资质的安全工器具检验机构实施。

第二十三条 加强公司各级安全工器具检测试验中心建设，完善工作网络和体系，有效开展检测试验工作，及时发现安全工器具缺陷和隐患，保障使用安全。

第二十四条 公司总部委托具备相应资质和能力的安全工器具质量监督检验机构，提供安全工器具监督管理和技术支撑服务。省公司级、地市公司级单位安全工器具检测试验机构负责所属单位安全工器具试验检验及技术监督工作。有条件的县公司级单位可设置安全工器具检测机构，负责本单位安全工器具试验检验工作。施工企业可根据国家相关标准自行检验或委托有资质的第三方进行检验。

第二十五条 应进行预防性试验的安全工器具：

规程要求进行试验的安全工器具。

新购置和自制安全工器具使用前。

检修后或关键零部件经过更换的安全工器具。

对其机械、绝缘性能发生疑问或发现缺陷的安全工器具。

发现质量问题的同批次安全工器具。

第二十六条 安全工器具使用期间应按规定做好预防性试验。预防性试验项目、周期和要求以及试验时间一览表见附件4至附件6。

第二十七条 安全工器具经预防性试验合格后，应由检验机构在合格的安全工器具上（不妨碍绝缘性能、使用性能且醒目的部位）牢固粘贴"合格证"标签或可追溯的唯一标识，并出具检测报告。预防性试验报告和合格证内容、格式要求见附件7。

第五章 使用与保管

第二十八条 各级单位应为班组配置充足、合格的安全工器具，建立统一分类的安全工器具台账和编号方法。使用保管单位应定期开展安全工器具清查盘点，确保做到账、卡、物一致。班组安全工器具参考配置要求见附件8，变电站安全工器具参考配置要求见附件9，各级单位可根据实际情况对照确定现场配置标准。

第二十九条 安全工器具使用总体要求：

（一）使用单位每年至少应组织一次安全工器具使用方法培训，新进员工上岗前应进行安全工器具使用方法培训；新型安全工器具使用前应组织针对性培训。

（二）安全工器具使用前应进行外观、试验时间有效性等检查。安全工器具检查及使用要求详见附件10。

（三）绝缘安全工器具使用前、后应擦拭干净。

（四）对安全工器具的机械、绝缘性能不能确定时，应进行试验，合格后方可使用。

第三十条 安全工器具领用、归还应严格履行交接和登记手续。领用时，保管人和领用人应共同确认安全工器具有效性，确认合格后，方可出库；归还时，保管人和使用人应共同进行清洁整理和检查确认，检查合格的返库存放，不合格或超试验周期的应另外存放，做出"禁用"标识，停止使用。

第三十一条 安全工器具的保管及存放，必须满足国家和行业标准及产品说明书要求。安全工器具保管存放具体要求见附件11。

第三十二条 安全工器具宜根据产品要求存放于合适的温度、湿度及通风条件处，与其它物资材料、设备设施应分开存放。带电作业绝缘安全工具的存放及温湿度条件见《带电作业用工具库房》（DL/T974—2005）的具体要求。

第三十三条　使用单位公用的安全工器具，应明确专人负责管理、维护和保养。个人使用的安全工器具，应由单位指定地点集中存放，使用者负责管理、维护和保养，班组安全员不定期抽查使用维护情况。

第三十四条　安全工器具在保管及运输过程中应防止损坏和磨损，绝缘安全工器具应做好防潮措施。

第三十五条　使用中若发现产品质量、售后服务等不良问题，应及时报告物资部门和安全监察质量部门，查实后，由安全监察质量部门发布信息通报。

第六章　报　　废

第三十六条　安全工器具符合下列条件之一者，即予以报废：

经试验或检验不符合国家或行业标准的。

超过有效使用期限，不能达到有效防护功能指标的。

外观检查明显损坏影响安全使用的。

第三十七条　报废的安全工器具应及时清理，不得与合格的安全工器具存放在一起，严禁使用报废的安全工器具。

第三十八条　安全工器具报废，应经本单位安全监察质量部门组织专业人员或机构进行确认，属于固定资产的安全工器具报废应按照公司固定资产管理办法有关规定执行。

第三十九条　报废的安全工器具，应做破坏处理，并撕毁"合格证"。

第四十条　安全工器具报废处置应按公司废旧物资管理的相应要求执行。

第四十一条　安全工器具报废情况应纳入管理台账做好记录，存档备查。

第七章　检查与考核

第四十二条　班组（站、所）应每月对安全工器具进行全面检查，做好检查记录；对发现不合格或超试验周期的应隔离存放，做出禁用标识，停止使用。

第四十三条　县公司级单位应每季对安全工器具使用和保管情况进行检查，做好检查记录；地市公司级单位应每半年对所属单位的安全工器具进行监督检查，做好检查记录。发现不合格安全工器具或管理方面存在的薄弱环节，督促责任单位、班组及时整改。

第四十四条　各省公司级单位应至少每年组织一次对所属单位安全工器具管理工作进行监督检查，并督促责任单位及时整改存在问题和不足。

第四十五条　对安全工器具使用和各类检查中及时发现问题和隐患、避免人身和设备事件的单位和人员，应予以表彰。

第四十六条　各级安全监察质量部门应对各类检查发现的安全工器具存在问题进行统计分析，查找原因，从管理上提出改进措施和要求，及时发布相关信息。每年对安全工器具质量进行综合评价，对产品优劣信息予以通报。

第四十七条　因安全工器具质量问题引发事故或安全事件时，应按《国家电网公司安全事故调查规程》（国家电网安监〔2011〕2024 号）进行调查，对责任单位、人员按相关规定进行处理。

第八章　附　　则

第四十八条　本规定由国网安质部负责解释并监督执行。

第四十九条　本规定自 2014 年 7 月 1 日起施行。原《国家电网公司电力安全工器具管理规定（试行）》（国家电网安监〔2005〕516 号）同时废止。

附件：1. 安全工器具分类

　　　2. 安全工器具管理流程图

　　　3. 绝缘安全工器具最小有效绝缘长度

　　　4. 个体防护装备试验项目、周期和要求

　　　5. 绝缘、登高工器具试验项目、周期和要求

　　　6. 电力安全工器具试验时间一览表

　　　7. 预防性试验报告和合格证要求

　　　8. 班组安全工器具参考配置表

　　　9. 变电站安全工器具参考配置表

　　　10. 安全工器具检查与使用要求

　　　11. 安全工器具保管及存放要求

附件 1

安 全 工 器 具 分 类

安全工器具分为个体防护装备、绝缘安全工器具、登高工器具、安全围栏（网）和标识牌等四大类。

一、个体防护装备

个体防护装备是指保护人体避免受到急性伤害而使用的安全用具，包括安全帽、防护眼镜、自吸过滤式防毒面具、正压式消防空气呼吸器、安全带、安全绳、连接器、速差自控器、导轨自锁器、缓冲器、安全网、静电防护服、防电弧服、耐酸服、SF_6 防护服、耐酸手套、耐酸靴、导电鞋（防静电鞋）、个人保安线、SF_6 气体检漏仪、含氧量测试仪及有害气体检测仪等。

1. 安全帽是对人头部受坠落物及其它特定因素引起的伤害起防护作用。由帽壳、帽衬、下颏带及附件等组成。

2. 防护眼镜是在进行检修工作、维护电气设备时，保护工作人员不受电弧灼伤以及防止异物落入眼内的防护用具。

3. 自吸过滤式防毒面具是用于有氧环境中使用的呼吸器。

4. 正压式消防空气呼吸器是用于无氧环境中的呼吸器。

5. 安全带是防止高处作业人员发生坠落或发生坠落后将作业人员安全悬挂的个体防护装备，一般分为围杆作业安全带、区域限制安全带和坠落悬挂安全带。

（1）围杆作业安全带是通过围绕在固定构造物上的绳或带将人体绑定在固定构造物附近，使作业人员双手可以进行其他操作的安全带。

（2）区域限制安全带是用于限制作业人员的活动范围，避免其到达可能发生坠落区域的安全带。

（3）坠落悬挂安全带是指高处作业或登高人员发生坠落时，将作业人员安全悬挂的安全带。

6. 安全绳是连接安全带系带与挂点的绳（带、钢丝绳等），一般分为围杆作业用安全绳、区域限制用安全绳和坠落悬挂用安全绳。

7. 连接器可以将两种或两种以上元件连接在一起、具有常闭活门的环状零件。

8. 速差自控器是一种安装在挂点上、装有一种可收缩长度的绳（带、钢丝绳）、串联在安全带系带和挂点之间、在坠落发生时因速度变化引发制动作用的装置。

9. 导轨自锁器是附着在刚性或柔性导轨上，可随使用者的移动沿导轨滑动，因坠落动作引发制动的装置。

10. 缓冲器是串联在安全带系带和挂点之间，发生坠落时吸收部分冲击能量、降低冲击力的装置。

11. 安全网用来防止人、物坠落，或用来避免、减轻坠落及物击伤害的网具。安全网一般由网体、边绳及系绳等构件组成。安全网可分为平网、立网和密目式安全立网。

12. 静电防护服是用导电材料与纺织纤维混纺交织成布后做成的服装，用于保护线路和变电站巡视及地电位作业人员免受交流高压电场的影响。

13. 防电弧服是一种用绝缘和防护的隔层制成的保护穿着者身体的防护服装，用于减轻或避免电弧发生时散发出的大量热能辐射和飞溅融化物的伤害。

14. 耐酸服是适用于从事接触和配制酸类物质作业人员穿戴的具有防酸性能的工作服，它是用耐酸织物或橡胶、塑料等防酸面料制成。耐酸服根据材料的性质不同分为透气型耐酸服和不透气型耐酸服两类。

15. SF_6 防护服是为保护从事 SF_6 电气设备安装、调试、运行维护、试验、检修人员在现场工作的人身安全，避免作业人员遭受氢氟酸、二氧化硫、低氟化物等有毒有害物质的伤害。SF_6 防护服包括连体防护服、SF_6 专用防毒面具、SF_6 专用滤毒缸、工作手套和工作鞋等。

16. 耐酸手套是预防酸碱伤害手部的防护手套。耐酸靴是采用防水革、塑料、橡胶等为鞋的材料，配以耐酸鞋底经模压、硫化或注压成型，具有防酸性能，适合脚部接触酸溶液溅泼在足部时保护足部不受伤害的防护鞋。

17. 导电鞋（防静电鞋）是由特种性能橡胶制成的，在 220kV～500kV 带电杆塔上及 330kV～500kV 带电设备区非带电作业时为防止静电感应电压所穿用的鞋子。

18. 个人保安线用于防止感应电压危害的个人用接地装置。SF_6 气体检漏仪是用于绝缘电气设备现场维护时，测量 SF_6 气体含量的专用仪器。

19. 含氧量测试仪及有害气体检测仪是检测作业现场（如坑口、隧道等）氧气及有害气体含量、防止发生中毒事故的仪器。

20. 防火服是消防员及高温作业人员近火作业时穿着的防护服装，用来对其上下躯干、头部、手部和脚部进行隔热防护。

21. 救生衣、救生圈等用于水上作业时的救生装备。

二、绝缘安全工器具

绝缘安全工器具分为基本绝缘安全工器具、带电作业安全工器具和辅助绝缘安全工器具。

（一）基本绝缘安全工器具

基本绝缘安全工器具是指能直接操作带电装置、接触或可能接触带电体的工器具，其中大部分为带电作业专用绝缘安全工器具，包括电容型验电器、携带型短路接地线、绝缘杆、核相器、绝缘遮蔽罩、绝缘隔板、绝缘绳和绝缘夹钳等。

1. 电容型验电器是通过检测流过验电器对地杂散电容中的电流来指示电压是否存在的装置。

2. 携带型短路接地线是用于防止设备、线路突然来电，消除感应电压，放尽剩余电荷的临时接地装置。

3. 绝缘杆是由绝缘材料制成，用于短时间对带电设备进行操作或测量的杆类绝缘工具，包括绝缘操作杆、测高杆、绝缘支拉吊线杆等。

4. 核相器是用于鉴别待连接设备、电气回路是否相位相同的装置。包括有线核相器和无线核相器。

5. 绝缘遮蔽罩是由绝缘材料制成，起遮蔽或隔离的保护作用，防止作业人员与带电体发生直接碰触。

6. 绝缘隔板是由绝缘材料制成，用于隔离带电部件、限制工作人员活动范围、防止接近高压带电部分的绝缘平板。绝缘隔板又称绝缘挡板，一般应具有很高的绝缘性能，它可与35kV及以下的带电部分直接接触，起临时遮栏作用。

7. 绝缘绳是由天然纤维材料或合成纤维材料制成的具有良好电气绝缘性能的绳索。

8. 绝缘夹钳是用来装拆高压熔断器或执行其他类似工作的绝缘操作钳。

（二）带电作业绝缘安全工器具

带电作业安全工器具是指在带电装置上进行作业或接近带电部分所进行的各种作业所使用的工器具，特别是工作人员身体的任何部分或采用工具、装置或仪器进入限定的带电作业区域的所有作业所使用的工器具，包括带电作业用绝缘安全帽、绝缘服装、屏蔽服装、带电作业用绝缘手套、带电作业用绝缘靴（鞋）、带电作业用绝缘垫、带电作业用绝缘毯、带电作业用绝缘硬梯、绝缘托瓶架、带电作业用绝缘绳（绳索类工具）、绝缘软梯、带电作业用绝缘滑车和带电作业用提线工具等。

1. 带电作业用安全帽是由绝缘材料制成，有一条脖带和可移动的带头，在带电作业中用于防止工作人员头部触电的帽子。

2. 绝缘服装是由绝缘材料制成，用于防止作业人员带电作业时身体触电的服装。

3. 屏蔽服装是由天然或合成材料制成，其内完整地编织有导电纤维，用于防护工作人员等电位带电作业时受到电场影响。

4. 带电作业用绝缘手套是由绝缘橡胶或绝缘合成材料制成，在带电作业中用于防止工作人员手部触电的手套。

5. 带电作业用绝缘靴（鞋）由绝缘材料制成，带有防滑的鞋底，在带电作业中用于防止工作人员脚部触电。

6. 带电作业用绝缘垫是由绝缘材料制成，敷设在地面或接地物体上以保护作业人员免遭电击的垫子。

7. 带电作业用绝缘毯是由绝缘材料制成，保护作业人员无意识触及带电体时免遭电击，以及防止电气设备之间短路的毯子。

8. 带电作业用绝缘硬梯是由绝缘材料制成，用于带电作业时登高作业的工具。

9. 绝缘托瓶架是用绝缘管或棒组成，用于对绝缘子串进行操作的装置。

10. 带电作业用绝缘绳（绳索类工具）是由绝缘材料制成的绳索（绳索类工具）。

11. 绝缘软梯用绝缘绳和绝缘管组成，用于带电登高作业的工具。

12. 带电作业用绝缘滑车是在带电作业中用于绳索导向或承担负载的全绝缘或部分绝缘的工具。

13. 带电作业用提线工具是在带电作业中用于取代直线绝缘子串、承受导线的机械负荷和电气绝缘强度、进行提吊导线的工具。

（三）辅助绝缘安全工器具

辅助绝缘安全工器具是指绝缘强度不是承受设备或线路的工作电压，只是用于加强基本绝缘工器具的保安作用，用以防止接触电压、跨步电压、泄漏电流电弧对操作人员的伤害。不能用辅助绝缘安全工器具直接接触高压设备带电部分。包括辅助型绝缘手套、辅助型绝缘靴（鞋）和辅助型绝缘胶垫。

1. 辅助型绝缘手套是由特种橡胶制成的、起电气辅助绝缘作用的手套。

2. 辅助型绝缘靴（鞋）是由特种橡胶制成的、用于人体与地面辅助绝缘的靴（鞋）子。

3. 辅助型绝缘胶垫是由特种橡胶制成的、用于加强工作人员对地辅助绝缘的橡胶板。

三、登高工器具

登高工器具是用于登高作业、临时性高处作业的工具，包括脚扣、升降板（登高板）、梯子、快装脚手架及检修平台等。

1. 脚扣是用钢或合金材料制作的攀登电杆的工具。

2. 升降板（登高板）由脚踏板、吊绳及挂钩组成的攀登电杆的工具。

3. 梯子是包含有踏档或踏板，可供人上下的装置，一般分为竹（木）梯、铝合金及复合材料梯。

4. 软梯是用于高空作业和攀登的工具。

5. 快装脚手架是指整体结构采用"积木式"组合设计，构件标准化且采用复合材料制作，不需任何安装工具，可在短时间内徒手搭建的一种高空作业平台。

6. 检修平台按功能分为拆卸型和升降型。拆卸型检修平台按型式可分为单柱型、平台板型、梯台型，用于在变电站检修时，固定于构架类设备基座上，是登高作业及防护的辅助装置。升降型检修平台是一种用于一人或数人登高、站立，具有升降功能的作业平台。

四、安全围栏（网）和标识牌

安全围栏（网）包括用各种材料做成的安全围栏、安全围网和红布幔，标识牌包括各种安全警告牌、设备标示牌、锥形交通标、警示带等。

附件 2

安全工器具管理流程图

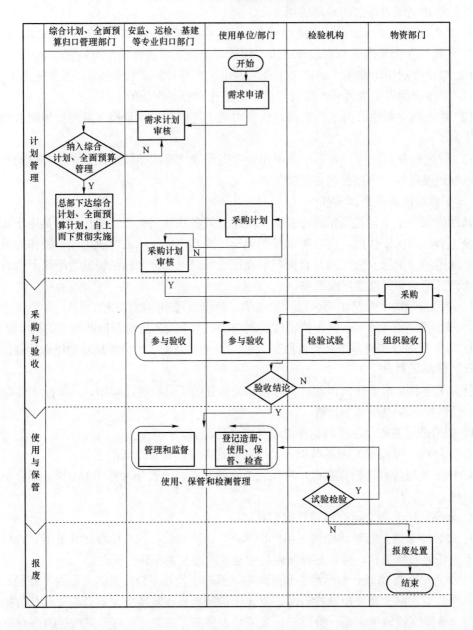

附件 3

绝缘安全工器具最小有效绝缘长度

名称	额定电压（kV）	最短有效绝缘长度（m）	固定部分长度（m）		支杆活动部分长度（m）
			支杆	拉（吊）杆	
绝缘支、拉、吊杆	10	0.40	0.60	0.20	0.50
	20	0.50	0.60	0.20	0.50
	35	0.60	0.60	0.20	0.60
	66	0.70	0.70	0.20	0.60
	110	1.00	0.70	0.20	0.60
	220	1.80	0.80	0.20	0.60
	330	2.80	0.80	0.20	0.60
	500	3.70	0.80	0.20	0.60
	750	4.70	0.80	0.20	0.60
	1000	6.30	0.80	0.20	0.60
	±500	3.20	0.80	0.20	0.60
	±800	6.60	0.80	0.20	0.60

名称	额定电压（kV）	最短有效绝缘长度（m）
绝缘托瓶架	110	1.00
	220	1.80
	330	2.80
	500	3.70
	750	4.70
	1000	6.30
	±500	3.20
	±800	6.60

名称	额定电压（kV）	最短有效绝缘长度（m）	端部金属接头长度（m）	手持部分长度（m）
绝缘操作杆	10	0.70	≤0.10	≥0.60
	20	0.80	≤0.10	≥0.60
	35	0.90	≤0.10	≥0.60
	66	1.00	≤0.10	≥0.60
	110	1.30	≤0.10	≥0.70
	220	2.10	≤0.10	≥0.90

	额定电压（kV）	最短有效绝缘长度（m）	端部金属接头长度（m）	手持部分长度（m）
绝缘操作杆	330	3.10	≤0.10	≥1.00
	500	4.00	≤0.10	≥1.00
	750	5.00	≤0.10	≥1.00
	1000	6.60	≤0.10	≥1.00
	±500	3.50	≤0.10	≥1.00
	±800	6.90	≤0.10	≥1.00
	额定电压（kV）	最短有效绝缘长度（m）	最小手柄长度（mm）	接触电极最大裸露长度（mm）
电容型验电器	10	0.70	115	40
	20	0.80	115	60
	35	0.90	115	80
	66	1.00	115	150
	110	1.30	115	400
	220	2.10	115	400
	330	3.10	115	400
	500	4.00	115	400
	750	5.00	115	400
	1000	6.60	115	400
	额定电压（kV）	绝缘最短有效绝缘长度（m）		
绝缘夹钳	10	0.7		
	35	0.9		

附件 4

个体防护装备试验项目、周期和要求

序号	名称	项目	周期	要求	说明
1	安全帽	冲击性能试验	按规定期限	冲击力≤4900N，帽壳不得有碎片脱落	依据《国家电网公司电力安全工作规程》，使用期限：从制造之日起，塑料帽≤2.5年，玻璃钢帽≤3.5年
		耐穿刺性能试验	按规定期限	钢锥不得接触头模表面，帽壳不得有碎片脱落	
2	防护眼镜	佩戴检查	每次使用前	不得有肉眼可见的开裂、变形，佩戴后不应有压迫鼻梁刮擦面部及耳朵的现象	—
3	自吸过滤式防毒面具	佩戴检查	每次使用前	以目测检查面具的完整性、气密性和滤罐有效期。面罩密合框应与佩戴者颜面密合，无明显压痛感	—
4	正压式消防空气呼吸器	复合气瓶检验	3 年	水压试验：满水 8h 后，保持试验压力的 100%～103%不少于 60s，变形率不超过 5%。气密性试验：充入试验压力气体，不少于 1min，无气泡出现	依据GB 24161《呼吸器用复合气瓶定期检验和评定》
5	安全带	整体静负荷试验	1 年	<table><tr><td>分类</td><td>试验力值（N）</td><td>试验时间（min）</td></tr><tr><td>围杆作业安全带</td><td>2205</td><td>5</td></tr><tr><td>区域限制安全带</td><td>1200</td><td>5</td></tr><tr><td>坠落悬挂安全带</td><td>3300</td><td>5</td></tr></table>	参照 GB 6095—2009《安全带》和电力行业标准《安全工器具预防性试验规程》（报批稿）要求
6	安全绳	静负荷试验	1 年	施加 2205N 静拉力，持续时间 5min	参照《国家电网公司电力安全工作规程》
7	连接器	静负荷试验	1 年	施加 2205N 静拉力，持续时间 5min	
8	速差自控器	空载动作试验	1 年	将速差器钢丝绳（或合成纤维带）在其全行程中任选 5 处，进行拉出、制动。拉出的钢丝绳（或合成纤维带）卸载或锁止卸载后，即能自动回缩，不应有卡绳（或卡带）现象	依据 DL/T 1147—2009《电力高处作业防坠器》

序号	名称	项目	周期	要　　求	说明
9	导轨自锁器	静负荷试验	1年	施加2205N静拉力，持续时间5min	参照《国家电网公司电力安全工作规程》
10	缓冲器	静负荷试验	1年	施加2205N静拉力，持续时间5min	
11	安全网	检查	每次使用前	网体、边绳、系绳、筋绳无灼伤、断纱、破洞、变形及有碍使用的编织缺陷。平网和立网的网目边长不大于0.08m，系绳与网体连接牢固，沿网边均匀分布，相邻两系绳间距不大于0.75m，系绳长度不小于0.8m；平网相邻两筋绳间距不大于0.3m	依据GB 5725—2009《安全网》
12	静电防护服	屏蔽效率试验	半年	屏蔽效率≥26dB	依据DL/T 976—2005《带电作业工具、装置和设备预防性试验规程》
13	防电弧服	检查	每次使用前	标识清晰先整，外观无破损	—
14	耐酸服	检查	每次使用前	标识清晰完整，外观无破损	—
15	SF$_6$防护服	检查	每次使用前	以目测检查防护服的完整性和气密性，标识清晰完整，外观无破损	—
16	耐酸手套	检查	每次使用前	标识清晰，外观无破损	—
17	耐酸靴	检查	每次使用前	标识清晰完整，外观无破损	—
18	导电鞋（防静电鞋）	直流电阻试验	穿用不超过200h	电阻值小于100kΩ	依据《国家电网公司电力安全工作规程》
19	个人保安线	成组直流电阻试验	不超过5年	在各接线鼻之间测量直流电阻，对于16mm^2、25mm^{2}的各种截面，平均每米的电阻值应分别不大于1.24mΩ、0.79mΩ	
20	SF$_6$气体检漏仪	检查	每次使用前	标识清晰完整，外观无破损，自检功能正常	——
21	含氧量测试仪及有害气体检测仪	检查	每次使用前	标识清晰完整，外观无破损，自检功能正常	——

附件 5

绝缘、登高工器具试验项目、周期和要求

绝缘安全工器具预防性试验项目、周期和要求

序号	名称	项目	周期	要 求				说明
1	电容型验电器	起动电压	1年	起动电压不高于额定电压的40%，不低于额定电压的15%				依据《国家电网公司电力安全工作规程》
		工频耐压试验	1年	额定电压（kV）	试验长度（m）	工频电压（kV）		依据《国家电网公司电力安全工作规程》、DL/T 976—2005《带电作业工具、装置和设备预防性试验规程》
						1min	5min	
				10	0.4	45	—	
				20	0.5	70	—	
				35	0.6	95	—	
				110	1.0	220	—	
				220	1.8	440	—	
				500	3.7	—	580	
2	携带型短路接地线	成组直流电阻试验	不超过5年	在各接线鼻之间测量直流电阻，对于25mm²、35mm²、50mm²、70mm²、95mm²、120mm²的各种截面，平均每米的电阻值应分别不大于0.79mΩ、0.56mΩ、0.40mΩ、0.28mΩ、0.21mΩ、0.16mΩ				依据国家电网《国家电网公司电力安全工作规程》
		绝缘杆工频耐压试验	5年	额定电压（kV）	试验长度（m）	工频电压（kV）		依据《国家电网公司电力安全工作规程》、DL/T 976—2005《带电作业工具、装置和设备预防性试验规程》；a表示直流耐压试验的加压值
						1min	5min	
				10	0.4	45	—	
				20	0.5	70	—	
				35	0.6	95	—	
				66	0.7	175	—	
				110	1.0	220	—	
				220	1.8	440	—	
				330	2.8	—	380	
				500	3.7	—	580	
				750	4.7	—	780	
				1000	6.3	—	1150	
				±500	3.2	—	565[a]	
				±800	6.6	—	895[a]	

续表

序号	名称	项目	周期	要求	说明
3	绝缘杆	工频耐压试验	1年	（见下表1）	依据《国家电网公司电力安全工作规程》、DL/T 976—2005《带电作业工具、装置和设备预防性试验规程》；a 表示直流耐压试验的加压值
		静抗弯负荷（N）	2年	（见下表2）	依据DL/T 976—2005《带电作业工具、装置和设备预防性试验规程》
4	核相器	连接导线绝缘强度试验	必要时	（见下表3）	依据《国家电网公司电力安全工作规程》
		绝缘部分工频耐压试验	1年	（见下表4）	
		电阻管泄漏电流试验	半年	（见下表5）	
		动作电压试验	1年	最低动作电压应达 0.25 倍额定电压	

表1（绝缘杆 工频耐压试验要求）

额定电压（kV）	试验长度（m）	工频电压（kV）1min	3min	5min
10	0.4	45	—	—
20	0.5	70	—	—
35	0.6	95	—	—
66	0.7	175	—	—
110	1.0	220	—	—
220	1.8	440	—	—
330	2.8	—	380	—
330	3.2	—	—	380
500	3.7	—	580	—
500	4.1	—	—	580
750	4.7	—	780	—
1000	6.3	—	1150	—
±500	3.2	—	680a	—
±800	6.6	—	895a	—

表2（静抗弯负荷要求）

标称外径 28mm 及以下	标称外径 28mm 以上	试验时间（min）
108	132	1

表3（连接导线绝缘强度试验）

额定电压（kV）	工频耐压（kV）	持续时间（min）
10	8	5
35	28	5

表4（绝缘部分工频耐压试验）

额定电压（kV）	试验长度（m）	工频耐压（kV）	持续时间（min）
10	0.7	45	1
35	0.9	95	1

表5（电阻管泄漏电流试验）

额定电压（kV）	工频耐压（kV）	持续时间（min）	泄漏电流（mA）
10	10	1	≤2
35	35	1	≤2

序号	名称	项目	周期	要 求				说明
5	绝缘遮蔽罩	工频耐压试验	半年	额定电压（kV）	工频电压（kV）	持续时间（min）		依据 DL/T 976—2005《带电作业工具、装置和设备预防性试验规程》
				0.4	5	1		
				3	10	1		
				10（6）	20	1		
				20	30	1		
				35	50	1		
6	绝缘隔板	表面工频耐压试验	1年	额定电压（kV）	工频耐压（kV）	持续时间（min）	电极间距（mm）	依据《国家电网公司电力安全工作规程》
				6～35	60	1	300	
		工频耐压试验		额定电压（kV）	工频耐压（kV）	持续时间（min）		
				6～10	30	1		
				20	50	1		
				35	80	1		
7	绝缘绳	工频干闪试验	半年	0.5m 施加 105kV				
8	绝缘夹钳	工频耐压试验	1年	额定电压（kV）	试验长度（m）	工频耐压（kV）	持续时间（min）	依据《国家电网公司电力安全工作规程》
				10	0.7	45	1	
				35	0.9	95	1	
9	带电作业用绝缘安全帽	工频耐压试验	半年	施加 20kV，持续 1min				
10	绝缘服装	工频耐压试验	半年	额定电压（kV）	工频耐压（kV）	持续时间（min）		依据 DL/T 976—2005《带电作业工具、装置和设备预防性试验规程》
				0.4	5	1		
				3	10	1		
				10	20	1		
11	屏蔽服装	成衣电阻试验和整套服装的屏蔽效率效率试验	半年	成衣电阻试验		屏蔽效率试验（dB）		
				部位	电阻（Ω）			
				上衣	≤15	≥30		
				裤子	≤15			
				袜子	≤15			
				手套	≤15			
				鞋子	≤500			
				整套屏蔽服装	≤20			

序号	名称	项目	周期	要　　求					说明
12	带电作业用绝缘手套	工频耐压及泄漏电流试验	半年	额定电压（kV）	工频耐压（kV）	泄漏电流（mA），≤			依据GB/T17622—2008《带电作业用绝缘手套》
						手套长度			
						280	360	410	≥460	
				0.4	5	10	12	14	16	
				3	10	—	14	16	18	
				10	20		16	18	20	
				20	30	—	18	20	22	
				35	40	—		22	24	

注：以上为手套表格，列展开为 额定电压/工频耐压/280/360/410/≥460。

序号	名称	项目	周期	分类	额定电压（kV）	工频耐压（kV）	持续时间（min）	泄漏电流（mA），≤	说明
13	带电作业用绝缘靴（鞋）	工频耐压及泄漏电流试验	半年	鞋	0.4	5	1	1.5	依据 DL/T 676—2012《带电作业绝缘鞋（靴）通用技术条件》
				鞋	3	10	1	3	
				鞋	10（6）	20	1	6	
				靴	3	10	1	18	
				靴	10（6）	20	1	20	
				靴	20	30	1	22	
				靴	35	40	1	24	

序号	名称	项目	周期	额定电压（kV）	工频耐压（kV）	持续时间（min）	说明
14	带电作业用绝缘垫（毯）	工频耐压试验	半年	0.4	5	1	依据 DL/T 976—2005《带电作业工具、装置和设备预防性试验规程》
				3	10	1	
				10（6）	20	1	
				20	30	1	

序号	名称	项目	周期	额定电压（kV）	试验长度（m）	工频电压（kV）		说明
						1min	5min	
15	带电作业用绝缘硬梯	工频耐压试验	1年	10	0.4	45	—	依据 DL/T 976—2005《带电作业工具、装置和设备预防性试验规程》；参照《国家电网公司电力安全工作规程》；a 表示直流耐压试验的加压值
				20	0.5	70	—	
				35	0.6	95	—	
				66	0.7	175	—	
				110	1.0	220	—	
				220	1.8	440	—	
				330	2.8	—	380	
				500	3.7	—	580	

序号	名称	项目	周期	要　求				说明
15	带电作业用绝缘硬梯	工频耐压试验	1年	额定电压（kV）	试验长度（m）	工频电压（kV）		依据 DL/T 976—2005《带电作业工具、装置和设备预防性试验规程》；参照《国家电网公司电力安全工作规程》；a 表示直流耐压试验的加压值
						1min	5min	
				750	4.7	—	780	
				1000	6.3	—	1150	
				±500	3.2	—	680[a]	
				±800	6.6	—	895[a]	
		静负荷试验	2年	施加压力 1000N，保持 5min				依据 GB/T 17620—2008《带电作业用绝缘硬梯》
16	绝缘托瓶架	工频耐压试验	1年	额定电压（kV）	试验长度（m）	工频电压（V）		依据 DL/T 976—2005《带电作业工具、装置和设备预防性试验规程》；参照《国家电网公司电力安全工作规程》；a 表示直流耐压试验的加压值
						1min	5min	
				110	1.0	220	—	
				220	1.8	440	—	
				330	2.8	—	380	
				500	3.7	—	580	
				750	4.7	—	780	
				1000	6.3	—	1150	
				±500	3.2	—	680[a]	
				±800	6.6	—	895[a]	
		静抗弯负荷	2年	额定电压（kV）	试验长度（m）	静抗弯负荷（kN）	持续时间（min）	依据 DL/T 976—2005《带电作业工具、装置和设备预防性试验规程》
				110	1.17	0.72	1	
				220	2.05	1.44	1	
				330	2.95	2.16	1	
				500	4.70	3.60	1	
				750	5.90	4.08	1	
				±500	5.20	3.84	1	
17	带电作业用绝缘绳（绳索类工具）	工频耐压试验	1年	额定电压（kV）	试验长度（m）	工频电压（kV）		依据 DL/T 976—2005《带电作业工具、装置和设备预防性试验规程》；参照《国家电网公司电力安全工作规程》；a 表示直流耐压试验的加压值
						1min	5min	
				10	0.4	45	—	
				20	0.5	70	—	
				35	0.6	95	—	
				66	0.7	175		

序号	名称	项目	周期	要求					说明
17	带电作业用绝缘绳（绳索类工具）	工频耐压试验	1年	额定电压（kV）	试验长度（m）	工频电压（kV）			依据 DL/T 976—2005《带电作业工具、装置和设备预防性试验规程》；参照《国家电网公司电力安全工作规程》；a 表示直流耐压试验的加压值
						1min	5min		
				110	1.0	220	—		
				220	1.8	440	—		
				330	2.8	—	380		
				500	3.7	—	580		
				750	4.7	—	780		
				1000	6.3	—	1150		
				±500	3.2	—	680[a]		
				±800	6.6	—	895[a]		
		静负荷试验	2年	名称		力值（kN）	试验时间（min）		依据 DL/T 976—2005《带电作业工具、装置和设备预防性试验规程》
				人身绝缘保险绳		4.4	5		
				240mm² 及以下单导线绝缘保险绳		20	5		
				400mm² 及以下单双分裂导线绝缘保险绳		30	5		
				2×300mm² 及以下双分裂导线绝缘保险绳		60	5		
				2×630mm² 及以下双分裂导线绝缘保险绳		60	5		
				4×400mm² 及以下四分裂导线绝缘保险绳		60	5		
				4×720mm² 及以下四分裂导线绝缘保险绳		110	5		
18	绝缘软梯	工频耐压试验	1年	额定电压（kV）	试验长度（m）	工频电压（kV）			依据 DL/T 976—2005《带电作业工具、装置和设备预防性试验规程》；参照《国家电网公司电力安全工作规程》；a 表示直流耐压试验的加压值
						1min	5min		
				10	0.4	45	—		
				20	0.5	70	—		
				35	0.6	95	—		
				66	0.7	175	—		
				110	1.0	220	—		
				220	1.8	440	—		
				330	2.8	—	380		
				500	3.7	—	580		

续表

序号	名称	项目	周期	要求				说明
18	绝缘软梯	工频耐压试验	1年	额定电压（kV）	试验长度（m）	工频电压（kV）		依据 DL/T 976—2005《带电作业工具、装置和设备预防性试验规程》；参照《国家电网公司电力安全工作规程》；a 表示直流耐压试验的加压值
						1min	5min	
				750	4.7	—	780	
				1000	6.3	—	1150	
				±500	3.2	—	680[a]	
				±800	6.6	—	895[a]	
		静负荷试验	2年	分类		力值（kN）	试验时间（min）	依据 DL/T 976—2005《带电作业工具、装置和设备预防性试验规程》
				两边绳上下端绳索套扣		4.9	5	
				两边绳上端绳索套扣至横登中心点		2.4	5	
				软梯头		2.4	5	
19	带电作业用绝缘滑车	工频耐压试验	1年	各种型号的绝缘滑车施加工频电压 25kV·1min，绝缘钩型滑车施加工频电压 37kV·1min				依据 DL/T 976—2005《带电作业工具、装置和设备预防性试验规程》
		静负荷试验	1年	施加压力 1.25 倍额定拉力，保持 5min				依据《国家电网公司电力安全工作规程》
20	带电作业用提线工具	工频耐压试验	1年	额定电压（kV）	试验长度（m）	工频电压（kV）		依据 GB/T 15632—2008《带电作业用提线工具通用技术条件》；《国家电网公司电力安全工作规程》；a 表示直流耐压试验的加压值
						1min	5min	
				10	—	45	—	
				20	—	70	—	
				35	—	95	—	
				110	—	220	—	
				220	—	440	—	
				330	—	—	380	
				500	—	—	580	
				750	—	—	780	
				1000	—	—	1150	

序号	名称	项目	周期	要求					说明
20	带电作业用提线工具	工频耐压试验	1年	额定电压（kV）	试验长度（m）	工频电压（kV）			依据GB/T 15632—2008《带电作业用提线工具通用技术条件》；《国家电网公司电力安全工作规程》；a表示直流耐压试验的加压值
						1min	5min		
				±500	—		565[a]		
				±800	—	—	895[a]		
		静负荷试验	1年	施加压力1.25倍额定拉力，保持10min					依据《国家电网公司电力安全工作规程》
21	辅助型绝缘手套	工频耐压试验	半年	额定电压（kV）	工频耐压（kV）	持续时间（min）	泄漏电流（mA）		依据《国家电网公司电力安全工作规程》要求
				低压	2.5	1	≤2.5		
				高压	8	1	≤9		
22	辅助型绝缘靴（鞋）	工频耐压试验	半年	分类	额定电压（kV）	工频耐压（kV）	持续时间（min）	泄漏电流（mA）	依据GB 12011—2009《足部防护电绝缘鞋》
				皮鞋	6	5	1	≤1.5	
				布面底胶鞋	5	3.5	1	≤1.1	
					15	12	1	≤3.6	
				绝缘靴	6	4.5	1	≤1.8	
					10	8	1	≤3.2	
					15	12	1	≤4.8	
					20	15	1	≤6.0	
					25	20	1	≤8.0	
					30	25	1	≤10.0	
23	辅助型绝缘胶垫	工频耐压试验	1年	额定电压（kV）	工频耐压（kV）	持续时间（min）			依据《国家电网公司电力安全工作规程》
				低压	3.5	1			
				高压	15	1			

登高工器具试验项目、周期和要求

序号	名称	项目	周期	要求				说明
1	脚扣	静负荷试验	1年	施加1176N静拉力，持续时间5min				依据《国家电网公司电力安全工作规程》
2	升降板（登高板）	静负荷试验	半年	施加2205N静拉力，持续时间5min				
3	梯子（竹、木）	静负荷试验	半年	施加1765N静拉力，持续时间5min				
	梯子（复合材料）	静负荷试验	1年	施加1765N静拉力，持续时间5min				依据DL/T 1209—2013《变电站登高作业及防护器材技术要求》；a表示直流耐压试验的加压值
		工频耐压试验	1年	额定电压（kV）	试验长度（m）	工频电压（kV）		
						1min	3min	
				10	0.4	20	—	
				20	0.5	35	—	
				35	0.6	45	—	
				66	0.7	75	—	
				110	1.0	130	—	
				220	1.8	240	—	
				330	2.8	—	340	
				500	3.7	—	530	
				+500	3.2	—	520[a]	
4	软梯	静负荷试验	半年	施加4900N静拉力，持续时间5min				依据《国家电网公司电力安全工作规程
5	快装脚手架	静负荷试验	1年	类别	试验值（kg）	试验时间（min）		依据DL/T 1209—2013《变电站登高作业及防护器材技术要求》
				平台强度	1.0倍额定载荷	5		
				踏档强度	100	5		
6	检修平台	静负荷试验	1年	分类	试验值（kg）	试验时间（min）		
				平台强度试验	1.0倍额定载荷	5		
				悬挂装置强度试验	1.0倍额定载荷	5		
				踏档强度试验	100	5		

附件 6

电力安全工器具试验时间一览表

单位：　　　　　使用班组（供电所）：　　　　　　制表日期：　　年　　月　　日

序号	工器具名称	编号	规格型号	出厂日期	上次试验日期	试验周期	下次试验日期

附件 7

预防性试验报告和合格证要求

1. 预防性试验报告

预防性试验报告应清晰、准确，方便报告使用人阅读和理解，数据修约应满足 GB/T 8170—2008《数值修约规则与极限数值的表示和判定》的规定，报告内容应至少包含以下信息：

（1）报告名称和编号；

（2）试验机构名称、地址和联系方式；

（3）收样日期和试验日期；

（4）被试物品的名称、编号、规格型号和状态；

（5）选用的试验标准、试验项目及其结果；

（6）对结果有显著影响的环境条件，如交流耐压时的湿度、海拔高度；

（7）试验员、审核员、批准人的签名及试验机构专用章；

（8）其它需要说明的问题。

当批量较大时，还应出具结果汇总表，以方便查阅。试验报告格式见后。

2. 合格证

（1）合格证基本要求：

1）合格证尺寸以不大于 12cm 为宜，一般采用长方形。

2）合格证的材料可采用软质材料（纸、聚酯材料等）或硬质材料（薄铝板、薄不锈钢板等）；硬质材料的边缘应圆滑。

3）合格证上的信息可采用手写、打印或机械刻压的方式，手写或打印时应使用防水油墨，其清晰性和完整性应保持不小于一个预防性试验周期。必要时，合格证表面可覆透明膜保护。

（2）合格证的内容要求。合格证应与试验报告相一致，其形式可参照图 7.1，应包含以下信息：

1）检验机构名称；

2）试样名称、规格型号和编号；

3）检验日期和下次检验日期；

4）检验员。

```
┌─────────────────────────────────────────┐
│              检验机构名称                  │
│                合格证                      │
│                                           │
│  试样名称：_____  规格型号：_____  │
│                                           │
│  试样编号：_____  │
│                                           │
│  检验日期：___年___月___日                   │
│                                           │
│  下次检验日期：___年___月___日                │
│                                           │
│  检验员：_____  │
│                                           │
└─────────────────────────────────────────┘
```

图 7.1　合格证形式

（3）合格证与试品的连接。应采用合适的方式使合格证与被试品连接。连接时：

1）若试品有足够的平面、弧面且这些面又不易受到机械、热和化学侵蚀的，宜采用粘贴的方式。

2）若试品本身具有永久的唯一性编号且有固定存放位置的，宜采用物、证分离的办法，将合格证粘贴于其存放位置，但合格证上应有与试品相对应的编号信息。

3）若不具备以上条件的工器具，则宜采用硬质合格证挂牌的形式。悬挂处应选择在不易受到机械、热和化学侵蚀处，挂牌用绳索及其结点应具有足够的强度和抗腐蚀性能。

3. 预防性试验（检测）报告格式模板

电力安全工器具
预防性试验报告

送检单位：＿＿＿＿＿＿＿＿＿＿＿＿＿

试验单位：＿＿＿＿＿＿＿＿＿＿＿＿＿

批　准　人：＿＿＿＿＿＿＿＿＿＿＿＿＿

批准日期：＿＿＿＿＿＿＿＿＿＿＿＿＿

××××预防性试验报告

第　　页　共　　页　　　　　　　　　　　　　　　　　　　编号：

		接收日期		检测日期	
天气		环境温度	℃	环境湿度	%
环境气压		kPa	检测性质		检测数量	
检测设备				检测设备编号	
检测依据						

序号	设备名称、编号	额定电压(kV)	样品符合性	试验项目1		试验项目2		试验项目3		单项结论	有效日期
				U(kV)	t_1(min)	F_1(N)	t_2(min)	F_2(N)	t_3(min)		
1											
2											
3											
4											
5											
6											
7											
8											
9											
10											

备注：

	名称	额定电压(kV)	试验项目1			试验项目2		试验项目3		试验周期(月)
			试验电压(kV)	试验时间(min)	试验长度(m)	试验负荷(N)	试验时间(min)	试验负荷(N)	试验时间(min)	
检测标准	×××	10								
		35								
		110								
		220								
		500								

注：表中试验项目应结合具体安全工器具种类填写。

批准人：　　　　　　　　　审核人：　　　　　　　　　试验人：

×××××安全工器具检测中心

检 测 报 告

委 托 方：

批 准 人：_____

批准日期：_____

地址：　　　　　　　　　联系电话：

传真：　　　　　　　　　邮编：

电子邮件：

×××电力安全工器具检测中心
××××检测报告

第　　页　共　　页　　　　　　　　　　　　　　编号：

委托单位		接收日期		检测日期	
天气		环境温度	℃	环境湿度	%
环境气压	kPa	检测性质		检测数量	
检测类别		检测地点			
检测设备				设备编号	
检测依据					

序号	试品名称、编号	额定电压（kV）	样品符合性	试验项目1		试验项目2		试验项目3		单项结论	有效日期
				U（kV）	t_1（min）	F_1（N）	t_2（min）	F_2（N）	t_3（min）		
1											
2											
3											
4											
5											
6											
7											
8											
9											
10											

检测结论：

备注：

检测标准	名称	额定电压（kV）	试验项目1			试验项目2		试验项目3		试验周期（月）
			试验电压（kV）	试验时间（min）	试验长度（m）	试验负荷（N）	试验时间（min）	试验负荷（N）	试验时间（min）	
	×××	10								
		35								
		110								
		220								
		500								

注：表中试验项目应结合具体安全工器具种类填写。

批准人：　　　　　　　　　　审核人：　　　　　　　　　　检测人：

附件 8

班组安全工器具参考配置表

序号	工器具名称	变电检修班（20人）	线路检修班（20人）	试验班（10人）	通信班（10人）	供电所（10人）
1	辅助型绝缘手套（双）	4	4	4	2	2
2	辅助型绝缘靴（双）	4	4	4	2	2
3	绝缘操作杆（套）	4	4	4	—	2
4	辅助型绝缘垫（块）	4	4	4		4
5	验电器（支）	—	根据工作电压等级，每电压等级各2支	根据工作电压等级，每电压等级各2支	低压验电器每人1支	10kV 4支，低压验电器每人1支
6	接地线（组）	—	根据工作电压等级，35kV以上每电压等级各8组，35kV 6组	试验专用接地线（含专用放电接地棒）2组	—	10kV 8组，低压8组
7	工具柜（个）	4	4	2	2	2
8	安全带（付）	每人1付	每人1付	每人1付	—	每人1付
9	安全帽（顶）	每人1顶	每人1顶	每人1顶	每人1顶	每人1顶
10	梯子	4	6	4	3	6
11	登高板或脚扣（付）	需要人员每人1付	需要人员每人1付	—	—	每人1付
12	速差自控器（只）	4	8	4	2	8
13	个人保安线（付）	—	每人1付			每人1付
14	安全警示带（围栏绳）（根）	—	10	4		10
15	标示牌（禁止合闸，有人工作！）（块）	10	10	10	5	10
16	标示牌（禁止合闸，线路有人工作！）（块）	10	10	10	5	10
17	标示牌（止步，高压危险！）（块）	10	10	10	5	10

序号	工器具名称	变电检修班（20人）	线路检修班（20人）	试验班（10人）	通信班（10人）	供电所（10人）
18	标示牌（在此工作！）（块）	10	10	10	5	10
19	护目镜（付）	每人1付	每人1付	每人1付	—	每人1付
20	防毒面具（套）	4	4	4		4
21	红布幔	6（2.4×0.8m）	—	2（2.4×0.8m）	2（2.4×0.8m）	—

注：1. 以上配置可根据班组人数和实际生产任务量适当调整。
　　2. 各班组可依据管辖设备电压等级对验电器和接地线配置数量进行调整。
　　3. 其他类型班组可根据实际需要参考配置。

附件9

变电站安全工器具参考配置表

序号	工具名称（单位）	500kV 变电站			220kV 变电站			110kV 变电站			35kV 变电站	
		500kV	220kV	35kV	220kV	110kV	35kV	110kV	35kV	10kV	35kV	10kV
1	安全工器具柜	8			4			3			2	
2	辅助型绝缘手套（双）	4			3			2			2	
3	辅助型绝缘靴（双）	4			3			2			2	
4	绝缘操作杆（套）	2（通用，按220kV电压等级配置）			2（通用，按220kV电压等级配置）			2（通用，按110kV电压等级配置）			2（通用，按35kV电压等级配置）	
5	验电器（只）	2	2	2	2	2	2	2	2	2	2	2
6	接地线（组）	2	6	9	6	6	9	6	9	9	6	9
7	安全帽（顶）	运维班所在地20顶，非所在地8顶			运维班所在地20顶，非所在地4顶			运维班所在地20顶，非所在地4顶			4顶	
8	梯子（架）	1. 采用多功能梯：1架 2. 采用普通梯：人字、单梯各1架			1. 采用多功能梯：1架 2. 采用普通梯：人字、单梯各1架			1. 采用多功能梯：1架 2. 采用普通梯：人字、单梯各1架			1. 采用多功能梯：1架 2. 采用普通梯：人字、单梯各1架	

续表

序号	工具名称（单位）	500kV 变电站			220kV 变电站			110kV 变电站			35kV 变电站	
		500kV	220kV	35kV	220kV	110kV	35kV	110kV	35kV	10kV	35kV	10kV
9	防毒面具（套）	2			2			2			2	
10	正压式空气呼吸器	2			2			1			1	
11	SF₆气体检漏仪（套）	1（GIS 站和室内有 SF₆ 开关站）			1（GIS 站和室内有 SF₆ 开关站）			1（GIS 站和室内有 SF₆ 开关站）			1（GIS 站和室内有 SF₆ 开关站）	
12	标示牌（禁止合闸，有人工作！）（块）	30			20			15			10	
13	标示牌（禁止分闸！）（块）	30			20			15			10	
14	标示牌（禁止攀登，高压危险！）（块）	30			20			15			10	
15	标示牌（止步，高压危险！）（块）	40			30			25			20	
16	标示牌（在此工作！）（块）	30			20			15			10	
17	标示牌（禁止合闸，线路有人工作！）（块）	30			20			15			10	
18	标示牌（从此进出！）（块）	30			20			15			10	
19	红布幔（块）	30			20			15			10	
20	安全带（付）	2			2			2			2	
21	安全围栏（米）	210			150			90			60	

注：1. 各级单位可根据现场实际需要调整配置数量。

2. 无对应电压等级，参照相应高一级电压等级配置。

3. 特高压及直流换流站按实际需要配置。

附件 10

安全工器具检查与使用要求

安全工器具检查分为出厂验收检查、试验检验检查和使用前检查，使用前应检查合格证和外观。

一、个体防护装备

（一）安全帽

1. 检查要求

（1）永久标识和产品说明等标识清晰完整，安全帽的帽壳、帽衬（帽箍、吸汗带、缓冲垫及衬带）、帽箍扣、下颚带等组件完好无缺失。

（2）帽壳内外表面应平整光滑，无划痕、裂缝和孔洞，无灼伤、冲击痕迹。

（3）帽衬与帽壳联接牢固，后箍、锁紧卡等开闭调节灵活，卡位牢固。

（4）使用期从产品制造完成之日起计算：植物枝条编织帽不得超过两年，塑料和纸胶帽不得超过两年半；玻璃钢（维纶钢）橡胶帽不超过三年半，超期的安全帽应抽查检验合格后方可使用，以后每年抽检一次。每批从最严酷使用场合中抽取，每项试验试样不少于2顶，有一项不合格，则该批安全帽报废。

2. 使用要求

（1）任何人员进入生产、施工现场必须正确佩戴安全帽。针对不同的生产场所，根据安全帽产品说明选择适用的安全帽。

（2）安全帽戴好后，应将帽箍扣调整到合适的位置，锁紧下颚带，防止工作中前倾后仰或其他原因造成滑落。

（3）受过一次强冲击或做过试验的安全帽不能继续使用，应予以报废。

（4）高压近电报警安全帽使用前应检查其音响部分是否良好，但不得作为无电的依据。

（二）防护眼镜

1. 检查要求

（1）防护眼镜的标识清晰完整，并位于透镜表面不影响使用功能处。

（2）防护眼镜表面光滑，无气泡、杂质，以免影响工作人员的视线。

（3）镜架平滑，不可造成擦伤或有压迫感；同时，镜片与镜架衔接要牢固。

2. 使用要求

（1）防护眼镜的选择要正确。要根据工作性质、工作场合选择相应的防护眼镜。如在装卸高压熔断器或进行气焊时，应戴防辐射防护眼镜；在室外阳光曝晒的地方工作时，应戴变色镜（防辐射线防护眼镜的一种）；在进行车、铣、刨及用砂轮磨工件时，应戴防打击防护眼镜等；在向蓄电池内注入电解液时，应戴防有害液体防护眼镜或戴防毒气封闭式无色防护眼镜。

（2）防护眼镜的宽窄和大小要恰好适合使用者的要求。如果大小不合适，防护眼镜滑落到鼻尖上，结果就起不到防护作用。

（3）防护眼镜应按出厂时标明的遮光编号或使用说明书使用。

（4）透明防护眼镜佩戴前应用干净的布擦拭镜片，以保证足够的透光度。

（5）戴好防护眼镜后应收紧防护眼镜镜腿（带），避免造成滑落。

（三）自吸过滤式防毒面具

1. 检查要求

（1）标识清晰完整，无破损。

（2）使用前应检查面具的完整性和气密性，面罩密合框应与佩戴者颜面密合，无明显压痛感。

2. 使用要求

（1）使用防毒面具时，空气中氧气浓度不得低于18%，温度为-30℃～45℃，不能用于槽、罐等密闭容器环境。

（2）使用者应根据其面型尺寸选配适宜的面罩号码。

（3）使用中应注意有无泄漏和滤毒罐失效。防毒面具的过滤剂有一定的使用时间，一般为30min～100min。过滤剂失去过滤作用（面具内有特殊气味）时，应及时更换。

（四）正压式消防空气呼吸器

1. 检查要求

（1）标识清晰完整，无破损。

（2）使用前应检查正压式呼吸器气罐表计压力在合格范围内。检查面具的完整性和气密性，面罩密合框应与佩戴者颜面密合，无明显压痛感。

2. 使用要求

（1）使用者应根据其面型尺寸选配适宜的面罩号码。

（2）使用中应注意有无泄漏。

（五）安全带

1. 检查要求

（1）商标、合格证和检验证等标识清晰完整，各部件完整无缺失、无伤残破损。

（2）腰带、围杆带、肩带、腿带等带体无灼伤、脆裂及霉变，表面不应有明显磨损及切口；围杆绳、安全绳无灼伤、脆裂、断股及霉变，各股松紧一致，绳子应无扭结；护腰带接触腰的部分应垫有柔软材料，边缘圆滑无角。

（3）织带折头连接应使用缝线，不应使用铆钉、胶粘、热合等工艺，缝线颜色与织带应有区分。

（4）金属配件表面光洁，无裂纹、无严重锈蚀和目测可见的变形，配件边缘应呈圆弧形；金属环类零件不允许使用焊接，不应留有开口。

（5）金属挂钩等连接器应有保险装置，应在两个及以上明确的动作下才能打开，且操作灵活。钩体和钩舌的咬口必须完整，两者不得偏斜。各调节装置应灵活可靠。

2. 使用要求

（1）围杆作业安全带一般使用期限为3年，区域限制安全带和坠落悬挂安全带使用期限为5年，如发生坠落事故，则应由专人进行检查，如有影响性能的损伤，则应立即更换。

（2）应正确选用安全带，其功能应符合现场作业要求，如需多种条件下使用，在保证安全提前下，可选用组合式安全带（区域限制安全带、围杆作业安全带、坠落悬挂安全带等的组合）。

（3）安全带穿戴好后应仔细检查连接扣或调节扣，确保各处绳扣连接牢固。

（4）2m 及以上的高处作业应使用安全带。

（5）在坝顶、陡坡、屋顶、悬崖、杆塔、吊桥以及其他危险的边沿进行工作，临空一面应装设安全网或防护栏杆，否则，作业人员应使用安全带。

（6）在没有脚手架或者在没有栏杆的脚手架上工作，高度超过 1.5m 时，应使用安全带。

（7）在电焊作业或其他有火花、熔融源等场所使用的安全带或安全绳应有隔热防磨套。

（8）安全带的挂钩或绳子应挂在结实牢固的构件或专为挂安全带用的钢丝绳上，并应采用高挂低用的方式。

（9）高处作业人员在转移作业位置时不准失去安全保护。

（10）禁止将安全带系在移动或不牢固的物件上[如隔离开关（刀闸）支持绝缘子、瓷横担、未经固定的转动横担、线路支柱绝缘子、避雷器支柱绝缘子等]。

（11）登杆前，应进行围杆带和后备绳的试拉，无异常方可继续使用。

（六）安全绳

1. 检查要求

（1）安全绳的产品名称、标准号、制造厂名及厂址、生产日期（年、月）及有效期、总长度、产品作业类别（围杆作业、区域限制或坠落悬挂）、产品合格标志、法律法规要求标注的其他内容等永久标识清晰完整。

（2）安全绳应光滑、干燥，无霉变、断股、磨损、灼伤、缺口等缺陷。所有部件应顺滑，无材料或制造缺陷，无尖角或锋利边缘。护套（如有）完整不应破损。

（3）织带式安全绳的织带应加锁边线，末端无散丝；纤维绳式安全绳绳头无散丝；钢丝绳式安全绳的钢丝应捻制均匀、紧密、不松散，中间无接头；链式安全绳下端环、连接环和中间环的各环间转动灵活，链条形状一致。

2. 使用要求

（1）安全绳应是整根，不应私自接长使用。

（2）在具有高温、腐蚀等场合使用的安全绳，应穿入整根具有耐高温、抗腐蚀的保护套或采用钢丝绳式安全绳。

（3）安全绳的连接应通过连接扣连接，在使用过程中不应打结。

（七）连接器

1. 检查要求

（1）连接器的类型、制造商标识、工作受力方向强度（用 kN 表示）等永久标识清晰完整。

（2）连接器表面光滑，无裂纹、褶皱，边缘圆滑无毛刺，无永久性变形和活门失效等现象。

（3）连接器应操作灵活，扣体钩舌和闸门的咬口应完整，两者不得偏斜，应有保险装置，经过两个及以上的动作才能打开。

（4）活门应向连接器锁体内打开，不得松旷，同预定打开水平面倾斜不得超过20°。

2. 使用要求

（1）有自锁功能的连接器活门关闭时应自动上锁，在上锁状态下必须经两个以上动作才能打开。

（2）手动上锁的连接器应确保必须经两个以上动作才能打开，有锁止警示的连接器锁止后应能观测到警示标志。

（3）使用连接器时，受力点不应在连接器的活门位置。

（4）不应多人同时使用同一个连接器作为连接或悬挂点。

（八）速差自控器

1. 检查要求

（1）产品名称及标记、标准号、制造厂名、生产日期（年、月）及有效期、法律法规要求标注的其他内容等永久标识清晰完整。

（2）速差自控器的各部件完整无缺失、无伤残破损，外观应平滑，无材料和制造缺陷，无毛刺和锋利边缘。

（3）钢丝绳速差器的钢丝应均匀绞合紧密，不得有叠痕、突起、折断、压伤、锈蚀及错乱交叉的钢丝；织带速差器的织带表面、边缘、软环处应无擦破、切口或灼烧等损伤，缝合部位无崩裂现象。

（4）速差自控器的安全识别保险装置–坠落指示器（如有）应未动作。

（5）用手将速差自控器的安全绳（带）进行快速拉出，速差自控器应能有效制动并完全回收。

2. 使用要求

（1）使用时应认真查看速差自控器防护范围及悬挂要求。

（2）速差自控器应系在牢固的物体上，禁止系挂在移动或不牢固的物件上。不得系在棱角锋利处。速差自控器拴挂时严禁低挂高用。

（3）速差自控器应连接在人体前胸或后背的安全带挂点上，移动时应缓慢，禁止跳跃。

（4）禁止将速差自控器锁止后悬挂在安全绳（带）上作业。

（九）导轨自锁器

1. 检查要求

（1）产品合格标志、标准号、产品名称及型号规格、生产单位名称、生产日期及有效期限、正确使用方向的标志、最大允许连接绳长度等永久标识清晰完整。

（2）自锁器各部件完整无缺失，本体及配件应无目测可见的凹凸痕迹。本体为金属材料时，无裂纹、变形及锈蚀等缺陷，所有铆接面应平整、无毛刺，金属表面镀层应均匀、光亮，不允许有起皮、变色等缺陷；本体为工程塑料时，表面应无气泡、开裂等缺陷。

（3）自锁器上的导向轮应转动灵活，无卡阻、破损等缺陷。

（4）自锁器整体不应采用铸造工艺制造。

2. 使用要求

（1）使用时应查看自锁器安装箭头，正确安装自锁器。

（2）在导轨（绳）上手提自锁器，自锁器在导轨（绳）上应运行顺滑，不应有卡住现象，突然释放自锁器，自锁器应能有效锁止在导轨（绳）上。

（3）自锁器与安全带之间的连接绳不应大于 0.5m，自锁器应连接在人体前胸或后背的安全带挂点上。

（4）禁止将自锁器锁止在导轨（绳）上作业。

（十）缓冲器

1. 检查要求

（1）产品名称、标准号、产品类型（Ⅰ型、Ⅱ型）、最大展开长度、制造厂名及厂址、产品合格标志、生产日期（年、月）及有效期、法律法规要求标注的其他内容等永久标识清晰完整。

（2）缓冲器所有部件应平滑，无材料和制造缺陷，无尖角或锋利边缘。

（3）织带型缓冲器的保护套应完整，无破损、开裂等现象。

2. 使用要求

（1）使用时应认真查看缓冲器防护范围及防护等级。

（2）缓冲器与安全绳及安全带配套使用时，作业高度要足以容纳安全绳和缓冲器展开的安全坠落空间。

（3）缓冲器禁止多个串联使用。

（4）缓冲器与安全带、安全绳连接应使用连接器，严禁绑扎使用。

（十一）安全网

1. 检查要求

（1）标准号、产品合格证、产品名称及分类标记、制造商名称及地址、生产日期等永久标识清晰完整。网体、边绳、系绳、筋绳无灼伤、断纱、破洞、变形及有碍使用的编织缺陷。所有节点固定。

（2）平网和立网的网目边长不大于 0.08m，系绳与网体连接牢固，沿网边均匀分布，相邻两系绳间距不大于0.75m，系绳长度不小于0.8m；平网相邻两筋绳间距不大于0.3m。

（3）密目式安全立网的网眼孔径不大于 12mm；各边缘部位的开眼环扣牢固可靠，开眼环扣孔径不小于0.008m。

2. 使用要求

（1）立网或密目网拴挂好后，人员不应倚靠在网上或将物品堆积靠压立网或密目网。

（2）平网不应用作堆放物品的场所，也不应作为人员通道，作业人员不应在平网上站立或行走。

（3）不应将安全网在粗糙或有锐边（角）的表面拖拉。

（4）焊接作业应尽量远离安全网，应避免焊接火花落入网中。

（5）应及时清理安全网上的落物，当安全网受到巨大冲击后应及时更换。

（6）平网下方的安全区域内不应堆放物品，平网上方有人工作时，人员、车辆、机械不应进入此区域。

（十二）静电防护服

1. 检查要求：标识清晰完整，无破损。

2. 使用要求：作业人员穿戴静电防护服，各部分应连接良好。

（十三）防电弧服

1. 检查要求

（1）标识清晰完整，无破损。

（2）手套与电弧防护服袖口覆盖部分应不少于100mm。

（3）鞋罩应能覆盖足部。

2. 使用要求

（1）防电弧服只能对头部、颈部、手部、脚部以外的身体部位进行适当保护，所以在易发生电弧危害的环境中，必须和其它防电弧设备一起使用，如防电弧头罩、绝缘鞋等设备。在进入带电弧环境中，请务必穿戴好防电弧服及其他的配套设备，不得随意将皮肤裸露在外面以防事故发生时通过空隙而造成重大的事故损伤。

（2）穿着者在使用防电弧服的过程中，可能会降低对电弧危害的敏感性，易产生麻痹心里，因此在有电环境中工作时不要降低对电弧危害的警惕，不可以随意暴露身体，当有异常情况发生时，要及时脱离现场，切忌和火焰直接接触。

（3）损坏并无法修补的个人电弧防护用品应报废。

（4）个人电弧防护用品一旦暴露在电弧能量之后应报废。

（5）超过厂商建议服务期或正常洗涤次数的个人电弧防护用品应进行检测，检测不合格应报废。

（十四）耐酸服

1. 检查要求

标识清晰完整，无破损。

2. 使用要求

（1）透气型耐酸服用于中、轻度酸污染场所的防护，不透气型耐酸服用于严重酸污染场所，并且只能在规定的酸作业环境中作为辅助用具使用。

（2）穿用时应避免接触锐器，防止受到机械损伤。

（3）使用耐酸服时，还应注意厂家提供的检验报告上主要性能指标是否符合标准要求，确保工作时的安全。

（十五）SF_6防护服

1. 检查要求

（1）SF_6防护服的制造厂名或商标、型号名称、制造年月等标识清晰完整。

（2）整套服装（包括连体防护服、SF_6专用防毒面具、SF_6专用滤毒缸、工作手套和工作鞋）内、外表面均应完好无损，不存在破坏其均匀性、损坏表面光滑轮廓的缺陷，如明显孔洞、裂缝等；防毒面具的呼、吸气活门片应能自由活动。

（3）整套服装气密性应良好。

2. 使用要求

（1）使用SF_6防护服的人员应进行体格检查，尤其是心脏和肺功能检查，功能不正常者不应使用。

（2）工作人员佩戴SF_6防毒面具进行工作时，要有专人在现场监护，以防出现意外事故。

（3）SF_6防毒面具应在空气含氧量不低于18%、环境温度为$-30\sim45$℃、有毒气体积浓度不高于0.5%的环境中使用。

（十六）耐酸手套

1. 检查要求

（1）标识清晰完整，无喷霜、发脆、发黏和破损等缺陷。

（2）手套应具有气密性，无漏气现象发生。

2. 使用要求

（1）应明确耐酸手套的防护范围，不可超范围使用。

（2）使用时应防止与汽油、机油、润滑油、各种有机溶剂接触；防止锋利的金属刺割及与高温接触。

（十七）耐酸靴

1. 检查要求

标识清晰完整，无破损。

2. 使用要求

（1）耐酸靴只能使用于一般浓度较低的酸作业场所，不能浸泡在酸液中进行较长时间作业，以防酸溶液渗入靴内腐蚀脚造成伤害。

（2）耐靴靴使用时应避免接触油类，否则易脏且易破裂；避免与有机溶剂接触；避免与锐利物接触，以免割破损伤靴面或靴底引起渗漏，影响防护功能。

（十八）导电鞋（防静电鞋）

1. 检查要求

（1）导电鞋（防静电鞋）的鞋号、制造商名称和生产日期等标识清晰完整。

（2）鞋子内外表面应无破损。

（3）不应有屈挠和污染等影响导电性能的缺陷。

2. 使用要求

（1）使用时，不应同时穿绝缘的毛料厚袜及绝缘的鞋垫。

（2）使用导电鞋（防静电鞋）的场所应是能导电的地面。

（3）禁止将防静电鞋当绝缘鞋使用。

（4）在 220kV 及以上电压等级的带电线路杆塔上及变电站构架上作业时，应穿导电鞋。

（十九）个人保安线

1. 检查要求

（1）保安线的厂家名称或商标、产品的型号或类别、横截面积（平方毫米）、生产年份等标识清晰完整。

（2）保安线应用多股软铜线，其截面不得小于 16mm²；保安线的绝缘护套材料应柔韧透明，护层厚度大于 1mm。护套应无孔洞、撞伤、擦伤、裂缝、龟裂等现象，导线无裸露、无松股、中间无接头、断股和发黑腐蚀。汇流夹应由 T3 或 T2 铜制成，压接后应无裂纹，与保安线连接牢固。

（3）线夹完整、无损坏，线夹与电力设备及接地体的接触面无毛刺。

（4）保安线应采用线鼻与线夹相连接，线鼻与线夹连接牢固，接触良好，无松动、腐蚀及灼伤痕迹。

2. 使用要求

（1）个人保安线仅作为预防感应电使用，不得以此代替规定的工作接地线。只有在工作接地线挂好后，方可在工作相上挂个人保安线。

（2）工作地段如有邻近、平行、交叉跨越及同杆塔架设线路，为防止停电检修线路上感应电压伤人，在需要接触或接近导线工作时，应使用个人保安线。

（3）个人保安线应在杆塔上接触或接近导线的作业开始前挂接，作业结束脱离导线后拆除。

（4）装设时，应先接接地端，后接导线端，且接触良好，连接可靠。拆个人保安线的顺序与此相反。个人保安线由作业人员负责自行装、拆。

（5）在杆塔或横担接地通道良好的条件下，个人保安线接地端允许接在杆塔或横担上。

（二十）SF_6气体检漏仪

1. 检查要求

（1）外观良好，仪器完整，仪器名称、型号、制造厂名称、出厂时间、编号等应齐全、清晰。附件齐全。

（2）仪器连接可靠，各旋钮应能正常调节。

（3）通电检查时，外露的可动部件应能正常动作；显示部分应有相应指示；对有真空要求的仪器，真空系统应能正常工作。

2. 使用要求

（1）在开机前，操作者要首先熟悉操作说明，严格按照仪器的开机和关机步骤进行操作。

（2）严禁将探枪放在地上，探枪孔不得被灰尘污染，以免影响仪器的性能。

（3）探枪和主机不得拆卸，以免影响仪器正常工作。

（4）仪器是否正常以自校格数为准。仪器探头已调好，勿自行调节。

（5）注意真空泵的维护保养，注意电磁阀是否正常动作，并检查电磁阀的密封性。

（6）给真空泵换油时，仪器不得带电（要拔掉电源线），以免发生触电事故。

（7）仪器在运输过程中严禁倒置，不可剧烈振动。

（二十一）含氧量测试仪及有害气体检测仪

1. 检查要求

（1）标识清晰完整，外观完好无破损。

（2）开机后自检功能正常。

2. 使用要求

含氧量测试仪及有害气体检测仪专门用于危险环境和有限、密闭空间的含氧量、有害气体检测，应依据测试仪使用说明书进行操作。

（二十二）防火服

1. 检查要求

（1）如要除去防火服上的残留污垢，应用自来水或中性肥皂，洗涤剂只能用在受污染的部位。

（2）如防火服和化学品接触，或发现有气泡现象，则应清洗整个表面。

（3）如发现防火服外部有损坏，则应更换防火服。

2. 使用要求

（1）每次使用后，要重点检查是否有磨损情况。

（2）防火服在重新存放前务必进行彻底干燥，晾好存放最好不要折叠。

二、绝缘安全工器具

（一）电容型验电器

1. 检查要求

（1）电容型验电器的额定电压或额定电压范围、额定频率（或频率范围）、生产厂名和商标、出厂编号、生产年份、适用气候类型（D、C 和 G）、检验日期及带电作业用（双三角）符号等标识清晰完整。

（2）验电器的各部件，包括手柄、护手环、绝缘元件、限度标记（在绝缘杆上标注的一种醒目标志，向使用者指明应防止标志以下部分插入带电设备中或接触带电体）和接触电极、指示器和绝缘杆等均应无明显损伤。

（3）绝缘杆应清洁、光滑，绝缘部分应无气泡、皱纹、裂纹、划痕、硬伤、绝缘层脱落、严重的机械或电灼伤痕。伸缩型绝缘杆各节配合合理，拉伸后不应自动回缩。

（4）指示器应密封完好，表面应光滑、平整。

（5）手柄与绝缘杆、绝缘杆与指示器的连接应紧密牢固。

（6）自检三次，指示器均应有视觉和听觉信号出现。

2. 使用要求

（1）验电器的规格必须符合被操作设备的电压等级，使用验电器时，应轻拿轻放。

（2）操作前，验电器杆表面应用清洁的干布擦拭干净，使表面干燥、清洁。并在有电设备上进行试验，确认验电器良好；无法在有电设备上进行试验时可用高压发生器等确证验电器良好。如在木杆、木梯或木架上验电，不接地不能指示者，经运行值班负责人或工作负责人同意后，可在验电器绝缘杆尾部接上接地线。

（3）操作时，应戴绝缘手套，穿绝缘靴。使用抽拉式电容型验电器时，绝缘杆应完全拉开。人体应与带电设备保持足够的安全距离，操作者的手握部位不得越过护环，以保持有效的绝缘长度。

（4）非雨雪型电容型验电器不得在雷、雨、雪等恶劣天气时使用。

（5）使用操作前，应自检一次，声光报警信号应无异常。

（二）携带型短路接地线

1. 检查要求

（1）接地线的厂家名称或商标、产品的型号或类别、接地线横截面积（平方毫米）、生产年份及带电作业用（双三角）符号等标识清晰完整。

（2）接地线的多股软铜线截面不得小于 25mm²，其他要求同个人保安接地线。

（3）接地操作杆同绝缘杆的要求。

（4）线夹完整、无损坏，与操作杆连接牢固，有防止松动、滑动和转动的措施。应操作方便，安装后应有自锁功能。线夹与电力设备及接地体的接触面无毛刺，紧固力应不致损坏设备导线或固定接地点。

2. 使用要求

（1）接地线的截面应满足装设地点短路电流的要求，长度应满足工作现场需要。

（2）经验明确无电压后，应立即装设接地线并三相短路（直流线路两极接地线分别直接接地），利用铁塔接地或与杆塔接地装置电气上直接相连的横担接地时，允许每相分别接地，对于无接地引下线的杆塔，可采用临时接地体。

（3）装设接地线时，应先接接地端，后接导线端，接地线应接触良好、连接应可靠，拆接地线的顺序与此相反，人体不准碰触未接地的导线。

（4）装、拆接地线均应使用满足安全长度要求的绝缘棒或专用的绝缘绳。

（5）禁止使用其他导线作接地线或短路线，禁止用缠绕的方法进行接地或短路。

（6）设备检修时模拟盘上所挂接地线的数量、位置和接地线编号，应与工作票和操作票所列内容一致，与现场所装设的接地线一致。

（三）绝缘杆

1. 检查要求

（1）绝缘杆的型号规格、制造厂名、制造日期、电压等级及带电作业用（双三角）符号等标识清晰完整。

（2）绝缘杆的接头不管是固定式的还是拆卸式的，连接都应紧密牢固，无松动、锈蚀和断裂等现象。

（3）绝缘杆应光滑，绝缘部分应无气泡、皱纹、裂纹、绝缘层脱落、严重的机械或电灼伤痕，玻璃纤维布与树脂间黏接完好不得开胶。

（4）握手的手持部分护套与操作杆连接紧密、无破损，不产生相对滑动或转动。

2. 使用要求

（1）绝缘操作杆的规格必须符合被操作设备的电压等级，切不可任意取用。

（2）操作前，绝缘操作杆表面应用清洁的干布擦拭干净，使表面干燥、清洁。

（3）操作时，人体应与带电设备保持足够的安全距离，操作者的手握部位不得越过护环，以保持有效的绝缘长度，并注意防止绝缘操作杆被人体或设备短接。

（4）为防止因受潮而产生较大的泄漏电流，危及操作人员的安全，在使用绝缘操作杆拉合隔离开关或经传动机构拉合隔离开关和断路器时，均应戴绝缘手套。

（5）雨天在户外操作电气设备时，绝缘操作杆的绝缘部分应有防雨罩，罩的上口应与绝缘部分紧密结合，无渗漏现象，以便阻断流下的雨水，使其不致形成连续的水流柱而大大降低湿闪电压。另外，雨天使用绝缘杆操作室外高压设备时，还应穿绝缘靴。

（四）核相器

1. 检查要求

（1）核相器的标称电压或标称电压范围、标称频率或标称频率范围、能使用的等级（A、B、C 或 D）、生产厂名称、型号、出厂编号、指明户内或户外型、适应气候类别（C、N 或 W）、生产日期、警示标记、供电方式及带电作业用（双三角）符号等标识清晰完整。

（2）核相器的各部件，包括手柄、手护环、绝缘元件、电阻元件、限位标记和接触电极、连接引线、接地引线、指示器、转接器和绝缘杆等均应无明显损伤。指示器表面应光滑、平整，绝缘杆内外表面应清洁、光滑，无划痕及硬伤。连接线绝缘层应无破损、老化现象，导线无扭结现象。

（3）各部件连接应牢固可靠，指示器应密封完好。

2. 使用要求

（1）核相器的规格必须符合被操作设备的电压等级，使用核相器时，应轻拿轻放。

（2）操作前，核相器杆表面应用清洁的干布擦拭干净，使表面干燥、清洁。

（3）操作时，人体应与带电设备保持足够的安全距离，操作者的手握部位不得越过护手环，以保持有效的绝缘长度。

（五）绝缘遮蔽罩

1. 检查要求

（1）绝缘遮蔽罩的制造厂名、商标、型号、制造日期、电压等级及带电作业用（双三角）符号等标识清晰完整。

（2）遮蔽罩内外表面不应存在破坏其均匀性、损坏表面光滑轮廓的缺陷，如小孔、裂缝、局部隆起、切口、夹杂导电异物、折缝、空隙及凹凸波纹等。

（3）提环、孔眼、挂钩等用于安装的配件应无破损，闭锁部件应开闭灵活，闭锁可靠。

2. 使用要求

（1）绝缘遮蔽罩应根据使用电压的等级来选择，不得越级使用。

（2）当环境为－25℃～55℃时，建议使用普通遮蔽罩；当环境温度为－40℃～55℃，建议使用 C 类遮蔽罩；当环境温度为－10℃～70℃时，建议使用 W 类遮蔽罩。

（3）现场带电安放绝缘遮蔽罩时，应戴绝缘手套。

（六）绝缘隔板

1. 检查要求

（1）绝缘隔板的标识清晰完整。

（2）隔板无老化、裂纹或孔隙。

（3）绝缘隔板一般用环氧玻璃丝板制成，用于 10kV 电压等级的绝缘隔板厚度不应小于 3mm，用于 35kV 电压等级的绝缘隔板厚度不应小于 4mm。

2. 使用要求

（1）装拆绝缘隔板时应与带电部分保持一定距离（符合安全规程的要求），或者使用绝缘工具进行装拆。

（2）使用绝缘隔板前，应先擦净绝缘隔板的表面，保持表面洁净。

（3）现场放置绝缘隔板时，应戴绝缘手套；如在隔离开关动、静触头之间放置绝缘隔板时，应使用绝缘棒。

（4）绝缘隔板在放置和使用中要防止脱落，必要时可用绝缘绳索将其固定并保证牢靠。

（5）绝缘隔板应使用尼龙等绝缘挂线悬挂，不能使用胶质线，以免在使用中造成接地或短路。

（七）绝缘夹钳

1. 检查要求

（1）绝缘夹钳的型号规格、制造厂名、制造日期、电压等级等标识清晰完整。

（2）绝缘夹钳的绝缘部分应无气泡、皱纹、裂纹、绝缘层脱落、严重的机械或电灼伤痕，玻璃纤维布与树脂间黏接完好不得开胶。握手部分护套与绝缘部分连接紧密、无破损，不产生相对滑动或转动。

（3）绝缘夹钳的钳口动作灵活，无卡阻现象。

2. 使用要求

（1）绝缘夹钳的规格应与被操作线路的电压等级相符合。

（2）操作前，绝缘夹钳表面应用清洁的干布擦拭干净，使表面干燥、清洁。

（3）操作时，应穿戴护目眼睛、绝缘手套和绝缘鞋或站在绝缘台（垫）上，精神集中，保持身体平衡，握紧绝缘夹钳不使其滑脱落下。人体应与带电设备保持足够的安全距离，操作者的手握部位不得越过护环，以保持有效的绝缘长度，并注意防止绝缘夹钳被人体或设备短接。

（4）绝缘夹钳严禁装接地线，以免接地线在空中摆动触碰带电部分造成接地短路和触电事故。

（5）在潮湿天气，应使用专用的防雨绝缘夹钳。

（八）带电作业用安全帽

1. 检查要求

带电作业用安全帽的产品名称、制造厂名、生产日期及带电作业用（双三角）符号等永久性标识清晰完整，其他要求同安全帽。

2. 使用要求

带电作业时应佩戴带电作业用安全帽，其他要求同安全帽。

（九）绝缘服装

1. 检查要求

（1）绝缘服装的制造厂或商标、型号及种类、电压级别、生产日期及带电作业用（双三角）符号等标识清晰完整。

（2）内外表面均应完好无损、均匀光滑，无小孔、局部隆起、夹杂异物、折缝、空隙等。

（3）整体应具有足够的弹性且平坦，并采用无缝制作方式。

2. 使用要求

（1）绝缘服装应根据使用电压的高低、不同防护条件来选择。

（2）绝缘服装使用于环境温度在−25℃～55℃。

（十）屏蔽服装

1. 检查要求

（1）屏蔽服装的制造厂名或商标、型号名称、制造年月、电压等级及带电作业用（双三角）符号等标识清晰完整。

（2）整套服装（包括上衣、裤子、手套、袜子、帽子和鞋子）内、外表面均应完好无损，不存在破坏其均匀性、损坏表面光滑轮廓的缺陷，如明显孔洞、裂缝等；鞋子应无破损，鞋底表面无严重磨损现象，分流连接线完好。

（3）上衣、裤子、帽子之间应有两个连接头，上衣与手套、裤子与袜子每端分别各有一个连接头。将连接头组装好后，轻扯连接带与服装各部位的连接，确认其完好可靠并具有一定的机械强度（工作中不会自动脱开）。

2. 使用要求

（1）等电位作业人员应在衣服外面穿合格的全套屏蔽服装（包括上衣、裤子、手套、短袜、帽子、面罩、鞋子），将连接头组装好后，轻扯连接带与服装各部位的连接，确认其完好可靠并具有一定的机械强度（工作中不会自动脱开）。

（2）严禁通过屏蔽服装断、接接地电流，及空载线路和耦合电容器的电容电流。

（十一）带电作业用绝缘手套

1. 检查要求

带电作业用绝缘手套的可适用的种类、尺寸、电压等级、制造年月及带电作业用（双三角）符号等标识清晰完整。复合绝缘手套还应具有机械防护符号。其他要求同绝缘手套。

2. 使用要求

（1）带电作业用绝缘手套应根据使用电压的高低、不同防护条件来选择，不得越级使用，以免造成击穿而触电。

（2）带电作业用绝缘手套应避免不必要地暴露在高温、阳光下，也要尽量避免和机油、油脂、变压器油、工业乙醇以及强酸接触，应避免尖锐物体刺、划。

（十二）带电作业用绝缘靴（鞋）

1. 检查要求

（1）带电作业用绝缘靴（鞋）的鞋号、生产年月、标准号、耐电压数值、制造商名称、产品名称、出厂检验合格印章及带电作业用（双三角）符号等标识清晰完整。

（2）绝缘靴应无针孔、裂纹、砂眼、气泡、切痕、嵌入导电杂物、明显的压膜痕迹及合模凹陷等缺陷。

（3）绝缘靴后跟高度不超过 30mm，外底应有防滑花纹。

2. 使用要求

带电作业时穿带电作业用绝缘靴（鞋），其他要求同绝缘靴（鞋）。

（十三）带电作业用绝缘垫

1. 检查要求

带电作业用绝缘垫的制造厂或商标、种类、型号（长度和宽度）、电压级别、生产日期及带电作业用（双三角）符号等标识清晰完整。其他要求同绝缘胶垫。

2. 使用要求

带电作业用绝缘垫应根据使用电压的高低等条件来选择，不得越级使用，其他要求同绝缘胶垫。

（十四）带电作业用绝缘毯

1. 检查要求

同带电作业用绝缘垫。

2. 使用要求

带电作业用绝缘毯包裹导体时，应牢固不松脱。

（十五）带电作业用绝缘硬梯

1. 检查要求

（1）带电作业用绝缘硬梯的名称、电压等级、商标、型号、制造日期、制造厂名及带电作业用（双三角）符号等标识清晰完整。

（2）绝缘硬梯的各部件应完整光滑，无气泡、皱纹、开裂或损伤，玻璃纤维布与树脂间黏接完好不得开胶，杆段间连接牢固无松动，整梯无松散。

（3）金属联接件无目测可见的变形，防护层完整，活动部件灵活。

（4）升降梯升降灵活，锁紧装置可靠。

2. 使用要求

（1）梯子使用高度超过 5m，请务必在梯子中上部设立 ϕ8 以上拉线。

（2）绝缘硬梯应根据使用电压等级来选择，不得越级使用。

（3）使用时，绝对禁止超过梯子的工作负荷，需要有人扶持梯子进行保护（同时防止梯子侧歪），并用脚踩住梯子的底脚，以防底脚发生移动。身体保持在梯梆的横撑中间，保持正直，不能伸到外面。

（十六）绝缘托瓶架

1. 检查要求

（1）绝缘托瓶架的商标及型号、制造日期、制造厂名、电压等级及带电作业用（双三角）符号等标识清晰完整。

（2）绝缘托瓶架的各部件应完整，表面应光滑平整，绝缘部分无气泡、皱纹、开裂、老化、绝缘层脱落及严重伤痕，玻璃纤维布与树脂间黏接完好，杆、段、板间连接牢固，无松动、锈蚀及断裂等现象。

（3）绝缘托瓶架各部位外形应倒圆弧，不得有尖锐棱角。

2. 使用要求

绝缘托瓶架应根据使用电压等级、不同载荷条件来选择。

（十七）带电作业用绝缘绳（绳索类工具）

1. 检查要求

（1）绝缘绳（绳索类工具）的标志应清晰，每股绝缘绳索及每股线均应紧密绞合，不得有松散、分股的现象。

（2）绳索各股及各股中丝线均不应有叠痕、凸起、压伤、背股、抽筋等缺陷，不得有错乱、交叉的丝、线、股。

（3）接头应单根丝线连接，不允许有股接头。单丝接头应封闭于绳股内部，不得露在外面。

（4）股绳和股线的捻距及纬线在其全长上应均匀。

（5）经防潮处理后的绝缘绳索表面应无油渍、污迹、脱皮等。

2. 使用要求

（1）可根据工作要求选用不同机械性能的常规强度绝缘绳（绳索类工具）或高强度绝缘绳（绳索类工具）。根据不同气候条件选用常规型绝缘绳（绳索类工具）或防潮型绝缘绳（绳索类工具）。

（2）使用时，绝缘绳（绳索类工具）应避免不必要地暴露在高温、阳光下，也要避免和机油、油脂、变压器油、工业乙醇接触，严禁与强酸、强碱物质接触。

（3）常规型绝缘绳（绳索类工具）适用于晴朗干燥气候条件下的带电作业。防潮型绝缘绳（绳索类工具）适用于无雨雪、无持续浓雾的各种气候条件下作业。对已潮湿的绝缘绳（绳索类工具）应进行干燥处理，但干燥的温度不宜超过65℃。

（4）可根据绝缘绳使用频度和状况，并考虑到电气化学和环境储存等因素可能造成的老化，确定绝缘绳（绳索类工具）的使用年限。

（十八）绝缘软梯

1. 检查要求

（1）绝缘软梯的标识应清晰完整，整体应保持干燥、洁净、无破损缺陷。

（2）边绳及环形绳要求

1）编织结构：绳扣接头应采用镶嵌方式，接头应紧密匀称；环形绳与边绳的包箍连接点应平服、牢固扣紧；边绳与环形绳应紧密绞合，不得有松散、分股等缺陷。内、外纬线的节距应匀称，股线连接接头应牢固，且应嵌入编织层内，不得突露在外表面。

2）捻合结构：绳索和绳股应连续而无捻接。捻合成的绳索和绳股应紧密胶合，无松散、分股的现象；绳索各股及各股中丝线无叠痕、凸起、压伤、背股、抽筋等缺陷，无错乱、交叉的丝、线、股；绳索各股中绳纱及无捻连接的单丝数应相同；绳索应由绳股以"Z"向捻合成，绳股本身为"S"捻向；股绳和股线的捻距应均匀；绳扣接头应从绳索套扣下端开始，且每绳股应连续镶嵌5道。镶嵌成的接头应紧密匀称，末端应用丝线牢固绑扎；环形绳与边绳的连接应牢固、平服。

（3）横蹬要求：用作横蹬的环氧酚醛层压玻璃布管应平整、光滑、外表面涂有绝缘漆；横蹬应紧密牢固地固定在两边绳上，不得有横向滑移的现象。

（4）金属心形环要求：金属心形环表面光洁，无毛刺、疤痕、切纹等缺陷。边缘呈圆弧状，表面镀锌层良好，无目测可见的锈蚀；金属心形环镶嵌在绳索套扣内应紧密无松动。

（5）软梯头要求：软梯头的主要部件应表面光滑，无尖边、毛刺、缺口、裂纹、锈蚀等缺陷；各部件连接应紧密牢固，整体性好；软梯头滚轮与轴应润滑、可靠。

2. 使用要求

（1）在导、地线上悬挂软梯进行等电位作业前，应检查本档两端杆塔处导、地线的紧固情况，经检查无误后方可攀登。

（2）在导线或地线上悬挂软梯时，应验算导线、地线以及交叉跨越物之间的安全距离是否满足要求。

（3）作业中，应保证带电导线及人体对被跨越的电力线路、通信线路和其他建筑物的安全距离。

（4）其他同普通软梯使用要求。

（十九）带电作业用绝缘滑车

1. 检查要求

（1）绝缘滑车的商标、型号、制造日期、制造厂名、出厂编号及带电作业用（双三角）符号等标识清晰完整。

（2）轴、吊钩（环）、梁、侧板等不得有裂纹和显著的变形，滑车的绝缘部分应光滑，无气泡、皱纹、开裂等现象。

（3）滑轮槽底光滑，在中轴上转动灵活，无卡阻和碰擦轮缘现象。槽底所附材料完整，与轮毂黏结牢固。

（4）吊钩及吊环在吊梁上应转动灵活，应采用开槽螺母，侧面螺栓高出螺母部分不大于2mm。

（5）侧板开口在90°范围内应无卡阻现象，保险扣完整、有效。

2. 使用要求

（1）使用前，应将绝缘滑车绝缘部分擦拭干净。

（2）滑车不准拴在不牢固的结构物上。线路作业中使用滑车应有防止脱钩的保险装置，否则必须采取封口措施，使用开门滑车时，应将开门勾环扣紧，防止绳索自动跑出。

（二十）带电作业用提线工具

1. 检查要求

（1）带电作业用提线工具制造厂、商标、型号、出厂编号、额定负荷、出厂日期、电压等级及带电作业用（双三角）符号等标识清晰完整。

（2）各组成部分表面均匀光滑，无尖棱、毛刺、裂纹等缺陷。金属件完整，无裂纹、变形和严重锈蚀；螺纹螺杆不应有明显磨损。绝缘板（棒、管）材无气孔、开裂、缺损，绝缘绳索无断股、霉变、脆裂等缺陷。与导线接触面的部位应镶有橡胶材质的衬垫。

（3）各部件组装应配合紧密可靠，调节螺杆、换向装置转动灵活，连接销轴牢固，保险可靠。

2. 使用要求

带电作业用提线工具应根据使用电压等级、载荷条件来选择。

（二十一）辅助型绝缘手套

1. 检查要求

（1）辅助型绝缘手套的电压等级、制造厂名、制造年月等标识清晰完整。

（2）手套应质地柔软良好，内外表面均应平滑、完好无损，无划痕、裂缝、折缝和孔洞。

（3）用卷曲法或充气法检查手套有无漏气现象。

2. 使用要求

（1）辅助型绝缘手套应根据使用电压的高低、不同防护条件来选择。

（2）作业时，应将上衣袖口套入绝缘手套筒口内。

（3）按照《安规》有关要求进行设备验电、倒闸操作、装拆接地线等工作时应戴绝缘手套。

（二十二）辅助型绝缘靴（鞋）

1. 检查要求

（1）辅助型绝缘靴（鞋）的鞋帮或鞋底上的鞋号、生产年月、标准号、电绝缘字样（或英文 EH）、闪电标记、耐电压数值、制造商名称、产品名称、电绝缘性能出厂检验合格印章等标识清晰完整。

（2）绝缘靴（鞋）应无破损，宜采用平跟，鞋底应有防滑花纹，鞋底（跟）磨损不超过 1/2。鞋底不应出现防滑齿磨平、外底磨露出绝缘层等现象。

2. 使用要求

（1）辅助型绝缘鞋应根据使用电压的高低、不同防护条件来选择。

（2）穿用电绝缘皮鞋和电绝缘布面胶鞋时，其工作环境应能保持鞋面干燥。在各类高压电气设备上工作时，使用电绝缘鞋，可配合基本安全用具（如绝缘棒、绝缘夹钳）触及带电部分，并要防护跨步电压所引起的电击伤害。在潮湿、有蒸汽、冷凝液体、导电灰尘或易发生危险的场所，尤其应注意配备合适的电绝缘鞋，应按标准规定的使用范围正确使用。

（3）使用绝缘靴时，应将裤管套入靴筒内。

（4）穿用电绝缘鞋应避免接触锐器、高温、腐蚀性和酸碱油类物质，防止鞋受到损伤而影响电绝缘性能。防穿刺型、耐油型及防砸型绝缘鞋除外。

（二十三）辅助型绝缘胶垫

1. 检查要求

（1）辅助型绝缘胶垫的等级和制造厂名等标识清晰完整。

（2）上下表面应不存在有害的不规则性。有害的不规则性是指下列特征之一，即破坏均匀性、损坏表面光滑轮廓的缺陷，如小孔、裂缝、局部隆起、切口、夹杂导电异物、折缝、空隙、凹凸波纹及铸造标志等。

2. 使用要求

（1）辅助型绝缘胶垫应根据使用电压的高低等条件来选择。

（2）操作时，绝缘胶垫应避免不必要地暴露在高温、阳光下，也要尽量避免和机油、油脂、变压器油、工业乙醇以及强酸接触，应避免尖锐物体刺、划。

三、登高工器具

（一）脚扣

1. 检查要求

（1）标识清晰完整，金属母材及焊缝无任何裂纹和目测可见的变形，表面光洁，边缘呈圆弧形。

（2）围杆钩在扣体内滑动灵活、可靠、无卡阻现象；保险装置可靠，防止围杆钩在扣体内脱落。

（3）小爪连接牢固，活动灵活。

（4）橡胶防滑块与小爪钢板、围杆钩连接牢固，覆盖完整，无破损。

（5）脚带完好，止脱扣良好，无霉变、裂缝或严重变形。

2. 使用要求

（1）登杆前，应在杆根处进行一次冲击试验，无异常方可继续使用。

（2）应将脚扣脚带系牢，登杆过程中应根据杆径粗细随时调整脚扣尺寸。

（3）特殊天气使用脚扣时，应采取防滑措施。

（4）严禁从高处往下扔摔脚扣。

（二）升降板（登高板）

1. 检查要求

（1）标识清晰完整，钩子不得有裂纹、变形和严重锈蚀，心形环完整、下部有插花，绳索无断股、霉变或严重磨损。

（2）踏板窄面上不应有节子，踏板宽面上节子的直径不应大于 6mm，干燥细裂纹长不应大于 150mm，深不应大于 10mm。踏板无严重磨损，有防滑花纹。

（3）绳扣接头每绳股连续插花应不少于 4 道，绳扣与踏板间应套接紧密。

2. 使用要求

（1）登杆前在杆根处对升降板（登高板）进行冲击试验，判断升降板（登高板）是否有变形和损伤。

（2）升降板（登高板）的挂钩沟口应朝上，严禁反向。

（三）梯子

1. 检查要求

（1）型号或名称及额定载荷、梯子长度、最高站立平面高度、制造者或销售者名称（或标识）、制造年月、执行标准及基本危险警示标志（复合材料梯的电压等级）应清晰明显。

（2）踏棍（板）与梯梁连接牢固，整梯无松散，各部件无变形，梯脚防滑良好，梯子竖立后平稳，无目测可见的侧向倾斜。

（3）升降梯升降灵活，锁紧装置可靠。铝合金折梯铰链牢固，开闭灵活，无松动。

（4）折梯限制开度装置完整牢固。延伸式梯子操作用绳无断股、打结等现象，升降灵活，锁位准确可靠。

（5）竹木梯无虫蛀、腐蚀等现象。木梯梯梁的窄面不应有节子，宽面上允许有实心的或不透的、直径小于 13mm 的节子，节子外缘距梯梁边缘应大于 13mm，两相邻节子外缘距离不应小于 0.9m。踏板窄面上不应有节子，踏板宽面上节子的直径不应大于 6mm，踏棍上不应有直径大于 3mm 的节子。干燥细裂纹长不应大于 150mm，深不应大于 10mm。梯梁和踏棍（板）连接的受剪切面及其附近不应有裂缝，其它部位的裂缝长不应大于 50mm。

2. 使用要求

（1）梯子应能承受作业人员及所携带的工具、材料攀登时的总重量。

（2）梯子不得接长或垫高使用。如需接长时，应用铁卡子或绳索切实卡住或绑牢并加设支撑。

（3）梯子应放置稳固，梯脚要有防滑装置。使用前，应先进行试登，确认可靠后方可使用。有人员在梯子上工作时，梯子应有人扶持和监护。

（4）梯子与地面的夹角应为 60°左右，工作人员必须在距梯顶 1m 以下的梯蹬上工作。

（5）人字梯应具有坚固的铰链和限制开度的拉链。

（6）靠在管子上、导线上使用梯子时，其上端需用挂钩挂住或用绳索绑牢。

（7）在通道上使用梯子时，应设监护人或设置临时围栏。梯子不准放在门前使用，必要时采取防止门突然开启的措施。

（8）严禁人在梯子上时移动梯子，严禁上下抛递工具、材料。

（9）在变电站高压设备区或高压室内应使用绝缘材料的梯子，禁止使用金属梯子。搬动梯时，应放倒两人搬运，并与带电部分保持安全距离。

（四）软梯

1. 检查要求

（1）标志清晰，每股绝缘绳索及每股线均应紧密绞合，不得有松散、分股的现象。

（2）绳索各股及各股中丝线均不应有叠痕、凸起、压伤、背股、抽筋等缺陷，不得有错乱、交叉的丝、线、股。

（3）接头应单根丝线连接，不允许有股接头。单丝接头应封闭于绳股内部，不得露在外面。

（4）股绳和股线的捻距及纬线在其全长上应均匀。

（5）经防潮处理后的绝缘绳索表面应无油渍、污迹、脱皮等。

2. 使用要求

（1）使用软梯进行移动作业时，软梯上只准一人工作。工作人员到达梯头上进行工作和梯头开始移动前，应将梯头的封口可靠封闭，否则应使用保护绳防止梯头脱钩。

（2）在连续档距的导、地线上挂软梯时，其导、地线的截面不得小于：钢芯铝绞线和铝合金绞线 120mm²；钢绞线 50mm²（等同 OPGW 光缆和配套的 LGJ-70/40 型导线）。

（3）在瓷横担线路上禁止挂梯作业，在转动横担的线路上挂梯前应将横担固定。

（五）快装脚手架

1. 检查要求

（1）复合材料构件表面应光滑，绝缘部分应无气泡、皱纹、裂纹、绝缘层脱落、明显的机械或电灼伤痕，纤维布（毡、丝）与树脂间黏接完好，不得开胶。

（2）供操作人员站立、攀登的所有作业面应具有防滑功能。

（3）外支撑杆应能调节长度，并有效锁止，支撑脚底部应有防滑功能。

（4）底脚应能调节高低且有效锁止，轮脚均应具有刹车功能，刹车后，脚轮中心应与立杆同轴。

2. 使用要求

（1）在使用前，全面检查已搭建好的脚手架，保证遵循所有的装配须知，保证脚手架的零件没有任何损坏。

（2）当脚手架已经调平且所有脚轮和调节腿已经固定，爬梯、平台板、开口板已钩好，才能爬上脚手架。

（3）当平台上有人和物品时，不要移动或调整脚手架。

（4）可从脚手架的内部爬梯进入平台，或从搭建梯子的梯阶爬入，还可以通过框架的过道进入，或通过平台的开口进入工作平台。

（5）如果在基座部分增加了垂直的延伸装置，必须在脚手架上使用外支撑或加宽工具进行固定。

（6）当平台高度超过 1.20m 时，必须使用安全护栏。

（7）严禁在脚手架上面使用产生较强冲击力的工具，严禁在大风中使用，严禁超负荷使用，严禁在软地面上使用。

（8）所有操作人员在搭建、拆卸和使用脚手架时，须戴安全帽，系好安全带。

（六）检修平台

1. 检查要求

（1）拆卸型检修平台。

1）检修平台的复合材料构件表面应光滑，绝缘部分应无气泡、皱纹、裂纹、绝缘层脱落、明显的机械或电灼伤痕，玻璃纤维布（毡、丝）与树脂间黏接完好，不得开胶。

2）检修平台的金属材料零件表面应光滑、平整，棱边应倒圆弧、不应有尖锐棱角，应进行防腐处理（铝合金宜采用表面阳极氧化处理；黑色金属宜采用镀锌处理；可旋转部位的材料宜采用不锈钢）。

3）检修平台供操作人员站立、攀登的所有作业面应具有防滑功能。

4）梯台型检修平台作业面上方不低于 1m 的位置应配置安全带或防坠器的悬挂装置，平台上方 1050mm～1200mm 处应设置防护栏。

（2）升降型检修平台。

1）复合材料构件及作业面要求同拆卸型检修平台。

2）起升降作用的牵引绳索（宜采用非导电材料）应无灼伤、脆裂、断股、霉变和扭结。

3）升降锁止机构应开启灵活、定位准确、锁止牢固且不损伤横档。

4）应装有机械式强制限位器，保证升降框架与主框架之间有足够的安全搭接量。

2. 使用要求

（1）按使用说明书的要求进行操作。

（2）应安装牢固。

附件 11

安全工器具保管及存放要求

1. 橡胶塑料类安全工器具

橡胶塑料类安全工器具应存放在干燥、通风、避光的环境下，存放时离开地面和墙壁20cm 以上，离开发热源 1m 以上，避免阳光、灯光或其他光源直射，避免雨雪浸淋，防止挤压、折叠和尖锐物体碰撞，严禁与油、酸、碱或其他腐蚀性物品存放在一起。

（1）防护眼镜保管于干净、不易碰撞的地方。

（2）防毒面具应存放在干燥、通风，无酸、碱、溶剂等物质的库房内，严禁重压。防毒面具的滤毒罐（盒）的贮存期为 5 年（3 年），过期产品应经检验合格后方可使用。

（3）空气呼吸器在贮存时应装入包装箱内，避免长时间曝晒，不能与油、酸、碱或其它有害物质共同贮存，严禁重压。

（4）防电弧服贮存前必须洗净、晾干。不得与有腐蚀性物品放在一起，存放处应干燥通风，避免长时间接触地气受潮。防止紫外线长时间照射。长时间保存时，应注意定期晾晒，以免霉变、虫蛀以及滋生细菌。

（5）橡胶和塑料制成的耐酸服存放时应注意避免接触高温，用后清洗晾干，避免暴晒，长期保存应撒上滑石粉以防粘连。合成纤维类耐酸服不宜用热水洗涤、熨烫，避免接触明火。

（6）绝缘手套使用后应擦净、晾干，保持干燥、清洁，最好洒上滑石粉以防粘连。绝缘手套应存放在干燥、阴凉的专用柜内，与其他工具分开放置，其上不得堆压任何物件，以免刺破手套。绝缘手套不允许放在过冷、过热、阳光直射和有酸、碱、药品的地方，以防胶质老化，降低绝缘性能。

（7）橡胶、塑料类等耐酸手套使用后应将表面酸碱液体或污物用清水冲洗、晾干，不得暴晒及烘烤。长期不用可撒涂少量滑石粉，以免发生粘连。

（8）绝缘靴（鞋）应放在干燥通风的仓库中，防止霉变。贮存期限一般为 24 个月（自生产日期起计算），超过 24 个月的产品须逐只进行电性能预防性试验，只有符合标准规定的鞋，方可以电绝缘鞋销售或使用。电绝缘胶靴不允许放在过冷、过热、阳光直射和有酸、碱、油品、化学药品的地方。应存放在干燥、阴凉的专用柜内或支架上。

（9）耐酸靴穿用后，应立即用水冲洗，存放阴凉处，撒滑石粉，以防粘连，应避免接触油类、有机溶剂和锐利物。

（10）当绝缘垫（毯）脏污时，可在不超过制造厂家推荐的水温下对其用肥皂进行清洗，再用滑石粉让其干燥。如果绝缘垫粘上了焦油和油漆，应该马上用适当的溶剂对受污染的地方进行擦拭，应避免溶剂使用过量。汽油、石蜡和纯酒精可用来清洗焦油和油漆。绝缘垫（毯）贮存在专用箱内，对潮湿的绝缘垫（毯）应进行干燥处理，但干燥处理的温度不能超过 65℃。

（11）防静电鞋和导电鞋应保持清洁。如表面污染尘土、附着油蜡、粘贴绝缘物或因老化形成绝缘层后，对电阻影响很大。刷洗时要用软毛刷、软布蘸酒精或不含酸、碱的中性洗涤剂。

（12）绝缘遮蔽罩使用后应擦拭干净，装入包装袋内，放置于清洁、干燥通风的架子或专用柜内，上面不得堆压任何物件。

2. 环氧树脂类安全工器具

环氧树脂类安全工器具应置于通风良好、清洁干燥、避免阳光直晒和无腐蚀、有害物质的场所保存。

（1）绝缘杆应架在支架上或悬挂起来，且不得贴墙放置。

（2）绝缘隔板应统一编号，存放在室内干燥通风、离地面200mm以上专用的工具架上或柜内。如果表面有轻度擦伤，应涂绝缘漆处理。

（3）接地线不用时将软铜线盘好，存放在干燥室内，宜存放在专用架上，架上的号码与接地线的号码应一致。

（4）核相器应存放在干燥通风的专用支架上或者专用包装盒内。

（5）验电器使用后应存放在防潮盒或绝缘安全工器具存放柜内，置于通风干燥处。

（6）绝缘夹钳应保存在专用的箱子或匣子里以防受潮和磨损。

3. 纤维类安全工器具

纤维类安全工器具应放在干燥、通风、避免阳光直晒、无腐蚀及有害物质的位置，并与热源保持1m以上的距离。

（1）安全带不使用时，应由专人保管。存放时，不应接触高温、明火、强酸、强碱或尖锐物体，不应存放在潮湿的地方。储存时，应对安全带定期进行外观检查，发现异常必须立即更换，检查频次应根据安全带的使用频率确定。

（2）安全绳每次使用后应检查，并定期清洗。

（3）安全网不使用时，应由专人保管，储存在通风、避免阳光直射，干燥环境，不应在热源附近储存，避免接触腐蚀性物质或化学品，如酸、染色剂、有机溶剂、汽油等。

（4）合成纤维带速差式防坠器，如果纤维带浸过泥水、油污等，应使用清水（勿用化学洗涤剂）和软刷对纤维带进行刷洗，清洗后放在阴凉处自然干燥，并放在干燥少尘环境下。

（5）静电防护服装应保持清洁，保持防静电性能，使用后用软毛刷、软布蘸中性洗涤剂刷洗，不可损伤服料纤维。

（6）屏蔽服装应避免熨烫和过渡折叠，应包装在一个里面衬有丝绸布的塑料袋里，避免导电织物的导电材料在空气中氧化。整箱包装时，避免屏蔽服装受重压。

4. 其他类安全工器具

（1）钢绳索速差式防坠器，如钢丝绳浸过泥水等，应使用涂有少量机油的棉布对钢丝绳进行擦洗，以防锈蚀。

（2）安全围栏（网）应保持完整、清洁无污垢，成捆整齐存放。

（3）标识牌、警告牌等，应外观醒目，无弯折、无锈蚀，摆放整齐。

第二部分　设备运维工作标准

配电网技术导则

Technical guidelines for distribution network

Q/GDW 10370－2016

代替 Q/GDW 370－2009

2017-03-24发布　　　　　　　　　　　　　　2017-03-24实施

目　次

前　言

　　为规范国家电网公司所属各省（区、市）公司 35kV 及以下配电网规划、设计、建设、改造、运维和检修工作，制定本标准。

　　本标准代替 Q/GDW 370—2009，与 Q/GDW 370—2009 相比，主要技术性差异如下：

——标准名称由"城市配电网技术导则"更改为"配电网技术导则"；

——增加环网柜、环网室、环网箱等术语，规范统一了配电网常用设施设备的名称，有利于进行典型设计、运维管理；

——增加按地域及负荷密度的供电区域划分（附录 A），以及规划 A+、A、B、C、D、E 类供电区域配电网的有关技术要求，适用范围从城市配电网扩展至包含农村等整个配电网；

——增加目标电网的概念，明确不同供电区域目标电网建设及过渡改造方向，确保提高负荷转移能力；

——增加电能质量关于对电压波动和闪变、电压暂降、三相电压不平衡和谐波的限值、统计及检测等要求；

——增加运用红外成像测温，高频、暂态地电波、超声波局部放电检测等带电检测技术、OWTS（振荡波）等局部放电检测技术的要求，以及利用配电自动化、用电信息采集等数据进行状态检修技术的要求；

——增加小电流接地系统永久性单相接地故障选线选段、就近快速隔离的要求，参考国际先进做法，改变长期以来单相接地故障下持续运行 2 小时的传统做法，提高设备及人身安全性和供电可靠性；

——增加电动汽车充换电设施接入，适应智能配电网发展要求；

——修改原 5.11 节"分布式电源"，扩充为第 11 章"分布式电源接入"，满足环保绿色能源发展；

——修改配电网防雷与接地内容，补充带间隙避雷器及架空地线的应用范围；

——修改中低压配电网导线、电缆按供电区域选用，以及规范中低压设备选用；

——修改配电自动化建设原则，提高配电自动化的实用效果；

——删除原第 11 章 20kV 配电网建设；

——删除原附录 D 电缆典型敷设方式图等。

本标准的附录 A、附录 B、附录 C、附录 D 为规范性附录，附录 E 为参考性附录。

本标准由国家电网公司运检部、安质部、发展部、营销部、国调中心提出，并由运检部解释。

本标准由国家电网公司科技部归口。

本标准起草单位：国网北京市电力公司、国网天津市电力公司、国网上海市电力公司、国网江苏省电力有限公司、国网浙江省电力有限公司、国网福建省电力有限公司、国网湖南省电力有限公司、国网辽宁省电力有限公司、国网吉林省电力有限公司、国网陕西省电力有限公司、国网宁夏电力有限公司、中国电力科学研究院。

本标准主要起草人：吕军、宁昕、刘日亮、张波、王颂虞、陈光华、李洪涛、葛荣刚、傅晓飞、陈辉、马振宇、侯义明、陈维江、王风雷、张薛鸿、周新风、滕林、刘宇、张志、周裕龙、周晖、林涛、高天宝、郭鹏武、纪坤华、林平、朱亮、姜万超、田庆阳、田野、列剑平、刘健、艾绍贵、冯晓群、张祖平、赵江河、刘海涛、王鹏、刘庭。

本标准 2009 年 11 月首次发布，2015 年 11 月第一次修订。

本标准在执行过程中的意见或建议请反馈至国家电网公司科技部。

1　范围

本标准规定了配电网规划、设计、建设、改造、运维和检修等环节应遵循的主要技术原则。

本标准适用于国家电网公司经营区内 35kV、10kV 及 220V/380V 配电网，6kV、20kV 配电网参照 10kV 配电网执行。

2　规范性引用文件

下列文件对于本文件的应用是必不可少的。凡是注日期的引用文件，仅注日期的版本适用于本文件。凡是不注日期的引用文件，其最新版本（包括所有的修改版）适用于本文件。

GB/T 156　标准电压

GB 311.1　绝缘配合　第 1 部分：定义、原则和规则

GB 4208　外壳防护等级（IP 代码）

GB/T 12326　电能质量　电压波动和闪变

GB 13955　剩余电流动作保护装置安装和运行

GB/T 14285　继电保护和安全自动装置技术规范

GB/T 14549　电能质量　公用电网谐波

GB/T 14598.306　分布式电源并网继电保护技术规范

GB/T 15543　电能质量　三相电压不平衡

GB/T 24337　电能质量　公用电网间谐波

GB 26859　电力安全工作规程　电力线路部分

GB/T 29316　电动汽车充换电设施电能质量技术要求

GB/Z 29328　重要电力用户供电电源及自备应急电源配置技术规范

GB/T 30137　电能质量　电压暂降与短时中断

GB 50045　高层民用建筑设计防火规范

GB 50052　供配电系统设计规范

GB 50061　66kV 及以下架空电力线路设计规范

GB 50064　交流电气装置的过电压保护和绝缘配合设计规范

GB 50217　电力工程电缆设计规范

GB 50838　城市综合管廊工程技术规范

DL/T 256　城市电网供电安全标准

DL/T 584　3kV～110kV 电网继电保护装置运行整定规程

DL/T 1051　电力技术监督导则

DL/T 5729　配电网规划设计技术导则

NB/T 33010　分布式电源接入电网运行控制规范

NB/T 33011　分布式电源接入电网测试技术规范

NB/T 33012　分布式电源接入电网监控系统功能规范

JGJ 16　民用建筑电气设计规范

Q/GDW 156　城市电力网规划设计导则

Q/GDW 520　10kV 架空配电线路带电作业管理规范

Q/GDW 743　配电网技改大修技术规范

Q/GDW 1382　配电自动化技术导则

Q/GDW 1519　配电网运维规程

Q/GDW 1625　配电自动化系统标准化设计技术规定

Q/GDW 1738　配电网规划设计技术导则

Q/GDW 11147　分布式电源接入配电网设计规范

Q/GDW 11198　分布式电源涉网保护技术规范

Q/GDW 11199　分布式电源继电保护和安全自动装置通用技术条件

Q/GDW 11120　接入分布式电源的配电网继电保护

《电力监控系统安全防护规定》（国家发展和改革委员会令第 14 号[2014]）

3　术语和定义

下列术语和定义适用于本文件。

3.1　配电网　distribution network

从电源侧（输电网、发电设施、分布式电源等）接受电能，并通过配电设施逐级或就地分配给各类用户的电力网络。

3.2　开关站　switching station

一般由上级变电站直供、出线配置带保护功能的断路器、对功率进行再分配的配电设备及土建设施的总称，相当于变电站母线的延伸。开关站进线一般为两路电源，设母联开关。开关站内必要时可附设配电变压器。

3.3　环网柜　ring main unit

用于 10kV 电缆线路环进环出及分接负荷的配电装置。环网柜中用于环进环出的开关一般采用负荷开关，用于分接负荷的开关采用负荷开关或断路器。环网柜按结构可分为共箱型和间隔型，一般按每个间隔或每个开关称为一面环网柜。

3.4　环网室　ring main unit room

由多面环网柜组成，用于 10kV 电缆线路环进环出及分接负荷、且不含配电变压器的户内配电设备及土建设施的总称。

3.5　环网箱　ring main unit cabinet

安装于户外、由多面环网柜组成、有外箱壳防护，用于 10kV 电缆线路环进环出及分接负荷、且不含配电变压器的配电设施。

3.6　配电室　distribution room

将 10kV 变换为 220V/380V，并分配电力的户内配电设备及土建设施的总称，配电室内一般设有 10kV 开关、配电变压器、低压开关等装置。配电室按功能可分为终端型和环网型。终端型配电室主要为低压电力用户分配电能；环网型配电室除了为低压电力用户分配电能之外，还用于 10kV 电缆线路的环进环出及分接负荷。

3.7　箱式变电站　cabinet/pad-mounted distribution substation

安装于户外、有外箱壳防护、将 10kV 变换为 220V/380V，并分配电力的配电设施，箱式变电站内一般设有 10kV 开关、配电变压器、低压开关等装置。箱式变电站按功能可分为终端型和环网型。终端型箱式变电站主要为低压电力用户分配电能；环网型箱式变电站除了为低压用户分配电能之外，还用于 10kV 电缆线路的环进环出及分接负荷。

3.8　10kV 主干线　10kV trunk line

由变电站或开关站馈出、承担主要电能传输与分配功能的 10kV 架空或电缆线路的主干部分，具备联络功能的线路段是主干线的一部分。主干线包括架空导线、电缆、开关等设备，设备额定容量应匹配。

3.9　10kV 分支线　10kV branch line

由 10kV 主干线引出的，除主干线以外的 10kV 线路部分。

3.10　10kV 电缆线路　10kV cable line

主干线全部为电力电缆的 10kV 线路。

3.11　10kV 架空（架空电缆混合）线路　10kV overhead（overhead and cable mixed）line

主干线为架空线或混有部分电力电缆的 10kV 线路。

3.12　配电网不停电作业　live working for distribution network

以实现用户不中断供电为目的，采用带电作业、旁路作业等方式对配电网设备进行检修和施工的作业方式。

3.13　综合管廊　utility tunnel

建于城市地下用于容纳两类及以上城市工程管线的构筑物及附属设施。

〔GB 50838，定义 2.2.1〕

4　总则

4.1　为建设结构合理、安全可靠、经济高效的现代配电网，应综合采用多种成熟、经济、适用的技术手段，全面提高配电网供电能力，优化网架结构，提升装备水平，增强对分布式电源和多样化负荷的接纳能力，全面适应售电主体多元化和客户用电需求多样化的要求。

4.2　配电网规划应根据 Q/GDW 1738 的规定，充分考虑规划 A+、A、B、C、D、E 等不同供电区域（供电区域划分原则按照附录 A 执行）的负荷特点和供电可靠性要求，选择适合本区域特点的目标电网结构，使现状电网结构通过建设和改造逐步向目标电网过渡，提高配电网的负荷转移能力和对上级电网故障时的支撑能力，实现近远期电网有效衔接，避免电网重复建设，达到结构规范、运行灵活、适应性强。

4.3　配电网设计应满足标准化建设要求，设备及材料选型应坚持安全可靠、经济适用、节能环保、寿命周期合理的原则，并兼顾区域差异。积极稳妥采用成熟的新技术、新设备、新材料和新工艺，入网的设备及材料均应符合国家、行业和企业标准的要求并抽检合格。

4.4　配电网建设和改造应采用先进的施工技术和检验手段，合理安排施工周期，严格按照标准验收，所采用的施工工艺应便于验收检验，隐蔽工程应在设计前期及工程实施各阶段予以介入检验并落实相应技术要求，应及时收集地下电力管线等隐蔽工程相关资料并归档。

4.5　配电网运维和检修应充分运用先进技术手段，强化设备基础信息管理，运用状态检测技术、不停电作业技术，及时发现和消除设备隐患，增强应急处理能力，不断提高配电网安全运行水平。

4.6　配电自动化建设应与配电网发展水平相适应，并根据配电网实际需求统筹规划、分步实施，力求安全可靠、经济实用。运用调度、监控及数据分析手段，提升配电网运行状态管控能力。

4.7 配电网建设应适应智能电网的发展趋势，满足分布式电源、储能装置以及电动汽车充换电设施等接入需求，满足智能电能表和用电信息采集的同步建设、同步改造等要求，满足同期线损管理的要求。

5 一般技术原则

5.1 电压等级

5.1.1 配电网标称电压等级的选择应符合 GB/T 156 的规定，本标准高压配电电压为 35kV、中压配电电压主要为 10kV、低压配电电压为 220V/380V。

5.1.2 在城市地区，根据地区电力客户供电需求和负荷密度，充分考虑现状配电网电压序列，合理选择 110（66）kV 或 35kV 高压配电电压等级。在负荷密度低、且负荷分散的农村偏远地区，应合理延伸 35kV 电压等级供电范围，缩短 10kV 供电半径。

5.2 供电可靠性

5.2.1 配电网供电可靠性应满足 DL/T 256 和 Q/GDW 156 的要求。配电网供电可靠性一般要求如下：

  a) 规划 A+、A、B、C 类供电区域的中压配电网结构应满足供电安全 N−1 准则的要求，D 类供电区域的中压配电网结构可满足供电安全 N−1 准则的要求；

  b) 双电源电力用户应满足供电安全 N−1 准则的要求；

  c) 单电源电力用户非计划停运时，应尽量缩短停电时间；

  d) 电网运行方式变动和大负荷接入前，应对电网转供负荷能力进行评估。

5.2.2 中、低压供电回路的元件如开关、电流互感器、电缆及架空线路等载流能力应匹配，不应因单一元件的载流能力而限制线路可供负荷能力及转移负荷能力。

5.2.3 采用双路或多路电源供电时，供电线路宜采取不同路径架设（敷设）。

5.2.4 提高供电可靠性应采取以下措施：

  a) 充分利用变电站的供电能力，当变电站主变压器数量在三台及以上时，10kV 母线宜采用环形接线；

  b) 优化中压电网网络结构，增强转供能力；

  c) 选用可靠性高、成熟适用、免（少）维护设备，逐步淘汰技术落后设备；

  d) 合理提高配电网架空线路绝缘化率，开展运行环境整治，减少外力破坏；

  e) 推广不停电作业，扩大带电检测和在线监测覆盖面；

  f) 积极稳妥推进配电自动化，装设具有故障自动隔离功能的用户分界开关。

5.3 电能质量

5.3.1 供电电压偏差

各类电力用户的供电电压偏差限值执行以下规定：

  a) 35kV 供电电压正、负偏差绝对值之和不应超过标称电压的 10%；

      注：如供电电压上下偏差为同号（均为正或负）时，按较大的偏差绝对值作为衡量依据。

  b) 10kV 及以下三相供电电压偏差为标称电压的±7%；

  c) 220V 单相供电电压偏差为标称电压的+7%、−10%；

d)　对供电点短路容量较小、供电距离较长以及对供电电压偏差有特殊要求的用户，由供用电双方协议确定。

5.3.2　电压波动和闪变

配电网公共连接点电压波动和闪变应符合 GB/T 12326 的规定。

5.3.3　电压暂降

配电网公共连接点电压暂降和短时中断的统计和检测按照 GB/T 30137 的规定执行。

5.3.4　三相电压不平衡

配电网公共连接点的三相电压不平衡度应符合 GB/T 15543 的规定。

5.3.5　谐波

低压配电网（220V/380V）公共连接点电压总谐波畸变率应小于 5%，中压配电网（10kV）公共连接点电压总谐波畸变率应小于 4%，分配给用户的谐波电流允许值应保证各级电网公共连接点处谐波电压在限值之内。注入公共连接点的谐波电流允许值、公用电网谐波电压和谐波电流的测量和计算按照 GB/T 14549 的规定执行。

5.4　无功补偿和电压调整

5.4.1　无功补偿装置应根据分层分区、就地平衡和便于调整电压的原则进行配置，可采用分散和集中补偿相结合的方式：分散补偿装置安装在用电端，以提高功率因数、降低线路损耗；集中补偿装置安装在变电站内，以稳定电压水平。

5.4.2　35kV 变电站无功补偿装置容量经计算确定或取主变压器容量的 10%～30%，使高峰负荷时主变压器高压侧功率因数达到 0.95 及以上。当电压处于规定范围且无功不倒送时，应避免无功补偿电容器组频繁投切。

5.4.3　10kV 配电变压器（含配电室、箱式变电站、柱上变压器）及 35kV/0.4kV 配电室安装无功自动补偿装置时，应符合下列规定：

a)　在低压侧母线上装设，容量可按变压器容量 10%～30%考虑；

b)　以电压为约束条件，根据无功需量进行分组自动投切，对居民单相负荷为主的供电区域宜采取三相共补与分相补偿相结合的方式；

c)　宜采用交流接触器－晶闸管复合投切方式，或其他无涌流投切方式；

d)　合理选择配电变压器分接头，避免因电压过高造成电容器无法投入运行；

e)　户外无功补偿装置宜采用免（少）维护设计，投切动触头等应密封，箱外引线应耐气候老化。

5.4.4　供电距离远、功率因数低的 10kV 架空线路上，可适当安装并联补偿电容器，其容量（包括电力用户）一般按线路上配电变压器总容量的 7%～10%配置（或经计算确定），但不应在低谷负荷时向系统倒送无功。

5.4.5　大量采用电缆线路的城市电网，在新建及改造 35kV 及以上电压等级变电站时，应配置适当容量的感性无功补偿装置。

5.4.6　调节电压可采取以下措施：

a)　变电站应选用有载调压变压器，在变压器的中低压侧母线上装设自动无功补偿装置；

b)　中压线路上加装 1 台（组）线路调压器或多台（组）线路调压器；

c)　合理选择配电变压器分接头；

d)　负荷波动较大、电压质量要求较高时，根据需要可配置有载调压配电变压器；

e) 长线路中后段接有大负荷且电压波动大的中压架空线路，可增设串联补偿，安装容量及位置应计算确定。

5.5 改善电能质量措施

改善电能质量可采取以下措施：

a) 接有 10kV 的分布式电源或冲击性和波动性负荷的变电站或开关站等应装设电能质量监测装置；易产生谐波的典型配电变压器台区（居民、工商业）应加强电能质量检测，必要时应装设电能质量监测装置；电能质量监测数据应接入相关在线监测系统；

b) 电能质量治理可采取低压电容器串联电抗器、配置专用滤波装置等措施，并与无功补偿协同设计；

c) 中低压单相负荷应均衡接入三相线路，单相分布式发电单元亦应均衡接入三相线路，三相配电变压器绕组联结组别宜优先选用 Dyn11；

d) 实施中压架空线路绝缘化并采取避雷器防护，必要时采取电缆线路供电，改善线路运行外界环境，减少故障跳闸率及电压暂降；

e) 推动用电设备制造行业提高产品的功率因数，降低谐波污染，避免对电网产生不良影响。

5.6 技术降损措施

技术降损可采取以下措施：

a) 过载、重载的中低压线路优先采取新出线路分切负荷的方式，或采取与其他线路均衡负荷的方式；

b) 合理划分变电站及馈线供电区域，一般不跨供电区域供电；一般负荷就近供电，避免线路迂回；均衡线路负荷，合理确定线路开环点；

c) 配电变压器宜接近负荷重心（中心）供电，缩短低压线路供电半径；

d) 中低压线路应提高功率因数；

e) 平衡三相线路各相负荷电流；

f) 新建或改造线路导线截面应按规划目标一次性建成，避免产生线路瓶颈，使供电能力受限；

g) 宜采用 S13 及以上的节能型配电变压器，逐步淘汰高损耗配电变压器；

h) 宜采用各种技术经济措施（储能等），消减负荷峰谷差，降低电网损耗。

5.7 电网结构

5.7.1 配电网应根据供电区域类型、负荷密度及负荷性质、供电可靠性要求等，结合上级电网网架结构、本地区电网现状及廊道规划，合理选择目标电网结构。

5.7.2 农村偏远地区可适当简化 35kV 电网结构，线路一般为辐射式，35kV 变压器接入一般采用 T 接方式。各供电区域目标电网结构见表 1，典型接线方式按照附录 B 执行。

表 1 35kV 电网结构推荐表

供电区域类型	链式			环网		辐射	
	三链	双链	单链	双环网	单环网	双辐射	单辐射
A+、A	√	√	√	√		√	

表1（续）

供电区域类型	链式			环网		辐射	
	三链	双链	单链	双环网	单环网	双辐射	单辐射
B		√	√		√	√	
C		√	√		√	√	
D					√	√	√
E							√

注1：A+、A、B类供电区域供电安全水平要求高，35kV电网宜采用链式结构，上级电源点不足时可采用双环网结构，在上级电网较为坚强且10kV具有较强的站间转供能力时，也可采用双辐射结构。

注2：C类供电区域供电安全水平要求较高，35kV电网宜采用链式、环网结构，也可采用双辐射结构。

注3：D类供电区域35kV电网可采用单辐射结构，有条件的地区也可采用双辐射或者环网结构。

注4：E类供电区域35kV电网一般采用单辐射结构。

5.7.3　10kV配电网目标电网应满足下列要求：

a) 结构规范、运行灵活，具有适当的负荷转供能力和对上级电网的支撑能力；

b) 能够适应各类用电负荷的接入与扩充，具有合理的分布式电源、电动汽车充电设施的接纳能力；

c) 设备设施选型、安装安全可靠，具备较强的防护性能，具有较强的抵御外界事故和自然灾害的能力；

d) 便于开展不停电作业；

e) 保护及备用电源自投装置配置合理可靠；

f) 满足配电自动化发展需求，具有一定的自愈能力和应急处理能力，并能有效防范故障连锁扩大；

g) 满足相应供电可靠性要求，与社会环境相协调，建设和运行维护费用合理。

5.7.4　规划A+、A、B、C类供电区域10kV架空线路宜采取多分段、适度联络接线方式；D类供电区域可采取多分段、单辐射接线方式，具备条件时可采取多分段、适度联络或多分段、单（末端）联络接线方式；E类供电区域可采取多分段、单辐射接线方式。典型接线方式按照附录C执行，符合以下原则：

a) 架空线路的分段数一般为3段，根据用户数量或线路长度在分段内可适度增加分段开关，缩短故障停电范围，但分段数量不应超过6段；

b) 架空线路联络点的数量根据周边电源情况和线路负载大小确定，一般不超过3个联络点，联络点应设置于主干线上，且每个分段一般设置1个联络点。

5.7.5　规划A+、A、B类供电区域10kV电缆线路接线方式宜采用双环式、单环式，C类供电区域10kV电缆线路宜采用单环式，典型接线方式按照附录D执行，符合以下原则：

a) 规划A+、A、B类供电区域中双电源用户较为集中的地区，10kV电缆线路宜按双环式结构规划。根据负荷性质、负荷容量及发展可一步到位，亦可初期按双（对）射接线建设，根据需要和可能逐步过渡至双环接线。接入双环、双射、对射网的环网室和配电室的两段母线之间可配置手动操作的母联开关；

b) 规划A+、A、B、C类供电区域中单电源用户较为集中的地区，10kV电缆线路宜按单环式结构规划。组成单环网的 2 条配电线路应来自不同变电站或开关站，电源点受限时可来自同一变电站或开关站的不同母线。单环网尚未形成时，可与现有架空线路暂时拉手；

c) 实施架空线路入地改造为电缆线路的区域，应按照电缆线路的目标网架结构规划、设计和预留，不得降低供电能力及供电可靠性水平。

5.7.6 变电站母线、中压馈出线路（含架空线路、电缆线路）负荷宜均衡，中压线路优先与不同上级电源变电站线路进行联络。

5.7.7 目标电网建成后，A+类供电区域宜达到具有上一级变电站全停情况下的负荷转移能力，A、B 类供电区域宜达到具有上一级变电站停一段 10kV 母线情况下的负荷转移能力。

5.7.8 低压线路应有明确的供电范围，低压配电网应结构简单、安全可靠，一般采用放射式结构，其设备选用应标准化。

5.8 中性点接地方式

5.8.1 中性点接地方式选择应根据配电网电容电流，统筹考虑负荷特点、设备绝缘水平以及电缆化率、地理环境、线路故障特性等因素，并充分考虑电网发展，避免或减少未来改造工程量。

5.8.2 35kV、10kV 配电网中性点可根据需要采取不接地、经消弧线圈接地或经低电阻接地；220V/380V 配电网中性点采取直接接地方式。各类供电区域 35kV、10kV 配电网中性点接地方式宜符合表 2 的要求。

表 2 供电区域适用的接地方式

规划供电区域	中性点接地方式		
	低电阻接地	消弧线圈接地	不接地
A+	√	—	—
A	√	√	—
B	√	√	—
C	—	√	√
D	—	√	√
E	—	—	√

5.8.3 按单相接地故障电容电流考虑，35kV 配电网中性点接地方式选择应符合以下原则：

a) 单相接地故障电容电流在 10A 及以下，宜采用中性点不接地方式；

b) 单相接地故障电容电流在 10A～100A，宜采用中性点经消弧线圈接地方式，接地电流宜控制在 10A 以内；

c) 单相接地故障电容电流达到 100A 以上，或以电缆网为主时，应采用中性点经低电阻接地方式；

d) 单相接地故障电流应控制在 1000A 以下。

5.8.4 按单相接地故障电容电流考虑，10kV 配电网中性点接地方式选择应符合以下原则：

a) 单相接地故障电容电流在 10A 及以下，宜采用中性点不接地方式；

b) 单相接地故障电容电流超过 10A 且小于 100A～150A，宜采用中性点经消弧线圈接地方式；

c) 单相接地故障电容电流超过 100A～150A 以上，或以电缆网为主时，宜采用中性点经低电阻接地方式；

d) 同一规划区域内宜采用相同的中性点接地方式，以利于负荷转供。

5.8.5 采取消弧线圈接地方式，应符合以下原则：

a) 消弧线圈的容量选择宜一次到位，不宜频繁改造；

b) 采用具有自动补偿功能的消弧装置，补偿方式可根据接地故障诊断需要，选择过补偿或欠补偿；

c) 正常运行情况下，中性点长时间电压位移不应超过系统标称相电压的 15%；

d) 补偿后接地故障残余电流一般宜控制在 10A 以内；

e) 采用适用的单相接地选线技术，满足在故障点电阻为 1000Ω 以下时可靠选线的要求；

f) 一般 C、D 类区域采用中性点不接地方式时，宜预留变电站主变压器中性点安装消弧线圈的位置。

5.8.6 中性点不接地和消弧线圈接地系统，中压线路发生永久性单相接地故障后，宜按快速就近隔离故障原则进行处理，宜选用消弧线圈并联电阻、中性点经低励磁阻抗变压器接地保护（接地转移）、稳态零序方向判别、暂态零序信号判别、不平衡电流判别等有效的单相接地故障判别技术。配电线路开关宜配置相应的电压、电流互感器（传感器）和终端，与变电站内的消弧、选线设备相配合，实现就近快速判断和隔离永久性单相接地故障功能。

5.8.7 10kV 中性点采用低电阻接地方式时，应符合以下原则：

a) 采用中性点经低电阻接地方式时，应将单相接地故障电流控制在 1000A 以下；

b) 中性点经低电阻接地系统阻值不宜超过 10Ω，使零序保护具有足够的灵敏度；

c) 如采用中性点经低电阻接地方式，架空线路应实现全绝缘化，降低单相接地故障次数；

d) 低电阻接地系统应只有一个中性点低电阻接地运行，正常运行时不应失去接地变压器或中性点电阻；当接地变压器或中性点电阻失去时，主变压器的同级断路器应同时断开；

e) 选用穿缆式零序电流互感器，从零序电流互感器上端引出的电缆接地线要穿回零序电流互感器接地。

5.8.8 消弧线圈改低电阻接地方式应符合以下要求：

a) 馈线设零序保护，保护方式及定值选择应与低电阻阻值相配合；

b) 低电阻接地方式改造，应同步实施用户侧和系统侧改造，用户侧零序保护和接地应同步改造；

c) 10kV 配电变压器保护接地应与工作接地分开，间距经计算确定，防止变压器内部单相接地后低压中性线出现过高电压；

d) 宜根据电容电流数值并结合区域规划成片改造。

5.9　短路水平和设备选择

5.9.1 配电网各级电压的短路容量应从网络结构、电压等级、变压器容量、阻抗选择和运行方式等方面进行控制，使各级电压断路器的开断电流与相关设备的动、热稳定电流相配合，变电站内母线的短路水平不应超过表3中的数值。

表3 变电站内母线的短路水平

母线电压等级 kV	短路电流 kA		
	规划 A+、A、B 类供电区域	规划 C 类供电区域	规划 D、E 类供电区域
35	31.5	25、31.5	25、31.5
10	20	16、20	16、20
注1：220kV 变电站 10kV 侧无馈线出线时不宜超过 25kA，有 10kV 出线时不宜超过 20kA。 注2：110（66）kV 变电站的 10kV 母线的短路水平不宜超过 20（16）kA。			

5.9.2 选择配电线路开关设备的短路容量一般应留有一定裕度，对变电站近区安装的环网柜、柱上开关、跌落式熔断器，应根据现场状况进行短路容量校核，开关设备额定容量的选择应符合表4的规定。

表4 开关设备额定容量选择表

设备名称	额定电流 A	额定短路开断电流 kA	额定短时耐受电流 kA/额定短路持续时间 s
开关站断路器	630、1250（特殊情况）	20、25	20、25/4
环网柜负荷开关	630	—	20/4
环网柜断路器	630	20	20/4
柱上断路器/重合器	630	20	20/4
柱上负荷开关/分段器	630	—	20/4
跌落式熔断器	—	8、12.5	—
柱上隔离开关	630	—	20/4

5.9.3 在技术经济合理的基础上，合理控制配电网的短路容量。限制短路电流的主要技术措施包括：

    a) 主网分区、开环运行，变电站母线分段、主变压器分列运行；

    b) 控制主变压器容量；

    c) 采用高阻抗主变压器或二次绕组分裂式主变压器；

    d) 主变压器低压侧加装电抗器等限流装置。

5.9.4 应加强变电站低压侧及近区线路设施的技术防护手段，减少其短路对主变压器的冲击。

5.10 防雷与接地

5.10.1 对 35kV 线路应采取差异化防雷措施，中雷区及以上地区的 35kV 架空线路宜全线架设避雷线，易遭受雷击的杆塔应装设带间隙氧化锌避雷器。变电站出站 1km 近区范围杆塔接地电阻宜控制在 10Ω 以内，其他区域按照 GB 50064 的规定执行。

5.10.2　中压配电设备防雷保护应选用无间隙氧化锌避雷器，避雷器的标称放电电流一般应按照 5kA 执行。对于中雷区及以上山区、河流湖汊等故障不易查找的区域，中压配电设备避雷器的标称放电电流可提高等级。

5.10.3　中压架空绝缘线路应采取带间隙避雷器、放电箝位绝缘子或绝缘横担等措施防止雷击断线，对于可靠性要求高的中压架空绝缘线路或变电站馈出线路 1km 或 2km 范围内应逐杆装设带间隙避雷器，线路周围有高大建筑等屏蔽物时可不采取防雷击断线措施。

5.10.4　中雷区及以上区域，中压架空线路裸导线跨越高等级公路、河流等大档距处应采用带间隙避雷器保护，带有重要负荷或供电连续性要求较高负荷的架空裸导线线路宜采用带间隙避雷器保护。

5.10.5　多雷区及以上的空旷区域的中压架空线路可执行 GB 50061 的规定，架设架空地线保护，中雷区空旷区域变电站出站 1km 或 2km 范围中压架空线路及易遭受雷击的线路段宜架设架空地线保护。当线路为绝缘导线或带有重要负荷时，宜同时采取架空地线和带间隙避雷器的保护措施。

5.10.6　多雷区低压架空线路可根据运行经验安装低压避雷器。

5.10.7　新建或改造架空绝缘线路导线的防雷保护应利用环形混凝土电杆的钢筋自然接地，其接地电阻不宜大于 30Ω，如无法满足可采取多基电杆接地线相连的方式。横担与接地引下端应有可靠电气连接，符合 GB 50061 的规定，避免混凝土被雷电击碎，造成钢筋锈蚀。高土壤电阻率地区可采用增设接地电极降低接地电阻或换土填充等物理性降阻方式，不得使用化学类降阻剂。

5.11　不停电作业技术

5.11.1　配电线路检修维护、用户接入（退出）、改造施工等工作，以不中断用户供电为目标，按照"能带电、不停电""更简单、更安全"的原则，优先考虑采取不停电作业方式。

5.11.2　配电工程方案编制、设计、设备选型等环节，应考虑不停电作业的要求。

5.11.3　配电网不停电作业可采取架空线路带电作业和电缆不停电作业，作业项目和工作要求应按照 Q/GDW 520 的规定执行。

5.11.4　不停电作业根据现场需求采用绝缘杆带电作业法、绝缘手套带电作业法、综合不停电作业法，在作业效率允许的情况下，宜创造条件采用绝缘杆法提高作业安全性，绝缘杆法可借助绝缘斗臂车或绝缘平台等实施。

5.12　规划与设计

5.12.1　配电网规划应按照 Q/GDW 1738 的规定编制，规划时考虑计量装置安装、改造费用，并适时滚动修编。

5.12.2　根据城乡发展规划和电网规划，结合区域用地的饱和负荷预测结果，确定目标电网的线路走廊路径及通道规模，以满足预期供电容量的增长。

5.12.3　中低压线路供电半径应通过负荷矩校核，满足末端电压质量的要求，可参考附录 E。10kV 线路供电半径，原则上规划 A+、A、B 类供电区域供电半径不宜超过 3km，C 类不宜超过 5km，D 类不宜超过 15km，E 类供电区域供电半径应根据需要经计算确定；低压线路供电半径，原则上 A+、A 类供电区域供电半径不宜超过 150m，B 类不宜超过 250m，C 类不宜超过 400m，D 类不宜超过 500m，E 类供电区域供电半径应根据需要经计算确定。

5.12.4　公用架空线路现阶段仍是配电网的重要组成部分，应充分发挥其作用。随着城市建设的不断发展，在有条件的地区宜逐步发展电缆网络，电缆通道的建设宜与地区规划建设同步实施；综合管廊中电力电缆舱的建设应执行国家电网公司电缆通道选型与建设相关原则，满足国家及行业标准中电力电缆与其它管线的间距要求。

5.12.5　架空线路的入地改造应纳入市政建设总体规划，与市政道路建设等同步实施。

5.12.6　配电设备应标准化、免（少）维护、安全可靠、节能环保、与环境协调，并具备通用性、可互换性，考虑不同设备的寿命周期差异，对附着在一次设备上的二次设备，应便于拆卸更换。供电可靠性要求较高、环境条件恶劣及灾害多发的区域，应适当提高设备选型标准。

5.12.7　各地区应结合实际，开展差异化设计和针对性措施，应对严重自然灾害和恶劣运行环境：

  a)　不应跨越主干铁路，应尽可能避免跨越高等级公路，确需跨越时，一般应采用电缆从铁路下方穿过，采用电缆下穿、独立耐张段等措施上跨高等级公路；

  b)　城市配电网的重要线路宜采用电缆；

  c)　通过覆冰地区的架空线路可根据评估结果，采取加强导线强度等防冰措施；

  d)　沿海、盐雾及严重化工污秽区域应采用耐腐蚀导、地线，采用耐污绝缘子或增大绝缘子爬电距离。土壤腐蚀严重地区的接地装置应采用耐腐蚀性材料；

  e)　易受台风、覆冰等影响地区的架空线路宜采用钢管塔、加固电杆基础、装设防风拉线、减小档距、减小耐张段长度等措施。

5.13　建设与改造

5.13.1　配电网的建设与改造以提高供电能力，完善电网网架，提升设备水平为目标，优先解决配电网"卡脖子"、重过载、"低电压"等问题。配电网的建设与改造应综合考虑地区规划、配电网规划、供电可靠性、经济性、智能化、新能源接入等各方面的因素，逐年合理安排投资规模。

5.13.2　配电网的建设与改造应符合配电网标准化建设的要求，新建及改造工程中应全面应用配电网工程典型设计、电能计量典型设计和标准物料，在改造工程中逐步替换非标准设备和物料。

5.13.3　中压架空和电缆线路应深入低压负荷中心，宜采取"小容量、密布点、短半径"的供电方式配置配电变压器，按照"先布点、后增容"的原则进行中低压电网改造。

5.13.4　线路和通道等设备设施宜一次性建设改造到位，避免反复增容或升级改造。中压开关站、环网室（箱）、配电室的设备、进出线等应按照目标网架结构的要求，确定建设规模和接线方式相对固定的典型方案，站内设施、设备宜预留扩展空间。中低压架空主干线路宜按照全寿命周期不更换导线原则进行选型。

5.13.5　配电网建设和改造时，根据负荷性质和供电可靠性要求，应预留必要的接入位置或端口，适应应急发电机（车）或移动式配电变压器的快速接入。

5.13.6　依据配电网供电能力评估结果，综合考虑线路设备供电能力、运行状况、运行年限及运行环境等因素，确定配电网建设改造区域、项目。通过对配电网网架、设备等薄弱环节的梳理和排查，确定规划期改造工程量和投资规模。

5.13.7　配电网设备选型和配置应能适应现代配电网的发展要求，在配电自动化实施和规划区域内，应满足配电自动化建设要求一次建成，避免重复改造，所涉及配电设备应预留自动化接口，相关站室预留配电自动化终端安装位置。

5.13.8 电缆通道建设时，应根据建设场合、地质状况采取相适应的敷设方式和管道材料，应采用先进施工技术，防止隧道井壁渗漏水、地基不均匀沉降，封堵设备电缆孔洞、电缆排管端口，避免设备凝露、管孔淤塞等。

5.13.9 电力设施应采取技术防盗措施，诸如线路导线及设施防盗技术，电缆井盖状态监测及防盗技术，配电变压器防盗技术。

5.13.10 配电网的建设与改造应考虑环进环出、配出线路关口、用户计量装置的安装需求，满足计量互感器、智能表、采集终端的安装、维护，满足配网电量分析、监测及同期线损精准统计的需求。

5.14 运行维护及故障处理

5.14.1 配电网运维、检修工作应执行 Q/GDW 1519 的相关规定。

5.14.2 运用先进成熟的巡检、检测技术和装置及时分析发现并诊断设备缺陷，宜采用方法如下：

    a) 运用红外成像测温，高频、暂态地电波、超声波局部放电检测等带电检测技术，对配电网设备进行带电检测。根据需要可对重要的配电设备或在特定时段进行温度和局部放电的在线监测；

    b) 推广应用 OWTS（振荡波）等局部放电检测技术，在交接验收及保供电等工作中，对中压电缆开展局部放电检测。宜采用超低频介质损耗测量技术，在交接验收、状态检修以及保供电工作中，对中低压电缆开展绝缘状态评价工作；

    c) 针对设备运行故障、缺陷等状况，对同类型、同批次的设备进行抽检，分析其健康状况，判断是否存在家族性缺陷；

    d) 利用移动作业终端等装置采集上传配电设备运检信息，通过实时访问生产管理系统数据，辅助分析设备状态。

5.14.3 根据地区特点，完善配电网故障、缺陷信息数据项，逐步建立红外成像、局部放电等检测结果图谱库，综合运行环境和设备负荷等关联信息，进行历史数据比对分析，辅助诊断各类故障及缺陷原因，采取针对性运维措施，防止同类故障重复发生和缺陷恶化。

5.14.4 充分利用各种设备基础数据和状态检测信息，分析挖掘典型负荷日及极端天气时的样本数据，进行风险评估，梳理配电网薄弱环节，优化检修策略，指导配电网检修计划和储备项目编排。

5.14.5 运用成熟技术进行电缆线路故障点定位和架空线路单相接地故障区段的诊断、隔离以及故障点定位。

5.14.6 利用配电自动化、用电信息采集等数据，实时、全面掌握配电网的运行状况，对线路及设备重过载、电压异常、三相不平衡等电能质量和故障前兆异常工况实现综合分析、自动预警和以辅助主动抢修。

5.14.7 开关站、配电室、箱变、环网箱（室）、低压综合配电箱等设备设施柜门锁具应具备防误闭锁功能，对存量锁具应逐步进行改造。

6 35kV 配电网设备

6.1 35kV 架空导线截面的选择应满足负荷发展的要求，宜按远期规划考虑。同一区域内宜选用 2～3 种规格，架空线路宜采用钢芯铝绞线，盐雾、严重化工污秽区域及沿海区域可采用防腐型导线，截面选择见表 5。

表 5 35kV 架空线路主干线截面选择表

单位：mm²

规划供电区域	A+、A、B	C、D、E
钢芯铝绞线导线截面	≥150	≥120

6.2 35kV 架空线路一般采用铁塔、钢管或环形混凝土电杆，路径尽量减少与道路、河流、铁路等的交叉，尽量避免跨越建筑物，对架空电力线路跨越或接近建筑物的距离，应符合 GB 50061 的规定。

6.3 电缆线路主要用于通道狭窄，架空线路难以通过或市政规划有特殊要求的地区，以及电网结构或运行安全有特殊需要的地区。电缆宜采用交联聚乙烯铜芯电缆，电缆截面应满足负荷发展的要求，宜按远期规划考虑，同一地区电网可选用 2～3 种，电缆截面选择见表 6。

表 6 35kV 电缆截面选择表

单位：mm²

规划供电区域	交联聚乙烯铜芯电缆导线截面				
A+、A、B、C	630	400	300	240	185
说明：推荐采用铜芯交联聚乙烯绝缘电力电缆，选用铝芯电缆应符合 GB 50217 规定					

6.4 35kV 电缆一般采用直埋、排管、电缆沟、隧道等敷设方式，穿越道路、重型车辆通行等区域不应采用直埋型式。

6.5 35kV 变电站主变压器的选择应综合负荷密度、空间资源条件、上下级电网协调和整体经济性等因素，确定变电站供电范围及主变压器的容量序列。变电站内主变压器配置一般不超过 3 台，单台主变容量不大于 31.5MVA。同一变电站的多台主变压器应采用相同规格，需限制短路电流时，可采用高阻抗变压器。

6.6 35kV 开关站主要用于分接负荷，建设地点宜贴近负荷中心，其主接线应简单可靠，一般配置 2 路电源进线，采用单母线分段，每段母线不宜超过 6 路出线，进线电源宜来自不同变电站，当电源点不能满足要求时可来自同一变电站的不同母线。

6.7 偏远地区可参照 10kV 线路适当简化 35kV 线路设计，如采用环形混凝土单杆、绝缘横担等，也可采用 35kV/0.4kV 直配台区，提高供电质量。

7 10kV 配电网设备

7.1 架空线路

7.1.1 规划 A+、A、B、C 类供电区域、林区、严重化工污秽区，以及系统中性点经低电阻接地地区宜采用中压架空绝缘导线。一般区域采用耐候铝芯交联聚乙烯绝缘导线；沿海及严重化工污秽区域可采用耐候铜芯交联聚乙烯绝缘导线，铜芯绝缘导线宜选用阻水型绝缘导线；走廊狭窄或周边环境对安全运行影响较大的大跨越线路可采用绝缘铝合金绞线或绝缘钢芯铝绞线。A+、A、B、C 类供电区域平原线路档距不宜超过 50m，D、E 类供电区域平原线路档距不宜超过 70m。

7.1.2　山区、河湖等区域较大跨越线路可采用中强度铝合金绞线或钢芯铝绞线，沿海及严重化工污秽等区域的大跨越线路可采用铝锌合金镀层的钢芯铝绞线、或采用 B 级镀锌层、或采用防腐钢芯铝绞线，空旷原野不易发生树木或异物短路的线路可采用裸铝绞线。档距应结合地形情况经计算后确定。

7.1.3　架空线路导线型号的选择应考虑设施标准化，采用铝芯绝缘导线或铝绞线时，各供电区域中压架空线路导线截面的选择见表 7。

表 7　中压架空线路导线截面选择表 单位：mm^2

规划供电区域	规划主干线导线截面（含联络线）	规划分支导线截面
A+、A、B	240 或 185	≥95
C、D	≥120	≥70
E	≥95	≥50

7.1.4　架空线路采用多分段、适度联络接线方式时，运行电流宜控制在安全电流的 70%以下；采用多分段、单联络接线方式时，运行电流宜控制在安全电流的 50%以下；当超过时应采取分流（分路、倒路）措施，线路每段负荷宜均匀，均预留转供负荷的裕度。

7.1.5　架空线路建设改造，宜采用单回线架设以适应带电作业，导线三角形排列时边相与中相水平距离不宜小于 800mm；若采用双回线路，耐张杆宜采用竖直双排列；若通道受限，可采用电缆敷设方式。市区架空线路路径的选择、线路分段及联络开关的设置、导线架设布置（线间距离、横担层距及耐张段长度）、设备选型、工艺标准等方面应充分考虑带电作业的要求和发展，以利于带电作业、负荷引流旁路，实现不停电作业。

7.1.6　规划 A+、A、B、C、D 类供电区域 10kV 架空线路一般选用 12m 或 15m 环形混凝土电杆；E 类供电区域一般选用 10m 及以上环形混凝土电杆。环形混凝土电杆一般应选用非预应力电杆，交通运输不便地区可采用轻型高强度电杆、组装型杆或窄基铁塔等。A+、A、B 类供电区域的繁华地段受条件所限，耐张杆可选用钢管杆。对于受力较大的双回路及多回路直线杆，以及受地形条件限制无法设置拉线的转角杆可采用部分预应力混凝土电杆，其强度等级应为 O 级、T 级、U$_2$ 级 3 种。

7.1.7　选用电杆开裂检验弯矩应满足运行环境和承受目标电网导线荷载的要求，杆身应有开裂检验弯矩永久标识。用于架空绝缘线路的环形混凝土电杆宜在梢部引出与非预应力钢筋连接的螺栓，供防雷装置接地。

7.1.8　架空线路绝缘子的绝缘配置要求如下：

　　a)　一般地区线路绝缘子爬电比距应不低于 GB 50061 规定中的 d 级污秽度的配置要求，额定雷电冲击耐受电压可从高于系统标称电压一个等级中选取，符合 GB 311.1 的规定；

b) 直线杆采用柱式绝缘子，线路绝缘子的雷电冲击耐受电压宜选 105kV，柱上变台支架绝缘子的雷电冲击耐受电压宜选 95kV，线路绝缘子的绝缘水平宜高于柱上变台支架绝缘子的绝缘水平；

c) 高海拔地区可依据 GB 311.1 海拔修正因数提高绝缘子爬电距离和雷电冲击耐压水平，线路柱式绝缘子的雷电冲击耐受电压宜选 125kV，悬式盘形绝缘子宜增加绝缘子片数。同时应加大杆塔导体相间、相对地距离；

d) 沿海、严重化工污秽区域应采用防污绝缘子、有机复合绝缘子等；

e) 同一区域绝缘线路的绝缘子规格宜相对固定，以利于与外间隙避雷器配合应用。

7.1.9 架空线路应采用节能型铝合金线夹，绝缘导线耐张固定亦可采用专用线夹。导线承力接续宜采用对接液压型接续管，导线非承力接续不应使用传统依赖螺栓压紧导线的并沟线夹，应选用螺栓 J 型、螺栓 C 型、弹射楔形、液压型等依靠线夹弹性或变形压紧导线的线夹，配电变压器台区引线与架空线路连接点及其他须带电断、接处应选用可带电装、拆线夹，与设备连接应采用液压型接线端子。

7.1.10 架空线路采用的横担、抱箍等金属构件均应采用热镀锌防腐，并满足导线机械承载力要求。

7.1.11 架空绝缘线路除接地环裸露部位外，宜对柱上变压器、柱上开关、避雷器和电缆终端的接线端子、导线线夹等进行绝缘封闭，导体接续采用阻燃绝缘卷材或阻燃绝缘罩包封，跳线接续包封的绝缘罩内应填充绝缘材料。

7.2 电缆线路

7.2.1 一般采用交联聚乙烯绝缘电力电缆，并根据使用环境采用具有防水、防蚁、阻燃等性能的外护套。

7.2.2 下列情况可采用电缆线路：

a) 依据市政规划，明确要求采用电缆线路且具备相应条件的地区；

b) 规划 A+、A 类供电区域及 B、C 类重要供电区域；

c) 走廊狭窄，架空线路难以通过而不能满足供电需求的地区；

d) 易受热带风暴侵袭的沿海地区；

e) 供电可靠性要求较高并具备条件的经济开发区；

f) 经过重点风景旅游区的区段；

g) 电网结构或运行安全的特殊需要。

7.2.3 电缆线路截面的选择：

a) 变电站馈出至中压开关站的干线电缆截面不宜小于铜芯 300mm²，馈出的双环、双射、单环网干线电缆截面不宜小于铜芯 240mm²；

b) 满足动、热稳定要求下，也可采用相同载流量的其他材质电缆，并满足 GB 50217 的相关要求。其它专线电缆截面应满足载流量及动、热稳定的要求；

c) 中压开关站馈出电缆和其它分支电缆的截面应满足载流量及动、热稳定的要求。

7.2.4 双环、双射、单环电缆线路的最大负荷电流不应大于其额定载流量的 50%，转供时不应过载。

7.2.5 电缆通道根据建设规模可采用电缆隧道、排管、沟槽或直埋敷设方式，应符合以下规定：

a) 直埋敷设适用于敷设距离较短、数量较少、远期无增容或无更换电缆的场所，电缆主干线和重要负荷供电电缆不宜采用直埋方式；

b) 电缆平行敷设根数在 4 根以上时，可采用电缆排管。电缆排管首先考虑双层布设，路面较狭窄时依次考虑 3 层、4 层布设，规划 A+、A 类供电区域沿市政道路建设的电缆排管管孔一般不少于 12 孔，但不应超过 24 孔，同方向可预留 1～2 孔作为抢修备用；

c) 变电站及开关站出线或供电区域负荷密度较高的区域，可采用电缆隧道或沟槽敷设方式；

d) 规划 A+、A、B 类供电区域，交通运输繁忙或地下工程管线设施较多的城市主干道、地下铁道、立体交叉等工程地段的电缆通道，可根据城市总体规划纳入综合管廊工程，建设标准符合 GB 50838 的规定；

e) 电缆通道建设改造应同时建设或预留通信光缆管孔或位置；

f) 电缆通道与其他管线的距离及相应防护措施应符合 GB 50217 的规定。

7.2.6 站室电缆沟槽（夹层）、竖井、隧道、管沟等非直埋敷设的电缆应选用阻燃电缆，对上述场所运行的非阻燃电缆应采取包绕防火包带或涂防火涂料等措施，电缆沟槽每隔适当的距离应采取防火隔离措施，电缆隧道中应设置防火墙或防火隔断，同时应满足防水、防盗等要求，具有相应排水措施。

7.2.7 排管敷设方式的电缆工井之间的距离应根据管材、电缆规划规格及牵引方式等多种因素确定，一般直线控制在 50m 左右，超过时，应采取措施，避免牵引损伤电缆，排管管材应采用环保型材料。

7.2.8 电缆工井井盖应采用双层结构，材质应满足载荷及环境要求，以及防盗、防水、防滑、防位移、防坠落等要求，同一地区的井盖尺寸、外观标识等应保持一致。

7.2.9 电缆通道由于特殊原因而不能保证最小敷设深度时，应采取辅助措施（如铺设钢板、混凝土包封、MPP 保护管等），防止电缆机械损伤。电缆直埋时应采取安全防护措施，通行机动车的重载地段，宜采用热浸塑钢管敷设，可预留 1～2 孔事故备用孔，必要时选择合适的回填土，以降低热阻系数。

7.2.10 电缆通道内所有金属构件均应采用热镀锌防腐，采用耐腐蚀复合材料时，应满足承载力、防火性能等要求。如使用单芯电缆，应使用非铁磁性电缆支架。

7.2.11 直埋、排管敷设的地下电缆，敷设路径起、终点及转弯处，以及直线段每隔 20m 应设置电缆警示桩或行道警示砖，当电缆路径在绿化隔离带、灌木丛等位置时可延至每隔 50m 设置电缆警示桩。

7.3 架空线路设备

7.3.1 柱上变压器应满足以下技术要求：

a) 柱上变压器宜设于低压负荷中心，三相柱上变压器容量不应超过 400kVA，绕组联结组别宜选用 Dyn11，且三相均衡接入用户负荷。用地紧张处，可采取单相、三相小容量变压器单杆安装方式；

b) 农村地区居民分散居住、单相负荷为主地区宜选用单相变压器，容量为 10kVA～50kVA，供电半径宜小于 50m 或供电户数不超过 5 户，居民电采暖地区单相变压器容量可提高至 100kVA，单相变压器应均衡接入三相线路中；

c) 当低压用电负荷时段性或季节性差异较大，平均负荷率比较低时，可选用非晶合金配电变压器或有载调容变压器；

d) 负荷及电压波动较大的配变台区，可选用有载调压配电变压器；

e) 柱上变压器应选用坚固耐候的低压综合配电箱，配电箱进线宜选择熔断器式隔离开关，出线开关应选用具有过流保护的断路器，用于低压 TT 系统的还应具备剩余电流保护功能；城镇区域（非 TT 系统）负荷密度较大，且仅供 1～2 回低压出线的情况下，为避免负荷波动较大或环境温度较高时断路器频繁跳闸，可取消出线断路器，简化保护配合，选择可箱外操作带弹簧储能的熔断器式隔离开关，并配置栅式熔丝片和相间隔弧保护装置。综合配电箱内还应配置具有计量、电能质量监测无功补偿控制、运行状态监控等功能的智能配变终端。三相变压器根据功率因数情况一般应配置自动无功补偿装置，低压以电缆线路为主的变压器台区可根据电压及功率因数情况不配置无功补偿装置；低压综合配电箱柜门宜安装带防误闭锁功能锁具；

f) 变压器进出线宜采用软交联聚乙烯绝缘导线或电力电缆；

g) 变压器容量选择应适度超前于负荷需求，并综合考虑配电网经济运行水平，年最大负载率不宜低于 50%。

7.3.2　柱上开关应满足以下技术要求：

a) 一般采用柱上负荷开关作为线路分段、联络开关。长线路后段（超出变电站过流保护范围）、大分支线路首端、用户分界点处可采用柱上断路器；

b) 规划实施配电自动化的地区，所选用的开关应满足自动化改造要求，并预留自动化接口；

c) 线路分段、联络开关一般配置一组隔离开关，可根据运行环境与经验选择单独配置或外挂型式，隔离开关应具有防腐蚀性能，也可选用隔离开关内置型式或组合式柱上负荷开关。

7.3.3　线路调压器应满足以下技术要求：

a) 缺少电源站点的地区，当 10kV 架空线路供电半径过长，末端电压质量不满足要求时，可在线路适当位置加装线路调压器，调压器额定电流应满足负荷发展要求；

b) 宜采用可自动投切的三相有载调压方式。

7.3.4　线路故障指示器应满足以下技术要求：

a) 中压架空线路故障指示器应具备故障动作后自动延时复位功能，并可带电装卸，宜选用机械翻牌式故障指示器，山区、林区等夜间不易查找的线路可选用闪光式故障指示器；

b) 线路故障指示器应能正确判断指示相间短路故障和单相接地故障，提高故障处理效率。具备远传功能的故障指示器还可通过检测注入信号或检测暂态信号等手段，实现故障区间的定位指示；

c) 中压架空线路干线分段处、较长支线首端、电缆支线首端、中压电力用户进线处应安装线路故障指示器。

7.4　电缆线路设备

7.4.1　户内外开关设施的防护等级应符合 GB 4208 的规定，中压开关站开关柜外壳的防护等级不应低于 IP31，环网箱、箱式变电站的外壳的防护等级不应低于 IP33。

7.4.2 环网室（箱）及箱式变电站的设备应采用全绝缘、全封闭、防内部故障电弧外泄、防凝露等技术，环网箱和箱式变电站外壳应具有耐候、防腐蚀等性能，并与周围环境相协调。环网柜应具备可靠的"五防"功能，出线侧带电显示装置应与接地刀闸实行联锁，电动操作机构及二次回路封闭装置的防护等级不应低于 IP55。

7.4.3 环网箱、箱式变电站等基础底座应高出地面不小于 300mm，基础两侧建通风口，宜装设防护围栏，安全警示标识明晰。

7.4.4 中压开关站应满足以下技术要求：

    a) 当规划 A+、A 类供电区域变电站 10kV 出线数量不足或者线路走廊条件受限时，可建设开关站。开关站宜建于负荷中心区，一般配置双路电源，优先取自不同方向的变电站，也可取自同一座变电站的不同母线。电力用户较多或负荷较重、并难于有新电源站点的地区，可考虑建设或预留第三路电源；

    b) 开关站接线宜简化，一般采取两路电缆进线，6～12 路电缆出线，单母线分段带母联，出线断路器带保护，10kV 开关站再分配容量不宜超过 20MVA。开关站应按配电自动化要求设计并留有发展余地；开关站出线应装设计量装置；

    c) 开关站可根据运行经验采用移开式或固定式开关柜，一般采用空气绝缘或充气式开关柜；

    d) 开关站宜为地面上独立式建筑，土建设计应满足防汛、防渗漏水、防小动物、防火、防盗、温度调节和通风等要求；

    e) 开关柜所采用的绝缘材料应具有优异的憎水性、阻燃性和抗老化性，开关柜应具备可靠的"五防"功能。开关柜应设置压力释放通道、通风口和观察窗，压力释放通道、通风口和观察窗应具备与外壳相同的防护等级和机械强度，压力释放通道喷口应能在压力作用下安全排出气体，且不得危及人身和设备安全，观察窗应设置在电缆舱并满足红外测温等带电检测技术要求；

    f) 宜选用励磁特性饱和点较高的电磁式电压互感器，在中性点小电流接地系统中，电压互感器的一次侧中性点宜采取防谐振措施。宜选用初始导磁率高、饱和磁密低的合金铁芯的电流互感器，并选择合适变比，以保证继电保护正确动作。

7.4.5 环网室（箱）应满足以下技术要求：

    a) 根据环网室（箱）的负荷性质，中压供电电源可采用双电源，或采用单电源，一般进线及环出线采用负荷开关，配出线根据电网情况及负荷性质采用负荷开关或断路器；

    b) 供电电源采用双电源时，一般配置两组环网柜，中压为两条独立母线；

    c) 供电电源采用单电源时，按规划建设构成单环式接线，一般配置一组环网柜，中压为单条母线；

    d) 环网柜宜优先设置于户内，环网柜结合电力用户建筑物建设或与电力用户配电室合建时，应具有独立的人员进出和检修通道，以便于巡视和故障应急处理，满足防小动物、防水、防凝露、防火等要求；

    e) 环网柜中的负荷开关可采用真空或气体灭弧开关，如配置断路器宜采用真空开关，绝缘介质宜采用空气绝缘、气体绝缘等材料，环网柜宜优先采用环保型开关设备，宜具有电缆终端测温的功能。安装于户外箱壳内的环网柜应选择满足环境要求的小型化全绝缘、全封闭共箱型，并预留扩展自动化功能的空间。

7.4.6 配电室应满足以下技术要求：

a) 供电电源采用双电源时，一般配置两组环网柜，中压为两条独立母线，配出一般采用负荷开关–熔断器组合电器用于保护变压器，两台变压器，低压为单母线分段；

b) 供电电源采用单电源时，按规划建设构成单环式接线，一般配置一组环网柜，中压为单条母线，配出一般采用负荷开关–熔断器组合电器用于保护变压器，一台或两台变压器，低压采用单母线或单母线分段；

c) 变压器绕组联结组别应采用 Dyn11，单台变压器容量不宜超过 800kVA；

d) 配电室选址原则上应设置在地面以上，尤其地势低洼、可能积水的场所不应设置地下配电室；如受条件所限，配电室可设置在地下，不应设置在最底层。配电室一般使用公建用房，建筑物的各种管道不得从配电室内穿过。非独立式或者建筑物地下配电室应选用干式变压器，加装金属屏蔽罩、配置减振降噪措施，满足防小动物、防水、防火等要求；

e) 配电室距离道路不宜超过 30m，并预留便于应急电缆便捷、快速引入的路径及孔洞，应预留应急电源接口。

7.4.7 箱式变电站应满足以下技术要求：

a) 箱式变电站一般用于施工用电、临时用电或架空线路入地改造场合，以及现有配电室无法扩容改造的场所，宜小型化；

b) 一般配置单台变压器，采用一组环网柜，配出一般采用负荷开关–熔断器组合电器用于保护变压器，变压器绕组联结组别应采用 Dyn11，变压器容量一般不超过 630kVA；

c) 箱式变电站低压配置塑壳式断路器保护；

d) 应满足防小动物、防水、防凝露等要求。

7.4.8 中压电缆分支箱应满足以下技术要求：

a) 中压电缆分支箱仅用于非主干回路的分支线路，作为末端负荷接入使用，适用于分接中小用户负荷，不应接入主干线路及联络线路中，应逐步采用环网箱替代现有中压电缆分支箱，减少中压电缆分支箱的应用；

b) 中压电缆分支箱一般采用 1 进 2 配出。

7.4.9 电缆故障指示器应满足以下技术要求：

a) 环网室（箱）、配电室、箱式变电站及中压电缆分支箱应配置电缆故障指示器，应具有相间故障指示功能及接地故障指示功能；

b) 应具备自动、手动复归，自检和低电量报警等功能，防护等级不低于 IP67；

c) 对于小电流接地系统，应能通过检测注入信号或检测暂态信号等手段，实现单相接地故障区间的定位指示。

8 低压配电网设备

8.1 架空线路

8.1.1 低压架空线路应采用绝缘导线。一般区域采用耐候铝芯交联聚乙烯绝缘导线，沿海及严重化工污秽区域可采用耐候铜芯交联聚乙烯绝缘导线，线路导线截面的选择见表8。

表 8 线路导线截面推荐表（铝芯）
单位：mm²

规划供电区域	主干线导线截面	支线导线截面
A+、A、B、C	≥120	≥70
D、E	≥70	≥35
注：若采用铜芯或铝合金线路，应对线路截面进行核算。		

8.1.2 各类供电区域低压架空线路宜选用 10m 环形混凝土电杆，必要时可选用 12m 环形混凝土电杆，环形混凝土电杆一般应采用非预应力电杆，交通运输不便地区可采用其他型式电杆。考虑负荷发展需求，可按 10kV 线路电杆选型，为 10kV 线路延伸预留通道。

8.1.3 低压架空线路宜采用节能型铝合金线夹，耐张线夹使用螺栓式线夹或楔形线夹，导线承力接续宜采用对接液压型接续管，导线及接户线非承力接续宜采用液压型导线接续线夹或其他连接可靠线夹，设备连接宜采用液压型接线端子。

8.1.4 低压架空绝缘线路导线接续后及接户线接续后，应进行绝缘恢复处理。在绝缘线路的分支杆、耐张杆及有可能反送电的分支线导线上应设置停电工作接地点，安装验电接地线夹。

8.1.5 低压架空线路采用的横担、抱箍等金属构件均应采用热镀锌处理等防腐措施，并满足导线机械承载力要求。

8.1.6 一基电杆引下接户线回路数较多时，可采用低压分支箱分接电力用户，分支箱可装设在建筑物外墙上、电杆上或其他合适位置，以减少外力破坏。低压分支箱外壳应具有耐候、防腐蚀等性能。

8.1.7 低压架空接户线一般采用耐候交联聚乙烯绝缘线，沿墙敷设时宜选用具有阻燃、耐低温等性能的绝缘线。

8.2 电缆线路

8.2.1 低压电缆线路一般采用交联聚乙烯绝缘电缆，在潮湿、含有化学腐蚀或易受水浸泡环境下宜选用聚乙烯类材料的内护层，有白蚁的场所应选用金属铠装或防蚁外护层，有鼠害的场所宜选用金属铠装或硬质护层，电缆进入建筑或集中敷设应选用C级及以上阻燃电缆。

8.2.2 下列情况可采用电缆线路：

    a) 负荷密度较高的规划 A+、A 类供电区域中心区；

    b) 建筑面积较大的新建居民楼群、高层住宅区、科技园区；

    c) 主要干道或重要地区；

    d) 市政规划要求采用电缆的地区。

8.2.3 电缆截面应根据负荷及配置系数、同时率等进行选择，并综合考虑敷设环境温度、并行敷设、热阻系数及埋设深度等因素，宜一步到位，避免重复更换。一般选用交联聚乙烯铜芯电缆，干线截面不宜小于 240mm²，也可采用相同载流量的铝芯或铝合金电缆。

8.2.4 低压电缆敷设可采用排管、沟槽、直埋等敷设方式。穿越道路时，应采用抗压力的保护管进行防护。

8.2.5 低压开关柜母线规格宜按终期变压器容量配置选用，一次到位，柜体外壳防护等级不低于 IP3X，具有良好通风散热性能。

8.2.6 低压电缆分支箱可户内外落地、挂墙安装，可配置塑壳式断路器保护或熔断器–刀闸保护。公共场所落地安装时宜采取双重绝缘措施，采用耐候绝缘箱体、对箱内带电导体进行绝缘封闭，箱壳防护等级不应低于 IP44，低压电缆分支箱施工安装时底部应予以封堵，并设置细沙层防凝露。

8.2.7 低压电缆敷设引上电杆应选用户外终端，并加装分支手套及耐候护管，防水、防老化。户内外电缆终端、中间接头宜采用硅橡胶冷缩型等电缆附件。

8.3 低压配电系统接地型式及保护

8.3.1 低压配电系统接地型式应根据电力用户用电特性、环境条件或特殊要求等具体情况进行选择，并根据 GB 13955 的有关规定采取剩余电流保护，完善自身接地系统，防范接地故障引起火灾及电击事故。

8.3.2 配电室设置在建筑物内，低压系统宜采用 TN–S 接地型式。

8.3.3 供电电源设置在建筑物外，低压系统宜采用 TN–C–S 接地型式，配电线路主干线末端和各分支线末端的保护中性线（PEN）应重复接地，且不应少于 3 处。

8.3.4 农村等区域低压系统采用 TT 接地型式时，除变压器低压侧中性点直接接地外，中性线不得再重复接地，且与相线保持同等绝缘水平。同时应装设剩余电流总保护（综合配电箱内低压分支出线开关），新建及改造变压器台区应在用户表计后装设中级剩余电流保护装置。

8.3.5 根据低压系统接地型式，配置塑壳式断路器保护或熔断器–刀闸保护。低压馈电断路器应具备过流和短路跳闸功能。

9 配电网继电保护和自动装置、配电自动化及信息化

9.1 配电网继电保护和自动装置

9.1.1 配电网继电保护和自动装置配置应符合 GB/T 14285 标准要求。

9.1.2 配电网继电保护装置整定计算应符合 DL/T 584 标准要求。

9.1.3 对于变电站出线开关过电流保护无法保护线路全长的馈线，可在该馈线上选择适当分段处配置一级过电流保护，定值与变电站出线开关过电流保护和下级线路过电流保护配合，宜采用重合器方式。

9.1.4 在 10kV 架空线路用户接入产权分界点处，电网侧应配置用户分界开关，具有用户内部接地故障跳闸功能和相间短路故障隔离功能。必要时，用户分界开关可采用具有相间短路保护跳闸功能的断路器，相间短路保护 0s 跳闸，小电流接地系统单相接地保护有一定延时并与上级保护相配合。

9.1.5 C、D、E 类供电区域架空线路可采用重合器、分段器模式隔离相间短路故障。

9.1.6 分布式电源接入 35kV 及以下电压等级电网时，其继电保护配置和整定运行原则应符合 GB/T 14598.306、Q/GDW 11198、Q/GDW 11120 标准。

9.1.7 继电保护和安全自动装置应为通过行业或国家级检测机构检测合格的产品。

9.1.8 分布式电源接入配电网时，分布式电源侧应具有在电网故障及恢复过程中的自保护

能力。

9.1.9 分布式电源的接地方式应与电网侧的接地方式相适应，并应满足人身设备安全和保护配合的要求。

9.1.10 分布式电源切除时间应符合线路保护、重合闸、备自投等配合要求，以避免非同期合闸。

9.1.11 含分布式电源联络线的变电站，若分布式电源接入 10（6）～35kV 电压变电站母线，可在站内更高电压等级按符合区域电源接入系统的安全自动装置要求配置故障解列。故障解列宜以母线段为单位，含低/过频保护、低/过电压保护等，联跳分布式电源联络线断路器。

9.2 中压架空线路单相接地故障选线选段

9.2.1 中性点不接地或经消弧线圈接地系统，宜在变电站内安装有效的选线装置，并选用相应技术的具有判断和隔离接地故障功能的分段、联络开关，实现线路单相接地故障判断和隔离故障功能。

9.2.2 当不具备装设或改造具有隔离功能的线路分段开关条件时，宜选用具备单相接地检测功能的故障指示器实现故障区段定位功能。

9.2.3 可选用合理的配电自动化方式辅助实现故障的快速判断、隔离、故障定位信息上传等功能，并应与变电站馈线开关、线路开关、线路故障指示器等功能和设置相结合。

9.2.4 中性点不接地或经消弧线圈接地系统发生单相接地故障后，线路开关宜在延时一段时间（最短约 10s，级差 3s）后动作于跳闸，以躲过瞬时接地故障。

9.3 配电自动化的建设原则

9.3.1 配电自动化作为配电管理的重要手段，应全面服务于配电网调度运行和运维检修业务。

9.3.2 配电自动化建设应以一次网架和设备为基础，统筹规划，分步实施。结合配电网接线方式、设备现状、负荷水平和不同供电区域的供电可靠性要求进行规划设计，统筹应用集中、分布和就地式馈线自动化装置，合理配置"三遥"自动化终端，提高"二遥"自动化终端应用比重，力求功能实用、技术先进、运行可靠。

9.3.3 配电自动化应与配电网建设和改造同步规划、同步设计、同步建设、同步投运，遵循"标准化设计，差异化实施"原则，充分利用现有设备资源，因地制宜地做好通信、信息等配电自动化配套建设。

9.3.4 对于规划 A+、A、B、C 类供电区域，架空线路宜采用就地型馈线自动化，电缆线路宜采用集中型馈线自动化；对于重要用户所在线路，宜选取线路关键分段开关及联络开关实施"三遥"功能；对于非重要用户所在线路，可采用安装远传型故障指示器；对于开关站应实现"三遥"功能。

9.3.5 对于规划 D、E 类供电区域，配电线路采用远传型故障指示器，实现故障的快速判断定位，缩短故障查找时间；对于长线路，可在远传型故障指示器之间加装就地型故障指示器，进一步缩小判断故障区间，便于抢修人员查找故障。

9.3.6 配电自动化建设与改造应遵照 Q/GDW 1382、Q/GDW 1625 等标准的具体要求，合理选择配电自动化系统的建设规模、软硬件配置和主要功能及实现方式。

9.3.7 配电网调度控制所需实时数据的采集应确保数据的实时性和可靠性要求。

9.3.8　配电自动化通信网络应满足实时性、可靠性等要求，因地制宜，宜采取多种通信方式互补，其通信通道可利用专网或公网。配电网电缆通道建设时，应同步预留通信通道。

9.3.9　配电自动化系统信息交互应严格遵守电力二次安全防护要求，在管理信息大区部署的功能应符合电力企业整体信息集成交互构架体系，遵循纵向贯通、横向集成、统一规范、数据源唯一、数据共享的原则。

9.3.10　配电自动化系统故障自动隔离功能应适应分布式电源接入，确保故障定位准确、故障隔离策略正确。

9.3.11　配电自动化系统应满足电力监控系统安全防护有关规定。

9.3.12　在有条件的场所，可利用配电自动化终端装置记录并采集配电网电压异常、故障前兆等信息，进行故障区段判断、故障预警及配电网状况分析等。

9.3.13　规划实施配电自动化的地区，应满足配电自动化建设要求一次建成，避免重复改造，所涉及配电设备应预留自动化接口。

9.3.14　配电自动化终端宜具有关口电量统计功能，终端及相关电压、电流互感器精度应满足 10 千伏分线线损管理要求，计量装置建设、改造与配网改造同步进行。

9.4　配电信息化

9.4.1　应用大数据、云计算等技术，构建覆盖配电设备全寿命周期和配电运检业务全过程的配电设备状态管控平台和生产管理信息系统，采取平台化的技术架构，集成其他各业务系统信息，实现数据源共享，执行统一的业务数据模型、接口模型。

9.4.2　应用带电检测、在线监测、智能巡检、穿戴式装备、移动终端等新技术，实现配电设备状态自动采集和实时诊断。

9.4.3　应用互联网、物联网、信息通信等技术，通过设备状态感知装置、控制装置与设备本体一体化装备，推行功能模块化、接口标准化，提高配电设备的信息化、自动化、互动化水平。

10　电力用户接入

10.1　电力用户接入容量和供电电压等级

电力用户的供电电压等级应根据当地电网条件、电力用户分级、用电最大需量或受电设备总容量，经过技术经济比较后确定。除有特殊需要，供电电压等级一般可参照表 9 确定。

表 9　电力用户供电电压等级的确定

供电电压等级	用电设备容量	受电变压器总容量
220V	10kW 及以下单相设备	—
380V	100kW 及以下	50kVA 及以下
10kV	—	50kVA 至 10MVA
35kV	—	5MVA 至 40MVA
注 1：无 35kV 电压等级的，10kV 电压等级受电变压器总容量为 50kVA 至 15MVA。 注 2：供电半径超过本级电压规定时，可按高一级电压供电。		

10.2 电力用户供电方式

电力用户供电方式如下：

a) 按照电力用户报装容量选择相应电压等级电网，按区域配电网规划接入，严格控制专线数量；

b) 规划电缆区内不应再发展架空线路，电力用户新报装容量原则上全部接入电缆网；

c) 电力用户接入容量较大时（10kV 变压器总容量 1000kVA 及以上），原则上不应接入公用架空线路，有条件时可采用双电源供电；

d) 电缆网中，电力用户配电室应经环网柜或开关柜接入公用电网；

e) 10kV 电力用户产权分界点处电网侧应安装用于隔离电力用户内部故障的用户分界开关，避免个别用户设备故障对配电网其他用户产生影响；

f) 各类单位建筑物和各类住宅应根据网络健康水平采用剩余电流分级保护，含末端保护，并完善自身接地系统。剩余电流超过额定值切断电源时，因停电可能造成重大经济损失及不良社会影响的电气装置或场所，应安装报警式剩余电流保护装置。

10.3 重要电力用户

10.3.1 重要电力用户的供电电源应满足 GB 50052 和 GB/Z 29328 的规定。

10.3.2 按供电可靠性的要求以及中断供电的危害程度，将重要电力用户分为特级、一级、二级重要电力用户和临时性重要电力用户。重要电力用户的供电电源及自备应急电源配置应满足以下技术要求：

a) 重要电力用户的供电电源应采用多电源、双电源或双回路供电，当任何一路或一路以上电源发生故障时，至少仍有一路电源应能满足保安负荷持续供电；

b) 特级重要电力用户宜采用双电源或多电源供电；一级重要电力用户宜采用双电源供电；二级重要电力用户宜采用双回路供电；

c) 临时性重要电力用户按照用电负荷的重要性，在条件允许情况下，可通过临时敷设线路等方式满足双回路或两路以上电源供电条件；

d) 重要电力用户供电电源的切换时间和切换方式宜满足重要电力用户允许断电时间的要求。切换时间不能满足重要负荷允许断电时间要求的，重要电力用户应自行采取技术手段解决；

e) 重要电力用户供电系统应当简单可靠，简化电压层级。如果用户对电能质量有特殊需求，应自行加装电能质量控制装置；

f) 重要电力用户应自备应急电源，电源容量至少应满足全部保安负荷正常供电的要求，自备应急电源与正常供电电源间应有可靠的闭锁装置，防止向配电网反送电，并应符合国家有关安全、消防、节能、环保等技术规范和标准要求。

10.3.3 特级重要电力用户，是指在管理国家事务中具有特别重要作用，中断供电将可能危害国家安全的电力用户。

10.3.4 一级重要电力用户，是指中断供电将可能产生下列后果之一的电力用户：

a) 直接引发人身伤亡的；

b) 造成严重环境污染的；

c) 发生中毒、爆炸或火灾的；

    d)   造成重大政治影响的；

    e)   造成重大经济损失的；

    f)   造成较大范围社会公共秩序严重混乱的。

10.3.5   二级重要电力用户，是指中断供电将可能产生下列后果之一的电力用户：

    a)   造成较大环境污染的；

    b)   造成较大政治影响的；

    c)   造成较大经济损失的；

    d)   造成一定范围社会公共秩序严重混乱的。

10.3.6   临时性重要电力用户，是指需要临时特殊供电保障的电力用户。

10.3.7   两路及以上电源供电的重要电力用户母联开关应安装可靠的闭锁机构。

10.3.8   双电源、多电源和自备应急电源应与供用电工程同步设计、同步建设、同步投运、同步管理。

10.4　特殊电力用户

特殊电力用户要求如下：

    a)   用户因畸变负荷、冲击负荷、波动负荷、不对称负荷和分布式电源对公用电网造成污染的，应提交有关评估报告，并按照"谁污染、谁治理"和"同步设计、同步施工、同步投运、同步达标"的原则进行治理；

    b)   电压敏感负荷用户应自行装设电能质量补偿装置。

10.5　高层建筑电力用户

高层建筑电力用户要求如下：

    a)   按照 GB 50045 及 JGJ 16 的规定，高层建筑一级负荷应采取两路电源供电，二级负荷应采取两回线路供电，同时应配置自备应急发电设备；

    b)   设置在高层建筑物内的配电室应采用干式变压器和无油断路器；

    c)   低压自备应急电源发电系统应采用 IT 接地型式，其中性点不接地、也不引出。

11　分布式电源接入

11.1　接入一般技术原则

11.1.1   分布式电源接入配电网的电压等级，可根据装机容量进行初步选择：在分布式电源容量合计不超过配电变压器额定容量和线路允许载流的条件下，8kW 及以下可接入 220V 电压等级；8kW～400kW 可接入 380V 电压等级；400kW～6000kW 可接入 10kV 电压等级；6000kW～20 000kW 可接入 35kV 电压等级。分布式电源项目可以专线或 T 接方式接入系统，最终并网电压等级应根据电网条件，通过技术经济比较选择论证确定。若高低两级电压均具备接入条件，优先采用低电压等级接入。

11.1.2   分布式电源接入系统方案应明确用户进线开关、并网点位置，并对接入分布式电源的配电线路载流量、变压器容量进行校核，电网侧设备选型宜按用户用电报装容量进行核算。接有分布式电源的配电变压器台区，不得与其他台区建立低压联络（配电室低压母线间联络除外）；分布式电源接入时应综合考虑该区域已接入的分布式电源情况。

11.1.3   分布式电源并网运行信息采集及传输应同时满足 NB/T 33012 和《电力监控系统安全防护规定》（国家发展和改革委员会令第 14 号[2014]）等国家相关规定的要求。

11.1.4 分布式电源接入后，其与公用电网连接处的电压偏差、电压波动和闪变、谐波、三相电压不平衡、间谐波等电能质量指标应满足 GB/T 12325、GB/T 12326、GB/T 14549、GB/T 15543、GB/T 24337 等电能质量国家标准的要求。

11.1.5 分布式电源继电保护和安全自动装置配置应符合相关继电保护技术规程、运行规程和反事故措施的规定。

11.1.6 接入分布式电源的 380（220）V 用户进线计量装置后开关以及 10（35）kV 用户公共连接点处分界开关，应具备电网侧失压延时跳闸、用户单侧及两侧有压闭锁合闸、电网侧有压延时自动合闸等功能，确保电网设备、检修（抢修）作业人员以及同网其他客户的设备、人身安全。其中，380（220）V 用户进线计量装置后开关失压跳闸定值宜整定为 $20\%U_N$、10s，检有压定值宜整定为大于 $85\%U_N$。

11.2 运行维护原则

11.2.1 分布式电源接入配电网前应按 NB/T 33011 的规定进行测试，分布式电源并网运行应满足 NB/T 33010 的要求。

11.2.2 接入 10kV 配电网的分布式电源，其调度运行管理按照电源性质实行，系统侧设备消缺、检修优先采用不停电作业方式，系统侧设备停电检修工作结束后，分布式电源用户应按次序逐一并网。

11.2.3 接入 220V/380V 配电网的分布式电源，系统侧设备消缺、检修优先采用不停电作业方式，系统侧设备停电消缺、检修，应按照供电服务相关规定，提前通知分布式电源用户。

11.2.4 接有分布式电源的配电网电气设备倒闸操作和运维检修，应严格执行 GB 26859 等有关安全组织措施和技术措施要求。系统侧设备运行巡视、消缺维护、技术监督和资料管理等工作，按照 Q/GDW 1519、Q/GDW 743 的规定执行，并符合 DL/T 1051 的规定。

12 电动汽车充换电设施接入

12.1 接入一般技术原则

12.1.1 根据峰谷电价政策，在满足用车需求的前提下可采取随机延时、排队延时合闸等技术措施保证有序充电，避免高峰负荷叠加，改善电网负荷特性，提高电网运行经济性、可靠性。

12.1.2 充换电设施所选择的标准电压应符合国家标准 GB/T 156 的要求。供电电压等级应根据充换电设施的负荷，经过技术经济比较后确定。供电电压等级一般可参照表 10 确定。

表 10 充换电设施电压等级

供电电压等级 kV	充换电设施总负荷
0.22	10kW 及以下单相设备
0.38	100kW 及以下
10	100kW 以上

12.1.3 220V 充电设施，宜接入低压电缆分支箱或低压配电箱；380V 充电设备，宜接入低压线路或变压器的低压母线。接入 10kV 配电网的充换电设施，容量小于等于 3000kVA 时，宜接入公用 10kV 线路或接入环网柜、电缆分支箱等；容量大于 3000kVA 时，宜专线接入。

12.1.4 新建居住小区应考虑给充电设施的配电容量留有裕度，交流小功率充电桩可设置在居住小区，应引导有序充电，避免高峰负荷叠加冲击配电网和谐波污染。

12.1.5 充电设施均应配备电能计量装置，宜具有以下功能：

    a) 提供对于有序充电的技术支持，使高峰负荷不叠加；

    b) 具备经济模式，能够适应峰谷电价的机制；

    c) 谐波检测和电能质量监测。

12.2 充换电设施建设

12.2.1 充换电站的选址、供配电、监控及通信系统的建设应符合 GB 50966、GB/T 29772 的规定。

12.2.2 大型公用电动汽车充换电站宜采用专用变压器，其不宜接入其他无关的负荷。

12.2.3 居住小区充电设施可根据充电桩容量和数量采用由小区配电室接线，或由低压电缆分支箱接线，低压线路供电半径通过负荷距校核满足末端电压质量的要求。新建居住小区的配电室、低压电缆分支箱应建设或预留低压出线间隔、以及至规划机动车位区域的电缆通道，并视现场情况敷设多孔排管，为电动汽车充电桩预留。

12.3 电能质量

12.3.1 应合理布设分散型交流充电桩，与电网公共连接点三相电压不平衡允许限值应符合 GB/T 15543 的规定。充电桩的接入应三相交叉及间隔均衡布设，避免低压系统中性点偏移、电压异常。

12.3.2 充电站中的充电机等非线性用电设备接入电网产生的谐波分量，应符合 GB 17625.1 和 GB/Z 17625.6 的有关规定，充电站中接入电网所注入的谐波电流和引起公共连接点电压的正弦畸变率应符合 GB/T 14549 的有关规定。集中布设的充电设施宜采取装设滤波器等措施改善电能质量。

12.3.3 对于非车载充电机宜采用专用变压器供电，应安装相应滤波、电能质量监测装置，符合 GB/T 29316 的规定。具有向电网输送电能的充换电设备，其向电网注入的直流分量不应超过其交流定值的 0.5%。

附　录　A

（规范性附录）

供 电 区 域 划 分

供电区域的划分按 Q/GDW 1738《配电网规划设计技术导则》执行，详见表 A.1。

表 A.1　规划供电区域划分表

规划供电区域		A+	A	B	C	D	E
行政级别	直辖市	市中心区或 $\sigma \geqslant 30$	市区或 $15 \leqslant \sigma < 30$	市区或 $6 \leqslant \sigma < 15$	城镇或 $1 \leqslant \sigma < 6$	农村或 $0.1 \leqslant \sigma < 1$	—
	省会城市、计划单列市	$\sigma \geqslant 30$	市中心区或 $15 \leqslant \sigma < 30$	市区或 $6 \leqslant \sigma < 15$	城镇或 $1 \leqslant \sigma < 6$	农村或 $0.1 \leqslant \sigma < 1$	—
	地级市（自治州、盟）	—	$\sigma \geqslant 15$	市中心区或 $6 \leqslant \sigma < 15$	市区、城镇或 $1 \leqslant \sigma < 6$	农村或 $0.1 \leqslant \sigma < 1$	农牧区
	县（县级市、旗）	—	—	$\sigma \geqslant 6$	城镇或 $1 \leqslant \sigma < 6$	农村或 $0.1 \leqslant \sigma < 1$	农牧区

注 1：σ 为供电区域的规划负荷密度（MW/km²）。
注 2：供电区域面积一般不小于 5km²。
注 3：计算负荷密度时，应扣除 110（66）kV 专线负荷，以及高山、戈壁、荒漠、水域、森林等无效供电面积。

附　录　B

（规范性附录）

35kV 配电网典型接线方式

B.1　35kV 线路辐射结构 π 接典型接线图

35kV 线路采用辐射式电网结构时，可以根据电源点情况，采用单侧电源或双侧电源辐射式，线路末端预留环出间隔，见图 B.1。

B.2　35kV 线路辐射结构 T 接典型接线图

对于双辐射线路宜选用双侧电源，当电源点不满足要求时，可采用同侧电源，见图 B.2。

B.3　35kV 线路环网结构 π 接典型接线图

当上级电源点不满足建设链式结构时，可采用环网结构作为链式结构的过渡结构，见图 B.3。

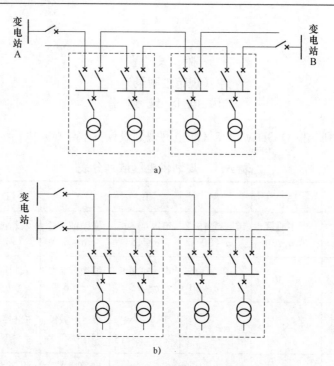

图 B.1　35kV 线路辐射结构 π 接线典型接线图

a）双侧电源辐射结构；b）单侧电源辐射结构

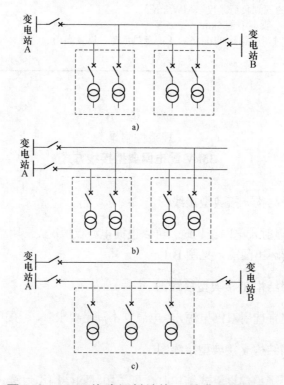

图 B.2　35kV 线路辐射结构 T 接典型接线图

a）双侧电源辐射结构；b）单侧电源辐射结构；c）双侧电源终端结构

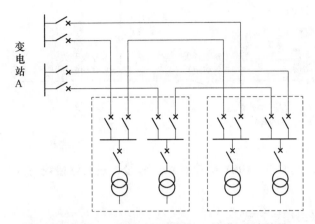

图 B.3　35kV 线路环网结构 π 接典型接线图

B.4　35kV 线路链式结构 π 接典型接线图

市中心区、市区等高负荷密度地区，以及供电可靠性要求较高地区，可采用链式接线，见图 B.4。

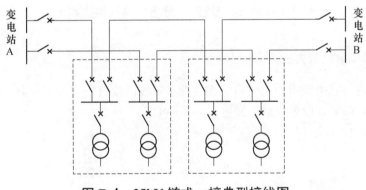

图 B.4　35kV 链式 π 接典型接线图

附　录　C
（规范性附录）
10kV 架空网典型接线方式

C.1　三分段、三联络接线方式

在周边电源点数量充足，10kV 架空线路宜环网布置开环运行，一般采用柱上负荷开关将线路多分段、适度联络，见图 C.1（典型三分段、三联络），可提高线路的负荷转移能力。当线路负荷不断增长，线路负载率达到 50% 以上时，采用此结构还可提高线路负载水平。

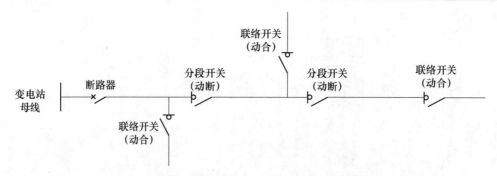

图 C.1　10kV 架空线路三分段、三联络接线方式

C.2　三分段、单联络接线方式

在周边电源点数量有限，且线路负载率低于 50%的情况下，不具备多联络条件时，可采用线路末端联络接线方式，见图 C.2。

图 C.2　10kV 架空线路三分段、单联络接线方式

C.3　三分段单辐射接线方式

在周边没有其它电源点，且供电可靠性要求较低的地区，目前暂不具备与其他线路联络的条件，可采取多分段单辐射接线方式，见图 C.3。

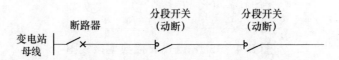

图 C.3　10kV 架空线路三分段单辐射接线方式

附　录　D
（规范性附录）
10kV 电缆网典型接线方式

D.1　单环网接线方式

自同一供电区域两座变电站的中压母线（或一座变电站的不同中压母线）、或两座中压开关站的中压母线（或一座中压开关站的不同中压母线）馈出单回线路构成单环网，开环运行，见图 D.1。电缆单环网适用于单电源用户较为集中的区域。

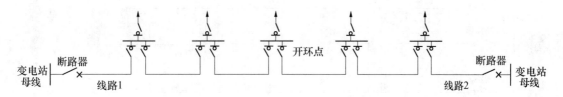

图 D.1　10kV 电缆线路单环网接线方式

D.2　双射接线方式

自一座变电站（或中压开关站）的不同中压母线引出双回线路，形成双射接线方式；或自同一供电区域的不同变电站引出双回线路，形成双射接线方式，见图 D.2。有条件、必要时，可过渡到双环网接线方式，见图 D.3。双射网适用于双电源用户较为集中的区域，接入双射的环网室和配电室的两段母线之间可配置联络开关，母联开关应手动操作。

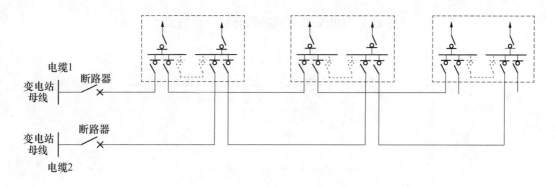

图 D.2　10kV 电缆线路双射接线方式

D.3　双环网接线方式

自同一供电区域的两座变电站（或两座中压开关站）的不同中压母线各引出二对（4回）线路，构成双环网的接线方式，见图 D.3。双环网适用于双电源用户较为集中、且供电可靠性要求较高的区域，接入双环网的环网室和配电室的两段母线之间可配置联络开关，母联开关应手动操作。

D.4　对射接线方式

自不同方向电源的两座变电站（或中压开关站）的中压母线馈出单回线路组成对射线接线方式，一般由双射线改造形成，见图 D.4。对射网适用于双电源用户较为集中的区域，接入对射的环网室和配电室的两段母线之间可配置联络开关，母联开关应手动操作。

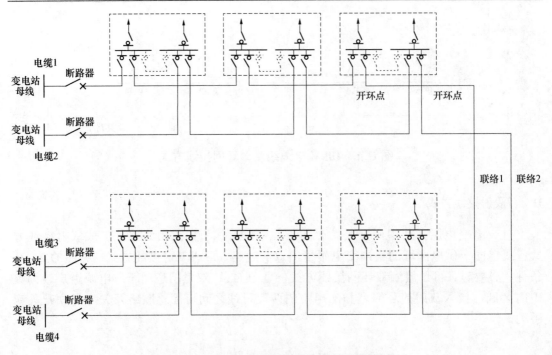

图 D.3 10kV 电缆线路双环网接线方式

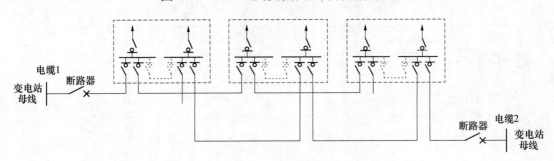

图 D.4 10kV 电缆线路对射接线方式

附　录　E

（参考性附录）

低压线路供电距离计算方法

根据 DL/T 5220—2005《10kV 及以下架空配电线路设计技术规程》规定：1kV 及以下配电线路，自配电变压器二次侧出口至线路末端（不包括接户线）的允许电压降为额定电压的 4%。配电线路需要进行电压损耗的校验，检验所选导线截面是否满足供电电压要求。

供电距离计算公式如下：

单相：
$$L = \frac{4\% \times 220}{2I(r_0 \cos\varphi + x_0 \sin\varphi)}$$

三相：
$$L = \frac{4\% \times 380}{\sqrt{3}I(r_0 \cos\varphi + x_0 \sin\varphi)}$$

L——线路长度，km；

I——供电线路中通过的负荷电流，单相供电指相电流，三相供电则是线电流（A）；

r_0——导线单位长度电阻，与导线的截面和电阻率有关，Ω/km；

x_0——导线单位长度电抗，与导线直径和导线间的几何平均距离有关，Ω/km；

$\cos\varphi$——负荷功率因素。

算例如下：

低压架空导线分支线一般选用 JKLYJ-1/70，根据国标 12527—2008，其电阻为 0.443Ω/km，允许载流量为 274A；其电抗值经查约为 0.335Ω/km，功率因数则根据实际情况取 0.6～0.9 之间的数值，假设负荷位于最末端，计算结果如下：

（1）如采用三相四线供电的方式，理论上的供电距离计算如下：

导线满载情况下的供电距离		导线 50%负载情况下的供电距离	
$\cos\varphi$	L（m）	$\cos\varphi$	L（m）
0.7	58.3	0.7	116.6
0.8	57.7	0.8	115.3
0.9	58.8	0.9	117.6

（2）如采用单相两线供电的方式，理论上的供电距离计算如下：

导线满载情况下的供电距离		导线 50%负载情况下的供电距离	
$\cos\varphi$	L（m）	$\cos\varphi$	L（m）
0.7	29.2	0.7	58.5
0.8	28.9	0.8	57.8
0.9	29.5	0.9	58.9

（3）模拟线路末端的供电距离计算：

假设供电线路末端采用 JKLYJ-1/70 进行供电，同时假定末端带用户 10～30 户（负荷分别为 20kW、30kW、40kW、50kW），功率因数分别为 0.7、0.8、0.9。

如果采用三相供电模式，则其最远供电距离为：

功率因数负荷	20kW	30kW	40kW	50kW
0.7	368.0m	245.3m	184.0m	147.2m
0.8	416.0m	277.3m	208.0m	166.4m
0.9	477.2m	318.1m	238.6m	190.9m

如果采用单相供电模式，则其最远供电距离为：

功率因数负荷	20kW	30kW	40kW	50kW
0.7	61.7m	41.1m	30.8m	24.7m
0.8	69.7m	46.5m	34.9m	27.9m
0.9	79.9m	53.3m	39.9m	31.9m

说明：计算进行了适当简化，未考虑配电网实际运行及网络结构等多种因素。

配电网运维规程

Regulations of operating and maintenance for distribution network

Q/GDW 1519 — 2014
代替 Q/GDW 519 — 2010

2014-11-20发布　　　　　　　　　　　　　　　　　　2014-11-20实施

目　次

前　言

　　本标准依据国家和行业有关法律、法规、规范、规程编写，按照公司对配电网精益化管理的各项要求，充分考虑各省（区、市）公司配电网管理特点，认真总结运维经验，并引入了设备状态管理、配电网信息化等先进理念。

本标准代替 Q/GDW 519—2010，与 Q/GDW 519—2010 相比主要技术性差异如下：

——增加了配电网维护、倒闸操作、设备退役等内容；

——修改了配电网巡视检查和防护、配电设备状态管理、缺陷隐患处理、故障处理、运行分析、验收管理等内容。

本标准由国家电网公司运维检修部提出并解释。

本标准由国家电网公司科技部归口。

本标准起草单位：国网浙江省电力公司、国网北京市电力公司、国网湖北省电力公司、国网吉林省电力公司、国网宁夏电力公司。

本标准主要起草人：单林森、沈海江、朱圣盼、宁昕、朱民、李洪涛、关卫军、李铁锋、张智、陈小飞、朱义勇、钟晖、赵文卫、刘宗良。

本标准 2010 年首次发布，2014 年第一次修订。

1 范围

本标准规定了 10（20）kV 及以下配电网运维生产准备及验收、巡视、防护、维护、状态评价、缺陷与隐患处理、故障处理、运行分析及设备退役等主要技术规范与要求。

本标准适用于国家电网公司所属各省（区、市）公司配电网运维工作。

2 规范性引用文件

下列文件对于本文件的应用是必不可少的。凡是注日期的引用文件，仅注日期的版本适用于本文件。凡是不注日期的引用文件，其最新版本（包括所有的修改单）适用于本文件。

GB 50052　供配电系统设计规范

GB 50053　10kV 及以下变电所设计规范

GB 50150　电气装置安装工程　电气设备交接试验标准

GB 50168　电气装置安装工程　电缆线路施工及验收规范

GB 50169　电气装置安装工程　接地装置施工及验收规范

GB 50173　电气装置安装工程　35kV 及以下架空电力线路施工及验收规范

GB 50217　电力工程电缆设计规范

DL/T 572　电力变压器运行规程

DL/T 596　电力设备预防性试验规程

DL/T 599　城市中低压电网改造技术导则

DL/T 601　架空绝缘配电线路设计技术规程

DL/T 602　架空绝缘配电线路施工及验收规范

DL/T 5220　10kV 及以下架空配电线路设计技术规程

SD 292—88　架空配电线路及设备运行规程

Q/GDW 370　城市配电网技术导则

Q/GDW 382　配电网自动化技术导则

Q/GDW 643　配网设备状态检修试验规程

Q/GDW 644　配网设备状态检修导则

Q/GDW 645　配网设备状态评价导则

Q/GDW 745　配电网设备缺陷分类标准

Q/GDW 1799　电力安全工作规程

3　术语和定义

下列术语和定义适用于本文件。

3.1　中压开关站　medium voltage switching station

设有中压配电进出线、对功率进行再分配的配电装置。相当于变电站母线的延伸，可用于解决变电站进出线间隔有限或进出线走廊受限，并在区域中起到电源支撑的作用。中压开关站内必要时可附设配电变压器。

［Q/GDW 645，定义 3.7］

3.2　环网单元　ring main unit

安装于户外，用于中压电缆线路分段、联络及分接负荷，由进、出线环网柜及附属设备组成。

3.3　配电室　distribution room

主要为低压用户配送电能，设有中压进线（可有少量出线）、配电变压器和低压配电装置，带有低压负荷的户内配电场所称为配电室。

［Q/GDW 645，定义 3.9］

3.4　箱式变电站　cabinet/pad-mounted distribution substation

也称预装式变电站或组合式变电站，指由中压开关、配电变压器、低压出线开关、无功补偿装置和计量装置等设备共同安装于一个封闭箱体内的户外配电装置。

［Q/GDW645，定义 3.10］

3.5　电缆分支箱　cable branch box

完成配电系统中电缆线路的汇集和分接功能，但一般不配置开关，不具备控制测量等二次辅助配置的专用电气连接设备。

［Q/GDW 645，定义 3.11］

3.6　状态　condition

指对设备当前各种技术性能与运行环境综合评价结果的体现。设备状态分为正常状态、注意状态、异常状态和严重状态四种类型。

［Q/GDW 645，定义 3.1］

3.7　状态量　criteria

指直接或间接表征设备状态的各类信息，如数据、声音、图像、现象等。

［Q/GDW 645，定义 3.2］

3.8　D 类检修　D-level maintenance

指维护性检修和巡检，对设备在不停电状态下进行的带电测试和设备外观检查、维护、保养。

［Q/GDW 644，定义 3.5］

4 总则

4.1 配电网运维工作应贯彻"安全第一、预防为主、综合治理"的方针，严格执行 Q/GDW 1799 的有关规定。

4.2 配电网运维工作应积极推广应用带电检测、在线监测等手段，及时、动态地了解和掌握各类配电网设备的运行状态，并结合配电网设备在电网中的重要程度以及不同区域、季节、环境特点，采用定期与非定期巡视检查（以下简称巡视）相结合的方法，确保工作有序、高效。

4.3 配电网运维工作应推行设备状态管理理念，积极开展设备状态评价，及时、准确掌握配电网设备状态信息，分析配电网设备运行情况，提出并实施预防事故的措施，提高安全运行水平。

4.4 配电网运维工作应充分发挥配电自动化与管理信息化的优势，推广应用地理信息系统与现场巡视作业平台，并采用标准化作业手段，不断提升运维工作水平与效率。

4.5 配电网运维单位及班组（以下简称运维单位）应有明确的设备运维责任分界点，配电网与变电、营销、用户管理之间界限应划分清晰，避免出现空白点（区段），原则上按以下进行分界：

  a) 电缆出线：以变电站 10（20）kV 出线开关柜内电缆终端为分界点，电缆终端（含连接螺栓）及电缆属配电网运维；

  b) 架空线路出线：以门型架耐张线夹外侧 1m 为分界点；

  c) 低压配电线路：按《供用电合同》中所确立的供电公司维护部分中，以表箱为分界点，表箱前所辖线路属配电网运维。

4.6 运维单位应参与配电网的规划、设计审查、设备选型与招标、施工验收及用户业扩工程接入方案审查等工作；根据历年反事故措施、安全措施的要求，结合运维经验，提出改进建议，力求设计、选型、施工与运维协调一致。

4.7 运维单位应建立运维岗位责任制，明确分工，确保各配电网设备、设施有专人负责，实现配电网状态巡视、停送电操作、带电检测、隐患排查、3m 以下常规消缺（具体项目参见附录 A）等业务高度融合，实行运维一体化管理。

4.8 运维单位应开展电力设施保护宣传教育工作，建立和完善电力设施保护工作机制和责任制，加强线路保护区管理，防止外力破坏。

4.9 运维单位应加强分布式电源管理，建立分布式电源档案，制定和落实可能影响配电网安全运行和电能质量的措施。

4.10 运维人员应熟悉《中华人民共和国电力法》《电力设施保护条例》《电力设施保护条例实施细则》及《国家电网公司电力设施保护工作管理办法》等国家法律、法规和公司有关规定。

4.11 运维人员应经过相关技术培训并取得相应技术资质，掌握配电网设备状况，做好运维工作。

5 生产准备及验收

5.1 一般要求

5.1.1 运维单位应根据工程施工进度，按实际需要完成生产装备、工器具等运维物资的配置，收集新投设备各类信息、基础数据与相关资料，建立设备基础台账，完成标识标示及辅助设施的制作安装，做好工器具与备品备件的接收。

5.1.2　各类配电网新（扩）建、改造、检修、用户接入工程及用户设备移交应进行验收，主要包括设备到货验收、中间验收和竣工验收。

5.1.3　验收内容包括架空线路工程类验收、电力电缆工程类验收、站房工程类验收、配电自动化工程验收等。涉及移交的用户设备，在验收合格并签订移交协议后统一管理。

5.1.4　运维单位应根据本规程及相关规定，结合验收工作具体内容，按计划做好验收工作，确保配电网设备、设施零缺陷移交运行。

5.2　生产准备

5.2.1　运维单位应参与配电网项目可研报告、初步设计的技术审查。

5.2.2　可研报告的主要审查内容：

 a）应符合 DL/T 599、Q/GDW 370、Q/GDW 382 等技术标准要求；

 b）应符合电网现状（变电站地理位置分布、现状情况及建设进度、供区负荷情况、变压器容量、无功补偿配置、出线能力等）；

 c）应采用合理的线路网架优化方案（配电网目标网架的合理优化、供电可靠性、线损率、电压质量、容载比、供电半径、负荷增长与割接等）；

 d）应采用合理的建设方案（主设备的技术参数、数量、长度等）。

5.2.3　初步设计的主要审查内容：

 a）应符合项目可研批复；

 b）线路路径应取得市政规划部门或土地权属单位盖章的书面确认；

 c）应符合 GB 50052、GB 50053、GB 50217、DL/T 601、DL/T 5220 等标准及国网典型设计要求；

 d）设备、材料及措施应符合环保、气象、环境条件、负荷情况、安措反措等要求。

5.2.4　运维单位应提前介入工程施工，掌握工程进度，参与工程验收。

5.2.5　配电网工程投运前应具备以下条件：

 a）规划、建设等有关文件，与相关单位签订的协议书；

 b）设计文件、设计变更（联系）单，重大设计变更应具备原设计审批部门批准的文件及正式修改的图纸资料；

 c）工程施工记录，主要设备的安装记录；

 d）隐蔽工程的中间验收记录；

 e）设备技术资料（技术图纸、设备合格证、使用说明书等）；

 f）设备试验（测试）、调试报告；

 g）设备变更（联系）单；

 h）电气系统图、土建图、电缆路径图（含坐标）和敷设断面图（含坐标）等电子及纸质竣工图；

 i）工程完工报告、验收申请、施工总结、工程监理报告、竣工验收记录；

 j）现场一次接线模拟图；

 k）各类标识标示；

l) 必备的各种备品备件、专用工具和仪器仪表等；

m) 安全工器具及消防器材；

n) 新设备运维培训。

5.3 设备到货验收

设备到货后，运维单位应参与对现场物资的验收。主要内容包括：

a) 设备外观、设备参数应符合技术标准和现场运行条件；

b) 设备合格证、试验报告、专用工器具、一次接线图、安装基础图、设备安装与操作说明书、设备运行检修手册等应齐全。

5.4 中间验收

5.4.1 运维单位应根据工程进度，参与隐蔽工程（杆塔基础、电缆通道、站房等土建工程等）及关键环节的中间验收。主要内容包括：

a) 材料合格证、材料检测报告、混凝土和砂浆的强度等级评定记录等验收资料应正确、完备；

b) 回填土前，基础结构及设备架构的施工工艺及质量应符合要求；

c) 杆塔组立前，基础应符合规定；

d) 接地极埋设覆土前，接地体连接处的焊接和防腐处理质量应符合要求；

e) 埋设的导管、接地引下线的品种、规格、位置、标高、弯度应符合要求；

f) 电力电缆及通道施工质量应符合要求；

g) 回填土夯实应符合要求。

5.4.2 运维单位应督促相关单位对验收中发现的问题进行整改并参与复验。

5.5 竣工验收

5.5.1 运维单位应审核提交的竣工资料和验收申请，参与竣工验收。

5.5.2 竣工资料验收的主要内容包括：

a) 竣工图（电气、土建）应与审定批复的设计施工图、设计变更（联系）单一致；

b) 施工记录与工艺流程应按照有关规程、规范执行；

c) 有关批准文件、设计文件、设计变更（联系）单、试验（测试）报告、调试报告、设备技术资料（技术图纸、设备合格证、使用说明书等）、设备到货验收记录、中间验收记录、监理报告等资料应正确、完备。

5.5.3 架空线路工程类验收主要包括架空线路（通道、杆塔、基础、导线、铁件、金具、绝缘子、拉线等）、柱上开关设备（含跌落式熔断器）、柱上变压器、柱上电容器、防雷和接地装置等验收。主要内容包括：

a) 型号、规格、安装工艺应符合 GB 50173、DL/T 602 等相关标准；

b) 线路通道沿线不应有影响线路安全运行的障碍物；

c) 杆塔组立的各项误差不应超出允许范围；

d) 导线弧垂、相间距离、对地距离、交叉跨越距离及对建（构）筑物接近距离应符合规定，相位应正确；

e) 拉线制作、安装应符合规定；

f) 设备安装应牢固，电气连接应良好；

g) 接地装置应符合规定，接地电阻应合格；

h) 各类标识（线路杆塔名称、杆号牌、电压等级、相位标识、开关设备标识、变压器标识、杆塔埋深标识等）应齐全，设置应规范；

i) 各类标示（"双电源""高低压不同电源""止步、高压危险！""禁止攀登，高压危险"、拉线警示标示、杆塔防撞警示标示、其它跨越鱼塘或风筝放飞点等外力易破坏处禁止或警告类标示牌、宣传告示等）应齐全，设置应规范。

5.5.4 电力电缆工程类验收主要包括通道、电缆本体、电缆附件、附属设备、附属设施、电缆分支箱等验收。主要内容包括：

a) 型号、规格、安装工艺应符合 GB 50168、GB 50217 等标准要求，敷设应符合批准的位置；

b) 通道、附属设施应符合规定；

c) 防火、防水应符合设计要求，孔洞封堵应完好；

d) 电缆应无机械损伤，排列应整齐；

e) 电缆的固定、弯曲半径、保护管安装等应符合规定；

f) 电气连接应良好，相位应正确；

g) 电缆分支箱安装工艺应符合标准，箱内接线图应正确、完备；

h) 接地装置应符合规定，接地电阻应合格；

i) 各类标识（电缆标志牌、相位标识、路径标志牌、标桩等）应齐全，设置应规范；

j) 各类标示应齐全，设置应规范。

5.5.5 站房工程类验收主要包括中压开关站、环网单元、配电室、箱式变电站及所属的柜体、母线、开关、刀闸、变压器、电压互感器、电流互感器、无功补偿设备、防雷与接地、继电保护装置、建（构）筑物等验收。主要内容包括：

a) 型号、规格、安装工艺应符合 GB 50169、GB 50150 等标准要求；

b) 设备安装应牢固、电气连接应良好；

c) 电气接线应正确，设备命名应正确；

d) 开关柜前后通道应满足运维要求；

e) 开关柜操作机构应灵活；

f) 开关柜仪器仪表指示、机械和电气指示应良好；

g) 闭锁装置应可靠、满足"五防"规定；

h) 接地装置应符合规定，接地电阻应合格；

i) 防小动物、防火、防水、通风措施应完好；

j) 建（构）筑物土建应满足设计要求；

k) 中压开关站、环网单元、配电室内外环境应整洁；

l) 各类标识（站房标志牌、母线标识、开关设备标志牌、变压器标志牌、电容器标志牌、接地标识等）应齐全，设置应规范；

m) 各类标示应齐全，设置应规范。

5.5.6 配电自动化工程验收主要包括配电自动化终端（馈线终端、站所终端等）及其附属设备等验收。主要内容包括：

a) 型号、规格、安装工艺应符合 GB 50150、Q/GDW 382 等标准要求；

b）联调报告内容应完整、正确；

c）终端设备传动测试（各指示灯信号、遥信位置、遥测数据、遥控操作、通信等）应正常；

d）终端装置的参数定值应核实正确；

e）二次端子排接线应牢固，二次接线标识应清晰正确；

f）交直流电源、蓄电池电压、浮充电流应正常，蓄电池应无渗液、老化；

g）机箱应无锈蚀、缺损；

h）接地装置应符合规定，接地电阻应合格；

i）防小动物、防火、防水、通风措施应完好；

j）各类标识（终端设备标志牌、附属设备标志牌、控制箱和端子箱标志牌、低压电源箱标志牌等）应齐全，设置应规范；

k）各类标示应齐全，设置应规范。

5.5.7 竣工验收不合格的工程不得投入运行。

6 配电网巡视

6.1 一般要求

6.1.1 运维单位应结合配电网设备、设施运行状况和气候、环境变化情况以及上级运维管理部门的要求，编制计划、合理安排，开展标准化巡视工作。

6.1.2 巡视分类：

a）定期巡视：由配电网运维人员进行，以掌握配电网设备、设施的运行状况、运行环境变化情况为目的，及时发现缺陷和威胁配电网安全运行情况的巡视；

b）特殊巡视：在有外力破坏可能、恶劣气象条件（如大风、暴雨、覆冰、高温等）、重要保电任务、设备带缺陷运行或其它特殊情况下由运维单位组织对设备进行的全部或部分巡视；

c）夜间巡视：在负荷高峰或雾天的夜间由运维单位组织进行，主要检查连接点有无过热、打火现象，绝缘子表面有无闪络等的巡视；

d）故障巡视：由运维单位组织进行，以查明线路发生故障的地点和原因为目的的巡视；

e）监察巡视：由管理人员组织进行的巡视工作，了解线路及设备状况，检查、指导巡视人员的工作。

6.1.3 巡视周期：

a）定期巡视的周期见表1。根据设备状态评价结果，对该设备的定期巡视周期可动态调整，最多可延长一个定期巡视周期，架空线路通道与电缆线路通道的定期巡视周期不得延长；

b）重负荷和三级污秽及以上地区线路应每年至少进行一次夜间巡视，其余视情况确定（线路污秽分级标准按当地电网污区图确定，污区图无明确认定的，按照附录B进行分级）；

c）重要线路和故障多发线路应每年至少进行一次监察巡视。

表 1　定 期 巡 视 周 期

序号	巡视对象	周期
1	架空线路通道	市区：一个月
		郊区及农村：一个季度
2	电缆线路通道	一个月
3	架空线路、柱上开关设备 柱上变压器、柱上电容器	市区：一个月
		郊区及农村：一个季度
4	电力电缆线路	一个季度
5	中压开关站、环网单元	一个季度
6	配电室、箱式变电站	一个季度
7	防雷与接地装置	与主设备相同
8	配电终端、直流电源	与主设备相同

6.1.4　巡视人员应随身携带相关资料及常用工具、备件和个人防护用品。

6.1.5　巡视人员在巡视线路、设备时，应同时核对命名、编号、标识标示等。

6.1.6　巡视人员应认真填写巡视记录。巡视记录应包括气象条件、巡视人、巡视日期、巡视范围、线路设备名称及发现的缺陷情况、缺陷类别，沿线危及线路设备安全的树（竹）、建（构）筑物和施工情况、存在外力破坏可能的情况、交叉跨越的变动情况以及初步处理意见和情况等。

6.1.7　巡视人员在发现危急缺陷时应立即向班长汇报，并协助做好消缺工作；发现影响安全的施工作业情况，应立即开展调查，做好现场宣传、劝阻工作，并书面通知施工单位；巡视发现的问题应及时进行记录、分析、汇总，重大问题应及时向有关部门汇报。

6.1.8　运维单位应进一步加强对于外力破坏、恶劣气象条件情况下的特殊巡视工作，确保配电网安全可靠运行。

6.1.9　定期巡视的主要范围：

　　a）架空线路、电缆通道及相关设施；

　　b）架空线路、电缆及其附属电气设备；

　　c）柱上变、柱上开关设备、柱上电容器、中压开关站、环网单元、配电室、箱式变电站等电气设备；

　　d）中压开关站、环网单元、配电室的建（构）筑物和相关辅助设施；

　　e）防雷与接地装置、配电自动化终端、直流电源等设备；

　　f）各类相关的标识标示及相关设施。

6.1.10　特殊巡视的主要范围：

　　a）过温、过负荷或负荷有显著增加的线路及设备；

　　b）检修或改变运行方式后，重新投入系统运行或新投运的线路及设备；

　　c）根据检修或试验情况，有薄弱环节或可能造成缺陷的线路及设备；

　　d）存在严重缺陷或缺陷有所发展以及运行中有异常现象的线路及设备；

　　e）存在外力破坏可能或在恶劣气象条件下影响安全运行的线路及设备；

    f)   重要保电任务期间的线路及设备；

    g)   其他电网安全稳定有特殊运行要求的线路及设备。

6.2 架空线路的巡视

6.2.1 通道巡视的主要内容：

    a)   线路保护区内有无易燃、易爆物品和腐蚀性液（气）体；

    b)   导线对地，对道路、公路、铁路、索道、河流、建（构）筑物等的距离是否符合附录 C 的相关规定，有无可能触及导线的铁烟囱、天线、路灯等；

    c)   有无可能被风刮起危及线路安全的物体（如金属薄膜、广告牌、风筝等）；

    d)   线路附近的爆破工程有无爆破手续，其安全措施是否妥当；

    e)   防护区内栽植的树（竹）情况及导线与树（竹）的距离是否符合规定，有无蔓藤类植物附生威胁安全；

    f)   是否存在对线路安全构成威胁的工程设施（施工机械、脚手架、拉线、开挖、地下采掘、打桩等）；

    g)   是否存在电力设施被擅自移作它用的现象；

    h)   线路附近是否出现高大机械、揽风索及可移动设施等；

    i)   线路附近有无污染源；

    j)   线路附近河道、冲沟、山坡有无变化，巡视、检修时使用的道路、桥梁是否损坏，是否存在江河泛滥及山洪、泥石流对线路的影响；

    k)   线路附近有无修建的道路、码头、货物等；

    l)   线路附近有无射击、放风筝、抛扔杂物、飘洒金属和在杆塔、拉线上拴牲畜等；

    m)   有无在建、已建违反《电力设施保护条例》及《电力设施保护条例实施细则》的建（构）筑物；

    n)   通道内有无未经批准擅自搭挂的弱电线路；

    o)   有无其它可能影响线路安全的情况。

6.2.2 杆塔和基础巡视的主要内容：

    a)   杆塔是否倾斜、位移，是否符合 SD 292—88 相关规定，杆塔偏离线路中心不应大于 0.1m，砼杆倾斜不应大于 15/1000，铁塔倾斜度不应大于 0.5%（适用于 50m 及以上高度铁塔）或 1.0%（适用于 50m 以下高度铁塔），转角杆不应向内角倾斜，终端杆不应向导线侧倾斜，向拉线侧倾斜应小于 0.2m；

    b)   砼杆不应有严重裂纹、铁锈水，保护层不应脱落、疏松、钢筋外露，砼杆不宜有纵向裂纹，横向裂纹不宜超过 1/3 周长，且裂纹宽度不宜大于 0.5mm；焊接杆焊接处应无裂纹，无严重锈蚀；铁塔（钢杆）不应严重锈蚀，主材弯曲度不应超过 5/1000，混凝土基础不应有裂纹、疏松、露筋；

    c)   基础有无损坏、下沉、上拔，周围土壤有无挖掘或沉陷，杆塔埋深是否符合要求；

    d)   基础保护帽上部塔材有无被埋入土或废弃物堆中，塔材有无锈蚀、缺失；

    e)   各部螺丝应紧固，杆塔部件的固定处是否缺螺栓或螺母，螺栓是否松动等；

    f)   杆塔有无被水淹、水冲的可能，防洪设施有无损坏、坍塌；

    g)   杆塔位置是否合适、有无被车撞的可能，保护设施是否完好，安全标示是否清晰；

    h)   各类标识（杆号牌、相位牌、3m 线标记等）是否齐全、清晰明显、规范统一、位置合适、安装牢固；

  i) 杆塔周围有无蔓藤类植物和其它附着物，有无危及安全的鸟巢、风筝及杂物；

  j) 杆搭上有无未经批准搭挂设施或非同一电源的低压配电线路。

6.2.3 导线巡视的主要内容：

  a) 导线有无断股、损伤、烧伤、腐蚀的痕迹，绑扎线有无脱落、开裂，连接线夹螺栓是否紧固、有无跑线现象，7 股导线中任一股损伤深度不应超过该股导线直径的 1/2，19 股及以上导线任一处的损伤不应超过 3 股；

  b) 三相弛度是否平衡，有无过紧、过松现象，三相导线弛度误差不应超过设计值的 -5% 或 $+10\%$，一般档距内弛度相差不宜超过 50mm；

  c) 导线连接部位是否良好，有无过热变色和严重腐蚀，连接线夹是否缺失；

  d) 跳（档）线、引线有无损伤、断股、弯扭；

  e) 导线的线间距离，过引线、引下线与邻相的过引线、引下线、导线之间的净空距离以及导线与拉线、杆塔或构件的距离是否符合 DL/T 601、DL/T 5220 相关规定，具体参照附录 C；

  f) 导线上有无抛扔物；

  g) 架空绝缘导线有无过热、变形、起泡现象；

  h) 过引线有无损伤、断股、松股、歪扭，与杆塔、构件及其它引线间距离是否符合规定。

6.2.4 铁件、金具、绝缘子、附件巡视的主要内容：

  a) 铁横担与金具有无严重锈蚀、变形、磨损、起皮或出现严重麻点，锈蚀表面积不应超过 1/2，特别应注意检查金具经常活动、转动的部位和绝缘子串悬挂点的金具；

  b) 横担上下倾斜、左右偏斜不应大于横担长度的 2%；

  c) 螺栓是否松动，有无缺螺帽、销子，开口销及弹簧销有无锈蚀、断裂、脱落；

  d) 线夹、连接器上有无锈蚀或过热现象（如接头变色、熔化痕迹等），连接线夹弹簧垫是否齐全、紧固；

  e) 瓷质绝缘子有无损伤、裂纹和闪络痕迹，釉面剥落面积不应大于 $100mm^2$，合成绝缘子的绝缘介质是否龟裂、破损、脱落；

  f) 铁脚、铁帽有无锈蚀、松动、弯曲偏斜；

  g) 瓷横担、瓷顶担是否偏斜；

  h) 绝缘子钢脚有无弯曲，铁件有无严重锈蚀，针式绝缘子是否歪斜；

  i) 在同一绝缘等级内，绝缘子装设是否保持一致；

  j) 支持绝缘子绑扎线有无松弛和开断现象；与绝缘导线直接接触的金具绝缘罩是否齐全，有无开裂、发热变色变形，接地环设置是否满足要求；

  k) 铝包带、预绞丝有无滑动、断股或烧伤，防振锤有无移位、脱落、偏斜；

  l) 驱鸟装置、故障指示器工作是否正常。

6.2.5 拉线巡视的主要内容：

  a) 拉线有无断股、松弛、严重锈蚀和张力分配不匀等现象，拉线的受力角度是否适当，当一基电杆上装设多条拉线时，各条拉线的受力应一致；

  b) 跨越道路的水平拉线，对地距离符合 DL/T 5220 相关规定要求，对路边缘的垂直距离不应小于 6m，跨越电车行车线的水平拉线，对路面的垂直距离不应小于 9m；

c) 拉线棒有无严重锈蚀、变形、损伤及上拔现象，必要时应作局部开挖检查；

d) 拉线基础是否牢固，周围土壤有无突起、沉陷、缺土等现象；

e) 拉线绝缘子是否破损或缺少，对地距离是否符合要求；

f) 拉线不应设在妨碍交通（行人、车辆）或易被车撞的地方，无法避免时应设有明显警示标示或采取其它保护措施，穿越带电导线的拉线应加设拉线绝缘子；

g) 拉线杆是否损坏、开裂、起弓、拉直；

h) 拉线的抱箍、拉线棒、UT 型线夹、棍型线夹等金具铁件有无变形、锈蚀、松动或丢失现象；

i) 顶（撑）杆、拉线桩、保护桩（墩）等有无损坏、开裂等现象；

j) 拉线的 UT 型线夹有无被埋入土或废弃物堆中。

6.3 电力电缆线路的巡视

6.3.1 通道巡视的主要内容：

a) 路径周边是否有管道穿越、开挖、打桩、钻探等施工，检查路径沿线各种标识标示是否齐全；

b) 通道内是否存在土壤流失，造成排管包封、工作井等局部点暴露或者导致工作井、沟体下沉、盖板倾斜；

c) 通道上方是否修建（构）筑物，是否堆置可燃物、杂物、重物、腐蚀物等；

d) 通道内是否有热力管道或易燃易爆管道泄漏现象；

e) 盖板是否齐全完整、排列紧密，有无破损；

f) 盖板是否压在电缆本体、接头或者配套辅助设施上；

g) 盖板是否影响行人、过往车辆安全；

h) 隧道进出口设施是否完好，巡视和检修通道是否畅通，沿线通风口是否完好；

i) 电缆桥架是否存在损坏、锈蚀现象，是否出现倾斜、基础下沉、覆土流失等现象，桥架与过渡工作井之间是否产生裂缝和错位现象；

j) 水底电缆管道保护区内是否有挖砂、钻探、打桩、抛锚、拖锚、底拖捕捞、张网、养殖或者其它可能破坏海底电缆管道安全的水上作业；

k) 临近河（海）岸两侧是否有受潮水冲刷的现象，电缆盖板是否露出水面或移位，河岸两端的警告标示是否完好。

6.3.2 电缆管沟、隧道内部巡视的主要内容：

a) 结构本体有无形变，支架、爬梯、楼梯等附属设施及标识标示是否完好；

b) 结构内部是否存在火灾、坍塌、盗窃、积水等隐患；

c) 结构内部是否存在温度超标、通风不良、杂物堆积等缺陷，缆线孔洞的封堵是否完好；

d) 电缆固定金具是否齐全，隧道内接地箱、交叉互联箱的固定、外观情况是否良好；

e) 机械通风、照明、排水、消防、通讯、监控、测温等系统或设备是否运行正常，是否在存隐患和缺陷；

f) 测量并记录氧气和可燃、有害气体的成分和含量；

g) 保护区内是否存在未经批准的穿管施工。

6.3.3 电缆本体巡视的主要内容：

  a） 电缆是否变形，表面温度是否过高；

  b） 电缆线路的标识标示是否齐全、清晰；

  c） 电缆线路排列是否整齐规范，是否按电压等级的高低从下向上分层排列；通信光缆与电力电缆同沟时是否采取有效的隔离措施；

  d） 电缆线路防火措施是否完备。

6.3.4 电缆终端头巡视的主要内容：

  a） 连接部位是否良好，有无过热现象，相间及对地距离是否符合要求；

  b） 电缆终端头和支持绝缘子的瓷件或硅橡胶伞裙套有无脏污、损伤、裂纹和闪络痕迹；

  c） 电缆终端头和避雷器固定是否出现松动、锈蚀等现象；

  d） 电缆上杆部分保护管及其封口是否完整；

  e） 电缆终端有无放电现象；

  f） 电缆终端是否完整，有无渗漏油，有无开裂、积灰、电蚀或放电痕迹；

  g） 电缆终端是否有不满足安全距离的异物，是否有倾斜现象，引流线不应过紧；

  h） 标识标示是否清晰齐全；

  i） 接地是否良好；

6.3.5 电缆中间接头巡视的主要内容：

  a） 外部是否有明显损伤及变形；

  b） 密封是否良好；

  c） 有无过热变色、变形等现象；

  d） 底座支架是否锈蚀、损坏，支架是否存在偏移情况；

  e） 防火阻燃措施是否完好；

  f） 铠装或其它防外力破坏的措施是否完好；

  g） 电缆井是否有积水、杂物现象；

  h） 标识标示是否清晰齐全。

6.3.6 电缆分支箱巡视的主要内容：

  a） 基础有无损坏、下沉，周围土壤有无挖掘或沉陷，电缆有无外露，螺栓是否松动；

  b） 箱内有无进水，有无小动物、杂物、灰尘；

  c） 电缆洞封口是否严密，箱内底部填沙与基座是否齐平；

  d） 壳体是否锈蚀、损坏，外壳油漆是否剥落，内装式铰链门开合是否灵活；

  e） 电缆搭头接触是否良好，有无发热、氧化、变色等现象，电缆搭头相间和对壳体、地面距离是否符合要求；

  f） 箱体内电缆进出线标识是否齐全，与对侧端标识是否对应；

  g） 有无异常声音或气味；

  h） 箱体内其它设备运行是否良好；

  i） 标识标示、一次接线图等是否清晰、正确。

6.3.7 电缆温度的检测：

  a） 多条并联运行的电缆以及电缆线路靠近热力管或其它热源、电缆排列密集处，应进行土壤温度和电缆表面温度监视测量，以防电缆过热；

b) 测量电缆的温度，应在夏季或电缆最大负荷时进行；

c) 测量直埋电缆温度时，应测量同地段的土壤温度，测量土壤温度的热偶温度计的装置点与电缆间的距离应不小于3m，离土壤测量点3m半径范围内应无其它热源；

d) 电缆同地下热力管交叉或接近敷设时，电缆周围的土壤温度在任何时候不应超过本地段其它地方同样深度的土壤温度10℃以上。

6.4 柱上开关设备的巡视

6.4.1 断路器和负荷开关巡视的主要内容：

a) 外壳有无渗、漏油和锈蚀现象；

b) 套管有无破损、裂纹和严重污染或放电闪络的痕迹；

c) 开关的固定是否牢固、是否下倾，支架是否歪斜、松动，引线接点和接地是否良好，线间和对地距离是否满足要求；

d) 各个电气连接点连接是否可靠，铜铝过渡是否可靠，有无锈蚀、过热和烧损现象；

e) 气体绝缘开关的压力指示是否在允许范围内，油绝缘开关油位是否正常；

f) 开关标识标示，分、合和储能位置指示是否完好、正确、清晰。

6.4.2 隔离负荷开关、隔离开关（刀闸）、跌落式熔断器巡视的主要内容：

a) 绝缘件有无裂纹、闪络、破损及严重污秽；

b) 熔丝管有无弯曲、变形；

c) 触头间接触是否良好，有无过热、烧损、熔化现象；

d) 各部件的组装是否良好，有无松动、脱落；

e) 引下线接点是否良好，与各部件间距是否合适；

f) 安装是否牢固，相间距离、倾角是否符合规定；

g) 操作机构有无锈蚀现象；

h) 隔离负荷开关的灭弧装置是否完好。

6.5 柱上电容器的巡视

6.5.1 巡视的主要内容：

a) 绝缘件有无闪络、裂纹、破损和严重脏污；

b) 有无渗、漏油；

c) 外壳有无膨胀、锈蚀；

d) 接地是否良好；

e) 放电回路及各引线接线是否良好；

f) 带电导体与各部的间距是否合适；

g) 熔丝是否熔断。

6.5.2 柱上电容器运行中的最高温度不得超过制造厂规定值。

6.6 开关柜、配电柜的巡视

巡视的主要内容：

a) 开关分、合闸位置是否正确，与实际运行方式是否相符，控制把手与指示灯位置是否对应，SF_6开关气体压力是否正常；

b) 开关防误闭锁是否完好，柜门关闭是否正常，油漆有无剥落；

c) 设备的各部件连接点接触是否良好，有无放电声，有无过热变色、烧熔现象，示温片是否熔化脱落；

d) 设备有无凝露，加热器、除湿装置是否处于良好状态；

e) 接地装置是否良好，有无严重锈蚀、损坏；

f) 母线排有无变色变形现象，绝缘件有无裂纹、损伤、放电痕迹；

g) 各种仪表、保护装置、信号装置是否正常；

h) 铭牌及标识标示是否齐全、清晰；

i) 模拟图板或一次接线图与现场是否一致。

6.7 配电变压器的巡视

巡视的主要内容：

a) 变压器各部件接点接触是否良好，有无过热变色、烧熔现象，示温片是否熔化脱落；

b) 变压器套管是否清洁，有无裂纹、击穿、烧损和严重污秽，瓷套裙边损伤面积不应超过 $100mm^2$；

c) 变压器油温、油色、油面是否正常，有无异声、异味，在正常情况下，上层油温不应超过 85°，最高不应超过 95°；

d) 各部位密封圈（垫）有无老化、开裂，缝隙有无渗、漏油现象，配变外壳有无脱漆、锈蚀，焊口有无裂纹、渗油；

e) 有载调压配变分接开关指示位置是否正确；

f) 呼吸器是否正常、有无堵塞，硅胶有无变色现象，绝缘罩是否齐全完好，全密封变压器的压力释放装置是否完好；

g) 变压器有无异常声音，是否存在重载、超载现象；

h) 标识标示是否齐全、清晰，铭牌和编号等是否完好；

i) 变压器台架高度是否符合规定，有无锈蚀、倾斜、下沉，木构件有无腐朽，砖、石结构台架有无裂缝和倒塌可能；

j) 地面安装变压器的围栏是否完好，平台坡度不应大于 1/100；

k) 引线是否松弛，绝缘是否良好，相间或对构件的距离是否符合规定；

l) 温度控制器显示是否异常，巡视中应对温控装置进行自动和手动切换，观察风扇启停是否正常等。

6.8 防雷和接地装置的巡视

巡视的主要内容：

a) 避雷器本体及绝缘罩外观有无破损、开裂，有无闪络痕迹，表面是否脏污；

b) 避雷器上、下引线连接是否良好，引线与构架、导线的距离是否符合规定；

c) 避雷器支架是否歪斜，铁件有无锈蚀，固定是否牢固；

d) 带脱离装置的避雷器是否已动作；

e) 防雷金具等保护间隙有无烧损，锈蚀或被外物短接，间隙距离是否符合规定；

f) 接地线和接地体的连接是否可靠，接地线绝缘护套是否破损，接地体有无外露、严重锈蚀，在埋设范围内有无土方工程；

g) 设备接地电阻应满足表 2 要求；

h) 有避雷线的配电线路，其杆塔接地电阻应满足表 3 要求。

表2　配电网设备接地电阻

配电网设备	接地电阻（Ω）
柱上开关	10
避雷器	10
柱上电容器	10
柱上高压计量箱	10
总容量 100kVA 及以上的变压器	4
总容量为 100kVA 以下的变压器	10
开关柜	4
电缆	10
电缆分支箱	10
配电室	4

表3　电杆的接地电阻

土壤电阻率（Ω·m）	工频接地电阻（Ω）
100 及以下	10
100 以上至 500	15
500 以上至 1000	20
1000 以上至 2000	25
2000 以上	30

6.9　站房类建（构）筑物的巡视

巡视的主要内容：

a)　建（构）筑物周围有无杂物，有无可能威胁配电网设备安全运行的杂草、蔓藤类植物等；

b)　建（构）筑物的门、窗、钢网有无损坏，房屋、设备基础有无下沉、开裂，屋顶有无漏水、积水，沿沟有无堵塞；

c)　户外环网单元、箱式变电站等设备的箱体有无锈蚀、变形；

d)　建（构）筑物、户外箱体的门锁是否完好；

e)　电缆盖板有无破损、缺失，进出管沟封堵是否良好，防小动物设施是否完好；

f)　室内是否清洁，周围有无威胁安全的堆积物，大门口是否畅通、是否影响检修车辆通行；

g)　室内温度是否正常，有无异声、异味；

h)　室内消防、照明设备、常用工器具是否完好齐备、摆放整齐，除湿、通风、排水设施是否完好。

6.10　配电自动化设备的巡视

6.10.1　配电终端设备（馈线终端、站所终端等）巡视的主要内容：

a)　设备表面是否清洁，有无裂纹和缺损；

b) 二次端子排接线是否松动，二次接线标识是否清晰正确；

c) 交直流电源是否正常；

d) 柜门关闭是否良好，有无锈蚀、积灰，电缆进出孔封堵是否完好；

e) 终端设备运行工况是否正常，各指示灯信号是否正常；

f) 通信是否正常，报文收发是否正常；

g) 遥测数据是否正常，遥信位置是否正确；

h) 设备接地是否牢固可靠；

i) 应对终端装置参数定值等进行核实及时钟校对，做好数据常态备份；

j) 二次安全防护设备运行是否正常；

k) 遥测、遥信等信息是否异常。

6.10.2 直流电源设备巡视的主要内容：

a) 蓄电池是否渗液、老化；

b) 箱体有无锈蚀及渗漏；

c) 蓄电池电压、浮充电流是否正常；

d) 直流电源箱、直流屏指示灯信号是否正常，开关位置是否正确，液晶屏显示是否正常。

7　配电网防护

7.1　一般要求

7.1.1　运维单位应加强与政府规划、市政等有关部门的沟通，及时收集本地区的规划建设、施工等信息，及时掌握外部环境的动态情况与线路通道内的施工情况，全面掌控其施工状态。

7.1.2　运维单位应加大防护宣传，提高公民保护电力设施重要性的认识，定期组织召开防外力破坏工作宣传会，防止各类外力破坏，及时发现并消除缺陷和隐患。

7.1.3　对经同意在线路保护范围内施工的，运维单位应严格审查施工方案，严格审批施工电源接入方案，制定安全防护措施，并与施工单位签订保护协议书，明确双方职责；施工前应对施工方进行交底，包括路径走向、架设高度、埋设深度、保护设施等；施工期间应安排运维人员到现场检查防护措施，必要时进行现场监护，确保施工单位不擅自更改施工范围。

7.1.4　对临近线路保护范围内的施工，运维人员应对施工方进行安全交底（如线路路径走向、电缆埋设深度、保护设施等），并按不同电压等级要求，提出相应的保护措施。

7.1.5　对未经同意在线路保护范围内进行的违章施工、搭建、开挖等违反《电力设施保护条例》和其它可能威胁电网安全运行的行为，运维单位应立即进行劝阻、制止，及时对施工现场进行拍照记录，发送防护通知书，必要时应现场监护并向有关部门报告。

7.1.6　当线路发生外力破坏时，应保护现场，留取原始资料，及时向有关管理部门汇报，对于造成电力设施损坏或事故的，应按有关规定索赔或提请公安、司法机关依法处理。

7.1.7　运维单位应定期对外力破坏防护工作进行总结分析，制定相应防范措施。

7.2　架空线路的防护

7.2.1　架空线路的防护区是为了保证线路的安全运行和保障人民生活的正常供电而设置的安全区域，即导线两边线向外侧各水平延伸 5m 并垂直于地面所形成的两平行面内；在厂矿、城镇等人口密集地区，架空电力线路保护区的区域可略小于上述规定，但各级电压导线边线延伸的距离，不应小于导线边线在最大计算弧垂及最大计算风偏后的水平距离和风偏后距建（构）筑物的安全距离之和。

7.2.2 任何单位或个人不得在距架空电力线路杆塔、拉线基础外缘周围 5m 的区域内进行取土、打桩、钻探、开挖或倾倒酸、碱、盐及其他有害化学物品的活动。

7.2.3 运维单位需清除可能影响供电安全的物体时，如修剪、砍伐树（竹）及清理建（构）筑物等，应按有关规定和程序进行；修剪树（竹），应保证在修剪周期内树（竹）与导线的距离符合附录 C 规定的数值。

7.2.4 运维人员在遇到触电人身伤害及消除有可能造成严重后果的危急缺陷时，可先行采取必要措施，但事后应及时通知有关单位。

7.2.5 在线路防护区内应按规定开辟线路通道，对新建线路和原有线路开辟的通道应严格按规定验收，并签订通道协议。

7.2.6 当线路跨越主要通航江河时，应采取措施，设立标志，防止船桅碰线。

7.2.7 在以下区域应按规定设置明显的警示标示：

    a) 架空电力线路穿越人口密集、人员活动频繁的地区；

    b) 车辆、机械频繁穿越架空电力线路的地段；

    c) 电力线路上的变压器平台；

    d) 临近道路的拉线；

    e) 电力线路附近的鱼塘；

    f) 杆塔脚钉、爬梯等。

7.3 电力电缆线路的防护

7.3.1 电力电缆线路保护区：地下电缆为电缆线路地面标桩两侧各 0.75m 所形成的两平行线内的区域，保护区的宽度应在地下电缆线路地面标识桩（牌、砖）中注明；海底电缆一般为线路两侧各 500m（狭窄海域为两侧各 100m，港内为两侧各 50m）；江河电缆一般不小于线路两侧各 100m（三级及以下航道一般不小于各 50m）所形成的两平行线内的水域。

7.3.2 电缆路径上应设立明显的警示标示，对可能发生外力破坏的区段应加强监视，并采取可靠的防护措施。对处于施工区域的电缆线路，应设置警告标示牌，标明保护范围。

7.3.3 不得在电缆沟、隧道内同时埋设其他管道，不得在电缆通道附近和电缆通道保护区内从事下列行为：

    a) 在 0.75m 保护区内种植树（竹）、堆放杂物、兴建建（构）筑物；

    b) 电缆通道两侧各 2m 内机械施工；

    c) 电缆通道两侧各 50m 以内，倾倒酸、碱、盐及其他有害化学物品；

    d) 在水底电力电缆保护区内抛锚、拖锚、炸鱼、挖掘。

7.3.4 电缆通道应保持整洁、畅通，消除各类火灾隐患，通道沿线及其内部不得积存易燃、易爆物。

7.3.5 电缆通道临近易燃或腐蚀性介质的存储容器、输送管道时，应加强监视，及时发现渗漏情况，防止电缆损害或导致火灾；对穿越电缆通道的易燃、易爆等管道应采取防火隔板或预制水泥板做好隔离措施，防止可燃物经土壤渗入管沟。

7.3.6 临近电缆通道的基坑开挖工程，要求建设单位做好电力设施专项保护方案，防止土方松动、坍塌引起沟体损伤，原则上不应涉及电缆保护区。若为开挖深度超过 5m 的深基坑工程，应在基坑围护方案中根据电力部门提出的相关要求增加相应的电缆专项保护方案，并通过专家论证。

7.3.7 市政管线、道路施工涉及非开挖电力管线时，要求建设单位邀请具备资质的探测单位做好管线探测工作，且召开专题会议讨论确定实施方案。

7.3.8 因施工挖掘而暴露的电缆，应由运维人员在场监护，并告知施工人员有关施工注意事项和保护措施。对于被挖掘而暴露的电缆应加装保护罩，需要悬吊时，悬吊间距应不大于 1.5m。工程结束覆土前，运维人员应检查电缆及相关设施是否完好，安放位置是否正确，待恢复原状后，方可离开现场。

7.3.9 运维人员应监视电缆通道结构、周围土层和临近建（构）筑物等的稳定性，发现异常应及时采取防护措施，发现电缆部件被盗、电缆工作井盖板缺失等危及电缆线路安全运行的情况时，应设置临时防护措施并向有关部门报告。

7.3.10 水底电缆防护区域内，船只不得抛锚，并按船只往来频繁情况，必要时设置瞭望岗哨，配置能引起船只注意的设施；在水底电缆线路防护区域内发生违反航行规定的事件，应通知水域管辖的有关部门。

8 配电网维护

8.1 一般要求

8.1.1 配电网维护主要包括一般性消缺、检查、清扫、保养、带电测试、设备外观检查和临近带电体修剪树（竹）、消除异物、拆除废旧设备、消理通道等工作。

8.1.2 根据配电网设备状态评价结果和反事故措施的要求，运维单位应编制年度、月度、周维护工作计划并组织实施，做好维护记录与验收，定期开展维护统计、分析和总结。

8.1.3 配电网维护应纳入 PMS、GIS 等信息系统管理，积极采用先进工艺、方法、工器具以提高维护质量与效率。

8.1.4 配电网运维人员在维护工作中应随身携带相应的资料、工具、备品备件和个人防护用品。

8.1.5 配电网设备、设施的检查、维护和测量等工作应按标准化作业要求开展。

8.1.6 配电网维护宜结合巡视工作完成。

8.2 架空线路的维护

8.2.1 通道维护的主要内容：
   a) 补全、修复通道沿线缺失或损坏的标识标示；
   b) 消除通道内的易燃、易爆物品和腐蚀性液（气）体等堆积物；
   c) 清除可能被风刮起危及线路安全的物体；
   d) 消除威胁线路安全的蔓藤、树（竹）等异物。

8.2.2 杆塔、导线和基础维护的主要内容：
   a) 补全、修复缺失或损坏杆号（牌）、相位牌、3m 线等杆塔标识和警告、防撞等安全标示；
   b) 修复符合 D 类检修的铁塔、钢管杆、砼杆接头锈蚀、变形倾斜和砼杆表面老化、裂缝；
   c) 修复符合 D 类检修的杆塔埋深不足和基础沉降；
   d) 补装、紧固塔材螺栓、非承力缺失部件；
   e) 消除导线、杆塔本体异物；
   f) 定期开挖检查（运行工况基本相同的可抽样）铁塔、钢管塔金属基础和盐、碱、低洼地区砼杆根部，每 5 年 1 次，发现问题后每年 1 次。

8.2.3 拉线维护的主要内容：

a) 补全、修复缺失或损坏拉线警示标示；

b) 修复拉线棒、下端拉线及金具锈蚀；

c) 修复拉线下端缺失金具及螺栓，调整拉线松紧；

d) 修复符合 D 类检修的拉线埋深不足和基础沉降；

e) 定期开挖检查（运行工况基本相同的可抽样）镀锌拉线棒，每 5 年 1 次，发现问题后每年 1 次。

8.3 电力电缆线路的维护

8.3.1 通道维护的主要内容：

a) 修复破损的电缆隧道、排管包封、工井、井盖，补全缺失的井盖；

b) 加固保护管沟，调整管沟标高；

c) 封堵电缆孔洞，补全、修复防火阻燃措施；

d) 修复电缆隧道内部防火、防水、照明、通风、支架、爬梯等损坏的附属设施；

e) 修复锈蚀的电缆支架，更换或补全缺失、破损、严重锈蚀的支架部件；

f) 修复存在连接松动、接地不良、锈蚀等缺陷的接地引下线；

g) 消除电缆通道、工井、检修通道、电缆管沟、隧道内部堆积的杂物；

h) 补全、修复通道沿线缺失或损坏的标识标示，校正倾斜的标识桩。

8.3.2 电缆本体及附件维护的主要内容：

a) 修复有轻微破损的外护套、接头保护盒；

b) 补全、修复防火阻燃措施；

c) 补全、修复缺失的电缆线路本体及其附件标识。

8.3.3 电缆分支箱维护的主要内容：

a) 清除柜体污秽，修复锈蚀、油漆剥落的柜体；

b) 修复、更换性能异常的带电显示器等辅助设备。

8.4 柱上设备的维护

柱上设备维护的主要内容：

a) 保养操作机构，修复机构锈蚀；

b) 清除设备本体上的异物；

c) 修剪、砍伐与设备安全距离不足的蔓藤、树（竹）等异物。

8.5 开关柜、配电柜的维护

开关柜、配电柜维护的主要内容：

a) 定期开展开关柜局放测试，特别重要设备 6 个月，重要设备 1 年，一般设 2 年；

b) 清除柜体污秽，修复锈蚀、油漆剥落的柜体；

c) 修复、更换性能异常的带电显示器、故障指示器等辅助设备。

8.6 配电变压器的维护

配电变压器维护的主要内容：

a) 定期开展负荷测试，特别重要、重要变压器 1～3 个月 1 次，一般变压器 3～6 个月 1 次；

b) 消除壳体污秽，修复锈蚀、油漆剥落的壳体；

c) 更换变色的呼吸器干燥剂（硅胶）；

d)　补全油位异常的变压器油。

8.7　防雷和接地装置的维护

防雷和接地装置维护的主要内容：

a)　修复连接松动、接地不良、锈蚀等情况的接地引下线；

b)　修复缺失或埋深不足的接地体；

c)　定期开展接地电阻测量，柱上变压器、配电室、柱上开关设备、柱上电容器设备每 2 年进行 1 次，其他有接地的设备接地电阻测量每 4 年进行 1 次，测量工作应在干燥天气进行。

8.8　站房类建（构）筑物的维护

站房类建（构）筑物维护的主要内容：

a)　消理站所内外杂物，修缮、平整运行通道；

b)　修复破损的遮（护）栏、门窗、防护网、防小动物挡板等；

c)　修复锈蚀、油漆剥落的箱体及站所外体；

d)　补全、修复缺失或破损的一次接线图；

e)　更换不合格消防器具、常用工器具；

f)　修复出现性能异常的照明、通风、排水、除湿等装置。

8.9　配电自动化设备的维护

8.9.1　配电自动化终端维护的主要内容：

a)　补全缺失的内部线缆连接图等；

b)　消除外壳壳体污秽，修复锈蚀、油漆剥落的壳体；

c)　紧固松动的插头、压板、端子排等。

8.9.2　直流电源设备维护的主要内容：

a)　消除直流电源设备箱体污秽，修复锈蚀、油漆剥落的壳体；

b)　紧固松动的蓄电池连接部位；

c)　定期测量蓄电池端电压，每季度 1 次；

d)　定期开展蓄电池核对性充放电试验，每年 1 次。

8.10　标识标示的维护

标识标示维护的主要内容包括补全、修复缺失或损坏的各类标识标示。

8.11　仪器仪表的维护

8.11.1　应每年 1 次定期维护绝缘电阻表、红外测温仪、测距仪、开关柜局放仪等仪器仪表。

8.11.2　维护的主要内容包括外观检查、绝缘电阻测试、绝缘强度测试、器具检定、电池充放电等。

8.12　季节性维护

8.12.1　每年雷雨季节前应对防雷设施进行防雷检查和维护，修复损坏的防雷引线和接地装置，检查有无防雷措施缺失及防雷改进措施的落实情况。

8.12.2　每年汛期前应对位于地势低洼地带、地下室、电缆通道等公用配电设施进行防汛检查和维护，加固易被洪水冲刷的杆塔、配电变压器等设备，修剪易被水冲倒影响配电网设备安全运行的树（竹），检查防汛改进措施的落实情况。

8.12.3　每年树（竹）快速生长季节前，修剪影响配电线路安全运行的树（竹）。

8.12.4　每年大风（台风）季节前，对配电线路及通道进行防风检查和维护，检查防风拉线、导线弧垂等情况，清除附近易被风刮起的物品，修剪附近易被风刮倒的树（竹）。

8.12.5　每年夏、冬季负荷高峰来临前，对配电线路负荷进行分析预测，检查接头接点运行情况和线路交叉跨越情况，对可能超、过载的线路、配电变压器采取相应的措施。

8.12.6　每年秋、冬季节前，对柜体设备的加热、通风装置进行检查，缩短检查周期，及时清理凝露、凝霜。

8.12.7　每年冰雪季来临前，对配电线路沿线的树（竹）进行通道清理维护，冰雪后进行清雪、清障。

9　倒闸操作

9.1　一般要求

9.1.1　倒闸操作应严格执行 Q/GDW 1799 中的有关规定。

9.1.2　运维单位应熟悉本单位配电网设备的调度管辖权限。调度部门管辖设备的倒闸操作应按调度指令进行，操作完毕后应立即向当值调度员汇报；运维单位管辖设备的倒闸操作应按有资质的发令人指令进行，操作完毕后应立即向发令人汇报。

9.1.3　倒闸操作应由两人进行，一人操作，一人监护，并认真执行唱票、复诵制。

9.1.4　倒闸操作除事故紧急处理和拉合断路器（开关）的单一操作外均应使用操作票。操作票应根据发令人的操作指令（口头、电话）填写或打印，不使用操作票的操作应在完成后做好记录。

9.1.5　操作票原则上由操作人填写，经操作人和监护人审票合格后分别签名。拟票人和审票人不得为同一人。

9.1.6　操作票应以运维单位为单位，按使用顺序连续编号，一个年度内编号不得重复。作废、未执行、已执行的操作票应在相应位置盖章。

9.1.7　操作票应每月统计一次，统计结果与操作票一起装订成册，保存一年。倒闸操作票合格率统计方法及统计格式参见附录 D。

9.2　操作票填写要求

9.2.1　操作票应用黑色或蓝色的钢（水）笔或圆珠笔逐项填写。用手写格式票面应与计算机开出的操作票统一。操作票票面应清楚整洁，不得任意涂改。

9.2.2　操作票应填写设备双重名称。填写操作票严禁并项、添项及用勾划的方法颠倒操作顺序。开关、刀闸、接地刀闸、接地线、压板、切换开关、熔断器等均应视为独立的操作对象，单独列项。

9.2.3　每张操作票只能填写一个操作任务。一个操作任务需连续使用几页操作票时，则在前一页"备注"栏内注明"接下页"，在后一页的"操作任务"栏内注明"接上页"。

9.2.4　下列项目应填入操作票内：

 a)　应拉合的设备（开关、刀闸、接地刀闸、熔断器等），验电，装拆接地线，检验是否确无电压等；

 b)　拉合设备（开关、刀闸、接地刀闸、熔断器等）后检查设备的位置；

 c)　进行停、送电操作时，在拉合刀闸、手车式开关拉出、推入前，检查开关确在分闸位置；

d）　设备检修后合闸送电前，检查送电范围内接地刀闸（装置）已拉开，接地线已拆除。

9.3　倒闸操作基本步骤

9.3.1　接受调度预令，拟票：

a）　接受调度预令，应由有资质的配电网运维人员进行，一般由监护人进行；

b）　接受调度指令时，应做好录音；

c）　对指令有疑义时，应向当值调度员报告，由当值调度员决定原调度指令是否执行；当执行该项指令将威胁人身、设备安全或直接造成停电事故时，应拒绝执行，并将拒绝执行指令的理由，报告当值调度员和本单位领导；

d）　接令人向拟票人布置开票，拟票人依据实际运行方式、相关图纸、资料和工作票安全措施要求等进行开票，审核无误后签名。

9.3.2　审核操作票：

a）　监护人对操作票进行全面审核，确认无误后签名；复杂操作应由配电网管理人员审核操作票；

b）　审核时发现操作票有误即作废操作票，令拟票人重新填写操作票，再履行审票手续。

9.3.3　明确操作目的，做好危险点分析和预控：

a）　监护人应向操作人明确本次操作的目的和预定操作时间；

b）　监护人应组织查阅危险点预控资料，分析本次操作过程中的危险点，提出针对性预控措施。

9.3.4　接受正令，模拟预演：

a）　调度操作正令应由有资质的配电网运维人员接令，一般由监护人接令；现场操作人员没有接到发令时间不得进行操作；

b）　接受调度指令时，应做好录音；

c）　接令人在操作票上填写发令人、接令人、发令时间，并向操作人当面布置操作任务，交代危险点及控制措施；

d）　操作人复诵无误，在监护人、操作人签名后，准备相应的安全、操作工器具；

e）　监护人逐项唱票，操作人逐项复诵，模拟预演。

9.3.5　核对设备命名和状态：

a）　监护人记录操作开始时间；

b）　操作人找到操作设备命名牌，监护人核对无误。

9.3.6　逐项唱票复诵，操作并勾票：

a）　监护人应按操作票的顺序，高声唱票；操作人复诵无误后，进行操作，并检查设备状况；

b）　监护人逐步打"√"；

c）　操作完毕，监护人记录操作结束时间。

9.3.7　向调度汇报操作结束及时间：

a）　监护人检查操作票已正确执行；

b）　汇报调度应由有资质的配电网运维人员进行，原则上由原接正令人员向调度汇报，并做好相应记录。

9.3.8　更改图板指示，签销操作票，复查评价：

a) 操作人更改图板指示或核对一次系统图，监护人监视并核查；

b) 全部任务操作完毕后，由监护人在规定位置盖"已执行"章，做好记录，并对整个操作过程进行评价。

10 状态评价

10.1 一般要求

10.1.1 运维单位应以现有配电网设备数据为基础，采用各类信息化管理手段（如配电自动化系统、用电信息采集系统等），以及各类带电检（监）测（如红外检测、开关柜局放检测等）、停电试验手段，利用配电网设备状态检修辅助决策系统开展设备状态评价，掌握设备发生故障之前的异常征兆与劣化信息，事前采取针对性措施控制，防止故障发生，减少故障停运时间与停运损失，提高设备利用率，并进一步指导优化配电网运维、检修工作。

10.1.2 运维单位应积极开展配电网设备状态评价工作，配备必要的仪器设备，实行专人负责。

10.1.3 设备应自投入运行之日起纳入状态评价工作。

10.2 状态信息收集

10.2.1 状态信息收集应坚持准确性、全面性与时效性的原则，各相关专业部门应根据运维单位需要及时提供信息资料。

10.2.2 信息收集应通过内部、外部多种渠道获得，如通过现场巡视、现场检测（试验）、业扩报装、信息系统、95598、市政规划建设等获取配电网设备的运行情况与外部运行环境等信息。

10.2.3 运维单位应制订定期收集配电网运行信息的方法，对于收集的信息，运维单位应进行初步的分类、分析判断与处理，为开展状态评价提供正确依据。

10.2.4 设备投运前状态信息收集：

a) 出厂资料（包括型式试验报告、出厂试验报告、性能指标等）；

b) 交接验收资料。

10.2.5 设备运行中状态信息收集：

a) 运行环境和污区划分资料；

b) 巡视记录；

c) 修试记录；

d) 故障（异常）记录；

e) 缺陷与隐患记录；

f) 状态检测记录；

g) 越限运行记录；

h) 其它相关配电网运行资料。

10.2.6 同类型设备应参考家族性缺陷信息。

10.3 状态评价内容

10.3.1 状态评价范围应包括架空线路、电力电缆线路、电缆分支箱、柱上设备、开关柜、配电柜、配电变压器、建（构）筑物及外壳等设备、设施。

10.3.2 评价周期：

a) 状态评价包括定期评价和动态评价。定期评价特别重要设备 1 年 1 次，重要设备 2 年 1 次，一般设备 3 年 1 次。定期评价每年 6 月底前完成；设备动态评价应根据设备状况、运行工况、环境条件等因素适时开展；

b) 利用配电网设备状态检修辅助决策系统,在设备状态量可实现自动采集的情况下,设备状态评价可实时进行,即每个状态量变化时,系统自动完成设备状态的更新。

10.3.3 状态评价资料、评价原则、单元评价方法、整体评价方法及处理原则按照 Q/GWD 645 执行。

10.3.4 设备状态评价结果分为以下四个状态：

a) 正常状态：设备运行数据稳定,所有状态量符合标准；

b) 注意状态：设备的几个状态量不符合标准,但不影响设备运行；

c) 异常状态：设备的几个状态量明显异常,已影响设备的性能指标或可能发展成严重状态,设备仍能继续运行；

d) 严重状态：设备状态量严重超出标准或严重异常,设备只能短期运行或需要立即停役。

10.4　评价结果应用

10.4.1 对于正常、注意状态设备,可适当简化巡视内容、延长巡视周期；对于架空线路通道、电缆线路通道的巡视周期不得延长。

10.4.2 对于异常状态设备,应进行全面仔细地巡视,并缩短巡视周期,确保设备运行状态的可控、在控。

10.4.3 对于严重状态设备,应进行有效监控。

10.4.4 根据评价结果,按照 Q/GDW 644 制定检修策略。

11　缺陷与隐患处理

11.1　一般要求

11.1.1 设备缺陷是指配电网设备本身及周边环境出现的影响配电网安全、经济和优质运行的情况。超出消缺周期仍未消除的设备危急缺陷和严重缺陷,即为安全隐患。

11.1.2 设备缺陷与隐患的消除应优先采取不停电作业方式。

11.1.3 设备缺陷按其对人身、设备、电网的危害或影响程度,划分为一般、严重和危急三个等级：

a) 一般缺陷：设备本身及周围环境出现不正常情况,一般不威胁设备的安全运行,可列入年、季检修计划或日常维护工作中处理的缺陷；

b) 严重缺陷：设备处于异常状态,可能发展为事故,但仍可在一定时间内继续运行,须加强监视并进行检修处理的缺陷；

c) 危急缺陷：严重威胁设备的安全运行,不及时处理,随时有可能导致事故的发生,应尽快消除或采取必要的安全技术措施进行处理的缺陷。

11.2　缺陷与隐患处理方法

11.2.1 缺陷与隐患在发现与处理过程中,应进行统一记录,内容包括缺陷与隐患的地点、部位、发现时间、缺陷描述、缺陷设备的厂家和型号、等级、计划处理时间、检修时间、处理情况、验收意见等。

11.2.2 缺陷发现后,应按照 Q/GDW 745 严格进行分类和分级,并按照 Q/GDW 645 进行状态评价,按照 Q/GDW 644 确定检修策略,开展消缺工作。

11.2.3 危急缺陷消除时间不得超过 24 小时，严重缺陷应在 30 天内消除，一般缺陷可结合检修计划尽早消除，但应处于可控状态。

11.2.4 缺陷处理过程应实行闭环管理，主要流程包括：运行发现－上报管理部门－安排检修计划－检修消缺－运行验收，采用信息化系统管理的，也应按该流程在系统内流转。

11.2.5 被判定为安全隐患的设备缺陷，应继续按照设备缺陷管理规定进行处理，同时纳入安全隐患管理流程闭环督办。

11.2.6 设备带缺陷或隐患运行期间，运维单位应加强监视，必要时制定相应应急措施。

11.2.7 定期开展缺陷与隐患的统计、分析和报送工作，及时掌握缺陷与隐患的产生原因和消除情况，有针对性制定应对措施。

12 故障处理

12.1 一般要求

12.1.1 故障处理应遵循保人身、保电网、保设备的原则，尽快查明故障地点和原因，消除故障根源，防止故障的扩大，及时恢复用户供电。

12.1.2 故障处理前，应采取措施防止行人接近故障线路和设备，避免发生人身伤亡事故。

12.1.3 故障处理时，应尽量缩小故障停电范围和减少故障损失。

12.1.4 多处故障时处理顺序是先主干线后分支线，先公用变压器后专用变压器。

12.1.5 对故障停电用户恢复供电顺序为，先重要用户后一般用户，优先恢复带一、二级负荷的用户供电。

12.1.6 对于配置故障指示器的线路，宜应用故障指示器，从电源侧开始逐步定位故障区段进行故障查找和处理；对于配置馈线自动化的线路，可根据配电自动化系统信息，直接在故障区段进行故障查找和处理。

12.2 故障处理方法

12.2.1 中性点小电流接地系统发生永久性接地故障时，应利用各种技术手段，快速判断并切除故障线路或故障段，在无法短时间查找到故障点的情况下，宜停电查找故障点，必要时可用柱上开关或其它设备，从首端至末端、先主线后分支，采取逐段逐级拉合的方式进行排查。

12.2.2 线路上的熔断器熔断或柱上断路器跳闸后，不得盲目试送，应详细检查线路和有关设备，确无问题后方可恢复送电。

12.2.3 线路故障跳闸但重合闸成功，运维单位应尽快查明原因。

12.2.4 已发现的短路故障修复后，应检查故障点电源侧所有连接点（跳档，搭头线），确无问题方可恢复供电。

12.2.5 电力电缆线路发生故障，根据线路跳闸、故障测距和故障寻址器动作等信息，对故障点位置进行初步判断，故障电缆段查出后，应将其与其他带电设备隔离，并做好满足故障点测寻及处理的安全措施，故障点经初步测定后，在精确定位前应与电缆路径图仔细核对，必要时应用电缆路径仪探测确定其准确路径。

12.2.6 锯断故障电缆前应与电缆走向图进行核对，必要时使用专用仪器进行确认，在保证电缆导体可靠接地后，方可工作。

12.2.7 电力电缆线路发生故障，在未修复前应对故障点进行适当的保护，避免因雨水、潮气等影响使电缆绝缘受损。故障电缆修复前应检查电缆受潮情况，如有进水或受潮，应采取去潮措施或切除受潮线段。在确认电缆未受潮、分段绝缘合格后，方可进行故障部位修复。

12.2.8   电力电缆线路故障处理前后都应进行相关试验，以保证故障点全部排除及处理完好。

12.2.9   配电变压器一次熔丝一相熔断时，应详细检查一次侧设备及变压器，无问题后方可送电；一次熔丝两相或三相熔断、断路器跳闸时，应详细检查一次侧设备、变压器和低压设备，必要时还应测试变压器绝缘电阻并符合 DL/T 596 规定，确认无故障后才能送电。

12.2.10   配电变压器、断路器等发生冒油、冒烟或外壳过热现象时，应断开电源，待冷却后处理。

12.2.11   中压开关站、环网单元母线电压互感器或避雷器发生异常情况（如冒烟、内部放电等），应先用开关切断该电压互感器所在母线的电源，然后隔离故障电压互感器。不得直接拉开该电压互感器的电源侧刀闸，其二次侧不得与正常运行的电压互感器二次侧并列。

12.2.12   操作开关柜开关前应检查气压表，在发现 SF_6 气压表指示红色区域时，应停止操作、迅速撤离现场并立即汇报，等候处理。无气压表的 SF_6 开关柜应停电后方可操作。

12.2.13   电气设备发生火灾、水灾时，运维人员应首先设法切断电源，然后再进行处理。

12.2.14   导线、电缆断落地面或悬挂空中时，应按照 Q/GDW 1799 进行故障处理。

12.3   故障统计与分析

12.3.1   故障发生后，运维单位应及时从责任、技术等方面分析故障原因，制订防范措施，并按规定完成分析报告与分类统计上报工作。

12.3.2   故障分析报告主要内容：

    a)   故障情况，包括系统运行方式、故障及修复过程、相关保护动作信息、负荷损失情况等；

    b)   故障基本信息，包括线路或设备名称、投运时间、制造厂家、规格型号、施工单位等；

    c)   原因分析，包括故障部位、故障性质、故障原因等；

    d)   暴露出的问题，采取的应对措施等。

12.3.3   运维单位应制定事故应急预案，配备足够的抢修工器具，储备合理数量的备品备件，事故抢修后，应做好备品备件使用记录并及时补充。

13   运行分析

13.1   一般要求

13.1.1   根据配电网管理工作、运行情况、巡视结果、状态评价等信息，对配电网的运行情况进行分析、归纳、提炼和总结，并根据分析结果，制定解决措施，提高运行管理水平。

13.1.2   运维单位应根据运行分析结果，对配电网建设、检修和运行等提出建设性意见，并结合本单位实际，制定应对措施，必要时应将意见和建议向上级反馈。

13.1.3   配电网运行分析周期为地市公司每季度一次、运维单位每月一次。

13.2   运行分析内容

13.2.1   运行分析内容应包括但不限于：运行管理、配电网概况及运行指标、巡视维护、试验（测试）、缺陷与隐患、故障处理、电压与无功、负荷等。

13.2.2   运行管理分析，应对管理制度是否落实到位、管理是否存在薄弱环节、管理方式是否合理等问题进行分析。

13.2.3　配电网概况及运行指标分析，应对当前配电网基础数据和配电网主要指标进行分析，如供电可靠性、电压合格率、线路负荷情况、缺陷处理指数、故障停运率、超过载配变比率等。

13.2.4　巡视维护分析，应对配电网巡视维护工作进行分析，包括计划执行情况、发现处理的问题等。

13.2.5　试验（测试）分析，应对通过配电自动化监测、智能配变监测、红外测温、开关柜局放试验、电缆振荡波试验等手段收集的设备信息进行分析。

13.2.6　缺陷与隐患分析，应对缺陷与隐患管理存在的问题和已发现缺陷与隐患的处理情况进行统计和分析，及时掌握缺陷与隐患的处理情况和产生原因。

13.2.7　故障处理分析，应从责任原因、技术原因两个角度对故障及处理情况进行汇总和分析，并根据分析结果，制定相应措施。

13.2.8　电压与无功分析，应对电压与无功管理工作情况、电压合格率、配变功率因数等进行分析。

13.2.9　负荷分析，应对区域负荷预测、线路与配变负荷情况、重载线路与配变处理情况等进行分析。

13.3　电压与无功管理

13.3.1　10（20）kV 及以下三相供电电压允许偏差为额定电压的±7%；220V 单相供电电压允许偏差为额定电压的+7%～－10%。

13.3.2　电压监测点的设置应符合《供电监管办法》（电监会 27 号令）规定，监测点电压每月抄录或采集一次。电压监测点宜按出线首末成对设置。

13.3.3　对于有以下情况的，应及时测量电压：

 a)　更换或新装配电变压器；

 b)　配电变压器分接头调整后；

 c)　投入较大负荷；

 d)　三相电压不平衡，烧坏用电设备；

 e)　用户反映电压不正常。

13.3.4　用户电压超过规定范围应采取措施进行调整，调节电压可以采用以下措施：

 a)　合理选择配电变压器分接头；

 b)　在低压侧母线上装设无功补偿装置；

 c)　缩短线路供电半径及平衡三相负荷，必要时在中压线路上加装调压器。

13.3.5　配电变压器（含配电室、箱式变电站、柱上变）安装无功自动补偿装置时，应符合下列规定：

 a)　在低压侧母线上装设，容量按配电变压器容量 20%～40%考虑；

 b)　以电压为约束条件，根据无功需量进行分组分相自动投切；

 c)　合理选择配电变压器分接头，避免电压过高电容器无法投入运行。

13.3.6　在供电距离远、功率因数低的架空线路上可适当安装具备自动投切功能的并联补偿电容器，其容量（包括用户）一般按线路上配电变压器总量的 7%～10%配置（或经计算确定），但不应在负荷低谷时向系统倒送无功；柱上电容器保护熔丝可按电容器额定电流的 1.2～1.3 倍进行整定。

13.3.7　运维单位每年应安排进行一次无功实测。

13.4 负荷分析

13.4.1 配电线路、设备不得长期超载运行，导线、电缆的长期允许载流量参见附录 E，线路、设备重载（按线路、设备限额电流值的 70%考虑）时，应加强运行监督，及时分流。

13.4.2 运维单位应通过各种手段定期收集配电线路、设备的实际负荷情况，为配电网运行分析提供依据，重负荷时期应缩短收集周期。

13.4.3 配电变压器运行应经济，年最大负载率不宜低于 50%，季节性用电的变压器，应在无负荷季节停止运行；两台并（分）列运行的变压器，在低负荷季节里，当一台变压器能够满足负荷需求时，应将另一台退出运行。

13.4.4 配电变压器的三相负荷应力求平衡，不平衡度宜按：（最大电流－最小电流）/最大电流×100%的方式计算。各种绕组接线方式变压器的中性线电流限制水平应符合 DL/T572 相关规定。配电变压器的不平衡度应符合：Yyn0 接线不大于 15%，零线电流不大于变压器额定电流 25%；Dyn11 接线不大于 25%，零线电流不大于变压器额定电流 40%；不符合上述规定时，应及时调整负荷。

13.4.5 单相配电变压器布点均应遵循三相平衡的原则，按各相间轮流分布，尽可能消除中压三相系统不平衡。

13.5 运维资料管理

13.5.1 运维资料是运行分析的基础，运维单位应积极应用各类信息化手段，确保资料的及时性、准确性、完整性、唯一性，减轻维护工作量。

13.5.2 运维资料主要分为投运前信息、运行信息、检修试验信息等。运维管理部门应结合生产管理系统逐步统一各类资料的格式与管理流程，实现规范化与标准化。除档案管理有特别要求外，各类资料的保存力求无纸化。

13.5.3 投运前信息主要包括设备出厂、交接、预试记录、设计资料图纸、变更设计的证明文件和竣工图、竣工（中间）验收记录和设备技术资料等，以及由此整理形成的一次接线图、地理接线图、系统图、配置图、定制定位图、线路设备参数台账、同杆不同电源记录、电缆管孔使用记录等。设备技术类资料，应保存厂方提供的原始文本。

13.5.4 运行信息主要是在开展运行管理、巡视维护、试验（测试）、缺陷与隐患处理、故障处理等工作中，形成的记录性资料，主要包括运维工作日志、巡视记录、测温记录、交叉跨越测量记录、接地电阻测量记录、缺陷处理记录、故障处理记录、电压监测记录、负荷监测记录等。

13.5.5 检修试验信息主要包括例行试验报告、诊断性试验报告、专业化巡检记录、缺陷消除记录及检修报告等。

14 设备退役

14.1 一般要求

14.1.1 运维单位应根据生产计划及设备故障情况提出配电网设备退役申请。

14.1.2 退役设备应进行技术鉴定，出具技术鉴定报告，明确退役设备处置方式。退役设备处置方式包括再利用和报废。

14.1.3 再利用设备应提供设备退出运行前的运行、检修、试验等资料和退出运行后检修、试验资料，检修、试验按照 Q/GDW 643 执行。

14.1.4 再利用设备主要包括配电变压器、开关柜、配电柜和开关设备，箱式变电站处理参照配电变压器、开关柜、配电柜，其他再利用成本高、拆装中易损伤设备以报废为主。

14.2 配电变压器处置

14.2.1 符合下列条件之一的应以报废方式处置，否则可以再利用：

a) 高损耗、高噪音配电变压器；

b) 抗短路能力不足的配电变压器；

c) 存在家族性缺陷不满足反措要求的配电变压器；

d) 本体存在缺陷、发生严重故障、绝缘老化严重、渗漏油严重等，无零配件供应，无法修复或修复成本过大的配电变压器。

14.2.2 再利用的配电变压器应用于负载率较小、无重要用户处。

14.3 开关柜、配电柜处置

14.3.1 符合下列条件之一的应以报废方式处置，否则可以再利用：

a) 腐蚀或变形严重，影响机械、电气性能的开关柜、配电柜；

b) 因型号不同，柜体差别较大，兼容性差的开关柜、配电柜；

c) 因设计原因，存在严重缺陷，无零配件供应，无法修复或修复成本过大的开关柜、配电柜。

14.3.2 再利用的开关柜、配电柜应用于额定电流、额定短时耐受电流小，系统中重要性较低的终端型环网单元、无重要用户的配电室。

14.4 开关设备处置

14.4.1 符合下列条件之一的应以报废方式处置，否则可以再利用：

a) 充油开关设备；

b) 腐蚀严重，机械、电气性能达不到设计要求的开关设备；

c) 存在家族性缺陷不满足反措要求的开关设备；

d) 本体存在缺陷、发生严重故障、绝缘老化严重等，无零配件供应，无法修复或修复成本过大的开关设备。

14.4.2 再利用的开关设备应用于支路、放射性线路主干线末端或非重要用户分界处。

附　录　A

（资料性附录）

3m 以下常规消缺项目

3m 以下常规消缺项目见表 A.1。

表 A.1　3m 以下常规消缺项目

设备名称		3m 以下常规消缺项目
架空线路	通道	补全、修复通道沿线缺失或损坏的标识标示
		清除通道内易燃、易爆物品和腐蚀性液（气）体等堆积物
		清除可能被风刮起危及线路安全的物体
		清除威胁线路安全的蔓藤、树（竹）等异物

表 A.1（续）

设备名称		3m 以下常规消缺项目
架空线路	杆塔	补全、修复缺失或损坏的杆号（牌）、相位牌、3 米线等杆塔标识和警告、防撞等安全标示
		修复符合 D 类检修的铁塔、钢管杆、砼杆接头锈蚀
		补装、紧固塔材螺栓、非承力缺失部件
		清除杆塔本体异物
	拉线	补全、修复缺失或损坏拉线警示标示
		修复拉线棒、下端拉线及金具锈蚀
		修复拉线下端缺失金具及螺栓，调整拉线松紧
电缆线路	通道	补全缺失、破损的井盖
		通道内部积水、杂物清理
		封堵电缆孔洞，防火阻燃措施的日常维护
		通道内部照明、通风、支架、爬梯等附属设施的日常维护
		补全、修复通道内外部缺失或损坏的标识标示，校正倾斜的标识桩
	本体及附件	修复有轻微破损的外护套、接头保护盒
		防火阻燃措施的日常维护
		补全、修复缺失或损坏的电缆线路本体及其附件标识
	电缆分支箱	清除柜体污秽，修复锈蚀、油漆剥落的柜体
		补全、修复缺失或损坏的标识标示和一次图板
柱上设备		保养操作机构，修复机构锈蚀
		清除设备本体或操作机构上的蔓藤、树（竹）等异物
		补全、修复缺失或损坏的标识标示
开关柜、配电柜		清除柜体污秽，修复锈蚀、油漆剥落的柜体
		补全、修复缺失或损坏的标识标示和一次图板
配电变压器		补全、修复缺失或损坏的标识标示
接地装置		修复连接松动、接地不良、锈蚀等情况的接地引下线
		修复缺失或埋深不足的接地体
站房类建（构）筑物		清理站所内外杂物
		修复破损的遮（护）栏、门窗、防护网、防小动物挡板等
		修复锈蚀、油漆剥落的箱体及站所外体
		补全、修复缺失或破损的一次接线图
		更换不合格的消防器具、常用工器具
		照明、通风、排水、除湿等装置的日常维护
配电自动化设备	配电自动化终端	补全缺失的内部线缆连接图等
		清除外壳污秽
		紧固松动的插头、压板、端子排等
	直流电源设备	清除直流电源设备箱体污秽，修复锈蚀、油漆剥落的壳体
		紧固松动的蓄电池连接部位

附 录 B

（规范性附录）

现 场 污 秽 度 分 级

现场污秽度分级见表 B.1。

表 B.1 现 场 污 秽 度 分 级

现场污秽度	典型环境描述
非常轻 （a[b]）	很少人类活动，植被覆盖好，且距海、沙漠或开阔地大于 50km[a]；距大中城市大于 30km～50km；距上述污染源更短距离内，但污染源不在积污期主导风上
轻 （b）	人口密度 500 人/km²～1000 人/km² 的农业耕作区，且距海、沙漠或开阔地大于 10km～50km；距大中城市 15km～50km；重要交通干线沿线 1km 内；距上述污染源更短距离内，但污染源不在积污期主导风上；工业废气排放强度小于每年 1000 万 m³/km²（标况下）；积污期干旱少雾少凝露的内陆盐碱（含盐量小于 0.3%）地区
中等 （c）	人口密度 1000 人/km²～10 000 人/km² 的农业耕作区，且距海、沙漠或开阔地大于 3km～10km[c]；距大中城市 15km～20km；重要交通干线沿线 0.5km 及一般交通线 0.1km 内；距上述污染源更短距离内，但污染源不在积污期主导风上；包括乡镇工业在内工业废气排放强度不大于每年 1000 万 m³/km²～3000 万 m³/km²（标况下）。退海轻盐碱和内陆中等盐碱（含盐量于 0.3%～0.6%）地区。距上述 E3 污染源更远（距离在 b 级污区的范围内），但：长时间（几个星期或几个月）干旱无雨后，常常发生雾或毛毛雨；积污期后期可能出现持续大雾或融冰雪地区；灰密为等值盐密 5～10 倍及以上的地区
重 （d）	人口密度大于 10 000 人/km² 的居民区和交通枢纽，且距海、沙漠或开阔干地 3km 内；距独立化工及燃煤工业源 0.5km～2km 内；重盐碱（含盐量 0.6%～1.0%）地区。距比 E5 上述污染源更长的距离（与 c 级污区对应的距离），但：在长时间干旱无雨后，常常发生雾或毛毛雨；积污期后期可能出现持续大雾或融冰雪地区；灰密为等值盐密 5～10 倍以上的地区
非常重 （e）	沿海 1km 和含盐量大于 1.0%的盐土、沙漠地区，在化工、燃煤工业源内及距此类独立工业园 0.5km，距污染源的距离等同于 d 级污区，且直接受到海水喷溅或浓盐雾；同时受到工业排放物如高电导废气、水泥等污染和水汽湿润
注 1：[a] 台风影响可能使距海岸 50km 以外的更远距离处测得较高的等值盐密值。 注 2：[b] 在当前大气环境条件下，我国中东部地区电网不宜设"非常轻"污秽区。 注 3：[c] 取决于沿海的地形和风力。	

附 录 C

（规范性附录）

线路间及与其它物体之间的距离

架空配电线路与铁路、道路、通航河流、管道、索道及各种架空线路交叉或接近的基本要求见表 C.1；架空线路导线间的最小允许距离见表 C.2；架空线路与其他设施的安全距离限制见表 C.3；架空线路其它安全距离限制见表 C.4；电缆与电缆或管道、道路、构筑物等相互间容许最小净距见表 C.5；公路等级见表 C.6；弱电线路等级见表 C.7。

表 C.1 架空配电线路与铁路、道路、通航河流、管道、索道及各种架空线路交叉或接近的基本要求

单位：m

项目	铁路 标准轨距	铁路 电气化线路	公路 高速公路、一级公路	公路 二、三、四级公路	电车道 有轨及无轨	河流 通航	河流 不通航	弱电线路 一、二级	弱电线路 三级	电力线路 kV 1以下	电力线路 kV 1~10	电力线路 kV 35~110	电力线路 kV 154~220	电力线路 kV 330	电力线路 kV 500	特殊管道 一般管道、索道	人行天桥
导线最小截面	铝线及铝合金线 50mm²，铜线为 16mm²																
导线在跨越档内的接头	不应接头		不应接头	—	不应接头	不应接头	—	不应接头	—	交叉不应接头	交叉不应接头	—	—	—	—	不应接头	—
导线支持方式	双固定		双固定	单固定	双固定	双固定	单固定	双固定	单固定	单固定	双固定	—	—	—	—	双固定	—
最小垂直距离 m（参照面）	至轨顶	接触线或承力索	至路面	至路面	至承力索或接触线 / 至路面	至常年高水位 / 至最高航行水位的最高船桅顶	至最高洪水位 / 冬季至冰面	至被跨越线	至被跨越线	至导线	至导线	至导线	至导线	至导线	至导线	电力线在上面 / 电力线在下面至电力线上的保护措施	—
最小垂直距离 1kV~10kV	7.5	6.0	7.0		3.0/9.0	6.0 / 1.5	3.0 / 5.0	2.0		2	2	3	4	5	8.5	3.0 / 2.0/2.0	5（4）
最小垂直距离 1kV以下	7.5	6.0	6.0		3.0/9.0	6.0 / 1.5	3.0 / 5.0	1.0		1	2	3	4	5	8.5	1.5/1.5	4（3）
导线在跨越档内的接头（平原地区）	平原地区配电线路入地																

注：1kV~10kV 及 1kV 以下平原地区配电线路入地。

表 C.1（续）

项目	铁路		公路		电车道	河流		弱电线路		电力线路 kV						特殊管道	一般管道、索道	人行天桥
	标准轨 窄轨	电气化线路	高速公路、一级公路	二、三、四级公路	有轨及无轨	通航	不通航	一、二级	三级	1以下	1~10	35~110	154~220	330	500			
标准物距	电杆外缘至轨道中心		电杆中心至路面边缘		电杆中心至路面边缘 / 电杆外缘至轨道中心	与应纤小路平等的线路，边导线至斜坡上缘	最高电杆高度	在路径受限制地区，两线路边导线间		在路径受限制地区，两线路边导线间						在路径受限制地区，至管道索道间任何部分		导线边线至人行天桥边缘
最小水平距离 m / 线路电压 1kV~10kV	交叉：5.0 平行：杆高+3.0	平行杆：杆高+3.0	0.5		0.5/3.0	最高电杆高度		2.0		2.5	2.5	5.0	7.0	9.0	13.0	2.0	2.0	4.0
1kV以下					0.5/3.0				1.0							1.5		2.0
备注	山区入地困难时，应协商、并签订协议。		公路分级见表C.6。城市道路的分级，应参照公路的规定。			最高洪水位时，有拉洪地段的河流，船只航行的河流，垂直距离应协商决定。 不能通航河流指不能通航也不能浮运的河流。		1.两平行线路在开阔地区的水平距离不应小于电杆高度；2.弱电线路分级见表C.7。		两平行线路开阔地区的水平距离不应小于电杆高度。						1.特殊管道指架设在地面上的输送易燃、易爆物的管道；2.交叉点不应选择管、检查井（孔）处，与管道平行、交叉时，索道应接地。		

注1：1kV以下配电线路与二、三级电线路交叉时，与公路交叉时，导线支持方式不限制。
注2：架空配电线路与弱电线路交叉时，交叉档弱电线路的木质电杆应有防雷措施。
注3：1kV～10kV电力接户线与工业企业内自用的架空线路交叉时，接户线应架设在上方。
注4：不能通航河流指不能通航也不能浮运的河流。
注5：对路径受限制地区导线与建筑物间的最小水平距离的要求，应计及架空电力线路导线的最大风偏。
注6：公路等级应符合JTJ001的规定。
注7：（）内数值为绝缘导线线路。

表 C.2　架空线路导线间的最小允许距离

单位：m

档距	40 及以下	50	60	70	80	90	100
裸导线	0.6	0.65	0.7	0.75	0.85	0.9	1.0
绝缘导线	0.4	0.55	0.6	0.65	0.75	0.9	1.0
注：考虑登杆需要，接近电杆的两导线间水平距离不宜小于 0.5m。							

表 C.3　架空线路与其他设施的安全距离限制

单位：m

项　　目		10kV		20kV	
		最小垂直距离	最小水平距离	最小垂直距离	最小水平距离
对地距离	居民区	6.5	—	7.0	—
	非居民区	5.5	—	6.0	—
	交通困难区	4.5（3）	—	5.0	—
与建筑物		3.0（2.5）	1.5（0.75）	3.5	2.0
与行道树		1.5（0.8）	2.0（1.0）	2.0	2.5
与果树，经济作物，城市绿化，灌木		1.5（1.0）	—	2.0	—
甲类火险区		不允许	杆高 1.5 倍	不允许	杆高 1.5 倍

注 1：垂直（交叉）距离应为最大计算弧垂情况下；水平距离应为最大风偏情况下。
注 2：（ ）内为绝缘导线的最小距离。

表 C.4　架空线路其它安全距离限制

单位：m

项　　目	10kV	20kV
导线与电杆、构件、拉线的净距	0.2	0.35
每相的过引线、引下线与邻相的过引线、引下线、导线之间的净空距离	0.3	0.4

表 C.5　电缆与电缆或管道、道路、构筑物等
相互间容许最小净距

单位：m

电缆直埋敷设时的配置情况		平行	交叉
控制电缆间		—	0.5*
电力电缆之间或与控制电缆之间	10kV 及以下	0.1	0.5*
	10kV 以上	0.25**	0.5*
不同部门使用的电缆间		0.5**	0.5*
电缆与地下管沟及设备	热力管沟	2.0**	0.5*
	油管及易燃气管道	1.0	0.5*
	其它管道	0.5	0.5*

表 C.5（续）

电缆直埋敷设时的配置情况		平行	交叉
电缆与铁路	非直流电气化铁路路轨	3.0	1.0
	直流电气化铁路路轨	10.0	1.0
电缆建筑物基础		0.6***	—
电缆与公路边		1.0***	
电缆与排水沟		1.0***	
电缆与树木的主干		0.7	
电缆与 1kV 以下架空线电杆		1.0***	
电缆与 1kV 以上架空线杆塔基础		4.0***	

注：*用隔板分隔或电缆穿管时可为 0.25m；**用隔板分隔或电缆穿管时可为 0.1m；***特殊情况可酌减且最多减少一半值。

表 C.6 公 路 等 级

高速公路为专供汽车分向、分车道行驶并全部控制出入的干线公路	四车道高速公路一般能适应按各种汽车折合成小客车的远景设计年限年平均昼夜交通量为 25 000～55 000 辆。 六车道高速公路一般能适应按各种汽车折合成小客车的远景设计年限年平均昼夜交通量为 45 000～80 000 辆。 八车道高速公路一般能适应按各种汽车折合成小客车的远景设计年限年平均昼夜交通量为 60 000～100 000 辆
一级公路为供汽车分向、分车道行驶的公路	一般能适应按各种汽车折合成小客车的远景设计年限年平均昼夜交通量为 15 000～30 000 辆。为连接重要政治、经济中心，通往重点工矿区、港口、机场，专供汽车分道行驶并部分控制出入的公路
二级公路	一般能适应按各种车辆折合成中型载重汽车的远景设计年限年平均昼夜交通量为 3000～15 000 辆，为连接重要政治、经济中心，通往重点工矿、港口、机场等的公路
三级公路	一般能适应按各种车辆折合成中型载重汽车的远景设计年限年平均昼夜交通量为 1000～4000 辆，为沟通县以上城市的公路
四级公路	一般能适应按各种车辆折合成中型载重汽车的远景设计年限年平均昼夜交通量为：双车道 1500 辆以下；单车道 200 辆以下，为沟通县、乡（镇）、村等的公路

表 C.7 弱 电 线 路 等 级

一级线路	首都与各省（直辖市）、自治区所在地及其相互联系的主要线路；首都至各重要工矿城市、海港的线路以及由首都通达国外的国际线路；由邮电部门指定的其他国际线路和国防线路；铁道部与各铁路局之间联系用的线路，以及铁路信号自动闭塞装置专用线路
二级线路	各省（直辖市）、自治区所在地（市）、县及其相互间的通信线路；相邻两省（自治区）各地（市）、县相互间的通信线路；一般市内电话线路；铁路局与各站、段相互间的线路，以及铁路信号闭塞装置的线路
三级线路	县至区、乡的县内线路和两对以下的城郊线路；铁路的地区线路及有线广播线路

附 录 D

（资料性附录）

倒闸操作票评价统计表

表 D.1 倒闸操作票评价统计表

×× 供电公司

年 月份 倒闸操作票评价统计表

×× 班组　　　　　　　　　　　　　　　　　　　统计人：

本月编号：	至		；共	份
有效票 共 份	已执行 份 其中许可任务票：份	合格票 共 份	已执行 份 其中许可任务票： 份	
	未执行 份 其中许可任务票：份		未执行 份 其中许可任务票： 份	
不合格票份数	共 份	作废票份数	共 份	
本月合格率	%	评价日期	年 月 日	
不合格票编号	不合格票人员归属	不合格理由		
本期存在的优缺点				
下阶段改进意见				

附　录　E

（资料性附录）

线　路　限　额　电　流　表

钢芯铝绞线载流量（A，工作温度 70℃）见表 E.1；铝绞线载流量（A，工作温度 70℃）见表 E.2；架空绝缘线载流量表（A）见表 E.3；10kV 三芯电力电缆允许载流量（A，工作温度 90℃）见表 E.4；1kV 三芯电力电缆允许载流量（A，工作温度 90℃）见表 E.5；35kV 及以下电缆在不同环境温度时的载流量的校正系数 K 见表 E.6；35kV 及以下电缆在不同环境温度时的载流量的校正系数 K 见表 E.7；直埋多根并行敷设时电缆载流量校正系数见表 E.8；空气中单层多根并行敷设电缆载流量校正系数见表 E.9。

表 E.1　钢芯铝绞线载流量（A，工作温度 70℃）

型　　号	LGJ　　LGJF					
导体截面/钢芯截面 mm²	环境温度 ℃					
	20	25	30	35	40	45
35/6	180	170	160	150	135	120
50/8	220	210	195	180	165	150
50/30	225	210	200	185	170	155
70/10	270	255	240	220	205	180
70/40	265	250	240	225	205	185
95/15	355	335	310	285	260	230
95/20	325	305	285	265	245	220
95/55	315	300	285	265	245	225
120/7	405	380	355	330	300	265
120/20	405	380	355	325	295	260
120/25	375	350	330	305	280	255
120/70	355	340	320	300	280	255
150/8	460	435	405	370	335	300
150/20	470	440	410	375	340	300
150/25	475	450	415	385	345	305
150/35	475	450	415	385	345	305
185/10	535	505	470	430	390	345
185/25	595	560	520	475	430	380

表 E.1（续）

型 号	LGJ		LGJF			
导体截面/钢芯截面 mm²	环境温度 ℃					
	20	25	30	35	40	45
185/30	540	510	475	435	395	345
185/45	550	520	480	445	400	355
240/30	655	615	570	525	475	415
240/40	645	605	565	520	470	410
240/55	655	615	570	525	475	420
300/15	730	685	635	585	530	465
300/20	740	695	645	595	540	475
300/25	745	700	650	600	540	475
300/40	745	700	650	600	540	475
300/70	765	715	665	610	550	485

表 E.2 铝绞线载流量（A，工作温度 70℃）

型号	LJ					
导体截面 mm²	环境温度 ℃					
	20	25	30	35	40	45
35	185	170	160	150	135	120
50	230	215	200	185	170	150
70	290	275	255	235	215	190
95	350	330	305	285	255	230
120	410	385	360	330	300	265
150	465	435	405	375	340	300
185	535	500	465	430	390	345
240	630	595	550	510	460	405
300	730	685	635	585	525	460

表 E.3 架空绝缘线载流量表（A）

导体标称截面 mm²	铜导体	铝导体
35	211	164
50	255	198
70	320	249
95	393	304

表 E.3（续）

导体标称截面 mm²	铜导体	铝导体
120	454	352
150	520	403
185	600	465
240	712	553
300	824	639

注：上表为中压 10kV 架空绝缘线（绝缘厚度 3.4mm），空气温度为 30℃时。

当空气温度不是 30℃时，应将表 E.3 中架空绝缘线的长期允许载流量乘以校正系数 K，其值由下式确定：

$$K = \sqrt{\frac{t_1 - t_0}{t_1 - 30}}$$

式中：

t_0——实际空气温度，℃；

t_1——电线长期允许工作温度，PE/PVC 绝缘为 70℃，XLPE 绝缘为 90℃。

表 E.4　10kV 三芯电力电缆允许载流量（A，工作温度 90℃）

绝缘类型		交联聚乙烯			
钢铠护套		无		有	
敷设方式		空气中	直埋	空气中	直埋
缆芯截面 mm²	25	100	90	100	90
	35	123	110	123	105
	50	146	125	141	120
	70	178	152	173	152
	95	219	182	214	182
	120	251	205	246	205
	150	283	223	278	219
	185	324	252	320	247
	240	378	292	373	292
	300	433	332	428	328
	400	506	378	501	374
	500	579	428	574	424
环境温度 ℃		40	25	40	25
土壤热阻系数 K·m/W		2.0		2.0	

注 1：表中系铝芯电缆数值；铜芯电缆的允许持续载流量值可乘以 1.29。

注 2：缆芯工作温度大于 70℃时，允许载流量的确定还应符合下列规定：

　　1. 数量较多的该类电缆敷设于未装机械通风的隧道、竖井时，应计入对环境温升的影响；

　　2. 电缆直埋敷设在干燥或潮湿土壤中，除实施换土处理等能避免水分迁移的情况外，土壤热阻系数取值不宜小于 2.0K·m/W。

表 E.5 1kV 三芯电力电缆允许载流量（A，工作温度 90℃）

绝缘类型		交联聚乙烯			
敷设方式		空气中		直埋	
电缆导体材质		铝	铜	铝	铜
缆芯截面 mm²	25	91	118	91	117
	35	114	150	113	143
	50	146	182	134	169
	70	178	228	165	208
	95	214	273	195	247
	120	246	314	221	282
	150	278	360	247	321
	185	319	410	278	356
	240	378	483	321	408
	300	419	552	365	469
环境温度 ℃		40	40	25	25
土壤热阻系数 K·m/W				2.0	2.0

表 E.6 35kV 及以下电缆在不同环境温度时的载流量的校正系 K

敷设环境		空气中				土壤中			
环境温度 ℃		30	35	40	45	20	25	30	35
缆芯最高工作温度 ℃	60	1.22	1.11	1.0	0.86	1.07	1.0	0.93	0.85
	65	1.18	1.09	1.0	0.89	1.06	1.0	0.94	0.87
	70	1.15	1.08	1.0	0.91	1.05	1.0	0.94	0.88
	80	1.11	1.06	1.0	0.93	1.04	1.0	0.95	0.90
	90	1.09	1.05	1.0	0.94	1.04	1.0	0.96	0.92

注：其它环境温度下载流量的校正系数 K 可按下式计算：

$$K = \sqrt{\frac{\theta_m - \theta_2}{\theta_m - \theta_1}}$$

式中：

θ_m——缆芯最高工作温度（℃）；

θ_1——对应于额定载流量的基准环境温度（℃）；在空气中取 40℃，在土壤中取 25℃；

θ_2——实际环境温度（℃）。

表 E.7　35kV 及以下电缆在不同环境温度时的载流量的校正系数 **K**

土壤热阻系数 K・m/W	分类特征 （土壤特性和雨量）	校正系数
0.8	土壤很潮湿，经常下雨。如湿度大于 9%的沙土；湿度大于 10%的沙—泥土等	1.05
1.2	土壤潮湿，规律性下雨。如湿度大于 7%但小于 9%的沙土；湿度为 12%～14%的沙—泥土等	1.0
1.5	土壤较干燥，雨量不大。如湿度为 8%～12%的沙—泥土等	0.93
2.0	土壤较干燥，少雨。如湿度大于 4%但小于 7%的沙土；湿度为 4%～8%的沙—泥土等	0.87
3.0	多石地层，非常干燥。如湿度小于 4%的沙土等	0.75

注：本表适用于缺乏实测土壤热阻系数时的粗略分类。

表 E.8　直埋多根并行敷设时电缆载流量校正系数

并列根数 缆间净距	1	2	3	4	5	6	7	8	9	10
100mm	1.00	0.9	0.85	0.80	0.78	0.75	0.73	0.72	0.71	0.70
200mm	1.00	0.92	0.87	0.84	0.82	0.81	0.80	0.79	0.79	0.78
300mm	1.00	0.93	0.90	0.87	0.86	0.85	0.85	0.84	0.84	0.83

注：本表不适用于三相交流系统中使用的单芯电缆。

表 E.9　空气中单层多根并行敷设电缆载流量校正系数

并列根数		1	2	3	4	6
电缆中心距	$s=d$	1.00	0.90	0.85	0.82	0.80
	$s=2d$	1.00	1.00	0.98	0.95	0.90
	$s=3d$	1.00	1.00	1.00	0.98	0.96

注 1：s 为电力电缆中心间距离，d 为电力电缆外径。

注 2：本表按全部电力电缆具有相同外径条件制订，当并列敷设的电力电缆外径不同时，d 值可近似地取电力电缆外径的平均值。

注 3：本表不适用于三相交流系统中使用的单芯电力电缆。

配电变压器运行规程

The code of distribution transformer operation

DL／T 1102 — 2009

2009-07-22发布　　　　　　　　　　　　　　　　　2009-12-01实施

目　次

前　言

　　为进一步加强农电系统 10kV 及以下配电变压器的运行管理，使其达到标准化、制度化，确保 10kV 及以下配电变压器的安全运行，提高运行可靠性，根据《国家发展改革委办公厅关于下达 2003 年行业标准项目补充计划的通知》（发改办工业〔2003〕873 号）制定本标准。本标准的编制结合了 DL/T 572—1995《电力变压器运行规程》有关内容，主要针对配电变压器的全过程管理，力求实用、全面、简洁和可操作，能满足对配电变压器运行管理的要求。

　　本标准由中国电力企业联合会提出。

　　本标准由电力行业农村电气化标准化技术委员会归口并负责解释。

　　本标准由山东电力集团公司负责起草，青州市供电公司参加起草。

　　本标准的主要起草人：王德明、张吉春、张莲瑛、李惠涛、王智贤、盛万兴、解芳、张永攀。

　　本标准在执行过程中的意见或建议反馈至中国电力企业联合会标准化中心（北京市宣武区白广路二条一号，100761）。

1　范围

本标准规定了 10kV 及以下配电变压器的安全要求、运行方式、运行维护、事故处理、变压器的安装与验收。

本标准适用于额定电压 10kV 及以下、三相容量不超过 2500kVA、单相容量不超过 833kVA 的油浸式或干式配电变压器（以下简称变压器）的运行管理。

2　规范性引用文件

下列标准的条款通过本标准的引用而成为本标准的条款。凡是注明日期的引用文件，其随后所有的修改或修订版均不适用于本标准，然而鼓励根据本标准达成协议的各方研究是否可使用这些文件的最新版本。凡是不注明日期的引用文件，其最新版本适用于本标准。

GB 1094.11　电力变压器　第 11 部分：干式变压器（GB 1094.11—2007，IEC 60076—11：2004，MOD）

GBJ 148—1990　电气装置安装工程　电力变压器、油浸电抗器、互感器施工及验收规范

GB/T 15164　油浸式电力变压器负载导则（GB/T 15164—1994，IEC 60354：1991，IDT）

GB/T 17211　干式电力变压器负载导则（GB/T 17211—1998，IEC 60905：1987，EQV）

DL/T 596—1996　电力设备预防性试验规程

DL/T 572　电力变压器运行规程

DL/T 573　电力变压器检修导则

3　安全基本要求

3.1　安装在室内或台上、柱上的变压器均应悬挂设备名称、编号牌、"禁止攀登，高压危险"等警示标志牌。

3.2　变压器室应能防火、防雨水、防涝、防雷电、防小动物，门应采用阻燃或不燃材料，门向外开启并应上锁。门上应标明变压器室的名称和运行编号，门外侧应设"止步，高压危险"等警示标志牌。

3.3　变压器的安装高度和距离应满足有关安全规程的规定，否则必须装设围栏并悬挂警告牌。

3.4　变压器外壳应可靠接地。

4　变压器运行方式

4.1　一般运行条件

4.1.1　变压器的运行电压一般不应高于该运行分接额定电压的 105%。对于特殊的使用情况（例如变压器的有功功率可以在任何方向流通），允许在不超过 110% 的额定电压下运行，对电流与电压的相互关系如无特殊要求，当负载电流为额定电流的 K（$K \leqslant 1$）倍时，按以下公式对电压 U 加以限制

$$U（\%）=110-5K^2 \tag{1}$$

4.1.2　无励磁调压变压器在额定电压 ±5% 范围内改换分接位置运行时，其额定容量不变。有载调压变压器各分接位置的容量，按制造厂的规定。

4.1.3 油浸式变压器顶层油温一般不超过表 1 的规定（制造厂有规定的按制造厂规定）。当冷却介质温度较低时，顶层油温也相应降低。自然循环冷却变压器的顶层油温一般不宜经常超过 85℃。

表1 油浸式变压器顶层油温一般规定值 单位：℃

冷却方式	冷却介质最高温度	最高顶层油温度
自然循环自冷、风冷	40	95

4.1.4 干式变压器的温度限值应按 GB 1094.11 的规定，限值如表 2 所示。

表2 绕 组 温 升 限 值

绝缘系统温度等级 ℃	额定电流下的绕组平均温升限值 K
105（A）	60
120（E）	75
130（B）	80
155（F）	100
180（H）	125
200	135
220	150
注：第一栏中括号内字母为绝缘系统温度等级代号。	

4.1.5 变压器三相负载不平衡时，应监视最大一相的电流。

接线为 Yyn0（或 YNyn0）和 Yzn11（或 YNzn11）的配电变压器，中性线电流的允许值分别为额定电流的 25% 和 40%，或按制造厂的规定。

4.2 变压器在不同负载状态下的运行方式

4.2.1 负载状态分为：正常周期性负载、长期急救周期性负载和短期急救负载。分类方法按 DL/T 572 的规定执行。

4.2.2 油浸式变压器在不同负载状态下运行时，一般应按 GB/T 15164 的规定执行。干式变压器在不同负载状态下运行时，一般应按 GB/T 17211 的规定执行。

4.2.3 负载系数 K 取值规定：双绕组变压器取任一绕组的负载电流标幺值。

4.2.4 正常周期性负载、长期急救周期性负载电流和温度限值如下：

a) 油浸式变压器正常周期性负载、长期急救周期性负载状态下的负载电流和温度的限值如表 3 所示。顶层油温限值为 105℃，当制造厂有关于超额定电流运行的明确规定时，应遵守制造厂的规定。

表3　油浸式变压器负载系数和温度限值

正常周期性负载	负载系数 K	1.5
	热点温度与绝缘材料接触的金属部件的温度	140℃
长期急救周期性负载	负载系数 K	1.8
	热点温度与绝缘材料接触的金属部件的温度	150℃

　　b）　干式变压器正常周期性负载其负载电流不应超过额定电流的 1.5 倍，各种负载状态下的绕组热点温度限值不应超过如表 4 所示最高允许值。当制造厂有关于超额定电流运行的明确规定时，应遵守制造厂的规定。

表4　干式变压器热点温度限值 单位：℃

绝缘系统的温度等级	绕组热点温度	
	额　定　值	最高允许值
105（A）	95	140
120（E）	110	155
130（B）	120	165
155（F）	145	190
180（H）	175	220
220（C）	210	250

4.2.5　附件和回路元件限制

4.2.5.1　变压器的载流附件和外部回路元件应能满足超额定电流运行的要求，当任一附件和回路元件不能满足要求，应按负载能力最小的附件和元件限制负载。

4.2.5.2　变压器的结构件不能满足超额定电流运行的要求时，应根据具体情况确定是否限制负载和限制的程度。

4.2.6　正常周期性负载运行

4.2.6.1　变压器在额定使用条件下，全年可按额定电流运行。

4.2.6.2　当变压器有较严重缺陷时，不宜超额定电流运行，应加强检查巡视。

4.2.6.3　正常周期性负载运行方式下，超额定电流运行时，允许的负载系数 K_2 和时间可按GB/T 15164 及 GB/T 17211 的方法确定：根据具体变压器的热特性数据和实际负载周期图，用温度计算方法计算。

4.2.7　长期急救周期性负载运行

4.2.7.1　长期急救周期性负载下运行时，将在不同程度上缩短变压器的寿命，应减少出现这种运行方式；必须采用时，应缩短超额定电流运行的时间，降低超额定电流的倍数，有条件时（按制造厂规定）投入备用冷却器（包括吹风机、排风扇等）。

4.2.7.2　当变压器有较严重的缺陷（如严重渗油，有局部过热现象，油中溶解气体分析结果异常等）或绝缘有弱点时，不宜超负荷运行，并加强巡视检查。

4.2.8　短期急救负载运行

4.2.8.1　油浸式变压器短期急救负载下运行，变压器温度达到 85℃ 时，应投入包括备用在内的全部冷却器（通风或风扇吹风等方式），并尽量压缩负载、减少时间，一般不超过 0.5h。当变压器有严重缺陷或绝缘有弱点时，不宜超负荷运行。

4.2.8.2　油浸式变压器 0.5h 短期急救负载允许的负载系数 K_2 见表 5。

表 5　油浸式变压器 0.5h 短期急救负载的负载系数 K₂

急救负载前的负载系数 K_1	环 境 温 度 ℃							
	40	30	20	10	0	−10	−20	−25
0.7	1.95	2.00	2.00	2.00	2.00	2.00	2.00	2.00
0.8	1.90	2.00	2.00	2.00	2.00	2.00	2.00	2.00
0.9	1.84	1.95	2.00	2.00	2.00	2.00	2.00	2.00
1.0	1.75	1.86	2.00	2.00	2.00	2.00	2.00	2.00
1.1	1.65	1.80	1.90	2.00	2.00	2.00	2.00	2.00
1.2	1.55	1.68	1.84	1.95	2.00	2.00	2.00	2.00

4.2.8.3　在短期急救负载运行期间，应进行实时监视并有详细的负载电流记录。 对于不具备监视条件的不宜短期急救负载运行。

4.2.8.4　干式变压器的急救负载的运行要求，按制造厂规定和相应导则的要求。

5　变压器的运行维护

5.1　变压器的运行巡视

5.1.1　变压器应在每次定期检查时记录其电压、电流和顶层油温，以及曾达到的最高顶层油温等。变压器应在最大负载期间测量三相电流，并设法保持基本平衡。对有远方监测装置的变压器，应经常监视仪表的指示，及时掌握变压器运行情况。

5.1.2　变压器的巡视周期：

　　a）　每月至少一次，每季至少进行一次夜间巡视。

　　b）　特殊情况下应增加巡视次数。

5.1.3　在下列情况下应对变压器进行特殊巡视检查，增加巡视检查次数：

　　a）　新设备或经过检修、改造的变压器在投运 72h 内。

　　b）　有严重缺陷时。

　　c）　气象突变（如大风、大雾、大雪、冰雹、寒潮等）时。

　　d）　雷雨季节特别是雷雨后。

　　e）　高温季节、高峰负载期间。

　　f）　节假日、重大活动期间。

　　g）　变压器急救负载运行时。

5.1.4　变压器巡视检查一般应包括以下内容：

　　a）　变压器的油温和温度计应正常，变压器油位、油色应正常，各部位无渗油、漏油。

b) 套管外部无破损裂纹、无严重油污、无放电痕迹及其他异常现象。

c) 变压器音响正常，外壳及箱沿应无异常过热。

d) 气体继电器内应无气体、吸湿器完好，吸附剂干燥无变色。

e) 引线接头、电缆、母线应无过热迹象。

f) 压力释放器或安全气道及防爆膜应完好无损。

g) 有载分接开关的分接位置及电源指示应正常。

h) 各控制箱和二次端子箱应关严，无受潮；各种保护装置应齐全、良好。

i) 变压器外壳接地良好。

j) 各种标志应齐全明显；消防设施应齐全完好。

k) 室（洞）内变压器通风设备应完好；贮油池和排油设施应保持良好状态。

l) 变压器室的门、窗、照明应完好，房屋不漏水，温度正常。

m) 干式变压器的外部表面应无积污、裂纹及放电现象。

n) 现场规程中根据变压器的结构特点补充检查的其他项目。

5.2 变压器的投运和停运

5.2.1 在投运变压器之前，运行人员应仔细检查，确认变压器及其保护装置在良好状态，具备带电运行条件。应注意外部有无异物，临时接地线是否已拆除，分接开关位置是否正确，各阀门开闭是否正确。变压器在低温投运时，应防止呼吸器因结冰被堵。

5.2.2 运用中的备用变压器应随时可以投入运行。长期停运者应定期充电，容量 630kVA 及以上者，每半年至少充电一次，容量 630kVA 以下者，每年至少充电一次。变压器停用时间超过 1 年，重新投入运行前，应按 DL/T 596—1996 中"投运前"规定内容进行试验。

5.2.3 变压器投运和停运的操作程序应在现场规程中规定，并须遵守下列各项：

a) 变压器的充电应在有保护装置的电源侧用断路器操作，停运时应先停负载侧，后停电源侧。

b) 用跌落式熔断器投切空载配电变压器的顺序为：投入时，先合上风侧、再合下风侧，最后和中相；切除时与此相反。

5.2.4 新投运的变压器应按变压器安装验收规范的规定试运行。更换绕组后的变压器参照执行，容量 630kVA 及以上者，其冲击合闸次数为 3 次，每次间隔不得少于 5min。

5.2.5 新装、大修、事故检修或换油后的变压器，在施加电压前静放时间不应少于 12h。

5.2.6 变压器在停运和保管期间，应防止绝缘受潮。

5.3 气体保护装置的运行

5.3.1 对容量 800kVA 及以上的油浸变压器应装设气体保护装置。

5.3.2 变压器运行时气体保护装置应接信号和跳闸。用一台断路器控制两台变压器时，如其中一台转入备用，则应将备用变压器气体保护装置跳闸改接信号。

5.4 变压器分接开关的运行维护

5.4.1 无励磁调压变压器在变换分接时，应作多次转动，以便消除触头上的氧化膜和油污。在确认变换分接正确并锁紧后，测量绕组的直流电阻合格后，方可投入运行。

5.4.2 变压器有载分接开关的操作，应遵守如下规定：

a) 应逐级调压，同时监视分接位置及电压、电流的变化。

b) 有载调压变压器并联运行时，其调压操作应轮流逐级或同步进行。

5.4.3 变压器的有载分接开关的维护，应按制造厂的规定进行。无制造厂规定者可参照以下规定：

    a) 新投入的分接开关，在投运后 1～2 年或切换 5000 次后，应将切换开关吊出检查，此后可按实际情况确定检查周期。

    b) 运行中的有载分接开关切换 5000～10 000 次后或绝缘油的击穿电压低于 25kV 时，应更换切换开关箱的绝缘油。

    c) 操作机构应经常保持良好状态。

    d) 长期不调和有长期不用的分接位置的有载分接开关，应在有停电机会时，在最高和最低分接间操作 2 个循环。

5.4.4 为防止开关在严重过负载时进行切换，应按有载开关制造厂家规定控制过载负荷。

5.5 变压器的并列运行

5.5.1 变压器并列运行的基本条件：

    a) 电压比相等。

    b) 短路阻抗差不超出 10%。

    c) 绕组联结组标号相同。

    d) 容量比应在 0.5～2 之间。

    e) 短路阻抗差不超出 10%或电压比不等的变压器，在任何一台都满足本标准 4.2 规定的情况下，也可并列运行。

5.5.2 新装或变动过内外连接线的变压器，并列运行前必须核定相位。

5.5.3 有载调压变压器与无励磁调压变压器并联运行时，应满足并列运行条件。

5.6 变压器的经济运行

5.6.1 变压器的投运台数应按负载情况，从安全、经济原则出发，合理安排。

5.6.2 可以相互调配负载的变压器，应考虑合理分配负载，使总损耗最小。

5.7 变压器运行技术文件、资料

5.7.1 基础资料应包括设备台账、安装图纸、试验报告（包含出厂试验、交接试验等）。

5.7.2 运行检修资料应包含巡视记录、检修记录、接地电阻测试记录、三相负荷测量、漏电保护器测试等内容。

6 变压器的故障和事故处理

6.1 运行中的不正常现象和处理

6.1.1 检查人员在变压器运行中发现不正常现象时，应设法尽快消除，并报告上级和做好记录。

6.1.2 变压器有下列情况之一者应立即停运。

    a) 变压器冒烟着火。

    b) 严重漏油或喷油，使油面下降到低于油位计的指示限度。

    c) 变压器声响明显增大，内部有爆裂声。

    d) 套管有严重的破损和放电现象。

    e) 发生其他危及变压器安全的故障，而变压器的有关保护装置拒动。

    f) 变压器附近的设备着火、爆炸或发生其他情况，对变压器构成严重威胁。

g) 变压器顶层油温异常升高，超过最大规定值。

6.1.3 变压器油温升高超过制造厂规定或表1规定值时，检查人员应按以下步骤检查处理：

a) 核对温度测量装置。

b) 检查变压器的负载和冷却介质的温度。

c) 检查变压器室的通风情况或变压器冷却装置。

d) 若温度升高的原因是由于冷却系统的故障，且在运行中无法修理者，应将变压器停运修理；若不能立即停运修理，则检查人员应调整变压器的负载至允许运行温度下的相应容量。

e) 油浸变压器在超额定电流方式下运行，若顶层油温超过85℃时，应立即降低负载。

6.1.4 当发现变压器的油面较当时油温所应有的油位显著降低时，应查明原因。

6.1.5 变压器油位因温度上升有可能高出油位指示极限，则应放油，使油位降至与当时油温相对应的高度，以免溢油。

6.2 气体保护装置动作的处理

6.2.1 气体保护信号动作时，应立即对变压器进行检查，查明动作的原因。

6.2.2 气体保护动作跳闸时，未查明原因消除故障不得将变压器投入运行。为查明原因应重点考虑以下因素，作出综合判断：

a) 是否呼吸不畅或排气未尽。

b) 保护等二次回路是否正常。

c) 变压器外观有无明显反映故障性质的异常现象。

d) 气体继电器中积聚气体量，是否可燃。

e) 气体继电器中的气体和油中溶解气体的色谱分析结果。

f) 必要的电气试验结果。

g) 变压器其他继电保护装置动作情况。

6.3 变压器着火处理

变压器着火时，应立即断开电源，并迅速采取灭火措施，防止火势蔓延。

7 变压器的安装、检修、试验和验收

7.1 变压器的安装项目和要求，应符合 GBJ 148—1990 中第 1 章和第 2 章的规定，以及制造厂的特殊要求。

7.1.1 变压器的安装应按照设计图纸进行，安装应稳固可靠。

7.1.2 变压器安装位置应避开易爆、易燃、污秽严重及地势低洼地带。

7.1.3 柱上安装或屋顶安装的变压器，其底座距地面不应小于 2.5m。

7.1.4 安装在室内的变压器，其外廓与后壁、侧壁净距不宜小于 600mm、800mm，变压器外廓与门净距不宜小于 800mm。

7.1.5 在变压器上方进行电气焊等安装工作时，应对变压器进行防护，并不得踩踏变压器瓷件等易碎、易裂部件。

7.1.6 干式变压器就位后，应加强保护，防止铁件进入绕组内，绕组不得敲击或重压。

7.2 运行中的变压器存在下列情况之一时，需要进行试验或检修：

a) 经判断存在变压器内部故障。

    b）运行中存在严重缺陷。

    c）经常性过负荷运行。

    d）其他必要时。

试验和检修项目及要求，应按 DL/T 573 及 DL/T 596 执行。

7.3 新安装变压器的验收应按 GBJ 148—1990 中 2.10 的规定和制造厂的要求进行。

7.4 变压器检修后的验收按 DL/T 573 的有关规定进行。

电力电缆及通道运维规程

Regulations of operating and maintenance for power cable and channel

（节选）

Q／GDW 1512—2014

代替 Q／GDW 512—2010

2014-11-20发布

2014-11-20实施

目　次

前　言

本标准替代 Q/GDW 512—2010，与 Q/GDW 512—2010 相比，主要技术性差异如下：

——增加了电缆通道巡视检查和维护、在线监测和带电检测设备维护内容；

——修改了巡视检查、安全防护、状态评价和维护内容；

——删除了抢修和故障处理的内容。

本标准由国家电网公司运维检修部提出并解释。

本标准由国家电网公司科技部归口。

本标准起草单位：国网浙江省电力公司、中国电力科学研究院、国网北京市电力公司、国网福建省电力公司、国网湖北省电力公司。

本标准主要起草人：任广振、胡伟、方炯、潘杰、丛光、赵健康、饶文斌、严有祥、朱圣盼、宁昕、姜伟、李文杰、钟晖、朱义勇。

本标准 2010 年首次发布，2014 年第一次修订。

1　范围

本标准规定了国家电网公司所辖电力电缆本体、附件、附属设备、附属设施及通道的验收、巡视检查、安全防护、状态评价、维护等要求。

本标准适用于额定电压为 500kV 及以下的电力电缆及通道（以下简称电缆及通道）。

2　规范性引用文件

下列文件对于本文件的应用是必不可少的。凡是注日期的引用文件，仅注日期的版本适用于本文件。凡是不注日期的引用文件，其最新版本（包括所有的修改单）适用于本文件。

GB 311.1—2012　绝缘配合　第一部分：定义、原则和规程

GB/T 507　绝缘油击穿电压测定法

GB 4208　外壳防护等级

GB/T 12706.1　额定电压 1kV（U_m=1.2kV）到 35kV（U_m=40.5kV）挤包绝缘电力电缆及附件

GB/T 23858　检查井盖

GB 50149　电气装置安装工程　母线装置施工及验收规范

GB 50156　汽车加油加气站设计与施工规范

GB 50168　电气装置安装工程　电缆线路施工及验收规范

GB 50217　电力工程电缆设计规范

JJF 1075　钳形电流表校准规范

DL/T 393　输变电设备状态检修试验规程

DL/T 596　电力设备预防性试验规程

DL/T 664　带电设备红外诊断应用规范

DL/T 907　热力设备红外检测导则

DL/T 5161　电气装置安装工程质量检验及评定规程

DL/T 5221　城市电力电缆线路设计技术规定

Q/GDW 1799　电力安全工作规程

Q/GDW 371　10（6）kV～500kV 电缆线路技术标准

Q/GDW 454—2010　金属氧化物避雷器状态评价导则

Q/GDW 456　电缆线路状态评价导则

Q/GDW 643　配网设备状态检修试验规程

Q/GDW 1799　电力安全工作规程

3 术语和定义

下列术语和定义适用于本文件。

3.1 电缆本体 cable body

指除去电缆接头和终端等附件以外的电缆线段部分。

3.2 电缆附件 cable accessories

电缆终端、电缆接头等电缆线路组成部件的统称。

3.3 附属设备 auxiliary equipments

避雷器、接地装置、供油装置、在线监测装置等电缆线路附属装置的统称。

3.4 附属设施 auxiliary facilities

电缆支架、标识标牌、防火设施、防水设施、电缆终端站等电缆线路附属部件的统称。

3.5 电缆通道 cable channels

电缆隧道、电缆沟、排管、直埋、电缆桥、电缆竖井等电缆线路的土建设施。

3.6 电缆终端 cable termination

安装在电缆末端，以使电缆与其他电气设备或架空输配电线路相连接，并维持绝缘直至连接点的装置。

3.7 电缆接头 cable joint

连接电缆与电缆的导体、绝缘、屏蔽层和保护层，以使电缆线路连续的装置。

3.8 供油装置 oil installations device

与充油电缆相连接，保持充油电缆一定的油压，防止空气和潮气侵入电缆内部的装置。

3.9 接地装置 grounding device

与电缆金属屏蔽（金属套）层相连接，将接地电流进行分流的装置。

3.10 接地箱 earthing box

用于单芯电缆线路中，为降低电缆护层感应电压，将电缆的金属屏蔽（金属套）直接接地或通过过电压限制器后接地的装置，有电缆护层直接接地箱、电缆护层保护接地箱两种，其中电缆护层保护接地箱中装有护层过电压限制器。

3.11 交叉互联箱 cross-bonding box

用于在长电缆线路中，为降低电缆护层感应电压，依次将一相绝缘接头一侧的金属套和另一相绝缘接头另一侧的金属套相互连接后再集中分段接地的一种密封装置。包括护层过电压限制器、接地排、换位排、公共接地端子等。

3.12 电缆护层过电压限制器 shield overvoltage limiter

串接在电缆金属屏蔽（金属套）和大地之间，用来限制在系统暂态过程中金属屏蔽层电压的装置。

3.13 回流线 parallel earth continuous conductor

单芯电缆金属屏蔽（金属套）单端接地时，为抑制单相接地故障电流形成的磁场对外界的影响和降低金属屏蔽（金属套）上的感应电压，沿电缆线路敷设一根阻抗较低的接地线。

3.14 电缆支架 cable bearer

用于支持和固定电力电缆的装置。

3.15 电缆桥架 **cable tray**

又名电缆托架，由托盘或梯架的直线段、弯通、组件以及托臂（悬臂支架）、吊架等构成具有密集支撑电缆的刚性结构系统之全称。

3.16 非开挖定向钻技术 **trenchless directional drilling technology**

安装于地表的钻孔设备以相对于地面较小的入射角钻入地层形成先导孔，然后再把先导孔径度扩大到所需要的大小来铺设管道或排线的一种技术。

注：非开挖定向钻拖拉管是通过定向钻技术敷设的电力电缆管道。

3.17 综合管廊 **municipal tunnel**

在城市地下建造的市政公用隧道空间，将电力、通讯、供水等市政公用管线，根据规划的要求集中敷设在一个构筑物内，实施统一规划、设计、施工和管理。

4 运维基本要求

4.1 电缆及通道运行维护工作应贯彻安全第一、预防为主、综合治理的方针，严格执行 Q/GDW 1799 的有关规定。

4.2 运维人员应熟悉《中华人民共和国电力法》《电力设施保护条例》《电力设施保护条例实施细则》及《国家电网公司电力设施保护工作管理办法》等国家法律、法规和公司有关规定。

4.3 运维人员应掌握电缆及通道状况，熟知有关规程制度，定期开展分析，提出相应的事故预防措施并组织实施，提高设备安全运行水平。

4.4 运维人员应经过技术培训并取得相应的技术资质，认真做好所管辖电缆及通道的巡视、维护和缺陷管理工作，建立健全技术资料档案，并做到齐全、准确，与现场实际相符。

4.5 运维单位应参与电缆及通道的规划、路径选择、设计审查、设备选型及招标等工作。根据历年反事故措施、安全措施的要求和运行经验，提出改进建议，力求设计、选型、施工与运行协调一致。应按相关标准和规定对新投运的电缆及通道进行验收。

4.6 运维单位应建立岗位责任制，明确分工，做到每回电缆及通道有专人负责。每回电缆及通道应有明确的运维管理界限，应与发电厂、变电所、架空线路、开闭所和临近的运行管理单位（包括用户）明确划分分界点，不应出现空白点。

4.7 运维单位应全面做好电力电缆及通道的巡视检查、安全防护、状态管理、维护管理和验收工作，并根据设备运行情况，制定工作重点，解决设备存在的主要问题。

4.8 运维单位应开展电力设施保护宣传教育工作，建立和完善电力设施保护工作机制和责任制，加强电力电缆及通道保护区管理，防止外力破坏。在邻近电力电缆及通道保护区的打桩、深基坑开挖等施工，应要求对方做好电力设施保护。

4.9 运维单位对易发生外力破坏、偷盗的区域和处于洪水冲刷区易坍塌等区域内的电缆及通道，应加强巡视，并采取针对性技术措施。

4.10 运维单位应建立电力电缆及通道资产台账，定期清查核对，保证账物相符。对与公用电网直接连接的且签订代维护协议的用户电缆应建立台账。

4.11 运维单位应积极采用先进技术，实行科学管理。新材料和新产品应通过标准规定的试验、鉴定或工厂评估合格后方可挂网试用，在试用的基础上逐步推广应用。

4.12 35kV 及以上架空线入地，应保障抢修及试验车辆能到达终端站、终端塔（杆）现场，同一线路不应分多段入地。

4.13 同一户外终端塔，电缆回路数不应超过 2 回。采用两端 GIS 的电缆线路，GIS 应加装试验套管，便于电缆试验。

6 验收

6.1 一般规定

电缆及通道验收除遵循本文件相关规定外，还应按照 GB 50168、DL/T 5161 等标准进行验收。验收分为到货验收、中间验收和竣工验收。

6.2 到货验收

6.2.1 设备到货后，运维单位应参与对现场物资的验收。

6.2.2 检查设备外观、设备参数是否符合技术标准和现场运行条件。

6.2.3 检查设备合格证、试验报告、专用工器具、设备安装与操作说明书、设备运行检修手册等是否齐全。

6.2.4 每批次电缆应提供抽样试验报告。

6.3 验收前工作准备

6.3.1 建设单位提供相应的设计图、工程竣工完工报告和竣工图等书面资料，包括验收申请、施工总结、路径图、管位剖面图、具体结构图、设计变更联系单等。

6.3.2 监理单位应提供相应的工程监理报告。

6.3.3 建设单位应做好有限空间作业准备工作，做好通风、杂物和积水清理，提前开井，确保验收工作顺利进行。

6.4 中间验收

6.4.1 运维单位根据施工计划参与隐蔽工程（如：电缆管沟土建等工程）和关键环节的中间验收。

6.4.2 运维单位根据验收意见，督促相关单位对验收中发现的问题进行整改并参与复验。

6.5 竣工验收

6.5.1 竣工验收包括资料验收、现场验收及试验。

6.5.2 电缆及通道验收时应做好下列资料的验收和归档。

　　a) 电缆及通道走廊以及城市规划部门批准文件。包括建设规划许可证、规划部门对于电缆及通道路径的批复文件、施工许可证等；

　　b) 完整的设计资料，包括初步设计、施工图及设计变更文件、设计审查文件等；

　　c) 电缆及通道沿线施工与有关单位签署的各种协议文件；

　　d) 工程施工监理文件、质量文件及各种施工原始记录；

　　e) 隐蔽工程中间验收记录及签证书；

　　f) 施工缺陷处理记录及附图；

　　g) 电缆及通道竣工图纸应提供电子版，三维坐标测量成果；

　　h) 电缆及通道竣工图纸和路径图，比例尺一般为 1:500，地下管线密集地段为 1:100，管线稀少地段，为 1:1000。在房屋内及变电所附近的路径用 1:50 的比例尺绘制。平行敷设的电缆，应标明各条线路相对位置，并标明地下管线剖面图。电缆如采用特殊设计，应有相应的图纸和说明；

i) 电缆敷设施工记录，应包括电缆敷设日期、天气状况、电缆检查记录、电缆生产厂家、电缆盘号、电缆敷设总长度及分段长度、施工单位、施工负责人等；

j) 电缆附件安装工艺说明书、装配总图和安装记录；

k) 电缆原始记录：长度、截面积、电压、型号、安装日期、电缆及附件生产厂家、设备参数，电缆及电缆附件的型号、编号、各种合格证书、出厂试验报告、结构尺寸、图纸等；

l) 电缆交接试验记录；

m) 单芯电缆接地系统安装记录、安装位置图及接线图；

n) 有油压的电缆应有供油系统压力分布图和油压整定值等资料，并有警示信号接线图；

o) 电缆设备开箱进库验收单及附件装箱单；

p) 一次系统接线图和电缆及通道地理信息图；

q) 非开挖定向钻拖拉管竣工图应提供三维坐标测量图，包括两端工作井的绝对标高、断面图、定向孔数量、平面位置、走向、埋深、高程、规格、材质和管束范围等信息。

6.5.3 现场验收包括电缆本体、附件、附属设备、附属设施和通道验收，依据本标准运维技术要求执行。

6.5.4 对投入运行前的电缆除按照规定进行交接试验外。试验项目还应包括下列项目：

a) 充油电缆油压报警系统试验；

b) 线路参数试验，包括测量电缆的正序阻抗、负序阻抗、零序阻抗、电容量和导体直流电阻等；

c) 接地电阻测量。

7 巡视检查

7.1 一般要求

7.1.1 运维单位对所管辖电缆及通道，均应指定专人巡视，同时明确其巡视的范围、内容和安全责任，并做好电力设施保护工作。

7.1.2 运维单位应编制巡视检查工作计划，计划编制应结合电缆及通道所处环境、巡视检查历史记录以及状态评价结果。电缆及通道巡视记录表参见附录G。

7.1.3 运维单位对巡视检查中发现的缺陷和隐患进行分析，及时安排处理并上报上级生产管理部门。

7.1.4 运维单位应将预留通道和通道的预留部分视作运行设备，使用和占用应履行审批手续。

7.1.5 巡视检查分为定期巡视、故障巡视、特殊巡视三类。

7.1.6 定期巡视包括对电缆及通道的检查，可以按全线或区段进行。巡视周期相对固定，并可动态调整。电缆和通道的巡视可按不同的周期分别进行。

7.1.7 故障巡视应在电缆发生故障后立即进行，巡视范围为发生故障的区段或全线。对引发事故的证物证件应妥为保管设法取回，并对事故现场应进行记录、拍摄，以便为事故分析提供证据和参考。具有交叉互联的电缆跳闸后，应同时对电缆上的交叉互联箱、接地箱进行巡视，还应对给同一用户供电的其它电缆开展巡视工作以保证用户供电安全。

7.1.8 特殊巡视应在气候剧烈变化、自然灾害、外力影响、异常运行和对电网安全稳定运行有特殊要求时进行，巡视的范围视情况可分为全线、特定区域和个别组件。对电缆及通道周边的施工行为应加强巡视，已开挖暴露的电缆线路，应缩短巡视周期，必要时安装移动视频监控装置进行实时监控或安排人员看护。

7.2 巡视周期的确定原则

7.2.1 运维单位应根据电缆及通道特点划分区域，结合状态评价和运行经验确定电缆及通道的巡视周期。同时依据电缆及通道区段和时间段的变化，及时对巡视周期进行必要的调整。

7.2.2 定期巡视周期：

    a) 110（66）kV 及以上电缆通道外部及户外终端巡视：每半个月巡视一次；

    b) 35kV 及以下电缆通道外部及户外终端巡视：每 1 个月巡视一次；

    c) 发电厂、变电站内电缆通道外部及户外终端巡视：每三个月巡视一次；

    d) 电缆通道内部巡视：每三个月巡视一次；

    e) 电缆巡视：每三个月巡视一次；

    f) 35kV 及以下开关柜、分支箱、环网柜内的电缆终端结合停电巡视检查一次；

    g) 单电源、重要电源、重要负荷、网间联络等电缆及通道的巡视周期不应超过半个月；

    h) 对通道环境恶劣的区域，如易受外力破坏区、偷盗多发区、采动影响区、易塌方区等应在相应时段加强巡视，巡视周期一般为半个月；

    i) 水底电缆及通道应每年至少巡视一次；

    j) 对于城市排水系统泵站供电电源电缆，在每年汛期前进行巡视；

    k) 电缆及通道巡视应结合状态评价结果，适当调整巡视周期。

7.3 电缆巡视检查要求及内容

7.3.1 电缆巡视应沿电缆逐个接头、终端建档进行并实行立体式巡视，不得出现漏点（段）。

7.3.2 电缆巡视检查的要求及内容按照表 7 执行，并按照附录 I 中规定的缺陷分类及判断依据上报缺陷。

表 7　电缆巡视检查要求及内容

巡视对象	部件	要求及内容
电缆本体	本体	a) 是否变形。 b) 表面温度是否过高
	外护套	是否存在破损情况和龟裂现象
附件	电缆终端	a) 套管外绝缘是否出现破损、裂纹，是否有明显放电痕迹、异味及异常响声；套管密封是否存在漏油现象；瓷套表面不应严重结垢。 b) 套管外绝缘爬距是否满足要求。 c) 电缆终端、设备线夹、与导线连接部位是否出现发热或温度异常现象。 d) 固定件是否出现松动、锈蚀、支撑瓷瓶外套开裂、底座倾斜等现象。 e) 电缆终端及附近是否有不满足安全距离的异物。 f) 支撑绝缘子是否存在破损情况和龟裂现象。 g) 法兰盘尾管是否存在渗油现象。 h) 电缆终端是否有倾斜现象，引流线不应过紧。 i) 有补油装置的交联电缆终端应检查油位是否在规定的范围之间，检查 GIS 筒内有无放电声响，必要时测量局部放电

表7（续）

巡视对象	部件	要求及内容
附件	电缆接头	a）是否浸水。 b）外部是否有明显损伤及变形，环氧外壳密封是否存在内部密封胶向外渗漏现象。 c）底座支架是否存在锈蚀和损坏情况，支架应稳固是否存在偏移情况。 d）是否有防火阻燃措施。 e）是否有铠装或其它防外力破坏的措施
	避雷器	a）避雷器是否存在连接松动、破损、连接引线断股、脱落、螺栓缺失等现象。 b）避雷器动作指示器是否存在图文不清、进水和表面破损、误指示等现象。 c）避雷器均压环是否存在缺失、脱落、移位现象。 d）避雷器底座金属表面是否出现锈蚀或油漆脱落现象。 e）避雷器是否有倾斜现象，引流线是否过紧。 f）避雷器连接部位是否出现发热或温度异常现象
	供油装置	a）供油装置是否存在渗、漏油情况。 b）压力表计是否损坏。 c）油压报警系统是否运行正常，油压是否在规定范围之内
	接地装置	a）接地箱箱体（含门、锁）是否缺失、损坏，基础是否牢固可靠。 b）交叉互联换位是否正确，母排与接地箱外壳是否绝缘。 c）主接地引线是否接地良好，焊接部位是否做防腐处理。 d）接地类设备与接地箱接地母排及接地网是否连接可靠，是否松动、断开。 e）同轴电缆、接地单芯引线或回流线是否缺失、受损
附属设施	在线监测装置	a）在线监测硬件装置是否完好。 b）在线监测装置数据传输是否正常。 c）在线监测系统运行是否正常
	电缆支架	a）电缆支架应稳固，是否存在缺件、锈蚀、破损现象。 b）电缆支架接地是否良好
	标识标牌	a）电缆线路铭牌、接地箱（交叉互联箱）铭牌、警告牌、相位标识牌是否缺失、清晰、正确。 b）路径指示牌（桩、砖）是否缺失、倾斜
	防火设施	a）防火槽盒、防火涂料、防火阻燃带是否存在脱落。 b）变电所或电缆隧道出入口是否按设计要求进行防火封堵措施

7.4　通道巡视检查要求及内容

7.4.1　通道巡视应对通道周边环境、施工作业等情况进行检查，及时发现和掌握通道环境的动态变化情况。

7.4.2　在确保对电缆巡视到位的基础上宜适当增加通道巡视次数，对通道上的各类隐患或危险点安排定点检查。

7.4.3　对电缆及通道靠近热力管或其它热源、电缆排列密集处，应进行电缆环境温度、土壤温度和电缆表面温度监视测量，以防环境温度或电缆过热对电缆产生不利影响。

7.4.4 通道巡视检查要求及内容按照表 8 执行，并按照附录 I 中规定的缺陷分类及判断依据上报缺陷。

表 8　通道巡视检查要求及内容

巡视对象		要求及内容
通道	直埋	a）电缆相互之间，电缆与其它管线、构筑物基础等最小允许间距是否满足要求。 b）电缆周围是否有石块或其它硬质杂物以及酸、碱强腐蚀物等
	电缆沟	a）电缆沟墙体是否有裂缝、附属设施是否故障或缺失。 b）竖井盖板是否缺失、爬梯是否锈蚀、损坏。 c）电缆沟接地网接地电阻是否符合要求
	隧道	a）隧道出入口是否有障碍物； b）隧道出入口门锁是否锈蚀、损坏。 c）隧道内是否有易燃、易爆或腐蚀性物品，是否有引起温度持续升高的设施； d）隧道内地坪是否倾斜、变形及渗水； e）隧道墙体是否有裂缝、附属设施是否故障或缺失。 f）隧道通风亭是否有裂缝、破损。 g）隧道内支架是否锈蚀、破损。 h）隧道接地网接地电阻是否符合要求。 i）隧道内电缆位置正常，无扭曲，外护层无损伤，电缆运行标识清晰齐全；防火墙、防火涂料、防火包带应完好无缺，防火门开启正常。 j）隧道内电缆接头有无变形，防水密封良好；接地箱有无锈蚀，密封、固定良好
	隧道	a）隧道内同轴电缆、保护电缆、接地电缆外皮无损伤，密封良好，接触牢固。 b）隧道内接地引线无断裂，紧固螺丝无锈蚀，接地可靠。 c）隧道内电缆固定夹具构件、支架，应无缺损、无锈蚀，应牢固无松动。 d）现场检查有无白蚁、老鼠咬伤电缆。 e）隧道投料口、线缆孔洞封堵是否完好。 f）隧道内其它管线有无异常状况。 g）隧道通风、照明、排水、消防、通讯、监控、测温等系统或设备是否运行正常，是否存在隐患和缺陷
	工作井	a）接头工作井内是否长期存在积水现象，地下水位较高、工作井内易积水的区域敷设的电缆是否采用阻水结构。 b）工作井是否出现基础下沉、墙体坍塌、破损现象。 c）盖板是否存在缺失、破损、不平整现象。 d）盖板是否压在电缆本体、接头或者配套辅助设施上。 e）盖板是否影响行人、过往车辆安全
	排管	a）排管包封是否破损、变形。 b）排管包封砼层厚度是否符合设计要求的，钢筋层结构是否裸露。 c）预留管孔是否采取封堵措施
	电缆桥架	a）电缆桥架电缆保护管、沟槽是否脱开或锈蚀，盖板是否有缺损。 b）电缆桥架是否出现倾斜、基础下沉、覆土流失等现象，桥架与过渡工作井之间是否产生裂缝和错位现象。 c）电缆桥架主材是否存在损坏、锈蚀现象

表 8（续）

巡视对象		要求及内容
通道	水底电缆	a）水底电缆管道保护区内是否有挖砂、钻探、打桩、抛锚、拖锚、底拖捕捞、张网、养殖或者其它可能破坏海底电缆管道安全的水上作业。 b）水底电缆管道保护区内是否发生违反航行规定的事件。 c）临近河（海）岸两侧是否有受潮水冲刷的现象，电缆盖板是否露出水面或移位，河岸两端的警告牌是否完好
	其他	a）电缆通道保护区内是否存在土壤流失，造成排管包封、工作井等局部点暴露或者导致工作井、沟体下沉、盖板倾斜。 b）电缆通道保护区内是否修建建筑物、构筑物。 c）电缆通道保护区内是否有管道穿越、开挖、打桩、钻探等施工。 d）电缆通道保护区内是否被填埋。 e）电缆通道保护区内是否倾倒化学腐蚀物品。 f）电缆通道保护区内是否有热力管道或易燃易爆管道泄漏现象。 g）终端站、终端塔（杆、T 接平台）周围有无影响电缆安全运行的树木、爬藤、堆物及违章建筑等

8　安全防护

8.1　一般要求

8.1.1　电缆及通道应按照《电力设施保护条例》及其实施细则有关规定，采取相应防护措施。

8.1.2　电缆及通道应做好电缆及通道的防火、防水和防外力破坏。

8.1.3　对电网安全稳定运行和可靠供电有特殊要求时，应制定安全防护方案，开展动态巡视和安全防护值守。

8.2　保护区及要求

8.2.1　保护区定义如下：

　　a）　地下电力电缆保护区的宽度为地下电力电缆线路地面标桩两侧各 0.75m 所形成两平行线内区域；

　　b）　江河电缆保护区的宽度为：敷设于二级及以上航道时，为线路两侧各 100m 所成的两平行线内的水域；敷设于三级及以下航道时，为线路两侧各 50m 所成的两平行线内的水域；

　　c）　海底电缆管道保护区的范围，按照下列规定确定：沿海宽阔海域为海底电缆管道两侧各 500m；海湾等狭窄海域为海底电缆管道两侧各 100m；海港区内为海底电缆管道两侧各 50m；

　　d）　电缆终端和 T 接平台保护区根据电压等级参照架空电力线路保护区执行。

8.2.2　禁止在电缆通道附近和电缆通道保护区内从事下列行为：

　　a）　在通道保护区内种植林木、堆放杂物、兴建建筑物和构筑物；

　　b）　未采取任何防护措施的情况下，电缆通道两侧各 2m 内的机械施工；

　　c）　直埋电缆两侧各 50m 以内，倾倒酸、碱、盐及其他有害化学物品；

　　d）　在水底电缆保护区内抛锚、拖锚、炸鱼、挖掘。

8.3 防火与阻燃

8.3.1 电缆的防火阻燃应采取下列措施：

    a) 按设计采用耐火或阻燃型电缆；

    b) 按设计设置报警和灭火装置；

    c) 防火重点部位的出入口，应按设计要求设置防火门或防火卷帘；

    d) 改、扩建工程施工中，对于贯穿已运行的电缆孔洞、阻火墙，应及时恢复封堵。

8.3.2 明敷充油电缆的供油系统应装设自动报警和闭锁装置，多回路充油电缆的终端设置处应装设专用消防设施，有定期检验记录。

8.3.3 电缆接头应加装防火槽盒或采取其他防火隔离措施。变电站夹层内不应布置电缆接头。

8.3.4 运维部门应保持电缆通道、夹层整洁、畅通，消除各类火灾隐患，通道沿线及其内部不得积存易燃、易爆物。

8.3.5 电缆通道临近易燃或腐蚀性介质的存储容器、输送管道时，应加强监视，及时发现渗漏情况，防止电缆损害或导致火灾。

8.3.6 电缆通道接近加油站类构筑物时，通道（含工作井）与加油站地下直埋式油罐的安全距离应满足 GB 50156 的要求，且加油站建筑红线内不应设工作井。

8.3.7 在电缆通道、夹层内使用的临时电源应满足绝缘、防火、防潮要求。工作人员撤离时应立即断开电源。

8.3.8 在电缆通道、夹层内动火作业应办理动火工作票，并采取可靠的防火措施。

8.3.9 变电站夹层宜安装温度、烟气监视报警器，重要的电缆隧道应安装温度在线监测装置，并应定期传动、检测，确保动作可靠、信号准确。

8.3.10 严格按照运行规程规定对电缆夹层、通道进行巡检，并检测电缆和接头运行温度。

8.4 外力破坏防护

8.4.1 在电缆及通道保护区范围内的违章施工、搭建、开挖等违反《电力设施保护条例》和其它可能威胁电网安全运行的行为，应及时进行劝阻和制止，必要时向有关单位和个人送达隐患通知书。对于造成事故或设施损坏者，应视情节与后果移交相关执法部门依法处理。

8.4.2 允许在电缆及通道保护范围内施工的，运维单位必应严格审查施工方案，制定安全防护措施，并与施工单位签订保护协议书，明确双方职责。施工期间，安排运维人员到现场进行监护，确保施工单位不得擅自更改施工范围。

8.4.3 对临近电缆及通道的施工，运维人员应对施工方进行交底，包括路径走向、埋设深度、保护设施等。并按不同电压等级要求，提出相应的保护措施。

8.4.4 对临近电缆通道的易燃、易爆等设施应采取有效隔离措施，防止易燃、易爆物渗入，最小净距按照附录 D 执行。

8.4.5 临近电缆通道的基坑开挖工程，要求建设单位做好电力设施专项保护方案，防止土方松动、坍塌引起沟体损伤，且原则上不应涉及电缆保护区。若为开挖深度超过 5m 的深基坑工程，应在基坑围护方案中根据电力部门提出的相关要求增加相应的电缆专项保护方案，并组织专家论证会讨论通过。

8.4.6 市政管线、道路施工涉及非开挖电力管线时，要求建设单位邀请具备资质的探测单位做好管线探测工作，且召开专题会议讨论确定实施方案。

8.4.7 因施工应挖掘而暴露的电缆，应由运维人员在场监护，并告知施工人员有关施工注意事项和保护措施。对于被挖掘而露出的电缆应加装保护罩，需要悬吊时，悬吊间距应不大于 1.5m。工程结束覆土前，运维人员应检查电缆及相关设施是否完好，安放位置是否正确，待恢复原状后，方可离开现场。

8.4.8 禁止在电缆沟和隧道内同时埋设其他管道。管道交叉通过时最小净距应满足附录 D 要求，有关单位应当协商采取安全措施达成协议后方可施工。

8.4.9 电缆路径上应设立明显的警示标志，对可能发生外力破坏的区段应加强监视，并采取可靠的防护措施。对处于施工区域的电缆线路，应设置警告标志牌，标明保护范围。

8.4.10 应监视电缆通道结构、周围土层和邻近建筑物等的稳定性，发现异常应及时采取防护措施。

8.4.11 敷设于公用通道中的电缆应制定专项管理措施。

8.4.12 当电缆线路发生外力破坏时，应保护现场，留取原始资料，及时向有关管理部门汇报。运维单位应定期对外力破坏防护工作进行总结分析，制定相应防范措施。

8.4.13 电缆与热管道（沟）及热力设备平行、交叉时，应采取隔热措施。电缆与电缆或管道、道路、构筑物等相互间容许最小净距应按照附录 D 执行。

8.4.14 水底电缆线路应按水域管理部门的航行规定，划定一定宽度的防护区域，禁止船只抛锚，并按船只往来频繁情况，必要时设置瞭望岗哨或安装监控装置，配置能引起船只注意的设施。

8.4.15 在水底电缆线路防护区域内，发生违反航行规定的事件，应通知水域管辖的有关部门，尽可能采取有效措施，避免损坏水底电缆事故的发生。

8.4.16 海底电缆管道所有者应当在海底电缆管道铺设竣工后 90 日内，将海底电缆管道的路线图、位置表等注册登记资料报送县级以上人民政府海洋行政主管部门备案，并同时抄报海事管理机构。

8.4.17 海缆运行管理单位应建立与渔政、海事等单位的联动及应急响应机制，完善海缆突发事件处理预案。

8.4.18 海缆运行管理单位在海中对海缆实施路由复测、潜海检查和其它保护措施时应取得海洋行政主管部门批准。

8.4.19 海缆运行管理单位在对海缆实施维修、改造、拆除、废弃等施工作业时，应通过媒体向社会发布公告。

8.4.20 禁止任何单位和个人在海缆保护区内从事挖砂、钻探、打桩、抛锚、拖锚、捕捞、张网、养殖或者其它可能危害海缆安全的海上作业。

8.4.21 海缆登陆点应设置禁锚警示标志，禁锚警示标志应醒目，并具有稳定可靠的夜间照明，夜间照明宜采用 LED 冷光源并应用同步闪烁装置。

8.4.22 无可靠远程监视、监控的重要海缆应设置有人值守的海缆瞭望台。

8.4.23 海缆防船舶锚损宜采用 AIS（船舶自动识别系统）监控、视频监控、雷达监控等综合在线监控技术。

8.5 其他防护

8.5.1 重点变电站的出线管口、重点线路的易积水段定期组织排水或加装水位监控和自动排水装置。

8.5.2 工作井正下方的电缆，应采取防止坠落物体损伤电缆的保护措施。

8.5.3 电缆隧道放线口在非放线施工的状态下，应做好封堵，或设置防止雨、雪、地表水和小动物进入室内的设施。

8.5.4 电缆隧道人员出入口的地面标高应高出室外地面，应按百年一遇的标准满足防洪、防涝要求。

8.5.5 电缆隧道的布置应与城市现状及规划的地下铁道、地下通道、人防工程等地下隐蔽性工程协调配合。

8.5.6 对盗窃易发地区的电缆及附属设施应采取防盗措施，加强巡视。

8.5.7 对通道内退运报废电缆应及时清理。

8.5.8 在特殊环境下，应采取防白蚁、鼠啮和微生物侵蚀的措施。

10 通道维护

10.1 一般要求

10.1.1 通道维护主要包括通道修复、加固、保护和清理等工作。

10.1.2 通道维护原则上不需停电，宜结合巡视工作同步完成。

10.1.3 维护人员在工作中应随身携带相关资料、工具、备品备件和个人防护用品。

10.1.4 在通道维护可能影响电缆安全运行时，应编制专项保护方案，施工时应采取必要的安全保护措施，并应设专人监护。

10.2 通道维护内容

10.2.1 更换破损的井盖、盖板、保护板，补全缺失的井盖、盖板、保护板。

10.2.2 维护工作井止口。

10.2.3 清理通道内的积水、杂物。

10.2.4 维护隧道人员进出竖井的楼梯（爬梯）。

10.2.5 维护隧道内的通风、照明、排水设置和低压供电系统。

10.2.6 维护电缆沟及隧道内的阻火隔离设施、消防设施。

10.2.7 修剪、砍伐电缆终端塔（杆）、T接平台周围安全距离不足的树枝和藤蔓。

10.2.8 修复存在连接松动、接地不良、锈蚀等缺陷的接地引下线。

10.2.9 更换缺失、褪色和损坏的标桩、警示牌和标识标牌，及时校正倾斜的标桩、警示牌和标识标牌。

10.2.10 对锈蚀电缆支架进行防腐处理，更换或补装缺失、破损、严重锈蚀的支架部件。

10.2.11 保护运行电缆管沟可采用贝雷架、工字钢等设施，做好悬吊、支撑保护，悬吊保护时应对电缆沟体或排管进行整体保护，禁止直接悬吊裸露电缆。

10.2.12 绿化带或人行道内的电缆通道改变为慢车道或快车道，应进行迁改。在迁改前应要求相关方根据承重道路标准采取加固措施，对工作井、排管、电缆沟体进行保护。

10.2.13 有挖掘机、吊车等大型机械通过非承重电缆通道时，应要求相关方采取上方垫设钢板等保护措施，保护措施应防止噪音扰民。

10.2.14 电缆通道所处环境改变致使工作井或沟体的标高与周边不一致，应采取预制井筒或现浇方式将工作井或沟体标高进行调整。

11 资料

11.1 一般要求

11.1.1 电缆及通道资料应有专人管理，建立图纸、资料清册，做到目录齐全、分类清晰、一线一档、检索方便。

11.1.2 根据电缆及通道的变动情况，及时动态更新相关技术资料，确保与线路实际情况相符。

11.2 资料内容

资料应包括：

a) 相关法律法规、规程、制度和标准；

b) 竣工资料；

c) 设备台账：

    1) 电缆设备台账，应包括电缆的起讫点、电缆型号规格、附件形式、生产厂家、长度、敷设方式、投运日期等信息；

    2) 电缆通道台账，应包括电缆通道地理位置、长度、断面图等信息；

    3) 备品备件清册。

d) 实物档案：

    1) 特殊型号电缆的截面图和实物样本。截面图应注明详细的结构和尺寸，实物样本应标明线路名称、规格型号、生产厂家、出厂日期等；

    2) 电缆及附件典型故障样本，应注明线路名称、故障性质、故障日期等。

e) 生产管理资料：

    1) 年度技改、大修计划及完成情况统计表；

    2) 状态检修、试验计划及完成情况统计表；

    3) 反事故措施计划；

    4) 状态评价资料；

    5) 运行维护设备分界点协议；

    6) 故障统计报表、分析报告；

    7) 年度运行工作总结。

f) 运行资料：

    1) 巡视检查记录；

    2) 外力破坏防护记录；

    3) 隐患排查治理及缺陷处理记录；

    4) 温度测量（电缆本体、附件、连接点等）记录；

    5) 相关带电检测记录；

    6) 电缆通道可燃、有害气体监测记录；

    7) 单芯电缆金属护层接地电流监测记录；

    8) 土壤温度测量记录。

附　录　A

（规范性附录）

电缆导体最高允许温度

电缆导体最高允许温度见表 A.1。

表 A.1　电缆导体最高允许温度

电缆类型	电压 kV	最高运行温度 ℃	
		额定负荷时	短路时
聚氯乙烯	≤6	70	160
黏性浸渍纸绝缘	10	70	250[a]
	35	60	175
不滴流纸绝缘	10	70	250[a]
	35	65	175
自容式充油电缆（普通牛皮纸）	≤500	80	160
自容式充油电缆（半合成纸）	≤500	85	160
交联聚乙烯	≤500	90	250[a]
[a] 铝芯电缆短路允许最高温度为 200℃。			

附　录　D

（规范性附录）

电缆与电缆或管道、道路、构筑物等相互间容许最小净距

电缆与电缆或管道、道路、构筑物等相互间容许最小净距见表 D.1。

表 D.1　电缆与电缆或管道、道路、构筑物等相互间容许最小净距

单位：m

电缆直埋敷设时的配置情况		平行	交叉
控制电缆间		—	0.5[a]
电力电缆之间或与控制电缆之间	10kV 及以下	0.1	0.5[a]
	10kV 以上	0.25[b]	0.5[a]

表 D.1（续）

电缆直埋敷设时的配置情况		平行	交叉
不同部门使用的电缆间		0.5[b]	0.5[a]
电缆与地下管沟及设备	热力管沟	2.0[b]	0.5[a]
	油管及易燃气管道	1.0	0.5[a]
	其它管道	0.5	0.5[a]
电缆与铁路	非直流电气化铁路路轨	3.0	1.0
	直流电气化铁路路轨	10.0	1.0
电缆建筑物基础		0.6[c]	—
电缆与公路边		1.0[c]	
电缆与排水沟		1.0[c]	
电缆与树木的主干		0.7	
电缆与 1kV 以下架空线电杆		1.0[c]	
电缆与 1kV 以上架空线杆塔基础		4.0[c]	

[a] 用隔板分隔或电缆穿管时可为 0.25m；
[b] 用隔板分隔或电缆穿管时可为 0.1m；
[c] 特殊情况可酌减且最多减少一半值。

附　录　E
（规范性附录）
电缆沟、隧道中通道净宽允许最小值

电缆沟、隧道中通道净宽允许最小值见表 E.1。

表 E.1　电缆沟、隧道中通道净宽允许最小值　　　　　　单位：mm

电缆支架配置及通道特征	电缆沟深 H		电缆隧道
	$H<1000$	$1900>H\geqslant1000$	
两侧支架间净通道	500	700	1000
单列支架与壁间通道	500	600	900

附　录　G
（资料性附录）
电缆及通道巡视记录表

电缆及通道巡视记录表见表 G.1。

表 G.1　电缆及通道巡视记录表

___月___日		星期____	天气____		巡视类型_____
线路名称			起止终端站		
序号	巡视对象		完成时间	巡视情况	状态
1	电缆				
2	附件	终端			
		电缆接头			
3	附属设备	避雷器			
		供油装置			
		接地装置			
		在线监测装置			
4	附属设施	电缆支架			
		终端站			
		标识和警示牌			
		防火设施			
5	电缆通道	直埋			
		电缆沟			
		隧道			
		工作井			
		排管（拖拉管）			
		桥架和桥梁			
		水底电缆			
6	电缆保护区内情况				
7	其他				
处理意见：					
备注：					

附　录　I
（规范性附录）
电缆及通道缺陷分类及判断依据

电缆及通道缺陷分类及判断依据见表 I.1。

表 I.1　电缆及通道缺陷分类及判断依据

部件	部位	缺陷描述	判断依据	缺陷分类	对应状态量
电缆本体					
电缆终端		本体变形	本体（护套、铠装等）轻微变形；或电缆本体遭受外力弯曲半径 > 20D，出现明显变形	一般	本体变形
			本体（护套、铠装等）严重变形，可能伤及主绝缘；电缆本体遭受外力弯曲半径≤20D，出现异常变形	严重	
		外护套破损	外护套局部破损未见金属护套、短于 5cm 的破损	一般	其它
			外护套局部或大面积破损可见金属外护套、长于 5cm 的破损	严重	
		外护套龟裂	局部完全龟裂（不长于 5m）或多处表面细微龟裂	一般	其它
			局部大面积龟裂（5m 以上）或多处存在外护套龟裂情况	严重	
		主绝缘电阻不合格	在排除测量仪器和天气因素后，主绝缘电阻值与上次测量相比明显下降；各相之间主绝缘电阻值不平衡系数大于 2	严重	主绝缘电阻
		橡塑电缆主绝缘耐压试验不合格	220kV 及以上电压等级：$1.36U_0$，时间为 5min；110（66）kV 电压等级：$1.6U_0$，时间为 5min；66kV 以下电压等级：$2U_0$，时间为 5min	危急	橡塑电缆主绝缘耐压试验
		护套及内衬层绝缘电阻测试不合格	绝缘电阻与电缆长度乘积小于 0.5MΩ·km，110kV 以上电压等级电缆外护套绝缘电阻明显下降	一般	护套及内衬层绝缘电阻测试
		橡塑电缆护套耐受能力	每段电缆金属屏蔽或过电压保护层与地之间施加 5kV 直流电压，60s 内击穿	严重	橡塑电缆护套耐受能力
		充油电缆渗油	电缆本体出现渗油现象	一般	充油电缆渗油
		充油电缆外护套和接头套耐受能力	每段电缆金属屏蔽或过电压保护层与地之间施加 6kV 直流电压，60s 内击穿	严重	充油电缆外护套和接头套耐受能力
		自容充油电缆油耐压试验不合格	电缆油击穿电压小于 50kV	危急	自容充油电缆油耐压试验
		自容充油电缆油介质损耗因数试验不合格	在油温（100±1）℃和场强 1MV/m 条件下，介质损耗因数大于等于 0.005	严重	自容充油电缆油介质损耗因数试验

227

表 I.1（续）

部件	部位	缺陷描述	判断依据	缺陷分类	对应状态量
			附件		
电缆终端	设备线夹	发热	温差不超过 15K，未达到重要缺陷要求的	一般	输电导线的连接器红外诊断
			热点温度＞90℃或 δ≥80%	严重	
			热点温度＞130℃或 δ≥95%	危急	
		弯曲	设备线夹明显弯曲	严重	其它
	导体连接棒	锈蚀	锌层损失，内部开始腐蚀	一般	终端固定部件外观
			腐蚀进展很快，表面出现腐蚀物沉积，受力部位截面明显变小	严重	
		开裂	开裂	危急	
		发热	相对温差超过 6K 但小于 K	一般	电缆终端与金属部件连接部位红外测温
			相对温差大于 10K	严重	
	终端套管	外绝缘破损、放电	存有破损、裂纹	严重	终端套管外绝缘
			存在明显放电痕迹、异味和异常响声	危急	
		套管不密封	存在渗油现象	严重	套管密封
			存在严重渗油或漏油现象，终端尾管下方存在大片油迹	危急	
		终端瓷套脏污	瓷套表面轻微积污，盐密和灰密达到最高运行电压下能够耐受盐密和灰密值的 50%以下	一般	终端瓷套脏污情况
			瓷套表面积污严重，盐密和灰密达到最高运行电压下能够耐受盐密和灰密值的 50%以上	严重	
		表面灼伤	表面轻微积污，无放电、电弧灼伤痕迹	一般	其它
			表面局部有灼伤黑痕，但无明显放电通道	严重	
			表面有明显的放电通道或边缘有电弧灼伤的痕迹	危急	
		外绝缘爬距不满足要求	外绝缘爬距不满足要求，但采取措施	严重	外绝缘
			外绝缘爬距不满足要求，且未采取措施	危急	
		电缆套管本体测温	本体相间超过 2℃但小于 4℃	一般	电缆套管本体测温
			本体相间相对温差≥4K	严重	
		瓷质终端瓷套损伤	瓷套管有细微破损，表面硬伤 200mm² 以下	一般	瓷质终端瓷套损伤
			瓷套管有较大破损，表面硬伤超过 200mm²	严重	
			瓷套管龟裂损伤	危急	

表 I.1（续）

部件	部位	缺陷描述	判断依据	缺陷分类	对应状态量
电缆终端	终端套管	终端外观破损	存在破损情况（破损长度 10mm 以下）；或存在龟裂现象（长度 10mm 以下）	一般	电缆终端外观
			存在破损情况（破损长度 10mm 以上）；或存在龟裂现象（长度 10mm 以上）	严重	
			存在破损情况（贯穿性破损）；或存在龟裂现象（贯穿性龟裂）	危急	
		附近异物	电缆终端头有抛挂物（如气球、风筝、彩钢瓦、稻草、绳、带等），不满足安全距离	危急	其它
	支撑绝缘子	瓷质支撑绝缘子破损开裂	表面轻微破损 200mm² 以下（或破损长度 10mm 以下），不影响正常使用；或存在龟裂现象（长度 10mm 以下）	一般	瓷质终端瓷套或支撑绝缘子损伤情况
			表面轻微破损 200mm² 以上（或破损长度 10mm 以上），可能或者已经影响正常使用；或存在龟裂现象（长度 10mm 以上）	严重	
			存在贯穿性破损，或存在贯穿性龟裂现象	危急	
		污秽	釉表面脏污较重	一般	其它
	防雨罩	外观老化、破损	存在老化、破损情况但不影响设备	一般	防雨罩外观
			存在老化、破损情况，且存在漏水现象	严重	
	固定部件	终端固定部件外观异常	固定件松动、锈蚀、支撑瓷瓶外套开裂	严重	终端固定部件外观
			固定件松动、锈蚀、支撑瓷瓶外套开裂且未采取整改措施；底座倾斜	严重	
	法兰盘尾管	渗漏油	终端尾管上电缆周围有轻微油迹，电缆本体上无油迹，或电缆本体上有少量油迹（长度不超过 0.5m），长时间运行无变化	一般	套管密封
			终端尾管及电缆本体上有油迹，电缆下方有轻微积油，或虽无积油，但随着运行时间增长，油迹增长明显	严重	
			短时间内大量漏油，或电缆本体及电缆下方积油较多	危急	
	引流线	过紧	引流线过紧，电缆终端有倾斜现象	严重	其它
电缆接头	主体	浸水	浸水	一般	其它
		铜外壳外观变形	存在变形现象，但不影响正常运行	一般	铜外壳外观
			外部有明显损伤及严重变形	危急	其它
		环氧外壳密封	存在内部密封胶向外渗漏现象	一般	环氧外壳密封
	接头底座（支架）	底座支架锈蚀	存在锈蚀和损坏情况	一般	接头底座（支架）
		支架稳固性	存在严重偏移情况	严重	其它

表 I.1（续）

部件	部位	缺陷描述	判断依据	缺陷分类	对应状态量
电缆接头	接头耐压试验	耐压试验不合格	220kV 及以上电压等级：$1.36U_0$，时间为 5min；110（66）kV 电压等级：$1.6U_0$，时间为 5min；66kV 以下电压等级：$2U_0$，时间为 5min	危急	接头耐压试验
	防火阻燃措施	无防火阻燃措施	接头无防火阻燃措施	严重	其它
	防外破措施	无铠装或无其它防外力破坏的措施	接头无铠装或无其它防外力破坏的措施	严重	其它
附属设备					
避雷器	本体	外观破损、连接线断股、引线被盗或断线	存在连接松动、破损	一般	过电压保护器外观
			连接引线断股、脱落、螺栓缺失；引线被盗或断线	严重	
		动作指示器破损、误指示等	存在图文不清、进水和表面破损	一般	过电压保护器动作指示器
			误指示	严重	
		均压环	外观有严重锈蚀、存在脱落、移位现象等	一般	过电压保护器均压环
			存在缺失	严重	
		电气性能不满足	直流耐压不合格、泄漏电流超标或三相监测严重不平衡	危急	过电压保护器电气性能
	支架	底座支架锈蚀	存在锈蚀和损坏情况	一般	其它
	底座	锈蚀	底座金属表面有较严重的锈蚀或油漆脱落现象	一般	底座绝缘电阻（底座绝缘电阻值）
		绝缘电阻不合格	根据 Q/GDW 454—2010《金属氧化物避雷器状态评价导则》附录 A：测量值不小于 $100M\Omega$ 的要求进行判别	严重	本体锈蚀
		过紧	可能导致倾斜，影响运行	严重	其它
	引流线	连接部位发热	相对温差超过 6K 但小于 10K	一般	电缆终端与金属部件连接部位红外测温
		连接部位发热	相对温差大于 10K	严重	
供油装置		充油电缆供油装置渗漏油	存在渗油情况	一般	充油电缆供油装置
			存在漏油情况	严重	

表 I.1（续）

部件	部位	缺陷描述	判断依据	缺陷分类	对应状态量
供油装置		充油电缆压力箱供油量少	小于供油特性曲线所代表的标称供油量的 90%	严重	充油电缆压力箱供油量
		充油电缆压力表计损坏	压力表计损坏	一般	充油电缆压力表计
		充油电缆油压示警系统控制电缆对地绝缘电阻不合格	250V 兆欧表测量，绝缘电阻（MΩ）与被试电缆长度（km）乘积应不小于 1	一般	充油电缆油压示警系统控制电缆对地绝缘电阻
接地装置	接地箱	基础损坏	素砼结构：局部点包封砼层厚度不符合设计要求的；钢筋砼结构：局部点包封砼层厚度不符合设计要求但未见钢筋层结构裸露的	一般	其它
			素砼结构：局部点无包封砼层可见接地电缆的；钢筋砼结构：包封砼层破损仅造成有钢筋层结构裸露见接地电缆的	严重	
		接地箱外观	在箱体损坏、保护罩损坏、基础损坏情况	一般	接地箱外观
		箱体损坏	箱体（含门、锁）部分损坏	一般	其它
			箱体（含门、锁）多处或整体损坏	严重	
		箱体缺失	箱体缺失	严重	附属设备遗失
		护层保护器损坏	存在保护器损坏情况	严重	交叉互联保护器外观
		交叉互联换位错误	存在交叉互联换位错误现象	严重	交叉互联换位情况
		母排与接地箱外壳不绝缘	存在母排与接地箱外壳不绝缘现象	严重	交叉互联箱母排对地绝缘
		接地箱接地不良	连接存在连接不良（大于 1Ω 但小于 2Ω）情况	一般	接地（或交叉互联）箱连通性
			箱体存在接地不良（大于 2Ω）情况	严重	
		交叉互联系统直流耐压试验不合格	电缆外护套、绝缘接头外护套、绝缘夹板对地施加 5kV，加压时间为 60s	危急	交叉互联系统直流耐压试验
		过电压保护器及其引线对地绝缘不合格	1000V 条件下，应大于 10MΩ	严重	保护器及其引线对地绝缘不合格
		交叉互联系统闸刀（或连接片）接触电阻测试	要求不大于 20μΩ 或满足设备技术文件要求	严重	交叉互联系统闸刀（或连接片）接触电阻测试

表 I.1（续）

部件	部位	缺陷描述	判断依据	缺陷分类	对应状态量
接地装置	接地类设备	主接地不良	存在接地不良（大于1Ω）现象	严重	主接地引线接地状态
		焊接部位未做防腐处理	焊接部位未做防腐处理	一般	其它
			锈蚀严重，低于导体截面的80%	严重	
		与接地箱接地母排连接松动	与接地箱接地母排连接松动	一般	
		与接地网连接松动断开	与接地网连接松动	一般	
			与接地网连接断开	严重	
		接地扁铁缺失	接地扁铁缺失	严重	接地类设备遗失
		护套接地连通存在连接不良	接地连通存在连接不良（大于1Ω）情况.	一般	电缆接头护套接地连通性
	同轴电缆	与电缆金属护套连接错误	与电缆金属护套连接错误（内、外芯接反）	严重	其它
		同轴电缆受损	存在同轴电缆外护套破损现象，受损股数占全部股数<20%	一般	回流线破损
			受损股数占全部股数≥20%	严重	
		同轴电缆缺失	同轴电缆缺失	严重	附属设备遗失
	接地单芯引缆	单芯引缆受损	存在单芯引缆外护套破损现象，受损股数占全部股数<20%	一般	回流线破损
			受损股数占全部股数≥20%	严重	
		单芯引缆缺失	单芯引缆缺失	严重	附属设备遗失
	回流线	回流线受损	存在回流线外护套破损现象，受损股数占全部股数<20%	一般	回流线破损
			受损股数占全部股数≥20%	严重	
		回流线缺失	回流线缺失	严重	附属设备遗失
		连接松动断开	连接松动	一般	其它
			连接断开	严重	
在线监测装置	光纤测温系统	测温光缆损坏缺失	测温光缆损坏	一般	在线监测设备
			测温光缆缺失	严重	
		测温系统故障	测温系统软、硬件故障	一般	
	在线局放监测系统	在线局放监测系统故障	在线局放监测系统软、硬件故障	一般	
	金属护层接地电流在线监测系统	金属护层接地电流在线监测系统故障	金属护层接地电流在线监测系统软、硬件故障	一般	
	隧道设备监视与控制系统	隧道设备监视与控制系统故障	照明、通风、排水等系统软、硬件故障	一般	

表 I.1（续）

部件	部位	缺陷描述	判断依据	缺陷分类	对应状态量
在线监测装置	隧道火灾报警系统	隧道火灾报警系统故障	隧道火灾报警系统软、硬件故障	一般	
	身份识别系统与防盗监视系统	身份识别系统与防盗监视系统故障	身份识别系统与防盗监视系统软、硬件故障	一般	
	廊道沉降变形监控系统	廊道沉降变形监控系统故障	廊道沉降变形监控系统软、硬件故障	一般	
	隧道视频监控系统	隧道视频监控系统故障	隧道视频监控系统软、硬件故障	一般	
附属设施					
电缆支架		外观锈蚀/破损	存在锈蚀、破损情况	一般	电缆支架外观
		接地性能	存在接地不良（大于2Ω）现象	一般	电缆支架接地性能
		缺件	缺少辅材较少，不威胁到支架稳定	一般	其它
			辅材缺少较多或缺少主材，威胁到支架稳定	严重	
终端底座		倾斜	倾斜	严重	其它
		锈蚀	锌层（银层）损失，内部开始腐蚀	一般	其它
			腐蚀进展很快，表面出现腐蚀物沉积，受力部位截面明显变小	严重	其它
		松动	松动	严重	其它
		未隔磁	未隔磁	严重	其它
抱箍		外观	存在螺栓脱落、缺失、锈蚀情况	一般	抱箍外观
			未采取隔磁措施	一般	
		未隔磁	未隔磁	严重	其它
防火措施		防火措施脱落	防火槽盒、防火涂料、防火阻燃带存在脱落	一般	防火措施
		防火措施缺少	防火槽盒、防火涂料、防火阻燃等防火措施缺少	一般	
		未按设计要求进行防火封堵措施	变电所或电缆隧道出入口等未按设计要求进行防火封堵措施	一般	其它
标识牌		标识牌标识不清或错误	电缆线路铭牌、线路相位指示牌、路径指示牌、接地箱（交叉互联箱）铭牌、警示牌标识不清或错误	一般	标识牌
电缆通道					
工作井	接头工作井	积水	工作井内存在积水现象，且敷设的电缆未采用阻水结构，接头未浸水但其有浸水的趋势；工作井内接头50%以下的体积浸水	一般	接头工作井积水

表 I.1（续）

部件	部位	缺陷描述	判断依据	缺陷分类	对应状态量
工作井	接头工作井	积水	工作井内存在积水现象，且敷设的电缆未采用阻水结构，工井内接头 50%以上的体积浸水	严重	接头工作井积水
			工作井内存在积水现象，但敷设电缆采用阻水结构，工作井内接头 50%以上的体积浸水且浸水时间超过 1 个巡检周期	危急	
		基础下沉	墙体破损引起盖板倾斜低于周围标高，最大高差在 3cm~5cm 之内	一般	接头工作井基础
			坍塌引起盖板倾斜低于周围标高，最大高差在 5cm 以上，离电缆本体、接头或者配套辅助设施还有一定距离，还未对行人、过往车辆产生安全影响的	严重	
			坍塌引起盖板倾斜低于周围标高，最大高差在 5cm 以上，造成盖板压在电缆本体、接头或者配套辅助设施上，严重影响行人、过往车辆安全的	危急	
		墙体坍塌	墙体破损引起盖板倾斜低于周围标高，最大高差在 3cm~5cm 之内	一般	接头工作井墙体坍塌
			坍塌引起盖板倾斜低于周围标高，最大高差在 5cm 以上，离电缆本体、接头或者配套辅助设施还有一定距离，还未对行人、过往车辆产生安全影响的	严重	
		墙体坍塌	坍塌引起盖板倾斜低于周围标高，最大高差在 5cm 以上，造成盖板压在电缆本体、接头或者配套辅助设施上，严重影响行人、过往车辆安全的	危急	接头工作井墙体坍塌
		盖板存在不平整、破损、缺失情况	盖板不平整或轻微破损	一般	接头工作井盖板
			盖板严重破损	严重	
			盖板缺失	危急	
		接头工作井接地网接地电阻异常	存在接地不良（大于 1Ω）现象	一般	电缆工作井、隧道、电缆沟接地网接地电阻异常
	非接头工作井	基础下沉	墙体破损引起盖板倾斜低于周围标高，最大高差在 3cm~5cm 之内	一般	非接头工作井基础
			坍塌引起盖板倾斜低于周围标高，最大高差在 5cm 以上，离电缆本体、接头或者配套辅助设施还有一定距离，还未对行人、过往车辆产生安全影响的	严重	
			坍塌引起盖板倾斜低于周围标高，最大高差在 5cm 以上，造成盖板压在电缆本体、接头或者配套辅助设施上，严重影响行人、过往车辆安全的	危急	
		墙壁塌翻（破损）	墙体破损引起盖板倾斜低于周围标高，最大高差在 3cm~5cm 之内	一般	非接头工作井墙体坍塌

表 I.1（续）

部件	部位	缺陷描述	判断依据	缺陷分类	对应状态量
工作井	非接头工作井	墙壁塌翻（破损）	坍塌引起盖板倾斜低于周围标高，最大高差在5cm以上，离电缆本体、接头或者配套辅助设施还有一定距离，还未对行人、过往车辆产生安全影响的	严重	非接头工作井墙体坍塌
			坍塌引起盖板倾斜低于周围标高，最大高差在5cm以上，造成盖板压在电缆本体、接头或者配套辅助设施上，严重影响行人、过往车辆安全的	危急	
		盖板存在不平整、破损、缺失情况	盖板不平整或轻微破损	一般	非接头工作井盖板
			盖板严重破损	严重	
			盖板缺失	危急	
		非接头工作井接地网接地电阻异常	存在接地不良（大于1Ω）现象	一般	电缆工作井、隧道、电缆沟接地网接地电阻异常
电缆沟		基础下沉	墙体破损引起盖板倾斜低于周围标高，最大高差在3cm～5cm之内	一般	电缆沟基础
			坍塌引起盖板倾斜低于周围标高，最大高差在5cm以上，造成盖板压在电缆本体、接头或者配套辅助设施上，严重影响行人、过往车辆安全的	严重	
			坍塌引起盖板倾斜低于周围标高，最大高差在5cm以上，造成盖板压在电缆本体、接头或者配套辅助设施上，严重影响行人、过往车辆安全的	危急	
		墙体坍塌（破损）	墙体破损引起盖板倾斜低于周围标高，最大高差在3cm～5cm之内	一般	电缆沟墙体坍塌
			坍塌引起盖板倾斜低于周围标高，最大高差在5cm以上，造成盖板压在电缆本体、接头或者配套辅助设施上，严重影响行人、过往车辆安全的	严重	
			坍塌引起盖板倾斜低于周围标高，最大高差在5cm以上，造成盖板压在电缆本体、接头或者配套辅助设施上，严重影响行人、过往车辆安全的	危急	
		盖板存在不平整、破损、缺失情况	盖板不平整或轻微破损	一般	电缆沟盖板
			盖板严重破损	严重	
			盖板缺失	危急	
		电缆沟接地网接地电阻异常	存在接地不良（大于1Ω）现象	一般	电缆工作井、隧道、电缆沟接地网接地电阻异常
排管		包封破损	素砼结构：局部点包封砼层厚度不符合设计要求的；钢筋砼结构：局部点包封砼层厚度不符合设计要求但未见钢筋层结构裸露的	一般	电缆排管包封破损

表 I.1（续）

部件	部位	缺陷描述	判断依据	缺陷分类	对应状态量
排管		包封破损	素砼结构：局部点无包封砼层但未见排管；钢筋砼结构：包封砼层破损仅造成有钢筋层结构裸露但未见排管的	严重	电缆排管包封破损
			素砼结构：局部点无包封砼层并明显可见排管的；钢筋砼结构：包封砼层破损造成钢筋层结构损坏、明显可见排管的	危急	
		包封变形	2 处及以下缝隙在 1cm 以下的裂缝	一般	电缆排管包封变形
			2 处及以下缝隙在 1cm 以上裂缝或者 3～5 处缝隙在 1cm 以下的裂缝	严重	
			3 处以上缝隙在 1cm 以上裂缝或者 5 处以上缝隙在 1cm 以下的裂缝	危急	
		空余管孔未封堵	空余管孔未采取封堵措施	一般	其它
隧道		隧道有墙体裂缝	2 处及以下缝隙在 2cm 以下的裂缝	一般	电缆隧道墙体裂缝
			2 处及以下缝隙在 2cm 以上裂缝或者 3～5 处缝隙在 2cm 以下的裂缝	严重	
			3 处以上缝隙在 2cm 以上裂缝或者 5 处以上缝隙在 2cm 以下的裂缝	危急	
		隧道内附属设施故障或缺失	原有排水设施、照明设备、通风设备（或设施）、消防设备存在故障或缺失情况	严重	电缆隧道内附属设施
		电缆隧道竖井盖板	存在数量缺少、损坏情况	一般	电缆隧道竖井盖板
		隧道爬梯锈蚀	10% 以下爬梯主材锈蚀	一般	隧道爬梯锈蚀
			10%～30% 爬梯主材锈蚀	严重	
			30% 以上爬梯主材锈蚀	危急	
		隧道爬梯损坏	爬梯上下挡 1 挡轻微损坏但不影响上下通行	一般	隧道爬梯损坏
			爬梯上下挡 1 挡损坏但影响上下通行	严重	
			隧道爬梯损坏	危急	
		隧道接地网接地电阻异常	存在接地不良（大于 1Ω）现象	一般	电缆工作井、隧道、电缆沟接地网接地电阻异常
电缆桥架		基础下沉	桥架与过渡工作井之间产生裂缝或者错位在 5cm 之内的	一般	电缆桥基础下沉
			桥架与过渡工作井之间产生裂缝或者错位在 5cm～10cm 之内的	严重	
			桥架与过渡工作井之间产生裂缝或者错位在 10cm 以上的	危急	

表 I.1（续）

部件	部位	缺陷描述	判断依据	缺陷分类	对应状态量
电缆桥架		基础覆土流失	桥架与过渡工作井之间产生裂缝或者错位在5cm之内的	一般	电缆桥基础覆土流失
			桥架与过渡工作井之间产生裂缝或者错位在5cm～10cm之内的	严重	
			桥架与过渡工作井之间产生裂缝或者错位在10cm以上的	危急	
		电缆桥架损坏	10%以下围栏主材损坏	一般	电缆桥架损坏
			10%～30%围栏主材损坏	严重	
			30%以上面积围栏主材损坏	危急	
		电缆桥遮阳棚损坏	10%以下遮阳棚面积损坏	一般	电缆桥遮阳棚
			10%～30%遮阳棚面积损坏	严重	
			30%遮阳棚面积损坏	危急	
		电缆桥架主材腐蚀	10%以下钢架桥主材腐蚀	一般	电缆桥架主材
			10%～30%钢架桥主材腐蚀	严重	
			30%以上钢架桥主材腐蚀	危急	
		接地电阻不合格	不满足规程要求	一般	电缆桥架接地电阻
		电缆桥架倾斜	桥架与过渡工作井之间产生裂缝或者错位在5cm之内的	一般	电缆桥架倾斜
			桥架与过渡工作井之间产生裂缝或者错位在5cm～10cm之内的	严重	
			桥架与过渡工作井之间产生裂缝或者错位在10cm以上的	危急	
其它管线		敷设电缆与其它管线距离不满足规程要求	电缆与非热力管道或易燃易爆管道（如通信管道、自来水（污水）管道）不满足规程要求	一般	敷设电缆与其它管线距离
			电缆与热力管道或易燃易爆管道（如煤气（天然气）管道、输油管道）不满足规程要求	严重	
电缆保护区		电缆保护区内构筑物不满足规程要求	电缆保护区内构筑物不满足规程要求	一般	电缆保护区内构筑物
		保护区内土壤流失严重	土壤流失造成排管包封、工作井等局部点暴露或者导致工井、沟体下沉使盖板倾斜低于周围标高，最大高差在3cm～5cm之内	一般	电缆保护区土壤流失
			土壤流失造成排管包封、工作井等大面积暴露或者导致工井、沟体下沉使盖板倾斜低于周围标高，最大高差在5cm～10cm之内	严重	
			土壤流失造成排管包封开裂、工作井、沟体等墙体开裂甚至凌空的；或者工作井、沟体下沉导致盖板倾斜低于周围标高，最大高差在10cm以上	危急	

表 I.1（续）

部件	部位	缺陷描述	判断依据	缺陷分类	对应状态量
电缆保护区		施工作业	电缆走廊被填埋或电缆明沟被花砖等覆盖施工	一般	其它
			接头附近有打桩等强烈振动施工，而接头无防振措施	一般	其它
			在电缆保护区内有管道或道路建设工程采用大型施工机械在开挖、打桩、钻探等施工，或未经许可擅自将电缆沟、桥、工作井、排管破坏，强行敷设其它管道和设施，即将或必将发生电缆被挖伤、挖断等事故	严重	其它
		保护区内危险物	电缆走廊上有倾倒强酸、强碱等威胁到电缆安全运行的危险物	严重	其它
			电缆沟内有热力管道或易燃易爆管道泄漏现象	严重	其它
标识和警示牌		通道标识和警示物	电缆标识和警示牌丢失或标示字迹不明	一般	其它

电力电缆及通道检修规程

Regulations of maintenance for power cable and channel

（节选）

Q/GDW 11262 — 2014

2014－11－20发布 2014－11－20实施

目　次

前　　言

　　本标准是国家电网公司所属各省（区、市）公司电缆及通道检修的指导文件和技术依据。电缆及通道的检修工作，除应执行本标准外，还应符合相关的国家标准和电力行业标准的规定。

　　本标准由国家电网公司运维检修部提出并负责解释。

　　本标准由国家电网公司科技部归口。

　　本标准起草单位：国网浙江省电力公司、国网北京市电力公司、国网福建省电力有限公司、国网湖北省电力公司、中国电力科学研究院。

本标准主要起草人：赵明、胡伟、毛炜、丛光、朱圣盼、严有祥、宁昕、姜伟、欧阳本红、钟晖、朱义勇、任广振、潘杰。

本标准首次发布。

1 范围

本标准规定了电缆及通道的检修项目、内容及技术要求。

本标准适用于国家电网公司所属各省（区、市）公司 500kV 及以下电压等级电力电缆及通道检修工作。

2 规范性引用文件

下列文件对于本文件的应用是必不可少的。凡是注日期的引用文件，仅注日期的版本适用于本文件。凡是不注日期的引用文件，其最新版本（包括所有的修改单）适用于本文件。

GB/T 507 绝缘油 击穿电压测定法

GB/T 5654 液体绝缘材料 相对电容率、介质损耗因数和直流电阻率的测量

GB/T 7252 变压器油中溶解气体分析和判断导则

GB 11032 交流无间隙金属氧化物避雷器

GB/T 14315 电力电缆导体用压接型铜、铝接线端子和连接管

GB 50150 电气装置安装工程 电气设备交接试验标准

GB 50168—2006 电气装置安装工程 电缆线路施工及验收规范

GB 50217—2007 电力工程电缆设计规范

DL/T 393—2010 输变电设备状态检修试验规程

DL/T 596—1996 电力设备预防性试验规程

DL/T 5221—2005 城市电力电缆线路设计技术规定

Q/GDW 371—2009 10（6）kV～500kV 电缆线路技术标准

Q/GDW 643 配网设备状态检修试验规程

Q/GDW 644—2011 配网设备状态检修导则

Q/GDW 1799.2—2013 国家电网公司电力安全工作规程线路部分

3 术语和定义

下列术语和定义适用于本文件。

3.1 电缆本体 cable body

指除去电缆接头和终端等附件以外的电缆线段部分。

[GB 50168—2006，定义 2.0.1]

3.2 电缆附件 cable accessories

电缆终端、电缆接头等电缆线路组成部件的统称。

3.3 附属设备 auxiliary equipments

避雷器、接地装置、供油装置、在线监测装置等电缆线路附属装置的统称。

[Q/GDW 371—2009，定义 3.3]

3.4 附属设施 auxiliary facilities

电缆支架、标识标牌、防火设施、防水设施、电缆终端站等电缆线路附属部件的统称。

［Q/GDW 371—2009，定义 3.4］

3.5 电缆通道 cable channels

电缆隧道、电缆沟、排管、直埋、电缆桥、电缆竖井等电缆线路的土建设施。

3.6 电缆终端 cable termination

安装在电缆末端，以使电缆与其他电气设备或架空输配电线路相连接，并维持绝缘直至连接点的装置。

［GB 50168—2006，定义 2.0.4］

3.7 电缆接头 cable joint

连接电缆与电缆的导体、绝缘、屏蔽层和保护层，以使电缆线路连续的装置。

［GB 50168—2006，定义 2.0.5］

3.8 供油装置 oil installations device

与充油电缆相连接，保持充油电缆一定的油压，防止空气和潮气侵入电缆内部的装置。

3.9 接地装置 grounding device

与电缆金属屏蔽（金属套）层相连接，将接地电流进行分流的装置。

3.10 接地箱 earthing box

用于单芯电缆线路中，为降低电缆护层感应电压，将电缆的金属屏蔽（金属套）直接接地或通过过电压限制器后接地的装置，有电缆护层直接接地箱、电缆护层保护接地箱两种，其中电缆护层保护接地箱中装有护层过电压限制器。

3.11 交叉互联箱 cross-bonding box

用于在长电缆线路中，为降低电缆护层感应电压，依次将一相绝缘接头一侧的金属套和另一相绝缘接头另一侧的金属套相互连接后再集中分段接地的一种密封装置。包括护层过电压限制器、接地排、换位排、公共接地端子等。

3.12 电缆护层过电压限制器 shield overvoltage limiter

串接在电缆金属屏蔽（金属套）和大地之间，用来限制在系统暂态过程中金属屏蔽层电压的装置。

3.13 回流线 parallel earth continuous conductor

单芯电缆金属屏蔽（金属套）单点互联接地时，为抑制单相接地故障电流形成的磁场对外界的影响和降低金属屏蔽（金属套）上的感应电压，沿电缆线路敷设一根阻抗较低的接地线。

3.14 例行试验 routine test

为获取状态量，评估设备状态，及时发现安全隐患，定期进行的各种带电或者停电检测试验。

［DL/T 393—2010，定义 3.5］

3.15 诊断性试验 diagnostic test

巡检、在线监测、例行试验等发现设备状态不良，或经受了不良工况，或受家族缺陷警示，或连续运行了较长时间，为进一步评估设备状态进行的试验。

［DL/T 393—2010，定义 3.6］

3.16　A 类检修　A-level maintenance

指电缆及通道的整体解体性检查、维修、更换和试验。

［Q/GDW 644—2011，定义 3.2］

3.17　B 类检修　B-level maintenance

指电缆及通道局部性的检修，部件的解体检查、维修、更换和试验。

［Q/GDW 644—2011，定义 3.3］

3.18　C 类检修　C-level maintenance

指电缆及通道常规性检查、维护和试验。

［Q/GDW 644—2011，定义 3.4］

3.19　D 类检修　D-level maintenance

指电缆及通道在不停电状态下进行的带电测试、外观检查和维修。

［Q/GDW 644—2011，定义 3.5］

4　总则

4.1　一般要求

4.1.1　电缆及通道检修应坚持"安全第一，预防为主，综合治理"的方针，以及"应修必修、修必修好"的原则，严格执行 Q/GDW 1799.2—2013 的有关规定，确保人身、电网、设备的安全。

4.1.2　电缆及通道的检修工作应大力推行状态检测和状态评价，根据检测和评价结果动态制定检修策略，确定检修和试验计划。

4.1.3　电缆及通道的检修应按标准化管理规定编制符合现场实际、操作性强的作业指导书，组织检修人员认真学习并贯彻执行。

4.1.4　电缆及通道的检修应积极采用先进的材料、工艺、方法及检修工器具，确保检修工作安全，努力提高检修质量，缩短检修工期，以延长设备的使用寿命和提高安全运行水平。

4.1.5　检修人员应参加技术培训并取得相应的技术资质，认真做好所管辖电缆及通道的专业巡检、检修和缺陷处理工作，建立健全技术资料档案，在设备检修、缺陷处理、故障处理后，设备的型号、数量及其他技术参数发生变化时，应及时变更相应设备的技术资料档案，与现场实际相符，并将变更后的资料移交运维人员。

4.1.6　检修人员在实施检修工作前应做好充分的准备工作，有必要时进行现场勘察，对危险性、复杂性和困难程度较大的检修工作应制订检修方案，准备好检修所需工器具、备品备件及消耗性材料（具体见附录 A 至附录 B），落实组织措施、技术措施和安全措施，确保检修工作顺利进行。

4.1.7　状态检测设备应定期维护校验，确保状况良好。

4.1.8　检修工作完成后，检修人员应配合运维人员进行验收，验收标准按照本标准及 GB 50168—2006、DL/T 393—2010、Q/GDW 643 要求执行，并填写《电缆检修报告》及相关试验报告，及时录入生产管理系统。

4.1.9　10kV 电缆线路停电检修的试验按 Q/GDW 643 要求执行，66kV 级以上电压等级电缆线路停电检修的试验按 DL/T 393—2010 要求执行，35kV 电缆线路停电检修的试验参照 110kV（66kV）电缆线路执行，20kV 电缆线路停电检修的试验参照 10kV 电缆线路执行。

4.2 检修项目

按工作内容及工作涉及范围，将电缆及通道检修工作分为四类：A 类检修、B 类检修、C 类检修、D 类检修。其中 A、B、C 类是停电检修，D 类是不停电检修。电缆及通道的检修分类和检修项目见表 1。

表 1 电缆及通道的检修分类和检修项目

检修分类	检修项目
A 类检修	A.1 电缆整条更换 A.2 电缆附件整批更换
B 类检修	B.1 主要部件更换及加装 　　B.1.1 电缆少量更换 　　B.1.2 电缆附件部分更换 B.2 主要部件处理 　　B.2.1 更换或修复电缆线路附属设备 　　B.2.2 修复电缆线路附属设施 B.3 其它部件批量更换及加装 　　B.3.1 接地箱修复或更换 　　B.3.2 交叉互联箱修复或更换 　　B.3.3 接地电缆修复 B.4 诊断性试验
C 类检修	C.1 外观检查 C.2 周期性维护 C.3 例行试验 C.4 其它需要线路停电配合的检修项目
D 类检修	D.1 专业巡检 D.2 不需要停电的电缆缺陷处理 D.3 通道缺陷处理 D.4 在线监测装置、综合监控装置检查维修 D.5 带电检测 D.6 其它不需要线路停电配合的检修项目

4.3 检修策略

4.3.1 一般要求

检修策略的一般要求如下：

a) 电缆线路的状态检修策略既包括年度检修计划的制定，也包括缺陷处理、试验、不停电的维修和检查等。检修策略应根据设备状态评价的结果动态调整；

b) 年度检修计划每年至少修订一次。根据最近一次设备的状态评价结果，考虑设备风险评估因素，并参考制造厂家的要求确定下一次停电检修时间和检修类别。在安排检修计划时，应协调相关设备检修周期，统一安排、综合检修，避免重复停电；

c) 对于设备缺陷，根据缺陷性质，按照缺陷管理相关规定处理。同一设备存在多种缺陷，也应尽量安排在一次检修中处理，必要时，可调整检修类别。电缆常见缺陷判别及处理方法见附录 O；

d) C 类检修正常周期宜与试验周期一致。不停电维护和试验根据实际情况安排。

4.3.2 "正常状态"检修策略

被评价为"正常状态"的设备，检修周期按基准周期延迟 1 个年度执行。超过 2 个基准周期未执行 C 类检修的设备，应结合停电执行 C 类检修。

4.3.3 "注意状态"检修策略

被评价为"注意状态"的电缆线路，如果单项状态量扣分导致评价结果为"注意状态"时，应根据实际情况缩短状态检测和状态评价周期，提前安排 C 类或 D 类检修。如果由多项状态量合计扣分导致评价结果为"注意状态"时，应根据设备的实际情况，增加必要的检修和试验内容。

4.3.4 "异常状态"检修策略

被评价为"异常状态"的电缆线路，根据评价结果确定检修类型，并适时安排 C 类或 B 类检修。

4.3.5 "严重状态"检修策略

被评价为"严重状态"的电缆线路应立即安排 B 类或 A 类检修。

5 电缆本体

5.1 正常状态电缆本体 C 类检修项目、检修内容及技术要求见表 2。

表 2 正常状态电缆本体 C 类检修项目

检修项目	检修内容	技术要求	备注
外观检查	1）检查电缆是否存在过度弯曲、过度拉伸、外部损伤等情况，检查充油电缆是否存在渗漏油情况。 2）检查电缆抱箍、电缆夹具和电缆衬垫是否存在锈蚀、破损、缺失、螺栓松动等情况。 3）检查电缆的蠕动变形，是否造成电缆本体与金属件、构筑物距离过近。 4）检查电缆防火设施是否存在脱落、破损等情况	1）电缆不应存在过度弯曲、过度拉伸、外部损伤等情况，充油电缆不应存在渗漏油情况。 2）电缆抱箍、电缆夹具和电缆衬垫不应存在锈蚀、破损、缺失、螺栓松动等情况。 3）采取有效措施，防止电缆本体与金属件、构筑物摩擦。 4）电缆防火设施应完好	
例行试验	1）电缆外护套及内衬层绝缘电阻测量。 2）电缆外护套直流耐压。 3）电缆主绝缘电阻测量。 4）橡塑电缆主绝缘交流耐压试验	见附录 N	

5.2 注意、异常、严重状态电缆本体缺陷状态、检修类别、检修内容及技术要求见表 3。

表 3 注意、异常、严重状态电缆本体缺陷处理

缺陷	状态	检修类别	检修内容	技术要求	备注
电缆外护套损伤	注意	D 类	1）修复。 2）修复后再次测量外护套绝缘电阻，并进行直流耐压试验	外护套绝缘电阻值应满足附录 N 要求，直流耐压试验不击穿	常见电缆导体电阻见附录 P
	异常	D 类			
	严重	C 类			

表 3（续）

缺陷	状态	检修类别	检修内容	技术要求	备注
电缆金属护层、铠装变形、破损	注意	D 类	持续观察，结合停电进行修复	应无明显恶化趋势	常见电缆导体电阻见附录 P
	异常	C 类	1）停电处理，去除受损金属护层、铠装，电缆主绝缘应未受损。 2）修复电缆金属护层、铠装。 3）测量金属护层和导体电阻比	金属护层和导体电阻比应无明显变化	
	严重	B 类	1）停电处理，去除受损金属护层、铠装。 2）电缆主绝缘受损的，应切除受损段电缆，重新安装电缆接头。 3）按附录 N 进行相关试验	见附录 N	
电缆主绝缘电阻异常	注意	C 类	进行诊断性试验	见附录 N	
	异常	B 类	1）进行诊断性试验。 2）试验不合格则进行故障查找及故障处理，更换部分电缆，重新安装电缆接头或终端。 3）按附录 N 进行相关试验		
	严重	A 类	1）进行诊断性试验。 2）试验不合格则进行故障查找及故障处理，如确定因老化等原因整条电缆无法满足运行要求，进行整体更换。 3）按 GB 50150 要求进行交接试验	按照 GB 50150 的相关要求	
电缆抱箍和电缆夹具锈蚀、破损、部件缺失	注意	D 类	1）除锈、防腐处理。 2）螺栓紧固	电缆抱箍、电缆夹具应不存在锈蚀、破损、部件缺失、螺栓松动等情况	
	异常	D 类	1）除锈、防腐处理。 2）螺栓紧固。 3）更换		
	严重	D 类	1）除锈、防腐处理。 2）螺栓紧固。 3）更换		
电缆本体防火设施异常	注意	D 类	修复	电缆本体防火设施应完好，不存在防火带脱落、防火涂料剥落、防火槽盒破损、防火堵料缺失等情况	
	异常	—	—		
	严重	—	—		
充油电缆渗漏油	注意	C 类	1）补漏。 2）补油	应对充油电缆内的电缆油及新电缆油进行取样试验，试验结果应满足附录 N 要求。补油之后充油电缆油压应达到正常水平	
	异常				
	严重				

7 附属设备

7.1 避雷器

7.1.1 正常状态避雷器 C 类检修项目、检修内容及技术要求见表 8。

7.1.2 注意、异常、严重状态避雷器缺陷状态、检修类别、检修内容及技术要求见表 9。

表 8 正常状态避雷器 C 类检修

检修项目	检修内容	技术要求	备注
绝缘套管	1）检查外观有无破损、污秽，无异物附着。 2）套管外绝缘有无污秽及放电痕迹。 3）均压环无错位。 4）清扫	1）外观无异常，高压引线、接地线连接正常。 2）套管外绝缘无污秽及放电痕迹。 3）均压环无错位	复合套管严禁使用酒精、乙醚等有机溶剂清扫，对于污秽等级上升的区域，更换时应提高避雷器爬距
设备线夹	1）检查外观有无异常，是否有弯曲、氧化等情况。 2）检查紧固螺栓是否存在锈蚀、松动、螺帽缺失等情况。 3）恢复搭接	1）外观无异常。 2）螺栓应不存在锈蚀、松动、螺帽缺失等情况。 3）搭接良好，按附录R要求紧固螺栓	电气搭接面应涂抹适量电力复合脂
例行试验	1）直流 1mA 电压（U_{1mA}）及在 $0.75U_{1mA}$ 下漏电流测量。 2）避雷器底座绝缘电阻测量。 3）放电计数器功能检查、电流表校验。 4）计数器上引线绝缘检查	见附录 N	

表 9 注意、异常、严重状态避雷器缺陷处理

缺陷	状态	检修类别	检修内容	技术要求	备注
避雷器发热	注意	1）D 类。 2）C 类	1）加强巡视，缩短红外测温工作周期。 2）结合停电更换	测温结果应无明显变化	
	异常	C 类	更换		
	严重	C 类	更换		
避雷器绝缘套管破损	注意	D 类	加强巡视，缩短红外测温工作周期	避雷器外观正常，红外测温结果正常	
	异常	C 类	更换		
	严重	C 类	更换		
避雷器表面严重积污	注意	C 类	停电清扫	避雷器外观正常，盐密和灰密在正常范围内	对于污秽等级上升的区域，更换时应提高避雷器爬距
	异常	1）C 类。 2）B 类	1）停电清扫。 2）更换		
	严重	B 类	更换		
异物悬挂	注意	D 类	带电处理	避雷器应无异物悬挂	
	异常	C 类	停电处理		
	严重	C 类	停电处理		

表 9（续）

缺陷	状态	检修类别	检修内容	技术要求	备注
引流线过紧	注意	D 类	缩短巡视周期，加强巡视，阶段性拍照比对	避雷器应无倾斜现象，且无明显变化	
	异常	C 类	加装过渡板或更换引流线	引流线应自然松弛，风偏满足设计要求	
	严重	C 类	加装过渡板或更换引流线		
均压环锈蚀、移位、脱落	注意	C 类	1）除锈防腐处理。2）更换或加装	均压环应无锈蚀、移位、脱落情况	
	异常				
	严重				
避雷器支架锈蚀、破损、部件缺失	注意	1）D 类。2）C 类	1）安全距离满足要求的，带电进行除锈防腐处理、更换或加装。2）安全距离不满足要求的，停电进行除锈防腐处理、更换或加装	避雷器支架应无锈蚀、破损、部件缺失等情况	
	异常				
	严重				
电气试验不合格	注意	—	—	见附录 N	
	异常	—	—		
	严重	C 类	更换		

7.2　接地系统

7.2.1　正常状态接地系统 C 类检修项目、检修内容及技术要求见表 10。

7.2.2　注意、异常、严重状态接地系统缺陷状态、检修类别、检修内容及技术要求见表 11。

表 10　正常状态接地系统 C 类检修

检修项目	检修内容	技术要求	备注
外观检查	1）检查接地箱、交叉互联箱的箱体、基础、支架外观。2）检查接地箱、交叉互联箱内部电气连接及护层过电压限制器外观。3）检查接地电缆、同轴电缆、回流线。4）检查接地极	无异常	
例行试验	1）核对交叉互联接线方式。2）电缆外护套、绝缘接头外护套、绝缘夹板对地直流耐压试验。3）护层过电压限制器及其引线对地绝缘电阻测量。4）接地极接地电阻测量	见附录 N	

表 11　注意、异常、严重状态接地系统缺陷处理

缺陷	状态	检修类别	检修内容	技术要求	备注
接地箱、交叉互联箱箱体破损、缺失	注意	D 类	对于不接触带电体的，采取临时措施修复，需要接触带电体的，结合停电处理	接地箱、交叉互联箱箱体应完好，无破损、缺失情况	
	异常	C 类	停电处理，修复或更换部件，情况严重的更换接地箱、交叉互联箱		

表 11（续）

缺陷	状态	检修类别	检修内容	技术要求	备注
接地箱、交叉互联箱箱体破损、缺失	严重	C 类	停电处理，更换接地箱、交叉互联箱		
接地箱、交叉互联箱基础破损、沉降	注意	D 类	带电处理，加固或修复	接地箱、交叉互联箱基础应完好，无破损、沉降等情况	
	异常				
	严重				
接地箱、交叉互联箱支架锈蚀、破损、部件缺失	注意	D 类	带电进行除锈防腐处理、更换或加装	接地箱、交叉互联箱支架应完好，无锈蚀、破损、部件缺失等情况	
	异常				
	严重				
接地箱、交叉互联箱内部连接片锈蚀、缺失	注意	C 类	停电进行更换或加装	接地箱、交叉互联箱内部连接应完好，无锈蚀、缺失等情况	
	异常				
	严重				
接地电缆、同轴电缆、护层直接接地箱的总接地电缆破损、缺失	注意	1）D 类。2）C 类	1）外皮、绝缘破损的进行带电修复。2）线芯受损或电缆缺失的，停电进行修复	接地电缆、同轴电缆、回流线应完好，连接良好	
	异常				
	严重				
护层保护接地箱、交叉互联箱的总接地电缆、回流线破损、缺失	注意	C 类	修复或加装	护层保护接地箱、交叉互联箱的总接地电缆、回流线应完好，连接良好	
	异常	—	—		
	严重	—	—		
交叉互联连接方式不正确	注意	—	—	确保交叉互联连接方式正确	
	异常	—	—		
	严重	C 类	恢复正确的交叉互联连接方式		
电缆外护套、绝缘接头外护套、绝缘夹板对地直流耐压试验	注意	—	—	见附录 N	
	异常	—	—		
	严重	C 类	查找故障点并修复		
护层过电压限制器及其引线对地绝缘电阻不合格	注意	—	—	见附录 N	
	异常	—	—		
	严重	C 类	更换不合格的护层过电压限制器，加强引线对地绝缘		
接地极接地电阻不合格	注意	—	—	见附录 N	
	异常	—	—		
	严重	C 类	增设接地桩，必要时进行开挖检查修复		

7.3　供油装置

7.3.1　正常状态供油装置 C 类检修项目、检修内容及技术要求见表 12。

7.3.2　注意、异常、严重状态供油装置缺陷状态、检修类别、检修内容及技术要求见表 13。

表 12　正常状态供油装置 C 类检修

检修项目	检修内容	技术要求	备注
油压示警装置检查	1）检查油压示警系统信号装置，合上试验开关应能正确发出示警信号。 2）控制电缆线芯对地绝缘电阻测量	见附录 N	
压力箱检查	1）外观检查、压力表检查。 2）压力箱供油量检查。 3）压力箱内电缆油取样试验	见附录 N	

表 13　注意、异常、严重状态供油装置缺陷处理

缺陷	状态	检修类别	检修内容	技术要求	备注
油压示警装置异常	注意	—	—	油压示警装置应正常，能正确发出示警信号	滤油、补油所使用的滤油设备应进行清洗，并取油样试验合格后方可使用，防止二次污染
	异常	D 类	修复		
	严重	D 类	更换		
油压异常	注意	D 类	加强观察，缩短巡视周期	应无明显变化	
	异常	C 类	1）加强观察，缩短巡视周期。 2）查找渗漏点并补漏。 3）补油至油压恢复正常。 4）持续观察，确认是否继续渗漏	应对压力箱内电缆油、新电缆油进行取样试验，试验项目按附录 N 中所列诊断项目进行，确保试验合格。补油后油压应恢复正常水平	
	严重				
电缆油取样试验不合格	注意	—	—	—	
	异常	—	—	—	
	严重	C 类	1）诊断性试验。 2）滤油处理。 3）诊断性试验	处理完毕后试验结果应合格	

7.4　在线监测装置

7.4.1　正常状态在线监测装置 C 类检修项目、检修内容及技术要求见表 14。

7.4.2　注意、异常、严重状态在线监测装置缺陷状态、检修类别、检修内容及技术要求见表 15。

表 14　正常状态在线监测装置 C 类检修

检修项目	检修内容	技术要求	备注
在线监控平台	检查系统是否运行正常	系统运行正常	
监控子站	检查子站屏、工控机、打印机等设备是否工作正常	子站屏、工控机、打印机等设备工作正常	

表 14（续）

检修项目	检修内容	技术要求	备注
环流监测装置	1）校验环流监测数据的准确性。 2）检测设备与控制中心通讯是否正常	中心显示环流数据正常	
在线局放监测装置	1）校验监测数据的准确性。 2）检测设备与控制中心通讯是否正常	中心显示在线局放数据正常	
在线测温装置	1）校验监测数据的准确性。 2）检测设备与控制中心通讯是否正常	中心显示温度数据正常	
通风设施	1）检查风机转动是否正常。 2）检查风机排风效果是否正常。 3）检查远程控制及就地控制可靠性。 4）检查风机各模式下传感器灵敏度是否正常	1）线路供电可靠、转速稳定、无异常噪声。 2）排风效果明显。 3）远程控制及就地控制可以自由切换。 4）自启动模式、巡视模式、火灾模式等多种模式均能按照规定要求正常工作	
环境监测系统	1）检查各子系统（水位、温度、湿度、烟雾、有毒气体等）是否工作正常。 2）校验各监测表计的准确性	1）各子系统（水位、温度、湿度、烟雾、有毒气体等）应工作正常。 2）表计显示的读数在允许的误差范围之内	
排水设施	1）检查水泵是否正常运转。 2）检查自启动模式是否正常	1）水泵排水效果理想。 2）水位监控传感器正常感应水位，电机自启动工作	
照明设施	1）检查照明灯具是否正常。 2）检查远程控制及就地控制可靠性	1）灯具均能正常工作。 2）远程控制及就地控制可以自由切换	
通讯设施	1）检查有线通讯设备和控制中心通讯是否正常。 2）检查移动通讯设备是否正常	1）隧道通讯设备和中心通讯联络正常。 2）移动手机信号正常	
消防设施	1）检查消防器具的使用寿命。 2）检查消防设备的完整性。 3）检查火灾报警系统是否正常工作	1）消防器具均应在使用寿命内。 2）消防设备无遗失	
井盖控制系统	1）检查井盖控制系统是否工作正常。 2）检查远程控制和就地控制可靠性。 3）检查入侵报警系统是否工作正常	1）井盖控制系统应工作正常。 2）远程控制模式和就地控制模式可以自由切换。 3）入侵报警系统应工作正常	门禁系统参照执行
视频监控系统	检查视频监控是否工作正常	视频监控应工作正常	
隧道应力应变监测装置	检查隧道应力应变监测装置是否工作正常	隧道应力应变监测装置应工作正常	

表 15　注意、异常、严重状态在线监测装置缺陷处理

缺陷	状态	检修类别	检修内容	技术要求	备注
在线监控平台	注意	D 类	修复或升级改造	系统运行正常	
	异常				
	严重				

表 15（续）

缺陷	状态	检修类别	检修内容	技术要求	备注
监控子站	注意	D 类	修复或更换	监控子站运行正常	
	异常				
	严重				
环流监测装置工作异常	注意	D 类	修复或更换	中心显示环流数据正常	
	异常				
	严重				
在线局放监测装置工作异常	注意	D 类	修复或更换	中心显示在线局放数据正常	
	异常				
	严重				
在线测温装置工作异常	注意	D 类	1）修复。 2）内置式光纤损坏，则加装外置式测温装置	中心显示测温数据正常	
	异常				
	严重				
通风设备异常	注意	C 类	1）涂抹防滑剂。 2）更换气体、温度传感器。 3）更换控制回路损坏部件	通风设备工作正常	
	异常				
	严重				
环境监测设施异常	注意	C 类	1）更换表计。 2）更换气体检测传感器。 3）修复数据通讯线	环境监测设备工作正常	
	异常				
	严重				
排水设施异常	注意	C 类	1）更换水泵。 2）更换水位监测传感器	排水设施工作正常	
	异常				
	严重				
照明设施异常	注意	C 类	1）更换灯具。 2）更换控制回路损坏部件。 3）修复低压电源	照明设施工作正常	
	异常				
	严重				
通讯设施异常	注意	D 类	1）更换线路受损部分。 2）更换无线信号发射器	通讯设施工作正常	
	异常				
	严重				
消防设施异常	注意	D 类	1）更换使用寿命到年限的部件。 2）补充遗失的消防设施	消防设施工作正常	
	异常				
	严重				

表 15（续）

缺陷	状态	检修类别	检修内容	技术要求	备注
井盖控制系统异常	注意	D 类	修复	井盖控制系统工作正常	
	异常				
	严重				
视频监控系统异常	注意	D 类	修复	视频监控系统工作正常	
	异常				
	严重				
隧道应力应变监测装置异常	注意	D 类	修复	隧道应力应变监测装置工作正常	
	异常				
	严重				

8 电缆通道

电缆通道检修除需电缆配合停电的工作外，其他均执行 D 类检修。

8.1 直埋
电缆直埋敷设方式通道缺陷状态、检修类别、检修内容及技术要求见表 16。

8.2 排管
电缆排管敷设方式通道缺陷状态、检修类别、检修内容及技术要求见表 17。

8.3 电缆沟
电缆沟敷设方式通道缺陷状态、检修类别、检修内容及技术要求见表 18。

8.4 电缆隧道
电缆隧道敷设方式通道缺陷状态、检修类别、检修内容及技术要求见表 19。

8.5 桥架
电缆桥架敷设方式通道缺陷状态、检修类别、检修内容及技术要求见表 20。

8.6 工作井
电缆工作井敷设方式通道缺陷状态、检修类别、检修内容及技术要求见表 21。

表 16 直 埋

缺陷	状态	检修类别	检修内容	技术要求	备注
覆土深度不够	注意	D 类	夯土回填	满足 Q/GDW 1512 及 GB 50168—2006、GB 50217—2007、DL/T 5221—2005 相关要求	
	异常	D 类	因标高问题无法满足深度要求的，视情况选择合适的加固措施进行通道加固		
	严重	A 类	加固后仍无法满足电缆运行要求的，更换通道形式或进行迁改		

表 16（续）

缺陷	状态	检修类别	检修内容	技术要求	备注
电缆保护板破损、缺失	注意	—	—	满足 Q/GDW 1512 及 GB 50168—2006、GB 50217—2007、DL/T 5221—2005 相关要求	
	异常	—	—		
	严重	D 类	更换		

表 17 排　　管

缺陷	状态	检修类别	检修内容	技术要求	备注
预留管孔淤塞不通	注意	D 类	疏通，并两头封堵	确保预留管孔通畅可用	
	异常	—	—	—	
	严重	—	—	—	
排管覆土深度不够	注意	D 类	填埋	满足 Q/GDW 1512 及 GB 50168—2006、GB 50217—2007、DL/T 5221—2005 相关要求	
	异常	D 类	因标高问题无法满足深度要求的，视情况选择合适的加固措施进行通道加固		
	严重	A 类	加固后仍无法满足电缆运行要求的，更换通道形式后进行迁改	—	
保护板破损、缺失	注意	—	—	满足 Q/GDW 1512 及 GB 50168—2006、GB 50217—2007、DL/T 5221—2005 相关要求	
	异常	—	—		
	严重	D 类	更换		
排管包封破损、开裂	注意	D 类	加固或修复	满足 Q/GDW 1512 及 GB 50168—2006、GB 50217—2007、DL/T 5221—2005 相关要求	
	异常	D 类			
	严重	A 类	拆除破损排管包封重新建设或另选路径重新建设，线路迁改		
地基沉降、坍塌或水平位移	注意	D 类	加固并持续观察，阶段性测量、拍照比对	应无明显变化	必要时线路配合停电，定向钻进拖拉管参照注意、严重状态执行
	异常	D 类	拆除故障段排管包封，对地基进行加固处理后新建工作井	满足 Q/GDW 1512 及 GB 50168—2006、GB 50217—2007、DL/T 5221—2005 相关要求	
	严重	A 类	拆除故障段排管包封重新建设或另选路径重新建设，线路迁改		

表 18 电 缆 沟

缺陷	状态	检修类别	检修内容	技术要求	备注
电缆沟盖板不平整、破损、缺失	注意	D 类	修补或更换	盖板不应存在不平整、破损、缺失情况	
	异常				
	严重				
电缆沟结构破损、开裂、坍塌	注意	D 类	修复	电缆沟结构不应存在破损、开裂、坍塌等情况	必要时线路配合停电，但应对沟内电缆做好保护措施
	异常				
	严重				
地基沉降、坍塌或水平位移	注意	D 类	加固并持续观察，阶段性测量、拍照比对	应无明显变化	必要时线路配合停电，但应对沟内电缆做好保护措施
	异常	D 类	拆除故障段电缆沟，对地基进行加固处理后在故障位置重建	满足 Q/GDW 1512 及 GB 50168—2006、GB 50217—2007、DL/T 5221—2005 相关要求	
	严重	A 类	拆除故障段电缆沟重新建设或另选路径重新建设，线路迁改		

表 19 电 缆 隧 道

缺陷	状态	检修类别	检修内容	技术要求	备注
隧道本体有裂缝	注意	D 类	1）修复，并做好防水堵漏处理。2）缩短巡视周期，加强观察	隧道本体应完好	
	异常				
	严重				
隧道通风亭破损	注意	D 类	修复	隧道通风亭应完好	
	异常				
	严重				
隧道爬梯锈蚀、破损、部件缺失	注意	D 类	进行除锈防腐处理、更换或加装	隧道爬梯应完好，无锈蚀、破损、部件缺失等情况	
	异常				
	严重				

表 20 桥 架

缺陷	状态	检修类别	检修内容	技术要求	备注
桥架基础沉降、倾斜、坍塌	注意	D 类	缩短巡视周期，加强巡视，阶段性测量拍照比对	应无明显变化	
	异常	D 类	1）对基础进行加固处理。2）跟踪观察一段时间，确认是否还有沉降、倾斜现象	应无明显变化	

表 20（续）

缺陷	状态	检修类别	检修内容	技术要求	备注
桥架基础沉降、倾斜、坍塌	严重	A 类	选择其他通道重新建设，线路迁改	满足 Q/GDW 1512 及 GB 50168—2006、GB 50217—2007、DL/T 5221—2005 相关要求	
桥架基础覆土流失	注意	D 类	夯土回填	满足 Q/GDW 1512 及 GB 50168—2006、GB 50217—2007、DL/T 5221—2005 相关要求	
	异常	D 类	加固并夯土回填		
	严重	—	—		
桥架主材锈蚀、破损、部件缺失	注意	D 类	带电进行除锈防腐处理、更换或加装	满足 Q/GDW 1512 及 GB 50168—2006、GB 50217—2007、DL/T 5221—2005 相关要求	
	异常				
	严重	A 类	选择其他通道重新建设，线路迁改		
桥架遮阳设施损坏	注意	D 类	修复	满足 Q/GDW 1512 及 GB 50168—2006、GB 50217—2007、DL/T 5221—2005 相关要求	
	异常	—	—		
	严重	—	—		
桥架倾斜	注意	D 类	1）加固。2）缩短巡视周期，加强巡视，阶段性拍照比对，是否有恶化趋势	满足 Q/GDW 1512 及 GB 50168—2006、GB 50217—2007、DL/T 5221—2005 相关要求	
	异常	A 类	选择其他通道重新建设，线路迁改	满足 Q/GDW 1512 及 GB 50168—2006、GB 50217—2007、DL/T 5221—2005 相关要求	
	严重				
桥梁本体倾斜、断裂、坍塌或拆除	注意	—	—	—	
	异常	D 类	1）与桥梁保养单位保持密切联系，督促其积极进行维修。2）缩短巡视周期，重点检查桥墩两侧和伸缩缝处的电缆伸缩节	1）桥梁应及时得到维修，保持安全稳定。2）桥墩两侧和伸缩缝处的电缆伸缩节应无明显变化	
	严重	A 类	选择其他通道重新建设，线路迁改	满足 Q/GDW 1512 及 GB 50168—2006、GB 50217—2007、DL/T 5221—2005 相关要求	

表 21　工　作　井

缺陷	状态	检修类别	检修内容	技术要求	备注
工作井井盖不平整、破损、缺失	注意	D 类	修复或更换	井盖不应存在不平整、破损、缺失情况	
	异常	—	—		
	严重	—	—		

表 21（续）

缺陷	状态	检修类别	检修内容	技术要求	备注
工作井结构破损、开裂、坍塌	注意	D 类	修复	工作井结构应不存在破损、开裂、坍塌等情况	必要时线路配合停电，但应对沟内电缆做好保护措施
	异常				
	严重				
地基沉降、坍塌或水平位移	注意	D 类	加固并持续观察，阶段性测量、拍照比对	应无明显变化	必要时线路配合停电，但应对井内电缆做好保护措施
	异常		拆除故障位置工作井，对地基进行加固处理后在故障位置重建	满足 Q/GDW 1512 及 GB 50168—2006、GB 50217—2007、DL/T 5221—2005 相关要求	
	严重		工作井重新建设		

9 附属设施

9.1 电缆支架

电缆支架缺陷状态、检修类别、检修内容及技术要求见表 22。

9.2 标识标牌

标识标牌缺陷状态、检修类别、检修内容及技术要求见表 23。

9.3 电缆终端站、终端塔（杆、T 接平台）

电缆终端站、终端塔（杆、T 接平台）缺陷状态、检修类别、检修内容及技术要求见表 24。

表 22 电 缆 支 架

缺陷	状态	检修类别	检修内容	技术要求	备注
金属支架锈蚀、破损、部件缺失	注意	D 类	带电进行除锈防腐处理、更换或加装	金属支架应无锈蚀、破损、部件缺失等情况	
	异常				
	严重				
金属支架接地不良	注意	C 类	1）金属支架接地装置除锈防腐处理、更换或加装。2）接地极增设接地桩，必要时进行开挖检查修复	金属支架应接地良好	
	异常				
	严重				
复合材料支架老化	注意	D 类	1）更换。2）排查同批次、相近批次的复合材料支架，检查是否同样存在老化情况，确认则应更换	复合材料支架应无老化情况	
	异常				
	严重				
支架固定装置松动、脱落	注意	D 类	修复	支架固定装置应安装牢固	指膨胀螺栓、预埋铁或自承式支架构件
	异常				
	严重				

表23 标 识 标 牌

缺陷	状态	检修类别	检修内容	技术要求	备注
标识标牌锈蚀、老化、破损、缺失	注意	D 类	除锈防腐处理、更换或加装	标识标牌应无锈蚀、破损、缺失等情况	
	异常	—	—		
	严重	—	—		
标识标牌字体模糊，内容不清	注意	D 类	更换	标识标牌应字迹清晰	
	异常	—	—		
	严重	—	—		

表24 电缆终端站、终端塔（杆、T 接平台）

缺陷	状态	检修类别	检修内容	技术要求	备注
围墙（围栏）开裂、破损、坍塌	注意	D 类	修复	满足 Q/GDW 1512 及 GB 50168—2006、GB 50217—2007、DL/T 5221—2005 相关要求	必要时设备停电配合
	异常				
	严重				
终端站、T 接平台接地装置接地电阻不合格	注意	—	—	—	
	异常	—	—		
	严重	C 类	增设接地桩，必要时进行开挖检查修复	见附录 N	
终端站、终端塔周围或内部植物与带电设备距离过近	注意	D 类	修剪	确保终端站周围或终端站内植物与带电设备保持足够的安全距离	
	异常				
	严重				

11 故障测寻

故障类型、判别标识及测寻适用方法见表27。

表27 故 障 测 寻

故障类型	判别标准	故障测寻适用方法	备注
断线故障	故障相与完好相短接后用万用表测量不成回路	用电容法或低压脉冲法进行故障测距，用声测定点法或声磁同步法精确定位	使用低压脉冲法时要分别测量完好相与故障相的长度，通过长度计算出故障位置
高阻故障	万用表测量绝缘电阻 1kΩ 及以上（或根据使用的设备自行规定）	用脉冲电流法（包括二次脉冲法、三次脉冲法）进行故障测距，用声测定点法或声磁同步法精确定位	利用测量脉冲波形与参考脉冲波形分歧点进行故障位置确定
低阻故障（金属性接地）	万用表测量绝缘电阻 1kΩ 以下（或根据使用的设备自行规定）	用电桥法或低压脉冲法进行故障测距，用音频感应法或声磁同步法精确定位	

表 27（续）

故障类型	判别标准	故障测寻适用方法	备注
外护套故障	绝缘电阻表 500V 测量	跨步电压法：通过给被测电缆施加脉动或脉冲信号，沿电缆路径用测量设备可测得信号的幅度和方向。如果被测位置检流计指针所指的方向相反，即为电缆的故障点	当电位表显示为零，电位表的两个电极的中心即为故障点
充油电缆渗漏油	油压异常	充油电缆漏油点的确定方法常用的主要有冻结法、油压法、流量法、压力差法、比较法等几种，确定漏油点的关键在于：应把因电缆本身温度变化引起油的膨胀收缩所导致的油流与漏油所引起的油流区分开，因此漏油量越小区分就越困难	

附 录 A
（资料性附录）
通 用 检 修 工 具 配 置

通用检修工具配置见表 A.1。

表 A.1 通 用 检 修 工 具 配 置

序号	名称	型号规格（精度）	单位	数量	备注
1	套筒扳手	10mm～32mm	套	1	
2	梅花扳手	6、8、10、12、13、14、15、16、17、19、20、22、24、27、30、32mm	套	3	
3	开口两用扳手	5.5、6、8、9、10、12、13、14、15、17、18、19、20、22、24、27、30、32mm	套	3	
4	内六角形扳手		套	1	
5	铁榔头	1.5 磅	把	1	
6	电吹风		把	3	
7	一字螺丝刀	2″、4″、6″、8″	套	1	
8	十字螺丝刀	2″、4″、6″、8″	套	1	
9	砂皮打磨机	9031	把	2	
10	锯弓		把	1	
11	整形锉		套	1	
12	绳索		条	若干	
13	合成纤维吊带	额定负载 1000kg	根	2	
14	合成纤维吊带	额定负载 2000kg	根	2	
15	圈尺	5m	把	1	

表 **A**.1（续）

序号	名称	型号规格（精度）	单位	数量	备注
16	钢直尺	150mm	把	1	
17	工具包		只	6	
18	起吊机具		套	1	
19	接地线		付	若干	
20	安全带		付	若干	
21	万用表		只	1	
22	兆欧表	5000、2500、1000、500V	只	各1	
23	回路电阻测试仪	100A	台	1	
24	力矩扳手	0～150N·m	套	1	
25	力矩扳手	0～400N·m	套	1	
26	游标卡尺	0～125mm	副	1	
27	水平尺	400mm	把	1	
28	电风扇		只	2	
29	线盘	380、220V	只	各1	
30	液压冲孔机		把	1	
31	电焊机	380V/220V	台	1	必要时
32	升高车		辆	1	
33	对讲机		只	10	
34	电动割刀		把	1	
35	便携式电动压钳		把	1	
36	脚手架		组	1	
37	电缆校直机	110、220kV	套	1	
38	电动刨刀		把	1	
39	剥削器	35、110、220kV	套	3	
40	外护套切口刀	110mm～160mm	把	1	
41	煤气喷枪		把	3	
42	链条葫芦	2.0t	把	5	
43	相位表		只	2	
44	直流高压发生器		台	1	
45	温湿度计		个	1	
46	应急灯		台	3	

注：可根据实际情况增减。

附 录 B

（资料性附录）

通 用 消 耗 性 材 料

通用消耗性材料见表 B.1。

表 B.1 通 用 消 耗 性 材 料

序号	名称	型号规格	单位	数量	备注
1	玻璃	200mm×200mm	块	10	
2	PVC 带	—	卷	20	
3	绝缘带	—	卷	20	
4	阻水带	—	卷	50	
5	防火带	—	卷	30	
6	螺栓	M6×12 不锈钢	只	5	
7	螺栓	M8×30 不锈钢	只	5	
8	螺栓	M8×50 不锈钢	只	5	
9	螺栓	M12×50	只	8	
10	螺栓	M12×80	只	8	
11	螺栓	M16×80	只	8	
12	白布	—	kg	1.5	
13	金相砂布	#150～#600	卷	10	
14	无水乙醇		瓶	5	
15	钢锯条	300mm、细齿	支	3	
16	小毛巾	—	块	10	
17	电力复合脂	—	kg	0.2	
18	彩条布	—	m	3	
19	防锈漆	—	kg	1	
20	记号笔	极细	支	2	
21	绝缘热缩套	根据电缆型号配备	只	3	

注：可根据实际情况增减。

附　录　O

（资料性附录）

电缆常见缺陷判别及处理方法

电缆常见缺陷判别及处理方法见表 O.1。

表 O.1　电缆常见缺陷判别及处理方法

缺陷类型	原因	判断和检查方法	处理方法	检修分类
电缆本体绝缘受损	外力破坏	有明显的外力破坏痕迹	更换部分电缆	A 类
	质量问题	投产时间较短（一般在 5 年以内），电缆表面无外力损伤痕迹	更换部分电缆，持续观察，监测电缆金属护层接地电流，有条件的进行周期性局放检测或介损检测，有异常需进行进一步试验，必要时全部更换	A 类
	绝缘老化	投产时间较长（一般在 15 年以上），局放或介损检测异常，电缆表面无外力损伤痕迹	更换部分电缆，持续观察，监测电缆金属护层接地电流，有条件的进行周期性局放检测或介损检测，如确定整条线路普遍存在绝缘老化情况，列技改项目更换整条电缆线路	A 类
电缆金属护层接地电流、感应电压异常	接地电缆缺失	现场查看	停电消缺，修复	B 类
	电缆护层过电压限制器击穿	1）测量电缆护层过电压限制器上下端之间感应电压及接地电流。2）停电后测量电缆护层过电压限制器绝缘电阻	停电消缺，更换	B 类
	接地装置接地电阻偏大	停电后测量接地电阻	增设接地桩，确保接地电阻不大于 10Ω	B 类
	外护套破损严重导致接地	停电后进行外护套绝缘电阻测量	1）外护套故障找寻，找到故障点后将故障点及两侧 100mm 内电缆外护套用砂纸打毛，先后绕包绝缘带、防水带，然后用半导电带恢复外电极，最后绕包 PVC 带。2）修复后再次测量外护套绝缘电阻，并进行直流耐压试验，直流电压 5kV，加压时间为 60s，不应击穿	B 类
	接地系统接线错误	根据资料图纸核对接地系统接线方式	按照正确的接地系统恢复接线	B 类
	绝缘接头安装错误，做成直通接头	停电后用万用表确认接头两侧电缆金属屏蔽层是否联通	停电消缺，将直通接头更换为绝缘接头	B 类

表 O.1（续）

缺陷类型	原因	判断和检查方法	处理方法	检修分类
电缆终端局部发热	终端外绝缘破损	目测、登塔检查	更换外绝缘绝缘套管，充油式电缆终端须同时更换绝缘油	B 类
	热缩、冷缩电缆终端进水	停电检查	切除后重新制作	B 类
	接地线/封铅虚焊	停电检查	1）检查电缆主绝缘表面，无明显变化的，重新进行接地线焊接/封铅。 2）若放电现象严重，电缆主绝缘出现变色、碳化等情况，切除电缆终端及受损电缆，重新安装电缆终端	B 类
	安装尺寸错误	停电检查	切除后重新安装	B 类
充油式电缆终端渗、漏油	应力锥破损	停电后，打开终端检查	停电更换或处理，处理方法如下： 1）首先打开电缆终端下方的尾管，清除尾管内及电缆本体上残油，仔细检查油封位置（如有）是否正确，有无偏斜。 2）打开电缆终端屏蔽罩及上封盖，用吸油管把终端套管内的绝缘油全部抽出存放在容器内。 3）拆除电缆终端出线杆金具。 4）将电缆终端瓷瓶按起吊方法拴好，使吊绳绷紧但不用力。 5）拆除固定电缆终端瓷瓶的底脚螺栓。 6）起吊电缆终端瓷瓶。 7）拔出有缺陷的应力锥或者拆除已变形的油封。 8）对更换的应力锥或者油封进行准确的定位。 9）更换上新的应力锥或者是油封。 10）更换电缆终端瓷瓶底座法兰上的密封圈。 11）重新就位电缆终端瓷瓶，紧固底脚螺栓。 12）电缆终端内重新填充规定量的绝缘油。 13）安装电缆终端出线杆金具、上封盖、屏蔽罩。 14）清除电缆终端下方电缆本体上的残油，重新绕包防火包带。 15）静置 8h 以后完成相关试验。 16）做好记录	B 类
	油封错位			B 类
	密封圈老化			B 类
	细微渗油	跟踪观察	1）适当缩短巡视周期，加强观察，并做好记录。 2）带电距离足够的情况下，清除终端下方的油迹，便于观察是否持续渗漏。 3）有停电机会，打开终端尾管进行检查。 4）情况严重的，按照上面所述方法处理，必要时请厂家技术人员配合检查及处理。 5）做好记录	D 类

表 O.1（续）

缺陷类型	原因	判断和检查方法	处理方法	检修分类
电缆终端支柱绝缘子开裂	1）4个支柱绝缘子不在同一水平面上，导致受力不均匀。2）支柱绝缘子质量问题	高倍望远镜观察	停电更换，处理方法如下：1）将电缆终端瓷瓶按起吊方法拴好。2）拧松支柱绝缘子的固定螺栓。3）适度的往开裂小瓷瓶反方向上提瓷瓶。4）检查4个支柱绝缘子水平情况。5）卸下开裂的支撑小瓷瓶，换上新的支柱绝缘子。6）用水平尺测量，根据测量情况增减垫片，保证4个支柱绝缘子在一个水平面上。7）紧固螺栓，并松开吊绳，恢复电气连接。8）将更换下来的支柱绝缘子送检，如确定质量有问题，对同批次产品进行排查并加强观察，有必要的话全部更换	B类
设备线夹发热，或相间温差差异较大	螺栓型设备线夹长时间运行后连接处不紧密	停电检查	建议使用压接型设备线夹，导体与设备线夹端子配合尺寸参照 GB/T 14315。紧固螺栓，螺栓紧固力矩参照附录 Q	C类
	压接型设备线夹压接不规范			
	螺栓松动			
电缆接头发热	接地线/封铅虚焊	停电检查	1）检查电缆主绝缘表面，无明显变化的，重新进行接地线焊接/封铅。2）若放电现象严重，电缆主绝缘出现变色、碳化等情况，切除电缆接头及受损电缆，重新安装电缆接头	B类
	电缆通道（非开挖顶管、排管、电缆沟等）沉降、塌方或水平位移导致电缆接头受力	检查电缆通道，观察电缆接头两侧电缆是否被拉直，电缆固定夹具是否有移位痕迹	1）查明移位的电缆通道，对其进行加固保护。检查电缆接头受损情况及受力情况，情况严重的建议切除电缆接头，更换一段电缆并安装2相电缆接头，电缆接头两侧电缆做伸缩节，并跟踪观察是否有变化。2）电缆通道的沉降、塌方或水平位移有进一步恶化趋势并无法实施加固的，建议重新选择稳定的电缆通道，更换整段电缆	A类
	安装工艺问题或附件质量问题	排除其他原因后停电更换并进行解体检查	1）停电更换。2）解体检查后若确定是安装工艺问题的，对安装该电缆接头的安装人员在同时期安装的其他电缆接头进行排查和观察，检查是否存在同样问题。3）解体检查后若确定是附件质量问题的，对同批次产品进行排查和观察，检查是否存在同样问题。4）必要时对同批次产品进行全部更换	A类
避雷器计数器电流表指数为零	连接线外皮破损接地	登塔检查	停电更换连接线	B类
	电流表故障	带电检查	带电更换，用个人保安线将电流表两端短接，更换电流表	D类
	避雷器绝缘底座击穿	停电检测	停电更换	B类

表 O.1（续）

缺陷类型	原因	判断和检查方法	处理方法	检修分类
水底电缆锚损	船只违章锚泊	保护区出现船只锚泊等违章情况，并有机械破坏痕迹	更换锚损段电缆，制作电缆接头	A 类
水底电缆磨损	电缆随洋流移动过程中与水底基岩等摩擦造成	电缆有明显的磨损痕迹（如铠装钢丝磨断、金属护层出现裂纹等）	1）查明磨损电缆的通道，对其进行加固保护（如套管、抛石、深埋等），并跟踪观察其保护措施实施效果。 2）电缆通道无法实施有效保护的，建议重新选择稳定的电缆通道	A 类
水底电缆腐蚀	水质、电化学、水中生物等造成电缆腐蚀造成	水底检查	1）跟踪检查，掌握电缆腐蚀状况，采取必要的防腐措施。 2）若腐蚀现象严重，电缆金属护层、铠装金属丝层出现严重锈蚀、断股等情况，建议更换电缆，并采取可靠的防腐措施，或重新选择稳定的电缆通道	B 类

附 录 P

（规范性附录）

常 用 电 缆 直 流 电 阻

常用电缆直流电阻见表 P.1。

表 P.1 常 用 电 缆 直 流 电 阻

电缆截面 mm²	20℃时的直流电阻最大值 Ω/km	
	铝	铜
50	0.641	0.387
70	0.443	0.268
95	0.320	0.193
120	0.253	0.153
150	0.206	0.124
185	0.164	0.099 1
240	0.125	0.075 1
300	0.100	0.060 1
400	0.077 8	0.047 0
500	0.060 5	0.036 6
630	0.046 9	0.028 3
800	0.036 7	0.022 1
1000	0.029 1	0.017 6
1200	0.024 7	0.015 1
1600	0.018 6	0.011 3
2500	0.012 7	0.007 3

附 录 Q

（规范性附录）

常 用 螺 栓 紧 固 力 矩

常用螺栓紧固力矩见表 Q.1。

表 Q.1　常 用 螺 栓 紧 固 力 矩

单位：N·m

螺纹尺寸	强度级别					
	4.6	4.8	5.6	8.8	10.9	70[b]
M3	0.5±0.1	0.7±0.1	0.6±0.1	1.4±0.1		1.4±0.1
M3.5	0.8±0.1	1.0±0.1	1.0±0.1	2±0.2		2±0.2
M4	1.0±0.1	1.5±0.1	1.4±0.1	3±0.3		3±0.3
M5	2.2±0.2	3.0±0.2	3.0±0.3	6±0.5		6±0.5
M6	4.0±0.4	5.1±0.4	6.0±0.5	8±1	12±2	8±1
M8			12.0±2	20±2	30±3	20±2
M10			25±3	40±4	60±6	40±4
M12			40±4	70±7	100±10	70±7
M16			100±10	170±20	250±25	170±20
M20				340±30	500±50	340±30
M24				600±60	800±80	
适用范围			Cu2、Cu3，制螺栓螺母，内六角沉头螺栓：DIN7991，螺栓：DIN833、DIN835、DIN836、DIN938、DIN939，内六角螺钉：DIN9、DIN914、DIN915、DIN916	8 级螺母：DIN934、DIN936，8.8 级螺栓：DIN931、DIN933、DIN6912，10.9 级不锈钢螺栓 [a] DIN933、DIN912、DIN931	钢制 10.9 级螺栓：DIN912、DIN931、DIN933	A2、A4、Cu5

a 当高强度的螺栓被拧紧到铝块中时，为了使螺栓不至于破坏铝块内的螺纹，旋转紧固只允许使用强度等级 8.8 的螺栓所允许的力矩。

b 受力强度最小为 700N/mm²。

电力电缆线路试验规程

Test code for power cables

2015−02−26发布

Q/GDW 11316 − 2014

2015−02−26实施

目　　次

前　　言

为规范电力电缆线路试验，统一技术标准，促进电力电缆线路试验技术的深化应用，提高电力电缆线路的运行可靠性，制定本标准。

本标准由国家电网公司运维检修部提出并解释。

本标准由国网公司科技部归口。

本标准起草单位：中国电力科学研究院，国网北京市电力公司，国网上海市电力公司，国网湖北省电力公司，国网江苏省电力公司，国网浙江省电力公司，国网陕西省电力公司。

本标准主要起草人：赵健康，饶文彬，欧阳本红，李文杰，丛光，姜云，宁昕，杨帆，吴明祥，王光明，黄宏新，郑建康。

本标准为首次发布。

1　范围

本规程规定了10kV～500kV交联聚乙烯绝缘电力电缆线路交接、巡检、例行和诊断性试验方法和要求。

本规程适用于通常安装和运行条件下使用的交流电力电缆线路。水底电缆线路可参照本标准。

2　规范性引用文件

下列文件对于本文件的应用是必不可少的。凡是注日期的引用文件，仅注日期的版本适用于本文件。凡是不注日期的引用文件，其最新版本（包括所有的修改单）适用于本文件。

GB/T 2900.10　电工术语　电缆

GB/T 11017（所有部分）　额定电压 110kV 交联聚乙烯电力电缆及其附件

GB/T 12706（所有部分）　额定电压 1kV（U_m=1.2kV）到 35kV（U_m=40.5kV）挤包绝缘电力电缆及附件

GB/T 18890（所有部分）　额定电压 220kV（U_m=252kV）交联聚乙烯绝缘电力电缆及其附件

GB/T 22078（所有部分）　额定电压 500kV（U_m=550kV）交联聚乙烯绝缘电力电缆及其附件

GB 50168　电气装置安装工程　电缆线路施工及验收规范

DL/T 475　接地装置特性参数测量导则

DL/T 664　带电设备红外诊断应用规范

Q/GDW 455　电缆线路状态检修导则

Q/GDW 456　电缆线路状态评价导则

Q/GDW 643　配网设备状态检修试验规程

Q/GDW 1168　输变电设备状态检修试验规程

3　术语和定义

下列术语和定义适用于本文件。

3.1　电缆线路　**power cable line**
指由电缆、附件和附属设备所组成的整个系统，附属设备包括接地系统和交叉互联系统等。

3.2　交接试验　**test after installation**
电力电缆线路安装完成后，为了验证线路安装质量对电缆线路开展的各种试验。

3.3　例行试验　**routine test**
为获得电缆线路状态量而定期进行的各种停电试验。

3.4　带电检测　**energized test**
一般采用便携式检测设备，在运行状态下，对设备状态量进行的现场检测，通常为带电短时间内检测，有别于长期连续的在线监测。

3.5　巡检试验　**routine inspection test**
为获得电缆线路状态量而定期进行的带电检测试验。

3.6　诊断性试验　**diagnostic test**
巡检、例行试验等发现电缆线路状态不良，或经受了不良工况，或受家族缺陷警示，或连续运行了较长时间，为进一步评估电缆线路状态进行的试验。

3.7　红外测温　**infrared ray temperature measurement**

利用红外测温技术，对电缆线路中具有电流、电压致热效应或其他致热效应的部位进行的温度测量。

3.8　超声波检测　**ultrasonic inspection**

指对频率介于 20kHz～200kHz 区间的声信号进行采集、分析、判断的一种检测方法。根据传感器与被试样品是否接触，超声波检测分为接触式检测和非接触式检测。

3.9　高频局部放电检测　**high frequency partial discharge detection**

指对频率介于 1MHz～300MHz 区间的局部放电信号进行采集、分析、判断的一种带电检测方法。

3.10　超高频局部放电检测　**ultra-high frequency partial discharge detection**

超高频检测技术是指对频率介于 100MHz～3000MHz 区间的局部放电信号进行采集、分析、判断的一种检测方法。

3.11　振荡波局放检测　**oscillation wave partial discharge detection**

采用 LCR 阻尼振荡原理，由仪器高压直流电源对被试电缆充电至试验电压，关合高压开关，使仪器电抗、被试电缆电容和回路电阻构成 LCR 回路并发生阻尼振荡。在振荡电压作用下测量电缆内部潜在缺陷产生的局部放电。

4　交接试验

电缆线路交接试验项目包括电缆主绝缘及外护套绝缘电阻测量、主绝缘交流耐压试验、单芯电缆外护套直流耐压试验、电缆两端的相位检查、金属屏蔽（金属套）电阻和导体电阻比、采用交叉互联接地电缆线路的交叉互联系统试验和局部放电检测试验。

4.1　一般要求

对电缆的主绝缘进行耐压试验或绝缘电阻测量时，应分别在每一相上进行。对一相进行试验或测量时，其他两相导体和金属屏蔽（金属套）一起接地。试验结束后应对被试电缆进行充分放电。

对金属屏蔽（金属套）一端接地，另一端装有护层电压限制器的单芯电缆主绝缘作耐压试验时，应将护层电压保护器短接，使这一端的电缆金属屏蔽（金属套）临时接地。对于采用交叉互联接地的电缆线路，应将交叉互联箱作分相短接处理，并将护层电压保护器短接。

4.2　主绝缘及外护套绝缘电阻测量

4.2.1　电缆主绝缘电阻测量应采用 2500V 及以上电压的兆欧表，外护套绝缘电阻测量宜采用 1000V 兆欧表。

4.2.2　耐压试验前后，绝缘电阻应无明显变化。电缆外护套绝缘电阻不低于 $0.5M\Omega \cdot km$。

4.3　主绝缘交流耐压试验

4.3.1　采用频率范围为 20Hz～300Hz 的交流电压对电缆线路进行耐压试验，试验电压及耐受时间按表 1 要求。

4.3.2　66kV 及以上电缆线路主绝缘交流耐压试验时应同时开展局部放电测量。

表 1 交联聚乙烯电缆线路交流耐压试验电压和时间

额定电压 U_0/U kV	试验电压		时间 min
	新投运线路或不超过 3 年的非新投运线路	非新投运线路	
18/30 以下	$2.5U_0$（$2U_0$）	$2U_0$（$1.6U_0$）	5（60）
21/35～64/110	$2U_0$	$1.6U_0$	60
127/220	$1.7U_0$	$1.36U_0$	
190/330			
290/550			

注：非新投运线路指由于线路切改或故障等原因重新安装电缆附件的电缆线路。对于整相电缆和附件全部更换的线路，试验电压和耐受时间按照新投运线路要求。

4.4 外护套直流电压试验

对单芯电缆外护套连同接头外保护层施加 10kV 直流电压，试验时间 1min。

为了有效试验，外护套全部外表面应接地良好。

4.5 电缆两端的相位检查

检查电缆两端的相位，应与电网的相位一致。

4.6 金属屏蔽（金属套）电阻与导体电阻比测量

结合其他连接设备一起，采用双臂电桥或其他方法，测量在相同温度下的回路金属屏蔽（金属套）和导体的直流电阻，并求取金属屏蔽（金属套）和导体电阻比，作为今后监测基础数据。

4.7 交叉互联系统试验

4.7.1 交叉互联系统对地绝缘的直流耐压试验：试验时必须事先将护层电压限制器断开，并在互联箱中将另一侧的三段电缆金属套全部接地，使绝缘接头的绝缘环部分也同时进行试验。在每段电缆金属屏蔽（金属套）与地之间施加直流电压 10kV，加压时间 1min，交叉互联系统对地绝缘部分不应击穿。

4.7.2 非线性电阻型护层电压限制器

a) 氧化锌电阻片：对电阻片施加直流参考电流后测量其压降，即直流参考电压，其值应在产品标准规定的范围之内；

b) 非线性电阻片及其引线的对地绝缘电阻：将非线性电阻片的全部引线并联在一起与接地的外壳绝缘后，用 1000V 兆欧表测量引线与外壳之间的绝缘电阻，其值不应小于 10MΩ。

4.7.3 互联箱、护层直接接地箱、护层保护接地箱

a) 接触电阻：本试验在完成护层电压限制器试验后进行。将连接片恢复到正常工作位置后，用双臂电桥测量连接片的接触电阻，其值不应大于 20μΩ；

b) 连接片连接位置：本试验在以上交叉互联系统的试验合格后密封互联箱之前进行。连接位置应正确。如发现连接错误而重新连接后，则必须重测连接片的接触电阻。

4.8 局部放电检测试验

4.8.1 对 35kV 及以下电缆线路，交接试验宜开展局部放电检测。

4.8.2 对 66kV 及以上电缆线路，在主绝缘交流耐压试验期间应同步开展局部放电检测。

5 巡检试验

电缆线路巡检试验包括红外测温和单芯电缆的金属屏蔽（金属套）接地电流测试。

5.1 红外测温

5.1.1 应采用红外测温仪或便携式红外热像仪对电缆线路进行温度检测。

5.1.2 检测部位为电缆终端、电缆导体与外部金属连接处以及具备检测条件的电缆接头。

5.1.3 电缆线路红外测温周期应满足以下要求：

    a) 330kV 及以上电缆线路 1 个月；

    b) 220kV 电缆线路 3 个月；

    c) 110kV（66kV）电缆线路 6 个月；

    d) 35kV 及以下电缆线路 1 年。

5.1.4 电缆导体或金属屏蔽（金属套）与外部金属连接的同部位相间温度差超过 6K 应加强监测，超过 10K，应停电检查；终端本体同部位相间温度差超过 2K 应加强监测，超过 4K 应停电检查。

5.2 金属屏蔽（金属套）接地电流测量

5.2.1 采用在线监测装置或钳形电流表对电缆金属屏蔽（金属套）接地电流和负荷电流进行测量。

5.2.2 金属屏蔽（金属套）接地电流测试周期应满足以下要求：

    a) 330kV 及以上电缆线路 1 个月；

    b) 220kV 电缆线路 3 个月；

    c) 110kV 电缆线路 6 个月；

    d) 35kV 及以下电缆线路 1 年。

5.2.3 单芯电缆线路接地电流应同时满足以下要求：

    a) 接地电流绝对值小于 100A；

    b) 接地电流与负荷电流比值小于 20%，与历史数据比较无明显变化；

    c) 单相接地电流最大值与最小值的比值小于 3。

6 例行试验

电缆线路例行试验包括主绝缘及外护套绝缘电阻测试、主绝缘交流耐压试验、接地电阻测试和交叉互联系统试验。主绝缘耐压试验以外的例行试验均在主绝缘耐压试验时电力电缆线路停电时开展。

6.1 主绝缘及外护套绝缘电阻测

6.1.1 按照 4.2 规定对电缆主绝缘及外护套绝缘电阻进行测量。

6.1.2 主绝缘及外护套绝缘电阻测量应在 6.2 试验项目前后进行，测量值与初值应无明显变化。

6.2 主绝缘交流耐压试验

6.2.1 采用频率范围为 20Hz～300Hz 的交流电压对电缆线路进行耐压试验。

6.2.2 交流耐压试验周期、试验电压及耐受时间见表 2。

表 2 电缆线路交流耐压试验周期、试验电压及耐受时间

额定电压 kV	试验周期	试验电压	时间 min
10	必要时	$2U_0$	5
35		$1.6U_0$	
110（66）	新投运 3 年内开展一次，以后根据状态评价结果必要时进行	$1.6U_0$	
127/220 及以上		$1.36U_0$	

6.3 接地电阻测试

6.3.1 按照 DL/T 475 规定的接地电阻测试仪法对电缆线路接地装置接地电阻进行测试。

6.3.2 电缆线路接地电阻测试结果应不大于 10Ω。

6.4 交叉互联系统试验

6.4.1 交叉互联系统对地绝缘的直流耐压试验：按照 4.6.1 试验方法在每段电缆金属屏蔽（金属套）与地之间施加直流电压 5kV，加压时间 1min，交叉互联系统对地绝缘部分不应击穿。

6.4.2 按照 4.7.2 要求对非线性电阻型护层电压限制器进行检测。

6.4.3 按照 4.7.3 要求对互联箱进行检测。

7 诊断性试验

电缆线路诊断性试验包括超声波检测、高频局部放电测试、特高频局部放电测试和振荡波局部放电测试。

7.1 超声波局部放电检测

7.1.1 检测目标及环境的温度宜在 −10℃～+40℃ 范围内，空气相对湿度不宜大于 90%，若在室外不应在有雷、雨、雾、雪的环境下进行检测。

7.1.2 超声波局部放电检测设备技术参数应满足：测量量程为 0dB～55dB，分辨率优于 1dB；误差在 ±1dB 以内。

7.1.3 超声波局部放电检测一般通过接触式超声波探头，在电缆终端套管、尾管以及 GIS 外壳等部位进行检测。

7.2 高频局部放电检测

7.2.1 检测环境环境温度 −10℃～+40℃；空气相对湿度不宜大于 90%，不应在有雷、雨的环境下进行检测；在电缆设备上无各种外部作业；进行检测时应避免其它设备干扰源等带来的影响。

7.2.2 采用在电缆终端、接头的交叉互联线、接地线等位置安装的高频 CT 传感器或其他类型传感器进行局部放电检测。

7.2.3 首先根据相位图谱特征判断测量信号是否具备 50Hz 相关性，若具备，说明存在局放，继续如下步骤：

a) 排除外界环境干扰，即排除与电缆有直接电气连接的设备（如变压器、GIS 等）或空间的放电干扰；

b) 根据各检测部位的幅值大小（即信号衰减特性）初步定位局放部位；

c) 根据各检测部位三相信号相位特征，定位局放相别；

d) 根据单个脉冲时域波形、相位图谱特征初步判断放电类型；

e) 在条件具备时，综合应用超声波局放仪、示波器等仪器进行精确的定位。

7.3 超高频局部放电测试

7.3.1 检测目标及环境的温度宜在 $-10℃\sim+40℃$ 范围内；空气相对湿度不宜大于 90%，不应在有雷、雨、雾、雪的环境下进行检测；室内检测避免气体放电灯对检测数据的影响；检测时应避免手机、照相机闪光灯、电焊等无线信号的干扰。

7.3.2 超高频局部放电测试主要适用于电缆 GIS 终端的检测。

7.3.3 利用超高频传感器从 GIS 电缆终端环氧套管法兰处进行信号耦合，检测前应尽量排除环境的干扰信号。检测中对干扰信号的判别可综合利用超高频法典型干扰图谱、频谱仪和高速示波器等仪器和手段进行。进行局部放电定位时，可采用示波器（采样精度 1GHz 以上）等进行精确定位。

7.3.4 首先根据相位图谱特征判断测量信号是否具备 50Hz 相关性，若具备，继续如下步骤：

a) 排除外界环境干扰，将传感器放置于电缆接头上检测信号与在空气中检测信号进行比较，若一致并且信号较小，则基本可判断为外部干扰；若不一样或变大，则需进一步检测判断；

b) 检测相邻间隔的信号，根据各检测间隔的幅值大小（即信号衰减特性）初步定位局放部位。必要时可使用工具把传感器绑置于电缆接头处进行长时间检测，时间不少于 15min，进一步分析峰值图形、放电速率图形和三维检测图形综合判断放电类型；

c) 在条件具备时，综合应用超声波局放仪、示波器等仪器进行精确的定位。

7.4 振荡波局部放电测试

7.4.1 检测对象及环境的温度宜在 $-10℃\sim+40℃$ 范围内；空气相对湿度不宜大于 90%，不应在有雷、雨、雾、雪环境下作业；试验端子要保持清洁；避免电焊、气体放电灯等强电磁信号干扰。

7.4.2 振荡波局部放电测试适用于 35kV 及以下电缆线路的停电检测。

7.4.3 试验电压应满足：

a) 试验电压的波形连续 8 个周期内的电压峰值衰减不应大于 50%；

b) 试验电压的频率应介于 20Hz～500Hz；

c) 试验电压的波形为连续两个半波峰值呈指数规律衰减的近似正弦波；

d) 在整个试验过程中，试验电压的测量值应保持在规定电压值的 $\pm3\%$ 以内。

7.4.4 被测电缆本体及附件应当绝缘良好，存在故障的电缆不能进行测试。被测电缆的两端应与电网的其他设备断开连接，避雷器、电压互感器等附件需要拆除，电缆终端处的三相间需留有足够的安全距离。

7.4.5 已投运的交联聚乙烯绝缘电缆最高试验电压 $1.7U_0$，接头局放超过 500pC、本体超过 300pC 应归为异常状态；终端超过 5000pC 时，应在带电情况下采用超声波、红外等手段进行状态监测。

配网设备状态检修试验规程

Regulation of condition based maintenance test for electric distribution network equipments

Q/GDW 1643 — 2015

代替 Q/GDW 643 — 2011

2016-09-30发布   2016-09-30实施

目　次

前　言

为规范配网设备状态检修工作，有序开展配网设备状态检修各项试验，及时发现设备的缺陷和隐患，确保配网设备的安全运行，制定本标准。

本标准代替 Q/GDW 643—2011，与 Q/GDW 643—2011 相比，主要技术性差异如下：

——增加了"特别重要设备""重要设备"和"一般设备"的术语和定义；

——修改了第 5 章至 17 章接地装置试验周期；

——修改了第 5 章至 16 章巡检项目中的红外测温项目的检测周期；

——第 9 章跌落式熔断器，增加了绝缘电阻测试例行试验项目；

——第 10 章金属氧化物避雷器，删除了诊断性试验项目，增加了例行试验项目；

——增加了配电自动化终端设备的巡检项目。

本标准由国家电网公司运维检修部提出并解释。

本标准由国家电网公司科技部归口。

本标准起草单位：国网浙江省电力公司、中国电力科学研究院、国网山东省电力公司、国网湖北省电力公司、国网江苏省电力公司、国网河北省电力公司。

本标准主要起草人：应高亮、张波、徐剑青、钱肖、李振华、周亚楠、钟晖、楼其民、阎春雨、朱义勇、毕建刚、吴立远、李立生、沈煜、陈辉、马振宇、潘杰、金伟君、张一军、高山、是艳杰、徐洁、盛骏、应俊、孔晓峰、赵冠军、应军、曹新宇、王斌。

本标准 2011 年 7 月首次发布，2015 年 12 月第一次修订。

本标准在执行过程中的意见或建议反馈至国家电网公司科技部。

1 范围

本标准规定了 10kV 配网设备状态检修试验的项目、周期和技术要求。

本标准适用于国家电网公司系统 10kV 配网设备状态检修试验工作。

2 规范性引用文件

下列文件对于本文件的应用是必不可少的。凡是注日期的引用文件，仅注日期的版本适用于本文件。凡是不注日期的引用文件，其最新版本（包括所有的修改单）适用于本文件。

GB 11032　交流无间隙金属氧化物避雷器

GB 50150　电气装置安装工程电气设备交接试验规程

DL/T 596　电力设备预防性试验规程

DL/T 664　带电设备红外诊断应用规范

DL/T 5220　10kV 及以下架空配电线路设计技术规程

Q/GDW 1168　输变电设备状态检修试验规程

Q/GDW 1519　配电网运维规程

Q/GDW 1639　配电自动化终端设备检测规程

3 术语和定义

下列术语和定义适用于本文件。

3.1　状态量　equipment condition indicators

直接或间接表征设备状况的各种技术指标、性能和运行情况等参数的总称。

3.2　巡检　routine inspection

定期进行的为获取设备状态量的巡视、检查和带电检测。

3.3 例行试验 routine test
为获取设备状态量而定期进行的各种停电试验。

3.4 诊断性试验 diagnostic test
巡检、例行试验等发现设备状态不良，或经受了不良工况，或受家族缺陷警示，或连续运行了较长时间，为进一步评估设备状态进行的试验。

3.5 带电检测 energized test
在运行状态下，对设备状态量进行的现场检测。

3.6 初值 initial value
能够代表状态量原始值的试验值。初值可以是出厂值、交接试验值、早期试验值、大修后首次试验值等。

3.7 初值差 initial value difference

$$p = \frac{n-m}{m} \times 100\%$$

式中：

    p——初值差；

    n——当前测量值；

    m——初值。

3.8 注意值 attention value
状态量达到该数值时，设备可能存在或可能发展为缺陷。

3.9 警示值 warning value
状态量达到该数值时，设备已存在缺陷并有可能发展为故障。

3.10 家族缺陷 family defect
由设计、材质、工艺共性因素导致的设备缺陷。

3.11 不良工况 undesirable service condition
设备在运行中经受的可能导致设备状态劣化的异常或特殊工况。

3.12 特别重要设备 particularly important equipment
在配网中所处位置特别重要，以及对政府部门发文确认的特级重要用户、一级重要用户供电的配网设备，包括直接影响特级重要用户、一级重要用户安全供电的配网设备。

3.13 重要设备 important equipment
在配网中所处位置重要，以及对政府部门发文确认的二级重要用户供电的配网设备，包括直接影响二级重要用户安全供电的配网设备。

3.14 一般设备 general equipment
除特别重要设备和重要设备之外的配网设备。

4 总则

4.1 试验分类
配网设备状态检修试验分为巡检、例行试验和诊断性试验三类。巡检、例行试验通常按周期进行，诊断性试验只在诊断设备状态时有选择地进行。

4.2 巡检原则

4.2.1 设备巡检应按照本标准规定的巡检内容对各类设备进行巡检，并还应包括设备技术文件特别提示的其它巡检要求。

4.2.2 依据状态评价结果，针对配网设备运行状况，按以下要求实施状态巡检工作：

a) 对于自身存在缺陷和隐患的设备，应加强跟踪监视，增加带电检测频次，及时掌握隐患和缺陷的发展状况，采取有效的防范措施。有条件时可对特别重要和重要设备开展温度、局部放电等项目在线监测；

b) 对于自然灾害频发和外力破坏严重区域，应采取差异化巡视策略，并制定有针对性的应急措施；

c) 恶劣天气和运行环境变化有可能威胁设备安全运行时，应加强巡检，并采取有效的安全防护措施，做好安全风险防控工作；

d) 对电网安全稳定运行和可靠供电有特殊要求时，应制定安全防护方案，开展动态巡检和安全防护值守。

4.3 例行、诊断性试验原则

4.3.1 在进行与环境温度、湿度有关的试验时，除有特殊规定外，环境相对湿度不宜大于80%，环境温度不宜低于5℃，绝缘表面应清洁、干燥。

4.3.2 进行耐压试验时，应尽量将连在一起的各种设备分离开来单独试验（制造厂装配的成套设备不在此限），但同一试验电压的设备可以连在一起进行试验。已有单独试验记录的若干不同试验电压的电力设备，在单独试验有困难时，也可以连在一起进行试验，此时，试验电压应采用所连接设备中的最低试验电压。

4.3.3 当设备的额定电压与实际使用的额定工作电压不同时，应根据下列原则确定试验电压：

a) 当采用额定电压较高的设备以加强绝缘时，应按照设备的额定电压确定其试验电压；

b) 当采用额定电压较高的设备作为代用设备时，应按照实际使用的额定工作电压确定其试验电压。

4.3.4 同一电压等级，不同绝缘水平的设备，其试验电压按该设备实际所处系统中性点接地方式规定的绝缘水平确定试验电压。

4.3.5 现场更换的新设备在投入运行前应按 GB 50150 的要求进行试验。

4.3.6 现场备用设备应视同运行设备进行例行试验；备用设备投运前应对其进行例行试验，必要时对长期备用的户外开关、配电变压器、电力电缆等设备还需进行耐压试验等诊断性试验。

4.4 设备状态的评价和处理原则

4.4.1 设备状态评价原则

设备状态的评价应基于试验数据、缺陷及隐患、在线监测数据、不良工况等状态信息，包括其现象强度、量值大小以及发展趋势，结合与同类设备的比较，做出综合判断。

4.4.2 注意值处置原则

有注意值要求的状态量，若当前试验值超过注意值要求或接近注意值的趋势明显，应加强跟踪分析，必要时缩短试验周期。

4.4.3 警示值处置原则

有警示值要求的状态量，若当前试验值超过警示值或接近警示值的趋势明显，对于运行设备应尽快安排停电试验；对于停电设备，隐患未消除前不宜投入运行。

4.5 基于设备状态的试验时间调整

4.5.1 试验时间调整原则

本标准给出的试验周期适用于一般情况。例行试验的实际试验时间可以依据设备状态、运行年限、运行环境、设备重要性等情况进行适当调整。

4.5.2 试验的延迟

经评价，状态等级为正常，并符合以下各项条件的设备，需要停电才能进行的例行试验，在规定周期的基础上，最多可以再延迟 1 年，在延迟期间应加强巡检：

　　a) 巡检中未发现可能危及人身和设备安全运行的任何异常；

　　b) 带电检测（如有）结果正常；

　　c) 上次例行试验与其前次例行（或交接）试验结果相比无明显差异；

　　d) 上次例行试验以来，没有经受严重的不良工况。

4.5.3 试验的提前

经评价，状态等级为异常、严重，或有下列情形之一的设备，应提前或尽快进行试验：

　　a) 巡检中发现有异常，此异常可能是重大隐患所致；

　　b) 存在重大家族缺陷；

　　c) 带电检测（如有）显示设备状态不良；

　　d) 以往的例行试验结果有朝着注意值或警示值方向发展的明显趋势；

　　e) 经受了较为严重不良工况，需要通过试验才能确定其健康状况的设备。

4.5.4 试验周期调整

设备状态等级虽为正常，但为提高供电可靠性，可根据运行年限、运行环境、设备重要性等具体情况提前进行例行试验。

5 架空线路

5.1 巡检项目

架空线路巡检项目见表 1。

表 1 架空线路巡检项目

巡检项目	周期	要求	说明
通道巡检	市区线路 1 个月，郊区及农村 1 个季度	1) 民房、厂房、临时棚及易随风飘起的宣传带（球）、塑料薄膜、广告牌所处位置等无威胁线路情况。 2) 地面开挖、采石放炮、机械起吊及公路、铁路、水利设施、市政工程等施工无威胁线路情况。 3) 山体崩塌、易燃（易爆）场所、鱼塘、污染源（如废气、废水、废渣等一些有害化学物品）的分布无威胁线路情况。 4) 新增植物、植物生长速度、植物与带电体净空距离等无威胁线路情况。 5) 线路新（改）建、升建后穿越位置及交叉净空距离等无威胁线路情况	特殊地段（正在建设的开发区、树木生长区、易受洪水冲刷地区等）或特殊时期应适当缩短巡视周期；根据情况安排特殊性巡视、夜间巡视、监察性巡视等

表1（续）

巡检项目	周期	要　　求	说　明
杆塔巡检	市区线路1个月，郊区及农村1个季度	1）杆塔无倾斜变形，铁塔构件无弯曲、变形、锈蚀，螺栓无松动或残缺。 2）砼杆无裂纹、酥松、钢筋外露，焊接处无开裂、锈蚀。 3）杆塔上无鸟窝及其它杂物，塔基周围无过高杂草及在杆塔上无蔓藤类植物附生。 4）基础无损坏、开裂、下沉或上拔，周围土壤无挖掘、沉陷和流失现象。 5）杆塔位置合适，无被碰撞的痕迹和可能，保护设施完好，标志清晰。 6）杆塔基础没有被水淹、水冲的可能，防洪设施没有损坏、坍塌。 7）寒冷地区砼杆无鼓冻情况。 8）无不同电源的低压线路同杆架设，通道内无未经批准擅自搭挂的弱电线路	特殊地段（正在建设的开发区、树木生长区、易受洪水冲刷地区等）或特殊时期应适当缩短巡视周期；根据情况安排特殊性巡视、夜间巡视、监察性巡视等
导线巡检		1）没有断股、损伤或闪络烧伤的痕迹。 2）各相导线弛度平衡，无过松、过紧现象，弛度正常，导线相间距离、交叉跨越距离及对建筑物等其它物体的距离符合Q/GDW 1519规定。 3）导线无严重腐蚀和锈蚀（导线表面、钢芯线）。 4）线夹、连接器上无锈蚀或过热现象（如：接头变色、熔化痕迹等），连接线夹弹簧垫齐全，螺栓紧固。 5）导线在线夹内无松动，在连接器处无拔出痕迹，绝缘子上的绑线无松弛或断落现象。 6）过（跳）引线无损伤、断股、歪扭、松动，与杆塔、构件及其他引线间的距离符合规定。 7）导线上无风筝等抛挂物。 8）架空绝缘导线的绝缘层无损伤，接地环完好。各类绝缘护套无脱落、无损伤	
铁件、金具巡检		1）线路上各种铁件和金具无锈蚀、变形，螺栓紧固，无缺帽，无缺螺栓及垫片，开口销（销扣）无锈蚀、断裂、脱落。 2）铁横担无锈蚀、歪斜、变形、移位	
绝缘子巡检		1）绝缘子无脏污、损伤、裂缝和闪络痕迹。 2）铁脚、铁帽无锈蚀、松动、弯曲、偏斜。 3）绝缘子无偏斜	
拉线巡检		1）拉线无锈蚀、松弛、断股、散股、张力分配不均匀（二根及以上拉线时）、防盗帽缺失等现象。 2）拉线抱箍、拉线棒、UT型线夹、楔型线夹等金具铁件无变形、锈蚀或松动。 3）拉线绝缘子无损坏、缺少。 4）拉线对地、建筑物、带电体及其它构件的距离符合规定。 5）拉线固定牢固，拉线基础周围土壤无突起、沉陷、缺土等现象。 6）顶（撑）杆、拉线桩、保护桩或墩子等无损坏、开裂等现象。 7）因环境变化，拉线无妨碍交通等现象。 8）拉线护套无缺损	

表1（续）

巡检项目	周期	要　　求	说　明
接地装置巡检	市区线路1个月，郊区及农村1个季度	1) 铁塔、钢管塔及其它需接地的杆塔接地装置良好。 2) 接地引下线连接正常，接地装置完整、正常	特殊地段（正在建设的开发区、树木生长区、易受洪水冲刷地区等）或特殊时期应适当缩短巡视周期；根据情况安排特殊性巡视、夜间巡视、监察性巡视等
附件巡检		1) 标志标识（设备命名、相位标识、杆塔埋深标识等）齐全，设置规范。 2) 安全标识（"双电源""止步、高压危险""禁止攀登，高压危险"等）齐全，设置规范。 3) 防鸟器、防雷金具、防震锤、故障指示器等正常、完好	
导线接续管、导线连接线夹等红外测温	1) 每年2次。 2) 必要时	温升无异常，具体按 DL/T 664 相关条款执行	高温及大负荷之前、后加强巡视
拉线棒检查	一般每5年1次，发现问题后每年1次	镀锌拉线棒检查正常	镀锌拉线棒开挖检查无异常，运行工况基本相同的可抽样检查
接地装置试验及检查	1) 首次：投运后3年。 2) 其他：6年。 3) 大修后	接地电阻符合规定，按 DL/T 5220 的要求执行	发现接地装置腐蚀或接地电阻增大时，通过分析决定是否开挖检查
导线检查	运行环境发生较大变化时	导线弧垂在允许值范围内	1) 过负荷后。 2) 覆冰、大风后。 3) 温度急剧变化后

6　柱上真空开关

6.1　巡检项目

柱上真空开关巡检项目见表2。

表2 柱上真空开关巡检项目

巡检项目	周期	要求	说明
外观检查	市区线路1个月，郊区及农村1个季度	1）外观无异常，高压引线连接正常，无松动、锈蚀、过热和烧损现象；瓷件无残损、无异物挂接。 2）声音无异常。 3）标识规范，开关的命名、编号、警示标识等完好、正确、清晰。 4）套管外绝缘无污秽及放电痕迹。 5）开关固定牢固，无下倾，支架无歪斜、松动。线间和对地距离符合规定	包括开关本体及互感器、闸刀等附件
操作机构状态检查		1）操作机构状态正常，储能位置指示正确、清晰。 2）合、分指示正确	
接地装置检查		接地引下线连接正常，接地装置完整、正常	
接地电阻测试	1）首次：投运后3年。 2）其他：6年。 3）大修后	不大于10Ω且不大于初值的1.3倍	接地装置大修后需进行接地电阻测试（以下相同）
红外测温	1）每年2次。 2）必要时	引线接头、开关本体、互感器本体及闸刀触头温升、温差无异常，具体按DL/T 664相关条款执行	判断时，应考虑测量时及前3小时负荷电流的变化情况

6.2 例行试验项目

柱上真空开关例行试验项目见表3。

表3 柱上真空开关例行试验项目

例行试验项目	周期	要求	说明
开关本体、隔离闸刀及套管绝缘电阻	特别重要设备6年；重要设备10年；一般设备必要时	20℃时绝缘电阻不低于300MΩ	一次采用2500V兆欧表，二次采用1000V兆欧表。A、B类检修后应重新测量
电压互感器绝缘电阻		20℃时一次绝缘电阻不低于1000MΩ，二次绝缘电阻不低于10MΩ	
检查和维护		各部件外观机械正常。 1）就地进行2次操作，传动部件灵活。 2）螺栓、螺母无松动，部件无磨损或腐蚀。 3）支柱绝缘子表面和胶合面无破损、裂纹。 4）触头等主要部件没有因电弧、机械负荷等作用出现的破损或烧损。 5）联锁装置功能正常。 6）对操作机构机械轴承等部件进行润滑。 7）绝缘罩齐全完好	

6.3　诊断性试验项目

柱上真空开关诊断性试验项目见表4。

表4　柱上真空开关诊断性试验项目

诊断性试验项目	要　求	说　明
交流耐压试验	采用工频交流耐压，相间及相对地42kV；断口间的试验电压按产品技术条件的规定执行	A、B类检修后或检验主绝缘时进行
主回路电阻值测试	≤1.2倍初值（注意值）	测量电流≥100A，在以下情况时进行测量： 1）红外热像发现异常。 2）有此类家族缺陷，且该设备隐患尚未消除。 3）上一年度测量结果呈现明显增长趋势，或自上次测量之后又进行了100次以上分、合闸操作。 4）A、B类检修之后

7　柱上 SF$_6$ 开关

7.1　巡检项目

柱上 SF$_6$ 开关巡检项目见表5。

表5　柱上 SF$_6$ 开关巡检项目

巡检项目	周　期	要　求	说　明
外观检查	市区线路1个月，郊区及农村1个季度	1）外观无异常，高压引线连接正常，瓷件无残损，套管外绝缘无污秽及放电痕迹，无异物挂接。 2）声音无异常。 3）标识规范。 4）开关固定牢固，无下倾，支架无歪斜、松动，线间和对地距离满足规定	包括开关及电压互感器、闸刀等附件
气体压力值检查		气压正常	有压力表时检查
操作机构状态检查		1）操作机构状态正常。 2）合、分指示正确	
接地装置检查		接地线连接正常，接地装置完整、正常	
接地电阻测试	1）首次：投运后3年。 2）其他：6年。 3）大修后	不大于10Ω且不大于初值的1.3倍	
红外测温	1）每年2次。 2）必要时	引线接头、开关本体、电压互感器本体及闸刀触点温升、温差无异常，具体按DL/T 664相关条款执行	判断时，应考虑测量时及前3小时电流的变化情况

7.2 例行试验项目

柱上 SF_6 开关例行试验项目见表 6。

表 6 柱上 SF_6 开关例行试验项目

例行试验项目	周 期	要 求	说 明
开关本体、隔离闸刀及套管绝缘电阻		20℃时绝缘电阻不低于 300MΩ	一次采用 2500V 兆欧表，二次采用 1000V 兆欧表。A、B 类检修后应重新测量
检查和维护	特别重要设备 6 年；重要设备 10 年；一般设备必要时	20℃时绝缘电阻不低于 1000MΩ，二次绝缘电阻不低于 10MΩ	一次采用 2500V 兆欧表，二次采用 1000V 兆欧表。A、B 类检修后应重新测量
		各部件外观机械正常。 1）就地进行 2 次操作，传动部件灵活。 2）螺栓、螺母无松动，部件无磨损或腐蚀。 3）支柱绝缘子表面和胶合面无破损、裂纹。 4）触头等主要部件没有因电弧、机械负荷等作用出现破损或烧损。 5）联锁装置功能正常。 6）对操作机构机械轴承等部件进行润滑	

7.3 诊断性试验项目

柱上 SF_6 开关诊断性试验项目见表 7。

表 7 柱上 SF_6 开关诊断性试验项目

诊断性试验项目	要 求	说 明
交流耐压试验	采用工频交流耐压，相间、相对地及断口间试验电压按出厂试验电压的 80%执行	A、B 类检修后或检验主绝缘可靠性时进行
气体密封测试	气体检漏仪检漏或其它方法无明显漏气	
回路电阻值测试	≤1.2 倍初值（注意值）	测量电流≥100A，在以下情况时进行测量： 1）红外热像发现异常。 2）有家族缺陷，且该设备隐患尚未消除。 3）上一年度测量结果呈现明显增长趋势，或自上次测量之后又进行了 100 次以上分、合闸操作。 4）A、B 类检修后

8 柱上隔离开关

8.1 巡检项目

柱上隔离开关巡检项目见表 8。

表 8　柱上隔离开关巡检项目

巡检项目	周　期	要　求	说　明
外观检查	市区线路 1 个月，郊区及农村 1 个季度	1）无影响设备安全运行的异物。 2）支撑绝缘子无破损、裂纹，无污秽及放电痕迹。 3）触头、高压引线等无异常。 4）标识规范。 5）开关固定牢固，无下倾，支架无歪斜、松动。线间和对地距离符合规定	
接地装置检查		接地引下线连接正常，接地装置完整、正常	
接地电阻测试	1）首次：投运后 3 年。 2）其他：6 年。 3）大修后	不大于 10Ω 且不大于初值的 1.3 倍	
红外测温	1）每年 2 次。 2）必要时	开关触头、引线接头温升、温差无异常，具体按 DL/T 664 相关条款执行	分析判断时，应考虑测量时负荷电流的情况

8.2　例行试验项目

柱上隔离开关例行试验项目见表 9。

表 9　柱上隔离开关例行试验项目

例行试验项目	周　期	要　求	说　明
绝缘电阻测试	特别重要设备 6 年；重要设备 10 年；一般设备必要时	20℃时绝缘电阻不低于 300MΩ	
检查和维护	特别重要设备 6 年；重要设备 10 年；一般设备必要时	1）就地进行 2 次操作，传动部件灵活。 2）螺栓、螺母无松动，部件无磨损或腐蚀。 3）支柱绝缘子表面和胶合面无破损、裂纹。触头等主要部件没有因电弧、机械负荷等作用出现破损或烧损。 4）联锁装置功能正常。 5）对操作机构机械轴承等部件进行润滑	

8.3　诊断性试验项目

柱上隔离开关诊断性试验项目见表 10。

表 10　柱上隔离开关诊断性试验项目

诊断性试验项目	要　求	说　明
回路电阻值测试	不大于制造厂规定值（注意值）的 1.5 倍	测量电流≥100A，在以下情况时进行测量： 1）红外热像发现异常。 2）有此类家族缺陷，且该设备隐患尚未消除。 3）上一年度测量结果呈现明显增长趋势，或自上次测量之后又进行了 100 次以上分、合闸操作。 4）A、B 类检修之后

9 跌落式熔断器

9.1 巡检项目

跌落式熔断器巡检及例行试验项目见表 11。

表 11 跌落式熔断器巡检及例行试验项目

巡检项目	周　期	要　求	说　明
外观检查	市区线路 1 个月，郊区及农村 1 个季度	外观无异常，高压引线连接正常	
红外测温	1）每年 2 次。 2）必要时	温升、温差无异常，具体按 DL/T 664 相关条款执行	检测引线接头、触头等

9.2 例行试验项目

跌落式熔断器例行试验项目见表 12。

表 12 跌落式熔断器例行试验项目

例行试验项目	周　期	要　求	说　明
绝缘电阻测试	特别重要设备 6 年；重要设备 10 年；一般设备必要时	20℃时绝缘电阻不低于 300MΩ	

10 金属氧化物避雷器

10.1 巡检项目

金属氧化物避雷器巡检项目见表 13。

表 13 金属氧化物避雷器巡检项目

巡检项目	周　期	要　求	说　明
外观检查	市区线路 1 个月，郊区及农村 1 个季度	1）外表面无影响安全运行的异物，无污秽、破损、裂纹和电蚀痕迹。 2）高压引线、接地线连接正常。 3）绝缘护套无磨损或腐蚀	
接地电阻测试	1）首次：投运后 3 年。 2）其他：6 年。 3）大修后	不大于 10Ω 且不大于初值的 1.3 倍	
红外测温	1）每年 2 次。 2）必要时	温升、温差无异常，具体按 DL/T 664 相关条款执行	检查金属氧化物避雷器本体及电气连接部位无异常温升（注意与同等运行条件其它金属氧化物避雷器进行比较）

10.2 例行试验项目

金属氧化物避雷器例行试验项目见表 14。

表 14 金属氧化物避雷器例行试验项目

例行试验项目	周 期	要 求	说 明
绝缘电阻测试	特别重要设备 6 年；重要设备 10 年；一般设备必要时	20℃时绝缘电阻不低于 1000MΩ	1）采用 2500V 兆欧表。2）可采用轮换方式
直流参考电压（U_{1mA}）及在 $0.75U_{1mA}$ 下泄漏电流测量		U_{1mA} 初值差不超 5%。U_{1mA} 不低于 GB 11032 规定值（注意值）。$0.75U_{1mA}$ 漏电流初值差≤30%和 $0.75U_{1mA}$ 漏电流≤50μA（注意值）	可采用轮换方式

11 电容器

11.1 巡检项目

电容器巡检项目见表 15。

表 15 电 容 器 巡 检 项 目

巡检项目	周 期	要 求	说 明
外观检查	市区线路 1 个月，郊区及农村 1 个季度	1）绝缘件无闪络、裂纹、破损和严重脏污。2）无渗漏油；外壳无膨胀、锈蚀。3）放电回路及各引线接线可靠。4）带电导体与各部的间距满足安全要求。5）熔丝正常。6）标识正确	
控制机构状态检查		1）控制机构状态正常。2）合、分指示正确	
接地装置检查		接地装置完整，正常	
接地电阻测试	1）首次：投运后 3 年。2）其他：6 年。3）大修后	不大于 10Ω，且不大于初值的 1.3 倍	
红外测温	1）每年 2 次。2）必要时	温升、温差无异常，具体按 DL/T 664 相关条款执行	检测引线接头、电容器本体等

11.2 例行试验项目

电容器例行试验项目见表 16。

表 16 电容器例行试验项目

例行试验项目	周 期	要 求	说 明
检查和维护	特别重要设备 6 年；重要设备 10 年；一般设备必要时	1）就地进行 2 次操作，传动部件灵活。 2）螺栓、螺母无松动，部件无磨损或腐蚀。 3）支柱绝缘子表面和胶合面无破损、裂纹。 4）触头等主要部件没有因电弧、机械负荷等作用出现破损或烧损。 5）联锁装置功能正常。 6）对操作机构机械轴承等部件进行润滑	停电检查电容器各控制机构和电气连接设备
绝缘电阻测试		20℃时高压并联电容器极对壳绝缘电阻不小于 2000MΩ，且与同类电容器相比无显著差异	采用 2500V 兆欧表测量
电容量测量		初值差不超出 −5%～ +5%范围（警示值）	建议采用专用的电容表测量

12 高压计量箱

12.1 巡检项目

高压计量箱巡检项目见表 17。

表 17 高压计量箱巡检项目

巡检项目	周 期	要 求	说 明
外观检查	市区线路 1 个月，郊区及农村 1 个季度	1）外观无异常，高压引线连接正常，瓷件无残损、无异物挂接。 2）声音无异常。 3）标识规范。 4）套管外绝缘无污秽及放电痕迹	
接地装置检查		接地线连接正常，接地装置完整、正常	
接地电阻测试	1）首次：投运后 3 年。 2）其他：6 年。 3）大修后	不大于 10Ω，且不大于初值的 1.3 倍	
红外测温	1）每年 2 次。 2）必要时	引线接头、本体的温升、温差无异常，具体按 DL/T 664 相关条款执行	判断时应考虑测量时负荷电流的变化情况

12.2 例行试验项目

高压计量箱例行试验项目见表 18。

表 18 高压计量箱例行试验项目

例行试验项目	周 期	要 求	说 明
本体及二次回路绝缘电阻测试	特别重要设备 6 年;重要设备 10 年;一般设备必要时	1)20℃时绝缘电阻不低于 1000MΩ; 2)二次回路绝缘电阻不低于 10MΩ	一次试验采用 2500V 兆欧表,二次试验采用 1000V 兆欧表

12.3 诊断性试验项目

高压计量箱诊断性试验项目见表 19。

表 19 高压计量箱诊断性试验项目

诊断性试验项目	要 求	说 明
耐压试验	一次绕组按出厂值的 85%进行,出厂值不明的,按 30kV 进行试验	A、B 类检修后或检验主绝缘可靠性时进行

13 配电变压器

13.1 巡检项目

配电变压器巡检项目见表 20。

表 20 配电变压器巡检项目

巡检项目	周 期	要 求	说 明
外观检查	柱上变压器市区线路 1 个月,郊区及农村 1 个季度;配电室、箱式变电站 1 个季度	1)外观无异常,油位正常,无渗漏油,呼吸器畅通,对地距离合格,测温装置正常。 2)变压器台架高度符合规定,无锈蚀、倾斜、下沉,构件无腐朽,砖、石结构台架无裂缝和倒塌等隐患。 3)围栏、门锁齐全,无隐患。 4)接线线夹(端子)无松动	对地距离包括所有有关的电气安全距离(包括对地面、构筑物、树木等)
呼吸器干燥剂(硅胶)检查		硅胶无变色情况	
冷却系统检查		冷却系统的风扇运行正常,出风口和散热器无异物附着或严重积污	
接地装置检查		接地装置正常、完整	
声响及振动		无异常	
瓦斯保护巡检		无异常	
接地电阻测试	1)首次:投运后 3 年。 2)其他:6 年。 3)大修后	1)容量小于 100kVA 时不大于 10Ω。 2)容量 100kVA 及以上时不大于 4Ω。 3)不大于初值的 1.3 倍	
红外测温	1)每年 2 次。 2)必要时	变压器箱体、套管、引线接头及电缆等温升、温差无异常,具体按 DL/T 664 相关条款执行	判断时应考虑测量时负荷电流的变化情况

表 20（续）

巡检项目	周　期	要　求	说　明
负荷测试	特别重要、重要变压器 1～3 个月 1 次；一般变压器 3～6 个月 1 次	1）最大负载不超过额定值。 2）不平衡率：Yyn0 接线不大于 15%，零线电流不大于变压器额定电流 25%；Dyn11 接线不大于 25%，零线电流不大于变压器额定电流 40%	可用用电信息采集系统等在线监测手段进行设备负荷监测

13.2　例行试验项目

配电变压器例行试验项目见表 21。

表 21　配电变压器例行试验项目

例行试验项目	周　期	要　求	说　明
绕组及套管绝缘电阻测试	特别重要变压器 6 年；重要变压器 10 年；一般变压器必要时	初值差不小于 −30%	采用 2500V 兆欧表测量。绝缘电阻受油温的影响可按下式作近似修正 $R_2 = R_1 \times 1.5^{(t_1-t_2)/10}$。式中，$R_1$、$R_2$ 分别表示温度为 t_1、t_2 时的绝缘电阻
绕组直流电阻测试		1）1.6MVA 以上变压器，各相绕组电阻相互间的差别不应大于三相平均值的 2%，无中性点引出的绕组，线间差别不应大于三相平均值的 1%。 2）1.6MVA 及以下的变压器，相间差别一般不大于三相平均值的 4%，线间差别一般不大于三相平均值的 2%	1）测量结果换算到 75℃，温度换算公式 $R_2 = R_1\left(\dfrac{T_k + t_2}{T_k + t_1}\right)$。式中，$R_1$、$R_2$ 分别表示油温为 t_1、t_2 时的电阻；T_k 为常数，铜绕组 T_k 为 235，铝绕组 T_k 为 225。 2）分接开关调整后开展
非电量保护装置绝缘电阻测试		绝缘电阻不低于 1MΩ	采用 2500V 兆欧表测量
绝缘油耐压测试		不小于 25kV	不含全密封变压器

13.3　诊断性试验项目

配电变压器诊断性试验项目见表 22。

表 22　配电变压器诊断性试验项目

诊断性试验项目	要　求	说　明
绕组各分接位置电压比	初值差不超过 ±0.5%（额定分接位置）、±1.0%（其它分接）	
空载电流及损耗测量	1）与上次测量结果比，不应有明显差异。 2）单相变压器相间或三相变压器两个边相空载电流差异不超过 10%	1）试验电压值应尽可能接近额定电压。 2）试验的电压和接线应与上次试验保持一致。 3）空载损耗无明显变化
交流耐压试验	油浸式变压器采用 30kV 进行试验，干式变按出厂试验值的 85%	按 DL/T 596 有关条款执行

14 开关柜

14.1 巡检项目

开关柜巡检项目见表23。

表23 开关柜巡检项目

巡检项目	周 期	要 求	说 明
外观检查	1个季度	1）外观无异常，高压引线连接正常，绝缘件表面完好。 2）无异常放电声音，设备无凝露，加热器或除湿装置处于正常状态。 3）试温蜡片无脱落或测温片无变色。 4）标示牌和设备命名正确。 5）带电显示器显示正常，开关防误闭锁完好，柜门关闭正常，油漆无剥落。 6）照明正常。 7）开关柜前后通道无杂物。 8）防小动物、防火、防水、通风措施完好。 9）模拟图板或一次接线图与现场一致	
气体压力值		气体压力表指示正常	
操动机构状态检查		1）操动机构合、分指示正确。 2）加热器功能正常（每半年）	
电源设备检查		1）交直流电源、蓄电池电压、浮充电流正常。 2）蓄电池等设备外观正常，接头无锈蚀，无渗液、老化，状态显示正常。 3）机箱无锈蚀和缺损	
接地装置检查		接地装置完整、正常	
仪器仪表检查		显示正常	
构架、基础检查		正常，无裂缝	
超声波局放测试和暂态地电压测试	特别重要设备6个月；重要设备1年；一般设备2年	无异常放电	采用超声波、地电波局部放电检测等先进的技术进行
接地电阻测试	1）首次：投运后3年。 2）其他：6年。 3）大修后	不大于4Ω，且不大于初值的1.3倍	
红外测温	1）每年2次。 2）必要时	温升、温差无异常，具体按DL/T 664相关条款执行	

14.2 例行试验项目

开关柜例行试验项目见表24。

表 24 开关柜例行试验项目

例行试验项目	周期	要求	说明
绝缘电阻测量		1）20℃时开关本体绝缘电阻不低于 300MΩ。 2）20℃时金属氧化物避雷器、PT、CT 一次绝缘电阻不低于 1000MΩ，二次绝缘电阻不低于 10MΩ。 3）在交流耐压前、后分别进行绝缘电阻测量	一次采用 2500V 兆欧表，二次采用 1000V 兆欧表
主回路电阻测量		≤出厂值 1.5 倍（注意值）	测量电流≥100A
交流耐压试验		1）断路器试验电压值按 DL/T 593 规定。 2）CT、PT（全绝缘）一次绕组试验电压值按出厂值的 85%，出厂值不明的按 30kV 进行试验。 3）当断路器、CT、PT 一起耐压试验时按最低试验电压	试验电压施加方式：合闸时各相对地及相间；分闸时各断口
动作特性及操动机构检查和测试	特别重要设备 6 年；重要设备 10 年；一般设备必要时	1）合闸在额定电压的 85%～110% 范围内应可靠动作，分闸在额定电压的 65%～110% 范围内应可靠动作，当低于额定电压的 30% 时，脱扣器不应脱扣。 2）储能电动机工作电流及储能时间检测，检测结果应符合设备技术文件要求。电动机应能在 85%～110% 的额定电压下可靠工作。 3）直流电阻结果应符合设备技术文件要求或初值差不超过±5%。 4）开关分合闸时间、速度、同期、弹跳符合设备技术文件要求	采用一次加压法。A、B 类检修后开展
控制、测量等二次回路绝缘电阻		绝缘电阻一般不低于 2MΩ	采用 1000V 兆欧表
连跳、五防装置检查		符合设备技术文件和五防要求	

15 电缆线路

15.1 巡检项目

电缆线路巡检项目见表 25。

表 25 电缆线路巡检项目

巡检项目	周期	要求	说明
通道检查	1 个月	1）盖板无缺损，设备标识、安全警示、线路标桩完整、清晰。 2）电缆沟体上无违章建筑，无杂物堆积或酸碱性排泄物。 3）电缆线路周围路面正常，无挖掘痕迹，无管线在建施工。 4）电缆支架构件无弯曲、变形、锈蚀；螺栓无缺损、松动，防火阻燃措施完善。	

表 25（续）

巡检项目	周　期	要　求	说明
通道检查	1 个月	5）电缆双重命名和相位标识正确、齐全，电缆上杆塔处保护管牢固、完整。 6）水底电缆两边岸露出部分无变动，保护区范围内无水下作业或船只弃锚。 7）电缆隧道结构本体无形变，支架、爬梯、接地等附属设施及标识、标志完好，无坍塌、锈蚀等隐患。 8）电缆隧道防水、通风及消防、排水、照明、动力及监控等设施措施完善，无漫水、火灾等隐患。 9）电缆隧道出入口无通风不良、杂物堆积等隐患，孔洞封堵完好	
外观检查	1 个季度	1）电缆终端外绝缘无破损和异物，无明显的放电痕迹，无异味和异常声响，电缆终端头和避雷器固定牢固，连接部位良好、无过热现象。 2）电缆屏蔽层及外护套接地良好。 3）中间头固定牢固，外观完好，无异常。 4）引入室内的电缆入口封堵完好，电缆支架牢固，接地良好。 5）电缆无机械损伤，排列整齐。 6）电缆的固定、弯曲半径、保护管安装等符合规定。 7）标识标志（电缆标志牌、相位标识、路径标志牌、标桩等）齐全，设置规范	
电缆工作井检查		1）工作井内无积水、杂物；井盖完好，无破损；防盗措施完好。 2）防火阻燃措施完善。 3）管孔封堵完好。 4）工作井内电缆双重命名铭牌清晰齐全。 5）井体、基础、盖板无坍塌、渗漏或墙体脱落等缺陷	
接地电阻测试	1）首次：投运后 3 年。 2）其他：6 年。 3）大修后	不大于 10Ω 且不大于初值的 1.3 倍	
红外测温	1）每年 2 次。 2）必要时	电缆终端头及中间接头无异常温升，同部位相间无明显温差，具体按 DL/T 664 相关条款执行	

15.2　例行试验项目

电缆线路例行试验项目见表 26。

表 26　电缆线路例行试验项目

例行试验项目	周　期	要　求	说　明
电缆主绝缘电阻	特别重要电缆 6 年；重要电缆 10 年；一般电缆必要时	与初值比没有显著差别	采用 2500V 或 5000V 兆欧表
电缆外护套、内衬层绝缘电阻测试	特别重要电缆 6 年；重要电缆 10 年；一般电缆必要时	与被测电缆长度（km）的乘积不低于 0.5MΩ	采用 500V 兆欧表

表 26（续）

例行试验项目	周 期	要 求	说 明
交流耐压试验	新作电缆终端头、中间接头后和必要时	1）试验频率：30Hz～300Hz。 2）试验电压：$2U_0$。 3）加压时间：5min	1）推荐使用 45Hz～65Hz 试验频率 2）耐压前后测量绝缘电阻

注：1）U_0 为电缆对地的额定电压。
　　2）交流耐压试验的试验电压、加压时间按 Q/GDW 1168 要求执行。

15.3　诊断性试验项目

电缆线路诊断性试验项目见表 27。

表 27　电缆线路诊断性试验项目

诊断性试验项目	要 求	说 明
相位检查	与电网相位一致	
铜屏蔽层电阻和导体电阻比（R_p/R_x）	重做终端或接头后，用双臂电桥测量在相同温度下的铜屏蔽层和导体的直流电阻	较投运前的电阻比增大时，表明铜屏蔽层的直流电阻增大，有可能被腐蚀；电阻比减少时，表明附件中导体连接点的电阻有可能增大
局放测试	无异常放电	采用 OWTS 电缆局放检测等先进的检测技术

16　电缆分支箱

16.1　巡检项目

电缆分支箱巡检项目见表 28。

表 28　电缆分支箱巡检项目

巡检项目	周 期	要 求	说 明
外观检查	1 个季度	1）外观无异常，高压引线连接正常，绝缘件无残损、无移位。 2）声音无异常。 3）试温蜡片无脱落或测温片无变色。 4）标示牌和设备命名正确	
接地装置检查		接地装置完整	
接地电阻测试	1）首次：投运后 3 年。 2）其他：6 年。 3）大修后	不大于 10Ω 且不大于初值的 1.3 倍	
红外测温	1）每年 2 次。 2）必要时	温升、温差无异常	
超声波局放测试和暂态地电压测试	特别重要设备 6 个月；重要设备 1 年；一般设备 2 年	无异常放电	采用超声波、地电波局部放电检测等先进的技术进行

16.2 例行试验项目

电缆分支箱例行试验项目见表 29。

表 29 电缆分支箱例行试验项目

例行试验项目	周 期	要 求	说 明
绝缘电阻测量	特别重要设备6年；重要设备 10 年；一般设备必要时	应符合制造厂规定	
交流耐压试验		与主送电缆同时试验	

17 构筑物及外壳

17.1 巡检项目

构筑物及外壳巡检项目见表 30。

表 30 构筑物及外壳巡检项目

巡检项目	周 期	要 求	说 明
外观检查	1 个季度	1）屋顶、外体、门窗、楼梯、护栏和防小动物措施外观无破损、无堆积物等异常。 2）标示牌和设备命名正确。 3）建筑物的门、窗、钢网无损坏，屋顶无漏水、积水，沿沟无堵塞。 4）户外环网单元、箱式变电站等设备的箱体无锈蚀、变形，高低压开关柜出线孔洞封堵良好。 5）建筑物、户外箱体的门锁完好。 6）室内外清洁，无可能威胁安全运行的杂草、藤蔓类植物生长等。 7）室内温度正常，无异声、异味	
基础检查		1）房屋、设备基础无下沉、开裂。 2）井盖无丢失、破损，井内无积水、杂物，基础无破损、沉降；进出管沟封堵良好，防小动物设施完好	
接地装置检查		接地装置完整、正常	
通道检查		通道的路面正常，通道内无违章建筑及堆积物，大门口畅通、确保检修车辆通行	
辅助设施		通风、灭火器、照明、常用工器具等辅助设备完好齐备、摆放整齐，除湿、通风、排水设施完好无异常	
接地电阻测试	按主设备接地电阻测试周期要求执行	不大于4Ω且不大于初值的 1.3 倍	

18 配电自动化终端

配电自动化终端巡检项目见表 31。配电自动化终端其他试验要求按照 Q/GDW 1639 的要求执行。

表 31　配电自动化终端巡检项目

巡检项目	周　期	要　求	说　明
外观检查	市区线路 1 个月，郊区及农村 1 个季度（结合对应一次设备巡检周期）	1）设备表面清洁，无裂纹和缺损。 2）自动化终端二次端子排接线无锈蚀脱落，二次接线标识清晰正确，绝缘防水部分无磨损及腐蚀。 3）柜体密封性能良好，柜门开闭正常，无锈蚀、积灰，电缆进出孔封堵完好	包括馈线终端、站所终端等
后备电源检查		1）交直流电源正常。 2）蓄电池无渗液、老化。 3）箱体有无锈蚀及渗漏。 4）蓄电池电压、浮充电流正常。 5）指示灯信号正常	
终端运行情况检查		1）终端设备运行工况正常，各指示灯信号正常。 2）通信正常，报文收发正常。 3）二次安全防护设备运行正常。 4）遥测、遥信等信息正确，无异常。 5）远方/就地把手所处位置正确。 6）操作电源投退情况、出口压板投退情况正确。 7）环网柜各间隔接地刀闸闭锁板（有该闭锁的情况）位置正确	
接地装置检查		保护接地端子、设备外壳接地牢固可靠	

农村低压电网剩余电流动作保护器配置导则

Configuration guide for residual current protector in rural low-voltage grids

Q/GDW 11020 — 2013

2014-03-01发布 　　　　　　　　　　　　　　　　　　2014-03-01实施

目　　次

前　　言

　　为规范农村低压电网三级剩余电流动作保护器的安装位置、技术参数和功能配置，指导三级剩余电流动作保护器的配合应用，引导剩余电流动作保护器的生产，依据国家和行业的有关标准和规程，特制定本标准。

　　本标准由国家电网公司农电工作部提出并解释。

　　本标准由国家电网公司科技部归口。

　　本标准起草单位：中国电力科学研究院。

　　本标准主要起草人：欧阳亚平、盛万兴、余国太、朱建军、王利、王金丽、梁英、韩筛根、吴燕、王金宇、解芳、方恒福。

　　本标准首次发布。

1　范围

　　本标准规定了农村低压电网剩余电流动作保护器的安装位置、技术参数、功能配置和配合原则。

　　本标准主要适用于农村低压电网 TT 系统剩余电流动作保护器的配置，其他接地方式的低压电网可参照本标准执行。

2 规范性引用文件

下列文件对于本文件的应用是必不可少的。凡是注日期的引用文件，仅注日期的版本适用于本文件。凡是不注日期的引用文件，其最新版本（包括所有的修改单）适用于本文件。

GB/Z 6829—2008 剩余电流动作保护器的一般要求

GB 13955—2005 剩余电流动作保护装置安装和运行

GB 14048.2—2008 低压开关设备和控制设备 第2部分：断路器

GB 16895.21—2011 低压电气装置 第4-41部分：安全防护 电击防护

DL/T 499—2001 农村低压电力技术规程

DL/T 736—2010 农村电网剩余电流动作保护器安装运行规程

3 术语和定义

下列术语和定义适用于本文件。

3.1 剩余电流动作保护器 residual current protector

当剩余电流达到或超过给定值时能自动断开电路或发出报警信息的低压开关电器或组合电器。

3.2 总保护 main protection

安装在配电台区低压侧的第一级剩余电流动作保护器，亦称总保。

3.3 中级保护 middle protection

安装在总保和户保之间的低压干线或分支线的剩余电流动作保护器，亦称中保。中保因安装地点、接线方式不同，可分为"三相中保"和"单相中保"。

3.4 户保 household protection

安装在用户进线处的剩余电流动作保护器，亦称家保。

3.5 末级保护 grid end protection

用于保护单台电器设备（工器具）或局部共用供电插座回路的剩余电流动作保护器。

3.6 剩余电流动作断路器 residual current operated circuit-breaker

用于接通、承载和分断正常工作条件下电流，以及在规定条件下当剩余电流达到一个规定值时，使触头断开的机械开关电器。

3.7 一体式剩余电流动作继电器 integrated residual current operated relay

在规定条件下，当剩余电流达到或超过给定值时，使电器的一个或多个电气输出电路中的触点产生开闭动作或使触头断开的组合电器，具备接通和承载额定工作电流并能分断不大于10kA故障电流的能力。

4 剩余电流动作保护器的安装位置

4.1 保护器安装的基本要求

4.1.1 根据低压电网网架结构和配电变压器的容量，合理配置二级或三级剩余电流动作保护器。

4.1.2 各级剩余电流动作保护器应安装在免受雨淋和日晒的位置。

4.2 总保护器的安装位置

4.2.1 配电变压器低压侧应配置剩余电流动作总保护器。

4.2.2 三相配电变压器低压侧配置的总保护器应安装在配电变压器的每一回路低压侧出线，具体见图1。

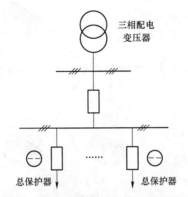

图 1 总保护器的安装示意图一

4.2.3 单相配电变压器低压侧出线应设置台区总保护器，具体见图2。

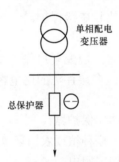

图 2 总保护器的安装示意图二

4.3 中级保护器的安装位置

4.3.1 新建或改造的配电台区低压电网宜配置中级保护。

4.3.2 计量装置采取集中表箱安装的，宜在集中表箱内配置中级保护；根据电源进线方式，宜配置三极四线或二极二线中级保护，具体见图3。

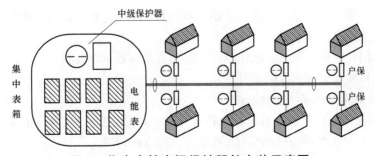

图 3 集中表箱中级保护器的安装示意图

4.3.3 计量装置采取分散安装的，宜在分支线分支点或主干线分段点安装分支箱，并配置中级保护，具体见图4。

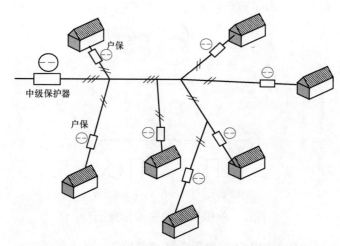

中级保护器

户保

户保

图 4　分散用户中级保护器的安装示意图

4.3.4 单相配电变压器供电台区不宜设中级保护。

4.4 户保（家保）的安装位置

4.4.1 农村公用配电变压器供电的客户应配置户保（家保）。

4.4.2 户保应安装在用户的进线上。多层住宅的用电客户，宜分层装设户保。

4.5 末级保护的安装位置

下列情况应设置独立剩余电流动作保护器：

a) 农业生产用的电气设备，大棚种植或农田灌溉用电力设施；

b) 温室养殖与育苗、水产品加工用电；

c) 抗旱排涝用的潜水泵，家庭水井用潜水泵；

d) 安装在水中的供电线路和设备，游泳池、喷水池、浴池的电气设备；

e) 安装在户外的电气设备；

f) 施工工地的电气机械设备；

g) 工业生产用的电气设备；

h) 属于Ⅰ类的移动式电气设备及手持电动工具；

i) 机关、学校、宾馆、饭店、企事业单位和住宅等除壁挂式空调电源插座外的其他电源插座或插座回路；

j) 临时用电的电气设备，应在临时线路的首端设置末级保护；

k) 其他需要设置保护器的场所。

4.6 剩余电流动作保护器的安装运行

4.6.1 剩余电流动作保护器安装运行应符合 GB 13955—2005、GB 14048.2—2008、GB 16895.21—2011、DL/T 499—2001、DL/T 736—2000 相关规定。

4.6.2 配电台区中性点接地阻应满足 DL/T 499—2001 相关规定。

5　剩余电流动作保护器的技术参数

5.1　剩余电流动作保护器的技术参数

总保护和中级保护的技术参数应符合表 1 的规定。

表 1　总保护和中级保护的技术参数

序号	项目	单位	数值		
1	极数和回路数		单极二线、二极、二极三线、三极、三极四线、四极		
2	型式（根据动作特性确定）[a]		AC 型、A 型、B 型		
3	额定电压 U_n	V	220、380		
4	额定电流 I_n	A	单极、二极	32、63、100、160	
			三极或四极	63、100、160、250、400、500、630、800	
5	额定频率 f_n	Hz	50		
6	额定剩余动作电流值 $I_{\Delta n}$	mA	50、100、200、300		
7	额定剩余不动作电流 $I_{\Delta n0}$	mA	$50\% I_{\Delta n}$		
8	额定接通和分断能力 I_{om}	A	断路器型		$6kA - 50kA$
			继电器型一体式		$\leqslant 10kA$
			继电器型分体式		—
9	额定剩余接通和分断能力 $I_{\triangle m}$	A	最小值为 $10I_n$ 或 500A，两者取较大者		
10	重合闸时间	s	20～60		
11	极限不驱动时间	s	见表 5、表 6		
12	最大分断时间	s	见表 5、表 6		

[a] AC 型剩余电流动作保护器、A 型剩余电流动作保护器和 B 型剩余电流动作保护器的功能要求分别参见 GB/Z 6829—2008 中 5.2.9.1、5.2.9.2、5.2.9.3 的规定。

5.2　剩余电流动作保护器的型式

剩余电流动作保护器的型式分类符合 GB/Z 6829—2008 相关规定。

6 剩余电流动作保护器的功能配置

总保护和中级保护的功能配置应符合表 2 的规定。

表 2 总保护和中级保护的功能配置

序号	项目	功　　　能	总保护 断路器型	总保护 继电器型 一体式	总保护 继电器型 分体式	中级保护 断路器型	中级保护 继电器型
1	剩余电流保护	总保护和中级保护的范围是判断并及时切除低压电网主干线和分支线上断线接地等产生剩余电流的故障	√	√	√	√	√
2	短路保护	判断并迅速切除三相短路、两相短路、三相接地短路、两相接地短路、单相接地短路等短路故障	√	√	×	√	○
3	剩余电流保护	总保护和中级保护的范围是判断并及时切除低压电网主干线和分支线上断线接地等产生剩余电流的故障	√	√	√	√	√
4	短路保护	判断并迅速切除三相短路、两相短路、三相接地短路、两相接地短路、单相接地短路等短路故障	√	√	×	√	○
5	过负荷保护	预设过负荷电流定值，且当回路电流值超过预设值时，按照预定设置告警或延时切断故障	√	√	×	○	○
6	断零、缺相保护	判断出线端相线断线和工作零线断线故障，按照预定设置切断故障或告警	○	○	○	○	○
7	过压、欠压保护	预设线路电压上、下限值，且当线路电压高于上限值或低于下限值时，按照预定设置切断故障或告警	√	√	○	○	○
8	显示、监测、记录剩余电流	具有剩余电流等整定值的显示及低压电网剩余电流、故障相位等的显示、监测及跳闸次数记录等功能	√	√	√	○	○
9	显示、监测、记录电流	具有额定电流的显示和负荷电流的监测、显示功能	○	○	○	○	○
10	自动重合闸	具有一次自动重合闸，闭锁后须手动恢复	√	√	√	○	○
11	告警	在不允许断电的场合，具有报警状态功能；在进行故障检修时，保护器失去剩余电流保护跳闸功能	○	○	○	○	○
12	防雷	具有防雷模块，保护装置本体免遭雷击	√	√	√	○	○
13	通信	具有本地或远程通信接口（RS-485、RS-232支持载波、GPRS 等）	√	√	√	○	○
14	远方操作	可实现远程控制，能远距离进行分闸、合闸及查询运行状况等智能化功能	√	√	√	○	○

注："√"代表必备功能；"○"代表可选功能；"×"代表不具备功能。

7 剩余电流动作保护器的配合原则

7.1 剩余电流动作保护器动作电流设置要求

7.1.1 剩余电流动作保护器在动作电流设置上应有选择性。

7.1.2 台区剩余电流动作保护器动作电流设置应符合表3的规定。

表3 剩余电流动作保护器额定剩余动作电流最大值

序号	用途	级别	额定剩余动作电流最大值 mA	
				其中：高湿度地区
1	总保护	一级	（50）*、100、200、300	300
2	中级保护	二级	50、100	100
3	户保	三级	10（15）、30	30
4		末级	一般选择动作电流10mA，特别潮湿的场所应选择6mA	
注：1. *50mA挡只适用于单相变压器供电的总保护。 2. 总保护的剩余动作电流应分挡可调。				

7.1.3 装有剩余电流动作保护器的线路及电气设备，其泄漏电流应不大于额定剩余电流动作值的30%；达不到要求时，应及时查明原因，处理达标后再投入运行。

7.1.4 户保保护范围内的用电设施对地泄漏电流的限值应符合表4的规定。

表4 户保保护范围内用电设备对地泄漏电流的限值

区域	平均值 mA	最大值 mA
干燥地区	<1	≤5
潮湿地区	<（1.5～2）	≤10

7.2 剩余电流动作保护器动作时限设置要求

7.2.1 剩余电流动作保护器在动作时限设置上应有选择性。

7.2.2 公用三相配电变压器台区剩余电流动作保护器动作延时应符合表5的规定。

表5 公用三相配电变压器台区剩余电流动作保护器动作时间选用表

序号	用途	级别	$\leq 2I_{\Delta n}$		$5I_{\Delta n}$、$10I_{\Delta n}$	
			极限不驱动时间 s	最大分断时间 s	极限不驱动时间 s	最大分断时间 s
1	总保护	一级	0.2	0.3	0.15	0.25
2	中级保护	二级	0.1	0.2	0.06	0.15
3	户保	三级	不设置动作延时	0.04	—	—
4		末级	不设置动作延时			
注：$I_{\Delta n}$为额定剩余动作电流，下同。						

7.2.3 公用单相配电变压器台区剩余电流动作保护器动作延时应符合表6的规定。

表6 公用单相配电变压器台区剩余电流动作保护器动作时间选用表

序号	用途	级别	$\leq 2I_{\triangle n}$		$5I_{\triangle n}$、$10I_{\triangle n}$	
			极限不驱动时间 s	最大分断时间 s	极限不驱动时间 s	最大分断时间 s
1	总保护	一级	0.1	0.2	0.06	0.15
2	户保	三级	不设置动作延时	0.04	—	—
3		末级	不设置动作延时			

剩余电流动作保护电器（RCD）的一般要求

General requirements for residual current operated protective devices

GB/T 6829 — 2017
代替 GB/Z 6829 — 2008

2017－11－01发布

2018－05－01实施

目　　次

前　言

本标准按照 GB/T 1.1—2009 给出的规则起草。

本标准代替 GB/Z 6829—2008《剩余电流动作保护电器的一般要求》，与 GB/Z 6829—2008 相比主要技术变化如下：

——范围中增加"任何只能完成上述三个功能中一个或两个，或不能完全符合本标准的所有部分的附件、装置或设备的标准不能称为 RCD 标准，……"一段（见第 1 章）；

——增加了 F 型剩余电流保护器的类型（见 4.7）；

——增加了 F 型 RCD 的特性描述（见 5.2.9.3）；

——修改了 B 型 RCD 的特性描述（见 5.2.9.4，2008 年版的 5.2.9.3）；

——增加了标志中 F 型 RCD 标志并修改 B 型 RCD 标志（见第 6 章）；

——修改了"交流或脉动直流剩余电流叠加平滑直流"，分别给出 F 型 RCD 和 B 型 RCD 的要求（见 8.3.1.3，8.3.1.4，2008 年版的 8.3.1.3，8.3.1.4）；

——修改了复合频率剩余电流的要求并增加表 11 试验电流中不同频率的分量值和稳定增加剩余电流时验证正确动作的初始值（I_Δ）和表 12 复合剩余电流的动作电流范围（见 8.3.1.5，2008 年版的 8.3.1.5）；

——表 14 中平滑直流对应的极数栏增加 2 极（见表 14）；

——修改了附录 B 中可能的负载电流和故障电流（采用 IEC 60755 最新草案中 13 个波形）（见附录 B，2008 年版的附录 B）；

——删去了附录 C"自动重合闸剩余电流保护电器的补充要求"。

本标准采用重新起草法修改采用 IEC/TR 60755：2008《剩余电流动作保护电器的一般要求》。

本标准与 IEC/TR 60755：2008 相比存在技术性差异，这些差异涉及的条款已通过在其外侧页边空白位置的垂直单线（|）进行了标示，技术性差异及其原因如下：

——关于规范性引用文件，本标准做了具有技术性差异的调整，以适应我国的技术条件，调整的情况集中反映在第 2 章"规范性引用文件"中，具体调整如下：

- 用修改采用国际标准的 GB/T 156—2007 代替了 IEC 60038（见 5.3）；
- 用等同采用国际标准的 GB/T 16895.21—2011 代替了 IEC 60364 – 4 – 41（见 5.3）；
- 用等同采用国际标准的 GB/T 16895.4—1997 代替了 IEC 60364 – 5 – 53（见第 1 章）；
- 用等同采用国际标准的 GB/T 13140.1—2008 代替了 IEC 60998 – 1（见第 3 章、8.5）；
- 用等同采用国际标准的 GB/T 17045—2008 代替了 IEC 61140（见第 1 章）。

——IEC/TR 60755：2008 规定可作为指导额定电压不超过交流 1000V 的剩余电流保护电器，本标准规定可用来指导额定电压不超过交流 1200V 的剩余电流保护电器；

——范围中增加"任何只能完成上述三个功能中一个或两个，或不能完全符合本标准的所有部分的附件、装置或设备的标准不能称为 RCD 标准，……"一段（见第 1 章）；

——增加了根据动作方式分类，IEC/TR 60755：2008 规定按相关产品标准的规定（见 4.1.1）；

——增加 F 型剩余电流保护器的类型（见 4.7）；

——进一步细化了有延时的分类［见 4.9b)］；

——增加了根据有无自动重合闸分类（见 4.11）；

——增加了 F 型 RCD 的特性描述（见 5.2.9.3）；

——对额定电压优先值增加了 220V 和 380V 等级，额定电流优先值增加了 800A 等级（见 5.4.1 和 5.4.2）；

——本标准在 5.4.12.2 中，明确规定延时型仅适用于 $I_{\Delta n}>0.03A$ 的剩余电流保护电器，因而在其他有关的部分也作了相应的修改；

——增加了 F 型 RCD 的分类、要求和标志并修改了 B 型 RCD 的要求和标志（见第 6 章）；

——修改了"交流或脉动直流剩余电流叠加平滑直流"，分别给出 F 型 RCD 和 B 型 RCD 的要求（见 8.3.1.3，8.3.1.4）；

——修改了复合频率剩余电流的要求并增加表 11 试验电流中不同频率的分量值和稳定增加剩余电流时验证正确动作的初始值（I_{Δ}）和表 12 复合剩余电流的动作电流范围（见 8.3.1.5）；

——本标准增加了动作功能与电源电压有关的 RCD 的附加要求，并规定了对于家用和类似用途 $I_{\Delta n}\leqslant0.03A$ 的剩余电流保护电器，在电源电压降低到 50V（相对地电压）时，如出现大于或等于额定剩余动作电流的剩余电流应能自动动作（见 8.3.3）；

——修改了附录 B 可能的负载电流和故障电流（见附录 B）。

本标准由中国电器工业协会提出。

本标准由全国低压电器标准化技术委员会（SAC/TC 189）归口。

本标准起草单位：上海电器科学研究院、浙江正泰电器股份有限公司、施耐德电气（中国）有限公司上海分公司、上海良信电器股份有限公司、西门子（中国）有限公司、中山市开普电器有限公司、环宇集团浙江高科有限公司、贵州泰永长征技术股份有限公司、法泰电器（江苏）股份有限公司、浙江百事宝电器股份有限公司、三信国际电器上海有限公司、深圳市良辉科技有限公司、上海诺雅克电气有限公司、上海电器股份有限公司人民电器厂、北京 ABB 低压电器有限公司、厦门宏发开关设备有限公司、伊顿电气有限公司。

本标准主要起草人：周积刚、刘金琰、李人杰、司莺歌、周磊、范建国、熊厚钰、邹建华、刘国兴、贺贵兵、宋成爱、施宏伟、苏邨林、张建民、徐永富、张国荣、王农、李新、王兴阳。

本标准所代替标准的历次版本发布情况为：

——GB 6829—1986、GB 6829—1995、GB/Z 6829—2008。

引　言

剩余电流动作保护电器主要用来对危险的并且可能致命的电击提供防护，以及对持续接地故障电流引起的火灾危险提供防护。

本标准规定了这类电器的动作特性。在 GB 16895 系列标准《低压电气装置》的各个部分中详细规定了应如何安装剩余电流动作保护电器，以便达到要求的保护水平。

本标准主要给技术委员会和有关单位在起草剩余电流动作保护电器标准时使用。本标准不作为一个独立的标准使用，例如单独作为认证标准用。

本标准是按剩余电流动作保护电器的导向功能来起草。

电击危险保护有两种基本状况：故障保护（间接接触）和基本保护（直接接触）。

故障保护是指该电器用来防止电气装置可触及的金属部件上持续的危险电压，这些金属部件是接地的，但在接地故障情况下会变成带电。

在这种情况下，危险不是来自于使用者与带电的导电部件直接接触，而是来自于与接地的金属部件接触，而接地金属部件本身与带电的导电部件接触。

剩余电流动作保护电器的主要功能或基本功能是提供故障防护，但具有足够灵敏度的电器（例如：剩余动作电流不超过 30mA 的剩余电流动作保护电器）还有一附加的好处：即使其他防护措施失效，该电器对与带电的导电部件直接接触的使用者能提供保护。

因此在本标准中给出的动作特性是基于这样的要求，该要求本身是依据国家标准 GB/T 13870《电流对人和家畜的效应》中包含的资料。

这些电器也能对过电流保护电器不动作而长期持续的接地故障电流产生的火灾危险提供保护。

1　范围

本标准适用于额定电压不超过交流 440V，主要用于电击危险保护的剩余电流动作保护电器（以下称为剩余电流保护电器，简称 RCD）。本标准的技术要求作为技术委员会和有关单位起草产品标准时使用，并且只有在与相关标准组合时或在相关标准中引用时才适用。本标准不作为一个独立标准使用，例如单独作为认证标准用。

注 1：本标准也可用来指导额定电压不超过交流 1200V 的剩余电流保护电器，在起草相关产品标准时其性能要求由制造厂和用户协商确定。

本标准适用于：

——检测剩余电流（见 3.3.2）；将其同基准值（见 3.3.3）相比较；以及当剩余电流超过该基准值断开被保护电路（见 3.3.4）的单一电器。

——组合电器，其每个部分分别执行上述一个或两个功能，但是一起作用以完成所有三个功能。对预期仅完成上述三个功能中一个或两个功能的电器，可能需要特殊的技术要求。

任何只能完成上述三个功能中一个或两个，或不能完全符合本标准的所有部分的附件、装置或设备的标准不能称为 RCD 标准，或引用"RCD"，无论是缩写或全称"剩余电流装置"。这些附件、装置或设备在其产品上或技术文件中均不能标志"RCD"。

本标准适用于第 7 章规定的条件。对于其他条件，可能需要补充技术要求。

根据 GB/T 17045—2008 和 GB/T 16895.21—2011，剩余电流保护电器通过自动切断电源来防止人和牲畜由于触及外露的导电部件而产生的电击的有害影响，

注 2：上述"有害影响"包括发生心脏纤维性颤动的危险。

根据 GB/T 16895.4—1997，额定剩余动作电流不超过 300mA 的剩余电流保护电器也可以对持续接地故障电流引起的火灾危险提供防护。

根据 GB/T 16895.21—2011，额定剩余动作电流不超过 30mA 的剩余电流保护电器也可以在基本保护措施失效或者电气装置或设备使用者疏忽的情况下，提供附加保护。

对于能够执行附加功能的剩余电流保护电器，本标准与包含附加功能的相关标准一起适用，例如：当剩余电流保护电器与断路器组合时，应符合相应的断路器标准。

对下列情况可能需要补充的或者特定的技术要求，例如：

——由非专业人员使用的剩余电流保护电器；

——与剩余电流保护电器组合的插座、插头、适配器和连接器。

本标准规定：

——剩余电流保护电器使用的术语和定义（第 3 章）；

——剩余电流保护电器的分类（第 4 章）；

——剩余电流保护电器的特性（第 5 章）；

——动作值和影响量的优选值（5.4）；

——剩余电流保护电器的标志和信息（第 6 章）；

——使用时安装和工作的标准条件（第 7 章）；

——结构和操作的要求（第 8 章）；

——最少试验要求明细表（第 9 章）。

注 3：除了上述提及的以外，用于特定场合（例如：电动机保护）的具有剩余电流功能的电器不包括在本标准内。

2 规范性引用文件

下列文件对于本文件的应用是必不可少的，凡是注日期的引用文件，仅注日期的版本适用于本文件，凡是不注日期的引用文件，其最新版本（包括所有的修改单）适用于本文件。

GB/T 156—2007 标准电压（IEC 60038：2002，MOD）

GB/T 2900.8—2009 电工术语 绝缘子（IEC 60050-471：2007，IDT）

GB/T 2900.25—2008 电工术语 旋转电机（IEC 60050-411：1996，IDT）

GB/T 2900.35—2008 电工术语 爆炸性环境用设备（IEC 60050-426：2008，IDT）

GB/T 2900.70—2008 电工术语 电器附件（IEC 60050-442：1998，IDT）

GB/T 13140.1—2008 家用和类似用途低压电路用的连接器件 第 1 部分：通用要求（IEC 60998-1：2002，IDT）

GB/T 16895.4—1997 建筑物电气装置 第 5 部分：电气设备的选择和安装 第 53 章：开关设备和控制设备（IEC 60364-5-53：1994，IDT）

GB/T 16895.21—2011 建筑物电气装置 第 4-41 部分：安全防护 电击防护（IEC 60364-4-41：2005，IDT）

GB/T 17045—2008 电击防护 装置和设备的通用部分（IEC 61140：2001，IDT）

IEC 60050-441：1984 国际电工词汇 第 441 部分：开关设备、控制设备和熔断器（International Electrotechnical Vocabulary—Part 441：Switchgear，controlgear and fuses）

3 术语和定义

GB/T 2900.8—2009、GB/T 2900.25—2008、GB/T 2900.35—2008、GB/T 2900.70—2008 和 IEC 60050-441：1984 界定的以及下列术语和定义适用于本文件。

3.1 关于从带电部件流入大地电流的定义

3.1.1 接地故障电流 earth fault current
由于绝缘故障而流入大地的电流。

3.1.2 对地泄漏电流 earth leakage current
无绝缘故障，从设备的带电部件流入大地的电流。

3.1.3 脉动直流电流 pulsating direct current
在每一个额定工频周期内，用电角度表示至少为 150° 的一段时间间隔内电流值为 0 或不超过直流 0.006A 的脉动波形电流。

3.1.4 电流滞后角 current delay angle
α
通过相位控制，使电流导通的起始时刻滞后的用电角度表示的时间。

3.1.5 平滑直流电流 smooth direct current
没有波纹的直流电流。

注：当波纹系数小于 10%时，可以认为电流没有波纹。

3.2 关于剩余电流保护电器激励的定义

3.2.1 剩余电流 residual current I_Δ
流过剩余电流保护电器主回路的电流瞬时值的矢量和（用有效值表示）。

3.2.2 剩余动作电流 residual operating current
使剩余电流保护电器在规定条件下动作的剩余电流值。

3.2.3 剩余不动作电流 residual non-operating current
在该电流或低于该电流时，剩余电流保护电器在规定条件下不动作的剩余电流值。

3.3 关于剩余电流保护电器动作和功能的定义

3.3.1 剩余电流保护电器 residual current device；RCD
在正常运行条件下能接通、承载和分断电流，以及在规定条件下当剩余电流达到规定值时能使触头断开的机械开关电器或组合电器。

3.3.2　检测　detection
感知剩余电流存在的功能。

3.3.3　判别　evaluation
当检测的剩余电流超过规定的基准值时，使剩余电流保护电器可能动作的功能。

3.3.4　断开　interruption
使得剩余电流保护电器的主触头从闭合位置转换到断开位置，从而切断其流过的电流的功能。

3.3.5　开关电器　switching device
用以接通和分断一个或几个电气回路中电流的装置。

3.3.6　剩余电流保护电器的自由脱扣机构　trip-free mechanism of a residual current device
闭合操作开始后，若进行断开操作时，即使保持闭合指令，其动触头能返回并保持在断开位置的机构。

注：为了确保正常分断可能已经产生的电流，可能需要使触头瞬时地到达闭合位置。

3.3.7　不带过电流保护的剩余电流保护电器　residual current device without integral overcurrent protection
不能用来执行过载和/或短路保护功能的剩余电流保护电器。

3.3.8　带过电流保护的剩余电流保护电器　residual current device with integral overcurrent protection
能用来执行过载和/或短路保护功能的剩余电流保护电器。

注：本定义包括与断路器组合的剩余电流保护电器（r.c.单元，见 3.3.9）。

3.3.9　剩余电流单元（r.c.单元）　r.c.unit
r.c.单元是一个能同时执行检测剩余电流、将该电流值与剩余动作电流值相比较的功能，以及具有操作与其组装或组合的断路器脱扣机构的器件的装置。

3.3.10　剩余电流保护电器的分断时间　break time of a residual current device
从达到剩余动作电流瞬间起至所有极电弧熄灭瞬间为止所经过的时间间隔。

3.3.11　极限不驱动时间　limiting non-actuating time
能对剩余电流保护电器施加一个剩余动作电流而不使其动作的最长时间。

3.3.12　延时型剩余电流保护电器　time-delay residual current device
专门设计的对应于一个给定的剩余电流值，能达到一个预定的极限不驱动时间的剩余电流保护电器。

3.3.13　复位型剩余电流保护电器　reset residual current device
若能重新闭合并再次操作，在重新闭合前必须用一个操作件之外的器件人为复位的剩余电流保护电器。

3.3.14　试验装置　test device
组装在剩余电流保护电器中的模拟剩余电流保护电器在规定条件下动作的剩余电流条件的装置。

3.4 与激励量值和范围有关的定义

3.4.1 不动作的过电流 non-operating overcurrents

3.4.1.1 在单相负载时不动作过电流的限值 limiting value of the non-operating over-current in the case of a single-phase load

在没有剩余电流时，能够流过剩余电流保护电器（不论极数）而不导致其动作的最大单相过电流值。

注 1：在主电路过电流的情况下，没有剩余电流时，由于检测器件本身存在的不对称可能发生误脱扣。

注 2：在剩余电流保护电器带过电流保护时，不动作电流的限值可以由过电流保护装置来确定。

3.4.1.2 在平衡负载时不动作电流的限值 limiting value of the non-operating current in the case of a balanced load

在没有剩余电流时，能够流过带平衡负载的剩余电流保护电器（不论极数）而不导致其动作的最大电流值。

注 1：在主电路过电流的情况下，没有剩余电流时，由于检测器件本身存在的不对称可能发生误脱扣。

注 2：在剩余电流保护电器带过电流保护时，不动作电流的限值可以由过电流保护装置来确定。

3.4.2 剩余短路耐受电流 residual short-circuit withstand current

在规定的条件下能够确保剩余电流保护电器运行的剩余电流最大值，超过该值时，该装置可能遭受不可逆转的变化。

3.4.3 短时电流极限发热值 limiting thermal value of the short-time current

剩余电流保护电器能够承载一个特定的短时间，并且在规定条件不会因热效应而使其特性产生永久性劣化的最大电流值（有效值）。

3.4.4 预期电流 prospective current

当剩余电流保护电器和过电流保护装置（如果有的话）的每个主电流回路用一个阻抗可忽略不计的导体代替时，在电路中流过的电流。

注：预期电流同样可以看作一个实际电流，例如：预期分断电流，预期峰值电流，预期剩余电流等。

3.4.5 接通能力 making capacity

剩余电流保护电器在规定的使用和工作条件下以及在规定的电压下能够接通的预期电流的交流分量值。

3.4.6 分断能力 breaking capacity

剩余电流保护电器在规定的使用和工作条件下以及在规定的电压下能够分断的预期电流的交流分量值。

3.4.7 剩余接通和分断能力 residual making and breaking capacity

在规定的使用和工作条件下，剩余电流保护电器能够接通、承载其断开时间以及能够分断的剩余预期电流的交流分量值。

3.4.8 限制短路电流 conditional short-circuit current

本身不带过电流保护，但用一个合适的串联的短路保护装置（以下简称 SCPD）保护的剩余电流保护电器在规定的使用和工作条件下能够承受的预期电流的交流分量值。

3.4.9 限制剩余短路电流 conditional residual short-circuit current

本身不带过电流保护，但用一个合适的串联的 SCPD 保护的剩余电流保护电器在规定的使用和工作条件下能够承受的剩余预期电流的交流分量值。

3.4.10　I^2t（焦耳积分）　I^2t（Joule integral）

电流的平方在给定的时间间隔（t_0，t_1）内的积分。

$$I^2t = \int_{t_0}^{t_1} i^2 \mathrm{d}t$$

3.4.11　恢复电压　recovery voltage

分断电流后，在剩余电流保护电器的电源接线端子之间出现的电压。

注：此电压可以认为有两个连续的时间间隔组成，第一个时间间隔出现瞬态电压，接着的第二个时间间隔只出现工频恢复电压。

3.4.12　瞬态恢复电压　transient recovery voltage

在具有显著瞬态特征的时间内的恢复电压。

注1：根据电路和剩余电流保护电器的特性，瞬态电压可以是振荡的，或非振荡的或两者兼有。此电压包括多相电路中性点位移的电压。

注2：除非另外规定，三相电路中的瞬态恢复电压是首先断开极出现的电压，因为该电压通常高于其余二极断开时出现的电压。

3.4.13　工频恢复电压　power-frequency recovery voltage

在瞬态电压现象消失后的恢复电压。

3.5　与影响量值和范围有关的定义

3.5.1　影响量　influencing quantity

可能改变剩余电流保护电器的规定动作的任何量。

3.5.2　影响量的基准值　reference value of an influencing quantity

与制造商规定的特性有关的影响量值。

3.5.3　影响量的基准条件　reference conditions of influencing quantities

所有的影响量都是基准值。

3.5.4　影响量的范围　range of an influencing quantity

在这个影响量值范围内，剩余电流保护电器在规定的条件下满足规定的技术要求。

3.5.5　影响量的极限范围　extreme range of an influencing quantity

在这个影响量值范围内，剩余电流保护电器仅受到自发的可逆的变化，但不必符合本标准的技术要求。

3.5.6　周围空气温度　ambient air temperature

在规定条件下确定的剩余电流保护电器周围的空气的温度。

注：对于封闭的剩余电流保护电器，该温度是指外壳外的空气温度。

3.6　操作条件

3.6.1　操作　operation

动触头从断开位置到闭合位置的转换或相反的转换。

注：如果需要加以区分，则电气含义上的操作（即接通和分断）称为开闭操作，而机械含义上的操作（即闭合和断开）称为机械操作。

3.6.2　闭合操作　closing operation

剩余电流保护电器从断开位置转换到闭合位置的操作。

3.6.3　断开操作　opening operation

剩余电流保护电器从闭合位置转换到断开位置的操作。

3.6.4　操作循环　operating cycle

从一个位置转换到另一个位置再返回至起始位置的连续操作。

3.6.5　操作顺序　sequence of operations

具有规定时间间隔的规定的连续操作。

3.6.6　电气间隙　clearance

两个导电部件之间在空气中的最短距离。

注：为确定对易触及部件的电气间隙，绝缘外壳的易触及表面宜视为导电的，好像该外壳能被手或 GB/T 4208—2008 的标准试指触及的表面覆盖一层金属箔一样。

3.6.7　爬电距离　creepage distance

两个导电部件之间沿绝缘材料表面的最短距离。

注：为确定对易触及部件的爬电距离，绝缘外壳的易触及表面宜视为导电的，好像该外壳能被手或 GB/T 4208—2008 的标准试指触及的表面覆盖一层金属箔一样。

3.7　试验

3.7.1　型式试验　type test

对按某一设计制造的一个或几个电器所进行的试验，以表明该设计符合一定的技术要求。

3.7.2　常规试验　routine tests

对每个正在制造的和/或制造完毕的电器进行的试验，以确定其是否符合某些标准。

3.8　短路保护电器　short-circuit protective device；SCPD

制造商规定的应与剩余电流保护电器一起串联安装在电路中仅对其进行短路电流保护的电器。

4　分类

正确使用本章分类剩余电流保护电器应符合安装规程（例如：根据 GB 16895 系列标准）。

4.1　根据动作方式分

4.1.1　动作功能与电源电压无关的 RCD。

4.1.2　动作功能与电源电压有关的 RCD。

4.1.2.1　电源电压故障时，有延时或无延时自动动作。

4.1.2.2　电源电压故障时不能自动动作：

a）　在电源电压故障时不能自动动作，但发生剩余电流故障时能按预期要求动作；

b）　在电源电压故障时不能自动动作，即使发生剩余电流故障时也不能动作。

4.2　根据安装型式分

主要有以下几项：

——固定装设和固定接线的剩余电流保护电器；

——移动设置和/或用电缆将装置本身连接到电源的剩余电流保护电器。

4.3　根据极数和电流回路数分

主要有以下几项：

——单极二回路剩余电流保护电器；

——二极剩余电流保护电器；

——二极三回路剩余电流保护电器；

——三极剩余电流保护电器；

——三极四回路剩余电流保护电器；

——四极剩余电流保护电器。

4.4　根据过电流保护分

主要有以下几项：

a)　不带过电流保护的剩余电流保护电器；

b)　带过电流保护的剩余电流保护电器；

c)　仅带过载保护的剩余电流保护电器；

d)　仅带短路保护的剩余电流保护电器。

4.5　根据调节剩余动作电流的可能性分

主要有以下几项：

——有一个固定的额定剩余动作电流的剩余电流保护电器；

——额定剩余动作电流分级可调的剩余电流保护电器；

——额定剩余动作电流连续可调的剩余电流保护电器。

4.6　根据冲击电压产生的浪涌电流作用下耐误脱扣的能力分

主要有以下几项：

——正常耐误脱扣；

——增强耐误脱扣。

4.7　在剩余电流含有直流分量时，剩余电流保护电器根据动作特性分

主要有以下几项：

——AC 型剩余电流保护电器；

——A 型剩余电流保护电器；

——F 型剩余电流保护电器；

——B 型剩余电流保护电器。

4.8　根据周围空气温度范围分

主要有以下几项：

a)　预期在 $-5℃\sim+40℃$ 环境温度下使用的剩余电流保护电器；

b)　预期在 $-25℃\sim+40℃$ 环境温度下使用的剩余电流保护电器；

c)　预期在规定的更严酷的条件下使用的剩余电流保护电器。

4.9　根据剩余电流大于 $I_{\Delta n}$ 时的延时分

主要有以下几项：

a)　无延时，例如：用于一般用途；

b)　有延时，例如：用于选择性保护：

——延时不可调节；

——延时可以调节。

4.10 根据结构型式分

主要有以下几项：

——由制造商装配成一个完整单元的剩余电流保护电器；

——在现场由断路器和 r.c. 单元装配组成的剩余电流保护电器。对这类器件的要求应在相关产品标准中规定。

注：电流检测装置和/或信号处理器件可与电流分断装置分开安装。

4.11 根据有无自动重合闸分

主要有以下几项：

——无自动重合闸功能的剩余电流保护电器；

——具有自动重合闸功能的剩余电流保护电器（相应的技术要求由相关产品标准规定）。

5 剩余电流保护电器的特性

5.1 特性概要

剩余电流保护电器的特性应由下列项目规定（适用时）：

a) 安装型式（4.2）；

b) 极数和电流回路数（4.3）；

c) 额定电流 I_n（5.2.1）；

d) 剩余电流含有直流分量时，根据动作特性确定的剩余电流保护电器的型式（5.2.9）；

e) 额定剩余动作电流 $I_{\Delta n}$（5.2.2）；

f) 额定剩余不动作电流 $I_{\Delta no}$ 如果与优选值不同时（5.2.3）；

g) 额定电压（5.2.4）；

h) 额定频率（5.2.5）；

i) 额定接通和分断能力 I_m（5.2.6）；

j) 额定剩余接通和分断能力 $I_{\Delta m}$（5.2.7）；

k) 延时（如果适用时）（5.2.8）；

l) 额定限制短路电流（5.3.2）；

m) 额定限制剩余短路电流 $I_{\Delta c}$（5.3.3）。

5.2 所有剩余电流保护电器共同的特性

5.2.1 额定电流（I_n）

制造商规定的剩余电流保护电器能在适用于开关电器（见 3.3.5）的相关国家标准规定的不间断工作制下承载的电流值。

5.2.2 额定剩余动作电流（$I_{\Delta n}$）

制造商对剩余电流保护电器规定的额定频率下正弦剩余动作电流的有效值（见 3.2.2），在该电流值时剩余电流保护电器应在规定的条件下动作。

5.2.3 额定剩余不动作电流（$I_{\Delta no}$）

制造商对剩余电流保护电器规定的剩余不动作电流值（见 3.2.3），在该电流值时剩余电流保护电器在规定的条件下不动作。

5.2.4 额定电压（U_n）

由制造商规定的剩余电流保护电器的电压有效值，剩余电流保护电器的性能与该值有关（尤其是短路性能）。

5.2.5 额定频率

RCD 的额定频率是对 RCD 规定的以及其他特性值与之相应的电源频率。

5.2.6 额定接通和分断能力（I_m）

剩余电流保护电器在规定的条件下能够接通、承载其断开时间和分断的，并不产生影响其功能变化的预期电流有效值（见 3.4.5 和 3.4.6）。

5.2.7 额定剩余接通和分断能力（$I_{\Delta m}$）

剩余电流保护电器在规定条件下能够接通、承载其断开时间和分断的，并不产生影响其功能变化的预期剩余电流（见 3.4.7 和 3.4.9）的有效值。

5.2.8 有或无延时

无延时的剩余电流保护电器和有延时的剩余电流保护电器。

5.2.9 剩余电流含有直流分量的动作特性

5.2.9.1 AC 型剩余电流保护电器

在正弦交流剩余电流下，无论突然施加或缓慢上升确保其脱扣的剩余电流保护电器。

5.2.9.2 A 型剩余电流保护电器

在下列条件下确保其脱扣的剩余电流保护电器：

——同 AC 型；

——脉动直流剩余电流；

——脉动直流剩余电流叠加 6mA 的平滑直流电流。

有或没有相位角控制，与极性无关，无论突然施加或缓慢上升。

5.2.9.3 F 型剩余电流保护电器

在下列条件下确保其脱扣的剩余电流保护电器：

——同 A 型；

——由相线和中性线或者相线和接地的中间导体供电的电路产生的复合剩余电流；

——脉动直流剩余电流叠加 10mA 的平滑直流电流。

上述规定的剩余电流可突然施加或缓慢上升。

5.2.9.4 B 型剩余电流保护电器

在下列条件下确保其脱扣的剩余电流保护电器：

——同 F 型；

——1000Hz 及以下的正弦交流剩余电流；

——交流剩余电流叠加 0.4 倍额定剩余动作电流（$I_{\Delta n}$）或 10mA 的平滑直流电流（两者取较大值）；

——脉动直流剩余电流叠加 0.4 倍额定剩余动作电流（$I_{\Delta n}$）或 10mA 的平滑直流电流（两者取较大值）；

——下列整流线路产生的直流剩余电流：

    a）二极、三极和四极剩余电流装置的连接至相与相的双脉冲桥式整流电路；

    b）三极和四极剩余电流装置的三脉冲星形连接或六脉冲桥式连接的整流电路。

——平滑直流剩余电流。

与极性无关，无论突然施加或缓慢上升。

5.3 不带过电流保护（见 **4.4a)**）和仅带过载保护（见 **4.4c)**）的剩余电流保护电器的特定特性

5.3.1 与短路保护电器（见 **3.4.8**）的配合

短路保护电器与剩余电流保护电器的组合是用来确保剩余电流保护电器免受短路电流的影响。

剩余电流保护电器的制造商应规定短路保护电器的下列特性：

a) 最大允通 I^2t；

b) 最大允通电流峰值 I_p。

任何符合相关国家标准并且上述 a）和 b）项的特性值低于剩余电流保护电器制造商规定值的短路保护电器（SCPD）可用于保护剩余电流保护电器，只要其不影响正常工作。SCPD 的额定值和型号应与 5.3.2 和 5.3.3 相同。

5.3.2 额定限制短路电流（I_{nc}）

制造商规定的由短路保护电器保护的剩余电流保护电器在规定条件下能承受而不使其发生影响功能变化的预期电流有效值。

> 注 1：注意，由规定的短路保护电器控制的特定短路电流施加到剩余电流保护电器上的应力实际上是可变的，这取决于短路保护电器的个别特性（尽管其包括在相关的标准动作区域内），也与接通瞬间相对于短路电流波形上的点有关（接通点是随机的）。
>
> 注 2：制造商宜注意确保在相应于剩余电流保护电器最严酷的应力条件下配合的有效性。
>
> 注 3：对一个与给定的短路保护电器配合的剩余电流保护电器规定额定限制短路电流，表示这种组合能承受至规定值的任何短路电流。

5.3.3 额定限制剩余短路电流（$I_{\Delta c}$）

制造商规定的由短路保护电器保护的剩余电流保护电器在规定条件下能承受而不使其发生影响功能变化的预期剩余电流值。

> 注：如果对一个与给定的短路保护电器配合的剩余电流保护电器规定额定限制剩余短路电流，则认为这种组合能承受至规定值的任何剩余短路电流。

5.4 优选值或标准值

5.4.1 额定电压优选值

根据 GB/T 156—2007，额定电压的优选值是 110V，120V，220V（230V），380V（400V）。

5.4.2 额定电流优选值（I_n）

额定电流的优选值是 6A，10A，13A，16A，20A，25A，32A，40A，50A，63A，80A，100A，125A，160A，200A，250A，400A，630A，800A。

5.4.3 额定剩余动作电流标准值（$I_{\Delta n}$）

额定剩余动作电流的优选值是 0.006A，0.01A，0.03A，0.1A，0.2A，0.3A，0.5A，1A，2A，3A，5A，10A，20A，30A。

5.4.4 额定剩余不动作电流标准值（$I_{\Delta no}$）

额定剩余不动作电流优选值是 $0.5I_{\Delta n}$。

> 注：$0.5I_{\Delta n}$ 值仅指工频交流剩余电流。

5.4.5 在多相线路中不平衡负载时不动作电流优选的最小值

在多相线路中不平衡负载时，不动作电流优选的最小值是 $6I_n$。

> 注：对于带过电流保护的剩余电流保护电器，该最小值可能更低。

5.4.6 在平衡负载中不动作电流优选的最小值

在平衡负载中不动作电流的优选最小值是 $6I_n$。

注：对于带过电流保护的剩余电流保护电器，该最小值可能更低。

5.4.7 额定频率的优选值

额定频率的优选值是 50Hz 和/或 60Hz。

5.4.8 额定接通和分断能力值（I_m）

适用于不带短路保护的剩余电流保护电器。

最小值应为 $10I_n$，或 500A[1]，两者取较大值。

与这些值有关的功率因数在相关的产品标准中给出。

5.4.9 额定剩余接通和分断能力的优选值（$I_{\Delta m}$）

额定剩余接通和分断能力的优选值是 500A[1]，1000A，1500A，3000A，4500A，6000A，10 000A，20 000A，50 000A。

最小值应为 $10I_n$ 或 500A[1]，两者取较大值。

与这些电流值有关的功率因数在相关的产品标准中给出。

5.4.10 额定限制短路电流的优选值

不带短路保护的剩余电流保护电器的额定限制短路电流的优选值是 1500A，3000A，4500A，6000A，10 000A，20 000A，50 000A。

与这些电流值相关的功率因数在相关的产品标准中给出。

5.4.11 额定限制剩余短路电流的优选值（$I_{\Delta c}$）

不带短路保护的剩余电流保护电器的额定限制剩余短路电流 $I_{\Delta c}$ 的优选值是 1500A，3000A，4500A，6000A，10 000A，20 000A，50 000A。

与这些电流有关的功率因数在相关的产品标准中给出。

5.4.12 动作时间的标准值

5.4.12.1 无延时型 RCD 的最大分断时间标准值

无延时型 RCD 的最大分断时间标准值在表 1、表 2、表 3 和表 4 中规定。

表 1 无延时型 RCD 对于交流剩余电流的最大分断时间标准值

$I_{\Delta n}$ A	最大分断时间标准值 s			
	$I_{\Delta n}$	$2I_{\Delta n}$	$5I_{\Delta n}$ [a]	$>5I_{\Delta n}$ [b]
任何值	0.3	0.15	0.04	0.04
[a] 对于 $I_{\Delta n} \leqslant 0.030A$ 的 RCD，可用 0.25A 代替 $5I_{\Delta n}$。 [b] 在相关的产品标准中规定。				

1）对移动式剩余电流装置（PRCD）和带剩余电流保护的固定安装插座（SRCD）为 250A。

表2　无延时型 RCD 对于半波脉动直流剩余电流的最大分断时间标准值

$I_{\Delta n}$ A	最大分断时间标准值 s							
	$1.4I_{\Delta n}$	$2I_{\Delta n}$	$2.8I_{\Delta n}$	$4I_{\Delta n}$	$7I_{\Delta n}$[a]	$10I_{\Delta n}$[b]	$>7I_{\Delta n}$[c]	$>10I_{\Delta n}$[c]
≤0.010		0.3		0.15		0.04		0.04
0.030	0.3		0.15		0.04			0.04
>0.030	0.3		0.15		0.04		0.04	

a　对于 $I_{\Delta n}=0.030A$ 的 RCD，可以用 0.35A 代替 $7I_{\Delta n}$。
b　对于 $I_{\Delta n}≤0.010A$ 的 RCD，可以使用 0.5A 代替 $10I_{\Delta n}$。
c　在相关产品标准中规定。

表3　无延时型 RCD 对整流线路产生的直流剩余电流和/
或平滑直流剩余电流的最大分断时间标准值

$I_{\Delta n}$ A	最大分断时间标准值 s			
	$2I_{\Delta n}$	$4I_{\Delta n}$	$10I_{\Delta n}$	$>10I_{\Delta n}$[a]
任何值	0.3	0.15	0.04	0.04

a　相关的产品标准中规定。

表4　对预期在 120V 带中性点的两组系统中使用的额定剩余电流为 6mA 的
无延时型 RCD 的最大分断时间可替代的标准值

$I_{\Delta n}$ A	最大分断时间标准值 s			
	$1I_{\Delta n}$	$2I_{\Delta n}$	$5I_{\Delta n}$	$>5I_{\Delta n}$[a]
0.006	5	2	0.04	0.04

a　在相关产品标准中规定。

5.4.12.2　延时型剩余电流保护电器的分断时间和不驱动时间的标准值

延时型仅适用于 $I_{\Delta n}>0.03A$ 的剩余电流保护电器。

延时型剩余电流保护电器的分断时间和不驱动时间的标准值在表5、表6和表7中规定。对于其他额定延时的延时型剩余电流保护电器，应由制造商规定 $2I_{\Delta n}$ 的不驱动时间。

$2I_{\Delta n}$ 时的最小不驱动时间的优选值是 0.06s，0.1s，0.2s，0.3s，0.4s，0.5s，1s。

表5　延时型 RCD 对于交流剩余电流的分断时间标准值

额定延时 s	动作时间	分断时间标准值和不驱动时间 s			
		$I_{\Delta n}$	$2I_{\Delta n}$	$5I_{\Delta n}$	$>5I_{\Delta n}$
0.06	最大分断时间	0.5	0.2	0.15	0.15
	最小不驱动时间	b	0.06	b	b

表 5（续）

额定延时 s	动作时间	分断时间标准值和不驱动时间 s			
		$I_{\Delta n}$	$2I_{\Delta n}$	$5I_{\Delta n}$	$>5I_{\Delta n}$
其他额定 延时	最大分断时间	ab	b	b	b
	最小不驱动时间	b	额定延时	b	b

^a 为确保故障保护，最大动作时间应按 GB/T 16895.21—2011。
^b 由相关的产品标准或制造商规定。

表 6　延时型 RCD 对于脉动直流剩余电流的分断时间标准值

额定延时 s	动作时间	分断时间标准值和不驱动时间 s			
		$1.4I_{\Delta n}$	$2.8I_{\Delta n}$	$7I_{\Delta n}$	$>7I_{\Delta n}$
0.06	最大分断时间	0.5	0.2	0.15	0.15
	最小不驱动时间	b	0.06	b	b
其他额定 延时	最大分断时间	ab	b	b	b
	最小不驱动时间	b	额定延时	b	b

^a 为确保故障保护，最大动作时间应按 GB/T 16895.21—2011。
^b 由相关的产品标准或制造商规定。

表 7　延时型 RCD 对于平滑直流剩余电流的分断时间标准值

额定延时 s	动作时间	分断时间标准值和不驱动时间 s			
		$2I_{\Delta n}$	$4I_{\Delta n}$	$10I_{\Delta n}$	$>10I_{\Delta n}$
0.06	最大分断时间	0.5	0.2	0.15	0.15
	最小不驱动时间	b	0.06	b	b
其他额定 延时	最大分断时间	ab	b	b	b
	最小不驱动时间	b	额定延时	b	b

^a 为确保故障保护，最大动作时间应按 GB/T 16895.21—2011。
^b 由相关的产品标准或制造商规定。

6　标志和其他产品资料

剩余电流保护电器上的信息和标志应按相关的产品标准。

应提供下列信息：

a）　制造商名称或商标；

b）　型号或序列号；

c）　额定电压；

d) 额定频率（如果不是 50Hz 或 60Hz）；

e) 额定电流；

f) 剩余电流含有直流分量时的动作特性：

——AC 型剩余电流保护电器应标志符号 $\boxed{\sim}$ ；

——A 型剩余电流保护电器应标志符号 $\boxed{\approx}$ ；

——F 型剩余电流保护电器应标志符号 $\boxed{\sim}$ $\boxed{\text{WWW}}$ 或 $\boxed{\underset{\text{WW}}{\sim}}$ ；

——B 型剩余电流保护电器应标志符号 $\boxed{\sim}$ $\boxed{\text{WWW}}$ $\boxed{---}$ 或 $\boxed{\underset{\text{WW}}{\sim}}$ 。

g) 额定剩余动作电流（或范围，如果适用）；

h) 额定延时（如果适用）；

i) 额定剩余不动作电流（如果不是优选值时）；

j) 额定剩余接通和分断能力；

k) 额定限制短路电流（如果适用时），在这种情况下还应根据 5.3.1 标志组合的短路保护电器的特性；

l) 防护等级（如果不是 IP20 时）；

m) 使用位置（如果适用时）；

n) 工作温度范围；

o) 试验装置的识别字母 T 或相应的文字；

p) 应提供指示剩余电流保护电器断开和闭合状态的器件；

q) 接线图（如果适用时）（该要求通常对大于二极或带有不可开闭中性线的电器是必需的）；

r) 如果有必要区分电源端和负载端，则应清晰地标明（例如：在相应的端子旁边标明"电源"和"负载"）；

s) 专门用于连接中性线的端子应标志符号 N。

此外，对于 r.c.单元：

——应标志能与其装配或组装的断路器的最大额定电流；

——应标志其可与哪种断路器装配或组装。

应提供所有关于产品正确装配（如果有的话）、安装和使用的信息。

7 使用和安装的标准工作条件

7.1 影响量/因素优选的使用范围、基准值及其相关试验允差

影响量/因素优选的使用范围、基准值及其相关试验允差在表 8 中规定。

7.2 在储藏和运输过程中的极端温度范围限值

注：在电器设计时建议考虑下列储藏、运输和安装过程中的极端温度值：

——按 4.8a) 分类的电器：−20℃ 和 +60℃；

——按 4.8b) 分类的电器：−35℃ 和 +60℃；

——按 4.8c) 分类的电器：在更严酷的气候条件下，可能要求超过上述温度范围值。

表 8 影 响 量 值

影响量	优选的使用范围	基准值	试验允差
周围空气温度	$-5℃\sim+40℃$ $-25℃\sim+40℃$ （见注 1 和注 2）	由相关产品标准规定	相关产品标准中试验要求的允许值
海拔	不超过 2000m	—	—
相对湿度：40℃时最大值	50%（见注 3）	—	—
外部磁场	任何方向不超过 5 倍的地球磁场	地球磁场	—
位置	按制造商规定 任何方向上允差为 5°	由制造商规定	任何方向 2° （见注 4）
频率	基准值±5%	由制造商规定的额定频率	±2%
正弦波畸变	不超过 5%	0	5%
直流交流分量 （对于外部辅助电源）		0	3%

注 1：日平均温度的最大值+35℃。
注 2：在更严酷的气候条件下，可能会超过范围值。
注 3：在较低的温度下允许较高的相对湿度（例如：在 20℃，相对湿度为 90%）。
注 4：剩余电流保护电器应固定而不发生影响其功能的变形。

8 结构和操作的要求

8.1 信息和标志

剩余电流保护电器上的信息和标志应根据相关的产品标准（见第 6 章）。

剩余电流保护电器上的标志应不易擦除并且容易辨认。

剩余电流保护电器上提供信息的标签应不易被移除。

通过直观检查和/或相关产品标准中的试验来检验是否符合要求。

8.2 机械设计

8.2.1 概述

材料应适用于特定的使用，并能够通过适当的试验。固定连接上的接触压力不应通过除了陶瓷或性能不亚于陶瓷以外的绝缘材料来传递，除非在金属部件中具有足够的弹性以补偿绝缘材料任何可能的收缩或变形。

通过直观检查和/或相关产品标准中的试验来检验是否符合要求。

8.2.2 机构

RCD 所有极的动触头在机械上应使所有极基本上同时接通和分断，不管是手动操作还是自动操作。

四极 RCD 的中性极不应比其他极后闭合先断开。

应提供区别剩余电流保护电器断开和闭合状态的器件。

机构应该是自由脱扣，并且其结构应使得动触头只能停止在闭合位置或断开位置，即使当操作件手动释放在一个中间位置时也是如此。

当使用操作件来指示触头的位置时，释放时，操作件应自动占据和动触头相应的位置。在这种情况下，操作件应有两个与触头位置相对应的明显的停止位置，但对于自动断开，允许操作件有第三个明显的位置。

如果使用符号，应用"|"和"O"来分别指示闭合和断开位置。

如果使用颜色，红色应指示闭合位置，绿色应指示断开位置。

也可采用"合""分"等文字符号来说明。

通过直观检查和相关产品标准中的试验来检验是否符合要求。

8.2.3 电气间隙和爬电距离

考虑到 RCD 预期使用的电气装置的过电压类别和污染等级，RCD 应具有能够耐受其预期寿命中电压应力的电气间隙和爬电距离。

通过相关产品标准的试验来检验是否符合要求。

如果没有产品标准可以参考 GB/T 16935 系列标准。

8.2.4 螺钉、载流部件和连接

螺钉、载流部件和连接，不管是电气还是机械的，应耐受在正常使用过程中产生的机械应力和热应力。

电气连接不应产生过度老化。

通过相关的产品标准的试验来检验是否符合要求。

8.2.5 外部导线的接线端子

连接外部导线的接线端子应确保其导线的连接可持续地保持必需的接触压力。

通过相关产品标准的试验来检验是否符合要求。

8.2.6 现场与断路器组装的 r.c.单元

在相关的产品标准中可以给出安全装配和正确运行的技术要求。

8.3 动作特性

8.3.1 与剩余电流形式相应的动作特性

8.3.1.1 交流剩余电流

在额定频率的交流剩余电流稳定增加时，AC 型、A 型、F 型和 B 型 RCD 应在表 9 规定的额定剩余不动作电流 $I_{\Delta no}$ 和额定剩余动作电流 $I_{\Delta n}$ 范围内动作。

表 9　交流剩余电流脱扣电流限值

RCD 的型式	电流形式	脱扣电流	
		下限	上限
AC，A，F，B	交流	$0.5I_{\Delta n}$	$I_{\Delta n}$

注：对于给定的电流形式，下限值对应于额定剩余不动作电流，上限值对应于额定剩余动作电流。

通过相关产品标准的试验来检验是否符合要求。

8.3.1.2 脉动直流剩余电流

在额定频率的脉动直流剩余电流稳定增加时，A 型、F 型和 B 型 RCD 应在表 10 规定的不动作电流值和动作电流值范围内动作。

表 10 脉动直流剩余电流脱扣电流限值

RCD 型式	电流形式	脱扣电流		
		下限值	上限	
			$I_{\Delta n}<30mA$	$I_{\Delta n}\geqslant30mA$
A，F，B	单个脉动直流			
	0°	$0.35I_{\Delta n}$	$2I_{\Delta n}$	$1.4I_{\Delta n}$
	90°	$0.25I_{\Delta n}$	$2I_{\Delta n}$	$1.4I_{\Delta n}$
	135°	$0.11I_{\Delta n}$	$2I_{\Delta n}$	$1.4I_{\Delta n}$

注：对于给定的电流形式，下限值对应于不动作电流值，上限值对应于动作电流值。

脱扣范围应与脉动直流剩余电流的极性无关。

注：脉动直流剩余电流的波形可以参见附录 B。

通过相关产品标准的试验来检验是否符合要求。

8.3.1.3 脉动直流剩余电流叠加平滑直流电流

在额定频率的脉动直流剩余电流稳定增加并叠加一个 6mA 的平滑直流电流时，A 型 RCD 也应在表 10 规定的不动作电流和动作电流范围内动作。

在额定频率的脉动直流剩余电流稳定增加并叠加一个 10mA 的平滑直流电流时，F 型 RCD 应在表 10（适用时）规定的不动作电流和动作电流范围内动作。

即使脉动直流剩余电流和平滑直流电流的极性相同时，脉动直流电流的脱扣范围也应保持不变。

通过相关产品标准的试验来检验是否符合要求。

8.3.1.4 交流或脉动直流剩余电流叠加平滑直流电流

在额定频率的交流或脉动直流剩余电流稳定增加并叠加一个 $0.4I_{\Delta n}$ 或 10mA 的平滑直流电流时（两者取较大值），B 型 RCD 也应在表 9 或表 10（适用时）规定的不动作电流和动作电流范围内动作。

注：对于 $I_{\Delta n}$ 为 10mA 的 B 型 RCD，叠加的平滑直流电流取 5mA；对于 $I_{\Delta n}$ 为 6mA 的 B 型 RCD，叠加的平滑直流电流取 3mA。

即使脉动直流剩余电流和平滑直流电流的极性相同时，脉动直流电流的脱扣范围也应保持不变。

通过相关产品标准的试验来检验是否符合要求。

8.3.1.5 单相复合剩余电流

在复合剩余电流稳定增加时，B 型和 F 型 RCD 应正确动作。

表 11 给出了用于校准的频率分量值以及稳定增加剩余电流时验证 RCD 正确动作的复合剩余电流初始值 I_Δ。表 12 给出了复合剩余电流的极限动作值。试验频率允许误差为±2%。

为了验证复合电流出现时 RCD 的动作值，表 11 中给出的复合剩余电流初始值应按线性比例增加。RCD 应在表 12 限值内脱扣。无论任何情况下，从初始值到动作值不同频率的比率应保持不变。

表 11　试验电流中不同频率的分量值和稳定增加剩余电流时验证正确动作的复合剩余电流初始值（I_Δ）

用于校准的试验电流不同频率的分量值（RMS）			复合剩余电流初始值（RMS）
$I_{\text{额定频率}}$	$I_{1\text{kHz}}$	$I_{\text{F 电动机（10Hz）}}$	I_Δ
$0.138I_{\Delta n}$	$0.138I_{\Delta n}$	$0.035I_{\Delta n}$	$0.2I_{\Delta n}$

注 1：$I_{\Delta n}$ 值为 RCD 额定频率下的额定剩余动作电流。
注 2：对本试验而言，10Hz 和 1kHz 的值分别代表最严酷条件下的输出和时钟频率。

表 12　复合剩余电流的动作电流范围

动作电流值（RMS）	
下限值	上限值
$0.5I_{\Delta n}$	$1.4I_{\Delta n}$

注 1：$I_{\Delta n}$ 值为 RCD 额定频率下的额定剩余动作电流。
注 2：表 11 给出了动作电流各频率分量的比率。

8.3.1.6　频率不同于额定频率的剩余电流

在剩余电流稳定增加时，B 型 RCD 应动作。频率不同于额定频率优选值 50Hz/60Hz 时剩余动作电流和剩余不动作电流的范围在表 13 中给出。

表 13　频率不同于额定频率优选值 50Hz/60Hz 时 B 型 RCD 的脱扣电流范围

频率 Hz	剩余不动作电流	剩余动作电流
150	$0.5I_{\Delta n}$	$2.4I_{\Delta n}$[a]
400	$0.5I_{\Delta n}$	$6I_{\Delta n}$[a]
1000	$I_{\Delta n}$	$14I_{\Delta n}$[ab]

注：给定频率的波形是正弦波。

[a]　这些值按 GB/T 13870.1—2008 的心室纤维颤动防护结合 GB/T 13870.2—2016 的心室纤维颤动的频率因数得出。
[b]　GB/T 13870 没有给出频率超过 1kHz 的因数。

8.3.1.7　平滑直流剩余电流

在平滑直流剩余电流稳定增加时，B 型 RCD 应在表 14 规定的不动作电流和剩余动作电流范围动作。

脱扣范围应与平滑直流剩余电流的极性无关。

注：平滑直流剩余电流的波形可以参见附录 B。

通过相关产品标准的试验来检验是否符合要求。

表 14　平滑直流剩余电流脱扣电流限值

RCD 型式	极数	电流形式	脱扣电流	
			下限	上限
B	2，3，4	双脉冲直流	$0.5I_{\Delta n}$	$2I_{\Delta n}$
	3，4	三脉冲直流		
		六脉冲直流		
	2，3，4	平滑直流		

注：对于给定的电流形式，下限值对应于不动作电流，上限值对应于动作电流。

8.3.2　剩余电流大于等于 $I_{\Delta n}$ 时，在相应时间内的动作

8.3.2.1　无延时 RCD

AC 型、A 型、F 型和 B 型 RCD 对于突然施加剩余电流的动作时间应符合表 1、表 2 和表 3 的要求（适用时），且与极性无关（如果适用时）。

通过相关产品标准的试验来检验是否符合要求。

8.3.2.2　延时型 RCD

AC 型、A 型、F 型和 B 型 RCD 对于突然施加的剩余电流的分断时间和不驱动时间应符合表 5、表 6 和表 7 的要求（适用时），而与极性无关（如果适用时）。

通过相关产品标准的试验来检验是否符合要求。

8.3.3　动作功能与电源电压有关的 RCD 的附加要求

8.3.3.1　动作功能与电源电压有关的 RCD 应能在额定电源电压的 0.85～1.1 倍之间正常运行。

8.3.3.2　符合 4.1.2.1 分类的动作功能与电源电压有关的 RCD，当电源故障时，剩余电流保护电器必须自动动作，其动作时间应符合相关产品标准规定。

8.3.3.3　符合 4.1.2.2a）分类的电源电压故障时不能自动断开的，但发生剩余电流故障时能按预期要求动作的 RCD，其预期动作要求由相关产品标准规定。对于家用和类似用途的 $I_{\Delta n} \leqslant 0.03A$ 的剩余电流保护电器，在电源电压降低到 50V（相对地电压）时，如出现大于或等于额定剩余动作电流的剩余电流应能自动动作。

通过相关产品标准的试验来检验是否符合要求。

8.4　试验装置

RCD 应具有一个试验装置，模拟在额定电压下对检测装置通以一个剩余电流，其产生的安匝数不超过 RCD 一个极通 $I_{\Delta n}$ 的剩余电流产生的安匝数的 2.5 倍，以便定期地检验剩余电流保护电器的动作能力。

如果 RCD 有多个 $I_{\Delta n}$ 额定值（见 4.5），应仅在最小 $I_{\Delta n}$ 整定值下验证 $2.5I_{\Delta n}$ 值。

注 1：如果认为必要时，技术委员会可以使用大于 $2.5I_{\Delta n}$ 的电流值（例如，具有多个额定电压的 RCD）。

注 2：试验装置是用来检验脱扣功能，而不是评价与额定剩余动作电流和分断时间有关的功能的有效性。

通过相关产品标准的试验来检验是否符合要求。

当剩余电流保护电器处于断开位置并如正常使用接线时，应不可能通过操作试验装置

使负载侧电路带电。

对于具有隔离功能的剩余电流保护电器，试验装置不应是唯一的执行断开操作的器件。

通过直观检查来检验是否符合要求。

操作试验装置时，不应使电气装置的保护导体带电。

通过相关产品标准的试验来检验是否符合要求。

8.5　温升

考虑到其预期使用的周围温度，剩余电流保护电器不应遭受影响其功能和安全使用的损坏。

通过相关产品标准的试验来检验是否符合要求。如果没有相关的产品标准，对接线端子的温升可以参照 GB/T 13140.1—2008。

8.6　耐潮

剩余电流保护电器应具有足够的耐受湿度条件的机械性能。

通过相关产品标准的试验来检验是否符合要求。

8.7　介电性能

剩余电流保护电器应有足够的介电性能。

通过相关产品标准的试验来检验是否符合要求。

8.8　在平衡负载和不平衡负载时不动作电流的极限值

在规定的过电流条件下剩余电流保护电器不应脱扣。

通过相关产品标准的试验来检验是否符合要求。

8.9　EMC 及误脱扣要求

8.9.1　EMC

剩余电流保护电器应符合有关的 EMC 要求。

通过相关产品标准的试验来检验是否符合要求。

注：可以用 GB/T 18499—2008 作为指南。

8.9.2　在脉冲电压引起的浪涌电流下耐误脱扣

剩余电流保护电器应能足够地耐受电气设施的电容负载引起的对地浪涌电流。

注：这种浪涌电流可以由电气设施的电容、浪涌保护器（SPD）或闪络产生。

通过相关产品标准的试验来检验是否符合要求。

8.10　在过电流条件下剩余电流保护电器的性能

在过载或短路条件下（例如，I_m、$I_{\Delta m}$、$I_{\Delta c}$ 等），剩余电流保护器应具有足够的承受能力。

通过相关产品标准的试验来检验是否符合要求。

8.11　绝缘耐受冲击电压

剩余电流保护电器的绝缘应具有足够的耐受冲击电压的能力。

通过相关产品标准的试验来检验是否符合要求。

8.12　机械和电气耐久性

剩余电流保护电器应能执行规定的闭合和断开操作及接通和分断操作次数。

通过相关产品标准的试验来检验是否符合要求。

8.13　耐机械冲击

剩余电流保护电器应具有足够的机械性能，以便耐受安装和使用过程中施加的应力。

通过相关产品标准的试验来检验是否符合要求。

8.14　可靠性

考虑到在可能的工作条件下的老化，剩余电流保护电器应在其整个预期使用寿命中提供防护。

通过相关产品标准的试验来检验是否符合要求。

8.15　重新闭合复位型剩余电流保护电器的条件（3.3.13）

在脱扣后不预先手动复位，应不可能重新闭合复位型剩余电流保护电器。

通过直观检查和相关产品标准的试验来检验是否符合要求。

8.16　电击防护

剩余电流保护电器应这样设计，当其按正常使用安装和接线后不能触及带电部件。

注：术语"正常使用"是指 RCD 按制造商说明书安装。

金属操作部件应与带电部件绝缘，其可导电部件（或也可称为"外露的可导电部件"）应该覆盖绝缘材料，除了连接各极绝缘操作件的器件以外。

机构的金属部件应是不可触及的。

就本条款而言，认为清漆和瓷漆不能提供足够的绝缘。

通过直观检查和相关产品标准的试验来检验是否符合要求。

8.17　耐热性

剩余电流保护电器应有足够的耐热性。

通过相关产品标准的试验来检验是否符合要求。

8.18　耐异常发热和耐燃

如果邻近的载流部件在故障或过载情况下达到一个高的温度时，RCD 用绝缘材料制成的外部部件应不容易点燃或蔓延火焰。其他用绝缘材料制成的部件的耐异常发热和耐燃性可认为已由本标准的其他试验检验。

通过相关产品标准的试验来检验是否符合要求。

8.19　在周围温度范围内剩余电流保护电器的性能

4.8 a）分类的剩余电流保护电器应在 $-5℃\sim+40℃$ 温度范围内正确地工作。

4.8 b）分类的剩余电流保护电器应在 $-25℃\sim+40℃$ 温度范围内正确地工作。

通过相关产品标准的试验来检验是否符合要求。

8.20　在贮存和运输过程中暴露在极端温度之后剩余电流保护电器的性能

在贮存和运输过程中，剩余电流保护电器应能耐受极端温度值（见 7.2），而不发生不可逆转的改变。

极端温度值和试验按制造商和用户之间协议。

9　型式试验指南

在相关标准中，应按第 8 章给出的技术要求规定试验。表 15 规定了最少应进行的检查或试验的技术要求概要。

试验程序、样品数量和合格判别标准应在相关产品标准中规定。

表 15 最少应检查或试验的技术要求列表

条号	技术要求
8.1	信息和标志
8.2	机械设计
8.3	动作特性
8.4	试验装置
8.5	温升
8.6	耐潮
8.7	介电性能
8.8	在平衡负载和不平衡负载时不动作电流的极限值
8.9	符合 EMC 和误脱扣要求
8.10	在过电流条件下剩余电流保护电器的性能
8.11	绝缘耐受冲击电压
8.12	机械和电气耐久性
8.13	耐机械冲击
8.14	可靠性
8.15	重新闭合复位型剩余电流保护电器的条件（3.3.13）
8.16	电击防护
8.17	耐热性
8.18	耐异常发热和耐燃
8.19	在周围温度范围内剩余电流保护电器的性能
8.20	在贮存和运输过程中暴露在极端温度之后剩余电流保护电器的性能

附 录 A

（资料性附录）

短路试验的推荐电路图

图 A.1 和图 A.2 给出了下列 RCD 短路试验使用的电路图：

——单极二个电流回路的 RCD；

——二极 RCD（带一个或二个过电流保护极）；

——三极 RCD；

——三极四个电流回路的 RCD；

——四极 RCD。

阻抗 Z 和 Z_1（图 A.2）的电阻和电抗应可调节以满足规定的试验条件。电抗器推荐采用空心线圈，电抗器应始终与电阻串联并且其电感值应由单个电抗器串联获得。当电抗器的时间常数基本上相同时，允许电抗器并联连接。

因为包括大空心电抗器的试验电路的瞬态恢复电压并不能代表正常的使用条件，每相的空心电抗器应并联一个电阻器 R_1 通过电阻器的电流约为通过电抗器的 0.6%。

如果使用铁心电抗器，这些电抗器的铁心损耗功率不应超过与空心电抗器并联的电阻所吸收的功耗。

在每个验证额定短路能力的试验线路中，阻抗 Z 接入电源 S 和被试断路器之间。

当试验的电流低于额定短路能力时，应在断路器的负载端接入一个附加阻抗 Z_1。

阻值约为 0.5Ω 的电阻器 R_2 与铜导线 F 串联，如图 A.1 所示。

单极 RCD 在图 A.1 所示的电路图中进行试验。

二极 RCD 在图 A.1 所示的电路图中进行试验，二个极均接入电路中而与过电流保护极的数量无关。

三极 RCD 和带三个过电流保护极的四极 RCD 在如图 A.1 所示的电路中进行试验。

栅格电路应连接至 B 点和 C 点（见图 A.1）。

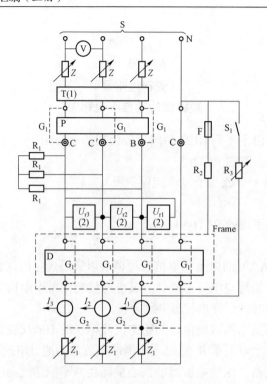

说明：

N——中性线导体；

S——电源（单相、三相或三相加中性线，取决于被试电器的电流路径的数量）；

Z——可调阻抗可以位于变压器的低压侧或高压侧；

Z_1——可调阻抗用来调节低于额定短路电流的电流；

P——短路保护电器（SCPD），它可以连接在被试电器前端的相电路的任何位置；

D——被试电器；

Frame——使用时正常接地的所有导电部件；

G_1——用于调节的临时连接；

G_2——用于额定限制短路电流试验的连接；

T——接通短路的电器，它可连接在相电路的任何位置；

I_1，I_2，I_3——电流传感器。它可置于被试电器"D"前端或后端；

U_{r1}，U_{r2}，U_{r3}——电压传感器；

F——检测故障电流的器件；

R_1——根据制造商的要求每相分流 10A 电流的电阻器；

R_2——限制器件 F 中电流的电阻器；

R_3——用于调节 I_Δ 的可调电阻器；

S_1——辅助开关；

B 和 C（或 C′）——检测电弧喷射的栅格的连接点，只有在单极电器或相极加中性极电器试验时"C"在中性线上。

注 1：闭合电器 T 也可位于被试电器的负载端和电流传感器 I_1，I_2，I_3 之间（适用时）。

注 2：电压传感器 U_{r1}，U_{r2}，U_{r3} 也可连接在相线和中性线之间。

图 A.1　所有短路试验的线路图

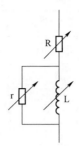

说明：

r——分流约 0.6%电流的电阻器；

L——可调空心电感；

R——可调电阻器。

注：可调负载 L、R 和 r 可位于供电线路的高压侧（适用时）。

图 A.2 阻抗 Z 或 Z_1 的详图

附 录 B

（资料性附录）

可能的负载电流和故障电流

可能的负载电流和故障电流见图 B.1。

序号	带故障位置的电路图	负载电流 I_L 的波形	接地故障电流 I_F 的波形	RCD 动作特性
1	相位控制 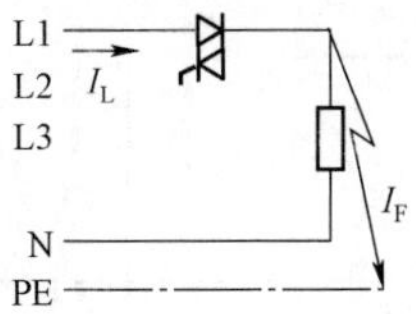 L1 L2 I_L L3 N PE I_F	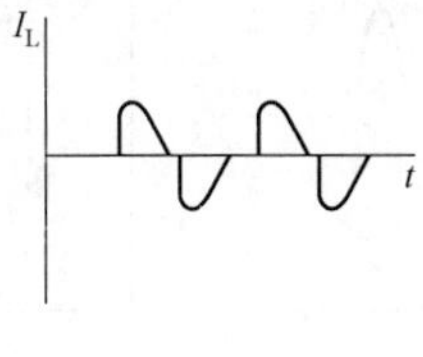 I_L 〜〜 t	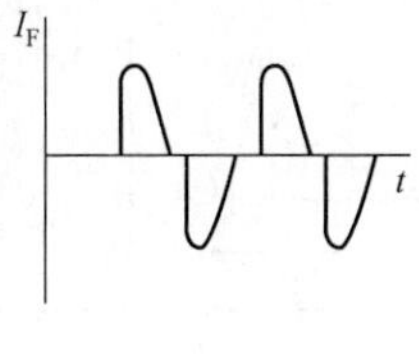 I_F 〜〜 t	AC，A，F，B
2	脉冲控制 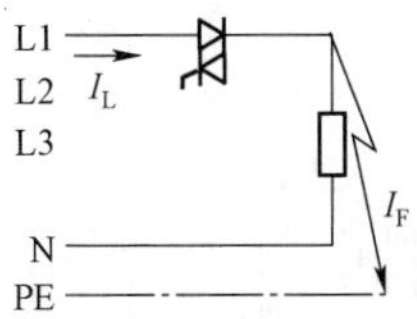 L1 L2 I_L L3 N PE I_F	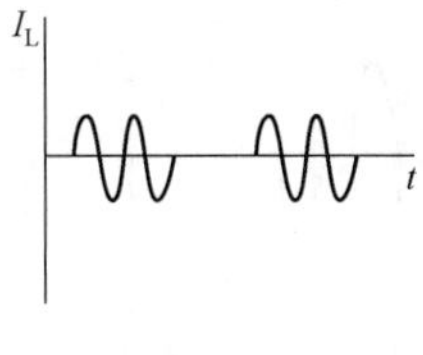 I_L 〜〜 〜〜 t	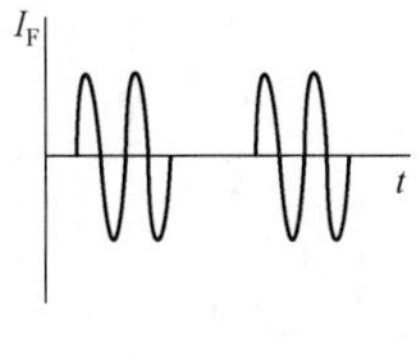 I_F 〜〜 〜〜 t	AC，A，F，B
3	单相半波 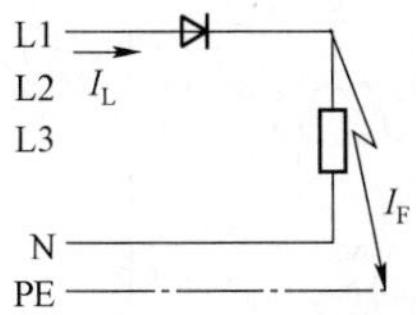 L1 L2 I_L L3 N PE I_F	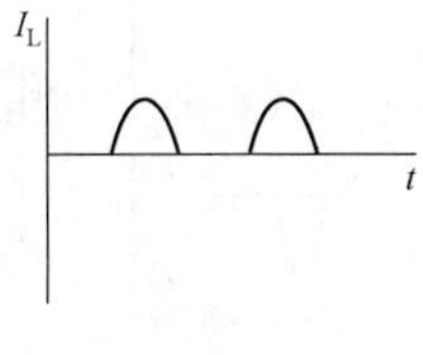 I_L ∩ ∩ t	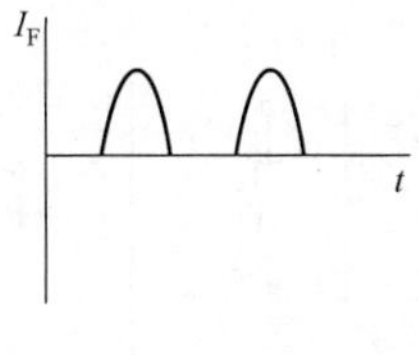 I_F ∩ ∩ t	A，F，B

图 B.1 各种不同的电子线路可能出现的负载电流和故障电流

序号	带故障位置的电路图	负载电流 I_L 的波形	接地故障电流 I_F 的波形	RCD 动作特性
4	双脉冲桥式			A，F，B
5	双脉冲桥式，半波相位控制			A，F，B
6	采用双脉冲桥式的变频器			F，B
7	单相半波带滤波			B
8	采用双脉冲桥式带 PFC 的变频器			B
9	相间双脉冲桥式			B

图 **B**.1（续）

序号	带故障位置的电路图	负载电流 I_L 的波形	接地故障电流 I_F 的波形	RCD 动作特性
10	相间采用双脉冲桥式的变频器 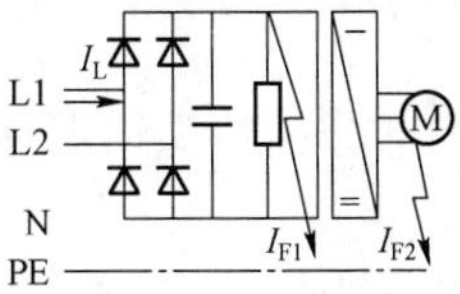	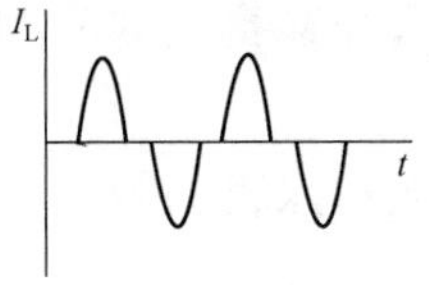	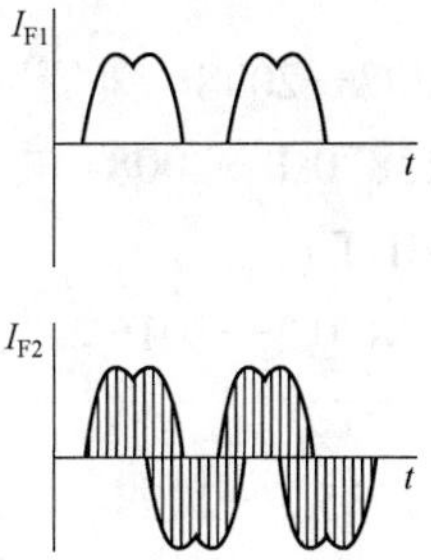	B
11	三相星形 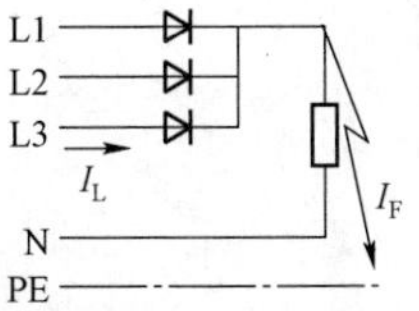	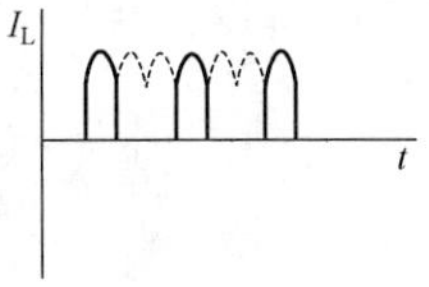	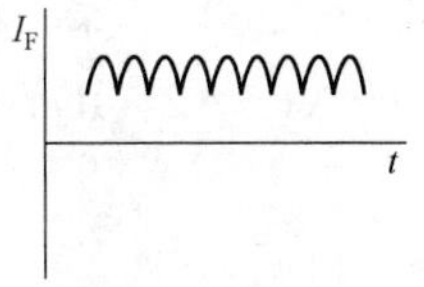	B
12	六脉冲桥式 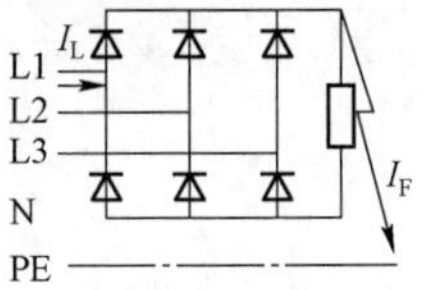	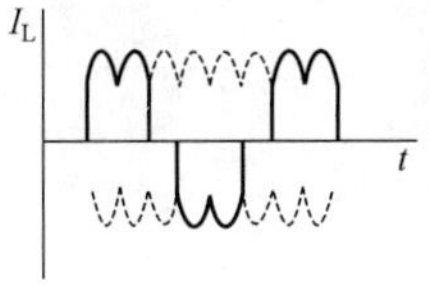	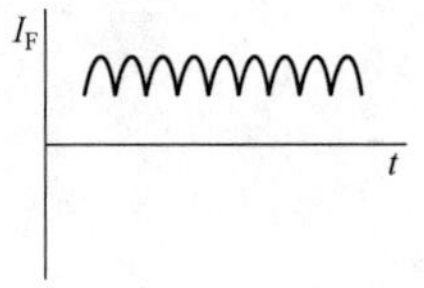	B
13	采用六脉冲桥式的变频器 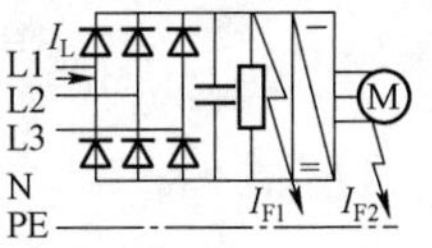	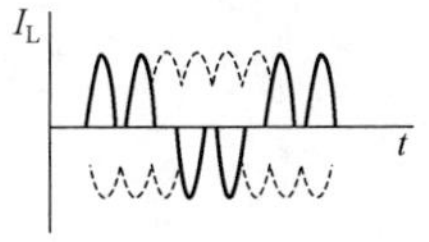	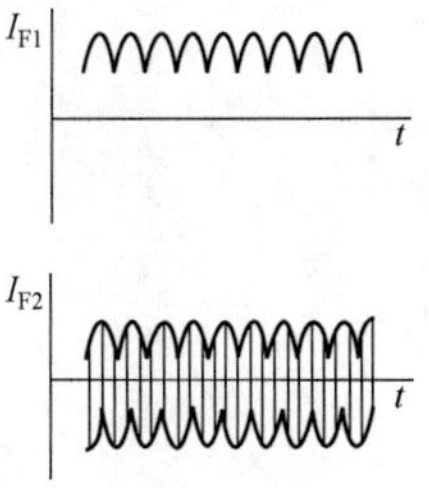	B

图 B.1（续）

图 B.1 说明了电子设备和开关电源常用的电源侧电路配置中剩余电流的波形，以及在哪种接地故障情况下剩余电流中可能出现直流分量。

注 1：在编号为 7 的电路中的单相整流器和电容可能产生危险的直流故障电流。这种电路不大可能使用，但如果使用时，宜采用能够检测平滑直流电流的 B 型 RCD。

注 2：对于编号为 2 的电路，每个脉冲序列时间通常比 0.5s 大得多，因此可采用 AC 型、A 型、F 型和 B 型的 RCD。

参 考 文 献

［1］GB/T 4208—2008　外壳防护等级（IP 代码）（IEC 60529：2001，IDT）

［2］GB/T 13870.1—2008　电流对人和家畜的效应　第 1 部分：通用部分（IEC/TS 60479-1：2005，IDT）

［3］GB/T 13870.2—2016　电流对人和家畜的效应　第 2 部分：特殊情况（IEC/TS 60479-2：2007，IDT）

［4］GB/T 16935.1—2008　低压系统内设备的绝缘配合　第 1 部分：原理、要求和试验（IEC 60664-1：2007，IDT）

［5］GB/T 18499—2008　家用和类似用途的剩余电流动作保护器（RCD）电磁兼容性（IEC 61543：1995＋A1＋A2，IDT）

第三部分 工艺质量标准

配电网施工检修工艺规范

Acceptance Specification for Construction and Maintenance Projects of Distribution Network

Q/GDW 10742 — 2016

代替 Q/GDW 742 — 2012

2017－10－09发布 　　　　　　　　　　　　　　2017－10－09实施

目　　次

前言

1　范围

2　规范性引用文件

3　工艺规范

前　　言

为不断提高配电网施工、检修质量，适应配电网标准化建设工作要求，制定本标准。本标准替代 Q/GDW 742—2012，与 Q/GDW 742—2012 相比，主要技术性差异如下：

——增加了设施标识部分的施工检修工艺规范；

——修改了土建、接地装置、架空线路、低压电缆、环网单元等部分的工艺规范及施工要点。本标准由国家电网公司运维检修部提出并解释。

本标准由国家电网公司科技部归口。

本标准起草单位：国网天津市电力公司、国网天津市电力公司电力科学研究院、中国电力科学研究院、国网河北省电力公司、国网江苏省电力公司、国网重庆市电力公司、国网吉林省电力有限公司、国网陕西省电力公司、国网福建省电力有限公司、国网山东省电力公司。

本标准主要起草人：葛荣刚、宁昕、吕军、刘兆领、刘玄、郗晓光、李旭、张波、王庆杰、孙成、张淑琴、曹新宇、张智远、付慧、范昭勇、戴晖、刘元琦、马群、陈磊、牛全保、林平、张功林、李亮、孙启将。

本标准 2012 年首次发布，2016 年第一次修订。

本标准在执行过程中的意见或建议反馈至国家电网公司科技部。

1 范围

本标准规定了 10kV 及以下配电网施工检修项目应遵守的工艺规范及施工要点等内容。本标准适用于国家电网公司所属各有关单位的配电网施工及检修工作。

2 规范性引用文件

下列文件对于本文件的应用是必不可少的。凡是注日期的引用文件，仅注日期的版本适用于本文件。凡是不注日期的引用文件，其最新版本（包括所有的修改单）适用于本文件。

GB 7251 低压成套开关设备和控制设备

GB 50061 66kV 及以下架空电力线路设计规范

GB 50150 电气装置安装工程 电气设备交接试验标准

GB 50168 电气装置安装工程 电缆线路施工质量验收规范

GB 50169 电气装置安装工程 接地装置施工及验收规范

GB 50171 电气装置安装工程 盘、柜及二次回路结线施工及验收规范

GB 50173 66kV 及以下架空电力线路施工及验收规范

GB 50300 建筑工程施工质量验收统一标准

DL/T 572 电力变压器运行规程

DL/T 596 电力设备预防性试验规程

DL/T 599 城市中低压电网改造技术导则

DL/T 601 架空绝缘配电线路设计技术规程

DL/T 602 架空绝缘配电线路施工及验收规程

DL 5027 电力设备典型消防规程

DL/T 5161 电气装置安装工程 质量检验及评定规程

DL/T 5190 电力建设施工及验收技术规范

DL/T 5220 10kV 及以下架空配电线路设计技术规程

SD 292 架空配电线路及设备运行规程

CECS 170 低压母线槽选用、安装及验收规程

Q/GDW 434 国家电网公司安全设施标准

Q/GDW 519 配电网运行规程

Q/GDW 643 配网设备状态检修试验规程

Q/GDW 1512 电力电缆及通道运维规程

3 工艺规范

根据国家电网公司所属各有关单位配电网施工检修工艺特点及 DL/T 599 中涉及的中低压电网设备，主要编写土建、接地装置、架空线路、电缆支架、10kV 电缆、低压电缆、二次电缆、电缆防火封堵、配电变压器、低压封闭母线、环网单元、10kV 电缆分支箱、开关柜、屏柜（端子箱）、柱上设备、配电自动化装置、设施标识等 17 项施工检修工艺规范，详见表 1 所示。

表1　施工检修工艺规范表

工艺编号	项目/工艺名称	工艺规范	施工要点	图片示例
一	土建施工检修工艺规范			
1.1	开关站、配电室基础			
1.1.1	建筑主体	（1）建筑主体位置符合图纸设计、规划审批、标高、检修通道应符合配电土建设计要求。环网坐落位置应符合安全运行要求。 （2）电力设施建筑物的混凝土结构抗震等级，应根据设防烈度、结构类型和框架、抗震墙高度确定，并按《电力设施抗震设计规范》GB 50260执行。地面及楼面的承载力应满足电气设备动、静荷载的要求。土建大小应为环网预留出操作空间与检修通道，并在检修通道出入口处加设坚固的不锈钢围栏。 （3）地面平整，墙体、顶面无开裂、无渗漏。地上站房宜为脊顶，防止顶部杂物长时间堆积造成积雪、水致使房屋渗漏。 （4）建筑物正门应安装铝合金、不锈钢或专用聚酯材料制作的标识牌	（1）站址应高于历史最高内涝水位，室内标高不得低于所处地理位置居民楼一楼的室内标高，室内外地坪高差应大于300mm。户外基础应高出路面200mm，基础应采用整体浇筑，内外做防水处理。位于负一层时设备基础应抬高1000mm以上。 （2）为降低接触电势和跨步电压，视地势条件，土建站基础外延应按标准采取散水措施，散水材料可采用沥青混凝土或中碎石混凝土，厚度不小于150mm。 （3）室内应留有检修通道及设备运输通道，并保证通道畅通，满足最大体积电气设备的运输要求。 （4）建筑物应满足防风雪、防汛、防火、防小动物、通风良好（四防一通）的要求，并应装设门禁措施	
1.1.2	环网基础	（1）施工前、应认真阅读该工程地质报告，搞清地基开挖部位的地质情况，并根据地质报告及设计图纸，编制切实可行的地基处理方案，并应避开附近各类管线，提前与市政有关部门进行沟通，确认开挖处有无其他管线，严防开挖时发生安全事故。 （2）环网基础设计宜为整体浇筑。 （3）环网电缆井盖安装符合现场安全要求。	（1）环网电缆井井盖须高出基础水平面20~30mm，按设计图纸要求位置安装，并采用双层井盖。 （2）围栏材质应为不锈钢或其他耐腐蚀材料。 （3）设备与基础接口处须用沥青填缝，再用水泥密封好。 （4）电缆沟排管堵洞应在电缆下方铺垫水泥。 （5）电缆沟如有排气口，应在排气口处加装钢网，钢网密度应不大于1.25mm，以防止小动物进入电缆沟基础。 （6）基础中含有两条及以上电缆沟时，中间应有隔离墙加排管互通，完工后封堵排管。	

表1（续）

工艺编号	项目/工艺名称	工艺规范	施工要点	图片示例
1.1.2	环网基础	（4）根据条件合理设置环网围栏	（7）下电缆沟处须安装爬梯。 （8）环网柜基础须独立运行，禁止设立在排水或天然气等管道附近。 （9）为降低接触电势和跨步电压，视地势条件，土建站基础外延应按标准采取散水措施，散水材料可采用沥青混凝土或中碎石混凝土，厚度不小于150mm。 （10）潮湿地区，基础需高出路基平面500mm，并采取开孔、窗等通风防潮措施	
1.1.3	门、窗安装	（1）门窗安装位置，门窗框尺寸及偏差，门窗结构与装配、焊接要求，门窗外观、防渗漏性能、力学性能、环保降噪性能应符合设计要求。 （2）开关站、配电室门窗应满足防火防盗的要求。 （3）金属材质门窗框应可靠接地，且接地点不少于2点。 （4）开关站、配电室外开大门上应标示警示警告标识，门上或一侧外墙上标示开关站、配电室名称。 （5）室内站门窗不具备防尘功能的更换为防尘门窗，门窗锈蚀严重的进行除锈刷漆或更换。符合设计标准	（1）门窗扇应向外开启，通向高压配电室的门应为双向开启。 （2）开关站、配电室的高压配电室，宜设不能开启的自然采光高窗；低压配电室，应设能开启的自然采光窗并配金属丝网窗，窗户下沿距室外地面高度不宜小于1800mm，窗户外侧应装有防盗栅栏；临街的一面不宜开窗。 （3）装有自然通风的百叶窗，百叶窗覆盖面大于2:1，内侧应装有防止小动物进入的不锈钢菱形网，网孔不大于5mm。 （4）所有门窗应采用非燃烧材料。所有窗户、门如采用玻璃时，应使用双层中空玻璃。 （5）若为门窗检修，在拆除旧门窗过程中应注意与带电体保持足够安全距离，旧门窗（整体或局部）拆除后、未修复前，应防止闲杂人员、小动物进入	
1.1.4	管沟预埋	（1）所有预埋件均按设计埋设并符合要求。 （2）电缆沟排水良好，盖板齐全、平整。 （3）所有电缆沟的出（入）口处，应预埋电缆管。 （4）电缆敷设完毕后需按要求进行封堵	（1）预埋件应采用有效的焊接固定。预埋件焊接完成后，应进行焊渣清理，并同时检查焊缝质量。 （2）预埋件外露部分及镀锌材料的焊接部分应及时做好防腐措施。 （3）室内电缆沟盖板宜使用预制砼盖板	

表 1（续）

工艺编号	项目/工艺名称	工艺规范	施工要点	图片示例
1.1.5	防雷接地	（1）在各个支架和设备位置处，应将接地支线引出地面。所有电气设备底脚螺丝、构架、电缆支架和预埋铁件等均应可靠接地。各设备接地引出线应与主接地网可靠连接。 （2）接地引线应按规定涂以黄绿相间的标识。 （3）接地线引出建筑物内的外墙处应设置接地标志，接地引上线与设备连接点不少于 2 个	（1）接地引上线应涂以不同的标识，便于接线人员区分主接地网和避雷网。 （2）支架及支架预埋件焊接要求同管沟预埋。 （3）10kV 中性点小电阻接地系统：开关站主体接地网工频电阻值小于 0.5Ω；台区内低压重复接地体工频电阻小于等于 4Ω；建筑物低压电源进线处接地体应与建筑物保护性接地网进行可靠连接。10kV 中性点绝缘系统：配电室主体接地网工频电阻值小于 4Ω。 （4）接地引线应设在箱体外部，便于运行人员观察接地引线是否连接可靠，是否发生锈蚀、断裂等现象	
1.1.6	防水、防潮	（1）开关站、配电室屋顶应采取完善的防水措施，屋顶防水层采用 SBS 改性沥青防水卷材或其他高性能防水材料双层铺设。电缆进入地下应设置过渡井（沟）（或采取有效的防水措施）并设置完善的排水系统。 （2）墙面、屋顶粉刷完毕，屋顶无漏水，门窗及玻璃安装完好。 （3）电缆施工检修完毕应及时加以封堵。 （4）雨水管、雨水斗宜采用 PVC–U 材质或其他高性能材料，雨水口采用簸箕口或安装防堵罩	（1）屋顶应为坡顶，防水级别为 2 级，墙体无渗漏，淋水试验合格。屋面排水坡度不应小于 1/50，并有组织排水，屋面不宜设置女儿墙。但屋面边缘应设置 300mm 的翻边或封檐板。 （2）当开关站、配电室设置在地下层或低洼地段时，应设置吸湿机，设置集水井，井内设两台潜水泵，其中一台为备用。 （3）开关站宜设置集水坑并加装双电源自启动水泵。集水坑宜装设集水坑盖板，防止人员跌落。 （4）设计为无屋檐的开关站、配电室应加装防雨罩	
1.1.7	消防	（1）开关站、配电室的耐火等级不应低于二级。 （2）应配备国家消防标准要求中规定的相应数量的灭火设备。 （3）重要开关站、配电室内宜装有火灾报警装置，并能进行现场声光报警并上传报警信号。 （4）满足 DL 5027 相关要求	（1）手提式灭火器安装，在开关站、配电室入口处显眼位置，应定点放置，地面用黄色油漆做定点定位，并挂标示牌。 （2）开关站、配电室与建筑物外电缆沟的预留洞口，应采取安装防火隔板等必要的防火隔离措施。 （3）在有条件的情况下宜配备二氧化碳灭火器	

表1（续）

工艺编号	项目/工艺名称	工艺规范	施工要点	图片示例
1.1.8	通风	（1）通风一般采用自然通风，通风应完全满足设备散热的要求，同时应安装事故排风装置。 （2）通风机外形应与开关站、配电室的环境相协调，采用耐腐蚀材料制造（不锈钢），噪声不大于45dB。通风机停止运行时，其朝外一面的百叶窗可自动关闭。 （3）开关站、配电室内应配置符合暖通要求的空调，户外机应设置防盗装置。 （4）通风设施等通道应采取防止雨、雪及小动物进入室内的措施	（1）室内装有六氟化硫（SF_6）设备，应设置双排风口。低位应加装强制通风装置。 （2）风机的吸入口、应加装保护网或其他安全装置，保护网孔为5mm×5mm。 （3）开关站、配电室位于地下层时，其专用通风管道应采用阻燃材料。环境污秽地区应加装空气过滤器	
1.1.9	室内照明	（1）电气照明应采用高效节能光源，安装牢固，亮度满足设计及使用要求。 （2）在室内配电装置室及室内主要通道等处，应设置供电时间不小于2h的应急照明。 （3）灯具、配电箱全部安装完毕，应通电试运行。通电后应仔细检查开关与灯具控制顺序是否相对应，电器元件是否正常。 （4）设备间工作照明采用荧光灯、白炽灯、防爆投光灯，事故照明采用应急灯	（1）照明灯具不应设置在配电装置的正上方。 （2）开关站、配电室动力照明总开关宜设置双电源切换装置。 （3）建筑照明系统通电连续试运行时间为24h，所用照明灯具均应开启，每2h记录运行状态，连续试运行时间内无故障	
1.1.10	安全设施	（1）开关站、配电室应配备模拟接线图及专用安全工器具柜，存放备品备件、安全工具以及运行维护物品等。 （2）开关站、配电室室内应设置报警装置，发生盗窃、火灾、SF_6含量超标等异常情况时应自动报警	（1）开关站、配电室出入口应加装防小动物挡板，材料采用塑料板、金属板，高度不低于400mm。 （2）开关站、配电室窗加装防小动物不锈钢网，其规格型号应符合设计要求。 （3）开关站、配电室室外须留有固定的检修通道	

表1（续）

工艺编号	项目/工艺名称	工艺规范	施工要点	图片示例
1.2	配电设备（箱式变压器、环网单元、电缆分支箱）基础			
1.2.1	测量定位	按设计图纸校核现场地形，确定设备基础中心桩	基础底板应按照设计的尺寸和坑深，考虑不同土质的边坡与操作宽度，对基坑进行地面放样（一般用白粉划线，并沿白粉线挖深约 100mm～150mm）	
1.2.2	基础开挖			
1.2.2.1	基础开挖	（1）施工前、应认真阅读该工程地质报告，搞清地基开挖部位的地质情况，并根据地质报告及设计图纸，编制切实可行的地基处理方案及边坡放坡方案，并编制边坡安全支护方案，严防开挖时发生边坡塌方安全事故。提前与市政有关部门进行沟通，确认开挖处有无其他管线。 （2）基础开挖应清除地基土上垃圾、泥土等杂物，雨季施工时应做好防水及排水措施，不得有积水。 （3）检查设备基础坑。 a. 中心桩、控制桩是否完好。 b. 基坑坑口的几何尺寸。 c. 核对地表土质、水情，并判断地下水位状态和相关管线走向。 （4）基坑一般宜采用人工分层分段均匀开挖。 （5）开挖时，根据不同的土质适当放边坡	（1）按设计施工要求，先降低基面后，再进行基坑的开挖，对于降基量较小的，可与基坑开挖同时完成。 （2）每开挖 1000mm 左右即应检查边坡的斜度，随时纠正偏差。 （3）开挖时，应尽量做到坑底平整。基坑挖好后，应及时进行下道工序的施工。如不能立即进行，应预留 150mm～300mm 的土层，在铺石灌浆时或基础施工前再进行开挖。 （4）操作人员操作时应保持足够间距，以防间距过小在挥锹时发生互相伤害事故。 （5）避免野蛮施工对市政工程造成破坏。	

表 1（续）

工艺编号	项目/工艺名称	工艺规范	施工要点	图片示例
1.2.2.2	深度控制	（1）设备基础坑深应以设计施工基面为基准。 （2）设备基坑深度允许偏差为＋100mm～－50mm；同一基坑深度应在允许偏差范围内，并进行基础操平。 （3）岩石基坑不允许有负误差。 （4）开挖前应清除表面浮土，基础应座在原始土层。 （5）满足 GB 50300 相关要求	（1）挖土至设计图纸标高位 100mm 时，要注意不得超挖。 （2）实际坑深偏差超深100mm 以上时，按以下方法处理： a. 现浇基础坑，其超深部分应采用铺石灌浆处理。 b. 基坑底面应平整、夯实。 （3）如未到原始土层，则继续下挖至原始土层或 600mm 的较小值后用 3:7 灰土换填至设计标高，各边外扩 350mm，压实系数 0.96。基础周围用2:8 灰土回填	
1.2.3	基础砌筑			
1.2.3.1	基坑处理	（1）按照设计图纸进行现场验收。 （2）地基处理应对基础持力层进行检查	（1）施工中应排除积水，清除淤泥，疏干坑底。 （2）砼垫层在基坑验收后立即灌注	
1.2.3.2	基础砌筑	（1）按照设计图纸进行现场施工。 （2）砖、钢筋、水泥、掺和料应符合设计要求，有出厂合格证书。 （3）基础砌筑前应复测，确定方向后按设计要求进行砌筑。 （4）井口圈梁按图纸要求进行钢筋绑扎。 （5）圈梁模板应用托架稳固、模板应平直，支撑合理、稳固，便于拆卸。 （6）墙板混凝土浇筑完成后，在满足强度要求的前提下，进行模板拆除，并将浇筑时的流淌和残渣清理干净。 （7）满足 DL/T 5190 相关要求	（1）砖砌筑时应做好吊垂直工作。 （2）砖砌体时，对砌砖应提前 1～2 天浇水湿润，对烧结普通砖使其含水率达 10%～15%；对灰砂砖、粉煤灰砖使其含水率达 5%～8%。 （3）拆模养护时，非承重构件混凝土强度达到 1.2MPa 且构件不缺棱掉角，方可拆除模板。 （4）混凝土外露表面不应脱水，普通混凝土养护时间不少于 7 天。 （5）抹灰工程施工的环境温度不宜低于 5℃，在低于5℃的气温下施工时，应有保证质量的有效措施。 （6）砌体施工质量控制等级 B 级。预埋钢管壁厚 4mm，钢管内侧与基础墙体内壁平齐、外侧伸出基础墙体外皮100mm	

表1（续）

工艺编号	项目/工艺名称	工艺规范	施工要点	图片示例
1.2.3.3	铁件预埋	（1）按设计施工图纸确定轴线与预埋件相对位置。 （2）检查无误后，先预埋锚固钢筋，再焊上固定槽钢框。 （3）按照设计图纸的要求，对预埋件轴线位置、标高、平整度进行定位、校核，将误差值控制在允许范围内。 （4）配电设备应安装接地极并埋入地下，同时应满足设计及规范要求	（1）箱、柜基础预留铁件水平误差＜1mm/m，全长水平误差＜5mm。 （2）箱、柜基础预留铁件不直度误差＜1mm/m，全长不直度误差＜5mm。 （3）箱、柜基础预留铁件（型钢）位置误差及不平行度全长＜5mm，切口应无卷边、毛刺。 （4）焊口应饱满，无虚焊现象。电缆固定支架高低偏差不大于5mm，支架应焊接牢固，无显著变形	
1.2.4	防腐处理	（1）涂漆前应将焊接药皮去除干净，漆层涂刷均匀。 （2）位于湿热、盐雾以及有化学腐蚀地区时，应根据设计做特殊的防腐处理	（1）预埋铁件及支架刷防锈漆，涂刷均匀，无漏点。 （2）对电缆固定支架焊接处进行面漆补刷	
1.2.5	基础验收	（1）施工图纸及技术资料齐全无误。 （2）土建工程基本施工完毕，标高、尺寸、结构及预埋件焊件强度均符合设计要求。 （3）基础验收时，应对设备基础进行水平及平整度测量验收，并对埋入基础的电缆导管的进、出线预留孔及相关预埋件进行检查。 （4）电缆从基础下进入电气设备时应有足够的弯曲半径，能够垂直进入	（1）分支箱的基础应用不小于150mm高的混凝土浇筑底座，分支箱底座露出地面300mm，分支箱应垂直于地面。 （2）箱变、环网单元基础高出地面一般为500mm，电缆井深度应大于1000mm，部分寒冷地区应大于1500mm，保证开挖至冻土层以下，基础两侧应埋设防小动物的通风窗，钢网密度应不大于5mm。高于半米的基础应加设阶梯。 （3）电缆工井宜采取防坠落措施	
1.3	杆塔基础			
1.3.1	混凝土杆基坑	（1）基坑施工前的定位应符合设计要求。 （2）电杆基础坑深度应符合设计规定。电杆埋设深度在设计未作规定时按表所列数值：（m）	（1）直线杆：顺线路方向位移不应超过设计档距的3%。直线杆横线路方向位移不应超过50mm。 （2）转角杆、分支杆的横线路、顺线路方向的位移均不应超过50mm。	

表1（续）

工艺编号	项目/工艺名称	工艺规范	施工要点	图片示例
1.3.1	混凝土杆基坑	（3）基坑底使用底盘时，坑底表面应保持水平，底盘安装尺寸误差应符合设计要求。底盘的圆槽面应与电杆中心线垂直，找正后应填土夯实至底盘表面。底盘安装允许偏差，应使电杆组立后满足电杆允许偏差规定。 （4）基坑回填土时，土块应打碎，基坑每回填300mm应夯实一次；回填土后的电杆基坑宜设置防沉土层	（3）电杆基础坑深度的允许偏差应为+100mm、−50mm。 （4）双杆两底盘中心的根开误差不应超过30mm；两杆坑深度高差不应超过20mm。 （5）遇有土质松软、流沙、地下水位较高等情况时，应采取加固杆基措施（如加卡盘、人字拉线或浇筑混凝土基础等）。 （6）采用扒杆立杆，电杆坑留有滑坡时，滑坡长度不应小于坑深，滑坡回填土时应夯实，并留有防沉土台。 （7）回填土层上部面积不宜小于坑口面积；培土高度应超出地面300mm；沥青路面或砌有水泥花砖的路面不留防沉土台	

杆长表：

杆长	10	12	15	18
埋深	1.7	1.9	2.3	2.8

工艺编号	项目/工艺名称	工艺规范	施工要点	图片示例
1.3.2	钢管杆基础	（1）钢杆基坑施工前的定位应符合设计要求。 （2）钢杆基础浇筑应采用现浇基础或灌注桩基础，在沿海滩涂和软土地区，可采用高强度预应力混凝土液压管桩基础。 （3）基础中心与线路中心线重合，深度及坑底宽度符合设计数值。 （4）按规定取样做试块，基础表面平整，无蜂窝、麻面。 （5）基础浇注完成后应及时养护，当基础强度达到规定要求时才可立杆塔、架线	（1）现浇基础几何尺寸准确，棱角顺直，回填土分层夯实并留有防沉层。 （2）灌注桩基础宜使用商品混凝土，桩基检测报告内容详尽。 （3）浇筑混凝土应采用机械搅拌，机械振捣，混凝土振捣宜采用插入式振捣器。 （4）浇筑后，应在12h内开始浇水养护；对普通硅酸盐和矿渣硅酸盐水泥拌制的混凝土浇水养护，不得少于7天；有添加剂的混凝土养护不得少于14天。 （5）日平均温度低于5℃时，不得浇水养护。 （6）混凝土不宜在严寒季节进行施工。若必须进行，应采取相应措施，如加入早强剂、减小水灰比、加强振动捣固、妥善遮盖和各种保温养护等	

表1（续）

工艺编号	项目/工艺名称	工艺规范	施工要点	图片示例
1.3.3	拉线盘	（1）结合当地地质条件、地形条件及各地区使用习惯选用合理的拉线盘，并确定拉线盘的埋深及拉线棒的长度，对于特殊地质条件要采用特别加固措施。 （2）拉线盘放置时应注意正反方向及角度	（1）埋设拉线盘的拉线坑应有滑坡（马道），回填土应有防沉土台。 （2）拉线坑的深度可按受力大小及设计要求决定，设计无明确要求时，不小于1500mm	
1.3.4	卡盘基础	（1）安装位置、方向、深度应符合设计要求。 （2）安装前应将其下部分的土壤分层回填夯实。 （3）与电杆连接部分应紧密	（1）深度允许偏差为±50mm。 （2）当设计无要求时，其上平面距地表面不应小于500mm	
1.4	电缆基础			
1.4.1	电缆沟、井	（1）按照设计图纸进行现场施工，电缆沟或工作井内通道净宽，不宜小于有关规范及标准要求。 （2）开挖应严格按挖沟断面分级开挖，沟体开挖应连续开挖，开挖施工中不得超挖，如发生超挖，应用细砂或石粉回填夯实至设计深度。挖土完成后应对基层土进行平整夯实处理。 （3）浇捣混凝土垫层时，首先绑扎钢筋，然后浇捣混凝土。 （4）电缆沟、井砌筑前应复测，确定方向后按设计要求进行砌筑。 （5）压顶梁浇筑时，制安模板时应托架牢固、模板平直、支撑合理、稳固及拆卸方便。 （6）抹灰前检查预埋件安装位置正确，与墙体连接牢固。 （7）铺设盖板时，应调整构件位置，使其缝宽均匀。 （8）电缆检查井、工井口处宜采取防坠落保护措施。井盖具有防盗、防滑、防位移、防坠落等功能	（1）电缆沟、井开挖时，密切注意地下管线、构筑物分布情况。 （2）如出现沟底持力层达不到设计要求，采取换土处理。 （3）拆模养护时，非承重构件的混凝土强度达到1.2MPa且构件不缺棱掉角，方可拆除模板。 （4）混凝土外露表面不应脱水，普通混凝土养护时间不少于7天。 （5）抹灰工程施工的环境温度不宜低于5℃，在低于5℃的气温下施工时，应有保证质量的有效措施。 （6）土方回填时宜采用人工回填，采用石灰粉或粗砂分层夯实，每层厚度不应大于300mm。 （7）电缆沟应有不小于0.5%的纵向排水坡度，在最低处加装集水坑	

表1（续）

工艺编号	项目/工艺名称	工艺规范	施工要点	图片示例
1.4.2	预制式电缆沟槽	（1）确保混凝土预制沟槽及盖板的强度和工艺尺寸满足设计要求。 （2）沟槽的施工范围、敷设深度及走向符合设计要求。 （3）预制沟槽下的混凝土垫层应满足设计要求，并满足养护期要求。 （4）沟槽之间空隙使用水泥砂浆填补。沟槽之间接口处高差不得超过10mm。沟槽之间接缝严密，直线段间隙不得超过20mm。 （5）地质条件允许情况下，采用1:1放坡，若无法放坡时，需采用钢板桩支护。	（1）复核沟槽中心线走向、折向控制点位置及宽度控制线。 （2）基坑底部施工面宽度，为在垫层断面设计宽度的基础上两边各加500mm，深度满足设计标高。 （3）沟槽边沿1500mm范围内严禁堆土或堆放设备、材料等，1500mm以外的堆载高度不应大于1000mm。 （4）垫层下的地基应保持稳定、平整、干燥，严禁浸水；垫层混凝土应密实，上表面平整。 （5）沟槽吊装时，周围如有带电线路，设专人监护保持安全距离。施工情况较为复杂或困难时，编制施工方案报总工批准	
1.4.3	电缆排管	（1）土方开挖完成后按现场土质的坚实情况进行必要的沟底夯实处理及沟底整平。 （2）浇筑的混凝土板基础应平直，浇灌过程中用平板振动器振捣，如需分段浇捣，应采取预留接头钢筋、毛面、刷浆等措施。浇注完成后做好养护。 （3）在底层应先砌砖，根据设计要求用砖包底层电缆管，再砌第二层，如此类推，逐层施工。 （4）管道敷设时应保证管道直顺，管道的接缝处应设管枕，接口无错位，在管接口处采用混凝土现浇，提升接口强度。管与管之间的管驳采用热熔或插接，导管器试通合格。 （5）敷设后多余的电缆管应切除，并将切口打磨平滑	（1）管沟填碎石、石粉或粗砂垫层应控制好高度，并压实填平。 （2）在浇捣排管外包混凝土之前，应将工井留孔的混凝土接触面凿毛（糙），并用水泥浆冲洗。在排管与工井接口处应设置变形缝。 （3）管应保持平直，管与管之前应有20mm的间距，管孔数宜按发展预留适当备用，管路纵向连接处的弯曲度，应符合牵引电缆时不致损伤的要求。 （4）施工中应防止水泥、砂石进入管内，管应排列整齐，并有不小于0.1%的排水坡度，施工完毕应用管盖盖住两端	

表1（续）

工艺编号	项目/工艺名称	工艺规范	施工要点	图片示例
1.4.4	非开挖电缆管道	（1）按照设计图纸，提前做好勘测工作，查明地形、地貌、地面建筑对工程的不利条件，查清水域覆盖面积和深度，应查实有无影响检测的干扰源，并做好标记。施工前、应提前与市政有关部门进行沟通，确认开挖处有无其他管线。地下管线探测后，尚应通过地面标志物、检查井、闸门井、仪表井、人孔、手孔等进行复核。（2）应选取正确合理的入钻点和出钻点。（3）导向孔施工应按设计的钻孔轨迹进行导向施工，并做好导向孔施工的记录。导向孔轨迹的弯曲半径应满足电缆弯曲半径及施工机械的钻进条件。（4）铺设管线穿越公路、铁路、河流、地面建筑物时，最小覆土深度应符合有关专业规范要求	（1）入钻点宜设在行人车辆稀少且具有足够空间摆放设备处，出钻点则宜设置在能够摆放管材、方便拖管的另一端。（2）出入土角应根据设备机具的性能、出入土点与被穿越障碍的距离、管线埋设深度等选择，出入土角宜为8°～15°，并满足电缆进入工井时的弯曲半径。（3）钻进和回拖只允许钻杆顺时针旋转，以免钻杆松脱；钻杆分离过程中钻杆必须逆时针旋转，以免损坏螺纹。（4）回拖铺管结束后，必须在回扩孔内压密注浆，固化泥浆的配制及充填应满足有关工艺的要求。（5）管材间的连接应采用热熔对接。热熔对接时，管材两端面刨平，用加热板加热，使塑管端面熔化，完成管道连接	
二	接地装置施工检修工艺规范			
2.1	接地沟开挖	（1）根据主接地网的设计图纸对主接地网敷设位置、网格大小进行放线。（2）接地沟深度应按照设计或规范要求进行开挖	接地沟宜按场地或分区域进行开挖	
2.2	垂直接地体加工	（1）按照设计或规范的要求长度进行垂直接地体的加工。（2）垂直接地体的下端部切割为45°～60°	镀锌角钢作为垂直接地体时，其切割面，在埋设前需应采用水柏油或环氧富锌漆等进行防腐处理	
2.3	垂直接地体安装	（1）按照设计图纸的位置安装垂直接地体。（2）垂直接地体上端的埋入深度应满足设计或规范要求。（3）安装结束后在上端敲击部位采用防腐处理	垂直接地体未埋入接地沟之前应在垂直接地体上焊接一段水平接地体，水平接地体宜预制成弧形或直角形	

表 1（续）

工艺编号	项目/工艺名称	工艺规范	施工要点	图片示例
2.4	主接地网敷设、焊接	（1）接地体埋设深度应符合设计规定，当设计无规定时，不应小于 600mm。 （2）主接地网的连接方式应符合设计要求，一般采用焊接，焊接应牢固、无虚焊。对于接地材料为有色金属采用热制焊。 （3）钢接地体的搭接应使用搭接焊。接地网敷设，焊接后在反腐层损坏焊痕外 100mm 内再做防腐处理。 （4）裸铜绞线与铜排及铜棒接地体的焊接应采用热熔焊方法。 （5）建筑物内的接地网应采用暗敷的方式，根据设计要求留有接地端子。 （6）满足 GB 50169 相关要求	（1）搭接长度和焊接方式应符合以下规定： a. 扁钢－扁钢：扁钢为其宽度的 2 倍（且至少 3 个棱边焊接）。 b. 圆钢－圆钢：圆钢为其直径的 6 倍（接触部位两边焊接）。 c. 扁钢－圆钢：搭接长度为圆钢直径的 6 倍（接触部位两边焊接）。 d. 在"十"字搭接处，应采取弥补搭接面不足的措施以满足上述要求。 （2）热熔焊具体要求： a. 对应焊接点的模具规格应正确完好，焊接点导体和焊接模具清洁。 b. 大接头焊接应预热模具，模具内热熔剂填充密实。 c. 接头内导体应熔透。 d. 铜焊接头表面光滑、无气泡，应用钢丝刷清除焊渣并涂刷防腐清漆	
2.5	预埋铁件接地连接	应用镀锌层完好的扁钢进行接地，焊接应牢固可靠，无虚焊，搭接长度、截面应符合规范规定。多台配电设备应共用预埋型钢	预埋铁件应无断开点，通常应与主接地网有不少于 3 个独立的接地点	
2.6	隐蔽工程验收及接地沟土回填	（1）接地网的某一区域施工结束后，应及时进行回填土工作。 （2）在接地沟回填土前应经过验收，合格后方可进行回填工作。 （3）记录工作完成情况和隐蔽工程签证。重要设备或接地装置的接地隐蔽部位在验收时提供数码照片	（1）回填土内不得夹有石块和建筑垃圾，不得有较强的腐蚀性。 （2）回填土应分层夯实	

表1（续）

工艺编号	项目/工艺名称	工艺规范	施工要点	图片示例
2.7	设备接地安装	（1）引上接地体与设备连接采用螺栓搭接，搭接面要求紧密，不得留有缝隙。 （2）设备接地测量、预制应能使引上接地体横平竖直、工艺美观。 （3）要求两点接地的设备，两根引上接地体应与不同网格的接地网或接地干线相连。 （4）每个电气设备的接地应以单独的接地引下线与接地网相连，不得在一个接地引上线上串接几个电气设备。 （5）接地电阻值应符合设计及技术原则要求	（1）设备接地的高度一致，朝向应尽可能一致。 （2）集中接地的引上线应做一定的标识，区别于主接地引上线。 （3）高、低压配电间门的铰链处采用软铜线进行加强接地，保证接地的良好。 （4）电缆沟内支架焊接固定在通长扁钢上。 （5）箱变、环网单元、分支箱等主设备外壳应至少两点接地	
2.8	接地标识	（1）接地体黄绿漆的间隔宽度一致，顺序一致。 （2）明敷接地垂直段离地面1500mm范围内采用黄绿漆标识	明敷接地在长度超过20m时，可不全部进行接地标识	
三	架空线路施工检修工艺规范			
3.1	施工前现场检查	（1）钢筋混凝土电杆表面应光洁平整，壁厚均匀，无露筋、偏筋、漏浆、掉块等现象。 （2）钢筋混凝土电杆杆顶应封堵。 （3）钢管杆及附件均应热镀锌，锌层均匀，无漏锌、锌渣、锌刺。 （4）铁塔塔材尺寸、螺栓孔允许偏差合格，镀锌表面应连续、完整，不应有过酸洗、起皮、漏镀等使用上有害的缺陷	（1）混凝土电杆杆身应无纵向裂纹，横向裂纹宽度不应大于0.1mm，长度不允许超过1/3周长，且1000mm内横向裂纹不超过3处。 （2）钢筋混凝土电杆杆身弯曲不超过杆长的1/1000。 （3）钢管杆整根及各段的弯曲度不超过其长度的2/1000	
3.2	电杆组立			
3.2.1	立杆机立杆法	（1）杆坑应位于立杆机内重心适当位置，支点坚固、支腿平稳。 （2）起吊绳应系在电杆重心偏上位置。 （3）操作手摇卷扬机时应用力均匀	（1）立杆机法只能用于竖立12m及以下的拔梢杆。 （2）用直径约25mm、长度超过杆长1.5倍的棕绳或具有足够强度的线绳作为拉绳，绑扎应采用活结	

表1（续）

工艺编号	项目/工艺名称	工艺规范	施工要点	图片示例
3.2.2	汽车起重机立杆法	（1）立杆时，汽车开到距基坑口适当位置；一般起吊时，吊臂和地面的垂线成30°夹角。 （2）放下汽车起重机的液压支撑腿时，应使汽车轮胎不受力；将吊点置于电杆的重心偏上处，进行吊立电杆。 （3）电杆起立后，应及时调整杆位，使其符合立杆质量的要求，然后进行回填土	应在回填夯实并确保杆身稳固后松开起吊绳索	
3.2.3	固定人字抱杆立杆法	（1）两抱杆根位于坑口两侧，前后锚桩与人字抱杆顶点杆坑中心在同一垂直面上。打好前后临时拉线和绞磨的桩锚。 （2）起立过程中电杆重心应在基坑中心。 （3）电杆入坑后应校直电杆，并立即分层夯实回填土	（1）抱杆长度一般可取杆塔重心高度加1500mm～2000mm，临时拉线桩到杆坑中心距离，可取杆塔高度1.2～1.5倍。抱杆的根开根据实际经验在2000mm～3000mm范围内。 （2）滑轮组应根据被吊电杆重量决定。 （3）抱杆起立到70°左右应放慢动作，调节好前后横绳。起立80°时，停止牵引，用临时拉线调整杆塔	
3.2.4	电杆组立质量检查	电杆立好后应正直，沿线电杆在一条直线上，位置偏差符合设计或规范要求。电杆回填、埋深符合要求	（1）直线杆的横向位移不大于50mm。 （2）直线杆杆梢的位移不大于杆梢直径的1/2。 （3）转角杆的横向位移不大于50mm。 （4）转角杆组立后，杆根向内角的偏移不大于50mm、不能向外角偏移。杆梢应向外角方向倾斜，但不得超过一个杆梢直径，不允许向内角方向倾斜。 （5）终端杆立好后，应向拉线侧预偏，其预偏值不应大于杆梢直径，紧线后不应向受力侧倾斜。 （6）回填土每升高300mm夯实一次，防沉土台高出地面300mm	

表 1（续）

工艺编号	项目/工艺名称	工艺规范	施工要点	图片示例
3.3	横担安装	（1）横担安装应平正，安装偏差应符合 DL/T 601 或设计要求。 （2）架空线路所采用的铁横担、铁附件均应热镀锌。检修时，若有严重锈蚀、变形应予更换。 （3）同杆架设线路横担间的最小垂直距离应满足下表要求（单位：mm）。 表见下 备注：（）内为同杆架设的绝缘线路适用数据	（1）横担端部上下歪斜不大于 20mm，左右扭斜不大于 20mm；双杆横担与电杆连接处的高差不大于连接距离的 5/1000，左右扭斜不大于横担长度的 1/100。 （2）瓷横担绝缘子直立安装时，顶端顺线路歪斜不大于 10mm；水平安装时，顶端宜向上翘起 5°～15°，顶端顺线路歪斜不大于 20mm。 （3）当安装于转角杆时，顶端竖直安装的瓷横担支架应安装在转角的内角侧（瓷横担应装在支架的外角侧）。 （4）对原有单侧双横担加强方式进行检修，直线杆横担应装于受电侧，90°转角杆及终端杆应装在拉线侧，转角杆应装在合力位置方向。新安装横担应为水平加强横担方式	
3.4	拉线制作与安装			
3.4.1	拉线制作	当拉线连接金具采用楔形线夹、UT 型线夹或钢卡时： （1）钢绞线的尾线应在线夹舌板的凸肚侧，尾线留取长度应为 300mm～500mm。 （2）钢绞线在舌板回转部分应留有缝隙，并不应有松股。 （3）钢绞线的尾线在距线头 50mm 处绑扎，绑扎长度应为 50mm～80mm。 （4）钢绞线端头弯回后应用镀锌铁线绑扎紧。 （5）严重腐蚀地区拉线棒应进行防腐处理	（1）拉线一般采用多股镀锌钢绞线，其规格为 GJ－35～100。 （2）钢绞线剪断前应用细铁丝绑扎好。 （3）拉线时应明确主、副线方向。 （4）同组拉线使用两个线夹时，则线夹尾线端的方向应统一。 （5）拉线上把和拉线抱箍连接处采用延长环连接。 （6）防腐处理，防护部位：自地下 500mm 至地上 200mm 处；防护措施：涂沥青、缠麻袋片两层，再刷防腐油	

工艺规范 3.3 中的表：

架设方式	直线杆	分支或转角杆
10kV 与 10kV	800（500）	450/600（500）
10kV 与 0.4kV	1200（1000）	1000（1000）
0.4kV 与 0.4kV	600（300）	300（300）

表 1（续）

工艺编号	项目/工艺名称	工艺规范	施工要点	图片示例
3.4.2	拉线安装	（1）拉线应采用专用的拉线抱箍。 （2）拉线抱箍一般装设在相对应的横担下方，距横担中心线 100mm 处。 （3）拉线的收紧应采用紧线器进行。 （4）根据需要加装拉线绝缘子。 （5）拉线底把应采用热镀锌拉线棒，安全系数不小于 3，最小直径不应小于 16mm。 （6）拉线宜加装警示标识。 （7）拉线地锚必须安装在地面或现浇混凝土构件上（梁、柱），安装在墙上的必须做防锈处理。 （8）同一方向多层拉线的拉锚应不共点，保证有两个或两个以上拉锚。 （9）拉线地锚应埋设端正，不得有偏斜，地锚的拉线盘与拉线垂直	（1）楔形线夹的螺栓与延长环连接好后 R 型销针的开口在 30°～60°。 （2）线夹舌板与拉线接触应紧密，受力后无滑动现象，线夹的凸肚应在尾线侧，安装时不应损伤线股。 （3）有坠线的拉线柱埋深为柱长 1/6，坠线上端固定点距柱顶距离应为 250mm。 （4）当拉线装设绝缘子时，断拉线情况下绝缘子距地面不应小于 2500mm。 （5）UT 型线夹应有不小于 1/2 螺杆丝扣长度可供调紧。调整后，UT 线夹的双螺母应并紧。 （6）若为拉线检修更换拉线（整体或部件），在拆除旧拉线（或部件）前应采取加装临时拉线措施，防止线路失去拉线保护导致线路跑偏、倒杆等	
3.5	预绞式拉线制作与安装			
3.5.1	拉线制作	当拉线采用预绞式拉线时： （1）拉线连接金具一般采用螺旋式预绞式耐张线夹。 （2）预绞丝表面应光洁，无裂纹、折叠和结疤等缺陷。 （3）确认线夹与拉线直径和种类相匹配。 （4）线夹与钢绞线旋向一致，采用标准右旋方式	（1）拉线一般采用多股镀锌钢绞线，其规格为 GJ－35～100。 （2）钢绞线剪断前应绑扎好。 （3）拉线上把和拉线抱箍连接处采用延长环连接。 （4）防腐处理，防护部位：自地下 500mm 至地上 200mm 处；防护措施：涂沥青，缠麻袋片两层，再刷防腐油	

表 1（续）

工艺编号	项目/工艺名称	工艺规范	施工要点	图片示例
3.5.2	拉线安装	（1）拉线应采用专用拉线抱箍。 （2）拉线抱箍一般装设在相对应的横担下方，距横担中心线 100mm 处。 （3）拉线的收紧应采用紧线器进行。 （4）拉线应根据需要加装拉线绝缘子。 （5）城区或人口聚集地拉线宜加装警示标识，标识高度不低于 2000mm	（1）应用铰链将拉线拉紧至合适位置，在拉线上从锚杆向上约 20mm 处，用细铁丝绑扎，剪去多余拉线。 （2）拉线应放在离拉线耐张线夹绞环最近的铰接标识处，拉线耐张线夹与锚杆心形环的槽对齐。 （3）有坠线的拉线柱埋深为柱长 1/6，坠线上端固定点距柱顶距离应为 250mm。 （4）安装后拉线绝缘子应与上把拉线抱箍保持 3000mm 距离。 （5）拉线安装完成后应在地面以上部分安装拉线警示保护管。 （6）UT 型线夹应有不小于 1/2 螺杆丝扣长度可供调紧。 （7）预绞丝拉线线夹不得重复使用	
3.6	导线架设			
3.6.1	放线前检查	（1）导线型号、规格应符合设计要求。 （2）导线展放时，应清理线路走廊内的障碍物，满足架线施工要求。 （3）跨越架与被跨越物、带电体间的最小距离，应符合规定	（1）导线不应有松股、交叉、折叠、断裂及破损等缺陷。 （2）导线不应有严重腐蚀现象。 （3）钢绞线、镀锌铁线表面镀锌层应良好，无锈蚀。 （4）绝缘线端部应有密封措施。 （5）绝缘线的绝缘层应紧密挤包，目测同心度应无较大偏差，表面平整圆滑，色泽均匀，无尖角、颗粒，无烧焦痕迹	
3.6.2	线盘布置	（1）放线前应先制定放线计划，合理分配放线段。 （2）根据地形，适当增加放线段内的放线长度。 （3）根据放线计划，将导线线盘运到指定地点。 （4）应设专人看守，并具备有效制动措施。 （5）临近带电线路施工线盘应可靠接地	（1）导线布置在交通方便、地势平坦处。地形有高低时，应将线盘布置在地势较高处，减轻放线牵引力。 （2）导线放线应考虑减少放线后的余线，尽量将长度接近的线轴集中放在各耐张杆处。 （3）导线放线裕度在采用人力放线时，平地增加 3%，丘陵增加 5%，山区增加 10%；在采用固定机械牵引放线时，平地增加 1.5%，丘陵增加 2%，山区增加 3%	

表1（续）

工艺编号	项目/工艺名称	工艺规范	施工要点	图片示例
3.7	放线操作			
3.7.1	放线准备	（1）放线架应支架牢固，出线端应从线轴上方抽出，并应检查放出导线的质量。 （2）在每基电杆上设置滑轮，把导线放在轮槽内。 （3）满足 GB 50173 相关要求	（1）线轴应转动灵活，轴杠应水平，线轴应有制动装置。 （2）绝缘线应使用塑料滑轮或套有橡胶护套的铝滑轮；滑轮应具有防止线绳脱落的闭锁装置；滑轮直径不应小于绝缘线外径的 12 倍，槽深不小于绝缘线外径的 1.25 倍，槽底部半径不小于 0.75 倍绝缘线外径，轮槽槽倾角为 15°。 （3）绝缘线宜采用网套牵引	
3.7.2	人力放线	（1）人力牵引导线放线时，拉线人员之间应保持适当距离。 （2）领线人员应对准前方，随时注意信号	（1）牵引过程中应保持牵引平稳。 （2）导线不应拖地，各相导线之间不得交叉。 （3）跨（穿）越障碍物时应采取相应措施。 （4）牵引时应在首、末、中间派人观察，及时发现导线掉槽、滑轮卡滞等故障，发现异常情况后及时用对讲机联系	
3.7.3	机械牵引放线	（1）将牵引绳分段运至施工段内各处，使其依次通过放线滑车。 （2）牵引绳之间用旋转连接器或抗弯连接器连接贯通。 （3）用机械卷回牵引绳，拖动架空导线展放	（1）固定机械牵引所用牵引绳，应为无捻或少捻钢绳。 （2）旋转连接器不能进牵引机械卷筒。 （3）牵引钢绳与导线连接的接头通过滑车时，牵引速度不宜超过 20m/min。 （4）牵引时应在首、末、中间派人观察，及时发现导线掉槽、滑轮卡滞等故障，发现异常情况后及时用对讲机联系	
3.8	紧线			
3.8.1	紧线准备	（1）紧线施工应在全紧线段内的杆塔全部检查合格后方可进行。 （2）紧线前应按要求装设临时拉线。 （3）放线工作结束后，应尽快紧线	（1）总牵引地锚与紧线操作杆塔之间的水平距离，应不小于挂线点高度的两倍，且与被紧架空导线方向应一致。 （2）紧线应紧靠挂线点。 （3）紧线时，人员不准站在或跨在已受力的导线上或导线的内角侧和展放的导线圈内以及架空线的垂直下方。 （4）跨越重要设施时应做好防导线跑线措施	

表1（续）

工艺编号	项目/工艺名称	工艺规范	施工要点	图片示例
3.8.2	耐张杆塔补强	（1）当以耐张杆塔作为操作或锚线杆塔紧线时，应设置临时拉线。 （2）临时拉线装设在耐张杆塔导线的反向延长线上。 （3）临时拉线对地夹角宜小于45°	（1）临时拉线一般使用钢丝绳或钢绞线。 （2）临时拉线一般采用一锚一线。 （3）临时拉线不得固定在可能移动的物体上	
3.8.3	紧线	（1）绝缘子、拉紧线夹安装前应进行外观检查，并确认符合要求。 （2）紧线时，应随时查看地锚和拉线状况。 （3）导线的弧垂值应符合设计数值。 （4）满足 SD292 相关要求	（1）安装时应检查碗头、球头与弹簧销子之间的间隙；在安装好弹簧销子的情况下，球头不得自碗头中脱出。 （2）紧线顺序：导线三角排列，宜先紧中导线，后紧两边导线；导线水平排列，宜先紧中导线，后紧两边导线；导线垂直排列时，宜先紧上导线，后紧中、下导线。 （3）绝缘线展放中不应损伤导线的绝缘层和出现扭、弯等现象，接头应符合相关规定，破口处应进行绝缘处理。 （4）三相导线驰度误差不得超过−5%或+10%，一般同一档距内驰度相差不宜超过50mm	
3.9	导线固定			
3.9.1	导线固定及附件安装	（1）导线的固定应牢固、可靠。绑线绑扎应符合"前三后四双十字"的工艺标准，绝缘子底要加装弹簧垫。 （2）紧线完成、弧垂值合格后，应及时进行附件安装	（1）直线转角杆：对瓷质绝缘子，导线应固定在转角外侧的槽内；对瓷横担绝缘子导线应固定在第一裙内。 （2）直线跨越杆：导线应双固定，导线本体不应在固定处出现角度。 （3）裸铝导线在绝缘子或线夹上固定应缠绕铝包带，缠绕长度要超出接触部分30mm。铝包带的缠绕方向应与外层线股的绞制方向一致。 （4）绝缘导线在绝缘子或线夹上固定应缠绕粘布带，缠绕长度应超过接触部分30mm，缠绕绑线应采用不小于 2.5mm^2 的单股塑铜线，严禁使用裸导线绑扎绝缘导线	

表1（续）

工艺编号	项目/工艺名称	工艺规范	施工要点	图片示例
3.9.2	导线连接	（1）铝绞线及钢芯铝绞线在档距内承力连接一般采用钳压接续管或采用预绞式接续条。 （2）10kV 绝缘线及低压绝缘线在档距内承力连接一般采用液压对接接续管。 （3）对于绝缘导线，接头处应做好防水密封处理	（1）10kV 架空电力线路当采用跨径线夹连接引流线时，线夹数量不应少于 2 个，并使用专用工具安装，楔型线夹应与导线截面匹配。 （2）连接面应平整、光洁，导线及并沟线夹槽内应清除氧化膜，涂电力复合脂。 （3）铜绞线与铝绞线的接头，宜采用铜铝过渡线夹、铜铝过渡线，或采用铜线搪锡插接	
3.9.3	净空距离	导线架设后，导线对地及交叉跨越距离，应符合 GB 50061、DL/T 602 及设计要求	（1）3kV～10kV 线路每相引流线，引下线与邻相的引流线、引下线或导线之间，安装后的净空距离应不小于 300mm；3kV 以下电力线路应不小于150mm。 （2）架空线路的导线与拉线，电杆或构架之间安装后的净空距离，3kV～10kV 时应不小于 200mm；3kV 以下时应不小于 100mm。 （3）中压绝缘线路每相过引线、引下线与邻相的过引线、引下线及低压绝缘线之间的净空距离不应小于200mm；中压绝缘线与拉线、电杆或构架间的净空距离不应小于200mm。 （4）低压绝缘线每相过引线、引下线与邻相的过引线、引下线之间的净空距离不应小于 100mm；低压绝缘线与拉线、电杆或构架间的净空距离不应小于50mm	
四	电缆支架施工检修工艺规范			
4.1	支架安装	（1）电缆支架规格、尺寸、跨距、各层间距离及距顶板、沟底最小净距应遵循设计及规范要求。安装支架的电缆沟土建项目验收合格。 （2）金属电缆支架须进行防腐处理。位于湿热、盐雾以及有化学腐蚀地区时，应根据设计做特殊的防腐处理。 （3）电缆支架安装前应进行放样定位。电缆支架应安装牢固，横平竖直；托架支吊架的固定方式应按设计	（1）支架材料应平直，无明显扭曲。下料误差应在 5mm 范围内，切口应无卷边、毛刺。 （2）焊口应饱满，无虚焊现象。支架同一档在同一水平面内，高低偏差不大于 5mm。支架应焊接牢固，无显著变形。	

表1（续）

工艺编号	项目/工艺名称	工艺规范	施工要点	图片示例
4.1	支架安装	要求进行。 （4）电缆支架应牢固安装在电缆沟墙壁上。 （5）金属电缆支架全长按设计要求进行接地焊接，应保证接地良好。所有支架焊接牢靠，焊接处防腐符合规范要求	（3）各支架的同层横挡应在同一水平面上，其高低偏差不应大于5mm。托架支吊架沿桥架走向左右的偏差不应大于10mm。 （4）电缆支架横梁末端50mm处应斜向上倾角10°	
五	10kV 电缆施工检修工艺规范			
5.1	施工前现场检查	（1）根据施工设计图纸选择电缆路径，沿路径勘查，查明电缆线路路径上临近地下管线，制订详细的施工方案。 （2）施工前对各盘电缆进行验收，检查电缆有无机械损伤，封端是否良好。当对电缆的外观和密封状态有怀疑时，应进行潮湿判断。 （3）电缆敷设前，对电缆井使用抽风机进行充分排气，排气后对气体进行检测并清理杂物，检查疏通电缆管道，检查电缆管内无积水，无杂物堵塞，检查管孔入口处是否平滑，井内转角等是否满足电缆弯曲半径的规范要求等并做好记录。 （4）施工前应进行绝缘预校验，护层绝缘试验。 （5）电缆敷设前应测量现场温度，应确保施工时的环境温度不小于0℃；当温度低于0℃时，应采取措施。 （6）在室外制作电缆终端与接头时，其空气相对湿度宜为70%及以下，当湿度大时，可提高环境温度或加热电缆。制作塑料绝缘电力电缆终端与接头时，应防止尘埃、杂物落入绝缘内。严禁在雾或雨中施工。 （7）电力电缆不能与通讯电缆、自来水管、燃气管、热力管等线路混沟敷设	（1）确定电缆盘，电缆盖板，敷设机具，挖掘机械等主要材料的摆放位置，设置临时施工围栏。 （2）电缆盘不得平卧放置，核实电缆是否满足接入电气设备的长度。 （3）确定沟边线的基线，放好开挖线，做好现场防护围挡板，做好各方面安全措施。 （4）检查施工内容相对应的材料验证是否符合设计要求，收集出厂合格证或检验报告，检查施工工具是否齐备，检验、核对接头材料以及配件是否齐全和完整。 （5）夜间施工应在缆沟两侧装红色警示灯，破路施工应在被挖掘的道路口设警示灯。 （6）对电缆槽盒、电缆沟盖板等预构件必须仔细检查，对有露筋、蜂窝、麻面、裂缝、破损等现象的预构件一律清除，严禁使用。 （7）对已完成的电缆槽盒或电缆沟的长度进行核实，对电缆沟进行抽风机进行排气，清理杂物，检查转角等是否满足电缆弯曲半径的规范要求及电缆本身的要求。若是多段电缆的，要确定电缆中间头安装的位置。 （8）对已完成的电缆沟底进行平整。检查电缆与其他管道、道路、建筑是否满足最小允许净距需符合要求。 （9）对电缆沟内成品支架做好保护措施，防止损坏支架、防止铁件支架伤人、伤电缆或卡阻电缆的牵引	

表1（续）

工艺编号	项目/工艺名称	工艺规范	施工要点	图片示例
5.2	电缆敷设	（1）电缆及附件的规格、型号及技术参数等应符合设计要求。 （2）机械牵引时，应满足GB 50168要求，牵引端应采用专用的拉线网套或牵引头，牵引强度不得大于规范要求，应在牵引端设置防捻器，中间应使用电缆放线滑车。 （3）电缆在任何敷设方式及其全部路径条件的上下左右改变部位，最小弯曲半径均应满足Q/GDW 1512或设计要求。 （4）电缆头制作前，应将用于牵引部分的电缆切除。电缆终端和接头处应留有一定的备用长度，电缆中间接头应放置在电缆井或检查井内。若并列敷设多条电缆，其中间接头位置应错开，其净距不应小于500mm。 （5）电缆敷设后，电缆头应悬空放置，将端头立即做好防潮密封，以免水分侵入电缆内部，并应及时制作电缆终端和接头。同时应及时清除杂物，盖好盖板，还要将盖板缝隙密封，施工完后电缆进入电缆沟、隧道、竖井、建筑物、盘（柜）以及穿入管道处出入口应保证封闭，管口进行密封并做防水处理。	（1）电缆在装卸的过程中，设专人负责统一指挥，指挥人员发出的指挥信号必须清晰、准确。采用吊车装卸电缆盘时，起吊钢丝绳应套在盘轴的两端，不应直接穿在盘孔中起吊。人工短距离滚动电缆盘前，应检查线盘是否牢固，电缆两端应固定，滚动方向须与线盘上箭头方向一致。 （2）电缆的端部应有可靠的防潮措施。 （3）交联聚乙烯绝缘电力电缆敷设时最小弯曲半径，无铠装的单芯为直径的20倍，多芯为直径的15倍；有铠装的单芯为直径的15倍，多芯为直径的12倍。 （4）机械敷设时，铜芯电缆允许牵引强度牵引头部时为70N/mm²，铝芯电缆为40N/mm²；钢丝网套牵引铅护套电缆时为10N/mm²，铝护套电缆为40N/mm²，塑料护套为7N/mm²。 （5）电缆盘就位后，安装放线架需稳固，确保钢轴平衡，电缆盘距地高度在50～100mm为宜，并有可靠的制动措施。电缆敷设时，电缆应从盘的上端引出，不应使电缆在支架上及地面摩擦拖拉。电缆进入电缆管路前，可在其表面涂上与其护层不起化学作用的润滑物，减小牵引时的摩擦阻力。 （6）直线部分应每隔2500～3000mm设置一个直线滑车（图二）。在转角或受力的地方应增加滑轮组（"L"状的转弯滑轮）（图三），设置间距要小，控制电缆弯曲半径和侧压力，并设专人监视，电缆不得有铠装压扁、电缆绞扭、护层折裂等机械损伤，需要时可以适当增加输送机。	 5.2 图一 5.2 图二 5.2 图三

表1（续）

工艺编号	项目/工艺名称	工艺规范	施工要点	图片示例
5.2	电缆敷设	（6）单芯电缆钢管敷设应三相同时穿入一个管径	（7）电缆敷设时，转角处需安排专人观察，负荷适当，统一信号、统一指挥。在电缆盘两侧须有协助推盘及负责刹盘滚动的人员。拉引电缆的速度要均匀，机械敷设电缆的速度不宜超过15m/min，在较复杂路径上敷设时，其速度应适当放慢。 （8）电缆进出建筑物、电缆井及电缆终端头、电缆中间接头、拐弯处、工井内电缆进出管口处应挂标志牌。沿支架桥架敷设电缆在其首端、末端、分支处应挂标志牌，电缆沟敷设应。 沿线每距离20m挂标志牌。电缆标牌上应注明电缆编号、规格、型号、电压等级及起止位置等信息（图四）。标牌规格和内容应统一，且能防腐	 5.2 图四
5.3	10kV 电缆头制作			
5.3.1	10kV电缆终端头制作	（1）严格按照电缆附件的制作要求制作电缆终端。 （2）剥除外护套，应分两次进行，以避免电缆铠装层铠装松散。先将电缆末端外护套保留100mm，然后按规定尺寸剥除外护套。 （3）安装接地装置时，金属屏蔽层及铠装应分别用两条铜编织带接地，必须分别焊牢或固定在铠装的两层钢带和三相铜屏蔽层上，二者分别用绝缘带包缠，在分支手套内彼此绝缘且两条接地线必须做防潮段，安装时错开一定距离。（图一） （4）三芯电缆的电缆终端采用分支手套，分支手套套入电缆三叉部位，必须压紧到位，收缩后不得有空隙存在，并在分支手套下端口部位，绕包几层密封胶加强密封。	（1）应根据电缆终端和电缆的固定方式，确定电缆终端的制作位置。 （2）电缆终端安装时应避开潮湿的天气，且尽可能缩短绝缘暴露的时间。如在安装过程中遇雨雾等潮湿天气应及时停止作业，并做好可靠的防潮措施。 （3）冷缩和预制终端头，剥切外半导电层时，不得伤及主绝缘。外半导电层端口切削成约4mm的小斜坡并打磨光洁，与绝缘圆滑过渡。（图二） （4）打磨后应清洁绝缘，应由线芯绝缘端部向半导电应力控制管方向进行。 （5）热缩终端头，剥切外半导电层时，将应力疏散胶拉薄拉窄，缠绕在半导电层与绝缘层的交接处，把斜坡填平，后再压半导电层和绝缘层各5mm～10mm，并清洁绝缘。（图四）	 5.3.1 图一 5.3.1 图二 5.3.1 图三 5.3.1 图四

表1（续）

工艺编号	项目/工艺名称	工艺规范	施工要点	图片示例
5.3.1	10kV电缆终端头制作	（5）外半导电层剥除后，绝缘表面必须用细砂纸打磨，去除嵌入在绝缘表面的半导电颗粒。（图三） （6）热缩的电缆终端安装时应先安装应力管，再安装外部绝缘护管和雨裙，安装位置及雨裙间间距应满足规定要求。 （7）应采用相应颜色的胶带进行相位标识。（图五）	（6）绝缘层端口处理时，将绝缘层端头（切断面）倒角3mm×45°。 （7）多段护套搭接时，上部的绝缘管应套在下部绝缘管的外部，搭接长度符合要求（无特别要求时，搭接长度不得小于10mm）。 （8）应确认相序一致。 （9）若为原运行中老旧、破损电缆终端头需重新制作，电缆终端头制作完毕应对该回电缆进行相序确认和交流耐压试验	 5.3.1 图五
5.3.2	10kV电缆中间接头制作	（1）剥除外护套，应分两次进行，以避免电缆铠装层铠装松散。先将电缆末端外护套保留100mm，然后按规定尺寸剥除外护套。外护套断口以下100mm部分用砂纸打毛并清洗干净，在电缆线芯分叉处将线芯校直、定位。（图一） （2）根据制作说明书尺寸，剥除铜屏蔽层和外半导电层。外半导电层剥除后，绝缘表面必须用细砂纸打磨，去除嵌入在绝缘表面的半导电颗粒。 （3）热缩应力控制管应以微弱火焰均匀环绕加热，使其收缩。 （4）压接连接管，压接磨具应与连接管外径尺寸一致（图三），压接后去除连接管表面棱角和毛刺，清洁绝缘与连接管。（图四） （5）在连接管上绕包半导电带，两端与内半导电屏蔽层应紧密搭接。 （6）冷缩中间接头安装区域涂抹一层薄硅脂，将中间接头管移至中心部位，其一端应与记号平（图五），抽出撑条时应沿逆时针方向进行，速度缓慢均匀。	（1）电缆安装时做好防潮措施。 （2）锯铠装时，其圆周锯痕深度应小于2/3。 （3）剥除内护套时，在剥除内护套处用刀子横向切一环形痕，深度不超过内护套厚度的一半。 （4）根据说明书依次套入管材，顺序不得颠倒，所有管材端口应用塑料薄膜封口。 （5）冷缩和预制中间接头，剥切外半导电层时，不得伤及主绝缘。外半导电层端口切削成约4mm的小斜坡并打磨光洁，与绝缘圆滑过渡。（图二） （6）热缩中间接头，剥切外半导电层时，将应力疏散胶拉薄拉窄，缠绕在半导电层与绝缘层的交接处，把斜坡填平，后再压半导电层和绝缘层各5mm～10mm。 （7）清洁绝缘时，应由线芯绝缘端部向半导电应力控制管方向进行。 （8）加热管材时应从中间向两端均匀、缓慢环绕进行，把管内气体全部排除。 （9）内绝缘管及屏蔽管两端绕包密封防水胶带，应拉伸200%，绕包应圆整紧密，两边搭接外半导电层和内外绝缘管及屏蔽管不得少于30mm。	 5.3.2 图一 5.3.2 图二 5.3.2 图三 5.3.2 图四 5.3.2 图五

表1（续）

工艺编号	项目/工艺名称	工艺规范	施工要点	图片示例
5.3.2	10kV电缆中间接头制作	（7）固定铜屏蔽网应与电缆铜屏蔽层可靠搭接。（图六、七） （8）冷缩中间接头的绕包防水带，应覆盖接头两端的电缆内护套，搭接电缆外护套不少于150mm。 （9）热缩中间接头待电缆冷却后方可移动电缆，冷缩中间接头放置30min后方可进行电缆接头搬移工作。 （10）热缩时禁止使用吹风机替代喷灯进行加热	（10）铜屏蔽网焊接每处不少于两个焊点，焊点面积不少于10mm²。 （11）冷缩中间接头绕包防水胶带前，应先将两侧搭接的内护套进行拉毛，之后将绕包防水胶带拉伸至原来宽度3/4，半重叠绕包，与内护套搭接长度不小于10cm，完成后，双手用力挤压所包胶带使其紧密贴附。（图八） （12）若为原运行中老旧、破损电缆中间接头需重新制作，在旧电缆中间接头解体或电缆开断前，应与电缆走向图纸核对相符，并使用专用仪器（如感应法）确认证实电缆无电后，用接地的带绝缘柄的铁钉钉入电缆芯后方可工作。电缆中间头制作完毕应对该回电缆进行相序确认和交流耐压试验	 5.3.2 图六 5.3.2 图七 5.3.2 图八 5.3.2 图九
5.4	10kV电缆固定	（1）固定点应设在应力锥下和三芯电缆的电缆终端下部等部位。 （2）电缆终端搭接和固定必要时加装过渡排，搭接面应符合规范要求。 （3）各相终端固定处应加装符合规范要求的衬垫。 （4）电缆固定后应悬挂电缆标识牌，标识牌尺寸规格统一。 （5）固定在电缆隧道、电缆沟的转弯处，电缆桥架的两端和采用挠性固定方式时，应选用移动式电缆夹具。所有夹具松紧程度应基本一致，两边螺丝应交替紧固，不能过紧或过松。 （6）电缆及其附件、安装用的钢制紧固件、除地脚螺栓外应用热镀锌制品。 （7）TA安装在电缆护套接地引线端上方时，接地线直接接地；TA安装在电缆护套接地引线端下方时，接地线必需回穿TA一次，回穿的接地线必须采取绝缘措施	（1）终端头搭接后不得使搭接处设备端子和电缆受力。 （2）铠装层和屏蔽均应采取两端接地的方式；当电缆穿过零序电流互感器时，零序TA安装在电缆护套接地引线端上方时，接地线直接接地；零序TA安装在电缆护套接地引线端下方时，接地线必须回穿零序TA一次，回穿的接地线必须采取绝缘措施。 （3）直埋电缆进出建筑物、电缆井及电缆终端、电缆中间接头处应挂标识牌。 （4）沿支架桥架敷设电缆在其首端、末端、分支处应挂标识牌。 （5）单芯电缆或多芯电缆分相后的各相电缆的刚性固定，宜采用铝合金等不构成磁性闭合回路的夹具。 （6）垂直敷设或超过45°倾斜敷设的电缆在每个支架、桥架上每隔150mm～200mm处应加以固定	

表 1（续）

工艺编号	项目/工艺名称	工艺规范	施工要点	图片示例
六		低压电缆施工检修工艺规范		
6.1	施工前现场检查	（1）根据施工设计图纸选择的电缆路径，沿路径勘查，查明电缆线路路径上临近地下管线，制订详细的施工方案。 （2）施工前对各盘电缆进行验收，检查电缆有无机械损伤，封端是否良好。 （3）电缆敷设前，应进行通管，检查电缆管内无积水无杂物堵塞。 （4）电缆敷设前选用 1kV 兆欧表测量绝缘电阻，额定电压 0.6kV/1kV 的电缆线路应用 2500V 兆欧表测量导体对地绝缘电阻代替耐压试验，试验时间 1min。 （5）电缆头制作时，应检查电缆外观是否完好，检查电缆附件是否配套，工器具是否齐备，检查电缆是否受潮，用兆欧表检查电缆的主绝缘和内护套绝缘，绝缘应符合有关规定。 （6）电缆敷设前应测量现场温度，应确保施工时的环境温度不小于 0℃；当温度低于 0℃时，应采取措施	（1）做好电缆盘，电缆盖板，敷设机具，挖掘机械等主要材料的摆放位置，设置临时施工围栏。 （2）电缆盘不得平卧放置，核实电缆是否满足接入电气设备的长度。 （3）确定沟边线的基线，放好开挖线，做好现场防护围挡板，做好各方面安全措施。 （4）检查施工内容相对应的材料验证是否符合设计要求，收集出厂合格证或检验报告，检查施工工具是否齐备，检验、核对接头材料以及配件是否齐全和完整。 （5）夜间施工应在缆沟两侧装红色警示灯，破路施工应在被挖掘的道路口设警示灯。 （6）对电缆槽盒、电缆沟盖板等预构件必须仔细检查，对有露筋、蜂窝、麻面、裂缝、破损等现象的预构件一律清除，严禁使用。 （7）对已完成的电缆槽盒或电缆沟的长度进行核实，对电缆沟进行抽风机进行排气，清理杂物，检查转角等是否满足电缆弯曲半径的规范要求及电缆本身的要求。若是多段电缆的，要确定电缆中间头安装的位置。 （8）对已完成的电缆沟底进行平整。检查电缆与其他管道、道路、建筑是否满足最小允许净距需符合要求。 （9）对电缆沟内成品支架做好保护措施，防止损坏支架、防止铁件支架伤人、伤电缆或卡阻电缆的牵引	

表1（续）

工艺编号	项目/工艺名称	工艺规范	施工要点	图片示例
6.2	低压电缆敷设	（1）电缆敷设时应注意电缆弯曲半径符合电力电缆线路运行规程的要求，电缆在沟内敷设应有适量裕度。 （2）电缆敷设时应排列整齐，不宜交叉，加以固定，并及时装设标志牌。 （3）户外电缆就位时穿入管中电缆的数量应符合设计要求。 （4）电缆各支持点间的距离应符合设计规定，当设计无规定值时，不应大于相关规程及标准中所要求的数值。 （5）电缆敷设后应按DL/T 596 要求进行绝缘摇测。1kV 以下电缆，用 1kV 兆欧表摇测线间及对地的绝缘电阻，电缆摇测完毕后，应将芯线分别对地放电。 （6）电缆在终端头与接头附近宜留有备用长度。 （7）并列明敷的电缆，其接头位置宜相互错开；电缆明敷时的接头，应用托板托置固定。 （8）沟体开挖时，密切注意地下管线、构筑物分布情况。 （9）土方开挖完成后，按现场土质情况进行沟底夯实及整平，并按设计要求作垫层处理。 （10）回填土不能有含腐蚀性物质，不能有木块、碎布等有机物，以防诱发白蚁。回填软土或砂子中不应有石块或其他硬质杂物	（1）电缆敷设时，电缆应从盘的上端引出，不应使电缆在支架上及地面摩擦拖拉。（图一） （2）电缆在室内埋地敷设时应穿管，管内径不应小于电缆外径的 1.5 倍。 （3）电缆水平悬挂在钢索上时，电力电缆固定点间的间距不超过 750m；控制电缆固定点间的间距不超过 600mm。 （4）相同电压的电缆并列明敷时，电缆间的净距不应小于 35mm，但在线槽内敷设时除外。 （5）1kV 以下电力及控制电缆与 1kV 及以上电力电缆一般分开敷设。当并列明敷时，其净距不应小于 150mm。 （6）电缆沟内适当位置放置直线滑轮（图二），在转角或受力的地方应塔支架增加滑轮组（图三），控制电缆弯曲半径和侧压力，并有专人监视，电缆不得有电缆绞拧、护层折裂等机械损伤，需要时可以适当增加输送机。 （7）电缆敷设完后，在电缆沟支条排列时按设计要求排列，金属支架应加塑料衬垫。如设计无要求时应遵循电缆从下向上，从内到外的顺序排列原则。 （8）回填土前，应清理积水，进行一次隐蔽工程检验，合格后，应及时回填土，并进行分层夯实。电缆回填土后，做好电缆记录，并应在电缆拐弯、接头、交叉、进出建筑物等处明显位置，按要求设置电缆标志牌或标志桩。 （9）敷设完毕后，应及时清除杂物，盖好盖板。必要时，还要将盖板缝隙密封。在施工完的隧道、电缆沟、竖井、管口进行密封	 6.2 图一 6.2 图二 6.2 图三 6.2 图四

表1（续）

工艺编号	项目/工艺名称	工艺规范	施工要点	图片示例
6.3	低压电缆终端制作	（1）严格按照电缆附件的制作要求制作电缆终端。 （2）电缆终端采用分支手套，分支手套应尽可能向电缆头根部拉近，过渡应自然、弧度一致，收缩后不得有空隙存在，并在分支手套下端口部位，绕包几层密封胶加强密封。 （3）选用浇铸式接线端子，应采用压接钳进行压接，压接工艺符合规范要求；铜接线端子应镀锡。 （4）将芯线插入接线端子内，用压线钳压紧接线端子，压接应在两模以上。 （5）应采用相应颜色的胶布进行相位标识	（1）应根据电缆终端和电缆的固定方式，确定电缆头的制作位置。 （2）电缆终端安装时应避开潮湿的天气，且尽可能缩短绝缘暴露的时间。如在安装过程中遇雨雾等潮湿天气应及时停止作业，并做好可靠的防潮措施。 （3）地线的焊接部位用钢锉处理。 （4）应确认相序一致	
6.4	低压电缆中间接头制作	（1）严格按照电缆附件的制作要求制作电缆中间接头。 （2）剥除外护套时，应分两次进行，以避免电缆铠装松散。先将电缆末端外护套保留100mm，然后按规定尺寸剥除外护套。外护套断口以下100mm部分用砂纸打毛并清洗干净，以保证分支手套定位后，密封性能可靠。 （3）剥除铠装时，按规定尺寸在铠装上绑扎铜线，绑线的缠绕方向应与铠装的缠绕方向一致，使铠装越绑越紧不致松散。绑线用ϕ2.0mm的铜线，每道3～4匝。 （4）压接后，连接管表面的棱角和毛刺必须用锉刀和砂纸打磨光洁，并将金属粉末清洗干净。 （5）连接两端铠装时，编织带应焊在两层铠装上，焊接时，铠装焊区应用锉刀和砂纸砂光打毛，并先镀上一层锡，将铜编织带两端分别接在铠装镀锡层上，同时用铜绑线扎紧并焊牢。 （6）热缩外护套时，接头部位及两端电缆必须调整平直。外护套管定位前，必须将接头两端电缆外护套清洁干净并绕包一层密封胶。热缩时，由两端向中间均匀、缓慢、环绕加热，使其收缩到位	（1）热缩中间接头明火作业时，工作现场应配备灭火器，并及时清理杂物。 （2）使用移动电气设备时必须装设漏电保护器。 （3）搬运电缆附件时，人员应相互配合，轻搬轻放，不得抛接。 （4）用刀或其它切割工具时，正确控制切割方向。 （5）使用液化气枪前应先检查液化气瓶、减压阀，液化气喷枪点火时火头不准对人及液化气罐，以免人员烫伤与管路漏气，其它工作人员应对火头保持一定距离，用后及时关闭阀门。 （6）施工时，电缆沟边上方禁止堆放工具及杂物，以免掉落伤人	

表1（续）

工艺编号	项目/工艺名称	工艺规范	施工要点	图片示例
6.5	低压电缆固定	（1）各相终端固定处应加装符合规范要求的衬垫。 （2）户外引入设备接线箱的电缆应有保护和固定措施，采用与电缆相同规格的固定夹具，并绑捆好牵引绳。 （3）电缆固定后应悬挂电缆标识牌，标识牌尺寸规格统一。 （4）电缆固定可采用经防腐处理的扁钢制夹具、尼龙扎带或镀塑金属钢带；铝合金桥架在钢制吊架上固定时，应有防电化腐蚀的措施。金属夹具与电缆之间宜加垫保护层	（1）搭接后不得使搭接处设备端子和电缆受力。 （2）铠装层应采取两端接地的方式。 （3）电缆进出建筑物、电缆井及电缆终端、电缆中间接头处应挂标识牌。 （4）沿支架桥架敷设电缆在其首端、末端、分支处应挂标识牌。 （5）分相后的分相铅套电缆的固定夹具不应构成闭合磁路	
七		二次电缆施工检修工艺规范		
7.1	二次电缆就位	（1）材料规格、型号符合设计要求。 （2）电缆外观完好无损，铠装无锈蚀、无机械损伤，无明显皱褶和扭曲现象。橡套及塑料电缆外皮及绝缘层无老化及裂纹。 （3）电缆布置宽度应适应芯线固定及与端子排的连接。 （4）二次电缆应分层、逐根穿入。 （5）保护用、通讯电缆与电力电缆不应同层敷设；电流、电压等交流电缆应与控制电缆分开，不得混用同一根电缆	（1）直径相近的电缆应尽可能布置在同一层。 （2）电缆绑扎应牢固，在接线后不应使端子排受机械应力。 （3）电缆绑扎应采用扎带，绑扎的高度一致、方向一致。 （4）考虑电缆的穿入顺序，尽可能使用电缆在支架（层架）的引入部位。设备引入部位的二次电缆应避免交叉现象发生	
7.2	二次电缆终端制作	（1）电缆终端制作时缠绕应密实牢固。 （2）某一区域的电缆头制作应高度统一、样式统一。 （3）电缆头制作过程中，严禁损伤电缆芯线。 （4）所有室外电缆的电缆头，如瓦斯、TA、TV等应尽量将电缆头封装处放在接线盒内或管内部，不能外露，以利于防雨、防油和防冻	（1）单层布置的电缆终端高度应一致；多层布置的电缆终端高度宜一致，或从里往外逐层降低，降低高度应统一。 （2）使用热缩管时应采用长度统一的热缩管收缩而成。电缆的直径应在热缩管的热缩范围之内。 （3）电缆头制作完毕后，要求顶部平整密实。 （4）电缆开钎或熔接地线时，防止芯线损伤	

表1（续）

工艺编号	项目/工艺名称	工艺规范	施工要点	图片示例
7.3	芯线整理、布置	（1）在电缆头制作结束后，接线前应进行芯线的整理工作。 （2）网格式接线方式，适用于全部单股硬线的形式，电缆芯线扎带绑扎应间距一致、适中。 （3）整体绑扎接线方式，适用于以单股硬线为主，底部电缆进线宽阔形式，线束的绑扎应间距一致、横平竖直，在分线束引出位置和线束的拐弯处应有绑扎措施。 （4）槽板接线方式，适用于以多股软线为主形式，在芯线接线位置的同一高度将芯线引出线槽，接入端子。 （5）芯线标识应用线号机打印，不能手写，并清晰完整。 （6）芯线接线端应制作缓冲环。 （7）备用芯应留有足够的余量，预留长度应统一，并有所在电缆标识	（1）将每根电缆的芯线单独分开，将每根芯线拉直。 （2）每根电缆的芯线宜单独成束绑扎。 （3）电缆芯线的扎带间距应一致，间距要求（150mm～200mm）。 （4）每一根芯线接入端子前应有完整的标识，正面写电缆号及回路编号，侧面写所在位置端子号。同一接线端子上最多不能超过两根线。 （5）对于集中式的保护屏（柜）应有单元（间隔）编号。 （6）备用芯线可以单独垂直布置，也可以同时弯曲布置。 （7）备用芯线顶端应有所在电缆标识	
7.4	二次电缆固定	（1）在电缆头制作和芯线整理后，应按照电缆的接线顺序再次进行固定，然后挂设标识牌。 （2）电缆牌制作应采用专用的打印机打印，塑封。电缆牌的型号和打印样式应统一	（1）要求高低一致、间距一致、尺寸一致，保证标识牌挂设整齐牢固。 （2）电缆牌排版合理、标识齐全、字迹清晰。包括电缆号，电缆规格，本地位置，对侧位置	
7.5	接地线的整理布置	（1）应将一侧的接地线用扎带扎好后从电缆后侧成束引出。并对线鼻子的根部进行绝缘处理。 （2）应使用压线鼻子压接接地线。严禁将地线缠绕在接地铜牌上。 （3）零线与中性点接地线应分别敷设	（1）单个接线端子压接接地线的数量不大于4根。 （2）用4mm² 多股二次软线焊接在电缆铜屏蔽层上并引出接到保护专用接地铜排上	

表1（续）

工艺编号	项目/工艺名称	工艺规范	施工要点	图片示例
八	电缆防火封堵施工检修工艺规范			
8.1	电缆沟防火墙	（1）户外电缆沟内的隔断应采用防火墙；电缆通过电缆沟进入保护室、开关室等建筑物时，应采用防火墙进行隔断。 （2）防火墙两侧应采用10mm以上厚度的防火隔板封隔，中间应采用无机堵料、防火包或耐火砖堆砌，其厚度一般不小于250mm。（图一） （3）防火墙应采用热镀锌角钢作支架进行固定。 （4）防火墙内预留的电缆通道应进行临时封堵，其他所有缝隙均应采用有机堵料封堵。 （5）防火墙顶部应加盖防火隔板，底部应留有两个排水孔洞	（1）对于阻燃电缆在电缆沟每隔80～100m设置一个隔断，对于非阻燃电缆，宜每隔60m设置一个隔断，一般设置在临近电缆沟交叉处。 （2）防火墙内的电缆周围应采用不得小于20mm的有机堵料进行包裹。 （3）防火墙两侧的电缆周围利用有机堵料进行密实的分隔包裹，其两侧厚度大于防火墙表层20mm。 （4）防火墙上部的电缆盖上应涂刷明显标记。（图二）	8.1 图一 8.1 图二
8.2	竖井封堵	（1）电缆竖井处的防火封堵应采用角钢或槽钢托架进行加固，再用防火隔板托底封堵。 （2）托架和防火隔板的选用和托架的密度应确保整体有足够的强度，能作为人行通道。 （3）底面的孔隙口及电缆周围应采用有机堵料进行密实封堵，电缆周围的有机堵料厚度不小于20mm。 （4）防火隔板上应浇铸无机堵料，无机堵料浇筑后在其顶部应使用有机堵料将每根电缆分隔包裹	（1）有机堵料封堵应严密牢固，无漏光、漏风裂缝和脱漏现象，表面光洁平整。 （2）无机堵料封堵表面光洁、无粉化、硬化、开裂等缺陷	

表1（续）

工艺编号	项目/工艺名称	工艺规范	施工要点	图片示例
8.3	盘柜封堵	（1）在孔洞、盘柜底部铺设厚度为10mm的防火板，在孔隙口及电缆周围采用有机堵料进行密实封堵，电缆周围的有机堵料厚度不小于20mm。 （2）用防火包填充或无机堵料浇筑，塞满孔洞。 （3）在预留孔洞的上部应采用钢板或防火板进行加固，以确保作为人行通道的安全性，如果预留的孔洞过大应采用槽钢或角钢进行加固，将孔洞缩小后方可加装防火板	（1）防火包堆砌采用交叉堆砌方式，且密实牢固，不透光，外观整齐。 （2）有机堵料封堵应严密牢固，无漏光、漏风裂缝和脱漏现象，表面光洁平整。 （3）在孔洞底部防火板与电缆的缝隙处做线脚；防火板不能封隔到的盘柜底部空隙处，以有机堵料严密堵实	
8.4	电缆保护管封堵	电缆管口应采用有机堵料严密封堵	管径小于50mm的堵料嵌入的深度不小于50mm，露出管口厚度不小于10mm；随管径的增加，堵料嵌入管子的深度和露出的管口的厚度也相应增加，管口的堵料要做成圆弧形	
8.5	端子箱、二次接线盒封堵	（1）端子箱、二次接线盒进线孔洞口应采用防火包进行封堵，不宜小于250mm，电缆周围应采用有机堵料进行包裹，厚度不得小于20mm。 （2）端子箱底部以10mm防火隔板进行封隔，隔板安装平整牢固	（1）有机堵料封堵应严密牢固，无漏光、漏风裂缝和脱漏现象，表面光洁平整。 （2）在缺口、缝隙处使用有机封堵密实地嵌于孔隙中，并做线脚，线脚厚度不小于10mm，电缆周围的有机堵料的宽度不小于40mm，呈几何图形，面层平整	

表 1（续）

工艺编号	项目/工艺名称	工艺规范	施工要点	图片示例
8.6	防火包带或涂料	（1）施工前应清除电缆表面灰尘、油污，注意不能损伤电缆护套。 （2）防火包带或涂料的安装位置一般在防火墙两端和电力电缆接头两侧的2m～3m长区段。 （3）防火包带应采用单根绕包的方式，多根小截面的控制电缆可采取多根绕包的方式，两段的缝隙用有机堵料封堵严密。 （4）用于耐火防护的材料产品，应按等效工程使用条件的燃烧试验满足耐火极限不低于 1h 的要求，且耐火温度不宜低于 1000℃	（1）水平敷设的电缆应沿电缆走向进行均匀涂刷，垂直敷设的电缆宜自上而下涂刷。 （2）电缆防火涂料的涂刷一般为 3 遍（可根据设计相应增加），涂层厚度为干后 1mm 以上。 （3）电缆密集和束缚时，应逐根涂刷，不得漏刷，防火涂料表面光洁、厚度均匀。 （4）防火包带采取半搭盖方式绕包，包带要求紧密地覆盖在电缆上	
8.7	工井防水封堵	（1）排管在工井处的管口应封堵，防止雨水（或其他水源）经电缆进出线孔洞或缝隙灌入工井。 （2）采用三层防水封堵措施进行封堵，即：采用刚性无机防水堵漏材料封堵第一层；注入柔性专用防水膨胀胶封堵第二层，随即使用无机防水堵漏材料封堵；使用防水胶做弹性密封，涂刷保护层；封堵厚度至少保证300mm。 （3）管孔 300mm～500mm 深处施工辅助材料做填充物	对于孔洞中的电缆移动要轻抬放，电缆底部应垫放木块等垫衬物品，将电缆摆放于孔洞中间位置，再实施封堵施工	
九	配电变压器施工检修工艺规范			
9.1	室内变压器			
9.1.1	施工前现场检查	（1）变压器应符合 DL/T 572 及设计要求，附件、备件应齐全。 （2）本体及附件外观检查无损伤及变形，油漆完好。 （3）油箱封闭良好，无漏油、渗油现象，油标处油面正常。 （4）800kVA 及以上油浸变压器宜配瓦斯保护。瓦斯继电器合格证齐全，无渗漏，方向标示清晰准确。 （5）带有防护罩的干式变压器，防护罩与变压器的距离应符合标准的规定。 （6）土建标高、尺寸、结构及预埋件焊件强度均符合设计要求	（1）墙面、屋顶粉刷完毕，屋顶无漏水，门窗及玻璃安装完好。 （2）安装干式变压器时，室内相对湿度宜保持在 70% 以下	

表 1（续）

工艺编号	项目/工艺名称	工艺规范	施工要点	图片示例
9.1.2	变压器二次搬运及安装	（1）变压器二次搬运应由专业起重人员作业，电气安装人员配合。 （2）干式变压器在运输途中，应采取防潮措施。 （3）变压器吊装时，索具应检查合格，钢丝绳应挂在油箱的吊钩上，上盘的吊环仅作吊芯用，不得用此吊环吊装整台变压器。 （4）干式变压器安装、维修最小环境距离应符合设计要求。 （5）变压器的安装应采取防震、降噪措施	（1）变压器搬运时，应注意保护瓷套管，使其不受损伤。 （2）变压器在搬运或装卸前，应核对高低压侧方向。 （3）当利用机械牵引变压器时，牵引着力点应在设备重心以下，运输角度不得超过15°。 （4）变压器就位时，应注意其方位和距墙尺寸应与图纸相符，允许误差为±25mm，图纸无标注时，纵向按轨道定位，横向距离不得小于800mm，距门不得小于1000mm。 （5）装有瓦斯继电器的变压器，应使其顶盖沿瓦斯继电器气流方向有1%～1.5%的升高坡度	
9.1.3	附件安装	（1）防潮呼吸器安装前，应检查硅胶是否失效。 （2）干式变压器非电量传感器应按说明书位置安装，外部显示屏应安装在便于观测的变压器护网栏上。 （3）瓦斯继电器应水平安装，观察窗应装在便于检查的一侧，箭头方向应指向油枕，与连通管的连接应密封良好。截油阀应位于油枕和瓦斯继电器之间。 （4）防潮呼吸器安装时，应将呼吸器盖子上的橡皮垫去掉，并在下方隔离器具中装适量变压器油。 （5）温度计应直接安装在变压器上盖的预留孔内，并在孔内加适量变压器油。 （6）干式变压器的电阻温度计，一次元件应预埋在变压器内，二次仪表宜安装在值班室或操作台上。油浸式变压器宜加装伸缩节	（1）安装瓦斯继电器的事故喷油管时，应注意事故排油时不致危及其它电器设备；喷油管口应换为割划有"十"字线的玻璃。 （2）干式变压器的电阻温度计导线应加以适当的附加电阻校验调试后方可使用。 （3）干式变压器软管不得有压扁或死弯，弯曲半径不得小于50mm，剩余部分应盘圈并固定在温度计附近	

表1（续）

工艺编号	项目/工艺名称	工艺规范	施工要点	图片示例
9.1.4	绝缘护罩安装	（1）室内配电变压器可安装绝缘护罩。 （2）具有良好的性能，绝缘强度不小于 20kV/mm，耐老化。 （3）扣接结构应便于检修	（1）安装时扣件应正确到位，相色与变压器相位一致。 （2）绝缘护罩允许拆装重复使用	
9.1.5	分接开关的检查调试	分接开关各部件安装应符合要求	（1）分接开关的各分接点与线圈的连线应紧固正确，且接触紧密良好。转动盘应动作灵活，密封良好。 （2）若变压器检修进行了分接开关调整，应对调整分接开关后的变压器重新试验	
9.1.6	变压器联线	（1）变压器的一、二次连线、地线、控制管线均应符合相应规定。 （2）工作零线宜用绝缘导线。 （3）油浸变压器附件的控制导线，应采用具有耐油性能的绝缘导线。靠近箱壁的导线，应采用金属软管保护，并排列整齐，接线盒应密封良好。 （4）裸露带电部分宜进行绝缘处理	（1）变压器一、二次引线的施工，不应使变压器的套管直接承受应力。 （2）变压器中性点的接地回路中，靠近变压器处，宜做一个可拆卸的连接点	
9.2	箱式变压器			
9.2.1	施工前现场检查	（1）变压器应符合设计要求，附件、备件应齐全。 （2）查验合格证和出厂试验记录。核对变压器铭牌技术数据，本体及附件外观检查无损伤及变形，绝缘件无缺损、裂纹，充油部分不渗漏，充气高压设备气压指示正常，涂层完整。 （3）土建标高、尺寸、结构及预埋件焊件强度均符合设计要求	（1）基础两侧可埋设防小动物的通风窗，宽×高尺寸为300mm×150mm。 （2）砖、钢筋、水泥、掺和料应符合设计要求，有出厂合格证。 （3）预埋铁件焊口应饱满，无虚焊现象，防腐处理符合设计要求	

表1（续）

工艺编号	项目/工艺名称	工艺规范	施工要点	图片示例
9.2.2	箱变安装	（1）箱式变应水平安放在事先做好的基础上，然后将产品底座与基础之间的缝隙用水泥沙浆抹封，以免雨水进入电缆室。通过高、低压室的底封板接入高、低压电缆。 （2）电缆与穿管之间的缝隙应密封防水。 （3）箱变底座槽钢上的两个主接地端子、变压器中性点及外壳、避雷器下桩头等均应分别直接接地。 （4）箱变基础应设通风孔。 （5）箱式变电站交接试验应合格。 （6）高压开关熔断器等与变压器组合在同一个密闭油箱内的箱式变电站，试验按产品提供的技术文件要求执行	（1）应采用专用吊具底部起吊。 （2）所在接地应共用一组接地装置，在基础四角打接地桩，然后连成一体，其接地电阻应小于 4Ω，从接地网引至箱变的接地引线应不少于两条。 （3）高压电气设备部分按《电气装置安装工程电气设备交接试验标准》（GB 50150）的规定交接试验合格。 （4）低压成套配电柜相间和相对地间的绝缘电阻值应大于 $0.5M\Omega$；交流工频耐压试验电压应为 1kV，当绝缘电阻值大于 $10M\Omega$ 时，可采用 2500V 兆欧表替代，试验持续时间间隔 1min，无击穿闪络现象	
9.2.3	主接线图及操作说明	尺寸为 210mm×297mm，宜使用铝合金或铜牌铆接安装并激光刻痕打印	主接线图安装位置：左侧第一个门的背侧，高度底部 3/4 柜门高，居中。 操作说明：可安装在主接线图侧面或下方	
9.3	柱上变压器			
9.3.1	施工前现场检查	（1）变压器应符合设计要求，附件、备件应齐全。 （2）本体及附件外观检查无损伤及变形，油漆完好。 （3）油箱封闭良好，无漏油、渗油现象，油标处油面正常	（1）双杆式变压器台架宜采用槽钢，槽钢厚度应大于14mm，并经热镀锌处理。 （2）台架离地面高度符合设计要求，安装牢固，水平倾斜不应大于台架根开的1/100。 （3）压力释放阀应打开	
9.3.2	柱上变压器安装	（1）柱上变压器安装要符合《国网典设》各项要求。 （2）柱上变压器各相关设备符合成套化设备要求。	以 15m 排杆，变压器正面安装为例： （1）台架各层横担安装符合安全距离。 （2）高压引线宜提前制作，安装时连接要牢固、受力要均匀，顺直无碎弯，有一定的弧度，并保持三相弧度一致，且防止接线端子受力。	

表1（续）

工艺编号	项目/工艺名称	工艺规范	施工要点	图片示例
9.3.2	柱上变压器安装	（3）高压引线弧度成型、绑扎剥皮、连接等关键环节的制作宜采用台架式变压器引接线制作一体化平台。	（3）变压器使用背铁角钢固定在托担上，距离地面3.4m。变压器高压出线柱头与熔断器在同一侧。 （4）低压综合配电箱采取悬挂式安装（吊装），利用双头螺栓（可采用防盗螺栓）和背铁角钢固定在变压器托担上，最下沿离地面不小于1.9m。 （5）引线横担、跌落式熔断器横担、避雷器横担使用单横担。 （6）跌落式熔断器、避雷器、变压器接线柱应加装与相序同色的绝缘护罩。 （7）验电接地环安装在跌落式熔断器与避雷器之间的高压线上，挂接地线时，跌落式熔断器下端接线点不应受力。 （8）低压电缆出线可采用侧面出线，不穿护管。 （9）台架接地网为闭合环形，长度和宽度不小于5000mm，坑深不应小于800mm，坑宽400mm，回填后沟面应设有防沉土层，其高度宜为100mm~300mm	
9.3.3	柱上变压器的补油及油样的抽取	（1）当变压器油位指示低于规定值时，应对变压器进行补油处理。 （2）为鉴别变压器油质好坏，应对变压器进行取样试验分析。 （3）注油、取油样应在晴好无风的天气情况下进行。 （4）注油前应进行混油试验。 （5）运行中的变压器停运后补油，应放置一定时间，待变压器油冷却后，开启油枕螺丝，防止溢油	（1）变压器注油时空气湿度应小于75%，并符合相关要求，按原变压器绝缘油牌号添加。 （2）变压器注油时应使用清洁的专用工具进行。 （3）打开油枕上部的螺丝插入加油漏斗，将实验合格的变压器油缓缓倒入油枕内，按当时的温度应使油面在油标的合适高度处绝不能将油枕充满，以免温度升高时油外溢。 （4）用专用油样瓶从变压器取油样阀中取出油样，进行耐压试验及介质损耗试验	

表 1（续）

工艺编号	项目/工艺名称	工艺规范	施工要点	图片示例
9.3.4	柱上变压器导电杆及瓷套轻微破损处理	（1）变压器导电杆与引线连接应接触牢固，无松动，无放电痕迹。 （2）变压器套管应清洁、无渗油、无破损	（1）当变压器导电杆与引线接触不良时，可引起接触面氧化或引起接触表面电腐蚀。可用 100 目以上砂纸对接触表面进行打磨，处理后继续运行。 （2）套管应清洁无裂纹，裙边无破损，如有破损应立即更换。 （3）套管密封胶垫有轻微渗油时，可通过紧固套管固定螺丝等方法进行处理，并采取措施防止螺杆转动	
9.3.5	柱上变压器本体防腐、防锈处理	变压器外壳应无脱漆、锈蚀、变压器无渗油，外观整洁	（1）变压器进行防腐、防锈处理必须在停电情况下进行。 （2）变压器脱漆、锈蚀，应进行表面清扫，完成后进行表面沙皮打磨。 （3）补漆时应将油位计、压力释放阀、调压开关、高低压套管等附件做好防护措施，防止油漆覆盖。 （4）最后进行喷漆，一般需要喷 3 次	
9.4	成套化高压引线制作	使用台架式变压器引接线制作一体化平台进行导线弧度成型、绑扎剥皮、连接等关键环节的制作，减少制作时间，提升台区工艺质量和建设效率	（1）导线截取：采用 95mm² 10kV 单芯绝缘导线，分别截取 3m 变压器引线一根，0.35m 避雷器引线一根。 （2）变压器引线的制作：在变压器引线 700mm 处做标记，由 2～3 人手扶导线（注意导线的自然弯两端向上），利用曲线器在做标记处对导线进行弧度制作，利用定型曲线器对变压器引线进行定型。将绝缘子固定在绝缘子支架上，然后将定型后的变压器引线按照自然弯的方向固定在绝缘子及绝缘线支架上。对固定在绝缘子上的变压器引线进行绑扎。将跌落式熔断器端变压器引线固定在绝缘线支架上，切削绝缘层后，压接铜铝接线端子，安装相应相色的热缩管。利用绝缘线支架上的标尺确定接地验电环的安装	

表1（续）

工艺编号	项目/工艺名称	工艺规范	施工要点	图片示例
9.4	成套化高压引线制作		位置，切削导线绝缘层，安装接地验电环。对变压器端导线绝缘层进行切削，压接铜铝接线端子，安装相应相色的热缩管。 （3）避雷器引线的制作：将避雷器引线固定在绝缘线支架上，避雷器固定在避雷器支架上，对避雷器引线两端绝缘层进行切削；在避雷器引线端压接铜铝接线端子，安装相应相色的热缩管。 （4）导线组装：利用标尺在变压器引线上确定避雷器引线的安装位置，切削变压器引线绝缘层，将避雷器引线的铜铝接线端子端固定在避雷器上，利用线夹将避雷器引线另一端固定在变压器引线的避雷器引线安装处。 （5）引接线安装：将制作好的引接线带到现场，只需安装四处螺丝(1 支撑绝缘子螺丝、2 跌落式熔断器下端螺丝、3 避雷器螺丝、4 高压接线柱螺丝)	

表1（续）

工艺编号	项目/工艺名称	工艺规范	施工要点	图片示例
十	低压封闭母线施工检修工艺规范			
10.1	支架制作和安装	（1）根据施工现场结构类型，支架应采用角钢或槽钢制作。优先采用"一"字型、"L"字型、"U"字型、"T"字型等四种型式。 （2）膨胀螺栓固定支架不少于两条。一个吊架应用两根吊杆，固定牢固。 （3）母线支架的距离应符合设计要求。 （4）支架及支架预埋件焊接处作防腐处理。 （5）支架应接地良好，一段母线不少于两处接地	（1）支架的加工制作按选好的型号，测量好的尺寸断料制作，断料严禁气焊切割。 （2）支架上钻孔应用台钻或手电钻钻孔，不得用气焊割孔。 （3）封闭插接母线的拐弯处以及与箱（盘）连接处应加支架。 （4）安装时应采取防止噪声的有效措施	
10.2	低压封闭母线安装	（1）封闭母线应按设计和产品技术文件规定进行组装，组装前应对每段进行绝缘电阻的测定，测量结果应符合设计要求。 （2）母线槽沿墙水平安装，安装高度应符合设计要求，母线应可靠固定在支架上。两个母线槽之间采用软连接。 （3）满足 DL/T 5161、CECS170 相关要求	（1）水平敷设距地高度不应小于2.2m。 （2）母线槽的端头应装封闭罩，并可靠接地。 （3）母线与设备连接宜采用软连接。母线紧固螺栓应配套供应标准件，用力矩扳手紧固。 （4）母线槽悬挂吊装。吊杆直径应与母线槽重量相适应，螺母应能调节	
十一	环网单元施工检修工艺规范			
11.1	施工前现场检查	（1）包装及密封良好。 （2）开箱检查环网单元型号、规格符合设计图纸要求。 （3）产品的技术文件齐全。 （4）外观应无机械损伤、变形和局部脱落，设备标志、附件、备件齐全。 （5）气室气压应在允许范围内（气压检测装置显示正常）。 （6）基础预埋件及预留孔洞应符合设计要求，预埋件应牢固。设备安装用的紧固件，应采用防腐处理，并宜采用标准件。 （7）满足 GB 7251 相关要求	（1）活动部件动作灵活、可靠，传动装置动作正确，现场试操作3次。 （2）室内基础槽钢水平误差<1mm/m，全长水平误差<5mm；柜体槽钢不直度误差<1mm/m，全长不直度误差<5mm，位置误差及不平行度<5mm。 （3）部分寒冷地区的室外环网单元电缆井深度应大于1500mm，保证开挖至冻土层以下。 （4）当环网柜安装在潮气较重，易起凝露的地区时，环网柜宜具备防凝露、通风等装置，并且环网柜基础应加通风口。 （5）环网柜安装有关的构筑物的建筑工程质量，应符合国家现行的建筑工程施工及验收规范中的有关规定。当设备或设计有特殊要求时，尚应满足其要求	

表1（续）

工艺编号	项目/工艺名称	工艺规范	施工要点	图片示例
11.2	环网单元安装	（1）应采用专用吊具底部起吊。 （2）柜体应满足垂直度＜1.5mm/m；相邻两柜顶部水平误差＜2mm，成列柜顶部＜5mm；相邻两柜边盘面误差＜1mm，成列柜面小于5mm，柜间接缝＜1.5mm。 （3）平行排列的柜体安装应以联络母线桥两侧柜体为准，保证两面柜就位正确，其左右偏差＜2mm，其他柜依次安装。 （4）电缆接线端子压接时，线端子平面方向应与母线套管铜平面平行，确保接触良好。 （5）条件允许情况下，电缆各相线芯应尽量垂直对称。 （6）门内侧应标出主回路的线路图一次接线图，注明操作程序和注意事项，各类指示标识显示正常。 （7）门开启角度应大于90°，并设定位装置，门应有密封措施。 （8）已安装的故障指示器应安装紧固，防止滑动而造成脱落。 （9）环网柜各项调试内容应符合要求，仪器显示应正常。 （10）若为环网单元检修，在拆除原环网单元进出线电缆头时应采取措施保护电缆头，防止电缆头受潮进水；并做好相色标志，防止相序接线错误，送电后应采取一次或二次核相。 （11）环网单元应具有标志、警告牌	（1）环网单元与基础应固定可靠，采用螺栓连接。 （2）户外环网柜安装时，其垂直度、水平偏差允许偏差应符合规定。 （3）环网单元箱及箱内配电设备均应采用扁钢（5mm×50mm）与接地装置相连，连接点应明显可见，不少于2处，对称分布，接地装置由水平接地体与垂直接地体组成，其接地电阻应符合设计要求（不应大于4Ω）。 （4）进入环网单元的三芯电缆用电缆卡箍固定在高压套管的正下方，至少有2处固定点，避免产生应力。 （5）电缆从基础下进入环网单元时应有足够的弯曲半径，能够垂直进入。 （6）电缆与环网柜高压套管通过螺栓连接必须按照厂家说明的规定扭矩，紧固螺栓。 （7）安装完成后应进行绝缘试验、工频耐压试验、主回路电阻测量、操动机构检查和测试、二次回路绝缘电阻测量、防误闭锁装置检查及接地电阻测量。试验结果应符合相关标准。 （8）施工完毕后，应做好环网单元的封堵工作，防止小动物进入、防止电缆沟的潮气侵入	

表1（续）

工艺编号	项目/工艺名称	工艺规范	施工要点	图片示例
十二	10kV 电缆分支箱施工检修工艺规范			
12.1	施工前现场检查	（1）电缆分支箱规格、型号符合设计图纸要求和规定。 （2）外观应无机械损伤、变形和外观脱落，附件齐全。 （3）电缆分接箱基础应根据设计图纸并结合设备厂家提供的安装图纸进行施工，基础应高于室外地坪，周围排水通畅，基础预埋件及预留孔洞应符合设计要求	电缆分支箱基础高出地面应大于 300mm，电缆井深度应大于 1000mm，部分寒冷地区应大于 1500mm，保证开挖至冻土层以下	
12.2	10kV 电缆分支箱安装	（1）电缆分支箱与基础应固定可靠。 （2）进入电缆分支箱的三芯电缆用电缆卡箍固定在高压套管的正下方。 （3）电缆从基础下进入电缆分支箱时应有足够的弯曲半径，能够垂直进入。 （4）电缆进出口应进行防火、防小动物封堵。 （5）电缆终端部件符合设计要求，电缆终端与母排连接可靠，搭接面清洁、平整、无氧化层，涂有电力复合脂，符合规范要求。 （6）已安装的故障指示器应安装紧固，防止滑动而造成脱落。 （7）电缆应相色标识正确清晰。 （8）安装完成后应对箱内机械部件和电气部件进行调试，并进行绝缘试验、工频耐压试验、主回路电阻测量及接地电阻测量。 （9）电缆分接箱应具有标志、警告牌	（1）箱体调校平稳后，采用地脚螺栓固定，螺帽应齐全并拧紧牢固。 （2）电缆接线端子压接时，线端子平面方向应与母线套管铜平面平行。 （3）电缆各相线芯应垂直对称，离套管垂直距离应不小于 750mm。 （4）对箱内机械部件调试时，要保证柜门开闭灵活、操作机构动作可靠、机械防护装置动作可靠。 （5）箱体外壳及支架应与接地网可靠连接，接地装置电阻应符合设计要求。 （6）若为分支箱检修，在拆除原分支箱进出线电缆头时应采取措施保护电缆头，防止电缆头受潮进水，并做好相色标志，防止相序接线错误，送电后应采取一次或二次核相	

表1（续）

工艺编号	项目/工艺名称	工艺规范	施工要点	图片示例
十三	开关柜施工检修工艺规范			
13.1	施工前现场检查	（1）开关柜包装及密封良好，规格、型号符合设计图纸要求和规定，产品的技术文件齐全。 （2）开关柜外观无机械损伤、变形和油漆脱落，柜面平整，附件齐全，门锁开闭灵活，照明装置完好，柜前后命名标识齐全、清晰，气室气压在允许范围内（气压检测装置显示正常），柜门标注的模拟接线图与开关柜内实际接线一致。 （3）基础预埋件及预留孔洞符合设计要求，基础槽钢允许偏差：不直度＜1mm/m，全长＜5mm；水平度＜1mm/m，全长＜5mm；位置误差及不平行度＜5mm。 （4）基础型钢顶部宜高出抹平地面10mm，基础型钢应有明显的可靠接地。 （5）满足GB 50171相关要求	（1）配电室（开关站）内基础平行预埋槽钢平行间距误差、单根槽钢平直度及平行槽钢整体平整度误差复测，核对槽钢预埋长度与设计图纸是否相符，复查槽钢与接地网应可靠连接。 （2）检查外观面漆无明显剐蹭痕迹，无锈蚀，外壳无变形，柜面电流、电压表计、保护装置、操作按钮、门把手完好，内部电气元件固定无松动，配线整齐美观。 （3）开关柜手车推拉灵活轻便，无卡涩、碰撞，手车上导电触头与静触头应对中、无卡涩、接触良好。活动部件动作灵活、可靠，传动装置动作正确，现场试操作3次无异常	
13.2	开关柜安装	（1）柜体垂直度误差＜1.5mm/m，相邻两柜顶部水平度误差＜2mm，成列柜顶部水平误差＜5mm；相邻两柜盘面误差＜1mm，成列柜面盘面误差＜5mm，相间接缝误差＜2mm。 （2）柜体底座与基础槽钢采用螺栓连接，连接牢固，接地良好，可开启柜门用不小于4mm²黄绿相间的多股软铜导线可靠接地。备	（1）依据设计图纸核对每面开关柜在室内安装位置，平行排列的柜体安装应以联络母线桥两侧柜体为准，保证两面柜就位正确，其左右偏差＜2mm，其他柜依次安装。 （2）相邻开关柜以每列已组立好的第一面柜为齐，使用厂家专配并柜螺栓连接，调整好柜间缝隙后紧固底部连接螺栓和相邻柜连接螺栓。	

表1（续）

工艺编号	项目/工艺名称	工艺规范	施工要点	图片示例
13.2	开关柜安装	用 TA 二次绕组短接后接地。封闭母线桥金属外壳连接处应不少两处跨接接地。 （3）开关柜"五防"装置齐全，机械及电气联锁装置动作灵活可靠，开关柜状态显示仪与设备实际位置一致。 （4）开关柜柜内二次接线可靠，绝缘良好。二次导线的固定应牢固可靠，不应采用按压粘贴的固定方式。柜内配线电流回路应采用电压不低于 500V 的铜芯绝缘导线，其截面面积不应小于 2.5mm²；其他回路截面面积不应小于 1.5mm²。 （5）柜内母线平置时，贯穿螺栓应由下往上穿，螺母应在上方；其余情况下，螺母应置于维护侧，连接螺栓长度宜露出螺母 2～3 扣。 （6）检查开关柜内加热除湿装置功能正常，能够可靠启动，开柜体底部及预留柜位置应及时封堵。 （7）按照交接试验标准进行机械特性测试、绝缘试验、工频耐压试验、继电保护装置整定试验、主回路电阻测量及接地电阻测量、断路器远方遥控试验以及遥信、遥测等试验。 （8）母线穿墙处用非导磁材料隔开，避免产生涡流。 （9）高、低压柜可开启门与框架应采用软连接	（3）手车推拉应轻便不摆动，手车轨道灵活、无卡阻，手动操作机构动作灵活、可靠。柜框架和底座接地良好，接地排配置规范，应有两处明显的与接地网可靠连接点。柜内应分别设置接地母线和等电位屏蔽母线。柜体及一次元件的接地线应引至接地网。 （4）柜内母线安装时应检查柜内支持式或悬挂式绝缘子安装方向是否正确，动、静触头位置正确，接触紧密，插入深度符合要求。 （5）封闭母线隐蔽前应进行验收，接触面符合 GB 50149《电气装置安装工程母线装置施工及验收规范》要求并进行签证。 （6）核对电缆型号必须符合设计。电缆剥除时不得损伤电缆芯线。电缆号牌、芯线和所配导线的端部的回路编号应正确，字迹清晰且不易褪色。芯线接线应准确、连接可靠，绝缘符合要求，柜内导线不应有接头，导线与电气元件间连接牢固可靠。 （7）宜先进行二次配线，后进行接线。每个接线端子每侧接线宜为1根，不得超过 2根。每一根芯线接入端子前应有完整的标识，正面写电缆号及回路编号，侧面写所在位置端子号。芯线标识应用线号机打印，不能手写，并清晰完整。 （8）按照开关柜底部尺寸切割防火板。在封堵开关柜底部时，封堵应严实可靠，不应有明显的裂缝和可见的孔隙，孔洞较大者应加防火板后再进行封堵	

表1（续）

工艺编号	项目/工艺名称	工艺规范	施工要点	图片示例
13.3	开关柜检修	（1）根据设备状态评价结果，拟定设备检修策略，确定检修内容。 （2）开关柜无变形损坏、二次回路接线良好、各项指示正确、转动部位润滑均匀、螺栓紧固、带电回路接触紧密、无烧伤，表面清洁、无裂纹。 （3）按照《配网设备状态检修试验规程》（Q/GDW 643—2011）要求开展绝缘电阻、主回路电阻、交流耐压、断路器机械特性测试等高压试验。 （4）按照规程完成继电保护及自动装置效验及断路器传动试验，完成断路器远方遥控试验以及遥信、遥测等试验。 （5）开关柜应采用不同源、不同原理的两套电气指示装置	（1）检修前断开断路器控制、储能及信号电源，释放断路器操动机构操作能源。 （2）检查开关柜断路器、隔离开关等设备外观无变形损坏，检查断路器上、下接线端子、软连接和导电夹接触紧密、无烧伤，绝缘子及绝缘极柱（灭弧室）表面清洁、无裂纹，必要时对断路器进行回路电阻测量及耐压试验。 （3）检查开关柜二次接线端子接触良好，无松动，无烧痕。检查机构操作计数器、位置指示器动作正确。检查加热装置是否完好。 （4）检查各部螺丝紧固，开口销固定牢固。各传动零部件无变形损坏，轴承转动灵活，对各转动部分涂抹润滑油并紧固各部位螺钉。 （5）检查断路器机构可动部分动作灵活，合闸弹簧符合要求，储能电机运行可靠。就地手动使断路器分、合闸1次，检查"储能""合闸""分闸"指示正确，再进行就地、远方的电动操作试验。辅助开关、储能回路微动开关动作准确，接触可靠。 （6）断路器机构灵活，扣合量符合要求，完整无损伤；触头行程及超行程符合产品要求；分、合速度符合产品技术要求。分、合闸时间符合产品技术要求。触头分、合闸不同期符合产品技术要求，触头合闸弹跳时间≤2ms；分闸：65%～120%额定电压可靠动作，小于30%额定电压应不动作。合闸：80%～110%额定电压可靠动作，永磁操作机构除外	

表 1（续）

工艺编号	项目/工艺名称	工艺规范	施工要点	图片示例
十四	屏柜（端子箱）施工检修工艺规范			
14.1	施工前现场检查	（1）屏柜（端子箱）规格、型号符合设计图纸要求和规定。 （2）外观应无机械损伤、变形和外观脱落，附件齐全。 （3）基础预埋件及预留孔洞应符合设计要求		
14.2	屏柜（端子箱）安装	（1）屏柜（端子箱）与基础应固定可靠。 （2）柜体应可靠接地。 （3）屏柜（端子箱）内各空开、熔断器位置正确，所有内部接线、电器元件紧固。 （4）二次接线可靠，绝缘良好，接触良好、可靠	（1）柜内带电部分对地距离大于 8mm。 （2）二次连接应将电缆分层逐根穿入二次设备，在进入二次设备时应在最底部的支架上进行绑扎。 （3）宜先进行二次配线，后进行接线。每个接线端子每侧接线宜为 1 根，不得超过 2 根。每一根芯线接入端子前应有完整的标识，正面写电缆号及回路编号，侧面写所在位置端子号。芯线标识应用线号机打印，不能手写，并清晰完整	
十五	柱上设备施工检修工艺规范			
15.1	柱上开关			
15.1.1	施工前现场检查	（1）设备技术性能、参数应符合设计要求。 （2）各项电气试验及防误装置检验合格	（1）瓷件（复合套管）外观应良好、干净，气压指示正常。 （2）进行分合试验操作时机构灵活，经分合操作 3 次以上，指示正常	
15.1.2	柱上开关安装	（1）支架安装符合相关规定。 （2）柱上开关安装在支架上应固定可靠。 （3）接线端子与引线的连接应采用线夹，如有铜铝连接时应有过渡措施。 （4）断路器或负荷开关外壳应可靠接地，接地电阻值符合规定。 （5）SF_6 压力值或真空度应符合产品要求。 （6）带保护开关应注意安装方向，TV 应装在电源侧	（1）柱上开关水平倾斜不大于托架长度的 1/100。 （2）引线连接紧密，引线相间距离不小于 300mm，对杆塔及构件距离不小于 200mm。 （3）同杆上装设两台及以上断路器或负荷开关时，每台应有各自标识。 （4）操作机构应灵活，分合动作正确可靠，指示清晰。 （5）若为柱上开关检修，在拆除原开关引线后，应采取有效措施固定引线（针对带电作业法），防止解开后的引线反弹或相间放电、短路	

表1（续）

工艺编号	项目/工艺名称	工艺规范	施工要点	图片示例
15.2	柱上隔离开关			
15.2.1	施工前现场检查	（1）设备技术性能、参数应符合设计要求。 （2）各项电气试验合格	（1）瓷件（复合套管）外观应良好、干净。 （2）进行分合试验操作时机构灵活，经分合操作3次以上，指示正常。 （3）动静触头宜涂抹导电膏，极寒地区应考虑温度影响	
15.2.2	柱上隔离开关安装	（1）支架安装符合相关规定。 （2）柱上隔离开关安装在支架上应固定可靠。 （3）接线端子与引线的连接应采用线夹，如有铜铝连接时应有过渡措施	（1）引线连接紧密，引线相间距离不小于300mm，对杆塔及构件距离不小于200mm。 （2）操作机构应灵活，分合动作正确可靠。 （3）静触头安装在电源侧，动触头安装在负荷侧。 （4）若为柱上隔离开关检修，在拆除原开关引线后，应采取有效措施固定引线（针对带电作业法），防止解开后的引线反弹或相间放电、短路	
15.3	跌落式熔断器			
15.3.1	施工前现场检查	跌落式熔断器、熔丝的技术性能、参数符合设计要求	（1）瓷件（复合套管）外观应良好、干净。 （2）进行分合试验操作时机构灵活，经分合操作3次以上，指示正常	
15.3.2	跌落式熔断器安装	（1）支架安装符合DL/T 5220相关规定。 （2）跌落式熔断器安装在支架上应固定可靠。 （3）接线端子与引线的连接应采用线夹，如有铜铝连接时应有过渡措施。 （4）容量在100kVA及以下者，熔丝按变压器容量额定电流的2～3倍选择；容量在100kVA以上者，熔丝按变压器容量额定电流的1.5～2倍选择	（1）引线连接紧密，引线相间距离不小于300mm，对杆塔及构件距离不小于200mm。 （2）操作应灵活可靠，接触紧密，合熔丝管时上触头应有一定的压缩行程。 （3）跌落式熔断器水平相间距离应不小于500mm，对地距离不小于5m。 （4）熔丝轴线与地面的垂线夹角为15°～30°。 （5）若为跌落式熔断器检修，在拆除原熔断器引线后，应采取有效措施固定引线（针对带电作业法），防止解开后的引线反弹或相间放电、短路	

表1（续）

工艺编号	项目/工艺名称	工艺规范	施工要点	图片示例
15.4	避雷器			
15.4.1	施工前现场检查	（1）避雷器技术性能、参数符合 DL/T 5220 及设计要求。 （2）柱上开关设备的防雷装置应采用避雷器。 （3）经常开路运行而又带电的各种柱上开关，应在两侧都装设防雷装置，其接地线应与柱上断路器的金属外壳连接共同接地，接地电阻应不大于10Ω。 （4）对 10kV 避雷器用 2500V 绝缘电阻表测量，绝缘电阻不低于 1000MΩ，合格后方可安装	（1）避雷器安装前应检查额定电压与线路电压是否匹配，有无试验合格证； （2）瓷件（复合套管）表面有无裂纹破损和闪络痕迹，胶合及密封情况是否良好，干净； （3）不同方向轻轻摇动，避雷器内部应无响声； （4）金属部分无锈蚀。 户外交流高压可卸式避雷器： （1）安装使用前检查避雷器元件与跌落式机构之间的松紧度。以保证接触良好并投卸灵活。 （2）调整方法：转动避雷器上铜触头（带拉环），使其分闸拉力在 6kg 以内，并保持铜触头拉环侧正朝外，然后稍紧下螺母，使拉环不易转动	
15.4.2	避雷器安装	（1）避雷器安装在支架上应固定可靠，螺栓应紧固。 （2）接线端子与引线的连接应可靠。 （3）避雷器安装应垂直，排列整齐，高低一致。	（1）避雷器的带电部分与相邻导线或金属架的距离不应小于 350mm。 （2）杆上避雷器排列整齐、高低一致。相间距离：1～10kV 时，不小于 350mm；1kV 以下时，不小于 150mm。 （3）引线应短而直，连接应紧密，引线相间距离应不小于 300mm，对地距离应不小于 200mm，采用绝缘线时，其截面应符合以下规定： a. 引上线：铜线不小于 16mm²，铝线不小于 25mm²； b. 引下线：铜线不小于 25mm²，铝线不小于 35mm²。 （4）避雷器的引线与导线连接要牢固，紧密接头长度不应小于 100mm。 （5）避雷器必须垂直安装，倾斜角不应大于 15°，倾斜度小于 2%。	

表1（续）

工艺编号	项目/工艺名称	工艺规范	施工要点	图片示例
15.4.2	避雷器安装	（4）避雷器引下线应可靠接地。 （5）接地线接触应良好	（6）避雷器上、下引线不应过紧或过松，与电气部分连接，不应使避雷器产生外加应力。 （7）若为避雷器检修,在拆除原避雷器上引线后，应采取有效措施固定引线（针对带电作业法），防止解开后的引线反弹或相间放电、短路。 （8）瓷套与固定抱箍之间需加垫层。 （9）引下线接地要可靠,接地电阻值不大于 10Ω。 户外交流高压可卸式避雷器： （1）安装时，应使避雷器与铅垂线 15°～30°夹角,对地距离不少于 200mm,各相间距离不少于350mm。 （2）跌落式机构上接线端接高压线,下接线端必须可靠接地，切勿接反。 （3）避雷器投入运行前和投入运行后的注意事项与配电型避雷器相同。 （4）当避雷器需要检修或更换时，可在不断电的情况下，借助绝缘拉闸操纵杆对准避雷器单元上的拉钩进行方便的操作，如同更换跌落式熔管	 热爆脱离型跌落式避雷器结构示意图
十六	配网自动化装置施工检修工艺规范			
16.1	配网变压器监测计量终端			
16.1.1	施工前现场检查	（1）配网变压器监测计量终端规格、型号符合设计图纸要求和规定。 （2）外观应无机械损伤、变形和外观脱落，附件齐全	控制电缆应选用铠装屏蔽电缆、PVC 管等,控制、信号、电压回路导线截面不小于 1.5mm²,电流回路导线截面不小于 2.5mm²	 配变监测计量终端

表 1（续）

工艺编号	项目/工艺名称	工艺规范	施工要点	图片示例
16.1.2	箱体安装	（1）监测计量终端安装形式有柜体内、挂壁式、户外式等三种形式，箱（柜）内各部件应固定牢固。 （2）电源极性应正确、接线应牢固。 （3）箱体应密封良好，满足防水、防潮、防尘等要求。 （4）严格按照设计要求安装，箱体与高压带电设备的距离应满足安全要求	（1）壁挂式终端的箱体安装采用膨胀螺栓固定在墙体上，高度宜在 1.2m～1.6m，且安装垂直、牢固；角铁安装时，应保持水平，水平误差小于等于 2mm。 （2）户外式终端的箱体安装于水泥杆上，距离地面高度宜在 2200mm～2500mm 之间，并且不影响低压刀闸开关的操作。 （3）采取必要的绝缘措施防止蓄电池等交直流电源设备短路	
16.1.3	电流互感器安装	（1）电流互感器安装在变压器的低压侧，二次接线端子安装在维护侧，安装应牢固可靠。 （2）卡式 TA 应安装紧密，且固定牢靠。 （3）TA 二次连片和短接片应正确、紧固。 （4）TA 保护接地应牢固	（1）做 TA 极性试验，确保三相 TA 极性一致。 （2）TA 安装完毕，应测量回路电阻，确保无开路和寄生回路存在。 （3）电流互感器的铁芯与其他导磁体间不应构成闭合回路	
16.1.4	系统调试	（1）电流回路无开路、电压回路无短路，且保证相序正确。 （2）与主站通信正常，远程监测结果、计量计费数据与现场一致，运动信号传输正确	（1）测试装置失电后自启动功能正常。 （2）功率因数符合实际	
16.2	户内开关（环网）配电自动化终端			
16.2.1	施工前现场检查	（1）户内开关（环网）配电自动化终端规格、型号符合设计图纸要求和规定，各项配置达到要求。 （2）检查户内开关（环网）配电自动化终端外观、铭牌及标志的完整性，外观应无机械损伤、变形和外观脱落，附件齐全。 （3）检查户内开关（环网）配电自动化终端内部接线及标号标志，内部连线压接应可靠，接线端钮无缺损，标号齐全，标志清晰；接地端子上有接地标志。内部插件应插拔灵活、定位良好，印刷电路无机械损坏或变形，焊接质量良好，插接部分无接触不良现象	（1）施工前应认真确认户内开关（环网）配电自动化终端的技术说明书、合格证、图纸、出厂试验记录齐全。 （2）施工前应认真确认户内开关（环网）配电自动化终端的安装位置、通信设备的安装位置、控制电缆的通道、电源的获取等。 （3）控制电缆应选用铠装屏蔽电缆、PVC 管等，控制、信号、电压回路导线截面不小于 1.5mm²，电流回路导线截面不小于 2.5mm²	

表 1（续）

工艺编号	项目/工艺名称	工艺规范	施工要点	图片示例
16.2.2	终端安装	（1）终端按安装形式有壁挂式和柜式。采用壁挂式安装时，墙体应牢靠、无腐蚀或渗漏等情况；采用柜式安装时，型钢基础应稳固、接地良好；箱（柜）内各部件应固定牢固。 （2）箱体和终端设备接地应良好，应配置接地铜排，内部设备的接地须汇总至接地铜排并连接到接地网上。 （3）如有 TV 设备，保护接地应牢固。 （4）控制电缆按设计规范在指定通道敷设，电缆两端应整线对线，悬挂体现电缆编号、起点、终点与规格的电缆标识。接线要求可靠、整齐、美观。 （5）进行电压、电流二次回路接线，检查电流二次回路连通不开路，接线要求可靠、整齐、美观	（1）壁挂式终端安装时，箱体采用膨胀螺栓直接固定在墙体上，且安装垂直、牢固；角铁应保持水平，水平误差不大于 2mm；安装高度应符合设计要求。 （2）柜式终端安装时，根据设计确定柜的位置；柜体采用螺栓固定，且紧固螺栓完好、齐全，表面采用镀锌处理；柜体安装垂直度偏差应小于 1.5mm/m。 （3）采取绝缘措施，防止蓄电池等交直流电源设备短路。 （4）严格检查 TV 二次接线，防止短路。 （5）控制电缆及二次回路整线对线时要注意察看电线表皮是否有破损，不得使用表皮破损的电线，每对完一根电线就应立即套上标有电缆编号的号码管	
16.2.3	电流互感器安装	（1）电流互感器安装在负荷柜电缆出线侧，宜采用扎带固定在电缆上。 （2）电流互感器应安装牢固、接线紧固。二次侧的极性应正确接线，负极端应可靠接地，严禁开路，二次连片和短接片应正确、紧固。 （3）电流互感器二次侧接线应正确引至开关（环网）柜端子排，并连接牢固。 （4）卡式 TA 应安装紧密，且固定牢靠。 （5）TA 保护接地应牢固。 （6）TA 引出接线应整齐有序排列。 （7）核对各回路各相 TA 与终端间的接线准确无误。 （8）电缆终端接地引线需从 TA 内穿过时，应进行绝缘处理，加装热缩管或缠绕绝缘带	（1）做 TA 极性试验，确保三相 TA 极性一致。 （2）TA 安装完毕，应量取回路电阻，确保无开路和寄生回路存在。 （3）保护二次绕组和测量绕组应通过试验分开，严防接错	

表1（续）

工艺编号	项目/工艺名称	工艺规范	施工要点	图片示例
16.2.4	故障指示器安装	（1）故障指示器的卡环应牢固卡住电缆。 （2）故障指示器接线应正确引至开关（环网）柜端子排，并连接牢固。 （3）安装后，应检查其显示正确	安装位置应便于观测	
16.2.5	终端调试	（1）配置终端的通讯地址、相关端口，设置波特率、校验方式等。 （2）观察终端的收发指示灯，检查信号可正常上传。 （3）按信息点表配置各路开关遥测、遥信和遥控量地址及开关过流、失压等故障信息量地址。 （4）按互感器变比配置各路开关遥测量转换关系，核对各遥测量地址和转换关系，用模拟设备注入电压、电流等测试信号，通常分别加入设计额定值的1/2、额定值、额定值的1.2，检查调度主站或调试软件的显示值是否与现场一致，记录遥测调试的项目及试验结果。 （5）核对遥信点号，进行各遥信点的分合试验，检查调度主站或调试软件对应遥信量变位是否与现场一致，SOE时标是否准确，记录遥信调试的项目及试验结果。 （6）核对遥控点号、遥控对象、遥信状态与现场一致，执行遥控操作，遥控中出现执行不成功，应停止调试工作，查明原因后方可继续，记录遥控调试的项目及试验结果。 （7）核对故障信息量点号，注入过流和失压信号，观察是否检测到对应故障量，记录故障报警功能调试的项目及试验结果。 （8）各压板对应间隔正确。 （9）测试电源系统切换等功能正确、完备。 （10）试验终端远方/就地把手、分合闸按钮回路正确	（1）配置终端设备时，严禁带电拔插电路板（具有带电热插拔技术的除外）。 （2）遥测试验现场加压、加流变更接线或试验结束时，应断开试验电源。 （3）遥控测试应先预置再执行。 （4）进行二次回路绝缘测试，绝缘电阻应满足要求，防止线路破损有接地现象。 （5）工作时应在TV高压侧采取相应的安全防护措施。 （6）TA取电时，保证取电回路不能开路，同时保证一点接地	

表1（续）

工艺编号	项目/工艺名称	工艺规范	施工要点	图片示例
16.3	架空线路开关配电自动化终端			
16.3.1	施工前现场检查	（1）架空线路开关配电自动化终端规格、型号符合设计图纸要求和规定，各项配置达到要求。 （2）检查架空线路开关配电自动化终端外观、铭牌及标志的完整性，外观应无机械损伤、变形和外观脱落，附件齐全。 （3）检查架空线路开关配电自动化终端内部接线及标号标志，内部连线压接应可靠，接线端钮无缺损，标号齐全，标志清晰；接地端子上有接地标志。内部插件应插拔灵活、定位良好，印刷电路无机械损坏或变形，焊接质量良好，插接部分无接触不良现象。 （4）根据设计要求，线缆应选用双绞线或光纤、屏蔽超五类网线、PVC管等；专用控制电缆根据设计选用，一般情况下采用与柱上开关匹配的专用线缆	（1）施工前应认真确认架空线路开关配电自动化终端的技术说明书、合格证、图纸、出厂试验记录齐全。 （2）施工前应认真确认架空线路开关配电自动化终端的安装位置、设备编号、通信地址、通信设备的安装位置、控制电缆的通道、电源的获取等	
16.3.2	终端安装	（1）箱体应密封良好，满足防水、防潮、防尘的要求。 （2）严格按照设计要求安装电气元件，箱体安装位置应与高压带电设备保持足够的安全距离。 （3）U型抱箍应牢固地锁紧在电线杆上，支撑终端的横担应有足够的支撑力，终端固定螺栓应紧紧锁在横担上，终端竖直正立安装，垂直度偏差小于等于1%。 （4）终端外壳应可靠接地，如有TV设备，保护接地应牢固。 （5）采用航空插头作为开关及自动化终端的控制电缆连接件，航空插头连接应紧密、牢固。 （6）控制电缆按设计规范连接，不与原有一二次接线交错，控制电缆两端应整线对线，粘贴标识，接线要求可靠、整齐、美观。 （7）进行电压、电流二次回路接线，检查电流二次回路连通不开路，接线要求可靠、整齐、美观	（1）终端安装：终端用U型抱箍垂直安装在电线杆上；安装应牢固，垂直度偏差小于等于1%。 （2）采取有效的绝缘措施，防止蓄电池等交直流电源设备短路。 （3）严格检查TV二次接线，防止短路。 （4）控制电缆及二次回路整线对线时要注意察看电线表皮是否有破损，不得使用表皮破损的电线，每对完一根电线就应立即套上标有编号的号码管。控制电缆应有固定点，确保航空插头不受应力，引下线应有防水弯。 （5）安装FTU前，应保证航空插头无破损、锈蚀等，绝缘电阻满足二次回绝缘要求	

表 1（续）

工艺编号	项目/工艺名称	工艺规范	施工要点	图片示例
16.3.3	终端调试	（1）配置终端的通讯地址、相关端口，设置波特率、校验方式等。 （2）观察终端的收发指示灯，检查信号可正常上传。 （3）按信息点表配置各路开关遥测、遥信和遥控量地址及开关过流、失压等故障信息量地址。 （4）按互感器变比配置各路开关遥测量转换关系，核对各遥测量地址和转换关系，用模拟设备注入电压、电流等测试信号，通常分别加入设计额定值的1/2、额定值、额定值的 1.2，检查调度主站或调试软件的显示值是否与现场一致，记录遥测调试的项目及试验结果。 （5）核对遥信点号，进行各遥信点的分合试验，检查调度主站或调试软件对应遥信量变位是否与现场一致，SOE 时标是否准确，记录遥信调试的项目及试验结果。 （6）核对遥控点号、遥控对象、遥信状态与现场一致，执行遥控操作，遥控中出现执行不成功，应停止调试工作，查明原因后方可继续，记录遥控调试的项目及试验结果。 （7）核对故障信息量点号，注入过流和失压信号，观察是否检测到对应故障量，记录故障报警功能调试的项目及试验结果。 （8）各压板对应间隔正确；试验终端远方/就地把手、分合闸按钮回路正确。 （9）测试电源系统切换等功能正确、完备	（1）一体型控制器，现场严禁拆卸电路板固定螺栓，保证控制器密封性。 （2）遥测试验现场加压、加流变更接线或试验结束时，应断开试验电源。 （3）遥控测试应先预置再执行。 （4）进行二次回路绝缘测试，绝缘电阻应满足要求，防止线路破损有接地现象。 （5）工作时应在 TV 高压侧采取相应的安全防护措施	

表1（续）

工艺编号	项目/工艺名称	工艺规范	施工要点	图片示例
十七	设施标识施工工艺规范			
17.1	安全防护标示（文中未列出标示依据 Q/GDW 434 规范要求进行设置）			
17.1.1	安全工器具试验合格证标识牌	安全工器具试验合格证标识牌贴在经试验合格的安全工器具的醒目位置	安全工器具试验合格证标识牌可采用粘贴力强的不干胶制作，规格为 60mm×40mm	**安全工器具试验合格证** 名称＿＿＿＿ 编号＿＿＿＿ 试验日期＿＿年＿月＿日 下次试验日期 ＿＿＿＿年＿月＿日
17.1.2	接地线标识牌	（1）接地线标识牌固定在地线接地端线夹上。 （2）接地线存放地点标识牌应固定在接地线存放醒目位置	（1）接地线标识牌应采用不锈钢板或其它金属材料制成，厚度 1.0mm。 （2）地线标识牌尺寸为 D=30mm～50mm，D_1=2.0mm～3.0mm	编号：001 电压：10kV
17.1.3	临时遮栏	临时遮栏（围栏）适用于下列场所： a. 有可能高处落物的场所； b. 检修、试验工作现场与运行设备的隔离； c. 检修、试验工作现场规范工作人员活动范围； d. 检修现场安全通道； e. 检修现场临时起吊场地； f. 防止其他人员靠近的高压试验场所； g. 安全通道或沿平台等边缘部位，因检修卸下拆除常设栏杆的场所； h. 事故现场保护； i. 需临时打开的平台、地沟、孔洞盖板周围等	（1）临时遮栏（围栏）应采用满足安全、防护要求的材料制作。有绝缘要求的临时遮栏应采用干燥木材、橡胶或其它坚韧绝缘材料制成。 （2）临时遮栏（围栏）高度应为 1050mm～1200mm。防坠落遮栏应在下部装设不低于 180mm 高的挡脚板。 （3）临时遮栏（围栏）强度和间隙应满足防护要求，装设应牢固可靠。 （4）临时遮栏（围栏）应悬挂安全标识，位置根据实际情况而定	

表1（续）

工艺编号	项目/工艺名称	工艺规范	施工要点	图片示例
17.2	禁止类标示（文中未列出标示依据 Q/GDW 434 规范要求进行设置）			
17.2.1	基本形式及规格	（1）禁止标志牌长方形衬底色为白色，带斜杠的圆边框为红色，标志符号为黑色，辅助标志为红底白字、黑体字，字号根据标志牌尺寸、字数调整，采用铝合金板制成。（2）可根据现场情况采用表中甲、乙、丙、丁种规格。（3）提示性文字一般以"禁止""严禁"开始	见下表	
17.2.2	禁止攀登高压危险	（1）悬挂在户外高压配电装置构架的爬梯上。（2）悬挂在柱上变压器台架两侧电杆上。（3）悬挂在架空电力线路杆塔的爬梯上	标志牌底边距地面2m～4m	
17.2.3	禁止合闸有人工作	悬挂在已停电检修的断路器和隔离开关的操作把手上	标志牌底边距地面1.5m	
17.2.4	未经许可不得入内	（1）设置在配电室、开关站出入口的适当位置。（2）悬挂在电缆隧道入口处	标志牌底边距地面1.5m	

17.2.1 工艺规范中参数表：

种类	参数（mm）		
	A	B	A_1
甲	500	400	115
乙	400	320	92
丙	300	240	69
丁	200	160	46
	$D（B_1）$	D_1	C
甲	305	244	24
乙	244	195	19
丙	183	146	14
丁	122	98	10

表 1（续）

工艺编号	项目/工艺名称	工艺规范	施工要点	图片示例
17.3	警告类标示（文中未列出标示依据 Q/GDW 434 规范要求进行设置）			
17.3.1	基本形式及规格	（1）警告类标识基本形式如图所示。标识是一长方形衬底牌，上方是警告标志（正三角形边框），下方是文字辅助标志（矩形边框）。图形上、中、下间隙，左、右间隙相等。 （2）警告标志牌长方形衬底色为白色，正三角形边框底色为黄色，边框及标志符号为黑色，辅助标志为白底黑字、黑体字，字号根据标志牌尺寸、字数调整，采用铝板制成。 （3）可根据现场情况采用表中甲、乙、丙、丁四种规格。 （4）三角形线宽分别为甲、乙、丙、丁四种规格	种类 参数（mm） 　　A B B_1 甲 500 400 305 乙 400 320 244 丙 300 240 183 丁 200 160 122 　　A_1 A_2 g 甲 213 115 10 乙 170 92 8 丙 128 69 6 丁 85 46 4	
17.3.2	当心触电	（1）悬挂在临时电源配电箱上。 （2）悬挂在生产现场可能发生触电危险的电器设备和线路上，如：配电室、电路断路器上等	设置在醒目位置	
17.3.3	当心坠落	（1）悬挂在高处作业搭设的脚手架栏杆上。 （2）悬挂在易发生坠落事故的作业地点	设置在醒目位置	
17.3.4	止步高压危险	（1）悬挂在室外工作地点的安全围栏上。 （2）悬挂在因高压危险禁止通行的过道上。 （3）悬挂在高压实验地点安全围栏上。 （4）悬挂在室外构架上。 （5）悬挂在工作地点临近带电设备的横栏上。 （6）悬挂在室外设备固定围栏上	设置在醒目位置	

表 1（续）

工艺编号	项目/工艺名称	工艺规范	施工要点	图片示例
17.4	指令类标示（文中未列出标示依据 Q/GDW 434 规范要求进行设置）			
17.4.1	基本形式及规格	（1）指令类标识基本形式如图所示，是一长方形衬底牌，上方是指令标志（圆形边框），下方是文字辅助标志（矩形边框）。图形上、中、下间隙，左、右间隙相等。 （2）指令标志牌长方形衬底色为白色，圆形边框底色为蓝色，标志符号为白色，辅助标志为蓝底白字、黑体字，字号根据标志牌尺寸、字数调整，采用铝板制成。 （3）可根据现场情况采用表中甲、乙、丙、丁种规格	参数（mm） 种类 / A / B / D（B₁）/ A₁ 甲 500 400 305 115 乙 400 320 244 92 丙 300 240 183 69 丁 200 160 122 46	
17.4.2	必须系安全带	（1）悬挂在高差 1.5m～2m 周围没有设置防护围栏的作业地点。 （2）悬挂在高空作业场所	设置在醒目位置	必须系安全带
17.4.3	必须戴防护眼镜	（1）悬挂在车床、钻床、砂轮机旁。 （2）悬挂在焊接和金属切割工作场所。 （3）悬挂在化学处理，使用腐蚀剂或其他有害物品的场所	设置在醒目位置	必须戴防护眼镜
17.4.4	必须戴安全帽	悬挂在生产场所主要通道入口处	设置在醒目位置	必须戴安全帽
17.4.5	必须戴防护手套	悬挂在以伤害手部的作业场所，如：具有腐蚀、污染及触电等危险的作业地点	设置在醒目位置	必须戴防护手套

表1（续）

工艺编号	项目/工艺名称	工艺规范	施工要点	图片示例
17.5		提示类标示（文中未列出标示依据 Q/GDW 434 规范要求进行设置）		
17.5.1	基本形式及规格	（1）提示类标识基本形式如图所示，提示标志牌的基本型式是一正方形衬底牌和相应文字，四周间隙相等。 （2）提示标志牌正方形衬底色为绿色，正方形边框底色为绿色，标志符号为白色，文字为黑色（白色）黑体字，字号根据标志牌尺寸、字数调整，采用铝板制成，表面使用荧光材料或喷涂荧光漆	提示类标识参数为： $A=250mm$，$D=200mm$ 或 $A=80mm$，$D=65mm$	
17.5.2	从此进出标识	悬挂在工作地点进出口处	设置在醒目位置	
17.5.3	在此工作标识	悬挂在工作地点或检修设备上	设置在醒目位置	
17.5.4	灭火器标识	（1）灭火器标识基本形式如图所示。 （2）悬挂在灭火器、灭火器箱上方； （3）悬挂在灭火器、灭火器箱存放的通道上； （4）泡沫灭火器身上应标志"不适用电火"字样。 （5）可根据现场情况采用表中甲、乙种规格	种类 / 参数（mm） 甲 A=400 B=500 B₁=200 A₁=200 乙 A=300 B=350 B₁=140 A₁=140	
17.5.5	紧急出口标识	（1）紧急出口标识基本形式如图所示。 （2）紧急出口标识用户紧急情况下安全撤离的出口或电缆隧道最近出口处。 （3）可根据现场情况采用表中甲、乙种规格	种类 / 参数（mm） 甲 A=400 B=500 B₁=200 A₁=200 乙 A=300 B=350 B₁=140 A₁=140	

17.5.4 施工要点表：

种类	参数（mm）			
	A	B	B_1	A_1
甲	400	500	200	200
乙	300	350	140	140

17.5.5 施工要点表：

种类	参数（mm）			
	A	B	B_1	A_1
甲	400	500	200	200
乙	300	350	140	140

表 1（续）

工艺编号	项目/工艺名称	工艺规范	施工要点	图片示例
17.6	设备提示标识（文中未列出标示依据 Q/GDW 434 规范要求进行设置）			
17.6.1	架空线路设备标识	（1）杆塔标志牌的基本形式一般为矩形，白底，红色黑体字，字号可根据设备大小进行适当调整。 （2）同杆塔架设的双（多）回线路应在横担上设置鲜明的异色标志加以区分。各回路标志牌底色应与本回路色标一致，白色黑体字（黄底时为黑色黑体字）。色标颜色按照红黄绿蓝白紫排列使用。 （3）材质：杆号牌采用铝板制作，推荐采用热转印打印粘贴、腐蚀、丝网印刷工艺，不允许采用搪瓷牌。标识牌应柔软、韧性好、不断裂、不变色，四边打孔用宽10mm，长不低于 1200mm 的不锈钢闭锁式扎带穿过。 （4）标识牌应具有防水、防腐、耐候功能	（1）架空配电线路杆塔、配电变压器、断路器等标识首选标识牌，临时可采取在杆塔直接喷涂的方式。 （2）喷涂方式和标识牌方式的规格应形同，标示牌尺寸参数： |	参数（mm）
---	---
A	260
A₁	240
A₂	170
B	320
B₁	300	 （3）标识牌应在距离杆根地面垂直高度不低于 3m，如杆塔巡视方向有高于 3m 的障碍物或杆塔上经常张贴小广告的地区，喷涂或标识牌的位置可以适当增高。 （4）面向负荷为线路杆塔增加方向，单回路杆号牌安装在主要街道侧，便于巡视人员观察；门型杆安装在面向负荷侧左侧杆塔上	10kV高尔夫线 远遥支1号
17.6.2	铁塔上的标识	悬挂架空杆塔标识牌或涂刷在铁塔主材上，涂刷宽度为主材宽度，长度为宽度的 4 倍	标识涂刷在铁塔主材上，面向巡视方向	一四四 未湖1062
17.6.3	室内及箱式设备内间隔名称标识牌	字体大小可根据版面内容自定	（1）标识牌基本形式如图。 （2）标识牌制作标准：120mm×50mm	137 经盐6# I

表1（续）

工艺编号	项目/工艺名称	工艺规范	施工要点	图片示例
17.6.4	架空配电线路相序标识	（1）架空配电线路相序标识采用黄、绿、红三色表示A、B、C相。 （2）0.4kV架空配电线路相序宜用黄、绿、红、淡蓝四色表示A、B、C及N相（中性线）；应在配电室或配变出口第一基杆、分支杆、耐张杆、转角杆等均应安装相序牌。 （3）每条线的在变电站出线的第一基杆塔、分支杆、45°以上的转角杆均应安装相序牌。 （4）耐张型杆塔、分支杆塔和换位杆塔前后各一基杆塔上，应有明显的相位标识。 （5）电缆为单相时，应注明相别标识。 （6）材质采用铝板	（1）相序标识基本形状如图所示，颜色白色，字体采用黑体加粗。 （2）杆塔距离观测地点太远，也可适当改变相序牌尺寸。 （3）对于10kV及以下架空配电线路长度超过3km时，可根据线路运行状况进行相应的增加。安装时相序牌应安装在横担下方。 参数（mm）/ A / D 数值 / 200 / 160	
17.6.5	地面设备标识	（1）地面环网柜、箱式变电站、电缆分支箱等柜体上应粘贴设备名称、"止步、高压危险"等警示牌。 （2）名称标识应采用白底红字，字号可根据设备大小进行适当调整。标识牌杆号牌采用铝合金板制作，柔软、韧性好、不断裂、不变色。 （3）标识牌应具有防水、防腐、耐候功能	（1）标识应粘贴在便于巡视、检修辨别的明显处。 （2）标识牌尺寸参数： 参数（mm） A / 260 A₁ / 240 A₂ / 170 B / 320 B₁ / 300	
17.6.6	杆塔埋深的标识	新建或改造的线路应做埋深标识	（1）每基杆塔应有清晰的3m划线标识，杆塔上若有厂方标明的3m划线痕迹的，核实后用红漆将3m划线印痕填实。 （2）标识以喷涂、刷的方式，内容为划出红线，红线宽15mm，在红线右侧标明杆塔埋深尺寸	

表 1（续）

工艺编号	项目/工艺名称	工艺规范	施工要点	图片示例
17.6.7	杆塔警示标识	在公路沿线的杆塔，容易被车辆碰撞时，应粘贴警示板或喷涂反光涂料进行警示标识	应在杆部距地面 300mm 以上面向公路侧沿杆一周粘贴警示板或喷涂警示标识，警示板或喷涂标识为黑黄相间，高1200mm（黑 3、黄 3、宽 20mm）	
17.6.8	拉线警示标识	城区或村镇的 10kV 及以下架空线路的拉线，应根据实际情况配置拉线警示管，拉线警示管黑黄相间，黑黄相间 200mm	（1）拉线警示管应使用反光漆。（2）拉线警示管应紧贴地面安装，顶部距离地面垂直距离不得小于 2m	
17.7	配电电缆设备标识			
17.7.1	电缆标示	电缆标示宜采用绑扎标识牌的方式	（1）电缆绑扎标识牌基本形式如图所示。（2）标识牌规格为 80mm×150mm。（3）标识牌应在其长边两端打孔，采用塑料扎带、捆绳等非导磁金属材料牢固固定。（4）标识牌内容应至少包含：起点、终点、型号、长度、施工单位、投运日期等内容	
17.7.2	三芯电缆终端标识牌	电缆终端需采用绑扎或粘贴标识牌的方式	（1）电杆引线电缆终端标识牌应绑扎（粘贴）在电缆保护管顶端。（2）箱体内电缆终端标识牌绑扎在电缆终端头处。（3）标签应使用应使用绝缘、耐候、防水型材质	

表1（续）

工艺编号	项目/工艺名称	工艺规范	施工要点	图片示例
17.7.3	直埋电缆线路标桩	（1）直埋电缆标桩一般为普通钢筋混凝土预制构件，文字及图像标识预制为凹槽形式，并涂红漆。 （2）直线部分埋设的标识桩间距为20m，电缆直线段为直角箭头标桩、弯点为转角箭头标桩。 （3）绿化带内直埋电缆线路标桩埋设标准：直线、接头、转角应埋设标桩	（1）电缆标桩尺寸参数： 表格： 参数（mm） L_1 80 H_1 150 H_2 250 L 100 （2）电缆标桩上应标明电力电缆字样、联系方式和明确的电缆走向指示（直线电缆采用→，转角采用↰，电缆中间头采用⊹），并朝向运行维护人员巡视侧	
17.7.4	电缆平面标识贴	直埋电缆在人行道、车行道等其他不能设置高出地面的标识时，可采用平面标识贴	（1）平面标桩应牢固粘贴在地面上，采用树脂反光材料等不易磨损、不易腐蚀的材质，背面为网格地胶。 （2）平面标桩规格为120mm×80mm，形状、大小可根据地面状况适当调整。 （3）平面标桩上应有电缆线路方向指示	
17.8	开关站标识			
17.8.1	标识尺寸	开关站、配电室应在进出口处安装开关站、配电室标识牌	（1）标识牌制作标准：高度300mm，宽度380mm。 （2）字体大小可根据版面内容自定	
17.8.2	标识样式	开关站、配电室标识牌图例	（1）标识牌材质：采用铝合金、不锈钢或专用聚酯材料。 （2）标识牌应安装在朝向巡视易见侧	

乡镇供电所专业工作

标准汇编 下册

国家电网有限公司营销部（农电工作部） 编

中国电力出版社
CHINA ELECTRIC POWER PRESS

图书在版编目（CIP）数据

乡镇供电所专业工作标准汇编：全 2 册 / 国家电网有限公司营销部（农电工作部）编. —北京：中国电力出版社，2019.11（2019.11重印）

ISBN 978-7-5198-3969-7

Ⅰ. ①乡…　Ⅱ. ①国…　Ⅲ. ①农村配电–标准–汇编–中国　Ⅳ. ①TM727.1–65

中国版本图书馆 CIP 数据核字（2019）第 243029 号

出版发行：中国电力出版社

地　　址：北京市东城区北京站西街19号（邮政编码100005）

网　　址：http://www.cepp.sgcc.com.cn

责任编辑：孙世通（010-63412326）

责任校对：黄　蓓　李　楠　郝军燕

装帧设计：赵丽媛

责任印制：钱兴根

印　　刷：三河市百盛印装有限公司

版　　次：2019 年 11 月第一版

印　　次：2019 年 11 月北京第二次印刷

开　　本：787 毫米×1092 毫米　16 开本

印　　张：49.5

字　　数：1194 千字

定　　价：140.00 元（全 2 册）

版 权 专 有　侵 权 必 究

本书如有印装质量问题，我社营销中心负责退换

F oreword
前言

  乡镇供电所是国家电网有限公司最基层的供电服务组织，是企业安全生产、配网运维、营销服务的最前端，承接着落实公司各项重点工作任务、推动专业标准落地的重要职责。2019 年初，公司围绕全面提升乡镇供电所安全质量、效率效益和供电服务水平，部署实施"全能型"乡镇供电所完善提升"六个一"工程，对乡镇供电所专业工作提出了新的要求。

  为有效服务乡镇供电所专业工作开展，提升员工队伍专业素质，根据"六个一"工程总体安排，国网营销、安质、设备部组织，国网湖南电力牵头，国网山西、江苏、浙江、河南、四川、陕西电力参与，共同研究整理形成《乡镇供电所专业工作标准汇编》。全书分上、下两册，收集安全工作、设备运维、工艺质量、营销服务、新型业务五大类 34 项工作标准，部分标准节选了与乡镇供电所相关的内容。

  本书可用作乡镇供电所人员开展专业工作的查阅及学习资料，也可作为各级乡镇供电所管理人员的参考工具用书。

编者

2019 年 11 月

目录
Contents

前言

上 册

下 册

第三部分　工艺质量标准（续）

配电网技改大修项目交接验收技术规范

Acceptance Specification for Technical Transformation and Maintenance Projects of Distribution Network

Q/GDW 744 — 2012

2012-06-21发布　　　　　　　　　　　　　　　　　　2012-06-21实施

目　次

前　言

本标准由国家电网公司生产技术部提出并解释。

本标准由国家电网公司科技部归口。

本标准主要起草单位：湖南省电力公司、天津市电力公司、青海省电力公司、湖北省电力公司、甘肃省电力公司。

本标准主要起草人：朱亮、毛柳明、邹根树、黄立新、周恒逸、刘光辉、冷华、刘味果、漆铭钧、单周平、周卫华、谢亮、余华兴、季斌、刘克发。

本标准为首次发布。

1　范围

本标准规定了 10kV 及以下配电网主要设备技改、大修交接验收项目和技术要求等内容。

本标准适用于国家电网公司系统各单位。

2　规范性引用文件

下列文件对于本文件的应用是必不可少的。凡是注日期的引用文件，仅注日期的版本适用于本文件。凡是不注日期的引用文件，其最新版本（包括所有的修改单）适用于本文件。

GB 1094.3　电力变压器　第 3 部分：绝缘水平、绝缘试验和外绝缘空气间隙

GB 1094.11　电力变压器　第 11 部分：干式变压器

GB/T 1179　圆线同心绞架空导线

GB/T 4623　环形混凝土电杆

GB 11032　交流无间隙金属氧化物避雷器

GB 50016　建筑设计防火规范

GB 50061　66kV 及以下架空电力线路设计规范

GB 50148　电气装置安装工程　电力变压器　油浸电抗器、互感器施工及验收规范

GB 50149　电气装置安装工程　母线装置施工及验收规范

GB 50150　电气装置安装工程　电气设备交接试验标准

GB 50168　电气装置安装工程　电缆线路施工及验收规范

GB 50169　电气装置安装工程　接地装置施工及验收规范

GB 50173　电气装置安装工程　35kV 及以下架空电力线路施工及验收规范

GB 50217　电力工程电缆设计规范

GB 50227　并联电容器装置设计规范

GB 50254　电器装置安装工程　低压电器施工及验收规范

JTG B01　公路工程技术标准

DL/T 499　农村低压电力技术规程

DL/T 596　电力设备预防性试验规程

DL/T 599　城市中低压配电网改造技术导则

DL/T 601　架空绝缘配电线路设计技术规程

DL/T 602　架空绝缘配电线路施工及验收规程

DL/T 5130　架空送电线路钢管杆设计技术规定

DL/T 5131　农村电网建设与改造技术导则

DL/T 5220　10kV 及以下架空配电线路设计技术规程

Q/GDW 370　城市配电网技术导则

Q/GDW 519　配电网运行规程

Q/GDW 567　配电自动化系统验收技术规范

Q/GDW 643　配网设备状态检修试验规程

Q/GDW 644　配网设备状态检修导则

Q/GDW 645　配网设备状态评价导则

3　术语和定义

下列术语和定义适用于本标准。

3.1　技术改造　technical renovation

是指利用成熟、先进、适用的技术、设备、工艺和材料等，对现有电力设备、设施及相关辅助设施等资产进行更新、完善和配套，以提高其安全性、可靠性、经济性和满足智能化、节能、环保等要求。生产技术改造投资形成固定资产，是企业的一种资本性支出。

3.2　大修　maintenance

是指为恢复现有资产（包括设备、设施以及辅助设施等）的原有形态和能力，按项目制管理所进行的修理性工作。大修不增加固定资产原值，是企业的一种损益性支出，不包含资本性支出项目。

4　总则

4.1　基本要求

4.1.1　配电网技改、大修项目工程（简称配电工程）的验收工作应严格遵循本标准要求。

4.1.2　配电工程验收应根据规模、对电网影响的重要程度实行分级管理。

4.1.3　交接验收分为整体验收和单个设备验收。整体验收以一个技改、大修项目为单元，应根据分类对所有个体设备进行独立验收检查，验收卡汇总后提交验收报告；单个设备验收只需提交验收卡。

4.1.4　整体验收应成立验收工作组，验收工作组按验收流程和要求完成验收后，应及时对验收过程中发现的问题进行整理汇报，并要求施工单位限期整改。遗留问题整改后，验收工作组针对遗留问题进行重新验收并签字确认。验收资料应上报地市公司生产管理部门备案，并统一编号存档。

4.1.5　配电工程验收合格后方可送电投运。

4.2　验收职责

4.2.1　设备供应单位是配电网设备的制造或集成单位，负责提供相关出厂资料图纸，配合现场安装、调试，配合必要的出厂验收工作。

4.2.2　设备安装、调试单位具体负责项目设备的安装、调试，提出验收申请；配合验收实施单位进行交接验收，提供完整的验收资料，对不合格项进行限期整改；对设备整体验收合格后，根据施工合同负责在质保期内对质量问题进行处理。

4.2.3 设计、监理单位应配合做好配电工程的交接验收工作，并提供相关工程资料。

4.2.4 设备运维单位（部门）负责配电工程验收的组织实施并成立验收工作组。验收工作组主要职责如下：

- a) 参加设备出厂验收及到货验收工作（需要时）；
- b) 负责工程验收的组织工作；
- c) 负责工程验收的具体实施；
- d) 负责工程验收报告的编制和审核，并提交地市公司备案；
- e) 送电前应将设备运行编号、电气接线图等信息录入相关信息系统，送电后 10 日内将设备台账、试验报告等信息录入 PMS 系统。

4.3 现场验收应具备的条件

4.3.1 设备已在现场完成全部安装、调试工作。

4.3.2 隐蔽工程关键节点已完成验收。

4.3.3 设备备品、备件等已齐全。

4.3.4 已根据设备运维单位要求提交竣工报告、监理报告等相关图纸资料。

4.3.5 已将现场验收申请报告提交设备运维单位。

4.4 验收组织

4.4.1 设备安装、调试单位完成项目自验收后向设备运维单位提出验收申请。

4.4.2 负责项目验收组织工作的单位在验收条件具备后，应及时启动验收流程，组织成立相应的验收工作组。

4.4.3 验收应填写验收卡，并在验收工作结束后完成验收报告的编制、审核工作。

4.4.4 交接验收申请表、验收报告、各设备验收卡格式分别见附录 A、附录 B、附录 C。

5 架空线路

5.1 交接验收内容和要求

5.1.1 电杆基坑

5.1.1.1 基坑施工前的定位应符合下列规定：

- a) 直线杆：顺线路方向位移不应超过设计档距的 3%；垂直线路方向不应超过 50mm。
- b) 转角杆：位移不应超过 50mm。
- c) 电杆基础坑深度的允许偏差应为 + 100mm、− 50mm。电杆埋设深度在设计未作规定时，应按表 1 所列数值进行处理。

表 1 电杆埋设深度表

杆高 m	8.0	9.0	10.0	11.0	12.0	13.0	15.0	18.0
埋深 m	1.5	1.6	1.7	1.8	1.9	2.0	2.3	2.6～3.0
注：遇有土质松软、流沙、地下水位较高等情况时，应做特殊处理。								

5.1.1.2　基坑底使用底盘时，坑底表面应保持水平，底盘安装尺寸误差应符合下列规定：

 a)　双杆两底盘中心的根开误差不应超过±30mm。

 b)　双杆的两杆坑深度高差不应超过 20mm。

5.1.1.3　柱上变压器台的电杆在设计未作规定时，其埋设深度不宜小于 2.0m。

5.1.1.4　电杆基础采用卡盘时，应符合下列规定：

 a)　卡盘上口距地面不应小于 0.5m。

 b)　直线杆：卡盘应与线路平行并应在线路电杆左、右侧交替埋设。

 c)　承力杆：卡盘埋设在承力侧。

5.1.1.5　拉线盘的埋设深度一般不小于 1.2m。

5.1.1.6　铁塔基础应符合下列规定：

 a)　铁塔基础规格及基础保护层符合设计要求。

 b)　铁塔各部件连接牢固，无锈蚀现象。

 c)　铁塔距离地面 8m 以下应使用防盗螺栓连接。

5.1.1.7　电杆组立后，回填土时应将土块打碎，每回填 500mm 应夯实 1 次。

5.1.1.8　回填土后的电杆坑应有防沉土台，其培土高度应超出地面 300mm。

5.1.2　电杆

电杆的选择及使用应符合设计选型技术要求。

5.1.2.1　钢筋混凝土电杆、钢管电杆及预制构件。

 a)　普通环形钢筋混凝土电杆：

  1)　表面光洁平整，壁厚均匀，无露筋、漏浆、掉块等现象；

  2)　电杆杆顶应封堵；

  3)　杆身弯曲不应超过杆长的 1‰；

  4)　杆身应无纵向裂纹，且横向裂纹宽度不应超过 0.1mm，其长度不应超过 1/3 周长。

 b)　预应力混凝土电杆（含部分预应力型）：

  1)　表面光洁平整，壁厚均匀，无露筋、漏浆、掉块等现象；

  2)　电杆杆顶应封堵；

  3)　杆身弯曲不应超过杆长的 1‰；

  4)　杆身应无纵、横向裂纹。

 c)　钢管电杆：

  1)　整根钢杆及各杆段的弯曲度不超过其长度的 2‰；

  2)　钢杆及附件均热镀锌，锌层应均匀，无漏镀、锌渣、锌刺；

  3)　焊接有接地螺栓。

 d)　钢筋混凝土底盘、卡盘、拉线盘：

  1)　表面应平整，不应有蜂窝、露筋、裂缝、漏浆等缺陷；

  2)　预应力钢筋混凝土预制件不应有纵向及横向裂缝；

  3)　普通钢筋混凝土构件不应有纵向裂缝。

5.1.2.2　电杆的钢圈焊接头应按设计要求进行防腐处理。设计无规定时，应将钢圈表面铁锈和焊缝的焊渣与氧化层除净，涂刷一底一面防锈漆处理。焊缝表面应呈平滑的细鳞形，与基本金属平缓连接，无折皱、间断、漏焊及未焊满的陷槽，并不应有裂缝。

5.1.2.3　电杆立好后，应符合下列规定：

a) 直线杆的横向位移不应大于 50mm，杆梢位移不应大于杆梢直径的 1/2。

b) 转角杆应向外角预偏，导线紧好后电杆不应向内角倾斜，向外角的倾斜不应使杆梢位移大于杆梢直径。

c) 终端杆应向拉线侧预偏，导线紧好后电杆不应向导线侧倾斜。电杆应向拉线侧倾斜，杆梢位移不得大于杆梢直径。

5.1.2.4　双杆立好后应正直，位置偏差不应超过下列规定数值：

a) 双杆中心与线路中心桩的横向位移不大于 50mm。

b) 迈步不大于 30mm。

c) 两杆高低差不大于 20mm。

d) 根开不大于 ±30mm。

5.1.2.5　横担及附件应符合下列规定：

a) 横担、抱箍、连板、垫铁、拉线棒、螺栓、螺母应热镀锌，锌层应均匀，无漏镀、锌渣、锌刺。

b) 上述制品不应有裂纹、砂眼及锈蚀，不得采用切割、拼装焊接方式制成，不得破坏镀锌层。

5.1.2.6　线路横担的安装应符合下列规定：

a) 导线为水平排列时，上层横担上平面距杆顶距离：10kV 线路不小于 300mm；低压线路不小于 200mm。导线为三角排列时，上层横担距杆顶距离一般为 500mm。

b) 中、低压同杆架设多回线路，裸导线线路和绝缘线横担间最小垂直距离应满足表 2 和表 3 的要求。

表 2　同杆架设裸导线线路横担间的最小垂直距离　　　单位：m

导线排列方式	直线杆	分支杆或转角杆
10kV 与 10kV	0.8	0.45/0.6[a]
10kV 与 1kV 以下	1.2	1
1kV 以下与 1kV 以下	0.6	0.3

a　转角或分支线如为单回线，则分支线横担距主干线横担距离为 0.6m；如为双回线，则分支线横担距上排主干线横担距离为 0.45m，距下排主干线横担距离为 0.6m。

表 3　同杆架设绝缘线横担间的最小垂直距离　　　单位：m

导线排列方式	直线杆	分支杆或转角杆
10kV 与 10kV	0.5	0.5
10kV 与 1kV 以下	1.0	—
1kV 以下与 1kV 以下	0.3	0.3

c) 单横担安装，直线杆应装于受电侧，转角杆、丁字杆及终端杆应装于拉线侧。

d) 45°及以下转角杆，抱担应装在转角之内角的角平分线上。

e) 偏支担长端应向上翘起30mm。

f) 除偏支担外，横担安装应平正，安装偏差应符合下列要求：

    1) 横担两端上下歪斜不应大于20mm；

    2) 横担两端前后扭斜不应大于20mm；

    3) 双杆横担固定点的高差不应大于两杆之间距离的5‰。

g) 瓷横担绝缘子安装应符合下列规定：

    1) 当直立安装时，顶端顺线路歪斜不应大于10mm；

    2) 当水平安装时，顶端宜向上翘起5°～15°，顶端顺线路歪斜不应大于20mm；

    3) 当安装于转角杆时，顶端竖直安装的瓷横担支架应安装在转角的内角侧（瓷横担应装在支架的外角侧）；

    4) 全瓷式瓷横担绝缘子的固定处应加软垫。

h) 当架设导线为铝绞线或铝芯绝缘线时，直线杆导线截面积在240mm^{2}及以下时可采用单横担；终端杆、耐张杆（断连杆）导线截面积在35mm^{2}及以下时可采用单横担，导线截面积为50mm^{2}及以上时应采用抱担，导线截面积为120mm^{2}及以上时应采用梭形担。

i) 采用柱式或针式绝缘子转角为15°～30°时应采用抱立杆型（采用放电钳位绝缘子转角小于15°时也采用抱立杆型）；转角在30°～45°时应采用抱担断连杆型，转角在45°以上时应采用双层抱担转角杆型。

5.1.2.7 以螺栓连接的构件应符合下列规定：

a) 螺杆应与构件面垂直，螺头平面与构件间不应有空隙。

b) 螺栓紧好后，螺杆丝扣露出的长度应符合下列规定：

    1) 单螺母不应小于2个螺距；

    2) 双螺母可与螺杆端面齐平。

c) 应加垫圈者，每端垫圈不应超过2个。

5.1.2.8 螺栓的穿入方向应符合下列规定：

a) 立体结构：

    1) 水平方向者由内向外；

    2) 垂直方向者由下向上。

b) 平面结构：

    1) 顺线路方向者：双面构件由内向外，单面构件由送电侧向受电侧或按统一方向；

    2) 横线路方向者：两侧由内向外，中间由左向右（面向受电侧）或按统一方向；

    3) 垂直方向者：由下向上。

5.1.2.9 工程移交时，10kV线路电杆上应有线路名称、杆号、埋深、相序等标志，且标志牌应面向线路小号侧或巡线道方向。

5.1.3 拉线

5.1.3.1 拉线棒与拉线盘应垂直，连接处应采用双螺母，其外露地面部分的长度应为

500mm～700mm。拉线坑应有斜坡，回填土时应将土块打碎后夯实。拉线坑宜设防沉层。

5.1.3.2　拉线安装应符合下列规定：

a)　安装后对地平面夹角与设计值的允许偏差，应符合下列规定：

1)　10kV 及以下架空电力线路不应大于 3°；

2)　特殊地段应符合设计要求。

b)　承力拉线应与线路方向的中心线对正，分角拉线应与线路分角线方向对正，防风拉线应与线路方向垂直。

c)　跨越道路的拉线，应满足设计要求，且对通车路面距路面中心的距离不小于 6m，对边缘的垂直距离不应小于 5m。

d)　当采用 NUT 型线夹及楔形线夹固定安装时，应符合下列规定：

1)　安装前丝扣上应涂润滑剂；

2)　线夹舌板与拉线接触应紧密，受力后无滑动现象，线夹凸肚在尾线侧，安装时不应损伤线股；

3)　拉线弯曲部分不应有明显松股，拉线断头处应与拉线主线固定可靠，线夹处露出的尾线长度为 300mm～500mm，尾线回头后应与本线扎牢；

4)　当同一组拉线使用双线夹并采用连板时，其尾线端的方向应统一；

5)　NUT 型线夹的螺杆应露扣，并应有不小于 1/2 螺杆丝扣长度可供调紧，调整后，NUT 型线夹的双螺母应并紧。

e)　在道路边上的拉线应装设警示保护套管。

f)　从导线之间穿过时，应装设一个拉线绝缘子，在断拉线情况下，拉线绝缘子距地面的距离不应小于 2.5m。

5.1.3.3　采用拉线柱拉线的安装，应符合下列规定：

a)　拉线柱的埋设深度，当设计无要求时，应符合下列规定：

1)　采用坠线的，不应小于拉线柱长的 1/6；

2)　采用无坠线的，应按其受力情况确定。

b)　拉线柱应向张力反方向倾斜 10°～20°。

c)　坠线与拉线柱夹角不应小于 30°。

d)　坠线上端固定点的位置距拉线柱顶端的距离应为 250mm。

5.1.3.4　当一基电杆上装设多条拉线时，各条拉线的受力应一致。

5.1.3.5　顶（撑）杆的安装，应符合下列规定：

a)　顶杆底部埋深不宜小于 0.5m，且设有防沉措施；

b)　与主杆之间夹角应满足设计要求，允许偏差为±5°；

c)　与主杆连接应紧密、牢固。

5.1.3.6　拉线装设的方向，应符合设计要求。

5.1.4　导线架设

5.1.4.1　10kV 及以下架空电力线路的导线不应有断股、松股等缺陷。

5.1.4.2　10kV 及以下架空电力线路在同一档距内，同一根导线上的接头，不应超过 1 个。导线接头位置与导线固定处的距离应大于 0.5m，当有防振装置时，应在防振装置以外。

5.1.4.3　10kV 及以下架空电力线路的导线紧好后，弧垂的误差不应超过设计弧垂的±5%。

同档内各相导线弧垂宜一致，水平排列的导线弧垂相差不应大于 50mm。

5.1.4.4 导线的固定应牢固、可靠，且应符合下列规定：

    a) 直线转角杆：对柱式、针式绝缘子，导线应固定在转角外侧的槽内；对瓷横担绝缘子，导线应固定在第一裙内。

    b) 直线跨越杆：导线应双固定，导线本体不应在固定处出现角度。

    c) 裸铝导线在绝缘子或线夹上固定应缠绕铝包带，缠绕长度应超出接触部分 30mm。铝包带的缠绕方向应与外层线股的绞制方向一致。

5.1.4.5 10kV 及以下架空电力线路的裸铝导线在蝶式绝缘子上作耐张且采用绑扎方式固定时，绑扎长度应符合表 4 的规定。

表 4 绑 扎 长 度

导线截面 mm²	绑扎长度 mm
LJ－50、LGJ－50 及以下	≥150
LJ－70	≥200

5.1.4.6 10kV 架空电力线路当采用并沟线夹连接引流线时，线夹数量不应少于 2 个。连接面应平整、光洁。导线及并沟线夹槽内应清除氧化膜，涂电力复合脂。

5.1.4.7 10kV 及以下架空电力线路的引流线（跨接线或弓子线）之间、引流线与主干线之间的连接应符合下列规定：

    a) 不同金属导线的连接应有可靠的过渡金具；

    b) 同金属导线，不得采用绑扎连接，应用可靠的连接金具。

5.1.4.8 10kV 线路每相引流线、引下线与邻相的引流线、引下线或导线之间，安装后的净空距离不应小于 300mm；0.4kV 电力线路，不应小于 150mm。

5.1.4.9 线路的导线与拉线、电杆或构架之间安装后的净空距离，10kV 时不应小于 200mm；0.4kV 时不应小于 100mm。

5.1.4.10 架空绝缘线外观检查，应符合下列要求：

    a) 导体紧压，无腐蚀；

    b) 绝缘线端部应有密封措施；

    c) 绝缘层紧密挤包，表面平整圆滑，色泽均匀，无尖角、颗粒，无烧焦痕迹。

5.1.4.11 接地环、故障指示器的安装符合设计要求。线路主导线专用接地环的安装，一般中相距横担 800mm，边相距横担 500mm。接地环除下端环裸露外，其余部分均应用绝缘自黏带包缠两层，其表层再缠绕一层防老化、具有憎水性能的自黏带；故障指示器的安装位置一般为距离杆塔绝缘子 700mm～1000mm 处。

5.1.4.12 绝缘导线在直线杆上的固定应采用有绝缘的绑扎线。

5.1.4.13 应在耐张杆、终端杆将导线的尾线（预留 1m）反绑扎在本线上或加装马鞍螺栓。

5.1.4.14 导线边线与建筑物之间的距离，在最大计算风偏情况下，不应小于表 5 中的数值。

表 5　配电线路边导线在最大计算风偏时与建筑物之间的最小距离

单位：m

线路电压	裸导线	绝缘导线
10kV	1.5	0.75（0.4）
0.4kV	1.0	0.2

注：（）内为人不易接近时的距离。

5.1.4.15　线路下面的建筑物与导线之间的垂直距离，在导线最大计算弧垂情况下，不应小于表 6 中的数值。

表 6　配电线路边导线在最大计算弧垂时与线路下面的建筑物之间的最小距离

单位：m

线路电压	裸导线	绝缘导线
10kV	1.5	0.8
0.4kV	1.0	0.2

5.1.4.16　配电线路导线最小相间距离不应小于表 7 中的数值。

表 7　配电线路导线最小相间距离　　单位：m

线路电压	档　距						
	40 及以下	50	60	70	80	90	100
10kV	0.6（0.4）	0.65（0.5）	0.7	0.75	0.85	0.9	1.0
0.4kV	0.3（0.3）	0.4（0.4）	0.45	—	—	—	—

注：（）内为绝缘导线数值。220V/380V 配电线路靠近电杆两侧导线间水平距离不应小于 0.5m。

5.1.4.17　线路每相引流线、引下线与邻相的引流线、引下线或导线之间，安装后的净空距离不应小于表 8 中的数值。

表 8　相与相之间的引流线、引下线或导线之间最小净空距离

单位：mm

线路电压	裸导线	绝缘导线
10kV	300	200
0.4kV	150	150

5.1.4.18　线路的导线与拉线、电杆或构架之间，安装后的净空距离不应小于表 9 中的数值。

表9 配电线路导线与拉线、电杆或构架之间最小净空距离

单位：mm

线路电压	裸导线	绝缘导线
10kV	200	200
0.4kV	100	50

5.1.4.19 配电线路与铁路、道路、河流、管道、索道、人行天桥及各种架空线路交叉或接近，应符合附录D的要求。

5.1.5 绝缘子

5.1.5.1 瓷釉光滑，无裂纹、缺釉、斑点、气泡等缺陷。

5.1.5.2 瓷件与铁件组合无歪斜现象，且结合紧密、牢固。

5.1.5.3 铁件镀锌良好，螺杆与螺母配合紧密。

5.1.5.4 弹簧销、弹簧垫的弹力适宜。

5.1.5.5 绝缘子安装前应擦拭干净，不得有裂纹、硬伤、铁脚活动等缺陷。

5.1.5.6 安装针式绝缘子、放电钳位绝缘子时应加平垫及弹簧垫圈，安装应牢固。

5.1.5.7 安装悬式、蝴蝶式绝缘子应符合下列规定：

    a）与电杆、横担及金具无卡压现象，悬式绝缘子裙边与带电部位的间隙不应小于50mm。

    b）耐张串上的弹簧销子、螺栓应由上向下穿。

    c）采用闭口销时，其直径应与孔径相配合，且弹力适度。采用开口销时应对称开口，开口30°～60°，开口后的销子不应有折断、裂痕等现象，不准用线材或其他材料代替开口销子。

    d）绝缘子安装应牢固，连接可靠，安装后不允许积水。

5.1.5.8 截面积为35、50mm² 的铝绞线及钢芯铝绞线的独立松弛档，档距不大于25m时可用针式绝缘子做回头。

5.1.6 接地工程

5.1.6.1 接地装置的连接应牢靠，地面部分及接地体引出线的垂直部分应采用镀锌接地体，焊接处应作防腐处理。

5.1.6.2 接地体的连接采用搭接焊时，应符合下列规定：

    a）扁钢的搭接长度应为其宽度的2倍，四面施焊。

    b）圆钢的搭接长度应为其直径的6倍，双面施焊。

    c）圆钢与扁钢连接时，其搭接长度应为圆钢直径的6倍。

    d）扁钢与钢管、扁钢与角钢焊接时，除应在其接触部位两侧进行焊接外，并应焊以由钢带弯成的弧形（或直角形）与钢管（或角钢）焊接。

5.1.6.3 接地装置的敷设应符合下面的规定：

    a）接地体顶面埋设深度应符合设计规定。当无规定时，不宜小于0.6m。角钢及钢管接地体应垂直配置。除接地体外，接地体引出线的垂直部分和接地装置焊接部位应作防腐处理；在作防腐处理前，表面应除锈并去掉焊接处残留的焊药。

    b）垂直接地体的间距不宜小于其长度的2倍。水平接地体的间距应符合设计规定。

当无设计规定时不宜小于 5m。接地体应平直，无明显弯曲。地沟底面应平整，不应有石块或其他影响接地体与土壤紧密接触的杂物。倾斜地形沿等高线敷设。

5.1.6.4　接地引下线与接地体连接，应便于解开测量接地电阻。接地引下线应紧靠杆身，每隔一定距离与杆身固定一次。

5.1.6.5　接地沟的回填宜选取无石块及其他杂物的泥土，并应夯实。在回填后的沟面应设有防沉层，其高度应为 100mm～300mm。

5.1.7　金具

5.1.7.1　表面光洁，无裂纹、毛刺、飞边、砂眼、气泡等缺陷。

5.1.7.2　线夹转轴灵活，与导线的接触面光洁，螺栓、螺母、垫圈齐全，配合紧密适当。

5.1.7.3　镀锌金具锌层应良好，无锌层脱落、锈蚀等现象。

5.1.7.4　用于铜、铝过渡部位的各种线夹，应采用摩擦焊接。

5.1.7.5　设备线夹接线端子表面应平整无毛刺，孔缘距平板边缘有足够的距离，应与导线截面相匹配。

5.1.7.6　预绞式接续条及修补条中心位置应涂有颜色标志，预绞式耐张线夹两组脚靠心形环的交叉处应标出起缠位置。

5.1.7.7　作为导电体的金具，如线夹、接续管，应在电气接触表面涂以电力复合脂。

5.1.7.8　金具应铸有生产厂名或商标，预绞丝也应有能长期存留的生产厂标记。

5.1.7.9　绝缘导线应采用专用连接金具，符合设计图纸要求。

5.1.7.10　并沟线夹的每只螺栓应紧固单独的一块连接片。

5.1.8　接户装置

5.1.8.1　10kV 接户线的档距不宜大于 40m，超过时应按 10kV 架空配电线路架设；低压接户线的档距不宜大于 25m，超过时应按低压架空配电线路架设。

5.1.8.2　接户线的选用应符合下面的规定：

　　a)　10kV 接户线宜采用铜芯交联聚乙烯绝缘线或铜芯聚氯乙烯绝缘线，其截面积应根据计算负荷确定，但最小截面积不应小于 $25mm^2$；

　　b)　低压接户线宜采用铜芯交联聚乙烯绝缘线或铜芯聚氯乙烯绝缘线，其截面积应根据计算负荷确定，最小截面积不应小于 $10mm^2$；

　　c)　低压三相四线制的接户线，相线、零线截面应相同，零线在进户处应有可靠的重复接地，接地电阻应符合设计要求。

5.1.8.3　10kV 接户线的线间距离不宜小于 0.4m，低压接户线的线间距离不宜小于 0.2m。

5.1.8.4　接户线受电端的对地距离：10kV 接户线不应小于 4m；0.4kV 接户线不应小于 3m。

5.1.8.5　低压接户线至路面中心的垂直距离，不应小于下列数值：

　　a)　通车街道：6m；

　　b)　通车困难的街道、胡同、人行道：3.5m。

5.1.8.6　低压接户线与建筑物有关部分的距离：与接户线下方窗户的垂直距离不应小于 0.3m；与接户线上方阳台或窗户的垂直距离不应小于 0.8m；与阳台或窗户的水平距离不应小于 0.75m；与墙壁、构架的距离不应小于 0.05m。

5.1.8.7　低压接户线与弱电线路的交叉距离：低压接户线在弱电线路的上方不应小于 0.6m；低压接户线在弱电线路的下方不应小于 0.3m。如不能满足上述要求，应采取有效隔离措施。

5.1.8.8　10kV 接户线与电力线路、弱电线路、建筑物、树木等的垂直距离和水平距离应符合规定。

5.1.8.9　接户线与主干线连接，当为铜铝连接时应采用铜铝过渡线夹。不同金属、不同规格、不同绞向的接户线，严禁在档距内连接。跨越通车街道的接户线，不应有接头。

5.1.8.10　接户线严禁跨越铁路，低压接户线严禁跨越高速公路。

5.1.8.11　柱上变压器高压侧电杆不应接引接户线。

5.1.8.12　自电杆上引下的低压接户线，应使用蝶式绝缘子或绝缘悬挂线夹固定，不宜缠绕在低压针式绝缘子瓶脖或导线上；一根电杆上有 2 户及以上接户线时，各户接户线的零线应直接接在线路主干线的零线上（或独自接接户线夹上）；线间距离：自电杆引下应大于或等于 200mm，沿墙敷设应大于或等于 150mm。

5.1.8.13　绝缘线外露部位应进行绝缘处理。

5.1.8.14　两端应设绝缘子固定，绝缘子安装应防止瓷裙积水。

5.1.8.15　低压下户线不应从高压引线间穿过。

5.1.8.16　接户线固定端当采用绑扎固定时，其绑扎长度应符合：截面积在 10mm² 及以下，大于或等于 50mm；10mm²～16mm²，大于或等于 80mm；25mm²～50mm²，大于或等于 120mm；70mm²～120mm²，大于或等于 200mm。

5.2　施工单位应提交的资料

设备安装、调试单位应提交下列资料，但不局限于以下资料。

　a）　施工资料：

　　1）　施工中的有关协议及文件；

　　2）　设计图；

　　3）　设计变更材料（有变更时）；

　　4）　竣工图；

　　5）　安装过程技术记录（包括隐蔽工程记录）；

　　6）　导线弧垂施工记录；

　　7）　交叉跨越记录。

　b）　设备资料：

　　1）　设备及其附件的技术说明书、安装手册、接线图；

　　2）　设备的出厂合格证、检验报告；

　　3）　设备的图纸（需要时）；

　　4）　备品备件、专用工器具。

　c）　试验资料：

　　1）　出厂试验报告；

　　2）　相关验收单位需要的试验报告。

5.3　交接试验

5.3.1　交接试验的要求

交接试验应在线路投运之前进行。

5.3.2 交接试验项目和要求

架空线路的试验项目和要求见表 10。

表 10 架空线路试验项目和要求

序号	试验项目	要　　求	说　　明
1	绝缘子和线路的绝缘电阻	1）悬式绝缘子的绝缘电阻值，不应低于 300MΩ。 2）支柱绝缘子的绝缘电阻值，不应低于 500MΩ。 3）线路绝缘电阻不应低于 1000MΩ	1）采用 2500V 绝缘电阻表测量绝缘子绝缘电阻值。 2）绝缘子可按同批产品数量的 10% 抽查
2	核对相序、相位	线路两端相序、相位应一致	
3	接地电阻测试	接地电阻应符合设计要求，按 DL/T 5220 执行	发现接地装置腐蚀或接地电阻增大时，通过分析决定是否开挖检查

6 柱上真空开关

6.1 交接验收内容和要求

6.1.1 柱上真空开关本体检查

6.1.1.1 核对柱上真空开关型号、铭牌、技术参数等，应符合设计规定。

6.1.1.2 绝缘件良好，表面光洁，无裂缝、破损、受潮、污秽等现象。

6.1.1.3 真空开关各构件无锈蚀，操作分、合灵活，分、合指示标志清晰正确。

6.1.1.4 各连接端连接的传动机构、螺栓、垫圈等部件应齐全。

6.1.1.5 充气柱上开关内气压不低于设备厂家的规定值。

6.1.2 柱上真空开关安装工艺质量检查

6.1.2.1 符合设计技术要求和满足设备运行要求规范。

6.1.2.2 支架距地面高度不得小于 3.5m。水平倾斜不大于支架长度的 1/100。各相倒挂线应安装平整，高低一致，导线相间水平距离不得小于 500mm。

6.1.2.3 支架构件镀锌件镀锌良好，不得有毛刺、金边、倒钩、锌层脱落、锈蚀等现象。

6.1.2.4 真空开关的进、出线均应采用交联聚乙烯绝缘导线，导线型号大小与架空主导线相对应，引线连接紧密。

6.1.2.5 真空开关的电气连接应接触紧密，导电良好，必要时涂抹导电膏或电力复合脂。不同金属连接，应有过渡措施。

6.1.2.6 真空开关安装后，各转动的传体部位连接牢固，转动灵活，不得有卡阻现象，并涂抹润滑脂。

6.1.2.7 电动操动机构真空开关，安装完毕应调试，检查手动及电动储能良好，分、合闸操作正常，计数器指示正确。远方/就地控制开关位置与实际操作相符。

6.1.2.8 手动、电动储能及分、合闸试验检查，机械良好，无异声。二次回路接线应紧固，接线正确，绝缘良好，绝缘电阻值大于 10MΩ。

6.1.2.9 操作灵活，分、合指示正确可靠，指示清晰，地面观察醒目。进行 3 次及以上的拉、合操作应灵活。

6.1.2.10　外壳接地可靠，接地电阻值应符合设计要求。

6.1.2.11　设备运行编号、相序标识和警示标志等应正确齐全。

6.2　施工单位应提交的资料

设备安装、调试单位应提交下列资料，但不局限于以下资料。

　　a)　施工资料：

　　　　1)　施工中的有关协议及文件；

　　　　2)　设计图；

　　　　3)　设计变更文件（有变更时）；

　　　　4)　竣工图；

　　　　5)　安装过程技术记录；

　　　　6)　现场安装调试记录。

　　b)　设备资料：

　　　　1)　设备及其附件的技术说明书、安装手册、接线图；

　　　　2)　设备的出厂合格证、检验报告；

　　　　3)　设备的图纸（需要时）；

　　　　4)　备品备件、专用工器具。

　　c)　试验资料：

　　　　1)　出厂试验报告；

　　　　2)　相关验收单位需要的试验报告；

　　　　3)　开关定值校验单等其他需要的资料。

6.3　交接试验

6.3.1　交接试验的要求

交接试验应在设备投运之前进行。

6.3.2　交接试验项目和要求

柱上真空开关交接试验项目和要求见表11。

表11　柱上真空开关交接试验项目和要求

序号	交接试验项目	要　求	说　明
1	绝缘电阻	1）断路器本体20℃时不小于1000MΩ。 2）控制、辅助等二次回路绝缘电阻不小于10MΩ	1）断路器本体、绝缘拉杆使用2500V绝缘电阻表测量。 2）交流耐压前后均进行绝缘电阻测量，测量值不应有明显变化。 3）二次回路绝缘电阻采用1000V绝缘电阻表测量
2	每相导电回路的电阻	符合产品技术条件的规定	采用电流不小于100A的直流压降法
3	主回路交流耐压试验	在分、合闸状态下分别进行，1min耐受电压：42kV（相对地）/48kV（断口），无击穿，无发热，无闪络	使用工频耐压

表 11（续）

序号	交接试验项目	要　　求	说　　明
4	机械特性试验	1）合闸在额定电压的 85%～110%范围内应可靠动作，分闸在额定电压的 65%～110%范围内应可靠动作，当低于额定电压的 30%时，脱扣器不应脱扣。 2）储能电动机工作电流及储能时间检测，检测结果应符合设备技术文件要求。电动机应能在 85%～110%的额定电压下可靠工作。 3）分、合闸线圈直流电阻结果应符合设备技术文件要求。 4）分、合闸时间、同期、弹跳符合设备技术文件要求	1）合闸过程中触头接触后的弹跳时间，不应大于 2ms。 2）分、合闸时间、同期、弹跳测量应在断路器额定操作电压条件下进行。 3）适用于电动操动机构真空开关
5	隔离开关及套管绝缘电阻	20℃时绝缘电阻不低于 300MΩ	采用 2500V 绝缘电阻表
6	电压互感器绝缘电阻	1）20℃时一次绝缘电阻不低于 1000MΩ。 2）二次绝缘电阻不低于 10MΩ	一次采用 2500V 绝缘电阻表，二次采用 1000V 绝缘电阻表
7	接地电阻测试	应符合设计要求	

7 柱上 SF_6 开关

7.1 交接验收内容和要求

7.1.1 柱上 SF_6 开关本体检查

7.1.1.1 核对柱上 SF_6 开关型号、铭牌、技术参数等，应符合设计规定。

7.1.1.2 SF_6 开关安装前应检查 SF_6 气体气压，符合设备厂家的技术要求。

7.1.1.3 绝缘件良好，表面光洁，无裂缝、破损、受潮、污秽等现象。

7.1.1.4 SF_6 开关各构件无锈蚀，操作分、合灵活，分、合指示标志清晰正确。

7.1.1.5 各连接端连接的传动机构、螺栓、垫圈等部件应齐全。

7.1.2 柱上 SF_6 开关安装工艺质量检查

7.1.2.1 支架距地面高度不小于 3.5m。水平倾斜度不大于支架长度的 1/100，垂直倾斜度不大于 1.5‰。

7.1.2.2 支架构件镀锌件镀锌良好，不得有毛刺、金边、倒钩、锌层脱落、锈蚀等现象。

7.1.2.3 SF_6 开关的各相倒挂引线应安装平整，高低一致，导线相间水平距离不小于 500mm。引线应采用交联聚乙烯绝缘导线，导线型号大小与架空主导线相对应，引线连接紧密。

7.1.2.4 SF_6 开关进出线安装牢固，高低一致，在同一水平面上，电气安全距离不小于 300mm。电气连接应接触紧密，导电良好，必要时涂抹导电膏或电力复合脂。不同金属连接时，应有过渡措施。

7.1.2.5 电动操动机构 SF_6 开关，安装完毕应调试，检查手动及电动储能良好，分、合闸操作正常，计数器指示正确。远方/就地控制开关位置与实际操作相符。

7.1.2.6 手动、电动储能及分、合闸试验检查，机械良好、无异声。二次回路接线应紧固，接线正确，绝缘良好，绝缘电阻值大于 10MΩ。

7.1.2.7 操作灵活，分、合指示正确可靠，指示清晰。进行 3 次及以上的拉、合操作应灵活。

7.1.2.8 SF$_6$ 开关外壳与避雷器应可靠接地，接地电阻值应符合设计要求。

7.1.2.9 设备运行编号、相序标志和警示标志等应正确齐全。

7.2 施工单位应提交的资料

设备安装、调试单位应提交下列资料，但不局限于以下资料。

a) 施工资料：

    1) 施工中的有关协议及文件；

    2) 设计图；

    3) 设计变更文件（有变更时）；

    4) 竣工图；

    5) 安装过程技术记录（包括隐蔽工程记录）；

    6) 现场安装调试记录。

b) 设备资料：

    1) 设备及其附件的技术说明书、安装手册、接线图；

    2) 设备的出厂合格证、检验报告；

    3) 设备的图纸（需要时）；

    4) 备品备件、专用工器具。

c) 试验资料：

    1) 出厂试验报告；

    2) 相关验收单位需要的试验报告；

    3) 开关定值校验单等其他需要的资料。

7.3 交接试验

7.3.1 交接试验的要求

交接试验应在设备投运之前进行。

7.3.2 交接试验项目和要求

柱上 SF$_6$ 开关交接试验项目和要求见表 12。

表 12 柱上 SF$_6$ 开关交接试验项目和要求

序号	交接试验项目	要　　求	说　　　明
1	绝缘电阻测量	1）断路器本体 20 ℃ 时不小于 1000MΩ。 2）控制、辅助等二次回路绝缘电阻不小于 10MΩ	1）本体绝缘电阻测试使用 2500V 绝缘电阻表。 2）交流耐压前后均进行绝缘电阻测量，测量值不应有明显变化。 3）二次回路测试使用 1000V 绝缘电阻表

表12（续）

序号	交接试验项目	要　　求	说　　明
2	每相导电回路电阻	符合产品技术条件的规定	采用电流不小于100A的直流压降法
3	交流耐压试验	在分、合闸状态下分别进行，1min耐受电压42kV（相对地）/48kV（断口），无击穿，无发热，无闪络	使用工频耐压
4	动作特性及操动机构检查和测试	1）合闸在额定电压的85%～110%范围内应可靠动作，分闸在额定电压的65%～110%范围内应可靠动作，当低于额定电压的30%时，脱扣器不应脱扣。 2）储能电动机工作电流及储能时间检测，检测结果应符合设备技术文件要求。电动机应能在85%～110%的额定电压下可靠工作。 3）分、合闸线圈直流电阻结果应符合设备技术文件要求。 4）分、合闸时间、同期符合设备技术文件要求	1）分、合闸时间及同期测量应在断路器额定操作电压条件下进行。 2）适用于电动操动机构SF$_6$开关
5	SF$_6$气体密封性试验	气体检漏仪检漏或局部包扎法测量气体泄漏，无明显漏气	1）采用灵敏度不低于1×10^{-6}（体积比）的检漏仪对各密封部位进行检测时，检漏仪不应报警。 2）必要时可采用局部包扎法进行气体泄漏测量。以24h的漏气量换算，年漏气率不大于1%。 3）本试验在必要时开展
6	隔离开关及套管绝缘电阻	20℃时绝缘电阻不低于300MΩ	采用2500V绝缘电阻表
7	电压互感器绝缘电阻	1）20℃时一次绝缘电阻不低于1000MΩ。 2）二次绝缘电阻不低于10MΩ	一次采用2500V绝缘电阻表，二次采用1000V绝缘电阻表
8	接地电阻测试	应符合设计要求	

8　柱上隔离开关

8.1　交接验收内容和要求

8.1.1　柱上隔离开关本体检查

8.1.1.1　核对柱上隔离开关型号、技术参数等，应符合设计规定。

8.1.1.2　绝缘件良好，表面光洁，无裂缝、破损、受潮、污秽等现象。

8.1.1.3　隔离开关各构件无锈蚀，开关闸刀片弹力适中，接触紧密。

8.1.1.4　各连接端连接的传动机构、螺栓、垫圈等部件应齐全。

8.1.2 柱上隔离开关安装工艺质量检查

8.1.2.1 柱上隔离开关安装应牢固可靠，应按横平、竖直的原则安装。隔离开关底部对地面的垂直高度应不低于 4.5m，10kV 隔离开关相间距不小于 500mm，0.4kV 隔离开关相间距不小于 300mm。动、静触头水平轴线偏差应不大于 5mm。

8.1.2.2 隔离开关安装用横担固定时，横担端部上下歪斜、左右扭斜应不大于 20mm。三相水平安装时，两横担的高差应不大于横担总长度的 1/100。垂直安装时，隔离开关拉合的刀刃口与地面的垂直夹角为 15°～30°。三相方位应一致，排列整齐。

8.1.2.3 隔离开关的刀刃，合闸时应接触紧密，分闸后与其他物件的净距应有不小于 200mm 的空气间隙。分闸后，宜使动触头不带电。

8.1.2.4 三相连动的隔离开关三相同期的倾斜度小于本体支架长度的 1.5‰。横、纵向误差均不能大于 5mm，三相隔离刀刃分、合应同期。

8.1.2.5 三相连动的隔离开关单独控制设备时，应设置对应的双重名称，宜设置相序标志。

8.1.2.6 三相连动的隔离开关单独控制设备时，操作手柄处应安装防误闭锁装置。

8.1.2.7 隔离开关的电气连接应接触紧密，导电良好，必要时涂抹导电膏或电力脂。不同金属连接，应有过渡措施。

8.1.2.8 隔离开关安装后，各转动的传体部位连接固定，转动灵活，不得有卡阻现象，并涂抹润滑脂。应进行 3 次及以上的拉、合操作并灵活。

8.1.2.9 设备运行编号、相序标志和警示标志等应正确齐全。

8.2 施工单位应提交的资料

设备安装、调试单位应提交下列资料，但不局限于以下资料。

a) 施工资料：
　　1) 施工中的有关协议及文件；
　　2) 设计图；
　　3) 设计变更文件（有变更时）；
　　4) 竣工图；
　　5) 安装过程技术记录；
　　6) 现场安装调试记录。

b) 设备资料：
　　1) 设备及其附件的技术说明书、安装手册、接线图；
　　2) 设备的出厂合格证、检验报告；
　　3) 设备的图纸（需要时）；
　　4) 备品备件、专用工器具。

c) 试验资料：
　　1) 出厂试验报告；
　　2) 相关验收单位需要的试验报告。

8.3 交接试验

8.3.1 交接试验的要求

交接试验应在设备投运之前进行。

8.3.2　交接试验项目和要求

柱上隔离开关的试验项目和要求见表 13。

表 13　柱上隔离开关的试验项目和要求

序号	试验项目	要　求	说　明
1	绝缘电阻测量	隔离开关绝缘电阻值要求不低于 1200MΩ	1）使用 2500V 绝缘电阻表。 2）交流耐压前后均进行绝缘电阻测量，测量值不应有明显变化
2	回路电阻测量	不大于技术协议规定值（注意值）的 1.5 倍	测量电流不小于 100A
3	操动机构的试验	隔离开关的机械或电气闭锁装置应准确可靠，进行 3 次及以上的分、合操作应灵活	
4	交流耐压试验	1min 耐受电压 42kV，无击穿，无发热，无闪络	

9　跌落式熔断器

9.1　交接验收内容和要求

9.1.1　跌落式熔断器本体检查

9.1.1.1　核对跌落式熔断器型号、材质符合设备设计要求。

9.1.1.2　铸件不应有裂纹、砂眼，绝缘件应良好，熔丝管不得有吸潮膨胀或弯曲现象。各部位零件完整，转轴要光滑、灵活。绝缘件表面应光洁，无裂缝、破损等现象。

9.1.1.3　跌落式熔断器的额定电流应大于其最大负荷电流。

9.1.1.4　跌落式熔断器的熔丝应按最大负荷电流选择；配电变压器容量在 100kVA 及以下者，高压侧熔丝按变压器容量额定电流的 2～3 倍选择，容量在 100kVA 以上者，高压侧熔丝按变压器容量额定电流的 1.5～2 倍选择。变压器低压侧熔丝（片）按低压侧额定电流选择。

9.1.2　跌落式熔断器安装工艺质量检查

9.1.2.1　跌落式熔断器的底部对地面的垂直高度应不低于 4.5m，二次侧熔断器的底部对地面的垂直高度应不低于 3.5m。熔管轴线与地面的垂直夹角为 15°～30°，各相跌落式熔断器间的水平相间距离不应小于 500mm，二次侧不应小于 200mm。安装应牢固，各部位螺栓宜采用不锈钢螺栓。高低一致、排列整齐，熔丝熔断后熔管应可靠跌落。

9.1.2.2　跌落式熔断器的上、下铜端活动点应对正，并在同一铅垂线平面，转轴应光滑、灵活。

9.1.2.3　跌落式熔断器熔丝管长度应合适，各部位转轴应灵活转动。进行三次及以上拉、合操作应灵活。

9.1.2.4　跌落式熔断器熔丝要合格完好，熔丝两端应压紧。各接触点的弹簧应良好，弹力适中，上触头应有一定的压缩行程。

9.1.2.5　跌落式熔断器上、下桩头进出线宜采用交联聚乙烯绝缘导线并采用压接型接线端子，端子与线路导线连接应紧密、可靠。

9.1.2.6 跌落式熔断器电气连接应接触紧密，不同金属连接，应有过渡措施。

9.2 施工单位应提交的资料

设备安装、调试单位应提交下列资料，但不局限于以下资料。

a） 施工资料：

1） 施工中的有关协议及文件；

2） 设计图；

3） 设计变更文件（有变更时）；

4） 竣工图；

5） 安装过程技术记录。

b） 设备资料：

1） 设备及其附件的技术说明书、安装手册、接线图；

2） 设备的出厂合格证、检验报告；

3） 设备的图纸（需要时）；

4） 备品备件、专用工器具。

c） 试验资料：

1） 出厂试验报告；

2） 相关验收单位需要的试验报告。

9.3 交接试验

9.3.1 交接试验的要求

交接试验应在设备投运之前进行。

9.3.2 交接试验项目和要求

跌落式熔断器交接试验项目和要求见表14。

表14 跌落式熔断器交接试验项目和要求

序号	交接试验项目	要 求	说 明
1	绝缘电阻测量	一般不小于 1200MΩ	1） 使用 2500V 绝缘电阻表。 2） 交流耐压前后均进行绝缘电阻测量，测量值不应有明显变化
2	交流耐压试验	1min 耐受电压 42kV，无击穿，无发热，无闪络	

10 金属氧化物避雷器

10.1 交接验收内容和要求

10.1.1 金属氧化物避雷器本体检查

10.1.1.1 核对避雷器的型号规格应符合设计技术要求。

10.1.1.2 环网单元、电缆分接箱宜采用肘型金属氧化物避雷器。

10.1.1.3　金属氧化物避雷器外观不得有破损、裂纹，表面无污秽、受潮，金属氧化物避雷器端子、底座不得有锈蚀痕迹。

10.1.2　金属氧化物避雷器安装工艺质量检查

10.1.2.1　金属氧化物避雷器的安装位置应符合设计技术要求和设备运行要求的规定。

10.1.2.2　金属氧化物避雷器的接地线应与柱上断路器、负荷开关和电容器的金属外壳连接后共同接地。

10.1.2.3　配电变压器高压侧装设的金属氧化物避雷器应尽量靠近变压器安装，其接地线应与变压器低压侧中性点及金属外壳连接后共同接地。郊区、农村多雷区变压器低压侧也应装设金属氧化物避雷器。

10.1.2.4　瓷套与固定抱箍之间应有垫层。

10.1.2.5　三相金属氧化物避雷器应排列整齐、高低一致，相间距离：10kV 时，不应小于 350mm；0.4kV 时，不应小于 150mm。

10.1.2.6　引线应短而直且连接紧密，不应使避雷器受力；当采用绝缘线时，其截面积应符合下列规定：

 a)　引上线：铜线不小于 16mm²，铝线不小于 25mm²；

 b)　引下线：铜线不小于 25mm²，铝线不小于 35mm²。

10.1.2.7　引下线接地可靠，接地电阻值应符合设计要求。

10.2　施工单位应提交的资料

设备安装、调试单位应提交下列资料，但不局限于以下资料。

 a)　施工资料：

  1)　施工中的有关协议及文件；

  2)　设计图；

  3)　设计变更文件（有变更时）；

  4)　竣工图；

  5)　安装过程技术记录。

 b)　设备资料：

  1)　设备及其附件的技术说明书、安装手册、接线图；

  2)　设备的出厂合格证、检验报告；

  3)　设备的图纸（需要时）；

  4)　备品备件、专用工器具。

 c)　试验资料：

  1)　出厂试验报告；

  2)　相关验收单位需要的试验报告。

10.3　交接试验

10.3.1　交接试验的要求

交接试验应在设备投运之前进行。

10.3.2　交接试验项目和要求

金属氧化物避雷器交接试验项目和要求见表15。

表 15　金属氧化物避雷器交接试验项目和要求

序号	交接试验项目	要　　求	说　　明
1	金属氧化物避雷器绝缘电阻测量	避雷器绝缘电阻不小于1000MΩ	使用 2500V 绝缘电阻表
2	直流 1mA 参考电压和 0.75 倍直流参考电压下的泄漏电流	1）金属氧化物避雷器对应于直流参考电流下的直流参考电压，不应低于现行 GB 11032 规定值，并符合产品技术条件的规定。实测值与技术协议规定值比较，变化不应大于±5%。 2）0.75 倍直流参考电压下的泄漏电流值不应大于 50μA，或符合产品技术条件的规定	
3	接地电阻测试	应符合设计要求	

11　电容器

11.1　交接验收内容和要求

11.1.1　电容器本体检查

11.1.1.1　核对电容器型号和各类参数应符合设计要求。

11.1.1.2　引出线端连接用的螺母、垫圈应齐全。

11.1.1.3　外壳应无明显变形，无锈蚀，所有接缝不得有裂缝或渗油。

11.1.2　电容器安装工艺质量检查

11.1.2.1　10kV 户外柱上电容器的安装台架距地面不小于 3.5m。

11.1.2.2　在室内安装时，附近应无热源，通风良好。

11.1.2.3　电容器构架应保持其应有的水平或垂直位置，电容器组装置整齐，安装应按厂家要求装设，铭牌一律面向通道侧，并有顺序编号。

11.1.2.4　电容器的所有接点牢固可靠，紧密连接。接线应正确、对称一致、整齐美观。母线及分支线应标以相色。

11.1.2.5　电容器的连接导线应用软铜线，导线的载流量为：

　　a）　单台电容器为其额定电流的 1.5 倍；

　　b）　电容器组的导线截面积的载流量是总电容器电流的 1.3 倍。

11.1.2.6　当采用中性点绝缘的星形连接时，三相电容器的电容量差值最大与最小不能超过三相平均电容值的 5%。设计有要求时，应符合设计规定。

11.1.2.7　电容器组的保护回路及控制回路应完整，动作灵敏。放电回路应完整，操作灵活。

11.1.2.8　室内安装的低压电容器的总容量在 50kvar 以下时，采用封闭式负荷开关控制和操作。50kvar 及以上电容器组，可用交流接触器或自动开关。开关容量应按电容器组总电流的 1.5 倍选取。

11.1.2.9　安装在 10kV 架空线路上的电容器组采用跌落式熔断器控制和操作。电容器的保护熔丝按电容器额定电流的 1.2～1.3 倍进行整定。

11.1.2.10　安装在 10kV 架空线路上的电容器组应在电源侧装设过电压保护装置，宜选用无间隙金属氧化物避雷器，接地电阻值应符合设计要求。

11.2　施工单位应提交的资料

设备安装、调试单位应提交下列资料，但不局限于以下资料。

a)　施工资料：

1)　施工中的有关协议及文件；

2)　设计图；

3)　设计变更文件（有变更时）；

4)　竣工图；

5)　安装过程技术记录。

b)　设备资料：

1)　设备及其附件的技术说明书、安装手册、接线图；

2)　设备的出厂合格证、检验报告；

3)　设备的图纸（需要时）；

4)　备品备件、专用工器具。

c)　试验资料：

1)　出厂试验报告；

2)　相关验收单位需要的试验报告。

11.3　交接试验

11.3.1　交接试验的要求

交接试验应在设备投运之前进行。

11.3.2　交接试验项目和要求

电容器交接试验项目和要求见表 16。

表 16　电容器交接试验项目和要求

序号	交接试验项目	要　求	说　明
1	绝缘电阻	符合技术协议规定	1）低压电容器用 1000V 绝缘电阻表。 2）高压电容器用 2500V 绝缘电阻表
2	电容值	1）电容值偏差范围为额定值的 −5%～+10%。 2）电容值不应小于出厂值的 95%	用电容表或电流电压法测量

12　配电变压器

12.1　交接验收内容和要求

12.1.1　箱式变电站验收项目

12.1.1.1　箱式变电站本体检查

a)　产品型号、容量、规格、内部配置参数、接线方式应与设计一致。对每路配电开关及保护装置应核对规格、型号，应符合设计要求，箱式变电站的高低压柜内部接线完整、低压每个输出回路标记清晰，回路名称准确。

b) 箱体材质、颜色、防腐、防护等级应符合技术条件，各平面内外应该平整清洁、无裂纹、无划痕、无变形、铭牌字迹清楚，门应有密封措施。箱式变电站顶部及门缝隙等无雨水渗入，箱式变电站内外涂层完整、无损伤，有通风口的风口防护网完好，焊接构件的质量符合要求。

c) 传动机构系统应灵活、动作正确到位、指示正确。试操作 3 次以上无异常。

d) 箱式变电站高压开关间隔应满足"五防"功能要求。

e) 箱体各门开启、关闭灵活，开启不小于 90°，并有定位装置，门上应装锁并有永久防雨水装置。

f) 箱体内的螺栓均应采用不锈钢螺栓，铁制构件均应采用热镀锌。

g) 变压器充油部分不渗漏、油位正常，充气高压设备气压指示正常。绝缘瓷件、环氧树脂铸件、合成绝缘件无损伤、缺陷及裂纹。

h) 变压器铭牌上应注明制造厂名、型号、额定容量、额定电压、电流、阻抗电压及接线组别、重量、制造年月等技术数据。

i) 变压器本体外观检查无机械损伤及变形，油漆完好、无锈蚀。装有滚轮的变压器，滚轮应转动灵活，在变压器就位后，应将滚轮用能拆卸的制动装置加以固定。

j) 变压器与封闭母线连接时，其套管中心线应与封闭母线中心线相符。变压器一、二次引线不应使变压器的套管直接承受应力。铜铝连接有可靠过渡、满足载流量要求。相间绝缘防护实施无破损。变压器一、二次引线相位正确，绝缘良好。接线的接触面应连接紧密，连接螺栓或压线螺丝应牢固。相序排列准确、整齐、平整、美观、涂色正确。设备接线端、母线搭接或卡子、夹板处、明设地线的接线螺栓等两侧 10mm～15mm 处均不得涂刷涂料。

k) 检查油浸变压器的电压切换装置及干式变压器的分接头位置放置于正常电压挡位。

l) 箱壳内的高、低压室设照明灯具、变压器室散热、温控装置、防潮、防凝露的技术措施应配置齐全。

12.1.1.2 箱式变电站安装工艺质量检查

a) 基础应高出安装地面不小于 30cm。

b) 基础水平面应该平整，水平度不大于 5mm/全长。

c) 保证箱体安装后的平稳、与基础贴合紧密，并确保所有门开启顺畅到位。

d) 通风口的风口防护网符合设计要求、完好。

e) 预埋件及预留孔符合设计要求，预埋件牢固。

f) 基础坑内无积水，排水良好并无杂物。

g) 箱式变电站底座采用经热镀锌处理的型钢，焊接处均应作防腐处理。

h) 箱式变电站电缆进出口应使用防水和防火材料进行封堵，封堵应密实可靠。

i) 箱体安装后，应留有足够的操作、巡视距离及平台。

j) 箱体安装位置应满足防外力碰撞、消防要求。

k) 接地网与基础型钢连接、基础型钢与引进箱内的地线扁钢连接应有 2 个焊接点。

l）　箱式变电站的配电箱、支架或外壳的接地采用带有防松装置的螺栓连接。连接均应紧固可靠，紧固件齐全。元器件接地应采用螺栓与接地端子排连接。

m）　开启的各金属门应采用镀锡铜编织线接地。

n）　接地体规格符合规定要求。

o）　接地电阻符合设计要求。

p）　变压器的低压侧中性点应直接与接地装置引出的接地干线进行连接，变压器箱体、干式变压器的支架或外壳应进行接地（PE），且有标志。所有连接应可靠，紧固件及防松零件齐全。

q）　安全标志牌、操作工器具、钥匙及备品备件应齐全。

r）　设备运行编号、相序标志等应正确齐全。

12.1.2　柱上变压器

12.1.2.1　柱上变压器本体检查

a）　变压器产品型号、容量等参数应与设计一致。

b）　变压器试验合格，试验单及资料齐全正确，变压器本体外观检查无损伤及变形，油漆完好无损伤，铭牌内容完整字迹清楚，瓷套管完好，油位合格，油色正常，无渗漏油现象。

c）　各部位接线正确，连接处螺母紧固，安装牢固。

d）　一、二次熔断器、避雷器、接地装置安装齐全、合格。

e）　接地电阻摇测合格。

f）　测量变压器二次出口电压，调整分接开关在合适位置。

g）　变压器悬挂有"高压危险、禁止攀登"警告标志。

12.1.2.2　柱上变压器安装工艺质量检查

a）　变压器台的电杆在设计未作规定时，其埋设深度不应小于2.0m。

b）　双杆立好后应正直，位置偏差应符合下列规定数值：

　　1）　双杆中心与中心桩之间的横向位移不大于50mm；

　　2）　迈步不大于30mm；

　　3）　根开不大于±30mm。

c）　横担安装应平整，安装偏差应符合下列规定数值：

　　1）　横担端部上下歪斜不大于20mm；

　　2）　横担端部左右扭斜不大于20mm。

d）　以螺栓连接的构件应符合DL/T 602规定。

e）　柱上变压器的变压器台应安装牢固，水平倾斜不应大于台架根开的1/100。

f）　一、二次引线应排列整齐、绑扎牢固。

g）　变压器安装后，检查套管表面应光洁，不应有安装导致的裂纹、破损等现象；储油柜油位正常，外壳干净，带储油柜变压器吸湿器内干燥剂应干燥。

h）　柱上变压器防雷装置接地线应与变压器二次侧中性点及变压器的金属外壳相可靠连接，连接导体、接地电阻应符合设计规定。

i）　柱上变压器的一、二次进出线均应采用架空绝缘线，其截面积应按变压器额定容量选择，但一次侧引线铜芯不应小于16mm^2，铝芯不应小于25mm^2。

j) 变压器的一、二次侧应分别装设熔断器（当变压器的二次侧装有低压主保护开关的配电箱时可不装设二次熔断器），变压器的熔断器安装符合本规程熔断器安装验收部分规定。

k) 变压器二次侧熔丝（片）应满足二次侧额定电流要求，当变压器二次侧安装有配电箱时，开关应满足二次侧额定电流要求。

l) 配电变压器避雷器应安装在熔断器与变压器之间，其接地线应与变压器二次侧中性点及变压器的金属外壳相连接。避雷器安装符合本规程避雷器安装验收部分规定。多雷区，宜在变压器二次侧装设避雷器。

m) 熔断器、避雷器、变压器的接线柱与绝缘导线的连接部位，宜进行绝缘密封。

n) 柱上变压器台槽钢对地高度一般为 3m，受条件限制时最低不应小于 2.5m；当变压器下安装有其他设备时应保证其支架对地高度不低于 2.8m，受条件限制时最低不应小于 2.5m，槽钢平面坡度不应大于根开的 1/100。

o) 一、二次侧导线与变压器桩头连接宜采用抱杆线夹连接（不同材质须采用过渡型），变压器一、二次引线不应使变压器的套管直接承受应力。

p) 柱上变压器各带电部位与周边构筑物、树、竹等距离符合要求。

12.2 施工单位应提交的资料

设备安装、调试单位应提交下列资料，但不局限于以下资料。

a) 施工资料：
1) 施工中的有关协议及文件；
2) 设计图；
3) 设计变更文件（有变更时）；
4) 竣工图；
5) 安装过程技术记录（包括隐蔽工程记录）；
6) 现场安装调试记录。

b) 设备资料：
1) 设备及其附件的技术说明书、安装手册、接线图；
2) 设备的出厂合格证、检验报告；
3) 设备的图纸（需要时）；
4) 备品备件、专用工器具。

c) 试验资料：
1) 出厂试验报告；
2) 相关验收单位需要的试验报告。

12.3 交接试验

12.3.1 交接试验的要求

交接试验应在设备投运之前进行。

12.3.2 交接试验项目和要求

配电变压器交接试验项目和要求见表 17。

表 17 配电变压器交接试验项目和要求

序号	交接试验项目	要 求	说 明
1	测量绕组连同套管的直流电阻	1）测量应在各分接头的所有位置上进行。 2）各相测得值的相互差值应小于平均值的 4%，线间测得值的相互差值应小于平均值的 2%。 3）变压器的直流电阻，与同温下产品出厂实测数值比较，相应变化不应大于 2%。 4）由于变压器结构等原因，差值超过上述第 2）条时，可只按第 3）条进行比较。但应说明原因	不同温度下电阻值按照下式换算： $$R_2 = R_1 (T+t_2)/(T+t_1)$$ 式中 R_1、R_2——温度在 t_1、t_2 时的电阻值； T——计算用常数，铜导线取 235，铝导线取 225
2	检查所有分接头的电压比	检查所有分接头的电压比，与技术协议及铭牌数据相比应无明显差别，且应符合电压比的规律	"无明显差别"可按如下考虑： 1）电压等级在 35kV 以下，电压比小于 3 的变压器电压比允许偏差不超过 ±1%。 2）其他所有变压器额定分接下电压比允许偏差不超过 ±0.5%。 3）其他分接的电压比应在变压器阻抗电压值（%）的 1/10 以内，但不得超过 ±1%
3	检查变压器的三相接线组别和单相变压器引出线的极性	检查变压器的三相接线组别和单相变压器引出线的极性，应与设计要求及铭牌上的标记和外壳上的符号相符	
4	测量绕组连同套管的绝缘电阻	绝缘电阻值不低于产品出厂试验值的 70%	使用 2500V 绝缘电阻表测量 1min 时的绝缘电阻值。当测量温度与产品出厂试验时的温度不符合时，可按下述公式校正到 20℃时的绝缘电阻值： 当实测温度为 20℃以上时： $$R_{20} = AR_t$$ 当实测温度为 20℃以下时： $$R_{20} = R_t/A$$ 式中 R_{20}——校正到 20℃时的绝缘电阻值（MΩ）； R_t——在测量温度下的绝缘电阻值（MΩ）。 其中 $A=1.5^{K/10}$，K 为实测温度减去 20℃后的绝对值
5	绕组连同套管的交流耐压试验	10kV 电力变压器高压侧应进行交流耐压试验，试验电压按出厂值的 80% 进行。油浸式变压器耐受电压 28kV（干式变压器耐受电压 24kV），频率范围 45Hz～65Hz，时间 60s，试验中电压稳定无击穿和闪络	1）变压器试验电压是根据 GB 1094.3 规定的出厂试验电压乘以 0.8 制定的。 2）干式变压器出厂试验电压是根据 GB 1094.11 制定的
6	检查相位	检查变压器的相位应与电网相位一致	
7	接地电阻测试	符合设计要求	

13 开关柜

13.1 交接验收内容和要求

13.1.1 开关柜本体检查

13.1.1.1 10kV 高压开关柜外观完好，漆面完整无划痕、脱落。

13.1.1.2 框架无变形，装在盘、柜上的电器元件无损坏。

13.1.1.3 10kV 高压开关柜的电器元件型号符合设计图纸及设计要求。

13.1.1.4 10kV 高压开关柜按照装箱单核对备品备件齐全。

13.1.1.5 柜、屏相互间与基础型钢应用镀锌螺栓连接，且防松动零件齐全。

13.1.1.6 控制开关及保护装置的规格、型号符合设计要求。

13.1.1.7 闭锁装置动作准确可靠。

13.1.1.8 主开关的辅助开关切换动作与主开关动作一致。

13.1.1.9 柜、屏上的标志器件应标明被控设备编号、名称或操作位置。接线端子有编号，且清晰工整，不易褪色。

13.1.1.10 带电显示器、保护等仪器仪表显示正确。

13.1.2 开关柜安装工艺质量检查

13.1.2.1 **10kV 高压开关柜**

a) 依据电器安装图，核对主进线柜与进线套管位置相对应，并将进线柜定位，柜体应符合：垂直误差小于 1.5mm/m，最大误差小于 3mm；侧面垂直误差小于 2mm。

b) 相对排列的柜以跨越母线柜为准，进行对面柜体的就位，保证两柜相对应，其左右偏差小于 2mm。

c) 其他柜质量要求应符合：垂直度小于 1.5mm/m；水平偏差：相邻两盘顶部小于 2mm，成列盘顶部小于 5mm；盘间不平偏差：相邻两盘边小于 1mm，成列盘面小于 5mm；盘间接缝小于 2mm。

d) 整体安装后各尺寸符合规程规范要求，柜体与基础槽钢固定牢固。

e) 柜内接地母线与接地网可靠连接，接地材料规格不小于设计规定，每段柜接地引下线不少于 2 点。

13.1.2.2 **手车式开关柜**

a) "五防"装置齐全、符合相应逻辑关系，"五防"装置动作可靠。

b) 手车推拉灵活轻便，无卡阻、碰撞现象，相同型号的手车应能互换。

c) 手车推入工作位置后，动、静触头接触应严密、可靠。

d) 手车和柜体间的二次回路连接插件应接触良好。

e) 安全隔离板开启灵活，动作正确到位。

f) 柜内控制电缆应固定牢固，不应妨碍手车的进出。

g) 避雷器的接线方式符合反措要求。

13.1.2.3 **环网单元**

a) 基础及预埋槽钢接地良好，符合设计要求。基础水平误差应保证在 ±1mm 范围内，总误差在 ±5mm 范围内，产品有特殊安装要求时，执行产品要求。

b) 环网各单元满足设计要求。

13.1.2.4　接地

a) 柜、屏的金属框架及基础型钢应接地（PE）或接零（PEN）可靠；装有电器的可开启门和框架的接地端子间应用软铜线连接，软铜线截面积不应小于 2.5mm²，还应满足机械强度的要求，并做好标志。

b) 开关柜接地网连接可靠，接地线规格正确，防腐层完好，标志齐全明显。

c) 同一设备的接地线配置应整齐一致。

d) 接地连接线的弯曲不能采用热处理，弯曲半径应符合规程要求，弯曲部位无裂痕、无变形。

e) 接地连接线刷漆颜色为黄绿相间，其顺序为：从左至右先黄后绿，从里至外先黄后绿。

f) 接地网的接地电阻值及其他测试参数符合设计规定。

g) 当建筑物与开关柜共同使用建筑物接地网时，建筑物接地网应满足开关柜对接地网的阻值和动热稳定的要求。建筑物接地网与配电室至少应有 2 个方向的连接，与开闭站至少应有 4 个方向的连接。

13.1.2.5　基础

a) 核对基础埋件及预留孔洞应符合设计要求。

b) 10kV 高压开关柜的基础槽钢应符合：基础槽钢的不直度应不大于 1mm/m，全长不大于 5mm；基础槽钢的水平度应不大于 1mm/m，全长不大于 5mm；基础槽钢的位置误差及不平行度全长应不大于 5mm。

c) 每段基础槽钢的两端应有明显的接地。

d) 基础型钢与接地母线连接，将接地扁钢引入并与基础型钢两端焊牢。焊缝长度为接地扁钢宽度的 2 倍，三面施焊。

e) 室外配电装置的场地应平整。

f) 通风、事故照明及消防装置符合要求。

13.1.3　土建的交接验收

13.1.3.1　设备安装前，建筑工程应具备下列条件：

a) 屋顶、楼板不得采用抹灰顶，并应做好可靠的防水处理，不得渗漏。

b) 室内地面层施工完毕，应在墙上标出地面标高，设备底座及母线的构架安装后，做好抹光地面的工作，门窗安装完毕。

c) 预埋件及预留孔符合设计要求。

d) 进行装饰时有可能损坏已安装的设备或设备安装后不能再进行装饰的工作全部结束。

e) 混凝土基础及构架达到允许安装的强度和刚度，设备支架焊接质量符合要求。

f) 模板、施工设施及杂物清理干净，并有足够的安装用地，施工道路通畅。

g) 高层构架的走道板、栏杆、平台及梯子等齐全牢固。

h) 基坑已回填夯实。

13.1.3.2　设备投运前，建筑工程应符合下列要求：

a) 门窗安装完毕。

b) 完成构架上的污垢消除和孔洞、装饰填补等。

c） 完成二次灌浆和抹面。

d） 防护用网门、栏杆及梯子齐全。

e） 室外配电装置的场地应平整。

f） 受电后无法进行或影响运行安全的工作施工完毕。

g） 通风、事故照明及消防装置安装完毕。

13.1.3.3 隐蔽工程验收

a） 隐蔽工程应按施工阶段进行中间验收并做好阶段性验收记录。

b） 检查埋在结构内的各种电线导管及利用结构钢筋做的避雷引下线的品种、规格、位置、标高、弯度是否符合要求。

c） 检查接地极埋设与接地带连接处的焊接质量和防腐处理。

d） 检查均压带、金属门窗与接地引下线处的焊接质量或铝合金门窗的连接情况。

e） 检查不能进入吊顶内的电线导管及线槽、桥架等敷设情况。

13.2 施工单位应提交的资料

设备安装、调试单位应提交下列资料，但不局限于以下资料。

a） 施工资料：

1） 施工中的有关协议及文件；

2） 设计图；

3） 设计变更文件（有变更时）；

4） 基础工程验收报告；

5） 竣工图；

6） 安装过程技术记录（包括隐蔽工程记录）；

7） 电气设备继电保护及自动装置的定值；

8） 现场安装调试记录。

b） 设备资料：

1） 设备及其附件的技术说明书、安装手册、接线图；

2） 出厂合格证、检验报告；

3） 安装图纸（需要时）；

4） 需要的备品、备件、专用工器具。

c） 试验资料：

1） 出厂试验报告；

2） 相关验收单位需要的试验报告。

13.3 交接试验

13.3.1 交接试验的要求

交接试验应在设备投运之前进行。

13.3.2 交接试验项目和要求

开关柜本体的试验项目和要求见表18，开关柜内电流互感器试验项目和要求见表19，开关柜内电压互感器试验项目和要求见表20，开关柜内避雷器试验项目和要求见表15。

表 18 开关柜本体试验项目和要求

序号	交接试验项目	要求	说明
1	整体绝缘电阻	符合技术协议要求	采用 2500V 绝缘电阻表
2	整体交流耐压试验	试验电压按出厂值的 80%	试验时应解开避雷器、电压互感器等影响耐压试验的设备
3	回路电阻测量	不大于技术协议规定值的 1.5 倍	测量电流不小于 100A
4	动作特性及操动机构检查和测试	1）合闸在额定电压的 85%～110%范围内应可靠动作，分闸在额定电压的 65%～110%（直流），应可靠动作，当低于额定电压的 30%时，脱扣器不应脱扣。 2）储能电动机工作电流及储能时间检测，检测结果应符合设备技术文件要求。电动机应能在 85%～110%的额定电压下可靠工作。 3）直流电阻结果应符合设备技术文件要求或初值差不超过±5%。 4）开关分合闸时间、同期、弹跳符合设备技术文件要求	
5	控制、测量等二次回路绝缘电阻	绝缘电阻一般不低于 10MΩ	采用 1000V 绝缘电阻表
6	"五防"装置检查	符合设备技术文件和"五防"要求	
7	接地电阻测试	符合设计要求	
8	保护类设备试验	1）按照实际故障定值进行定值校验试验。 2）对开关站一次开关进行保护传动试验	根据实际的配置情况，对过流、零序等功能进行检查

表 19 开关柜内电流互感器试验项目和要求

序号	交接试验项目	要求	说明
1	绕组的绝缘电阻	测量电流互感器一次绕组的绝缘电阻，绝缘电阻不宜低于 1000MΩ	采用 2500V 绝缘电阻表
2	交流耐压试验	按出厂试验的 80%进行	
3	极性检查	与铭牌标志一致	
4	各分接头变比	与铭牌标志一致	
5	绕组直流电阻	同型号、同规格、同批次电流互感器一、二次绕组的直流电阻和平均值的差异不宜大于 10%	

表20 开关柜内电压互感器试验项目和要求

序号	交接试验项目	要 求	说 明
1	绕组的绝缘电阻	测量一次绕组对二次绕组及外壳绝缘电阻不宜低于1000MΩ，二次绕组绝缘电阻不低于10MΩ	一次绕组采用2500V绝缘电阻表，二次绕组采用1000V绝缘电阻表
2	交流耐压试验	按出厂试验的80%进行	
3	极性检查	与铭牌标志一致	
4	各分接头变比	与铭牌标志一致	
5	绕组直流电阻	1）一次绕组直流电阻测量值，与换算到同一温度下的出厂值比较，相差不宜大于10%。 2）二次绕组直流电阻测量值，与换算到同一温度下的出厂值比较，相差不宜大于15%	

14 电缆线路

14.1 交接验收内容和要求

14.1.1 电缆敷设前检查要求

14.1.1.1 电缆敷设的路径、土建设施（电缆沟、电缆隧道、排管、交叉跨越管道等）及埋设深度、宽度、弯曲半径等符合设计和规程要求。电缆通道畅通，排水良好。金属部分的防腐措施符合要求，防腐层完整。隧道内通风符合要求，新建隧道应有通风口，隧道本体不应有渗漏。

14.1.1.2 电缆型号、电压、规格应符合设计要求。

14.1.1.3 电缆盘外观应无损伤，电缆外皮表面无损伤，电缆内外封头密封良好，当对电缆的外观和密封状态有怀疑时，应进行潮湿判断；直埋电缆应参照 DL/T 596 附录 D 橡塑电缆内衬层和外护套破坏进水的确定方法进行适当项目的试验并合格。

14.1.2 电缆敷设后检查要求

14.1.2.1 一般要求：

a）中间接头不应设置在变电站夹层、交叉路口、建筑物门口、与其他管线交叉处或通道狭窄处；在路径不平时应保持电缆中间头水平。

b）电缆沟、隧道、电缆井和人井的防水层不应损坏。电力电缆在终端头附近宜留有余度。电缆各支持点间的距离应符合 GB 50217 的相关规定。厂家有最小弯曲半径规定的电缆按照厂家的规定执行；厂家没有具体最小弯曲半径规定的交联聚乙烯绝缘电力电缆，其最小允许弯曲半径为15D，D 为电缆外径。

c）电缆敷设时应排列整齐，不宜交叉，并加以固定。电缆须装设标志牌。

d）电缆线路接头的布置应符合下列要求：

1）并列敷设的电缆，其接头的位置宜相互错开。

2）电缆明敷时的接头，应用接头托架托置并与支架固定。

3）直埋电缆接头应有防止机械损伤的保护结构或外设保护盒。

4) 架空敷设电缆不应设中间接头。

5) 三芯电缆不应与单芯电缆直接相连。

e) 标志牌的装设应符合下列要求：

1) 电缆线路在电缆终端头、电缆接头、电缆穿管两端、人井内等地方应装设标志牌。在电缆沟道（隧道）敷设的电缆应增加标志牌数，间隔 20m～30m 悬挂一个标志牌。

2) 标志牌上应注明线路编号。当无编号时，应写明电缆型号、规格及起止地点；并联使用的电缆应有顺序号。标志牌的字迹应清晰不易脱落。

3) 标志牌规格和内容应统一。标志牌应能防腐，挂装应牢固。

f) 在下列地方应将电缆加以固定：

1) 垂直敷设或超过 45° 倾斜敷设的电缆在每个支架上；桥架上每隔 2m 处。

2) 水平敷设的电缆，在电缆首末两端及转弯、电缆接头的两端处；当对电缆固定有特殊要求时，按照要求执行；终端头不应使所连接设备端子承受电缆应力。

3) 单芯电缆的固定应符合设计要求；满足按短路电动力确定所需予以固定的间距。

4) 交流系统的单芯电缆的固定夹具不应构成闭合磁路。

5) 电缆固定用部件的选择，应符合下列规定：除交流单芯电力电缆外，可采用经防腐处理的金属夹具、尼龙扎带或镀塑金属扎带；强腐蚀环境，应采用尼龙扎带或镀塑金属扎带；交流单芯电力电缆的刚性固定，宜采用铝合金等不构成磁性闭合回路的夹具；其他固定方式，可采用尼龙扎带或绳索，但不得用铁丝直接捆扎电缆。

g) 沿电气化铁路或有电气化铁路通过的桥梁上明敷电缆的金属护层或电缆金属管道，应沿其全长与金属支架或桥梁的金属构件绝缘。

h) 电缆进入电缆沟、隧道、竖井、建筑物、盘（柜）以及穿入管道时，出入口应封闭，管口应密封。

i) 电缆及其附件、安装用的钢制紧固件，除地脚螺栓外应用热镀锌制品。

14.1.2.2 直埋电缆的敷设要求：

a) 在电缆线路路径上有可能使电缆受到损伤及危害的地段，应采取保护措施。

b) 电缆埋置深度应符合下列要求：

1) 电缆表面距地面的距离不应小于 0.7m。穿越农田或在车行道下敷设时不应小于 1m。在引入建筑物、与地下建筑物交叉及绕过地下建筑物处，可浅埋，但应采取保护措施。

2) 电缆应埋设于冻土层以下，当受条件限制时，应采取防止电缆受到损坏的措施。

c) 电缆之间，电缆与其他管道、道路、建筑物等之间平行和交叉时的最小净距，应符合 GB 50217 的相关规定。严禁将电缆平行敷设于管道的上方或下方。并应符合以下规定：

1) 电缆与热管道（沟）及热力设备平行、交叉时，应采取隔热措施，使电缆周围土壤的温升不超过 10℃；

2） 直埋电缆穿越城市街道、公路、铁路，或穿过有载重车辆通过的大门、进入建筑物的墙角处、进入隧道、人井，或从地下引出到地面时，应将电缆敷设在满足强度要求的管道内，为防止渗水和小动物进入，应将管口封堵好；

3） 电缆交叉时，高电压等级的电缆宜敷设在低电压等级电缆的下面；

4） 当电缆穿管或者其他管道有保温层等防护设施时，净距应从管壁或防护设施的外壁算起。

d） 电缆与铁路、公路、城市街道、厂区道路交叉时，应敷设于有良好防腐处理的钢制保护管、穿管或隧道内。电缆管的两端宜伸出道路路基两边 0.5m 以上；伸出排水沟 0.5m；在城市街道应伸出车道路面。

e） 直埋电缆的上、下部应铺以不小于 100mm 厚的软土或沙层，软土或沙子中不应有石块或其他硬质杂物，并加盖保护板，其覆盖宽度应超过电缆两侧各 50mm，保护板采用混凝土盖板，盖板上方加装直埋电缆警示带，高度约在 350mm。

f） 直埋电缆在直线段每隔 30m～50m 处、电缆接头处、转弯处、进入建筑物等处，应设置明显的警示标志或标桩，且在郊外或开发区（规划区、建设区）应采取多种警示标志，如采用竖立在地面上的警示标志牌等。

g） 直埋电缆回填土前，应经隐蔽工程验收合格。回填土应为细沙土，并分层夯实。

14.1.2.3 保护管内电缆的敷设要求：

a） 保护管材质、孔径、壁厚、单根长度符合设计要求。

b） 管路顶部土壤覆盖的厚度不宜小于 0.5m。

c） 在下列地点，电缆应有一定机械强度的保护管或加装保护罩：

1） 电缆进入建筑物、隧道、穿过楼板及墙壁处；

2） 从沟道引至电杆、设备、墙外表面或屋内行人容易接近处，距地面高度 2m 以下的一段；

3） 可能有载重设备移经电缆上面的区段；

4） 其他可能受到机械损伤的地方；

5） 保护管埋入非混凝土地面的深度不应小于 100mm；伸出建筑物散水坡的长度不应小于 250mm，保护罩根部不应高出地面。

d） 管道内部应无积水，且无杂物堵塞。穿电缆时，不得损伤护层。

e） 电缆排管在敷设电缆前，应进行疏通，清除杂物。

f） 穿入管中电缆的数量应符合设计要求，交流单芯电缆不得单独穿入钢管内。

14.1.2.4 电缆构筑物中电缆的敷设要求：

a） 电缆的排列，应符合下列要求：

1） 电力电缆和控制电缆不宜配置在同一层支架上。

2） 高低压电力电缆，强电、弱电控制电缆应按顺序分层配置。

3） 同一层支架上电缆排列的配置，宜符合下列规定：控制和信号电缆可紧靠或多层叠置；除交流系统用单芯电力电缆的同一回路可采取品字形（三叶形）配置外，对重要的同一回路多根电力电缆，不宜叠置；除交流系统用单芯电缆情况外，电力电缆相互间宜有 1 倍电缆外径的空隙；交流单芯电力电缆，应布置在同侧支架上，并加以固定，当按紧贴正三角形排列时，应每隔一定的距离用绑带扎牢，以免其松散。

b) 并列敷设的电力电缆，其相互间的净距应符合设计要求。

c) 交流三芯电力电缆在普通支吊架上不应超过 1 层；桥架上不应超过 2 层。

d) 电缆与热力管道、热力设备之间的净距，平行时应不小于 1m，交叉时应不小于 0.5m，当受条件限制时，应采取隔热保护措施。电缆不宜平行敷设于热力设备和热力管道的上部。在隧道、沟、浅槽、竖井、夹层等封闭式电缆通道中，不得含有可能影响环境温升持续超过 5℃的供热管路，严禁含有易燃气体或易燃液体的管道。

e) 电缆沟内应无杂物，盖好盖板。必要时，应将盖板缝隙密封。

f) 当敷设的电缆在隧道井口处有被掉物砸伤的可能时应对电缆进行保护。

g) 电缆支架最上层及最下层至沟顶、楼板或沟底、地面的距离，当设计无规定时，不宜小于表 21 的数值。

表 21 电缆支架最上层及最下层至沟顶、楼板或沟底、地面的距离要求

单位：mm

敷设方式	电缆隧道及夹层	电缆沟	吊架	桥架
最上层至沟顶或楼板	300～350	150～200	150～200	350～450
最下层至沟底或地面	100～150	50～100	—	100～150

14.1.2.5 公用设施中电缆的敷设要求：

a) 木桥上的电缆应穿管敷设。在其他结构的桥上敷设的电缆，应在人行道下设电缆沟或穿入由耐火材料制成的管道中。在人不易接触处，电缆可在桥上裸露敷设，但应采取避免太阳直接照射的措施。

b) 悬吊架设的电缆与桥梁架构之间的净距不应小于 0.5m。

c) 在经常受到振动的桥梁上敷设的电缆，应有防振措施。桥墩两端和伸缩缝处的电缆，应留有松弛部分。

14.1.2.6 水底电缆的敷设要求：

a) 水底电缆应是整根的。当整根电缆超过制造厂的制造能力时，可采用软接头连接。

b) 通过河流的电缆，应敷设于河床稳定及河岸很少受到冲损的地方。

c) 水底电缆的敷设，应平放水底，不得悬空。当条件允许时，宜埋入河床（海底）0.5m 以下。

d) 水底电缆平行敷设时的间距不宜小于最高水位水深的 2 倍；当埋入河床（海底）以下时，其间距按埋设方式或埋设机的工作活动能力确定。

e) 水底电缆引到岸上的部分应穿管或加保护盖板等保护措施，其保护范围，下端应为最低水位时船只搁浅及撑篙达不到之处；上端高于最高洪水位。在保护范围的下端，电缆应固定。

f) 电缆线路与小河或小溪交叉时，应穿管或埋在河床下足够深处。

g) 在岸边水底电缆与陆上电缆连接的接头，应装有锚定装置。

h) 水底电缆的敷设方法、敷设船只的选择和施工组织的设计，应按电缆的敷设长度、外径、重量、水深、流速和河床地形等因素确定。

i) 水底电缆敷设后，应作潜水检查，电缆应放平，河床起伏处电缆不得悬空，并测量电缆的确切位置。在两岸应按设计设置标志牌。

14.1.2.7 电缆的架空敷设要求：

a) 架空电缆悬吊点或固定的间距，应符合 GB 50217 的相关规定。

b) 架空电缆与公路、铁路、架空线路交叉跨越时，距离要求应符合表 22 的规定。

表 22 架空电缆与公路、铁路、架空线路交叉跨越的距离要求　　单位：m

交叉设施	最小允许距离	备　注
铁路	7.5	
公路	6	
电车路	3/9	至承力索或接触线/至路面
弱电线路	1	
电力线路	1/2	电压 0.4kV/10kV
河道	6/1	5 年一遇洪水位/至最高航行水位的最高船桅顶
索道	1	

c) 架空电缆的悬吊线应有良好的接地，杆塔和配套金具应符合规程和强度要求。

d) 对于较短且不便直埋的电缆可采用架空敷设，架空敷设的电缆截面不宜过大，考虑到环境温度的影响，架空敷设的电缆载流量宜按小一规格截面积的电缆载流量考虑。

e) 支撑架空电缆的钢绞线应满足荷载要求，并全线良好接地，在转角处须打拉线或顶杆。

f) 架空敷设的电缆不宜设置电缆中间头。

14.1.2.8 电缆附件要求：

a) 电缆线芯连接金具，应采用符合标准的连接管和接线端子，其内径应与电缆线芯匹配，间隙不应过大，符合相关国家标准要求；采用压接时，压接钳和模具应符合规格要求。

b) 电缆终端与电气装置的连接，应符合 GB 50149 的相关规定。

c) 电缆线芯连接压接后，应将端子或连接管上的凸痕修理光滑，不得残留毛刺。

d) 三芯电力电缆接头两侧电缆的金属屏蔽层（或金属套）、铠装层应分别连接良好，不得中断，跨接线的截面不应小于 GB 50169 的相关规定。直埋电缆接头的金属外壳及电缆的金属护层应做防腐处理。

e) 三芯电力电缆终端处的金属铠装层应接地良好；塑料电缆每相铜屏蔽和钢铠应锡焊接地线。

f) 电缆终端和接头，各部件间的配合或搭接处应采取堵漏、防潮和密封措施。

g) 电缆终端上应有明显的相色标志，且应与系统的相位一致。

14.1.2.9　接地要求：

a) 非金属管线敷设时，应全线埋设接地线，并与工作井、箱式变压器或电缆分接箱的接地连接在一起，接地线的截面和接地电阻应满足要求。

b) 电力电缆铜屏蔽及铠装层应单独引出并可靠接地。接地线应采用铜绞线或镀锡铜编织线与电缆屏蔽层的连接，其截面积不应小于 $25mm^2$。对于铜线屏蔽的电缆，应用原铜线绞合后引出作为接地线。

c) 利用电缆保护钢管作接地线时，应先焊好接地线，有螺纹的管接头处应用跳线焊接再敷设电缆。

14.2　施工单位应提交的资料

设备安装、调试单位应提交下列资料，但不局限于以下资料。

a) 施工资料：
1) 施工中的有关协议及文件；
2) 设计图；
3) 设计变更文件（有变更时）；
4) 竣工图；
5) 安装过程技术记录（包括隐蔽工程记录）；
6) 电缆清册；
7) 电缆线路的实测路径走向图；
8) 电缆终端和接头的型号及安装日期；
9) 交叉跨越记录。

b) 设备资料：
1) 电缆及其附件的技术说明书、安装手册、接线图；
2) 电缆的出厂合格证、检验报告；
3) 电缆的图纸（需要时）；
4) 备品备件、专用工器具。

c) 试验资料：
1) 出厂试验报告；
2) 相关验收单位需要的试验报告。

14.3　交接试验

14.3.1　交接试验的要求

交接试验应在设备投运之前进行。

14.3.2　交接试验项目和要求

电缆线路交接试验项目和要求见表 23。

表 23　电缆线路交接试验项目和要求

序号	交接试验项目	要　　求	说　　明
1	主绝缘绝缘电阻测试	相间比较应无明显变比	采用 2500V 或 5000V 绝缘电阻表

表 23（续）

序号	交接试验项目	要 求	说 明
2	交流耐压	1）试验频率：20Hz～300Hz。 2）试验电压：2.5U_0（或 2U_0）。 3）加压时间：5min（或 60min）	
3	测量金属屏蔽层电阻和导体电阻比	测量在相同温度下的金属屏蔽层和导体的直流电阻	用双臂电桥测量。必要时可选作此项目
4	检查电缆线路两端的相位	电缆两端相位应一致，并与电网相位相符合	
5	电缆外护套绝缘电阻测试	每千米绝缘电阻值不低于 0.5MΩ	采用 500V 绝缘电阻表
6	电缆内衬层绝缘电阻测试	每千米绝缘电阻值不低于 0.5MΩ	采用 500V 绝缘电阻表
7	振荡波局放	无异常	电缆线路进行中间头、终端头等更换大修后，如有条件可进行

15 电缆分支（接）箱

15.1 交接验收内容和要求

15.1.1 电缆分支箱本体检查

15.1.1.1 电缆分支箱型号和各类参数应符合设计规定。

15.1.1.2 箱体各平面内外应该平整清洁、无裂纹、无划痕、无变形、铭牌字迹清楚，箱门应有密封措施。传动机构系统应灵活、动作正确到位、指示正确，现场试操作不少于 3 次。

15.1.1.3 各间隔开关应采用"分、合、接地"三工位开关，且应能可靠闭锁。

15.1.1.4 箱内信号灯完好、指示正确，气体压力表指示气压正常。

15.1.1.5 箱体各门开启、关闭灵活，开启不小于 90°，并有定位装置，门上应装锁并有永久防雨水装置。

15.1.1.6 箱体内的螺栓均应采用不锈钢螺栓，铁制构件均应采用热镀锌或不锈钢工艺。

15.1.1.7 应满足"五防"要求。

15.1.2 电缆分支箱安装工艺质量检查

15.1.2.1 箱体安装位置满足防外力碰撞、消防要求。箱体通风孔通畅。设备连接端子不得承受连接电缆横向应力。接线图与实际一致，参数准确。

15.1.2.2 基础应高于安装地面 30cm。

15.1.2.3 基础水平面应该平整，水平度不大于 5mm/全长。

15.1.2.4 基础周边满足人员操作、巡视要求，保证箱体安装后的平稳、与基础贴合紧密，并确保所有门开启顺畅到位。

15.1.2.5 基础内壁应该平整，各孔洞、间隙应严格进行封堵。

15.1.2.6 坑上活动盖板坚实且满足安装地点周边环境要求，盖板周边缝隙严密。

15.1.2.7 基础坑内空满足电缆弯曲半径、施工人员操作空间要求。

15.1.2.8 分支箱的接地装置应连接正确可靠（与箱体连接应采用螺栓连接并且螺栓应使

用防松垫片），接地网与金属箱体连接不少于两处且每处接触面不小于 $160mm^2$，不宜直焊，接地电阻应符合设计要求。

15.1.2.9 箱内元器件接地应采用螺栓与接地端子排连接。

15.1.2.10 检查基础台面、坑内是否满足不积水要求，排水应良好并无杂物。

15.1.2.11 安全标志牌、操作工器具、钥匙齐全、各进出电缆的标示牌、箱体编号（设备运行编号）、相序标识和备品备件等应配置正确齐全。

15.2 施工单位应提交的资料

设备安装、调试单位应提交下列资料，但不局限于以下资料。

a) 施工资料：

1) 施工中的有关协议及文件；

2) 设计图；

3) 设计变更文件（有变更时）；

4) 基础工程验收报告；

5) 竣工图；

6) 安装过程技术记录（包括隐蔽工程记录）；

7) 电气设备继电保护及自动装置的定值；

8) 现场安装调试记录。

b) 设备资料：

1) 设备及其附件的技术说明书、安装手册、接线图；

2) 出厂合格证、检验报告；

3) 安装图纸（需要时）；

4) 需要的备品、备件、专用工器具。

c) 试验资料：

1) 出厂试验报告；

2) 相关验收单位需要的试验报告。

15.3 交接试验

15.3.1 交接试验的要求

交接试验应在设备投运之前进行。

15.3.2 交接试验项目和要求

电缆分支箱交接试验项目和要求见表 24。

表 24 电缆分支箱交接试验项目和要求

序号	交接试验项目	要　求	说　　明
1	主绝缘绝缘电阻测试	应符合技术协议规定	采用 2500V 或 5000V 绝缘电阻表
2	交流耐压	试验电压应符合技术协议要求	耐压值参照本标准电缆部分
3	检查电缆分支箱进、出端的相位	相位应一致，并与电网相位相符合	
4	接地电阻测试	应符合设计要求	

16 构筑物及外壳

16.1 交接验收内容和要求

16.1.1 构筑物及外壳本体检查

16.1.1.1 构筑物及外壳要符合设计技术和设备运行技术要求规范。

16.1.1.2 对构筑物及外壳的耐火等级要求符合 GB 50016 的相关规定。

16.1.2 对构筑物及外壳安装工艺质量检查

16.1.2.1 构筑物及外壳的顶棚不得有漏水和裂纹痕迹，内墙面应刷白，环境清洁、明亮。内、外墙面不得有脱落、锈蚀、漏水痕迹等现象。配电室的顶棚不得有脱落或掉灰的现象。

16.1.2.2 地（楼）面采用高标号水泥抹面压光，防止地面起灰。保持室内清洁，以利于电气设备的安全运行。

16.1.2.3 构筑物及外壳应设有防雨、雪飘入室内的措施。构筑物周边设置排水沟或集水坑，或采取其他有效措施，以便将沟内积水排走，防止设备受潮造成事故。

16.1.2.4 高、低压室的构筑物应开窗，临街一面不宜开窗。

16.1.2.5 构筑物及外壳应有防止小动物进入的措施。

16.1.2.6 构筑物及外壳应设置防雷接地，接地电阻值符合设计要求或设备运行要求。

16.1.2.7 构筑物内应设置良好通风装置，并采取防尘措施。

16.1.2.8 在严寒地区，当环境温度低于电气设备、仪表（如电能表等）、继电器元件等使用温度时，构筑物内应安装有采暖措施，并不得影响设备正常安全运行。采暖装置应采用钢管焊接，不得有法兰、螺纹接头和阀门。

16.1.3 构筑物隐蔽工程验收

对构筑物隐蔽工程的验收应当在基建施工完成后由施工单位提出单独申请，验收方和监理方进行验收合格后方可进行后续施工。

16.1.3.1 箱式变电站基础

参照本标准 12.1.1.2。

16.1.3.2 配电室基础

a) 新改造配电室可独立设置或设置在建筑物内，应统筹规划、合理预留配电设施安装位置。在公共建筑楼内改造的配电室，应采取防噪声、防建筑共振、防电磁干扰等措施，应结合建筑物综合考虑通风、散热和消防措施等措施。

b) 室内配电室如受条件所限，可设置在地下一层，但不得设置在最底层。不宜设在卫生间、浴室等经常积水场所的下方或贴邻，各种管道不得从配电室内穿过。变压器室不宜设置在有人居住房间的正下方。

c) 配电室设在地下室时须采取严格的防渗漏、防潮等措施，并配备必要的排水、通风、消防设施，同时应选用满足地下环境要求的全工况电气设备。

d) 独立配电室的标高应高于洪水和暴雨的排水，屋顶宜采用坡顶形式，屋顶排水坡度不应小于 1/50，并有组织排水。屋面不宜设置女儿墙。

e) 配电室应合理考虑通风散热方式及装置选型，门窗应密合，与室外相通的孔洞应封堵。防止雨、雪、小动物、尘埃等进入室内。门窗应采取必要的防盗措施。

f) 楼宇内配电设施的通风应与楼宇通风同步考虑，必要时宜设置除湿装置。当使用

SF_6 气体绝缘设备时，宜装设低位排气装置。

g) 变压器室大门应避开居民住宅，高压室宜设不能开启的自然采光窗，窗台距室外地坪不宜低于 1.8m，低压室可设能开启的自然采光窗，配电室房临街的一面不宜开窗。

h) 电缆密集场所可以设置专门的排水泵和集水井，防止积水。

i) 核对基础埋件及预留孔洞应符合设计要求。

j) 10kV 高压开关柜的基础槽钢应符合：基础槽钢的不直度应不大于 1mm/m，全长不大于 5mm；基础槽钢的水平度应不大于 1mm/m，全长不大于 5mm；基础槽钢的位置误差及不平行度全长应不大于 5mm。

k) 每段基础槽钢的两端应有明显的接地。

l) 基础型钢与接地母线连接，将接地扁钢引入并与基础型钢两端焊牢。焊缝长度为接地扁钢宽度的 2 倍，三面施焊。

m) 室外配电装置的场地应平整。

n) 通风、事故照明及消防装置符合要求。

16.1.3.3　电缆沟、井、隧道基础

a) 隧道内通道净高不宜小于 1900mm；在较短的隧道中与其他沟道交叉的局部段，净高可降低，但不应小于 1400mm。

b) 封闭式工作井的净高不宜小于 1900mm。

c) 电缆夹层室的净高不得小于 2000mm，但不宜大于 3000mm。民用建筑的电缆夹层净高可稍降低，但在电缆配置上供人员活动的短距离空间不得小于 1400mm。

d) 电缆沟、隧道或工作井内通道的净宽，不宜小于表 25 所列值。

表 25　电缆沟、隧道或工作井内通道的净宽　　　　单位：mm

电缆支架配置方式	具有下列沟深的电缆沟			开挖式隧道或封闭式工作井	非开挖式隧道
	<600	600～1000	>1000		
两侧	300	500	700	1000	800
单侧	300	450	600	900	800

e) 电缆构筑物应满足防止外部进水、渗水的要求，且应符合下列规定：

1) 对电缆沟或隧道底部低于地下水位、电缆沟与工业水管沟并行邻近、隧道与工业水管沟交叉时，宜加强电缆构筑物防水处理。

2) 电缆沟与工业水管沟交叉时，电缆沟宜位于工业水管沟的上方。

3) 在不影响厂区排水情况下，厂区户外电缆沟的沟壁宜稍高出地坪。

f) 电缆构筑物应实现排水畅通，且符合下列规定：

1) 电缆沟、隧道的纵向排水坡度，不得小于 0.5%。

2) 沿排水方向适当距离宜设置集水井及其泄水系统，必要时应实施机械排水。

3) 隧道底部沿纵向宜设置泄水边沟。

g) 电缆沟沟壁、盖板及其材质构成，应满足承受荷载和适合环境耐久的要求。

h) 电缆隧道、封闭式工作井应设置安全孔，安全孔的设置应符合下列规定：

1) 沿隧道纵长不应少于 2 个。在工业性厂区或变电站内隧道的安全孔间距不宜大于 75m。在城镇公共区域开挖式隧道的安全孔间距不宜大于 200m，非开挖式隧道的安全孔间距可适当增大，且宜根据隧道埋深和结合电缆敷设、通风、消防等综合确定。隧道首末端无安全门时，宜在不大于 5m 处设置安全孔。

2) 对封闭式工作井，应在顶盖板处设置 2 个安全孔。位于公共区域的工作井，安全孔井盖的设置宜使非专业人员难以启动。

3) 供人出入的安全孔直径不得小于 700mm。

4) 安全孔内应设置爬梯，通向安全门应设置步道或楼梯等设施。

5) 在公共区域露出地面的安全孔设置部位，宜避开公路、轻轨，其外观宜与周围环境景观相协调。

i) 高落差地段的电缆隧道中，通道不宜呈阶梯状，且纵向坡度不宜大于 15°，电缆接头不宜设置在倾斜位置上。

j) 电缆隧道应有通风设施，且有防火隔断。当有较多电缆导体工作温度持续达到 70℃以上或其他影响环境温度显著升高时，可装设机械通风，但机械通风装置应在一旦出现火灾时能可靠地自动关闭。长距离的隧道，宜适当分区段实行相互独立的通风。

k) 非拆卸式电缆竖井中，应有人员活动的空间，且宜符合下列规定：

1) 未超过 5m 高时，可设置爬梯，且活动空间不宜小于 800mm×800mm。

2) 超过 5m 高时，宜设置楼梯，且每隔 3m 宜设置楼梯平台。

3) 超过 20m 高且电缆数量多或重要性要求较高时，可设置简易式电梯。

l) 电缆管不应有穿孔、裂缝和显著的凹凸不平，内壁应光滑；金属电缆管不应有严重锈蚀；塑料电缆管应有满足电缆线路敷设条件所需保护性能的品质证明文件。在易受机械损伤的地方和在受力较大处直埋时，应采用足够强度的管材。

m) 电缆支架应符合下列要求：

1) 支架钢材应平直，无明显扭曲。下料误差应在 5mm 范围内，切口应无卷边、毛刺。

2) 支架焊接应牢固，无显著变形。各横撑间的垂直净距与设计偏差不应大于 5mm。

3) 电缆支架的强度，应满足电缆及其附件荷重和安装维护的受力要求，当有可能短暂上人时，应计入 900N 的附加集中荷载；在户外时，还应计入可能有覆冰、雪和大风的附加荷载。

4) 金属电缆支架应进行防腐处理。位于湿热、盐雾以及有化学腐蚀地区时，应根据设计做特殊的防腐处理。

5) 电缆支架应安装牢固，横平竖直；托架支吊架的固定方式应按设计要求进行。各支架的同层横档应在同一水平面上，其高低偏差不应大于 5mm。托架支吊架沿桥架走向左右的偏差不应大于 10mm。

6) 在有坡度的电缆沟内或建筑物上安装的电缆支架，应有与电缆沟或建筑物相同的坡度。

7) 电缆支架最上层及最下层至沟顶、楼板或沟底、地面的距离，当设计无规定时，不宜小于表 26 的数值。

表 26 电缆支架最上层及最下层至沟顶、楼板或沟底、地面的距离

单位：mm

敷设方式	电缆隧道及夹层	电缆沟	吊架	桥架
最上层至沟顶或楼板	300～350	150～200	150～200	350～450
最下层至沟底或地面	100～150	50～100	—	100～150

n) 组装后的钢结构竖井，其垂直偏差不应大于其长度的 2‰；支架横撑的水平误差不应大于其宽度的 2‰；竖井对角线的偏差不应大于其对角线长度的 5‰。

o) 与电缆线路安装有关的建筑工程的施工应符合下列要求：

1) 与电缆线路安装有关的建筑物、构筑物的建筑工程质量，应符合国家现行有关标准规范的规定。

2) 电缆线路安装前，建筑工程应具备下列条件：预埋件符合设计，安置牢固；电缆沟、隧道、竖井及人孔等处的地坪及抹面工作结束，人孔爬梯的安装已完成；电缆层、电缆沟、隧道等处的施工临时设施、模板及建筑废料等清理干净，施工用道路畅通，盖板齐全；电缆线路敷设后，不能再进行的建筑工程工作应结束；电缆沟排水畅通，电缆室的门窗安装完毕。

3) 电缆线路安装完毕后投入运行前，建筑工程应完成由于预埋件补遗、开孔、扩孔等需要而造成的建筑工程修饰工作。

p) 电缆工作井的尺寸应满足电缆最小弯曲半径的要求。电缆井内应设有积水坑，上盖可开启盖。

16.2 施工单位应提交的资料

设备安装、调试单位应提交下列资料，但不局限于以下资料。

a) 施工资料：

1) 施工中的有关协议及文件；

2) 设计图；

3) 设计变更文件（有变更时）；

4) 竣工图；

5) 安装过程技术记录（包括隐蔽工程记录）。

b) 设备资料：

1) 设备及其附件的技术说明书、安装手册；

2) 出厂合格证、检验报告；

3) 安装图纸（需要时）；

4) 需要的备品、备件、专用工器具。

c) 试验资料：

1) 出厂试验报告；

2) 相关验收单位需要的试验报告。

16.3 交接试验

16.3.1 交接试验的要求

交接试验应在设备投运之前进行。

16.3.2 交接试验项目和要求

构筑物及外壳的交接试验项目和要求见表 27。

表 27 构筑物及外壳的交接试验项目和要求

序号	交接试验项目	要　求	说　明
1	接地电阻测试	符合设计要求	

17 配电自动化系统

17.1 交接验收内容和要求

17.1.1 基本要求

17.1.1.1 装置（包括继电器、控制开关、控制回路开关及其他独立设备）应有标签，以便清楚地识别。

17.1.1.2 机箱的布线设计应便于扩展。各设备、插件、元器件应排列整齐，层次分明，便于运行、调试、维修和拆装，并留有足够的空间，具备可扩充性。

17.1.1.3 电池的安装结构要求维护更换方便，不需要工具即可拆卸。

17.1.1.4 配电终端的端子排定义须采用印刷字体并贴于箱门内侧。

17.1.2 机箱要求

17.1.2.1 终端机箱应采用工业机箱。

17.1.2.2 终端的机械机构应能防护灰尘、潮湿、盐污、动物。户内安装机箱防护等级不低于 IP20 级要求。户外安装机箱防护等级不低于 IP54 级要求。

17.1.2.3 箱体外配蚀刻持久明晰的铭牌或标志，标示内容包含（配电网自动化测控终端）型号、名称、装置电源、操作电源、额定电压、额定电流、产品编号、制造日期及制造厂名等。

17.1.2.4 配电终端应有良好的接地处理，接地螺栓直径不小于 6mm，并与大地牢固连接。箱体内要求配置接地铜排，内部设备接地线须汇总至接地铜排上再引接至箱体接地，箱体应备有一耐腐蚀接地端子（不可涂漆），可方便地接到所安装场所的接地网上。

17.1.2.5 箱体下方应预留各种测量控制线缆进线空间，便于接线。

17.1.3 端子排

17.1.3.1 配电终端电源及信号接线均经由其箱体内的端子排来转接。

17.1.3.2 端子排内交流电源及直流电源应为独立端子板，并在设计中考虑避免两者误接的可能。

17.1.3.3 遥信、遥测、遥控端子须按路数设置独立端子板，每回路端子板有明确标志。

17.1.3.4 提供的试验插件及试验插头应满足技术协议等相关规定，以便对各套装置的输入和输出回路进行隔离或能通入电流、电压进行试验。

17.1.3.5 电流回路端子接入导线截面积不小于 $2.5mm^2$，控制、信号、电压回路端子接入导线截面积不小于 $1.5mm^2$，保证牢固可靠。

17.1.3.6 电流互感器及电压互感器的二次回路应分别有且只能有一个接地点。

17.1.3.7　机箱中的内部接线应采用耐热、耐潮和阻燃的具有足够强度的绝缘铜线。

17.1.3.8　所有端子板均有清晰接线编码标示。

17.1.4　操作面板

17.1.4.1　箱体操作面板功能应满足技术协议要求。

17.1.4.2　配电终端箱体内正面具有操作面板，面板上安装远方/就地选择开关以及一次断路器、负荷开关位置指示灯。

17.2　施工单位应提交的资料

设备安装、调试单位应提交下列资料，但不局限于以下资料。

a)　施工资料：
1)　施工中的有关协议及文件；
2)　设计图；
3)　设计变更文件（有变更时）；
4)　竣工图；
5)　安装过程技术记录。

b)　设备资料：
1)　终端设备出厂合格证书；
2)　型式试验报告；
3)　安装手册；使用手册；维护手册；
4)　结构布置图及内部线缆连接图；
5)　设备配置清册（单元设备、插件、元器件数量及型号）；
6)　备品备件、专用工器具。

c)　现场验收调试资料：
1)　现场验收测试报告（包含终端至子站/主站系统联调报告）；
2)　现场验收结论；
3)　现场验收技术文件：参数、定值配置表，"三遥"信息表。

d)　试验资料：
1)　出厂试验报告；
2)　相关验收单位需要的试验报告。

17.3　交接试验

17.3.1　交接试验的要求

交接试验应在设备投运之前进行。

17.3.2　交接试验项目和要求

配电自动化系统的交接试验项目和要求见表28。

表28　配电自动化系统的交接试验项目和要求

序号	交接试验项目	要　　　求	说　　　明
1	配电终端常规检查	1)　装置软件版本、校验码记录检查。 2)　装置绝缘电阻、绝缘强度检查	装置软件版本、校验码应与厂家出厂报告和现场调试报告的记录一致

表 28（续）

序号	交接试验项目	要　　求	说　　明
2	"三遥"传动验收	1）遥信量正确性检查。 2）遥测量正确性检查。 3）遥控量正确性检查	遥控功能验收需要检查终端是否正确配置安全防护功能
3	故障检测功能检查	1）根据实际的配置情况，对过流、零序、过负荷等故障检测功能进行检查，检查按照实际定值进行。 2）故障检测信息检查	考虑到目前各地对配电自动化终端设备故障检测功能要求不一，现场试验可不局限于所列项目，但现场验收时要按照最终定值进行验收
4	后备电源系统功能检查	1）交流电源失压，后备电源系统自动切换供电功能检查。 2）交流失电、后备电源低电压故障告警等信号检查。 3）直流量采集功能检查	
5	其他功能测试	1）对时功能检查。 2）遥信变位上送时间测试。 3）遥测变化到主站系统画面显示时间测试	

附　录　A

（规范性附录）

交 接 验 收 申 请 表

交接验收申请表见表 A.1。

表 A.1　交 接 验 收 申 请 表

项目名称	
项目施工单位	
项目监理单位	

致_____：

　　我方承担的_____工程，现已完成竣工验收，具备交接验收条件，特申请于_____年___月___日交接验收，请审批。

　　附：工程竣工验收报告

施工（承包）单位（盖章）
责任人（签字）：
日期：

项目监理部审查意见：	项目监理部（盖章） 责任人（签字）： 日期：
验收单位意见：	建设管理部门（盖章） 责任人（签字）： 日期：

　　本表一式____份，由施工单位填报，施工单位、建设管理部门、项目监理部、交接验收单位（部门）各一份。

附 录 B
（规范性附录）
验 收 报 告

验收报告见表 B.1。

表 B.1 验 收 报 告

验收单位：	验收人员：		验收日期：
			验收报告编号：
施工单位：			竣工日期：
项目名称及编号			
验收范围（运行编号）			
项目验收情况			

项目验收设备清单	数量	安装位置（运行编号）	验收卡编号	备注
配电变压器	×台			
电杆	×基			
……				

项目存在的问题：	遗留问题整改情况：

验收结论及建议：

施工单位（签字）	编写（签字）	初审（签字）	审核（签字）
年　月　日	年　月　日	年　月　日	年　月　日

注 1：验收范围栏内填写本次验收涵括的范围，如架空线路分段验收时，应注明具体分段范围。
注 2：项目验收情况栏内填写本次验收涉及的设备，具体内容应与相应的验收卡对应。
注 3：本报告需施工单位签字确认，并按本标准要求经地市公司生产技术部门审核。

附 录 C
（规范性附录）
验 收 卡

导线架设验收卡见表 C.1。

表 C.1 导 线 架 设 验 收 卡

验收单位： 验收人员： 验收日期： 编号：

项目名称及编号				
验收范围（运行编号）			设备出厂编号	
验收项目		验收标准及要求	验收结果	
验收资料检查	1	产品证书：许可证、检验证、合格证		
	2	设计资料（含施工图、材料单等）、变更设计的文件		
	3	竣工图纸		
	4	监理资料（工程开工报审单、工程材料/构配件/设备报审单、隐蔽工程签证、工程竣工报验单）		
	5	试验报告		
工艺质量检查	1	不同金属导线的连接应有可靠的过渡金具，符合 5.1.4 相关内容要求		
	2	导线不应有断股、扭曲等现象，符合 5.1.4 相关内容要求		
	3	在同一档距内，同一根导线上的接头，不应超过 1 个；交叉跨越档距内不允许有导线接头，符合 5.1.4 相关内容要求		
	4	导线接头位置与导线固定处的距离应大于 0.5m，符合 5.1.4 相关内容要求		
	5	接地环、故障指示器的安装符合设计要求，符合 5.1.4 相关内容要求		
	6	绝缘导线线芯裸露部位应采取相应绝缘措施，并防止雨水侵入，符合 5.1.4 相关内容要求		
	7	绝缘导线在直线杆上的固定应采用有绝缘的绑扎线，符合 5.1.4 相关内容要求		
	8	应在耐张杆、终端杆将导线的尾线（预留 1m）反绑扎在本线上或加装马鞍螺栓，符合 5.1.4 相关内容要求		

表 C.1（续）

验收项目		验收标准及要求	验收结果
工艺质量检查	9	10kV 与 1kV 以下的导线同杆架设时，1kV 以下的线路严禁穿越 10kV 线路的分断点，且应满足安全距离要求，符合 5.1.4 相关内容要求	
	10	导线弧垂应在规定范围内，符合 5.1.4 相关内容要求	
	11	同档内各相导线弧垂宜一致，水平排列的导线弧垂相差不应大于 50mm，符合 5.1.4 相关内容要求	
	12	导线边线与建筑物之间的距离，在最大计算风偏情况下，裸线高压不小于 1.5m，绝缘线高压不小于 0.75m（人不易接近时可为 0.4m），裸线低压不小于 1.0m，绝缘线低压不小于 0.2m，符合 5.1.4 相关内容要求	
	13	线路下面的建筑物与导线之间的垂直距离在导线最大计算弧垂情况下，裸线高压不小于 3m，绝缘线高压不小于 2.5m；裸线低压不小于 2.5m，绝缘线低压不小于 2.0m，符合 5.1.4 相关内容要求	
	14	与道路、树木等安全距离应满足规程要求，符合 5.1.4 相关内容要求	
	15	最小相间距离检查，符合 5.1.4 相关内容要求	
	16	线路每相引流线、引下线与邻相的引流线、引下线或导线之间，安装后的净空距离检查，符合 5.1.4 相关内容要求	
	17	线路的导线与拉线、电杆或构架之间安装后的净空距离检查，符合 5.1.4 相关内容要求	

存在问题：

验收结论及建议：

验收人员（签字）				审核（组长签字）			
	年	月	日		年	月	日

杆塔及基础埋设验收卡见表 C.2。

表 C.2 杆塔及基础埋设验收卡

验收单位：　　　　　　　验收人员：　　　　　　　验收日期：　　　　　　编号：

项目名称及编号			
验收范围（运行编号）			设备出厂编号
验收项目		验收标准及要求	验收结果
验收资料检查	1	产品证书：许可证、检验证、合格证	
	2	设计资料（含施工图、材料单等）、变更设计的文件	
	3	竣工图纸	
	4	杆塔的市政规划审批文件或有关协议文件	
	5	监理资料（工程开工报审单、工程材料/构配件/设备报审单、隐蔽工程签证、工程竣工报验单）	
工艺质量检查	1	表面无露筋、跑浆等现象，符合 5.1.2 的要求	
	2	应无纵向裂缝，横向裂缝的宽度不超过 0.1mm，长度小于或等于 1/3 周长，符合 5.1.2 的要求	
	3	杆身弯曲不应超过杆长的 1/1000，符合 5.1.2 的要求	
	4	直线杆横向位移不应超过 50mm，符合 5.1.2.3 的要求	
	5	电杆埋深应符合规定；电杆基础坑深度的允许偏差应为 +100mm、−50mm，符合 5.1.1 的要求	
	6	拉线盘的埋设深度一般不小于 1.2m，符合 5.1.1 的要求	
	7	铁塔基础：2.5m×2.5m×2.5m；基础保护层：1.3m×1.3m，符合 5.1.2 的要求	
	8	铁塔各部件连接牢固，无锈蚀现象，符合 5.1.2 的要求	
	9	铁塔距离地面 4m 以下应使用防盗螺栓连接，符合 5.1.2 的要求	
	10	直线杆的倾斜不应大于杆梢直径的 1/2；转角杆、终端杆的倾斜不应大于杆梢直径。铁塔歪斜度小于 10/1000，符合 5.1.2 的要求	

表 C.2（续）

存在问题：	
验收结论及建议：	

验收人员（签字）　　　　　　年　月　日	审核（组长签字）　　　　　　年　月　日

杆塔拉线验收卡见表 C.3。

表 C.3　杆 塔 拉 线 验 收 卡

验收单位：　　　　　　验收人员：　　　　　　验收日期：　　　　编号：

项目名称及编号				
验收范围（运行编号）			设备出厂编号	
验收项目		验收标准及要求	验收结果	
验收资料检查	1	产品证书：许可证、检验证、合格证		
	2	设计资料（含施工图、材料单等）、变更设计的文件		
	3	竣工图纸		
	4	监理资料（工程开工报审单、工程材料/构配件/设备报审单、隐蔽工程签证、工程竣工报验单）		
	5	试验报告		
工艺质量检查	1	拉线装设的方向，应符合设计要求，符合 5.1.3 的要求		
	2	拉线棒外露地面部分的长度应为 500mm～700mm，符合 5.1.3 的要求		
	3	拉线应牢固受力，并无明显松股现象，符合 5.1.3 的要求		

453

表 C.3（续）

验收项目		验收标准及要求	验收结果
工艺质量检查	4	在道路边上的拉线应装设警示保护套管，符合 5.1.3 的要求	
	5	从导线之间穿过时，应装设一个拉线绝缘子，在断拉线情况下，拉线绝缘子距地面不应小于 2.5m，符合 5.1.3 的要求	
	6	跨越道路的拉线，对路面中心垂直距离不应小于 6m，符合 5.1.3 的要求	
存在问题：			
验收结论及建议：			
验收人员（签字）　　　　　年　月　日		审核（组长签字）　　　　　年　月　日	

绝缘子验收卡见表 C.4。

表 C.4　绝 缘 子 验 收 卡

验收单位：　　　　　　验收人员：　　　　　　验收日期：　　　　　　编号：

项目名称及编号			
验收范围（运行编号）			设备出厂编号
验收项目		验收标准及要求	验收结果
验收资料检查	1	产品证书：许可证、检验证、合格证	
	2	设计资料（含施工图、材料单等）、变更设计的文件	
	3	竣工图纸	

表 C.4（续）

验收项目		验收标准及要求	验收结果
验收资料检查	4	监理资料（工程开工报审单、工程材料/构配件/设备报审单、隐蔽工程签证、工程竣工报验单）	
	5	试验报告	
工艺质量检查	1	瓷釉光滑，无裂纹、缺釉、斑点、气泡等缺陷；铁件镀锌良好，螺杆与螺母配合紧密，符合5.1.5的要求	
	2	安装针式绝缘子、放电钳位绝缘子时应加平垫及弹簧垫圈,安装应牢固。符合5.1.5的要求	
	3	安装悬式、蝴蝶式绝缘子，符合5.1.5的要求	

存在问题：

验收结论及建议：

验收人员（签字）		审核（组长签字）	
	年　月　日		年　月　日

横担验收卡见表 C.5。

表 C.5　横　担　验　收　卡

验收单位：　　　　　　验收人员：　　　　　　验收日期：　　　　编号：

项目名称及编号			
验收范围（运行编号）		设备出厂编号	

表 C.5（续）

验收项目		验收标准及要求	验收结果
验收资料检查	1	产品证书：许可证、检验证、合格证	
	2	设计资料（含施工图、材料单等）、变更设计的文件	
	3	竣工图纸	
	4	监理资料（工程开工报审单、工程材料/构配件/设备报审单、隐蔽工程签证、工程竣工报验单）	
工艺质量检查	1	横担端部上下、左右歪斜不应大于20mm，符合5.1.2.6的要求	
	2	转角大于30°时，应安装十字横担，符合5.1.2.6的要求	
	3	转角在15°～30°之间时，应安装双横担，符合5.1.2.6的要求	
	4	最上层横担与杆尾距离不小于0.3m，符合5.1.2.6的要求	
	5	同杆架设裸导线线路横担间的最小距离应满足要求，符合5.1.2.6的要求	
	6	同杆架设绝缘线横担间的最小距离应满足要求，符合5.1.2.6的要求	
	7	单横担安装：直线杆应装于受电侧；分支杆、90°转角杆（上、下）及终端杆应装于拉线侧符合5.1.2.6的要求	

存在问题：

验收结论及建议：

验收人员（签字）		审核（组长签字）	
	年　　月　　日		年　　月　　日

金具验收卡见表 C.6。

表 C.6 金 具 验 收 卡

验收单位： 验收人员： 验收日期： 编号：

项目名称及编号			
验收范围（运行编号）		设备出厂编号	
验收项目		验收标准及要求	验收结果
验收资料检查	1	产品证书：许可证、检验证、合格证	
	2	设计资料（含施工图、材料单等）、变更设计的文件	
	3	竣工图纸	
	4	监理资料（工程开工报审单、工程材料/构配件/设备报审单、隐蔽工程签证、工程竣工报验单）	
	5	试验报告	
工艺质量检查	1	绝缘导线应采用专用连接金具，符合设计图纸要求及 5.1.7 的要求	
	2	表面光洁，无裂纹、毛刺、飞边、砂眼、气泡等缺陷，符合 5.1.7 的要求	
	3	线夹转轴灵活，与导线的接触面光洁，螺栓、螺母、垫圈齐全，配合紧密适当；符合 5.1.7 的要求	
	4	用于铜、铝过渡部位的各种线夹，应采用摩擦焊接；符合 5.1.7 的要求	
	5	设备线夹接线端子（俗称电缆鼻子）表面应平整无毛刺，孔缘距平板边缘有足够的距离，应与导线截面相匹配，符合 5.1.7 的要求	
存在问题：			
验收结论及建议：			
验收人员（签字） 年 月 日		审核（组长签字） 年 月 日	

接地装置验收卡见表 C.7。

表 C.7 接 地 装 置 验 收 卡

验收单位： 验收人员： 验收日期： 编号：

项目名称及编号					
验收范围（运行编号）				设备出厂编号	
验收项目		验收标准及要求		验收结果	
验收资料检查	1	产品证书：许可证、检验证、合格证			
	2	设计资料（含施工图、材料单等）、变更设计的文件			
	3	竣工图纸			
	4	监理资料（工程开工报审单、工程材料/构配件/设备报审单、隐蔽工程签证、工程竣工报验单）			
	5	试验报告			
工艺质量检查	1	接地装置的连接应牢靠，地面部分及接地体引出线的垂直部分应采用镀锌接地体，焊接处应涂防腐漆，符合5.1.6的要求			
	2	采用搭接焊时，应符合：扁钢的搭接长度应为其宽度的 2 倍，四面施焊；圆钢的搭接长度应为其直径的 6 倍，双面施焊；圆钢与扁钢连接时，其搭接长度应为圆钢直径的6倍。符合5.1.6的要求			
交接试验检查	1	接地电阻测试应符合设计要求			
存在问题：					
验收结论及建议：					
验收人员（签字）		年　　月　　日	审核（组长签字）		年　　月　　日

接户装置验收卡见表 C.8。

表 C.8　接 户 装 置 验 收 卡

验收单位：　　　　　　验收人员：　　　　　　验收日期：　　　　　编号：

项目名称及编号				
验收范围（运行编号）			设备出厂编号	
验收项目		验收标准及要求	验收结果	
验收资料检查	1	产品证书：许可证、检验证、合格证		
	2	设计资料（含施工图、材料单等）、变更设计的文件、竣工图纸		
	3	监理资料（工程开工报审单、工程材料/构配件/设备报审单、隐蔽工程签证等）		
工艺质量检查	1	两端应设绝缘子固定，绝缘子安装应防止瓷裙积水		
	2	绝缘线外露部位应进行绝缘处理		
	3	不同金属导线的连接应有可靠的过渡金具		
	4	不应从高压引线间穿过		
	5	跨越街道的低压接户线至路面中心的垂直距离：通车街道不应小于 6m；人行道不应小于 3.5m；巷、弄里不应小于 3.5m		
	6	低压接户线或平行线与建筑物有关部分距离（达不到的应加装保护套）：与下方窗户垂直距离不小于 30cm；与上方窗户或阳台垂直距离不小于 80cm；与窗户或阳台的水平距离不小于 75cm；与墙壁、构架的距离不小于 5cm		
	7	低压接户线、平行线与弱电线交叉跨越距离：低压接户线在弱电流线路上方不应小于 60cm；低压接户线在弱电流线路下方不应小于 30cm		
	8	接户线固定端当采用绑扎固定时，其绑扎长度应符合：10mm^2 及以下，大于或等于 50mm；10mm^2～16mm^2，大于或等于 80mm；25mm^2～50mm^2，大于或等于 120mm；70mm^2～120mm^2，大于或等于 200mm		
	9	线间距离：自电杆引下大于或等于 200mm，沿墙敷设大于或等于 150mm		

表 C.8（续）

存在问题：				
验收结论及建议：				
验收人员（签字）	年 月 日	审核（组长签字）		年 月 日

柱上真空开关验收卡见表 C.9。

表 C.9 柱上真空开关验收卡

验收单位： 验收人员： 验收日期： 编号：

项目名称及编号				
验收范围（运行编号）			设备出厂编号	
验收项目		验收标准及要求	验收结果	
验收资料检查	1	施工中的有关协议及文件		
	2	设计资料（含施工图、材料单等）、变更设计的文件		
	3	竣工图纸		
	4	产品证书：许可证、检验证、合格证		
	5	设备及其附件的技术说明书、安装手册、接线图、出厂试验报告		
	6	需要配置的备品备件、专用工器具		
工艺质量检查	1	柱上真空开关型号、参数等满足招标技术协议要求；外观良好		
	2	安装质量：符合 6.1.2 的要求		
	3	电气各连接部位：接触紧密，不同金属采用过渡措施		
	4	机械部分：连接牢固、转动灵活		

表 C.9（续）

验收项目		验收标准及要求	验收结果
工艺质量检查	5	现场拉合试验：拉、合 3 次及以上，各部位转动灵活	
	6	设备运行编号、相序标志和警示标志等应正确齐全	
交接试验检查	1	绝缘电阻，每相导电回路的电阻；主回路交流耐压试验；机械特性试验；隔离开关及套管绝缘电阻；电压互感器绝缘电阻；接地电阻测试	

存在问题：

验收结论及建议：

验收人员（签字） 　　　　　　　年　　月　　日	审核（组长签字） 　　　　　　　年　　月　　日

柱上 SF_6 开关验收卡见表 C.10。

表 C.10　柱上 SF_6 开关验收卡

验收单位：　　　　　　验收人员：　　　　　　验收日期：　　　　　　编号：

项目名称及编号				
验收范围（运行编号）			设备出厂编号	
验收项目		验收标准及要求	验收结果	
验收资料检查	1	产品证书：许可证、检验证、合格证		
	2	SF_6 开关参数：型号、额定电压电流、额定短路开断电流、工频短时耐受电压、雷电冲击耐受电压		
工艺质量检查	1	SF_6 开关外观检查：符合 7.1.1 的要求		
	2	安装质量：符合 7.1.2 的要求		

表 C.10（续）

验收项目		验收标准及要求	验收结果
工艺质量检查	3	电气各连接部位：接触紧密，不同金属采用过渡措施	
	4	机械部分：连接牢固、转动灵活	
	5	现场拉合试验：拉、合3次及以上操作灵活，各指示清晰	
	6	标示牌：设备双称名称、相序标志	
交接试验检查	1	绝缘电阻测量；每相导电回路电阻；交流耐压试验；动作特性及操动机构检查和测试；控制、辅助等二次回路绝缘电阻；SF_6 气体密封性试验；隔离开关及套管绝缘电阻；电压互感器绝缘电阻；接地电阻测试	
存在问题：			
验收结论及建议：			
验收人员（签字）　　　　　　　年　　月　　日		审核（组长签字）　　　　　　　年　　月　　日	

柱上隔离开关验收卡见表 C.11。

表 C.11　柱上隔离开关验收卡

验收单位：　　　　　　验收人员：　　　　　　验收日期：　　　　　　编号：

项目名称及编号				
验收范围（运行编号）			设备出厂编号	
验收项目		验收标准及要求	验收结果	
验收资料检查	1	产品证书：许可证、检验证、合格证		
	2	隔离开关参数：型号、额定电压电流、额定短路开断电流、工频短时耐受电压、雷电冲击耐受电压、爬电距离		

表 C.11（续）

验收项目		验收标准及要求	验收结果
工艺质量检查	1	隔离开关外观检查：符合 8.1.1 的要求	
	2	安装质量：符合 8.1.2 的要求	
	3	电气各连接部位：接触紧密，不同金属采用过渡措施	
	4	机械部分：连接牢固、转动灵活，指示清晰	
	5	现场拉合试验：拉、合 3 次及以上，各部位转动灵活	
	6	三相连动隔离开关：设备双称名称	
交接试验检查	1	绝缘电阻测量；回路电阻测量；操动机构的试验；交流耐压试验	

存在问题：

验收结论及建议：

验收人员（签字） 年　　月　　日	审核（组长签字） 年　　月　　日

跌落式熔断器验收卡见表 C.12。

表 C.12　跌落式熔断器验收卡

验收单位：　　　　　　验收人员：　　　　　　验收日期：　　　　　　编号：

项目名称及编号			
验收范围（运行编号）		设备出厂编号	

表 **C**.12（续）

验收项目		验收标准及要求	验收结果
验收资料检查	1	产品证书：许可证、检验证、合格证	
	2	跌落式熔断器参数：型号、额定电压电流、额定短路开断电流、工频短时耐受电压、雷电冲击耐受电压、爬电距离	
工艺质量检查	1	安装高度：底部对地垂直距离不低于4.5m，安装应牢固	
	2	熔管轴线与地面的垂直夹角为 15°～30°，高低一致、排列整齐，熔丝熔断熔管可靠跌落	
	3	电气各连接部位：符合 9.1.2 的要求	
	4	熔丝、容量校核：符合 9.1.1 的要求	
	5	现场拉合试验，进行 3 次及以上拉、合操作应灵活	
交接试验检查	1	绝缘电阻测量；交流耐压试验	
存在问题：			
验收结论及建议：			
验收人员（签字） 年 月 日		审核（组长签字） 年 月 日	

金属氧化物避雷器验收卡见表 C.13。

表 **C**.13　金属氧化物避雷器验收卡

验收单位：　　　　　验收人员：　　　　　验收日期：　　　　　编号：

项目名称及编号			
验收范围（运行编号）		设备出厂编号	

表 C.13（续）

验收项目		验收标准及要求	验收结果
验收资料检查	1	产品证书：许可证、检验证、合格证	
	2	氧化物避雷器的参数：型号、额定电压电流、工频短时耐受电压、雷电冲击耐受电压、爬电距离。符合设备设计运行要求	
工艺质量检查	1	避雷器外观检查：无破损、裂纹、表面污秽、受潮锈蚀	
	2	安装质量：符合 10.1.2 的要求	
	3	连接线：符合 10.1.2 的要求	
交接试验检查	1	金属氧化物避雷器绝缘电阻测量；直流参考电压和 0.75 倍直流参考电压下的泄漏电流；接地电阻测试	

存在问题：

验收结论及建议：

验收人员（签字）　　　　　　年　　月　　日	审核（组长签字）　　　　　　年　　月　　日

电容器验收卡见表 C.14。

表 C.14　电 容 器 验 收 卡

验收单位：　　　　　　验收人员：　　　　　　验收日期：　　　　　　编号：

项目名称及编号				
验收范围（运行编号）			设备出厂编号	
验收项目		验收标准及要求		验收结果
验收资料检查	1	产品证书：许可证、检验证、合格证		
	2	电容器的参数、型号等符合设备设计要求		

表 C.14（续）

验收项目		验收标准及要求	验收结果
工艺质量检查	1	电容器外观检查：无破损、裂纹、锈蚀、漏油	
	2	安装质量：符合 11.1.2 的要求	
	3	电容器连接导线应符合 11.1.2 的要求	
交接试验检查	1	绝缘电阻测量；电容量测试	

存在问题：

验收结论及建议：

验收人员（签字）　　　　　　　　年　　月　　日	审核（组长签字）　　　　　　　　年　　月　　日

柱上变压器验收卡见表 C.15。

表 C.15 柱 上 变 压 器 验 收 卡

验收单位：　　　　　　验收人员：　　　　　　验收日期：　　　　　　编号：

项目名称及编号				
验收范围（运行编号）			设备出厂编号	
验收项目		验收标准及要求		验收结果
验收资料检查	1	厂家资质、出厂资料：厂家资质证明、出厂合格证、使用说明、出厂试验资料、铭牌数据		
	2	设计、施工资料：设计图、竣工图与设计相符，标注参数及与设备参数一致		
	3	安装位置符合要求，吸湿器内干燥剂应干燥		
工艺质量检查	1	杆塔、金具安装符合要求；各有关部位对地距离符合要求		

表 C.15（续）

验收项目		验收标准及要求	验收结果
工艺质量检查	2	落地安装变压器围栏高度合格、牢固、门锁、标志齐全、场地平整无植物生长	
	3	一次侧熔丝、二次侧熔丝（开关）额定电流选择符合变压器容量要求，各接地连接点、接地电阻合格	
	4	变压器油位正常、各连接点线夹选用、紧固符合要求，绝缘防护罩齐全	
	5	一、二次引线垂直、固定牢固	
	6	试送 3 次，无熔丝熔断，变压器无异音	
	7	安装质量检查：符合 12.1.2.2 的要求	
交接试验检查	1	测量绕组连同套管的直流电阻；检查所有分接头的电压比；检查变压器的三相接线组别和单相变压器引出线的极性；测量绕组连同套管的绝缘电阻；绕组连同套管的交流耐压试验；检查相位；接地电阻测试	

存在问题：

验收结论及建议：

验收人员（签字）				审核（组长签字）			
	年	月	日		年	月	日

箱式变电站验收卡见表 C.16。

表 C.16 箱式变电站验收卡

验收单位：　　　　　　验收人员：　　　　　　验收日期：　　　　　　编号：

项目名称及编号			
验收范围（运行编号）		设备出厂编号	

表 C.16（续）

验收项目		验收标准及要求	验收结果
验收资料检查	1	厂家资质、出厂资料：厂家资质证明、出厂合格证、使用说明、出厂试验资料、铭牌数据,与技术要求一致,所有的元件、组件等应提供产品说明,试验合格	
	2	设计、施工资料：设计图、竣工图与设计相符、标注参数及与设备参数一致	
	3	安装位置符合要求、基坑内无积水、杂物,孔、缝隙封堵合格,吸湿器内干燥剂应干燥,安全标志牌、操作工器具、钥匙齐全	
工艺质量检查	1	通风装置、预埋件、符合要求。箱体安装平稳、与基础贴合紧密	
	2	一次侧、二次侧开关动作电流选择符合要求,各接地连接点、接地电阻合格。油浸变压器的电压切换装置及干式变压器的分接头位置放置正常电压挡位。箱壳内的高、低压室设照明灯具、变压器室散热、温控装置、防潮、防凝露的技术措施齐全。开关操动机构、指示、闭锁符合要求	
	3	变压器油位正常、各连接点线夹选用、紧固符合要求,绝缘防护罩齐全,箱变内连接高压电缆符合要求	
	4	各接地点、部位、连接方式符合要求,接地电阻符合要求	
	5	安装工艺检查：符合 12.1.1.2 的要求	
	6	变压器应进行 3~5 次全压冲击合闸,无异常情况；第一次受电后,持续时间不应少于 10min；励磁涌流不应引起保护装置的误动作。设备无异音,电压、电源指示正确	
交接试验检查	1	测量绕组连同套管的直流电阻；检查所有分接头的电压比；检查变压器的三相接线组别和单相变压器引出线的极性；测量绕组连同套管的绝缘电阻；绕组连同套管的交流耐压试验；检查相位；接地电阻测试	

存在问题：

验收结论及建议：

验收人员（签字）		审核（组长签字）	
	年　月　日		年　月　日

开关柜验收卡见表 C.17。

表 C.17　开 关 柜 验 收 卡

验收单位：　　　　　验收人员：　　　　　验收日期：　　　　　编号：

项目名称及编号			
验收范围（运行编号）		设备出厂编号	
验收项目	验收标准及要求	验收结果	
验收资料检查	1	厂家资质、出厂资料：应提供厂家原始技术资料，如出厂图纸、安装基础图、产品合格证（包括柜合格证书、主要部件合格证书）、一次接线图、一次设备型号参数、产品试验报告（包括柜出厂型式和特殊试验报告、主要部件试验报告）、使用说明书、运行检修手册等技术文件	
	2	设计资料（设计图、设计变更手续及设计变更图）；施工资料（电气设备继电保护及自动装置的定值，元件整定、验收、试验、整体传动试验报告，隐蔽工程中间验收、基础工程验收、压力表指示数值记录、试验资料）	
	3	备品、备件及专用工具清单；安全工器具、消防器材的清单；有关协议文件；模拟图板、安全标志牌、钥匙齐全、设备编号设置正确齐全	
工艺质量检查	1	设备型号及规格按设计规定设备外观检查完好，瓷件无掉瓷、裂纹。基础型钢安装允许误差、接地点数量牢固符合要求	
	2	柜体间隔布置、垂直度、柜间接缝、成列柜面允许误差、柜体固定材料、固定牢固柜体、开启柜门接地符合要求	
	3	柜内照明、柜门开合、开关开合、电气"五防"装置、手车推拉、安全隔离挡板动作符合要求	
	4	安装质量检查：符合 13.1.2 的要求	
	5	导电触头接触紧密可靠、带电部分对地距离、仪表、信号灯符合要求	
交接试验检查	1	整体绝缘电阻；整体交流耐压试验；主回路电阻测量；动作特性及操动机构检查和测试；控制、测量等二次回路绝缘电阻；联跳、"五防"装置检查；接地电阻测试，具体要求见表 18	

表 C.17（续）

存在问题：			
验收结论及建议：			
验收人员（签字） 　年　　月　　日		审核（组长签字） 　年　　月　　日	

电缆验收卡见表 C.18。

表 C.18　电　缆　验　收　卡

验收单位：　　　　　　　验收人员：　　　　　　　验收日期：　　　　　　　编号：

项目名称及编号				
验收范围（运行编号）			设备出厂编号	
验收项目		验收标准及要求	验收结果	
验收资料检查	1	产品、设计资料：电缆线路路径的协议文件、设计图纸、电缆清册、变更设计的证明文件、直埋电缆线路的敷设位置图、制造厂提供的产品说明书、试验记录、合格证件及安装图纸等技术文件		
	2	施工资料：竣工图、电缆的型号、规格及其实际敷设总长度、分段长度，电缆终端和接头的型式及安装日期、隐蔽工程隐蔽前检查记录或签证、电缆敷设记录、电缆线路质量检验及评定记录、电缆线路的试验记录		
工艺质量检查	1	敷设方式及位置：电缆敷设的深度及位置应符合 14.1.2 的要求		
	2	电缆本体、接头检查：有无损伤、变形，中间接头数量及位置，接头材料是否匹配、密封、连接牢固		

表 C.18（续）

验收项目		验收标准及要求	验收结果
工艺质量检查	3	附属设施：管道是否变形、破损，盖板是否完整，排水防水情况，电缆布置、固定、支架、防腐、防火、间距，标桩、标示牌、接地、隧道通风照明	
	4	路径、环境：交叉、邻近设施距离，有无对运行有影响的环境	
	5	安装质量检查：符合 14.1.2 的要求	
交接试验检查	1	主绝缘绝缘电阻测试；交流耐压；测量金属屏蔽层电阻和导体电阻比；检查电缆线路两端的相位；电缆外护套绝缘电阻测试；电缆内衬层绝缘电阻测试，具体要求见表 23	

存在问题：

验收结论及建议：

验收人员（签字）		审核（组长签字）	
	年　月　日		年　月　日

电缆分支箱验收卡见表 C.19。

表 C.19　电 缆 分 支 箱 验 收 卡

验收单位：　　　　　　　　验收人员：　　　　　　　验收日期：　　　　　　　编号：

项目名称及编号				
验收范围（运行编号）			设备出厂编号	
验收项目		验收标准及要求	验收结果	
验收资料检查	1	厂家资质、出厂资料：厂家原始技术资料，如出厂图纸、安装基础图、产品合格证（包括柜合格证书、主要部件合格证书）、一次接线图、一次设备型号参数、产品试验报告（包括柜出厂型式和特殊试验报告、主要部件试验报告）、使用说明书、运行检修手册		

表 C.19（续）

验收项目		验收标准及要求	验收结果
验收资料检查	2	设计、施工资料：设计图、竣工图与设计相符、标注参数及接线与实际一致	
工艺质量检查	1	各连接点、固定点：符合要求、牢固可靠	
	2	预留套管：安装绝缘帽封堵、材料备件齐全	
	3	箱体安装：平稳、与周边环境协调一致、与基础贴合紧密，场地满足操作、巡视要求	
	4	箱体：外壳不得有刮、划、碰、撞痕迹，表面涂层无脱落	
	5	指示灯、气压表：压力显示在正常位置，型号灯完好	
	6	安装质量检查：符合 15.1.2 的要求	
交接试验检查	1	主绝缘绝缘电阻测试；交流耐压；检查电缆分支箱进、出端的相位；接地电阻测试	

存在问题：

验收结论及建议：

验收人员（签字）		审核（组长签字）	
	年 月 日		年 月 日

构筑物及外壳验收卡见表 C.20。

表 C.20 构筑物及外壳验收卡

验收单位： 验收人员： 验收日期： 编号：

项目名称及编号			
验收范围（运行编号）		设备出厂编号	

表 **C**.20（续）

验收项目		验收标准及要求	验收结果
验收资料检查	1	整体构筑物及外壳：许可证、检验证、合格证	
	2	整体构筑物及外壳的参数：型号、材质。符合设备设计运行要求	
工艺质量检查	1	构筑物及外壳的外观检查：无破损、裂纹、表面污秽、漏水、受潮锈蚀。符合 16.1 的要求	
	2	安装质量：符合 16.1.2 的要求	
	3	采暖及通风：符合 16.1 的要求	
交接试验检查	1	接地电阻测试应符合设计要求	

存在问题：

验收结论及建议：

验收人员（签字）　　　　　　　年　　月　　日	审核（组长签字）　　　　　　　年　　月　　日

附　录　D
（规范性附录）
架空配电线路与铁路、道路、河流、管道、索道及各种架空线路交叉或接近的基本要求

架空配电线路与铁路、道路、河流交叉或接近的基本要求见表 D.1。

表 D.1　架空配电线路与铁路、道路、河流交叉或接近的基本要求

项目			铁路		公路		电车道	河流		
			标准轨距	窄轨	电气化线路	高速公路、一级道路	二、三、四级公路	有轨及无轨	通航	不通航
导线最小截面积			铝线及铝合金线为 50mm²，铜线为 16mm²							
导线在跨越档内的接头			不应接头	—	—	不应接头	—	不应接头	不应接头	—
导线支持方式			双固定		—	双固定	单固定	双固定	双固定	单固定
最小垂直距离 m	线路电压		至轨道		接触线或承力索	至路面		至承力索或接触线 / 至路面	至常年高水位	至最高航线水位的最高船檐顶	至最高洪水位 / 冬季至冰面
	1kV～10kV		7.5	6.0	平原地区配电线路入地	7.0		3.0/9.0	6.0	1.5	3.0 / 5.0
	1kV 以下		7.5	6.0	平原地区配电线路入地	6.0		3.0/9.0	6.0	1.0	3.0 / 5.0
最小水平距离 m	线路电压		电线杆外缘至轨道中心			电杆中心至路面边缘		电杆中心至路面边缘 / 电杆外缘至轨道中心	与拉纤小路平等的线路，边导线至斜坡上缘		
	1kV～10kV		交叉：5.0 平行：杆高+3.0		杆高+0.3	0.5		0.5/3.0	最高电杆高度		
	1kV 以下							0.5/3.0			
备注				山区入地困难时，应协商，并签订协议		公路、城市道路分级参考相关规定			最高洪水位时，有抗洪抢险船只航行的河道，垂直距离应协商确定		

注 1：不能通航河流指不能通航也不能浮运的河流。
注 2：公路等级应符合 JTG B01 的规定。

架空配电线路与管道、索道及各种架空线路交叉或接近的基本要求见表 D.2。

表 D.2　架空配电线路与管道、索道及各种架空线路交叉或接近的基本要求

项目		弱电线路		电力线路 kV						特殊管道	一般管道索道	人行天桥
		一、二级	三级	1 以下	1~10	35~110	154~220	330	500			
导线最小截面		铝线及铝合金线 50mm²，铜线为 16mm²										
导线在跨越档内的接头		不应接头	—	交叉不应接头	交叉不应接头	—	—	—	—	不应接头		—
导线支持方式		双固定	单固定	单固定	双固定	—	—	—	—	双固定		—
最小垂直距离 m	线路电压	至被跨越线		至导线						电力线在下面		—
										电力线在下面	电力线在下面至电力线上的保护设施	—
	1kV~10kV	2.0		2	2	3	4	5	8.5	3.0	2.0/2.0	5（4）
	1kV 以下	1.0		1	2	3	4	5	8.5	1.5/1.5		4（3）
最小水平距离 m	线路电压	在路径受限制地区，两线路边导线间		在路径受限制地区，两线路边导线间						在路径受限制地区，至管道、索道任何部分		导线边线至人行天桥边缘
	1kV~10kV	2.0		2.5	2.5	5	7	9	13	2.0		4.0
	1kV 以下	1.0								1.5		2.0
备注		1）两平行线路在平阔地区的水平距离不应小于电杆高度。2）弱电线路分级参考相关标准		两平行线路在平阔地区的水平距离不应小于电杆高度						1）特殊管道指架设在地面上的输送易燃、易爆物的管道。2）交叉点不应选在管道检查井处，与管道、索道平行、交叉时，管道、索道应接地		

注 1：1kV 以下配电线路与二、三级弱电线路，与公路交叉时，导线支持方式不限制。
注 2：架空配电线路与弱电线路交叉时，交叉档弱电线路和木质电杆应有防雷措施。
注 3：1kV~10kV 电力接户线与工业企业内自用的同电压等级的架空线路交叉时，接户线宜架设在上方。
注 4：对路径受限制地区的最小水平距离的要求，应计及架空电力线路导线的最大风偏。
注 5：（）内数值为绝缘导线线路。

配电网设备缺陷分类标准

Defection Classification Standard for Distribution Network Equipment

Q/GDW 745 — 2012

2012-06-21发布　　　　　　　　　　　　　　　2012-06-21实施

目　　次

前　　言

　　为加强配电设备缺陷管理，进一步提升配电网标准化、精益化管理水平，国家电网公司组织编写了《配电网设备缺陷分类标准》。

　　本标准由国家电网公司生产技术部提出并解释。

　　本标准由国家电网公司科技部归口。

　　本标准主要起草单位：浙江省电力公司、北京市电力公司、上海市电力公司、山东省电力公司、湖北省电力公司、湖南省电力公司、甘肃省电力公司。

　　本标准主要起草人：吴锦华、马振宇、冯健、岳平、杨成钢、王笑棠、夏之罡、初金良、胡甲波、胡志宏、吴桦、季斌、朱亮、刘克发。

　　本标准为首次发布。

1　范围

　　本标准规定了10kV及以下配电网设备缺陷的分类和定义。

　　本标准适用于国家电网公司所属各单位。

2　规范性引用文件

　　下列文件对于本文件的应用是必不可少的。凡是注日期的引用文件，仅注日期的版本适用于本文件。凡是不注日期的引用文件，其最新版本（包括所有的修改单）适用于本文件。

  Q/GDW 512—2010 电力电缆线路运行规程

  Q/GDW 519—2010 配电网运行规程

  Q/GDW 643—2011 配网设备状态检修试验规程

  Q/GDW 644—2011 配网设备状态检修导则

  Q/GDW 645—2011 配网设备状态评价导则

3　术语和定义

下列术语和定义适用于本标准。

3.1　设备缺陷库　equipment defect library

设备缺陷库是对设备缺陷进行的规范性描述，配电网设备缺陷库由设备类别、设备部件、缺陷部位、缺陷内容、缺陷程度及参考缺陷等级等部分组成。

3.2　缺陷内容　defect content

缺陷内容是对缺陷现象的具体描述，包括缺陷发生的部位和现象。

3.3　缺陷等级　classification of defects

根据 Q/GDW 519—2010《配电网运行规程》，配电网设备缺陷等级划分为一般、严重和危急缺陷三类。

 a） 一般缺陷：设备本身及周围环境出现不正常情况，一般不威胁设备的安全运行，可列入年、季检修计划或日常维护工作中处理的缺陷。

 b） 严重缺陷：设备处于异常状态，可能发展为事故，但设备仍可在一定时间内继续运行，须加强监视并进行检修处理的缺陷。

 c） 危急缺陷：严重威胁设备的安全运行，不及时处理，随时有可能导致事故的发生，必须尽快消除或采取必要的安全技术措施进行处理的缺陷。

4　配电网设备缺陷分类

4.1　架空线路缺陷类别

4.1.1　杆塔

4.1.1.1　杆塔本体

 a） 危急缺陷。

  1） 混凝土杆本体倾斜度（包括挠度）≥3%，50m 以下高度铁塔塔身倾斜度≥2%、50m 及以上高度铁塔塔身倾斜度≥1.5%，钢管杆倾斜度≥1%；

  2） 混凝土杆杆身有纵向裂纹，横向裂纹宽度超过 0.5mm 或横向裂纹长度超过周长的 1/3；

  3） 混凝土杆表面风化、露筋，角钢塔主材缺失，随时可能发生倒杆塔危险。

 b） 严重缺陷。

  1） 混凝土杆本体倾斜度（包括挠度）2%～3%，50m 以下高度铁塔塔身倾斜度为 1.5%～2%、50m 及以上高度铁塔塔身倾斜度为 1%～1.5%；

  2） 混凝土杆杆身横向裂纹宽度为 0.4mm～0.5mm 或横向裂纹长度为周长的 1/6～1/3；

3） 杆塔镀锌层脱落、开裂，塔材严重锈蚀；

4） 角钢塔承力部件缺失；

5） 同杆低压线路与高压不同电源。

  c） 一般缺陷。

1） 混凝土杆本体倾斜度（包括挠度）1.5%～2%，50m 以下高度铁塔塔身倾斜度为 1%～1.5%、50m 及以上高度铁塔塔身倾斜度为 0.5%～1%；

2） 混凝土杆杆身横向裂纹宽度为 0.25mm～0.4mm 或横向裂纹长度为周长的 1/10～1/6；

3） 杆塔镀锌层脱落、开裂，塔材中度锈蚀；

4） 角钢塔一般斜材缺失；

5） 低压同杆弱电线路未经批准搭挂；

6） 道路边的杆塔防护设施设置不规范或应该设防护设施而未设置；

7） 杆塔本体有异物。

4.1.1.2 基础

  a） 危急缺陷。

1） 混凝土杆本体杆埋深不足标准要求的 65%；

2） 杆塔基础有沉降，沉降值≥25cm，引起钢管杆倾斜度≥1%。

  b） 严重缺陷。

1） 混凝土杆埋深不足标准要求的 80%；

2） 杆塔基础有沉降，15cm≤沉降值＜25cm。

  c） 一般缺陷。

1） 杆塔基础埋深不足标准要求的 95%；

2） 杆塔基础轻微沉降，5cm≤沉降值＜15cm；

3） 杆塔保护设施损坏。

4.1.2 导线

  a） 危急缺陷。

1） 7 股导线中 2 股、19 股导线中 5 股、35～37 股导线中 7 股损伤深度超过该股导线的 1/2，钢芯铝绞线钢芯断 1 股者，绝缘导线线芯在同一截面内损伤面积超过线芯导电部分截面的 17%；

2） 导线电气连接处实测温度＞90℃或相间温差＞40K；

3） 导线交跨距离、水平距离和导线间电气距离不符合 Q/GDW 519—2010《配电网运行规程》要求；

4） 导线上挂有大异物将会引起相间短路等故障。

  b） 严重缺陷。

1） 导线弧垂不满足运行要求，实际弧垂达到设计值 120%以上或过紧 95%设计值以下；

2） 7 股导线中 1 股、19 股导线中 3～4 股、35～37 股导线中 5～6 股损伤深度超过该股导线的 1/2；绝缘导线线芯在同一截面内损伤面积达到线芯导电部分截面的 10%～17%；

3)　导线连接处 80℃＜实测温度≤90℃或 30K＜相间温差≤40K；

4)　导线有散股现象，一耐张段出现 3 处及以上散股；

5)　架空绝缘线绝缘层破损，一耐张段出现 3～4 处绝缘破损、脱落现象或出现大面积绝缘破损、脱落；

6)　导线严重锈蚀。

c)　一般缺陷。

1)　导线弧垂不满足运行要求，实际弧垂在设计值的 110%≤测量值≤120%；

2)　19 股导线中 1～2 股、35～37 股导线中 1～4 股损伤深度超过该股导线的 1/2；绝缘导线线芯在同一截面内损伤面积小于线芯导电部分截面的 10%；

3)　导线连接处 75℃＜实测温度≤80℃或 10K＜相间温差≤30K；

4)　导线一耐张段出现散股现象 1 处；

5)　架空绝缘线绝缘层破损，一耐张段出现 2 处绝缘破损、脱落现象；

6)　导线中度锈蚀；

7)　温度过高退火；

8)　绝缘护套脱落、损坏、开裂；

9)　导线有小异物，不会影响安全运行。

4.1.3　绝缘子

a)　危急缺陷。

1)　表面有严重放电痕迹；

2)　有裂缝，釉面剥落面积＞100mm²；

3)　固定不牢固，严重倾斜。

b)　严重缺陷。

1)　有明显放电；

2)　釉面剥落面积≤100mm²；

3)　合成绝缘子伞裙有裂纹；

4)　固定不牢固，中度倾斜。

c)　一般缺陷。

1)　污秽较为严重，但表面无明显放电；

2)　固定不牢固，轻度倾斜。

4.1.4　铁件、金具

4.1.4.1　线夹

a)　危急缺陷。

1)　线夹电气连接处实测温度＞90℃或相间温差＞40K；

2)　线夹主件已有脱落等现象；

3)　金具的保险销子脱落、连接金具球头锈蚀严重、弹簧销脱出或生锈失效、挂环断裂；金具串钉移位、脱出、挂环断裂、变形。

b)　严重缺陷。

1)　线夹电气连接处 80℃＜实测温度≤90℃或 30K＜相间温差≤40K；

2)　线夹有较大松动；

    3）　线夹严重锈蚀（起皮和严重麻点，锈蚀面积超过 1/2）。

  c）　一般缺陷。

    1）　线夹电气连接处 75℃＜实测温度≤80℃或 10K＜相间温差≤30K；

    2）　线夹连接不牢靠，略有松动；

    3）　线夹有锈蚀；

    4）　绝缘罩脱落。

4.1.4.2　横担

  a）　危急缺陷。

    1）　横担主件（如抱箍、连铁、撑铁等）脱落；

    2）　横担弯曲、倾斜，严重变形。

  b）　严重缺陷。

    1）　横担有较大松动；

    2）　横担严重锈蚀（起皮和严重麻点，锈蚀面积超过 1/2）；

    3）　横担上下倾斜，左右偏歪大于横担长度的 2%。

  c）　一般缺陷。

    1）　横担连接不牢靠，略有松动；

    2）　横担上下倾斜，左右偏歪不足横担长度的 2%。

4.1.5　拉线

4.1.5.1　钢绞线

  a）　危急缺陷。

    1）　断股＞17%截面；

    2）　水平拉线对地距离不能满足要求。

  b）　严重缺陷。

    1）　严重锈蚀；

    2）　断股 7%～17%截面；

    3）　道路边的拉线应设防护设施（如护坡、保护管等）而未设置；

    4）　拉线绝缘子未按规定设置；

    5）　明显松弛，电杆发生倾斜；

    6）　拉线金具不齐全。

  c）　一般缺陷。

    1）　中度锈蚀；

    2）　断股＜7%截面，摩擦或撞击；

    3）　道路边的拉线防护设施设置不规范；

    4）　中度松弛。

4.1.5.2　基础

  a）　危急缺陷。

    1）　拉线基础埋深不足标准要求的 65%；

    2）　基础有沉降，沉降值≥25cm。

b）严重缺陷。

1）拉线基础埋深不足标准要求的 80%；

2）基础有沉降，15cm≤沉降值＜25cm。

c）一般缺陷。

1）拉线基础埋深不足标准要求的 95%；

2）基础有沉降，5cm≤沉降值＜15cm。

4.1.5.3　拉线金具

a）严重缺陷：严重锈蚀。

b）一般缺陷：中度锈蚀。

4.1.6　通道

a）危急缺陷。

1）导线对交跨物安全距离不满足 Q/GDW 519—2010《配电网运行规程》规定要求；

2）线路通道保护区内树木距导线距离，在最大风偏情况下水平距离：架空裸导线≤2m，绝缘线≤1m；在最大弧垂情况下垂直距离：架空裸导线≤1.5m，绝缘线≤0.8m。

b）严重缺陷：线路通道保护区内树木距导线距离，在最大风偏情况下水平距离：架空裸导线为 2m～2.5m，绝缘线为 1m～1.5m；在最大弧垂情况下垂直距离：架空裸导线为 1.5m～2m，绝缘线为 0.8m～1m。

c）一般缺陷。

1）线路通道保护区内树木距导线距离，在最大风偏情况下水平距离：架空裸导线为 2.5m～3m，绝缘线为 1.5m～2m；在最大弧垂情况下垂直距离：架空裸导线为 2m～2.5m，绝缘线为 1m～1.5m。

2）通道内有违章建筑、堆积物。

4.1.7　接地装置

4.1.7.1　接地引下线

a）危急缺陷。

1）严重锈蚀（大于截面直径或厚度 30%）；

2）出现断开、断裂。

b）严重缺陷。

1）中度锈蚀（大于截面直径或厚度 20%，小于截面直径或厚度 30%）；

2）连接松动、接地不良；

3）线径不满足要求。

c）一般缺陷。

1）轻度锈蚀（小于截面直径或厚度 20%）；

2）无明显接地。

4.1.7.2　接地体

a）严重缺陷：埋深不足（耕地＜0.8m，非耕地＜0.6m）。

b）一般缺陷：接地电阻值不符合设计规定。

4.1.8　附件

4.1.8.1　标识

a)　严重缺陷：设备标识、警示标识错误。

b)　一般缺陷。

1)　设备标识、警示标识安装位置偏移；

2)　无标识或缺少标识。

4.1.8.2　防雷金具、故障指示器

一般缺陷：防雷金具、故障指示器位移。

4.2　柱上真空开关缺陷类别

4.2.1　套管

a)　危急缺陷。

1)　严重破损；

2)　表面有严重放电痕迹。

b)　严重缺陷。

1)　有裂纹（撕裂）或破损；

2)　有明显放电。

c)　一般缺陷。

1)　略有破损；

2)　污秽较为严重，但表面无明显放电。

4.2.2　开关本体

a)　危急缺陷。

1)　电气连接处实测温度＞90℃或相间温差＞40K；

2)　20℃时绝缘电阻＜300MΩ。

b)　严重缺陷。

1)　严重锈蚀；

2)　电气连接处80℃＜实测温度≤90℃或30K＜相间温差≤40K；

3)　20℃时绝缘电阻＜400MΩ；

4)　主回路直流电阻试验数据与初始值相差≥100%。

c)　一般缺陷。

1)　中度锈蚀；

2)　污秽较为严重；

3)　电气连接处75℃＜实测温度≤80℃或10K＜相间温差≤30K；

4)　20℃时绝缘电阻＜500MΩ；

5)　主回路直流电阻试验数据与初始值相差≥20%。

4.2.3　隔离开关

a)　危急缺陷。

1)　电气连接处实测温度＞90℃或相间温差＞40K；

2)　表面有严重放电痕迹；

3)　有严重破损。

b）严重缺陷。

    1）严重锈蚀；

    2）有明显放电；

    3）电气连接处 80℃＜实测温度≤90℃或 30K＜相间温差≤40K；

    4）有裂纹（撕裂）或破损；

    5）严重卡涩。

c）一般缺陷。

    1）中度锈蚀；

    2）污秽较为严重，但表面无明显放电；

    3）电气连接处 75℃＜实测温度≤80℃或 10K＜相间温差≤30K；

    4）轻微卡涩；

    5）略有破损。

4.2.4　操作机构

4.2.4.1　机构本体

a）危急缺陷：连续 2 次及以上操作不成功。

b）严重缺陷。

    1）严重锈蚀；

    2）无法储能；

    3）1 次操作不成功；

    4）严重卡涩。

c）一般缺陷。

    1）中度锈蚀；

    2）轻微卡涩。

4.2.4.2　分合闸指示器

严重缺陷：指示不正确。

4.2.5　接地

4.2.5.1　接地引下线

a）危急缺陷。

    1）严重锈蚀（大于截面直径或厚度 30%）；

    2）出现断开、断裂。

b）严重缺陷。

    1）中度锈蚀（大于截面直径或厚度 20%，小于截面直径或厚度 30%）；

    2）连接松动、接地不良；

    3）线径不满足要求。

c）一般缺陷。

    1）轻度锈蚀（小于截面直径或厚度 20%）；

    2）无明显接地。

4.2.5.2　接地体

a）严重缺陷：埋深不足（耕地＜0.8m，非耕地＜0.6m）。

b）　一般缺陷：接地电阻值＞10Ω。

4.2.6　标识

a）　严重缺陷：设备标识、警示标识错误。

b）　一般缺陷。

    1）　设备标识、警示标识安装位置偏移；

    2）　无标识或缺少标识。

4.2.7　互感器

a）　危急缺陷。

    1）　外壳和套管有严重破损；

    2）　20℃时一次绝缘电阻＜1000MΩ，二次绝缘电阻＜1MΩ（采用 1000V 绝缘电阻表，下同）。

b）　严重缺陷：外壳和套管有裂纹（撕裂）或破损。

c）　一般缺陷：外壳和套管略有破损。

4.3　柱上 SF$_6$ 开关缺陷类别

4.3.1　套管

a）　危急缺陷。

    1）　严重破损；

    2）　表面有严重放电痕迹。

b）　严重缺陷。

    1）　外壳有裂纹（撕裂）或破损；

    2）　有明显放电。

c）　一般缺陷。

    1）　略有破损；

    2）　污秽较为严重，但表面无明显放电。

4.3.2　开关本体

a）　危急缺陷。

    1）　电气连接处实测温度＞90℃或相间温差＞40K；

    2）　表面有严重放电痕迹；

    3）　气压表在闭锁区域范围；

    4）　20℃时绝缘电阻＜300MΩ。

b）　严重缺陷。

    1）　严重锈蚀；

    2）　有明显放电；

    3）　电气连接处 80℃＜实测温度≤90℃或 30K＜相间温差≤40K；

    4）　气压表在告警区域范围；

    5）　20℃时绝缘电阻＜400MΩ；

    6）　主回路直流电阻试验数据与初始值相差≥100%。

c）　一般缺陷。

    1）　中度锈蚀；

2）污秽较为严重；

3）电气连接处 75℃＜实测温度≤80℃或 10K＜相间温差≤30K；

4）20℃时绝缘电阻＜500MΩ；

5）主回路直流电阻试验数据与初始值相差≥20%。

4.3.3　隔离开关

a）危急缺陷。

1）有严重破损；

2）电气连接处实测温度＞90℃或相间温差＞40K；

3）表面有严重放电痕迹。

b）严重缺陷。

1）有裂纹（撕裂）或破损；

2）电气连接处 80℃＜实测温度≤90℃或 30K＜相间温差≤40K；

3）严重锈蚀；

4）有明显放电；

5）严重卡涩。

c）一般缺陷。

1）略有破损；

2）电气连接处 75℃＜实测温度≤80℃或 10K＜相间温差≤30K；

3）轻微卡涩；

4）污秽较为严重，但表面无明显放电；

5）中度锈蚀。

4.3.4　操作机构

4.3.4.1　机构本体

a）危急缺陷：连续 2 次及以上操作不成功。

b）严重缺陷。

1）严重锈蚀；

2）严重卡涩；

3）无法储能；

4）1 次操作不正确。

c）一般缺陷。

1）轻微卡涩；

2）中度锈蚀。

4.3.4.2　分合闸指示器

严重缺陷：指示不正确。

4.3.5　接地

4.3.5.1　接地引下线

a）危急缺陷。

1）严重锈蚀（大于截面直径或厚度 30%）；

2）出现断开、断裂。

b) 严重缺陷。

 1) 中度锈蚀（大于截面直径或厚度 20%，小于截面直径或厚度 30%）；

 2) 连接松动、接地不良；

 3) 线径不满足要求。

c) 一般缺陷。

 1) 轻度锈蚀（小于截面直径或厚度 20%）；

 2) 无明显接地。

4.3.5.2 接地体

a) 严重缺陷：埋深不足（耕地＜0.8m，非耕地＜0.6m）。

b) 一般缺陷：接地电阻值＞10W。

4.3.6 标识

a) 严重缺陷：设备标识、警示标识错误。

b) 一般缺陷。

 1) 设备标识、警示标识安装位置偏移；

 2) 无标识或缺少标识。

4.3.7 互感器

a) 危急缺陷。

 1) 绝缘电阻折算到 20℃时，一次＜1000MΩ，二次＜1MΩ；

 2) 外壳和套管有严重破损。

b) 严重缺陷：外壳和套管有裂纹（撕裂）或破损。

c) 一般缺陷：外壳和套管略有破损。

4.4 柱上隔离开关缺陷类别

4.4.1 支持绝缘子

a) 危急缺陷。

 1) 外表严重破损；

 2) 表面有严重放电痕迹。

b) 严重缺陷。

 1) 外表有裂纹（撕裂）或破损；

 2) 有明显放电。

c) 一般缺陷。

 1) 外表略有破损；

 2) 污秽较为严重，但表面无明显放电。

4.4.2 隔离开关本体

a) 危急缺陷：电气连接处实测温度＞90℃或相间温差＞40K。

b) 严重缺陷。

 1) 电气连接处 80℃＜实测温度≤90℃或 30K＜相间温差≤40K；

 2) 严重锈蚀；

 3) 严重卡涩。

c) 一般缺陷。

1）　电气连接处 75℃＜实测温度≤80℃或 10K＜相间温差≤30K；

2）　中度锈蚀；

3）　轻微卡涩。

4.4.3　操作机构

a）　严重缺陷。

1）　严重锈蚀；

2）　严重卡涩。

b）　一般缺陷。

1）　轻微卡涩；

2）　中度锈蚀。

4.4.4　接地

4.4.4.1　接地引下线

a）　危急缺陷。

1）　严重锈蚀（大于截面直径或厚度 30%）；

2）　出现断开、断裂。

b）　严重缺陷。

1）　中度锈蚀（大于截面直径或厚度 20%，小于截面直径或厚度 30%）；

2）　连接松动、接地不良；

3）　线径不满足要求。

c）　一般缺陷。

1）　轻度锈蚀（小于截面直径或厚度 20%）；

2）　无明显接地。

4.4.4.2　接地体

a）　严重缺陷：埋深不足（耕地＜0.8m，非耕地＜0.6m）。

b）　一般缺陷：接地电阻值＞10Ω。

4.4.5　标识

a）　严重缺陷：设备标识、警示标识错。

b）　一般缺陷。

1）　设备标识、警示标识安装位置偏移；

2）　无标识或缺少标识。

4.5　跌落式熔断器缺陷类别

a）　危急缺陷。

1）　严重破损；

2）　表面有严重放电痕迹；

3）　操作有剧烈弹动已不能正常操作；

4）　熔断器故障跌落次数超厂家规定值；

5）　电气连接处实测温度＞90℃或相间温差＞40K。

b）　严重缺陷。

1）　有裂纹（撕裂）或破损；

  2）有明显放电；

  3）操作有剧烈弹动但能正常操作；

  4）严重锈蚀；

  5）电气连接处 80℃＜实测温度≤90℃或 30K＜相间温差≤40K。

c）一般缺陷。

  1）略有破损；

  2）污秽较为严重，但表面无明显放电；

  3）操作有弹动但能正常操作；

  4）中度锈蚀；

  5）固定松动，支架位移、有异物；

  6）绝缘罩损坏；

  7）电气连接处 75℃＜实测温度≤80℃或 10K＜相间温差≤30K。

4.6　金属氧化物避雷器缺陷类别

4.6.1　本体及引线

4.6.1.1　本体

a）危急缺陷。

  1）严重破损；

  2）表面有严重放电痕迹。

b）严重缺陷。

  1）有裂纹（撕裂）或破损；

  2）电气连接处相间温差异常；

  3）有明显放电；

  4）本体或引线脱落。

c）一般缺陷。

  1）略有破损；

  2）污秽较为严重，但表面无明显放电；

  3）松动。

4.6.1.2　接地引下线

a）危急缺陷。

  1）严重锈蚀（大于截面直径或厚度 30%）；

  2）出现断开、断裂。

b）严重缺陷。

  1）中度锈蚀（大于截面直径或厚度 20%，小于截面直径或厚度 30%）；

  2）连接松动、接地不良；

  3）线径不满足要求。

c）一般缺陷。

  1）轻度锈蚀（小于截面直径或厚度 20%）；

  2）无明显接地。

4.6.1.3 接地体

a) 严重缺陷：埋深不足（耕地＜0.8m，非耕地＜0.6m）。

b) 一般缺陷：接地电阻值＞10Ω。

4.7 电容器缺陷类别

4.7.1 套管

a) 危急缺陷。

1) 严重破损；

2) 表面有严重放电痕迹；

3) 电气连接处实测温度＞90℃或相间温差＞40K；

4) 20℃时绝缘电阻＜2000MΩ。

b) 严重缺陷。

1) 外壳有裂纹（撕裂）或破损；

2) 有明显放电；

3) 电气连接处 80℃＜实测温度≤90℃或 30K＜相间温差≤40K。

c) 一般缺陷。

1) 略有破损；

2) 污秽较为严重，但表面无明显放电；

3) 电气连接处 75℃＜实测温度≤80℃或 10K＜相间温差≤30K。

4.7.2 电容器本体

a) 危急缺陷。

1) 实测温度＞55℃；

2) 渗漏、鼓肚严重；

3) 电容值偏差超出出厂值或交接值的–5%～+5%范围（警示值）。

b) 严重缺陷。

1) 50℃＜实测温度≤55℃；

2) 有异声；

3) 严重锈蚀。

c) 一般缺陷。

1) 45℃＜实测温度≤50℃；

2) 略有渗漏、鼓肚；

3) 中度锈蚀。

4.7.3 熔断器

a) 危急缺陷。

1) 严重破损；

2) 电气连接处实测温度＞90℃或相间温差＞40K；

3) 表面有严重放电痕迹。

b) 严重缺陷。

1) 外壳有裂纹（撕裂）或破损；

2) 电气连接处 80℃＜实测温度≤90℃或 30K＜相间温差≤40K；

      3）　有明显放电。

  c）　一般缺陷。

      1）　略有破损；

      2）　电气连接处 75℃＜实测温度≤80℃ 或 10K＜相间温差≤30K；

      3）　污秽较为严重，但表面无明显放电。

4.7.4　控制机构

  a）　危急缺陷：连续 2 次及以上操作不成功。

  b）　严重缺陷。

      1）　1 次操作不正确；

      2）　控制器有 3 个及以上显示错误；

      3）　严重锈蚀。

  c）　一般缺陷。

      1）　中度锈蚀；

      2）　控制器有个别显示错误。

4.7.5　接地

4.7.5.1　接地引下线

  a）　危急缺陷。

      1）　严重锈蚀（大于截面直径或厚度 30%）；

      2）　出现断开、断裂。

  b）　严重缺陷。

      1）　中度锈蚀（大于截面直径或厚度 20%，小于截面直径或厚度 30%）；

      2）　连接松动、接地不良；

      3）　线径不满足要求。

  c）　一般缺陷。

      1）　轻度锈蚀（小于截面直径或厚度 20%）；

      2）　无明显接地。

4.7.5.2　接地体

  a）　严重缺陷：埋深不足（耕地＜0.8m，非耕地＜0.6m）。

  b）　一般缺陷：接地电阻值＞10Ω。

4.7.6　标识

  a）　严重缺陷：设备标识、警示标识错误。

  b）　一般缺陷。

      1）　设备标识、警示标识安装位置偏移；

      2）　无标识或缺少标识。

4.8　高压计量箱缺陷类别

4.8.1　绕组及套管

  a）　危急缺陷。

      1）　严重破损；

      2）　表面有严重放电痕迹；

3）电气连接处实测温度＞90℃或相间温差＞40K；

4）一次绝缘电阻折算到20℃时，＜1000MΩ。

b）严重缺陷。

1）有裂纹（撕裂）或破损；

2）有明显放电；

3）电气连接处80℃＜实测温度≤90℃或30K＜相间温差≤40K；

4）二次绝缘电阻折算到20℃时，＜1MΩ。

c）一般缺陷。

1）略有破损；

2）污秽较为严重，但表面无明显放电；

3）电气连接处75℃＜实测温度≤80℃或10K＜相间温差≤30K。

4.8.2　油箱（外壳）

a）危急缺陷：漏油（滴油）。

b）严重缺陷。

1）严重渗油；

2）严重锈蚀。

c）一般缺陷。

1）轻微渗油；

2）中度锈蚀。

4.8.3　接地

4.8.3.1　接地引下线

a）危急缺陷。

1）严重锈蚀（大于截面直径或厚度30%）；

2）出现断开、断裂。

b）严重缺陷。

1）中度锈蚀（大于截面直径或厚度20%，小于截面直径或厚度30%）；

2）连接松动、接地不良；

3）线径不满足要求。

c）一般缺陷。

1）轻度锈蚀（小于截面直径或厚度20%）；

2）无明显接地。

4.8.3.2　接地体

a）严重缺陷：埋深不足（耕地＜0.8m，非耕地＜0.6m）；

b）一般缺陷：接地电阻值＞10Ω。

4.8.4　标识

a）严重缺陷：设备标识、警示标识错误。

b）一般缺陷。

1）设备标识、警示标识安装位置偏移；

2）无标识或缺少标识。

4.9 配电变压器缺陷类别

4.9.1 绕组及套管

4.9.1.1 高、低压套管

a) 危急缺陷。

1) 严重破损；

2) 有严重放电（户外变压器）；有严重放电痕迹（户内变压器）；

3) 1.6MVA 以上的配电变压器相间直流电阻大于三相平均值的 2%或线间直流电阻大于三相平均值的 1%；1.6MVA 及以下的配电变压器相间直流电阻大于三相平均值的 4%或线间直流电阻大于三相平均值的 2%。

b) 严重缺陷。

1) 外壳有裂纹（撕裂）或破损；

2) 污秽严重，有明显放电（户外变压器）；有明显放电痕迹（户内变压器）；

3) 绕组及套管绝缘电阻与初始值相比降低 30%及以上。

c) 一般缺陷。

1) 略有破损；

2) 污秽较严重（户内变压器、户外变压器）；

3) 绕组及套管绝缘电阻与初始值相比降低 20%～30%。

4.9.1.2 导线接头及外部连接

a) 危急缺陷。

1) 线夹与设备连接平面出现缝隙，螺丝明显脱出，引线随时可能脱出；

2) 线夹破损断裂严重，有脱落的可能，对引线无法形成紧固作用；

3) 截面损失达 25%以上；

4) 电气连接处实测温度＞90℃或相间温差＞40K。

b) 严重缺陷。

1) 截面损失达 7%以上，但小于 25%；

2) 电气连接处 80℃＜实测温度≤90 或 30K＜相间温差≤40K。

c) 一般缺陷。

1) 截面损失＜7%；

2) 电气连接处 75℃＜实测温度≤80℃或 10K＜相间温差≤30K。

4.9.1.3 高、低压绕组

a) 严重缺陷。

1) 声响异常；

2) Yyn0 接线三相不平衡率＞30%；Dyn11 接线三相不平衡率＞40%；

3) 干式变压器器身温度超出厂家允许值的 20%。

b) 一般缺陷。

1) Yyn0 接线三相不平衡率在 15%～30%；Dyn11 接线三相不平衡率为25%～40%；

2) 干式变压器器身温度超出厂家允许值的 10%。

4.9.2 分接开关

严重缺陷：机构卡涩，无法操作。

4.9.3　冷却系统

4.9.3.1　温控装置

严重缺陷：温控装置无法启动。

4.9.3.2　风机

严重缺陷：风机无法启动。

4.9.4　油箱

4.9.4.1　油箱本体

a）危急缺陷：漏油（滴油）。

b）严重缺陷。

　　1）严重渗油；

　　2）严重锈蚀；

　　3）配电变压器上层油温超过95℃或温升超过55K。

c）一般缺陷。

　　1）轻微渗油；

　　2）明显锈斑。

4.9.4.2　油位计

a）危急缺陷：油位不可见。

b）严重缺陷：油位计破损。

c）一般缺陷。

　　1）油位低于正常油位的下限，油位可见；

　　2）油位指示不清晰。

4.9.4.3　呼吸器

a）严重缺陷。

　　1）硅胶筒玻璃破损；

　　2）硅胶潮解全部变色。

b）一般缺陷：硅胶潮解变色部分超过总量的2/3或硅胶自上而下变色。

4.9.4.4　波纹连接管

a）危急缺陷：波纹连接管破损。

b）严重缺陷：波纹连接管变形。

4.9.5　非电量保护

4.9.5.1　温度计

严重缺陷：温度计指示不准确或看不清楚；温度计破损。

4.9.5.2　气体继电器

严重缺陷：气体继电器中有气体。

4.9.5.3　压力释放阀

危急缺陷：防爆膜破损。

4.9.5.4　二次回路

严重缺陷：二次回路绝缘电阻＜1MΩ。

4.9.5.5 电气监测装置

一般缺陷：电气监测装置故障。

4.9.6 接地

4.9.6.1 接地引下线

a) 危急缺陷。

    1）严重锈蚀（大于截面直径或厚度30%）；

    2）出现断开、断裂。

b) 严重缺陷。

    1）中度锈蚀（大于截面直径或厚度20%，小于截面直径或厚度30%）；

    2）连接松动、接地不良；

    3）线径不满足要求。

c) 一般缺陷。

    1）轻度锈蚀（小于截面直径或厚度20%）；

    2）无明显接地。

4.9.6.2 接地体

a) 危急缺陷。

严重锈蚀（大于截面直径或厚度30%）。

b) 严重缺陷。

    1）较严重锈蚀（大于截面直径或厚度20%，小于截面直径或厚度30%）；

    2）埋深不足（耕地<0.8m，非耕地<0.6m）；

    3）接地电阻不合格（容量100kVA及以上配电变压器接地电阻值>4Ω，容量100kVA以下配电变压器接地电阻值>10Ω）。

c) 一般缺陷：中度锈蚀（大于截面直径或厚度10%，小于截面直径或厚度20%）。

4.9.7 绝缘油

a) 危急缺陷：耐压试验不合格，耐受电压<25kV；

b) 一般缺陷：颜色较深。

4.9.8 标识

a) 严重缺陷：设备标识、警示标识错误。

b) 一般缺陷。

    1）设备标识、警示标识安装位置偏移；

    2）无标识或缺少标识。

4.10 开关柜缺陷类别

4.10.1 本体

4.10.1.1 开关

a) 危急缺陷。

    1）表面有严重放电痕迹；

    2）严重破损；

    3）位置指示相反，或无指示；

    4）存在严重放电声音；

5）　电气连接处实测温度＞90℃或相间温差＞40K；

6）　气压表在闭锁区域范围；

7）　20℃时绝缘电阻＜300MΩ。

b）　严重缺陷。

1）　位置指示有偏差；

2）　存在异常放电声音；

3）　有明显放电；

4）　电气连接处80℃＜实测温度≤90℃或30K＜相间温差≤40K；

5）　气压表在告警区域范围；

6）　20℃时绝缘电阻＜400MΩ；

7）　主回路直流电阻试验数据与初始值相差≥100%；

8）　压力释放通道失效；

9）　带电检测局部放电测试数据异常。

c）　一般缺陷。

1）　污秽较为严重，但表面无明显放电；

2）　电气连接处75℃＜实测温度≤80℃或10K＜相间温差≤30K；

3）　20℃时绝缘电阻＜500MΩ；

4）　主回路直流电阻试验数据与初始值相差≥50%。

4.10.2　附件

4.10.2.1　互感器

a）　危急缺陷。

1）　表面有严重放电痕迹；

2）　严重破损；

3）　绝缘电阻折算到20℃时，一次＜1000MΩ，二次＜1MΩ。

b）　严重缺陷。

1）　有明显放电；

2）　外壳有裂纹（撕裂）或破损。

c）　一般缺陷。

1）　污秽较为严重，但表面无明显放电；

2）　略有破损。

4.10.2.2　避雷器

a）　危急缺陷。

1）　表面有严重放电痕迹；

2）　严重破损；

3）　20℃时绝缘电阻＜1000MΩ。

b）　严重缺陷。

1）　外壳有裂纹（撕裂）或破损；

2）　接线方式不符合运行要求且未做警示标识。

c）　一般缺陷。

1）污秽较为严重，但表面无明显放电；

2）略有破损。

4.10.2.3　加热器

严重缺陷：无法运行造成湿度过高。

4.10.2.4　温湿度控制器

严重缺陷：无法运行。

4.10.2.5　故障指示器

严重缺陷：无法运行。

4.10.2.6　熔断器

a）危急缺陷：严重破损。

b）严重缺陷：有裂纹（撕裂）或破损。

c）一般缺陷：略有破损。

4.10.2.7　绝缘子

a）危急缺陷。

1）表面有严重放电痕迹；

2）严重破损。

b）严重缺陷。

1）有明显放电；

2）外壳有裂纹（撕裂）或破损。

c）一般缺陷。

1）污秽较为严重，但表面无明显放电；

2）略有破损。

4.10.2.8　母线

危急缺陷：20℃时绝缘电阻＜1000MΩ。

4.10.3　操动系统及控制回路

4.10.3.1　操作机构

a）严重缺陷：发生拒动、误动。

b）一般缺陷：卡涩。

4.10.3.2　分合闸线圈

危急缺陷：无法正常运行。

4.10.3.3　辅助开关

一般缺陷。

1）卡涩、接触不良；

2）曾发生切换不到位，原因不明。

4.10.3.4　二次回路

a）危急缺陷：脱线、断线。

b）严重缺陷：机构控制电路或辅助回路绝缘电阻＜1MΩ。

4.10.3.5　端子

严重缺陷：破损、缺失。

4.10.3.6　联跳功能

a)　危急缺陷：熔丝联跳装置不能使负荷开关跳闸。

b)　严重缺陷：回路中三相不一致。

4.10.3.7　五防装置

a)　严重缺陷：装置故障。

b)　一般缺陷：装置功能不完善。

4.10.4　辅助部件

4.10.4.1　带电显示器

严重缺陷：显示异常。

4.10.4.2　仪表

a)　严重缺陷：2处以上表计指示失灵。

b)　一般缺陷：1处表计指示失灵。

4.10.4.3　接地引下线

a)　危急缺陷。

　　1)　严重锈蚀（大于截面直径或厚度30%）；

　　2)　出现断开、断裂。

b)　严重缺陷。

　　1)　中度锈蚀（大于截面直径或厚度20%，小于截面直径或厚度30%）；

　　2)　连接松动、接地不良；

　　3)　线径不满足要求。

c)　一般缺陷。

　　1)　轻度锈蚀（小于截面直径或厚度20%）；

　　2)　无明显接地。

4.10.4.4　接地体

a)　严重缺陷：埋深不足。

b)　一般缺陷：接地电阻＞4Ω。

4.10.5　标识

a)　严重缺陷：设备标识、警示标识错误。

b)　一般缺陷。

　　1)　设备标识、警示标识安装位置偏移；

　　2)　无标识或缺少标识。

4.11　电缆线路缺陷类别

4.11.1　电缆本体

a)　危急缺陷：耐压试验前后，主绝缘电阻值严重下降，无法继续运行。

b)　严重缺陷。

　　1)　耐压试验前后，主绝缘电阻值下降，可短期维持运行；

　　2)　埋深量不能满足设计要求且没有任何保护措施；

　　3)　电缆外护套严重破损、变形；

　　4)　交叉处未设置防火隔板。

  c) 一般缺陷。

   1) 耐压试验前后，主绝缘电阻值下降，仍可以长期运行；

   2) 电缆外护套明显破损、变形；

   3) 部分交叉处未设置防火隔板。

4.11.2 电缆终端

  a) 危急缺陷。

   1) 电气连接处实测温度＞90℃或相间温差＞40K；

   2) 严重破损；

   3) 表面有严重放电痕迹。

  b) 严重缺陷。

   1) 电气连接处80℃＜实测温度≤90℃或30K＜相间温差≤40K；

   2) 有裂纹（撕裂）或破损；

   3) 有明显放电；

   4) 无防火阻燃及防小动物措施。

  c) 一般缺陷。

   1) 电气连接处75℃＜实测温度≤80℃或10K＜相间温差≤30K；

   2) 略有破损；

   3) 污秽较为严重，但表面无明显放电；

   4) 防火阻燃措施不完善。

4.11.3 电缆中间接头

  a) 危急缺陷：严重破损。

  b) 严重缺陷。

   1) 有裂纹（撕裂）或破损；

   2) 被污水浸泡、杂物堆压，水深超过1m；

   3) 底座接头腐蚀进展很快，表面出现腐蚀物沉积，受力部位截面明显变小；

   4) 无防火阻燃措施；

   5) 相间温差异常。

  c) 一般缺陷。

   1) 电缆中间接头略有破损；

   2) 被污水浸泡、杂物堆压，水深不超过1m；

   3) 底座接头锌层（银层）损失，内部开始腐蚀；

   4) 防火阻燃措施不完善。

4.11.4 接地系统

4.11.4.1 接地引下线

  a) 危急缺陷。

   1) 严重锈蚀（大于截面直径或厚度30%）；

   2) 出现断开、断裂。

  b) 严重缺陷。

   1) 中度锈蚀（大于截面直径或厚度20%，小于截面直径或厚度30%）；

  2）　连接松动、接地不良；

  3）　线径不满足要求。

 c）　一般缺陷。

  1）　轻度锈蚀（小于截面直径或厚度 20%）；

  2）　无明显接地。

4.11.4.2　接地体

 a）　严重缺陷：埋深不足（耕地＜0.8m，非耕地＜0.6m）。

 b）　一般缺陷：接地电阻值＞10Ω。

4.11.5　电缆通道

4.11.5.1　电缆井

 a）　危急缺陷。

  1）　基础有严重破损、下沉，造成井盖压在本体、接头或者配套辅助设施上；

  2）　井盖缺失；

  3）　井内有可燃气体。

 b）　严重缺陷。

  1）　基础有较大破损、下沉，离本体、接头或者配套辅助设施还有一定距离；

  2）　井盖不平整、有破损，缝隙过大；

  3）　井内积水浸泡电缆或有杂物影响设备安全。

 c）　一般缺陷。

  1）　基础有轻微破损、下沉；

  2）　井内积水浸泡电缆或有杂物。

4.11.5.2　电缆管沟

 a）　危急缺陷：基础有严重破损、下沉，造成井盖压在本体、接头或者配套辅助设施上。

 b）　严重缺陷：基础有较大破损、下沉，离本体、接头或者配套辅助设施还有一定距离。

 c）　一般缺陷。

  1）　积清（污）水；

  2）　基础有轻微破损、下沉。

4.11.5.3　电缆排管

 a）　严重缺陷：有较大破损对电缆造成损伤。

 b）　一般缺陷。

  1）　电缆排管堵塞不通；

  2）　有破损；

  3）　端口未封堵。

4.11.5.4　电缆隧道

 a）　严重缺陷：塌陷、严重沉降、错位。

 b）　一般缺陷。

  1）　排水设施损坏；

  2）　照明设备损坏；

  3）　通风设施损坏；

4）支架锈蚀、脱落或变形。

4.11.5.5 隧道竖井

a）危急缺陷：井盖缺失。

b）严重缺陷。

    1）井盖多处损坏；

    2）爬梯锈蚀严重。

c）一般缺陷。

    1）井盖部分损坏；

    2）爬梯锈蚀、上下档损坏。

4.11.5.6 防火设备

a）严重缺陷：无防火措施。

b）一般缺陷：防火阻燃措施不完善。

4.11.5.7 电缆线路保护区

a）危急缺陷。

    1）施工危及线路安全；

    2）土壤流失造成排管包方开裂，工井、沟体等墙体开裂甚至凌空。

b）严重缺陷。

    1）施工影响线路安全；

    2）土壤流失造成排管包方、工井等大面积暴露。

c）一般缺陷：土壤流失造成排管包方、工井等局部点暴露。

4.11.6 辅助设施

4.11.6.1 辅助设备

a）严重缺陷。

    1）严重锈蚀；

    2）严重松动、不紧固。

b）一般缺陷。

    1）中度锈蚀；

    2）轻微松动、不紧固。

4.11.6.2 标识

a）严重缺陷：设备标识、警示标识错误。

b）一般缺陷。

    1）设备标识、警示标识安装位置偏移；

    2）无标识或缺少标识。

4.12 电缆分支（接）箱缺陷类别

4.12.1 本体

4.12.1.1 母线

a）危急缺陷。

    1）母线温度异常，电气连接处实测温度＞90℃或相间温差＞40K；

    2）20℃时绝缘电阻＜300MΩ。

b）严重缺陷。
　　1）母线温度异常，电气连接处 80℃＜实测温度≤90℃或 30K＜相间温差≤40；
　　2）20℃时绝缘电阻＜400MΩ。

c）一般缺陷。
　　1）母线温度异常，电气连接处 75℃＜实测温度≤80℃或 10K＜相间温差≤30K；
　　2）20℃时绝缘电阻＜500MΩ。

4.12.1.2　绝缘子

a）危急缺陷。
　　1）表面有严重放电痕迹；
　　2）存在连续放电声音；
　　3）20℃时绝缘电阻＜300MΩ；
　　4）表面有严重破损。

b）严重缺陷。
　　1）有明显放电；
　　2）存在异常放电声音；
　　3）20℃时绝缘电阻＜400MΩ；
　　4）表面有破损；
　　5）出现大量露珠。

c）一般缺陷。
　　1）污秽较为严重，但表面无明显放电；
　　2）出现较多露珠；
　　3）20℃时绝缘电阻＜500MΩ。

4.12.1.3　避雷器

a）危急缺陷。
　　1）表面有严重放电痕迹；
　　2）连接不可靠，短时即有脱落可能；
　　3）20℃时绝缘电阻＜1000MΩ。

b）严重缺陷。
　　1）有明显放电；
　　2）连接不可靠，有脱落可能。

c）一般缺陷：污秽较为严重，但表面无明显放电。

4.12.2　辅助部件

4.12.2.1　带电显示器

严重缺陷：显示异常。

4.12.2.2　五防装置

a）严重缺陷：装置故障。

b）一般缺陷：装置功能不完善。

4.12.2.3　防火设备

a）严重缺陷：无防火措施。

　　　　b）　一般缺陷：防火阻燃措施不完善。

4.12.2.4　外壳

　　a）　严重缺陷。

　　　　1）　有漏水现象；

　　　　2）　严重锈蚀。

　　b）　一般缺陷。

　　　　1）　有渗水迹象；

　　　　2）　轻微锈蚀。

4.12.2.5　接地引下线

　　a）　危急缺陷。

　　　　1）　严重锈蚀（大于截面直径或厚度30%）；

　　　　2）　出现断开、断裂。

　　b）　严重缺陷。

　　　　1）　中度锈蚀（大于截面直径或厚度20%，小于截面直径或厚度30%）；

　　　　2）　埋深不足；

　　　　3）　断开、断裂，连接松动、接地不良；

　　　　4）　线径不满足要求。

　　c）　一般缺陷。

　　　　1）　轻度锈蚀（小于截面直径或厚度20%）；

　　　　2）　无明显接地；

　　　　3）　接地电阻值＞10Ω。

4.12.2.6　标识

　　a）　严重缺陷：设备标识、警示标识错误。

　　b）　一般缺陷。

　　　　1）　设备标识、警示标识安装位置偏移；

　　　　2）　无标识或缺少标识。

4.13　构筑物及外壳缺陷类别

4.13.1　本体

4.13.1.1　屋顶

　　a）　严重缺陷：有明显裂纹；

　　b）　一般缺陷：有漏水、渗水现象。

4.13.1.2　外体

　　a）　严重缺陷：有明显裂纹；

　　b）　一般缺陷。

　　　　1）　有明显锈蚀；

　　　　2）　有漏水、渗水现象。

4.13.1.3　门窗

　　a）　严重缺陷。

　　　　1）　窗户及纱窗严重破损；

2)　防小动物措施不完善，无防鼠挡板。

b)　一般缺陷。

1)　窗户及纱窗明显破损；

2)　防小动物措施不完善，防鼠挡板不规范。

4.13.1.4　楼梯

a)　严重缺陷：严重锈蚀、破损。

b)　一般缺陷：明显锈蚀、破损。

4.13.2　基础

4.13.2.1　内部

a)　严重缺陷：井内积水浸泡电缆或有杂物危及设备安全。

b)　一般缺陷。

1)　井内积水浸泡电缆或杂物；

2)　潮湿，墙面有水珠；

3)　墙体裂纹，墙面剥落。

4.13.2.2　外观

a)　严重缺陷：破损严重或基础下沉可能影响设备安全运行。

b)　一般缺陷：破损较为严重或基础下沉明显。

4.13.3　接地引下线

a)　危急缺陷。

1)　严重锈蚀（大于截面直径或厚度30%）；

2)　出现断开、断裂。

b)　严重缺陷。

1)　中度锈蚀（大于截面直径或厚度20%，小于截面直径或厚度30%）；

2)　埋深不足；

3)　断开、断裂，连接松动、接地不良；

4)　线径不满足要求。

c)　一般缺陷。

1)　轻度锈蚀（小于截面直径或厚度20%）；

2)　无明显接地；

3)　接地电阻值不符合设计规定。

4.13.4　运行通道

a)　严重缺陷：通道内违章建筑及堆积物影响设备安全运行。

b)　一般缺陷。

1)　通道路面不平整；

2)　通道内有堆积物。

4.13.5　辅助设施

4.13.5.1　灭火器

严重缺陷：过期或缺少。

4.13.5.2　照明装置

a)　严重缺陷：不完整。

b)　一般缺陷：装置故障。

4.13.5.3　SF$_6$泄漏监测装置

严重缺陷：SF$_6$设备的建筑内缺少监测装置或监测装置动作不可靠。

4.13.5.4　强排风装置

a)　严重缺陷：缺少强排风装置。

b)　一般缺陷：强排风装置动作异常。

4.13.5.5　排水装置

严重缺陷：地面以下设施无排水装置或排水措施不当。

4.13.5.6　除湿装置

一般缺陷：除湿装置异常。

4.13.5.7　标识

a)　严重缺陷：设备标识、警示标识错误。

b)　一般缺陷。

    1)　设备标识、警示标识安装位置偏移；

    2)　无标识或缺少标识。

4.14　配电自动化终端缺陷类别

4.14.1　自动化装置

a)　严重缺陷。

    1)　电压或电流回路故障引起相间短路；

    2)　交直流电源异常；

    3)　指示灯信号异常；

    4)　通信异常，无法上传数据；

    5)　装置故障引起遥测、遥信信息异常。

b)　一般缺陷：设备表面有污秽，外壳破损。

4.14.2　辅助设施

a)　严重缺陷：端子排接线部分接触不良。

b)　一般缺陷。

    1)　标识不清晰；

    2)　电缆进出口未封堵或封堵物脱落；

    3)　柜门无法正常关闭；

    4)　设备无可靠接地。

4.15　二次保护装置缺陷类别

4.15.1　二次回路

a)　危急缺陷。

    1)　开路；

    2)　短路；

    3)　断线。

　　b）严重缺陷。

　　　　1）通信中断；

　　　　2）端子排松动、接触不良。

4.15.2　保护装置

　　a）危急缺陷。

　　　　1）装置黑屏；

　　　　2）频繁重启；

　　　　2）交直流电源异常。

　　b）严重缺陷。

　　　　1）不能复归；

　　　　2）对时不准；

　　　　3）操作面板损坏；

　　　　4）指示灯信号异常；

　　　　5）备自投装置故障；

　　　　6）显示异常。

　　c）一般缺陷。

　　　　1）设备无可靠接地；

　　　　2）标识不清晰；

　　　　3）备自投功能不完善。

4.15.3　直流装置

　　a）危急缺陷：直流接地，对地绝缘电阻＜10MΩ。

　　b）严重缺陷。

　　　　1）交流电源故障、失电；

　　　　2）蓄电池容量不足；

　　　　3）直流电源箱、直流屏指示灯信号异常；

　　　　4）蓄电池鼓肚、渗液；

　　　　5）蓄电池电压异常；

　　　　6）蓄电池浮充电流异常；

　　　　7）10MΩ≤对地绝缘电阻＜100MΩ；

　　　　8）充电模块故障；

　　　　9）装置黑屏、花屏。

　　c）一般缺陷。

　　　　1）蓄电池桩头有锈蚀现象；

　　　　2）柜门无法关闭，影响直流系统运行。

附 录 A

（规范性附录）

配电网设备分类简表

配电网设备分类见表 A.1。

表 A.1 配电网设备分类简表

序号	设备类别	设备部件	缺 陷 部 位
1	架空线路	杆塔	杆塔本体
			基础
		导线	导线
		绝缘子	绝缘子
		铁件、金具	线夹
			横担
		拉线	钢绞线
			基础
			拉线金具
		通道	通道
		接地装置	接地引下线
			接地体
		附件	标识
			防雷金具、故障指示器
2	柱上真空开关	套管	套管
		开关本体	开关本体
		隔离开关	隔离开关
		操作机构	机构本体
			分合闸指示器
		接地	接地引下线
			接地体
		标识	标识
		互感器	互感器
3	柱上 SF$_6$ 开关	套管	套管
		开关本体	开关本体
		隔离开关	隔离开关

表 A.1（续）

序号	设备类别	设备部件	缺 陷 部 位
3	柱上 SF$_6$ 开关	操作机构	机构本体
			分合闸指示器
		接地	接地引下线
			接地体
		标识	标识
		互感器	互感器
4	柱上隔离开关	支持绝缘子	支持绝缘子
		隔离开关本体	本体
		操作机构	机构本体
		接地	接地引下线
			接地体
		标识	标识
5	跌落式熔断器	本体及引线	本体及引线
6	金属氧化物避雷器	本体及引线	本体
			接地引下线
			接地体
7	电容器	套管	套管
		电容器本体	电容器本体
		熔断器	熔断器
		控制机构	控制机构
		接地	接地引下线
			接地体
		标识	标识
8	高压计量箱	绕组及套管	绕组及套管
		油箱（外壳）	油箱（外壳）
		接地	接地引下线
			接地体
		标识	标识
9	配电变压器	绕组及套管	高、低压套管
			导线接头及外部连接
			高、低压绕组

表 A.1（续）

序号	设备类别	设备部件	缺 陷 部 位
9	配电变压器	分接开关	分接开关
		冷却系统	温控装置
			风机
		油箱	油箱本体
			油位计
			呼吸器
			波纹连接管
		非电量保护	温度计
			气体继电器
		非电量保护	压力释放阀
			二次回路
			电气监测装置
		接地	接地引下线
			接地体
		绝缘油	绝缘油
		标识	标识
10	开关柜	本体	开关
		附件	互感器
			避雷器
			加热器
			温、湿度控制器
			故障指示器
			熔断器
			绝缘子
			母线
		操动系统及控制回路	操作机构
			分合闸线圈
			辅助开关
			二次回路
			端子
			联跳功能
			五防装置

表 A.1（续）

序号	设备类别	设备部件	缺 陷 部 位
10	开关柜	辅助部件	带电显示器
			仪表
			接地引下线
			接地体
		标识	标识
11	电缆线路	电缆本体	电缆本体
		电缆终端	电缆终端
		电缆中间接头	电缆中间接头
		接地系统	接地引下线
			接地体
		电缆通道	电缆井
			电缆管沟
			电缆排管
			电缆隧道
			隧道竖井
			防火设备
			电缆线路保护区
		辅助设施	辅助设备
			标识
12	电缆分支（接）箱	本体	母线
			绝缘子
			避雷器
		辅助部件	带电显示器
			五防装置
			防火设备
			外壳
			接地引下线
			标识
13	构筑物及外壳	本体	屋顶
			外体
			门窗
			楼梯

表 A.1（续）

序号	设备类别	设备部件	缺 陷 部 位
13	构筑物及外壳	基础	内部
			外观
		接地系统	接地引下线
		通道	运行通道
		辅助设施	灭火器
			照明装置
			SF$_6$泄漏监测装置
			强排风装置
			排水装置
			除湿装置
			标识
14	配电变压器自动化终端	自动化装置	自动化装置
		辅助设施	辅助设施
15	二次保护装置	二次回路	回路
		保护装置	保护装置
		直流装置	直流装置

附 录 B
（规范性附录）
配 电 网 设 备 缺 陷 库

架空线路设备缺陷库见表 B.1。

表 B.1 架空线路设备缺陷库

设备类别	设备部件	缺陷部位	缺陷内容	缺 陷 程 度	参考缺陷等级	备注
架空线路	杆塔	杆塔本体	倾斜	轻度：混凝土杆本体倾斜度（包括挠度）1.5%～2%，50m 以下高度铁塔塔身倾斜度为 1%～1.5%、50m 及以上高度铁塔塔身倾斜度为 0.5%～1%	轻度：一般缺陷	
				中度：混凝土杆本体倾斜度（包括挠度）2%～3%，50m 以下高度铁塔塔身倾斜度为 1.5%～2%、50m 及以上高度铁塔塔身倾斜度为 1%～1.5%	中度：严重缺陷	

表 B.1（续）

设备类别	设备部件	缺陷部位	缺陷内容	缺 陷 程 度	参考缺陷等级	备注
架空线路	杆塔	杆塔本体	倾斜	重度：混凝土杆本体倾斜度（包括挠度）≥3%，50m以下高度铁塔塔身倾斜度≥2%、50m 及以上高度铁塔塔身倾斜度≥1.5%，钢管杆倾斜度≥1%	重度：危急缺陷	
			纵向、横向裂纹	轻微：混凝土杆杆身横向裂纹宽度≤0.25mm 或横向裂纹长度≤1/10 周长	轻微：一般缺陷	
				轻度：混凝土杆杆身横向裂纹宽度为 0.25mm～0.4mm 或横向裂纹长度为周长的 1/10～1/6	轻度：一般缺陷	
				中度：混凝土杆杆身横向裂纹宽度为 0.4mm～0.5mm 或横向裂纹长度为周长的 1/6～1/3	中度：严重缺陷	
				重度：混凝土杆杆身有纵向裂纹，横向裂纹宽度超过 0.5mm 或横向裂纹长度超过周长的 1/3	重度：危急缺陷	
			锈蚀	轻度：杆塔镀锌层脱落、开裂，塔材中度锈蚀	轻度：一般缺陷	
				中度：杆塔镀锌层脱落、开裂，塔材严重锈蚀	中度：严重缺陷	
			道路边的杆塔未设防护设施	轻微：道路边的杆塔防护设施设置不规范	轻微：一般缺陷	
				轻度：道路边的杆塔应该设防护设施而未设置	轻度：一般缺陷	
			塔材缺失	轻度：角钢塔一般斜材缺失	轻度：一般缺陷	
				中度：角钢塔承力部件缺失	中度：严重缺陷	
				重度：混凝土杆表面风化、露筋，角钢塔主材缺失，随时可能发生倒杆塔危险	重度：危急缺陷	
			异物	轻度：杆塔本体有异物	轻度：一般缺陷	
			低压同杆	轻度：低压同杆弱电线路未经批准搭挂	轻度：一般缺陷	
				中度：同杆低压线路与高压不同电源	中度：严重缺陷	

表 B.1（续）

设备类别	设备部件	缺陷部位	缺陷内容	缺陷程度	参考缺陷等级	备注
架空线路	杆塔	基础	埋深不足	轻微：埋深不足标准要求的98%	轻微：一般缺陷	
				轻度：埋深不足标准要求的95%	轻度：一般缺陷	
				中度：埋深不足标准要求的80%	中度：严重缺陷	
				重度：埋深不足标准要求的65%	重度：危急缺陷	
			杆塔基础有沉降	轻度：杆塔基础有沉降，5cm≤沉降值<15cm	轻度：一般缺陷	
				中度：杆塔基础有沉降，15cm≤沉降值<25cm	中度：严重缺陷	
				重度：杆塔基础有沉降，沉降值≥25cm，引起钢管杆倾斜度≥1%	重度：危急缺陷	
			保护设施损坏	轻度：杆塔保护设施损坏	轻度：一般缺陷	
	导线	导线	弧垂不满足运行要求	轻微：导线弧垂不满足运行要求，实际弧垂在设计值的105%≤测量值<110%	轻微：一般缺陷	
				轻度：导线弧垂不满足运行要求，实际弧垂在设计值的110%≤测量值≤120%	轻度：一般缺陷	
				中度：导线弧垂不满足运行要求，实际弧垂达到设计值120%以上或过紧95%设计值以下	中度：严重缺陷	
			断股	轻度：19股导线中1～2股、35～37股导线中1～4股损伤深度超过该股导线的1/2；绝缘导线线芯在同一截面内损伤面积小于线芯导电部分截面的10%	轻度：一般缺陷	
				中度：7股导线中1股、19股导线中3～4股、35～37股导线中5～6股损伤深度超过该股导线的1/2；绝缘导线线芯在同一截面内损伤面积达到线芯导电部分截面的10%～17%	中度：严重缺陷	

表 B.1（续）

设备类别	设备部件	缺陷部位	缺陷内容	缺陷程度	参考缺陷等级	备注
架空线路	导线	导线	断股	重度：7 股导线中 2 股、19 股导线中 5 股、35～37 股导线中 7 股损伤深度超过该股导线的 1/2；钢芯铝绞线钢芯断 1 股者；绝缘导线线芯在同一截面内损伤面积超过线芯导电部分截面的 17%	重度：危急缺陷	
			散股现象	轻度：导线一耐张段出现散股现象 1 处	轻度：一般缺陷	
				中度：导线有散股现象，一耐张段出现 3 处及以上散股	中度：严重缺陷	
			绝缘层破损	轻度：架空绝缘线绝缘层破损，一耐张段出现 2 处绝缘破损、脱落现象	轻度：一般缺陷	
				中度：架空绝缘线绝缘层破损，一耐张段出现 3～4 处绝缘破损、脱落现象或出现大面积绝缘破损、脱落	中度：严重缺陷	
			温度异常	轻度：导线连接处 75℃＜实测温度≤80℃或 10K＜相间温差≤30K	轻度：一般缺陷	
				中度：导线连接处 80℃＜实测温度≤90℃或 30K＜相间温差≤40K	中度：严重缺陷	
				重度：导线连接处实测温度＞90℃或相间温差＞40K	重度：危急缺陷	
			锈蚀	轻度：导线中度锈蚀	轻度：一般缺陷	
				中度：导线严重锈蚀	中度：严重缺陷	
			导线上有异物	轻度：导线有小异物不会影响安全运行	轻度：一般缺陷	
				重度：导线上挂有大异物将会引起相间短路等故障	重度：危急缺陷	
			水平距离不符合运规要求	重度：导线水平距离不符合 Q/GDW 519—2010《配电网运行规程》要求	重度：危急缺陷	
			交跨距离不符合运规要求	重度：导线交跨距离不符合 Q/GDW 519—2010《配电网运行规程》要求	重度：危急缺陷	

表 B.1（续）

设备类别	设备部件	缺陷部位	缺陷内容	缺 陷 程 度	参考缺陷等级	备注
架空线路	导线	导线	温度过高退火	轻度：温度过高退火	轻度：一般缺陷	
			绝缘护套损坏	轻度：绝缘护套脱落、损坏、开裂	轻度：一般缺陷	
	绝缘子	绝缘子	污秽	轻度：污秽较为严重，但表面无明显放电	轻度：一般缺陷	
				中度：有明显放电	中度：严重缺陷	
				重度：表面有严重放电痕迹	重度：危急缺陷	
			破损	中度：釉面剥落面积≤100mm²	中度：严重缺陷	
				中度：合成绝缘子伞裙有裂纹	中度：严重缺陷	
				重度：有裂缝，釉面剥落面积＞100mm²	重度：危急缺陷	
			固定不牢固	轻度：固定不牢固，轻度倾斜	轻度：一般缺陷	
				中度：固定不牢固，中度倾斜	中度：严重缺陷	
				重度：固定不牢固，严重倾斜	重度：危急缺陷	
	铁件、金具	线夹	温度异常	轻度：线夹电气连接处75℃＜实测温度≤80℃或10K＜相间温差≤30K	轻度：一般缺陷	
				中度：线夹电气连接处80℃＜实测温度≤90℃或30K＜相间温差≤40K	中度：严重缺陷	
				重度：线夹电气连接处实测温度＞90℃或相间温差＞40K	重度：危急缺陷	
			松动	轻度：线夹连接不牢靠，略有松动	轻度：一般缺陷	
				轻度：绝缘罩脱落	轻度：一般缺陷	
				中度：线夹有较大松动	中度：严重缺陷	
				重度：线夹主件已有脱落等现象	重度：危急缺陷	

表 B.1（续）

设备类别	设备部件	缺陷部位	缺陷内容	缺 陷 程 度	参考缺陷等级	备注
架空线路	铁件、金具	线夹	锈蚀	轻度：线夹有锈蚀	轻度：一般缺陷	
				中度：严重锈蚀（起皮和严重麻点，锈蚀面积超过1/2）	中度：严重缺陷	
			金具附件不完整	重度：金具的保险销子脱落、连接金具球头锈蚀严重、弹簧销脱出或生锈失效、挂环断裂；金具串钉移位、脱出、挂环断裂、变形	重度：危急缺陷	
		横担	横担弯曲、倾斜	轻度：横担上下倾斜，左右偏歪不足横担长度的2%	轻度：一般缺陷	
				中度：横担上下倾斜，左右偏歪大于横担长度的2%	中度：严重缺陷	
				重度：横担弯曲、倾斜，严重变形	重度：危急缺陷	
			锈蚀	中度：横担严重锈蚀（起皮和严重麻点，锈蚀面积超过1/2）	中度：严重缺陷	
			松动、主件脱落	轻度：横担连接不牢靠，略有松动	轻度：一般缺陷	
				中度：横担有较大松动	中度：严重缺陷	
				重度：横担主件（如抱箍、连铁、撑铁等）脱落	重度：危急缺陷	
	拉线	钢绞线	锈蚀	轻度：中度锈蚀	轻度：一般缺陷	
				中度：严重锈蚀	中度：严重缺陷	
			松弛	轻微：轻微松弛未发生杆子倾斜	轻微：一般缺陷	
				轻度：中度松弛	轻度：一般缺陷	
				中度：明显松弛，电杆发生倾斜	中度：严重缺陷	
			损伤	轻度：断股<7%截面，摩擦或撞击	轻度：一般缺陷	
				中度：断股7%～17%截面	中度：严重缺陷	
				重度：断股>17%截面	重度：危急缺陷	
			拉线防护设施不满足要求	轻度：道路边的拉线防护设施设置不规范	轻度：一般缺陷	

表 **B**.1（续）

设备类别	设备部件	缺陷部位	缺陷内容	缺 陷 程 度	参考缺陷等级	备注
架空线路	拉线	钢绞线	拉线防护设施不满足要求	中度：拉线绝缘子未按规定设置	中度：严重缺陷	
				中度：道路边的拉线应设防护设施（护坡、反光管等）而未设置	中度：严重缺陷	
			拉线金具不齐全	中度：拉线金具不齐全	中度：严重缺陷	
			水平拉线对地距离不能满足要求	重度：水平拉线对地距离不能满足要求	重度：危急缺陷	
		基础	埋深不足	轻微：埋深不足标准要求的 98%	轻微：一般缺陷	
				轻度：埋深不足标准要求的 95%	轻度：一般缺陷	
				中度：埋深不足标准要求的 80%	中度：严重缺陷	
				重度：埋深不足标准要求的 65%	重度：危急缺陷	
			基础有沉降	轻度：杆塔基础有沉降，5cm≤沉降值＜15cm	轻度：一般缺陷	
				中度：杆塔基础有沉降，15cm≤沉降值＜25cm	中度：严重缺陷	
				重度：杆塔基础有沉降，沉降值≥25cm	重度：危急缺陷	
		拉线金具	锈蚀	轻度：中度锈蚀	轻度：一般缺陷	
				中度：严重锈蚀	中度：严重缺陷	
	通道	通道	距建筑物距离不够	重度：导线对交跨物安全距离不满足 Q/GDW 519—2010《配电网运行规程》规定要求	重度：危急缺陷	
			距树木距离不够	轻度：线路通道保护区内树木距导线距离，在最大风偏情况下水平距离：架空裸导线为 2.5m～3m，绝缘线 1.5m～2m；在最大弧垂情况下垂直距离：架空裸导线为 2m～2.5m，绝缘线为 1m～1.5m	轻度：一般缺陷	

表 B.1（续）

设备类别	设备部件	缺陷部位	缺陷内容	缺 陷 程 度	参考缺陷等级	备注
架空线路	通道	通道	距树木距离不够	中度：线路通道保护区内树木距导线距离，在最大风偏情况下水平距离：架空裸导线为 2m～2.5m，绝缘线 1m～1.5m；在最大弧垂情况下垂直距离：架空裸导线为 1.5m～2m，绝缘线为 0.8m～1m	中度：严重缺陷	
				重度：线路通道保护区内树木距导线距离，在最大风偏情况下水平距离：架空裸导线≤2m，绝缘线≤1m；在最大弧垂情况下垂直距离：架空裸导线≤1.5m，绝缘线≤0.8m	重度：危急缺陷	
			杂物堆积	轻度：通道内有违章建筑、堆积物	轻度：一般缺陷	
	接地装置	接地引下线	线径不足	中度：线径不满足要求	中度：严重缺陷	
			锈蚀	轻微：轻度锈蚀（小于截面直径或厚度 10%）	轻微：一般缺陷	
				轻度：轻度锈蚀（大于截面直径或厚度 10%，小于截面直径或厚度 20%）	轻度：一般缺陷	
				中度：中度锈蚀（大于截面直径或厚度 20%，小于截面直径或厚度 30%）	中度：严重缺陷	
				重度：严重锈蚀（大于截面直径或厚度 30%）	重度：危急缺陷	
			连接不良	轻度：无明显接地	轻度：一般缺陷	
				中度：连接松动、接地不良	中度：严重缺陷	
				重度：出现断开、断裂	重度：危急缺陷	
		接地体	接地电阻不合格	轻度：接地电阻值不符合设计规定	轻度：一般缺陷	
			埋深不足	中度：埋深不足（耕地＜0.8m，非耕地＜0.6m）	中度：严重缺陷	
	附件	标识	安装位置偏移	轻度：设备标识、警示标识安装位置偏移	轻度：一般缺陷	
			无标识或缺少标识	轻度：无标识或缺少标识	轻度：一般缺陷	

表 B.1（续）

设备类别	设备部件	缺陷部位	缺陷内容	缺 陷 程 度	参考缺陷等级	备注
架空线路	附件	标识	标识错误	中度：设备标识、警示标识错误	中度：严重缺陷	
		防雷金具、故障指示器	防雷金具、故障指示器安装不牢靠	轻度：防雷金具、故障指示器位移	轻度：一般缺陷	

柱上真空开关设备缺陷库见表 B.2。

表 B.2　柱上真空开关设备缺陷库

设备类别	设备部件	缺陷部位	缺陷内容	缺 陷 程 度	参考缺陷等级	备注
柱上真空开关	套管	套管	破损	轻度：略有破损	轻度：一般缺陷	
				中度：外壳有裂纹（撕裂）或破损	中度：严重缺陷	
				重度：严重破损	重度：危急缺陷	
			污秽	轻度：污秽较为严重，但表面无明显放电	轻度：一般缺陷	
				中度：有明显放电	中度：严重缺陷	
				重度：表面有严重放电痕迹	重度：危急缺陷	
	开关本体	开关本体	锈蚀	轻度：中度锈蚀	轻度：一般缺陷	
				中度：严重锈蚀	中度：严重缺陷	
			污秽	轻度：污秽较为严重	轻度：一般缺陷	
			绝缘电阻不合格	轻度：20℃时绝缘电阻＜500MΩ	轻度：一般缺陷	
				中度：20℃时绝缘电阻＜400MΩ	中度：严重缺陷	
				重度：20℃时绝缘电阻＜300MΩ	重度：危急缺陷	
			主回路直流电阻不合格	轻度：主回路直流电阻试验数据与初始值相差≥20%	轻度：一般缺陷	
				中度：主回路直流电阻试验数据与初始值相差≥100%	中度：严重缺陷	

表 B.2（续）

设备类别	设备部件	缺陷部位	缺陷内容	缺陷程度	参考缺陷等级	备注
柱上真空开关	开关本体	开关本体	导电接头及引线温度异常	轻度：电气连接处75℃＜实测温度≤80℃ 或 10K＜相间温差≤30K	轻度：一般缺陷	
				中度：电气连接处80℃＜实测温度≤90℃ 或 30K＜相间温差≤40K	中度：严重缺陷	
				重度：电气连接处实测温度＞90℃或相间温差＞40K	重度：危急缺陷	
	隔离开关	隔离开关	温度异常	轻度：电气连接处75℃＜实测温度≤80℃ 或 10K＜相间温差≤30K	轻度：一般缺陷	
				中度：电气连接处80℃＜实测温度≤90℃ 或 30K＜相间温差≤40K	中度：严重缺陷	
				重度：电气连接处实测温度＞90℃或相间温差＞40K	重度：危急缺陷	
			卡涩	轻度：轻微卡涩	轻度：一般缺陷	
				中度：严重卡涩	中度：严重缺陷	
			破损	轻度：略有破损	轻度：一般缺陷	
				中度：外壳有裂纹（撕裂）或破损	中度：严重缺陷	
				重度：严重破损	重度：危急缺陷	
			锈蚀	轻度：中度锈蚀	轻度：一般缺陷	
				中度：严重锈蚀	中度：严重缺陷	
			污秽	轻度：污秽较为严重，但表面无明显放电	轻度：一般缺陷	
				中度：有明显放电	中度：严重缺陷	
				重度：表面有严重放电痕迹	重度：危急缺陷	
	操作机构	机构本体	卡涩	轻度：轻微卡涩	轻度：一般缺陷	
				中度：严重卡涩	中度：严重缺陷	
			无法储能	中度：无法储能	中度：严重缺陷	
			操作不正确	中度：1次操作不正确	中度：严重缺陷	
				重度：连续2次及以上操作不成功	重度：危急缺陷	

表 B.2（续）

设备类别	设备部件	缺陷部位	缺陷内容	缺 陷 程 度	参考缺陷等级	备注
柱上真空开关	操作机构	机构本体	锈蚀	轻度：中度锈蚀	轻度：一般缺陷	
				中度：严重锈蚀	中度：严重缺陷	
		分合闸指示器	指示不正确	中度：指示不正确	中度：严重缺陷	
	接地	接地引下线	线径不足	中度：线径不满足要求	中度：严重缺陷	
			锈蚀	轻微：轻度锈蚀（小于截面直径或厚度10%）	轻微：一般缺陷	
				轻度：轻度锈蚀（大于截面直径或厚度10%，小于截面直径或厚度20%）	轻度：一般缺陷	
				中度：中度锈蚀（大于截面直径或厚度20%，小于截面直径或厚度30%）	中度：严重缺陷	
				重度：严重锈蚀（大于截面直径或厚度30%）	重度：危急缺陷	
			连接不良	轻度：无明显接地	轻度：一般缺陷	
				中度：连接松动、接地不良	中度：严重缺陷	
				重度：出现断开、断裂	重度：危急缺陷	
		接地体	接地电阻不合格	轻度：接地电阻值＞10Ω	轻度：一般缺陷	
			埋深不足	中度：埋深不足（耕地＜0.8m，非耕地＜0.6m）	中度：严重缺陷	
	标识	标识	安装位置偏移	轻度：设备标识、警示标识安装位置偏移	轻度：一般缺陷	
			无标识或缺少标识	轻度：无标识或缺少标识	轻度：一般缺陷	
			标识错误	中度：设备标识、警示标识错误	中度：严重缺陷	
	互感器	互感器	破损	轻度：外壳和套管略有破损	轻度：一般缺陷	
				中度：外壳和套管有裂纹（撕裂）或破损	中度：严重缺陷	
				重度：外壳和套管有严重破损	重度：危急缺陷	
			绝缘电阻不合格	重度：20℃时一次绝缘电阻＜1000MΩ，二次绝缘电阻＜1MΩ	重度：危急缺陷	

柱上 SF$_6$ 开关设备缺陷库见表 B.3。

表 B.3 柱上 SF$_6$ 开关设备缺陷库

设备类别	设备部件	缺陷部位	缺陷内容	缺 陷 程 度	参考缺陷等级	备注
柱上 SF$_6$ 开关	套管	套管	破损	轻度：略有破损	轻度：一般缺陷	
				中度：外壳有裂纹（撕裂）或破损	中度：严重缺陷	
				重度：严重破损	重度：危急缺陷	
			污秽	轻度：污秽较为严重，但表面无明显放电	轻度：一般缺陷	
				中度：有明显放电	中度：严重缺陷	
				重度：表面有严重放电痕迹	重度：危急缺陷	
	开关本体	开关本体	锈蚀	轻度：中度锈蚀	轻度：一般缺陷	
				严重锈蚀	中度：严重缺陷	
			SF$_6$ 气压表指示异常	中度：气压表在告警区域范围	中度：严重缺陷	
				重度：气压表在闭锁区域范围	重度：危急缺陷	
			污秽	轻度：污秽较为严重	轻度：一般缺陷	
				中度：有明显放电	中度：严重缺陷	
				重度：表面有严重放电痕迹	重度：危急缺陷	
			绝缘电阻不合格	轻度：20℃时绝缘电阻<500MΩ	轻度：一般缺陷	
				中度：20℃时绝缘电阻<400MΩ	中度：严重缺陷	
				重度：20℃时绝缘电阻<300MΩ	重度：危急缺陷	
			主回路直流电阻不合格	轻度：主回路直流电阻试验数据与初始值相差≥20%	轻度：一般缺陷	
				中度：主回路直流电阻试验数据与初始值相差≥100%	中度：严重缺陷	
			导电接头及引线温度异常	轻度：电气连接处 75℃<实测温度≤80℃或 10K<相间温差≤30K	轻度：一般缺陷	

表 B.3（续）

设备类别	设备部件	缺陷部位	缺陷内容	缺陷程度	参考缺陷等级	备注
柱上 SF$_6$ 开关	开关本体	开关本体	导电接头及引线温度异常	中度：电气连接处 80℃＜实测温度≤90℃ 或 30K＜相间温差≤40K	中度：严重缺陷	
				重度：电气连接处实测温度＞90℃或相间温差＞40K	重度：危急缺陷	
	隔离开关	隔离开关	温度异常	轻度：75℃＜实测温度≤80℃ 或 10K＜相间温差≤30K	轻度：一般缺陷	
				中度：80℃＜实测温度≤90℃ 或 30K＜相间温差≤40K	中度：严重缺陷	
				重度：实测温度＞90℃或相间温差＞40K	重度：危急缺陷	
			卡涩	轻度：轻微卡涩	轻度：一般缺陷	
				中度：严重卡涩	中度：严重缺陷	
			破损	轻度：略有破损	轻度：一般缺陷	
				中度：外壳有裂纹（撕裂）或破损	中度：严重缺陷	
				重度：严重破损	重度：危急缺陷	
			锈蚀	轻度：中度锈蚀	轻度：一般缺陷	
				中度：严重锈蚀	中度：严重缺陷	
			污秽	轻度：污秽较为严重，但表面无明显放电	轻度：一般缺陷	
				中度：有明显放电	中度：严重缺陷	
				重度：表面有严重放电痕迹	重度：危急缺陷	
	操作机构	机构本体	卡涩	轻度：轻微卡涩	轻度：一般缺陷	
				中度：严重卡涩	中度：严重缺陷	
			无法储能	中度：无法储能	中度：严重缺陷	
			操作不正确	中度：1 次操作不正确	中度：严重缺陷	
				重度：连续 2 次及以上操作不成功	重度：危急缺陷	
			锈蚀	轻度：中度锈蚀	轻度：一般缺陷	
				中度：严重锈蚀	中度：严重缺陷	

表 **B**.3（续）

设备类别	设备部件	缺陷部位	缺陷内容	缺 陷 程 度	参考缺陷等级	备注
柱上SF₆开关	操作机构	分合闸指示器	指示不正确	中度：指示不正确	中度：严重缺陷	
	接地	接地引下线	线径不足	中度：线径不满足要求	中度：严重缺陷	
			锈蚀	轻微：轻度锈蚀（小于截面直径或厚度10%）	轻微：一般缺陷	
				轻度：轻度锈蚀（大于截面直径或厚度10%，小于截面直径或厚度20%）	轻度：一般缺陷	
				中度：中度锈蚀（大于截面直径或厚度20%，小于截面直径或厚度30%）	中度：严重缺陷	
				重度：严重锈蚀（大于截面直径或厚度30%）	重度：危急缺陷	
			连接不良	轻度：无明显接地	轻度：一般缺陷	
				中度：连接松动、接地不良	中度：严重缺陷	
				重度：出现断开、断裂	重度：危急缺陷	
		接地体	接地电阻不合格	轻度：接地电阻值>10Ω	轻度：一般缺陷	
			埋深不足	中度：埋深不足（耕地<0.8m，非耕地<0.6m）	中度：严重缺陷	
	标识	标识	安装位置偏移	轻度：设备标识、警示标识安装位置偏移	轻度：一般缺陷	
			无标识或缺少标识	轻度：无标识或缺少标识	轻度：一般缺陷	
			标识错误	中度：设备标识、警示标识错误	中度：严重缺陷	
	互感器	互感器	破损	轻度：外壳和套管略有破损	轻度：一般缺陷	
				中度：外壳和套管有裂纹（撕裂）或破损	中度：严重缺陷	
				重度：外壳和套管有严重破损	重度：危急缺陷	
			绝缘电阻不合格	重度：绝缘电阻折算到20℃时一次<1000MΩ，二次<1MΩ	重度：危急缺陷	

柱上隔离开关设备缺陷库见表 B.4。

表 B.4 柱上隔离开关设备缺陷库

设备类别	设备部件	缺陷部位	缺陷内容	缺 陷 程 度	参考缺陷等级	备注
柱上隔离开关	支持绝缘子	支持绝缘子	破损	轻度：略有破损	轻度：一般缺陷	
				中度：外壳有裂纹（撕裂）或破损	中度：严重缺陷	
				重度：严重破损	重度：危急缺陷	
			污秽	轻度：污秽较为严重，但表面无明显放电	轻度：一般缺陷	
				中度：有明显放电	中度：严重缺陷	
				重度：表面有严重放电痕迹	重度：危急缺陷	
	隔离开关本体	隔离开关本体	温度异常	轻度：75℃＜实测温度≤80℃ 或 10K＜相间温差≤30K	轻度：一般缺陷	
				中度：80℃＜实测温度≤90℃ 或 30K＜相间温差≤40K	中度：严重缺陷	
				重度：实测温度＞90℃ 或 相间温差＞40K	重度：危急缺陷	
			卡涩	轻度：轻微卡涩	轻度：一般缺陷	
				中度：严重卡涩	中度：严重缺陷	
			锈蚀	轻度：中度锈蚀	轻度：一般缺陷	
				中度：严重锈蚀	中度：严重缺陷	
	操作机构	操作机构	卡涩	轻度：轻微卡涩	轻度：一般缺陷	
				中度：严重卡涩	中度：严重缺陷	
			锈蚀	轻度：中度锈蚀	轻度：一般缺陷	
				中度：严重锈蚀	中度：严重缺陷	
	接地	接地引下线	线径不足	中度：线径不满足要求	中度：严重缺陷	
			锈蚀	轻微：轻度锈蚀（小于截面直径或厚度10%）	轻微：一般缺陷	
	接地	接地引下线		轻度：轻度锈蚀（大于截面直径或厚度10%，小于截面直径或厚度20%）	轻度：一般缺陷	
				中度：中度锈蚀（大于截面直径或厚度20%，小于截面直径或厚度30%）	中度：严重缺陷	

表 B.4（续）

设备类别	设备部件	缺陷部位	缺陷内容	缺 陷 程 度	参考缺陷等级	备注
柱上隔离开关	接地	接地	接地引下线	重度：严重锈蚀（大于截面直径或厚度30%）	重度：危急缺陷	
			连接不良	轻度：无明显接地	轻度：一般缺陷	
				中度：连接松动、接地不良	中度：严重缺陷	
				重度：出现断开、断裂	重度：危急缺陷	
		接地体	接地电阻不合格	轻度：接地电阻值＞10Ω	轻度：一般缺陷	
			埋深不足	中度：埋深不足（耕地＜0.8m，非耕地＜0.6m）	中度：严重缺陷	
	标识	标识	安装位置偏移	轻度：设备标识、警示标识安装位置偏移	轻度：一般缺陷	
			无标识或缺少标识	轻度：无标识或缺少标识	轻度：一般缺陷	
			标识错误	中度：设备标识、警示标识错误	中度：严重缺陷	

跌落式熔断器设备缺陷库见表 B.5。

表 B.5 跌落式熔断器设备缺陷库

设备类别	设备部件	缺陷部位	缺陷内容	缺 陷 程 度	参考缺陷等级	备注
跌落式熔断器	本体及引线	本体及引线	破损	轻度：绝缘罩损坏	轻度：一般缺陷	
				轻度：略有破损	轻度：一般缺陷	
				中度：外壳有裂纹（撕裂）或破损	中度：严重缺陷	
				重度：严重破损	重度：危急缺陷	
			污秽	轻度：污秽较为严重，但表面无明显放电	轻度：一般缺陷	
				中度：有明显放电	中度：严重缺陷	
				重度：表面有严重放电痕迹	重度：危急缺陷	
			弹动	轻微：操作有弹动但能正常操作	轻微：一般缺陷	
				轻度：操作有较强弹动但能正常操作	轻度：一般缺陷	

表 B.5（续）

设备类别	设备部件	缺陷部位	缺陷内容	缺 陷 程 度	参考缺陷等级	备注
跌落式熔断器	本体及引线	本体及引线	弹动	中度：操作有剧烈弹动但能正常操作	中度：严重缺陷	
				重度：操作有剧烈弹动已不能正常操作	重度：危急缺陷	
			故障次数超标	重度：熔断器故障跌落次数超厂家规定值	重度：危急缺陷	
			锈蚀	轻度：中度锈蚀	轻度：一般缺陷	
				中度：严重锈蚀	中度：严重缺陷	
			松动	轻度：固定松动，支架位移、有异物	轻度：一般缺陷	
			温度异常	轻度：电气连接处 75℃＜实测温度≤80℃或 10K＜相间温差≤30K	轻度：一般缺陷	
				中度：电气连接处 80℃＜实测温度≤90℃或 30K＜相间温差≤40K	中度：严重缺陷	
				重度：电气连接处实测温度＞90℃或相间温差＞40K	重度：危急缺陷	

金属氧化物避雷器设备缺陷库见表 B.6。

表 B.6　金属氧化物避雷器设备缺陷库

设备类别	设备部件	缺陷部位	缺陷内容	缺 陷 程 度	参考缺陷等级	备注
金属氧化物避雷器	本体及引线	本体	温度异常	中度：电气连接处相间温差异常	中度：严重缺陷	
			破损	轻度：略有破损	轻度：一般缺陷	
				中度：外壳有裂纹（撕裂）或破损	中度：严重缺陷	
				重度：严重破损	重度：危急缺陷	
			污秽	轻度：污秽较为严重，但表面无明显放电	轻度：一般缺陷	
				中度：有明显放电	中度：严重缺陷	
				重度：表面有严重放电痕迹	重度：危急缺陷	
			松动	轻度：松动	轻度：一般缺陷	
				中度：本体或引线脱落	中度：严重缺陷	

表 B.6（续）

设备类别	设备部件	缺陷部位	缺陷内容	缺 陷 程 度	参考缺陷等级	备注
金属氧化物避雷器	本体及引线	接地引下线	线径不足	中度：线径不满足要求	中度：严重缺陷	
			锈蚀	轻微：轻度锈蚀（小于截面直径或厚度10%）	轻微：一般缺陷	
				轻度：轻度锈蚀（大于截面直径或厚度10%，小于截面直径或厚度20%）	轻度：一般缺陷	
				中度：中度锈蚀（大于截面直径或厚度20%，小于截面直径或厚度30%）	中度：严重缺陷	
				重度：严重锈蚀（大于截面直径或厚度30%）	重度：危急缺陷	
			连接不良	轻度：无明显接地	轻度：一般缺陷	
				中度：连接松动、接地不良	中度：严重缺陷	
				重度：出现断开、断裂	重度：危急缺陷	
		接地体	接地电阻不合格	轻度：接地电阻值＞10Ω	轻度：一般缺陷	
			埋深不足	中度：埋深不足（耕地＜0.8m，非耕地＜0.6m）	中度：严重缺陷	

电容器设备缺陷库见表 B.7。

表 B.7 电 容 器 设 备 缺 陷 库

设备类别	设备部件	缺陷部位	缺陷内容	缺 陷 程 度	参考缺陷等级	备注
电容器	套管	套管	破损	轻度：略有破损	轻度：一般缺陷	
				中度：外壳有裂纹（撕裂）或破损	中度：严重缺陷	
				重度：严重破损	重度：危急缺陷	
			污秽	轻度：污秽较为严重，但表面无明显放电	轻度：一般缺陷	
				中度：有明显放电	中度：严重缺陷	
				重度：表面有严重放电痕迹	重度：危急缺陷	
			绝缘电阻不合格	重度：20℃时绝缘电阻＜2000MΩ	重度：危急缺陷	

表 B.7（续）

设备类别	设备部件	缺陷部位	缺陷内容	缺 陷 程 度	参考缺陷等级	备注
电容器	套管	套管	温度异常	轻度：电气连接处 75℃＜实测温度≤80℃ 或 10K＜相间温差≤30K	轻度：一般缺陷	
				中度：电气连接处 80℃＜实测温度≤90℃ 或 30K＜相间温差≤40K	中度：严重缺陷	
				重度：电气连接处实测温度＞90℃或相间温差＞40K	重度：危急缺陷	
电容器	电容器本体	电容器本体	渗漏	轻度：略有渗漏、鼓肚	轻度：一般缺陷	
				重度：渗漏、鼓肚严重	重度：危急缺陷	
			有异声	中度：有异声	中度：严重缺陷	
			温度异常	轻度：45℃＜实测温度≤50℃	轻度：一般缺陷	
				中度：50℃＜实测温度≤55℃	中度：严重缺陷	
				重度：实测温度＞55℃	重度：危急缺陷	
			电容量超标	重度：电容值偏差超出出厂值或交接值的−5%～+5%范围（警示值）	重度：危急缺陷	
			锈蚀	轻度：中度锈蚀	轻度：一般缺陷	
				中度：严重锈蚀	中度：严重缺陷	
	熔断器	熔断器	温度异常	轻度：电气连接处 75℃＜实测温度≤80℃ 或 10K＜相间温差≤30K	轻度：一般缺陷	
				中度：电气连接处 80℃＜实测温度≤90℃ 或 30K＜相间温差≤40K	中度：严重缺陷	
				重度：电气连接处实测温度＞90℃或相间温差＞40K	重度：危急缺陷	
			破损	轻度：略有破损	轻度：一般缺陷	
				中度：外壳有裂纹（撕裂）或破损	中度：严重缺陷	
				重度：严重破损	重度：危急缺陷	
			污秽	轻度：污秽较为严重，但表面无明显放电	轻度：一般缺陷	
				中度：有明显放电	中度：严重缺陷	
				重度：表面有严重放电痕迹	重度：危急缺陷	

表 B.7（续）

设备类别	设备部件	缺陷部位	缺陷内容	缺 陷 程 度	参考缺陷等级	备注
电容器	控制机构	控制机构	锈蚀	轻度：中度锈蚀	轻度：一般缺陷	
				中度：严重锈蚀	中度：严重缺陷	
			显示错误	轻度：控制器有个别显示错误	轻度：一般缺陷	
				中度：控制器有 3 个及以上显示错误	中度：严重缺陷	
			操作不正确	中度：1 次操作不正确	中度：严重缺陷	
				重度：连续 2 次及以上操作不成功	重度：危急缺陷	
	接地	接地引下线	线径不足	中度：线径不满足要求	中度：严重缺陷	
			锈蚀	轻微：轻度锈蚀（小于截面直径或厚度 10%）	轻微：一般缺陷	
				轻度：轻度锈蚀（大于截面直径或厚度 10%，小于截面直径或厚度 20%）	轻度：一般缺陷	
				中度：中度锈蚀（大于截面直径或厚度 20%，小于截面直径或厚度 30%）	中度：严重缺陷	
				重度：严重锈蚀（大于截面直径或厚度 30%）	重度：危急缺陷	
			连接不良	轻度：无明显接地	轻度：一般缺陷	
				中度：连接松动、接地不良	中度：严重缺陷	
				重度：出现断开、断裂	重度：危急缺陷	
		接地体	接地电阻不合格	轻度：接地电阻值＞10Ω	轻度：一般缺陷	
			埋深不足	中度：埋深不足（耕地＜0.8m，非耕地＜0.6m）	中度：严重缺陷	
	标识	标识	安装位置偏移	轻度：设备标识、警示标识安装位置偏移	轻度：一般缺陷	
			无标识或缺少标识	轻度：无标识或缺少标识	轻度：一般缺陷	
			标识错误	中度：设备标识、警示标识错误	中度：严重缺陷	

高压计量箱设备缺陷库见表 B.8。

表 B.8 高压计量箱设备缺陷库

设备类别	设备部件	缺陷部位	缺陷内容	缺 陷 程 度	参考缺陷等级	备注
高压计量箱	绕组及套管	绕组及套管	温度异常	轻度：电气连接处 75℃＜实测温度≤80℃或 10K＜相间温差≤30K	轻度：一般缺陷	
				中度：电气连接处 80℃＜实测温度≤90℃或 30K＜相间温差≤40K	中度：严重缺陷	
				重度：电气连接处实测温度＞90℃或相间温差＞40K	重度：危急缺陷	
			绝缘电阻不合格	中度：20℃时二次绝缘电阻＜1MΩ	中度：严重缺陷	
				重度：20℃时一次绝缘电阻＜1000MΩ	重度：危急缺陷	
			破损	轻度：略有破损	轻度：一般缺陷	
				中度：外壳有裂纹（撕裂）或破损	中度：严重缺陷	
				重度：严重破损	重度：危急缺陷	
			污秽	轻度：污秽较为严重，但表面无明显放电	轻度：一般缺陷	
				中度：有明显放电	中度：严重缺陷	
				重度：表面有严重放电痕迹	重度：危急缺陷	
高压计量箱	油箱（外壳）	油箱（外壳）	锈蚀	轻度：中度锈蚀	轻度：一般缺陷	
				中度：严重锈蚀	中度：严重缺陷	
			渗油	轻微：轻微渗油	轻微：一般缺陷	
				轻度：明显渗油	轻度：一般缺陷	
				中度：严重渗油	中度：严重缺陷	
				重度：漏油（滴油）	重度：危急缺陷	
	接地	接地引下线	线径不足	中度：线径不满足要求	中度：严重缺陷	
			锈蚀	轻微：轻度锈蚀（小于截面直径或厚度10%）	轻微：一般缺陷	
				轻度：轻度锈蚀（大于截面直径或厚度10%，小于截面直径或厚度20%）	轻度：一般缺陷	

表 B.8（续）

设备类别	设备部件	缺陷部位	缺陷内容	缺　陷　程　度	参考缺陷等级	备注
高压计量箱	接地	接地引下线	锈蚀	中度：中度锈蚀（大于截面直径或厚度20%，小于截面直径或厚度30%）	中度：严重缺陷	
				重度：严重锈蚀（大于截面直径或厚度30%）	重度：危急缺陷	
			连接不良	轻度：无明显接地	轻度：一般缺陷	
				中度：连接松动、接地不良	中度：严重缺陷	
				重度：出现断开、断裂	重度：危急缺陷	
		接地体	接地电阻不合格	轻度：接地电阻值＞10Ω	轻度：一般缺陷	
			埋深不足	中度：埋深不足（耕地＜0.8m，非耕地＜0.6m）	中度：严重缺陷	
	标识	标识	安装位置偏移	轻度：设备标识、警示标识安装位置偏移	轻度：一般缺陷	
			无标识或缺少标识	轻度：无标识或缺少标识	轻度：一般缺陷	
			标识错误	中度：设备标识、警示标识错误	中度：严重缺陷	

配电变压器设备缺陷库见表 B.9。

表 B.9　配电变压器设备缺陷库

设备类别	设备部件	缺陷部位	缺陷内容	缺　陷　程　度	参考缺陷等级	备注
配电变压器	绕组及套管	高、低压套管	破损	轻度：略有破损	轻度：一般缺陷	
				中度：外壳有裂纹（撕裂）或破损	中度：严重缺陷	
				重度：严重破损	重度：危急缺陷	
			污秽	轻度：污秽较严重（户内、户外变压器）	轻度：一般缺陷	
				中度：污秽严重，有明显放电（户外变压器）；有明显放电痕迹（户内变压器）	中度：严重缺陷	
				重度：有严重放电（户外变压器）；有严重放电痕迹（户内变压器）	重度：危急缺陷	

表 B.9（续）

设备类别	设备部件	缺陷部位	缺陷内容	缺 陷 程 度	参考缺陷等级	备注
配电变压器	绕组及套管	高、低压套管	绕组直流电阻不合格	重度：1.6MVA 以上的配电变压器相间直流电阻大于三相平均值的 2%或线间直流电阻大于三相平均值的 1%；1.6MVA 及以下的配电变压器相间直流电阻大于三相平均值的 4%或线间直流电阻大于三相平均值的 2%	重度：危急缺陷	
			绝缘电阻不合格	轻微：绕组及套管绝缘电阻与初始值相比降低 10%～20%	轻微：一般缺陷	
				轻度：绕组及套管绝缘电阻与初始值相比降低 20%～30%	轻度：一般缺陷	
				中度：绕组及套管绝缘电阻与初始值相比降低 30%及以上	中度：严重缺陷	
		导线接头及外部连接	松动	重度：线夹与设备连接平面出现缝隙,螺丝明显脱出,引线随时可能脱出	重度：危急缺陷	
			损坏	重度：线夹破损断裂严重,有脱落的可能,对引线无法形成紧固作用	重度：危急缺陷	
			断股	轻度：截面损失＜7%	轻度：一般缺陷	
				中度：截面损失达 7%以上, 但小于 25%	中度：严重缺陷	
				重度：截面损失达 25%以上	重度：危急缺陷	
			温度异常	轻度:电气连接处 75℃＜实测温度≤80℃ 或 10K＜相间温差≤30K	轻度：一般缺陷	
				中度:电气连接处 80℃＜实测温度≤90℃ 或 30K＜相间温差≤40K	中度：严重缺陷	
				重度:电气连接处实测温度＞90℃或相间温差＞40K	重度：危急缺陷	
		高、低压绕组	声音异常	中度：声响异常	中度：严重缺陷	
			三相不平衡	轻度：Yyn0 接线不平衡率在 15%～30%；Dyn11 接线不平衡率为 25%～40%	轻度：一般缺陷	

表 B.9（续）

设备类别	设备部件	缺陷部位	缺陷内容	缺 陷 程 度	参考缺陷等级	备注
配电变压器	绕组及套管	高、低压绕组	三相不平衡	中度：Yyn0 接线三相不平衡率＞30%；Dyn11 接线三相不平衡率＞40%	中度：严重缺陷	
	分接开关	分接开关	器身温度过高	轻度：干式变压器器身温度超出厂家允许值的 10%	轻度：一般缺陷	
				中度：干式变压器器身温度超出厂家允许值的 20%	中度：严重缺陷	
			卡涩	中度：机构卡涩，无法操作	中度：严重缺陷	
	冷却系统	温控装置	故障	中度：温控装置无法启动	中度：严重缺陷	
		风机	故障	中度：风机无法启动	中度：严重缺陷	
	油箱	油箱本体	渗油	轻微：轻微渗油	轻微：一般缺陷	
				轻度：明显渗油	轻度：一般缺陷	
				中度：严重渗油	中度：严重缺陷	
				重度：漏油（滴油）	重度：危急缺陷	
			温度过高	中度：配电变压器上层油温超过95℃或温升超过55K	中度：严重缺陷	
			锈蚀	轻度：明显锈斑	轻度：一般缺陷	
				中度：严重锈蚀	中度：严重缺陷	
		油位计	油位显示异常	轻度：油位低于正常油位的下限，油位可见	轻度：一般缺陷	
				重度：油位不可见	重度：危急缺陷	
			油位显示模糊	轻度：油位计指示不清晰	轻度：一般缺陷	
			油位计破损	重度：油位计破损	重度：严重缺陷	
		呼吸器	硅胶变色	轻度：硅胶潮解变色部分超过总量的 2/3 或硅胶自上而下变色	轻度：一般缺陷	
				中度：硅胶潮解全部变色	中度：严重缺陷	
			硅胶筒玻璃破损	中度：硅胶筒玻璃破损	中度：严重缺陷	
		波纹连接管	变形破损	中度：波纹连接管变形	中度：严重缺陷	
				重度：波纹连接管破损	重度：危急缺陷	

表 B.9（续）

设备类别	设备部件	缺陷部位	缺陷内容	缺陷程度	参考缺陷等级	备注
配电变压器	非电量保护	温度计	指示不准确或显示模糊	中度：温度计指示不准确或显示模糊	中度：严重缺陷	
			破损	中度：温度计破损	中度：严重缺陷	
		气体继电器	有气体且轻瓦斯发信号	中度：气体继电器中有气体	中度：严重缺陷	
		压力释放阀	破损	重度：防爆膜破损	重度：危急缺陷	
		二次回路	二次回路绝缘电阻不合格	中度：二次回路绝缘电阻＜1MΩ	中度：严重缺陷	
		电气监测装置	电气监测装置故障	中度：电气监测装置故障	中度：严重缺陷	
	接地	接地引下线	线径不足	中度：线径不满足要求	中度：严重缺陷	
			锈蚀	轻微：轻度锈蚀（小于截面直径或厚度10%）	轻微：一般缺陷	
				轻度：轻度锈蚀（大于截面直径或厚度10%，小于截面直径或厚度20%）	轻度：一般缺陷	
				中度：中度锈蚀（大于截面直径或厚度20%，小于截面直径或厚度30%）	中度：严重缺陷	
				重度：严重锈蚀（大于截面直径或厚度30%）	重度：危急缺陷	
			连接不良	轻度：无明显接地	轻度：一般缺陷	
				中度：连接松动、接地不良	中度：严重缺陷	
				重度：出现断开、断裂	重度：危急缺陷	
		接地体	锈蚀	轻度：中度锈蚀（大于截面直径或厚度10%，小于截面直径或厚度20%）	轻度：一般缺陷	
				中度：较严重锈蚀（大于截面直径或厚度20%，小于截面直径或厚度30%）	中度：严重缺陷	
				重度：严重锈蚀（大于截面直径或厚度30%）	重度：危急缺陷	
			埋深不足	中度：埋深不足（耕地＜0.8m，非耕地＜0.6m）	中度：严重缺陷	

表 B.9（续）

设备类别	设备部件	缺陷部位	缺陷内容	缺 陷 程 度	参考缺陷等级	备注
配电变压器	接地	接地体	接地电阻不合格	中度：接地电阻不合格（容量 100kVA 及以上配电变压器接地电阻>4W，容量100kVA 以下配电变压器接地电阻值>10W）	中度：严重缺陷	
	绝缘油	绝缘油	颜色不正常	轻度：颜色较深	轻度：一般缺陷	
			耐压试验不合格	重度：耐压试验不合格＜25kV	重度：危急缺陷	
	标识	标识	安装位置偏移	轻度：设备标识、警示标识安装位置偏移	轻度：一般缺陷	
			无标识或缺少标识	轻度：无标识或缺少标识	轻度：一般缺陷	
			标识错误	中度：设备标识、警示标识错误	中度：严重缺陷	

开关柜设备缺陷库见表 B.10。

表 B.10　开 关 柜 设 备 缺 陷 库

设备类别	设备部件	缺陷部位	缺陷内容	缺 陷 程 度	参考缺陷等级	备注
开关柜	本体	开关	污秽	轻度：污秽较严重，表面无明显放电	轻度：一般缺陷	
				中度：有明显放电	中度：严重缺陷	
				重度：表面有严重放电痕迹	重度：危急缺陷	
			表面完好无破损	轻度：略有破损	轻度：一般缺陷	
				中度：外壳有裂纹（撕裂）或破损	中度：严重缺陷	
				重度：严重破损	重度：危急缺陷	
			分、合闸位置不正确	中度：位置指示有偏差	中度：严重缺陷	
				重度：位置指示相反，或无指示	重度：危急缺陷	
			设备异响	中度：存在异常放电声音	中度：严重缺陷	
				重度：存在严重放电声音	重度：危急缺陷	
			带电检测数据异常	中度：带电检测局部放电测试数据异常	中度：严重缺陷	

表 B.10（续）

设备类别	设备部件	缺陷部位	缺陷内容	缺 陷 程 度	参考缺陷等级	备注
开关柜	本体	开关	压力释放通道失效	中度：压力释放通道失效	中度：严重缺陷	
			温度异常	轻度：电气连接处75℃＜实测温度≤80℃或10K＜相间温差≤30K	轻度：一般缺陷	
				中度：电气连接处80℃＜实测温度≤90℃或30K＜相间温差≤40K	中度：严重缺陷	
				重度：电气连接处实测温度＞90℃或相间温差＞40K	重度：危急缺陷	
			SF₆气压表指示异常	中度：气压表在告警区域范围	中度：严重缺陷	
				重度：气压表在闭锁区域范围	重度：危急缺陷	
			绝缘电阻不合格	轻度：20℃时绝缘电阻＜500MΩ	轻度：一般缺陷	
				中度：20℃时绝缘电阻＜400MΩ	中度：严重缺陷	
				重度：20℃时绝缘电阻＜300MΩ	重度：危急缺陷	
			主回路直流电阻不合格	轻微：主回路直流电阻试验数据与初始值相差≥30%	轻微：一般缺陷	
				轻度：主回路直流电阻试验数据与初始值相差≥50%	轻度：一般缺陷	
				中度：主回路直流电阻试验数据与初始值相差≥100%	中度：严重缺陷	
	附件	互感器	污秽	轻度：污秽较严重，表面无明显放电	轻度：一般缺陷	
				中度：有明显放电	中度：严重缺陷	
				重度：表面有严重放电痕迹	重度：危急缺陷	
			绝缘电阻不合格	重度：20℃时一次绝缘电阻＜1000MΩ，二次绝缘电阻＜1MΩ	重度：危急缺陷	
			破损	轻度：略有破损	轻度：一般缺陷	
				中度：外壳有裂纹（撕裂）或破损	中度：严重缺陷	
				重度：严重破损	重度：危急缺陷	

表 B.10（续）

设备类别	设备部件	缺陷部位	缺陷内容	缺陷程度	参考缺陷等级	备注
开关柜	附件	避雷器	污秽	轻度：污秽较为严重，但表面无明显放电	轻度：一般缺陷	
				重度：表面有严重放电痕迹	重度：危急缺陷	
			接线方式不符合运行要求	中度：接线方式不符合运行要求且未做警示标识	中度：严重缺陷	
			绝缘电阻不合格	重度：20℃时绝缘电阻＜1000MΩ	重度：危急缺陷	
			破损	轻度：略有破损	轻度：一般缺陷	
				中度：外壳有裂纹（撕裂）或破损	中度：严重缺陷	
				重度：严重破损	重度：危急缺陷	
		加热器	运行异常	中度：运行异常	中度：严重缺陷	
		温湿度控制器	运行异常	中度：运行异常	中度：严重缺陷	
		故障指示器	运行异常	中度：无法运行	中度：严重缺陷	
		熔断器	破损	轻度：略有破损	轻度：一般缺陷	
				中度：外壳有裂纹（撕裂）或破损	中度：严重缺陷	
				重度：严重破损	重度：危急缺陷	
		绝缘子	污秽	轻度：污秽较为严重，但表面无明显放电	轻度：一般缺陷	
				中度：有明显放电	中度：严重缺陷	
				重度：表面有严重放电痕迹	重度：危急缺陷	
			破损	轻度：略有破损	轻度：一般缺陷	
				中度：外壳有裂纹（撕裂）或破损	中度：严重缺陷	
				重度：严重破损	重度：危急缺陷	
		母线	绝缘电阻不合格	重度：20℃时绝缘电阻＜1000MΩ	重度：危急缺陷	
	操动系统及控制回路	操作机构	机构老化、卡位	轻度：卡涩	轻度：一般缺陷	
				中度：发生拒动、误动	中度：严重缺陷	

表 B.10（续）

设备类别	设备部件	缺陷部位	缺陷内容	缺 陷 程 度	参考缺陷等级	备注
开关柜	操动系统及控制回路	分合闸线圈	损毁	重度：无法正常运行	重度：危急缺陷	
		辅助开关	操作不正常	轻度：卡涩、接触不良	轻度：一般缺陷	
				轻度：曾发生切换不到位，原因不明	轻度：一般缺陷	
	辅助部件	二次回路	脱线、断线	重度：脱线、断线	重度：危急缺陷	
			绝缘电阻不合格	中度：机构控制或辅助回路绝缘电阻＜1MΩ	中度：严重缺陷	
		端子	裂纹	中度：有破损、缺失	中度：严重缺陷	
		联跳功能	回路中三相不一致	中度：回路中三相不一致	中度：严重缺陷	
			熔丝联跳装置不能满足跳闸要求	重度：熔丝联跳装置不能使负荷开关跳闸	重度：危急缺陷	
		五防装置	装置功能不完善	轻度：装置功能不完善	轻度：一般缺陷	
			装置故障	中度：装置故障	中度：严重缺陷	
		带电显示器	显示异常	中度：显示异常	中度：严重缺陷	
		仪表	仪表指示失灵	轻度：1处仪表指示失灵	轻度：一般缺陷	
				中度：2处以上仪表指示失灵	中度：严重缺陷	
		接地引下线	线径不足	中度：线径不满足要求	中度：严重缺陷	
			锈蚀	轻微：轻度锈蚀（小于截面直径或厚度10%）	轻微：一般缺陷	
				轻度：轻度锈蚀（大于截面直径或厚度10%，小于截面直径或厚度20%）	轻度：一般缺陷	
				中度：中度锈蚀（大于截面直径或厚度20%，小于截面直径或厚度30%）	中度：严重缺陷	
				重度：严重锈蚀（大于截面直径或厚度30%）	重度：危急缺陷	
			连接不良	轻度：无明显接地	轻度：一般缺陷	
				中度：连接松动、接地不良	中度：严重缺陷	
				重度：出现断开、断裂	重度：危急缺陷	

表 B.10（续）

设备类别	设备部件	缺陷部位	缺陷内容	缺 陷 程 度	参考缺陷等级	备注
开关柜	辅助部件	接地体	接地电阻不合格	轻度：接地电阻＞4Ω	轻度：一般缺陷	
			埋深不足	中度：埋深不足	中度：严重缺陷	
	标识	标识	安装位置偏移	轻度：设备标识、警示标识安装位置偏移	轻度：一般缺陷	
			无标识或缺少标识	轻度：无标识或缺少标识	轻度：一般缺陷	
			标识错误	中度：设备标识、警示标识错误	中度：严重缺陷	

电缆线路设备缺陷库见表 B.11。

表 B.11　电缆线路设备缺陷库

设备类别	设备部件	缺陷部位	缺陷内容	缺 陷 程 度	参考缺陷等级	备注
电缆线路	电缆本体	电缆本体	埋深不足	中度：埋深量不能满足设计要求且没有任何保护措施	中度：严重缺陷	
			主绝缘电阻不合格	轻度：耐压试验前后，主绝缘电阻值下降，仍可以长期运行	轻度：一般缺陷	
				中度：耐压试验前后，主绝缘电阻值下降，可短期维持运行	中度：严重缺陷	
				重度：耐压试验前后，主绝缘电阻值严重下降，无法继续运行	重度：危急缺陷	
			破损、变形	轻微：电缆外护套轻微破损、变形	轻微：一般缺陷	
				轻度：电缆外护套明显破损、变形	轻度：一般缺陷	
				中度：电缆外护套严重破损、变形	中度：严重缺陷	
			防火阻燃	轻度：部分交叉处未设置防火隔板	轻度：一般缺陷	
				中度：交叉处未设置防火隔板	中度：严重缺陷	

表 B.11（续）

设备类别	设备部件	缺陷部位	缺陷内容	缺 陷 程 度	参考缺陷等级	备注
电缆线路	电缆终端	电缆终端	温度异常	轻度：电气连接处75℃＜实测温度≤80℃或10K＜相间温差≤30K	轻度：一般缺陷	
				中度：电气连接处80℃＜实测温度≤90℃或30K＜相间温差≤40K	中度：严重缺陷	
				重度：电气连接处实测温度＞90℃或相间温差＞40K	重度：危急缺陷	
			破损	轻度：略有破损	轻度：一般缺陷	
				中度：外壳有裂纹（撕裂）或破损	中度：严重缺陷	
				重度：严重破损	重度：危急缺陷	
			污秽	轻度：污秽较为严重，但表面无明显放电	轻度：一般缺陷	
				中度：有明显放电	中度：严重缺陷	
				重度：表面有严重放电痕迹	重度：危急缺陷	
			防火阻燃	轻度：防火阻燃措施不完善	轻度：一般缺陷	
				中度：无防火阻燃及防小动物措施	中度：严重缺陷	
	电缆中间接头	电缆中间接头	破损	轻度：略有破损	轻度：一般缺陷	
				中度：外壳有裂纹（撕裂）或破损	中度：严重缺陷	
				重度：严重破损	重度：危急缺陷	
			锈蚀	轻度：锌层（银层）损失，内部开始腐蚀	轻度：一般缺陷	
				中度：腐蚀进展很快，表面出现腐蚀物沉积,受力部位截面明显变小	中度：严重缺陷	
			浸水	轻度：被污水浸泡、杂物堆压，水深不超过1m	轻度：一般缺陷	
				中度：被污水浸泡、杂物堆压，水深超过1m	中度：严重缺陷	
			温度异常	中度：相间温差异常	中度：严重缺陷	
			防火阻燃	轻度：防火阻燃措施不完善	轻度：一般缺陷	
				中度：无防火措施	中度：严重缺陷	

表 B.11（续）

设备类别	设备部件	缺陷部位	缺陷内容	缺　陷　程　度	参考缺陷等级	备注
电缆线路	接地系统	接地引下线	线径不足	中度：线径不满足要求	中度：严重缺陷	
			锈蚀	轻微：轻度锈蚀（小于截面直径或厚度10%）	轻微：一般缺陷	
				轻度：轻度锈蚀（大于截面直径或厚度 10%，小于截面直径或厚度 20%）	轻度：一般缺陷	
				中度：中度锈蚀（大于截面直径或厚度 20%，小于截面直径或厚度 30%）	中度：严重缺陷	
				重度：严重锈蚀（大于截面直径或厚度 30%）	重度：危急缺陷	
			连接不良	轻度：无明显接地	轻度：一般缺陷	
				中度：连接松动、接地不良	中度：严重缺陷	
				重度：出现断开、断裂	重度：危急缺陷	
		接地体	接地电阻不合格	轻度：接地电阻值＞10Ω	轻度：一般缺陷	
			埋深不足	中度：埋深不足（耕地＜0.8m，非耕地＜0.6m）	中度：严重缺陷	
	电缆通道	电缆井	积水	轻微：井内积水未碰到电缆	轻微：一般缺陷	
				轻度：井内积水浸泡电缆或有杂物	轻度：一般缺陷	
				中度：井内积水浸泡电缆或有杂物影响设备安全	中度：严重缺陷	
			基础破损、下沉	轻度：基础有轻微破损、下沉	轻度：一般缺陷	
				中度：基础有较大破损、下沉，离本体、接头或者配套辅助设施还有一定距离	中度：严重缺陷	
				重度：基础有严重破损、下沉，造成井盖压在本体、接头或者配套辅助设施上	重度：危急缺陷	
			井盖	中度：井盖不平整、有破损，缝隙过大	中度：严重缺陷	
				重度：井盖缺失	重度：危急缺陷	

541

表 **B**.11（续）

设备类别	设备部件	缺陷部位	缺陷内容	缺 陷 程 度	参考缺陷等级	备注
电缆线路	电缆通道	电缆井	可燃气体	重度：井内有可燃气体	重度：危急缺陷	
		电缆管沟	基础破损、下沉	轻度：基础有轻微破损、下沉	轻度：一般缺陷	
				中度：基础有较大破损、下沉，离本体、接头或者配套辅助设施还有一定距离	中度：严重缺陷	
				重度：基础有严重破损、下沉，造成井盖压在本体、接头或配套辅助设施上	重度：危急缺陷	
			积水	轻微：积清水	轻微：一般缺陷	
				轻度：积污水	轻度：一般缺陷	
		电缆排管	堵塞	轻度：电缆排管堵塞不通	轻度：一般缺陷	
			破损	轻度：有破损	轻度：一般缺陷	
				中度：有较大破损对电缆造成损伤	中度：严重缺陷	
			端口未封堵	轻度：端口未封堵	轻度：一般缺陷	
		电缆隧道	坍塌	中度：塌陷、严重沉降、错位	中度：严重缺陷	
			排水设施损坏	轻度：排水设施损坏	轻度：一般缺陷	
			照明设备损坏	轻度：照明设备损坏	轻度：一般缺陷	
			通风设施损坏	轻度：通风设施损坏	轻度：一般缺陷	
			支架设施损坏	轻度：支架锈蚀、脱落或变形	轻度：一般缺陷	
		隧道竖井	井盖损坏、缺失	轻度：井盖部分损坏	轻度：一般缺陷	
				中度：井盖多处损坏	中度：严重缺陷	
				重度：井盖缺失	重度：危急缺陷	
			爬梯损坏、锈蚀	轻度：爬梯锈蚀、上下档损坏	轻度：一般缺陷	
				中度：爬梯锈蚀严重	中度：严重缺陷	
		防火设备	防火阻燃	轻度：防火阻燃措施不完善	轻度：一般缺陷	
				中度：无防火措施	中度：严重缺陷	
		电缆线路保护区	在电缆线路保护区内有施工开挖	中度：施工影响线路安全	中度：严重缺陷	
				重度：施工危及线路安全	重度：危急缺陷	

表 B.11（续）

设备类别	设备部件	缺陷部位	缺陷内容	缺 陷 程 度	参考缺陷等级	备注
电缆线路	电缆通道	电缆线路保护区	线路保护区内土壤流失严重	轻度：土壤流失造成排管包方、工井等局部点暴露	轻度：一般缺陷	
				中度：土壤流失造成排管包方、工井等大面积暴露	中度：严重缺陷	
				重度：土壤流失造成排管包方开裂，工井、沟体等墙体开裂甚至凌空	重度：危急缺陷	
	辅助设施	辅助设备	锈蚀	轻度：中度锈蚀	轻度：一般缺陷	
				中度：严重锈蚀	中度：严重缺陷	
			连接不良	轻度：轻微松动、不紧固	轻度：一般缺陷	
				中度：严重松动、不紧固	中度：严重缺陷	
		标识	安装位置偏移	轻度：设备标识、警示标识安装位置偏移	轻度：一般缺陷	
			无标识或缺少标识	轻度：无标识或缺少标识	轻度：一般缺陷	
			标识错误	中度：设备标识、警示标识错误	中度：严重缺陷	

电缆分支（接）箱设备缺陷库见表 B.12。

表 B.12 电缆分支（接）箱设备缺陷库

设备单元	设备部件	缺陷部位	缺陷内容	缺 陷 程 度	参考缺陷等级	备注
电缆分支（接）箱	本体	母线	绝缘电阻不合格	轻度：20℃时绝缘电阻＜500MΩ	轻度：一般缺陷	
				中度：20℃时绝缘电阻＜400MΩ	中度：严重缺陷	
				重度：20℃时绝缘电阻＜300MΩ	重度：危急缺陷	
			温度异常	轻度：电气连接处75℃＜实测温度≤80℃或 10K＜相间温差≤30K	轻度：一般缺陷	
				中度：电气连接处80℃＜实测温度≤90℃或 30K＜相间温差≤40K	中度：严重缺陷	
				重度：电气连接处实测温度＞90℃或相间温差＞40K	重度：危急缺陷	

表 B.12（续）

设备单元	设备部件	缺陷部位	缺陷内容	缺陷程度	参考缺陷等级	备注
电缆分支（接）箱	本体	绝缘子	污秽	轻微：有污秽	轻微：一般缺陷	
				轻度：污秽较为严重，但表面无明显放电	轻度：一般缺陷	
				中度：有明显放电	中度：严重缺陷	
				重度：表面有严重放电痕迹	重度：危急缺陷	
			放电声	中度：存在异常放电声音	中度：严重缺陷	
				重度：存在连续放电声音	重度：危急缺陷	
			绝缘电阻不合格	轻度：20℃时绝缘电阻＜500MΩ	轻度：一般缺陷	
				中度：20℃时绝缘电阻＜400MΩ	中度：严重缺陷	
				重度：20℃时绝缘电阻＜300MΩ	重度：危急缺陷	
			破损	中度：表面有破损	中度：严重缺陷	
				重度：表面有严重破损	重度：危急缺陷	
			凝露	轻微：出现少量露珠	轻微：一般缺陷	
				轻度：出现较多露珠	轻度：一般缺陷	
				中度：出现大量露珠	中度：严重缺陷	
		避雷器	污秽	轻微：有污秽	轻微：一般缺陷	
				轻度：污秽较为严重，但表面无明显放电	轻度：一般缺陷	
				中度：有明显放电	中度：严重缺陷	
				重度：表面有严重放电痕迹	重度：危急缺陷	
			绝缘电阻	重度：避雷器 20℃时绝缘电阻＜1000MΩ	重度：危急缺陷	
			引线连接部位接触不良	中度：连接不可靠，有脱落可能	中度：严重缺陷	
				重度：连接不可靠，短时即有脱落可能	重度：危急缺陷	
	辅助部件	带电显示器	显示异常	中度：显示异常	中度：严重缺陷	
		五防装置	功能失灵	轻度：装置功能不完善	轻度：一般缺陷	
				重度：装置故障	中度：严重缺陷	

表 **B**.12（续）

设备单元	设备部件	缺陷部位	缺陷内容	缺陷程度	参考缺陷等级	备注
电缆分支（接）箱	辅助部件	防火设备	防火阻燃	轻度：防火阻燃措施不完善	轻度：一般缺陷	
				中度：无防火措施	中度：严重缺陷	
		外壳	外观有裂纹	轻度：有渗水迹象	轻度：一般缺陷	
				中度：有漏水现象	中度：严重缺陷	
			锈蚀	轻度：轻微锈蚀	轻度：一般缺陷	
				中度：严重锈蚀	中度：严重缺陷	
		接地引下线	线径不足	中度：线径不满足	中度：严重缺陷	
			锈蚀	轻微：轻度锈蚀（小于截面直径或厚度10%）	轻微：一般缺陷	
				轻度：轻度锈蚀（大于截面直径或厚度10%，小于截面直径或厚度20%）	轻度：一般缺陷	
				中度：中度锈蚀（大于截面直径或厚度20%，小于截面直径或厚度30%）	中度：严重缺陷	
				重度：严重锈蚀（大于截面直径或厚度30%）	重度：危急缺陷	
			连接不良	轻度：无明显接地	轻度：一般缺陷	
				中度：连接松动、接地不良	中度：严重缺陷	
				重度：出现断开、断裂	重度：危急缺陷	
			接地电阻不合格	轻度：接地电阻值＞10Ω	轻度：一般缺陷	
			埋深不足	中度：埋深不足（埋深耕地＜0.8m，非耕地＜0.6m）	中度：严重缺陷	
	本体	标识	安装位置偏移	轻度：设备标识、警示标识安装位置偏移	轻度：一般缺陷	
			无标识或缺少标识	轻度：无标识或缺少标识	轻度：一般缺陷	
			标识错误	中度：设备标识、警示标识错误	中度：严重缺陷	

构筑物及外壳设备缺陷库见表 B.13。

表 B.13　构筑物及外壳设备缺陷库

设备单元	设备部件	缺陷部位	缺陷内容	缺　陷　程　度	参考缺陷等级	备注
构筑物及外壳	本体	屋顶	渗漏	轻微：有渗水	轻微：一般缺陷	
				轻度：有漏水	轻度：一般缺陷	
				中度：有明显裂纹	中度：严重缺陷	
		外体	锈蚀	轻度：明显锈蚀	轻度：一般缺陷	
			渗漏	轻微：有渗水	轻微：一般缺陷	
				轻度：有漏水	轻度：一般缺陷	
				中度：有明显裂纹	中度：严重缺陷	
		门窗	门窗不完整或破损	轻微：窗户及纱窗轻微破损	轻微：一般缺陷	
				轻度：窗户及纱窗明显破损	轻度：一般缺陷	
				中度：窗户及纱窗严重破损	中度：严重缺陷	
			防小动物措施不完善	轻度：防鼠挡板不规范	轻度：一般缺陷	
				中度：无防鼠挡板	中度：严重缺陷	
		楼梯	不完整，破损	轻微：轻微锈蚀、破损	轻微：一般缺陷	
				轻度：明显锈蚀、破损	轻度：一般缺陷	
				中度：严重锈蚀、破损	中度：严重缺陷	
	基础	内部	积水、杂物	轻微：井内积水未碰到电缆	轻微：一般缺陷	
				轻度：井内积水浸泡电缆或有杂物	轻度：一般缺陷	
				中度：井内积水浸泡电缆或有杂物危及设备安全	中度：严重缺陷	
			潮湿	轻度：潮湿，有水珠	轻度：一般缺陷	
			裂纹，剥落	轻度：墙体裂纹，墙面剥落	轻度：一般缺陷	
		外观	基础破损、下沉	轻度：破损较为严重或基础下沉明显	轻度：一般缺陷	
				中度：破损严重或基础下沉可能影响设备安全运行	中度：严重缺陷	

表 B.13（续）

设备单元	设备部件	缺陷部位	缺陷内容	缺陷程度	参考缺陷等级	备注
构筑物及外壳	接地系统	接地引下线	线径不足	中度：线径不满足	中度：严重缺陷	
			锈蚀	轻微：轻度锈蚀（小于截面直径或厚度10%）	轻微：一般缺陷	
				轻度：轻度锈蚀（大于截面直径或厚度 10%，小于截面直径或厚度20%）	轻度：一般缺陷	
				中度：中度锈蚀（大于截面直径或厚度 20%，小于截面直径或厚度30%）	中度：严重缺陷	
				重度：严重锈蚀（大于截面直径或厚度30%）	重度：危急缺陷	
			接触不良	轻度：无明显接地	轻度：一般缺陷	
				中度：连接松动、接地不良	中度：严重缺陷	
				重度：出现断开、断裂	重度：危急缺陷	
			埋深不足	中度：埋深不足	中度：严重缺陷	
			接地电阻不合格	轻度：接地电阻值不符合设计规定	轻度：一般缺陷	
	运行通道	运行通道	通道路面不平整	轻度：通道路面不平整	轻度：一般缺陷	
			通道内有违章建筑及堆积物	轻度：通道内有堆积物	轻度：一般缺陷	
				中度：通道内违章建筑及堆积物影响设备安全运行	中度：严重缺陷	
	辅助设施	灭火器	不完整	中度：过期或缺少	中度：严重缺陷	
		照明装置	不完整	轻度：不完整	轻度：一般缺陷	
				中度：装置故障	中度：严重缺陷	
		SF$_6$泄漏监测装置	不完整及动作不可靠	中度：SF$_6$设备的建筑内缺少监测装置或监测装置动作不可靠	中度：严重缺陷	
		强排风装置	不完整及动作不可靠	轻度：强排风装置动作异常	轻度：一般缺陷	
				中度：缺少强排风装置	中度：严重缺陷	
		排水装置	无排水装置或排水措施不当	中度：地面以下设施无排水装置或排水措施不当	中度：严重缺陷	

表 **B**.13（续）

设备单元	设备部件	缺陷部位	缺陷内容	缺 陷 程 度	参考缺陷等级	备注
构筑物及外壳	辅助设施	除湿装置	异常	轻度：除湿装置异常	轻度：一般缺陷	
		标识	安装位置偏移	轻度：设备标识、警示标识安装位置偏移	轻度：一般缺陷	
			无标识或缺少标识	轻度：无标识或缺少标识	轻度：一般缺陷	
			标识错误	中度：设备标识、警示标识错误	中度：严重缺陷	

配电自动化终端缺陷库见表 B.14。

表 **B**.14 配电自动化终端缺陷库

设备单元	设备部件	缺陷部位	缺陷内容	缺 陷 程 度	参考缺陷等级	备注
配电自动化终端	自动化装置	自动化装置	污秽、破损	轻度：设备表面有污秽，外壳破损	轻度：一般缺陷	
			回路故障	中度：电压（电流）回路故障引起相间短路（开路）	中度：严重缺陷	
			电源异常	中度：交直流电源异常	中度：严重缺陷	
			指示灯信号异常	中度：指示灯信号异常	中度：严重缺陷	
			通信异常	中度：通信异常，无法上传数据	中度：严重缺陷	
			装置故障	中度：装置故障引起遥测、遥信信息异常	中度：严重缺陷	
	辅助设施	辅助设施	标识不清	轻度：标识不清	轻度：一般缺陷	
			进出口未封堵	轻度：电缆进出口未封堵或封堵物脱落	轻度：一般缺陷	
			柜门无法正常关闭	轻度：柜门无法正常关闭	轻度：一般缺陷	
			设备无可靠接地	轻度：设备无可靠接地	轻度：一般缺陷	
			端子松动	中度：端子松动、接触不良	中度：严重缺陷	

二次保护装置缺陷库见表 B.15。

表 B.15 二次保护装置缺陷库

设备单元	设备部件	缺陷部位	缺陷内容	缺陷程度	参考缺陷等级	备注
二次保护装置	二次回路	二次回路	回路故障	中度：端子松动、接触不良	中度：严重缺陷	
				中度：通信中断	中度：严重缺陷	
				重度：开路	重度：危急缺陷	
				重度：短路	重度：危急缺陷	
				重度：断线	重度：危急缺陷	
	保护装置	保护装置	黑屏	重度：装置黑屏	重度：危急缺陷	
			电源异常	重度：交直流电源异常	重度：危急缺陷	
			频繁重启	重度：频繁重启	重度：危急缺陷	
			对时不准	中度：对时不准	中度：严重缺陷	
			备自投装置故障	中度：备自投装置故障	中度：严重缺陷	
			操作面板损坏	中度：操作面板损坏	中度：严重缺陷	
			显示异常	中度：显示异常	中度：严重缺陷	
			不能复归	中度：不能复归	中度：严重缺陷	
			指示灯信号异常	中度：指示灯信号异常	中度：严重缺陷	
			设备无可靠接地	轻度：设备无可靠接地	轻度：一般缺陷	
			标识不清晰	轻度：标识不清晰	轻度：一般缺陷	
			备自投功能不完善	轻度：备自投功能不完善	轻度：一般缺陷	
	直流装置	直流装置	直流接地	重度：直流接地，对地绝缘电阻<10MΩ	重度：危急缺陷	
			交流电源故障、失电	中度：交流电源故障、失电	中度：严重缺陷	
			蓄电池容量不足	中度：蓄电池容量不足	中度：严重缺陷	
			指示灯信号异常	中度：直流电源箱、直流屏指示灯信号异常	中度：严重缺陷	
			蓄电池鼓肚、渗液	中度：蓄电池鼓肚、渗液	中度：严重缺陷	
			蓄电池电压异常	中度：蓄电池电压异常	中度：严重缺陷	

表 B.15（续）

设备单元	设备部件	缺陷部位	缺陷内容	缺 陷 程 度	参考缺陷等级	备注
二次保护装置	直流装置	直流装置	蓄电池浮充电流异常	中度：蓄电池浮充电流异常	中度：严重缺陷	
			绝缘电阻不合格	中度：10MΩ≤对地绝缘电阻＜100MΩ	中度：严重缺陷	
			充电模块故障	中度：充电模块故障	中度：严重缺陷	
			装置黑屏、花屏	中度：装置黑屏、花屏	中度：严重缺陷	
			锈蚀	轻度：蓄电池桩头有锈蚀现象	轻度：一般缺陷	
			柜门无法关闭	轻度：柜门无法关闭，影响直流系统运行	轻度：一般缺陷	
			设备无可靠接地	轻度：设备无可靠接地	轻度：一般缺陷	

第四部分　营销服务工作标准

国家电网公司业扩报装管理规则

（节选）

国网（营销/3）378—2017

第一章 总 则

第一条 为积极适应国家简政放权和电力改革形势，及时响应客户用电服务新需求，坚持"你用电、我用心"，以市场为导向、以客户为中心，全面构建全环节适应市场、贴近客户的业扩报装服务模式，依据《中华人民共和国电力法》《电力供应与使用条例》《供电营业规则》《国家电网公司营销管理通则》，制定本规则。

第二条 本规则所称的业扩报装管理，包括业务受理、现场勘查、供电方案确定及答复、业务费收取、配套电网工程建设、设计文件审查、中间检查、竣工检验、供用电合同签订、停（送）电计划编制、装表接电、资料归档、现场作业安全管控、服务质量评价等全过程作业规范、流程衔接及管理考核。

第三条 本规则适用于国家电网公司总（分）部及所属各级单位的业扩报装管理工作，代管、控股单位参照执行。

第四条 全面践行"四个服务"宗旨及"你用电、我用心"服务理念，强化市场意识、竞争意识，认真贯彻国家法律法规、标准规程和供电服务监管要求，严格遵守公司供电服务"三个十条"规定，按照"主动服务、一口对外、便捷高效、三不指定、办事公开"原则，开展业扩报装工作。

"主动服务"原则，指强化市场竞争意识，前移办电服务窗口，由等待客户到营业厅办电，转变为客户经理上门服务，搭建服务平台，统筹调度资源，创新营销策略，制订个性化、多样化的套餐服务，争抢优质客户资源，巩固市场竞争优势。

"一口对外"原则，指健全高效的跨专业协同运作机制，营销部门统一受理客户用电申请，承办业扩报装具体业务，并对外答复客户；发展、财务、运检等部门按照职责分工和流程要求，完成相应工作内容；深化营销系统与相关专业系统集成应用和流程贯通，支撑客户需求、电网资源、配套电网工程建设、停（送）电计划、业务办理进程等跨专业信息实时共享和协同高效运作。

"便捷高效"原则，指精简手续流程，推行"一证受理"和容量直接开放，实施流程"串改并"，取消普通客户设计文件审查和中间检查；畅通"绿色通道"，与客户工程同步建设配套电网工程；拓展服务渠道，加快办电速度，逐步实现客户最多"只进一次门，只上一次网"，即可办理全部用电手续；深化业扩全流程信息公开与实时管控平台应用，实行全环节量化、全过程管控、全业务考核。

"三不指定"原则，指严格执行国家规范电力客户工程市场的相关规定，按照统一标准规范提供办电服务，严禁以任何形式指定设计、施工和设备材料供应单位，切实保障客户的知情权和自主选择权。

"办事公开"原则，指坚持信息公开透明，通过营业厅、"掌上电力"手机 App、95598 网站等渠道，公开业扩报装服务流程，工作规范，收费项目、标准及依据等内容；提供便捷的查询方式，方便客户查询设计、施工单位，业务办理进程，以及注意事项等信息，主动接受客户及社会监督。

第二章　职　责　分　工

第三节　业　务　受　理

第六十九条　向客户提供营业厅、"掌上电力"手机 App、95598 网站等办电服务渠道，实行"首问负责制""一证受理""一次性告知""一站式服务"。对于有特殊需求的客户群体，提供办电预约上门服务。

第七十条　受理客户用电申请时，应主动向客户提供用电咨询服务，接收并查验客户申请资料，及时将相关信息录入营销业务应用系统，由系统自动生成业务办理表单（表单中办理时间和相应二维码信息由系统自动生成）。推行线上办电、移动作业和客户档案电子化，坚决杜绝系统外流转。

（一）实行营业厅"一证受理"。受理时应询问客户申请意图，向客户提供业务办理告知书（附件 1），告知客户需提交的资料清单、业务办理流程、收费项目及标准、监督电话等信息。对于申请资料暂不齐全的客户，在收到其用电主体资格证明并签署"承诺书"（见附件 2）后，正式受理用电申请并启动后续流程，现场勘查时收资。已有客户资料或资质证件尚在有效期内，则无须客户再次提供。推行居民客户"免填单"服务，业务办理人员了解客户申请信息并录入营销业务应用系统，生成用电登记表（附件 3），打印后交由客户签字确认。

（二）提供"掌上电力"手机 App、95598 网站等线上办理服务。通过线上渠道业务办理指南，引导客户提交申请资料、填报办电信息。电子座席人员在一个工作日内完成资料审核，并将受理工单直接传递至属地营业厅，严禁层层派单。对于申请资料暂不齐全的客户，按照"一证受理"要求办理，由电子座席人员告知客户在现场勘查时收资。

（三）实行同一地区可跨营业厅受理办电申请。各级供电营业厅，均应受理各电压等级客户用电申请。同城异地营业厅应在 1 个工作日内将收集的客户报装资料传递至属地营业厅，实现"内转外不转"。

第四节　现场勘查及供电方案答复

第七十一条　根据与客户预约的时间，组织开展现场勘查。现场勘查前，应预先了解待勘查地点的现场供电条件。

第七十二条　现场勘查实行合并作业和联合勘查，推广应用移动作业终端，提高现场勘查效率。

（一）低压客户实行勘查装表"一岗制"作业。具备直接装表条件的，在勘查确定供电方案后当场装表接电；不具备直接装表条件的，在现场勘查时答复客户供电方案，由勘查人员同步提供设计简图和施工要求，根据与客户约定时间或配套电网工程竣工当日装表接电。

（二）高压客户实行"联合勘查、一次办结"，营销部（客户服务中心）负责组织相关专业人员共同完成现场勘查。

第七十三条 现场勘查应重点核实客户负荷性质、用电容量、用电类别等信息，结合现场供电条件，初步确定供电电源、计量、计费方案，并填写现场勘查单（见附件4）。勘查主要内容包括：

（一）对申请新装、增容用电的居民客户，应核定用电容量，确认供电电压、用电相别、计量装置位置和接户线的路径、长度。

（二）对申请新装、增容用电的非居民客户，应审核客户的用电需求，确定新增用电容量、用电性质及负荷特性，初步确定供电电源、供电电压、供电容量、计量方案、计费方案等。

（三）对拟定的重要电力客户，应根据国家确定重要负荷等级有关规定，审核客户行业范围和负荷特性，并根据客户供电可靠性的要求以及中断供电危害程度确定供电方式。

（四）对申请增容的客户，应核实客户名称、用电地址、电能表箱位、表位、表号、倍率等信息，检查电能计量装置和受电装置运行情况。

第七十四条 对现场不具备供电条件的，应在勘查意见中说明原因，并向客户做好解释工作。勘查人员发现客户现场存在违约用电、窃电嫌疑等异常情况，应做好记录，及时报相关责任部门处理，并暂缓办理该客户用电业务。在违约用电、窃电嫌疑排查处理完毕后，重新启动业扩报装流程。

第七十五条 依据供电方案编制有关规定和技术标准要求，结合现场勘查结果、电网规划、用电需求及当地供电条件等因素，经过技术经济比较、与客户协商一致后，拟定供电方案。方案包含客户用电申请概况、接入系统方案、受电系统方案、计量计费方案、其他事项等5部分内容：

（一）用电申请概况：户名、用电地址、用电容量、行业分类、负荷特性及分级、保安负荷容量、电力用户重要性等级。

（二）接入系统方案：各路供电电源的接入点、供电电压、频率、供电容量、电源进线敷设方式、技术要求、投资界面及产权分界点、分界点开关等接入工程主要设施或装置的核心技术要求。

（三）受电系统方案：用户电气主接线及运行方式，受电装置容量及电气参数配置要求；无功补偿配置、自备应急电源及非电性质保安措施配置要求；谐波治理、调度通信、继电保护及自动化装置要求；配电站房选址要求；变压器、进线柜、保护等一、二次主要设备或装置的核心技术要求。

（四）计量计费方案：计量点的设置、计量方式、用电信息采集终端安装方案，计量柜（箱）等计量装置的核心技术要求；用电类别、电价说明、功率因数考核办法、线路或变压器损耗分摊办法。

（五）其他事项：客户应按照规定交纳业务费用及收费依据，供电方案有效期，供用电双方的责任义务，特别是取消设计文件审查和中间检查后，用电人应履行的义务和承担的责任（包括自行组织设计、施工的注意事项，竣工验收的要求等内容），其它需说明的事宜及后续环节办理有关告知事项。

第七十六条　对于具有非线性、不对称、冲击性负荷等可能影响供电质量或电网安全运行的客户，应书面告知其委托有资质单位开展电能质量评估，并在设计文件审查时提交初步治理技术方案。

第七十七条　根据客户供电电压等级和重要性分级，取消供电方案分级审批，实行直接开放、网上会签或集中会审，并由营销部门统一答复客户。（供电方案答复单见附件5）。

（一）10（20）千伏及以下项目，原则上直接开放，由营销部（客户服务中心）编制供电方案，并经系统推送至发展、运检、调控等部门备案；对于电网接入受限项目，实行先接入、后改造。

（二）35千伏项目，由营销部（客户服务中心）委托经研院（所）编制供电方案，营销部（客户服务中心）组织相关部门进行网上会签或集中会审。

（三）110千伏及以上项目，由客户委托具备资质的单位开展接入系统设计，发展部委托经研院（所）根据客户提交的接入系统设计编制供电方案，由发展部组织进行网上会签或集中会审。营销部（客户服务中心）负责统一答复客户。

第七十八条　高压供电方案有效期1年，低压供电方案有效期3个月。若需变更供电方案，应履行相关审查程序，其中，对于客户需求变化造成供电方案变更的，应书面告知客户重新办理用电申请手续；对于电网原因造成供电方案变更的，应与客户沟通协商，重新确定供电方案后答复客户。

第七十九条　供电方案答复期限：在受理申请后，低压客户在次工作日完成现场勘查并答复供电方案；10千伏单电源客户不超过14个工作日；10千伏双电源客户不超过29个工作日；35千伏及以上单电源客户不超过15个工作日；35千伏及以上双电源客户不超过30个工作日。

第三章　设计文件审查和中间检查

第八十条　对于重要或者有特殊负荷（高次谐波、冲击性负荷、波动负荷、非对称性负荷等）的客户，开展设计文件审查和中间检查。对于普通客户，实行设计单位资质、施工图纸与竣工资料合并报送。

第八十一条　受理客户设计文件审查申请时，应查验设计单位资质等级证书复印件和设计图纸及说明（设计单位盖章），重点审核设计单位资质是否符合国家相关规定。如资料欠缺或不完整，应告知客户补充完善（客户设计文件送审单见附件6-1）。

第八十二条　严格按照国家、行业技术标准以及供电方案要求，开展重要或特殊负荷客户设计文件审查，审查意见应一次性书面答复客户。重点包括：

（一）主要电气设备技术参数、主接线方式、运行方式、线缆规格应满足供电方案要求；通信、继电保护及自动化装置设置应符合有关规程；电能计量和用电信息采集装置的配置应符合《电能计量装置技术管理规程》、国家电网公司智能电能表以及用电信息采集系统相关技术标准。

（二）对于重要客户，还应审查供电电源配置、自备应急电源及非电性质保安措施等，应满足有关规程、规定的要求。

（三）对具有非线性阻抗用电设备（高次谐波、冲击性负荷、波动负荷、非对称性负荷等）的特殊负荷客户，还应审核谐波负序治理装置及预留空间，电能质量监测装置是否满足有关规程、规定要求。

第八十三条 设计文件审查合格后，应填写客户受电工程设计文件审查意见单（附件 6-2），并在审核通过的设计文件上加盖图纸审核专用章，告知客户下一环节需要注意的事项：

（一）因客户原因需变更设计的，应填写《客户受电工程变更设计申请联系单》（附件 6-3），将变更后的设计文件再次送审，通过审核后方可实施。

（二）承揽受电工程施工的单位应具备政府部门颁发的相应资质的承装（修、试）电力设施许可证。

（三）工程施工应依据审核通过的图纸进行。隐蔽工程掩埋或封闭前，须报供电企业进行中间检查。

（四）受电工程竣工报验前，应向供电企业提供进线继电保护定值计算相关资料。

第八十四条 设计图纸审查期限：自受理之日起，高压客户不超过 5 个工作日。

第八十五条 受理客户中间检查报验申请后（受电工程中间检查报验单见附件 6-4），应及时组织开展中间检查。发现缺陷的，应一次性书面通知客户整改。复验合格后方可继续施工。

（一）现场检查前，应提前与客户预约时间，告知检查项目和应配合的工作。

（二）现场检查时，应查验施工企业、试验单位是否符合相关资质要求，重点检查涉及电网安全的隐蔽工程施工工艺、计量相关设备选型等项目。

（三）对检查发现的问题，应以书面形式一次性告知客户整改。客户整改完毕后报请供电企业复验。复验合格后方可继续施工。

（四）中间检查合格后，以受电工程中间检查意见单（附件 6-5）书面通知客户。

（五）对未实施中间检查的隐蔽工程，应书面向客户提出返工要求。

第八十六条 中间检查的期限，自接到客户申请之日起，高压供电客户不超过 3 个工作日。

第四章 竣 工 检 验

第八十七条 简化竣工检验内容，重点查验可能影响电网安全运行的接网设备和涉网保护装置，取消客户内部非涉网设备施工质量、运行规章制度、安全措施等竣工检验内容；优化客户报验资料，普通客户实行设计、竣工资料合并报验，一次性提交。

第八十八条 竣工检验分为资料查验和现场查验。

（一）资料查验：在受理客户竣工报验申请时，应审核客户提交的材料是否齐全有效（受电工程竣工报验单见附件 6-6），主要包括：

1. 高压客户竣工报验申请表；

2. 设计、施工、试验单位资质证书复印件；

3. 工程竣工图及说明；

4. 电气试验及保护整定调试记录，主要设备的型式试验报告。

（二）现场查验：应与客户预约检验时间，组织开展竣工检验。按照国家、行业标准、规程和客户竣工报验资料，对受电工程涉网部分进行全面检验。对于发现缺陷的，应以受电工程竣工检验意见单（附件 6-7）的形式，一次性告知客户，复验合格后方可接电。查验内容包括：

1. 电源接入方式、受电容量、电气主接线、运行方式、无功补偿、自备电源、计量配置、保护配置等是否符合供电方案；

2. 电气设备是否符合国家的政策法规，以及国家、行业等技术标准，是否存在使用国家明令禁止的电气产品；

3. 试验项目是否齐全、结论是否合格；

4. 计量装置配置和接线是否符合计量规程要求，用电信息采集及负荷控制装置是否配置齐全，是否符合技术规范要求；

5. 冲击负荷、非对称负荷及谐波源设备是否采取有效的治理措施；

6. 双（多）路电源闭锁装置是否可靠，自备电源管理是否完善、单独接地、投切装置是否符合要求；

7. 重要电力用户保安电源容量、切换时间是否满足保安负荷用电需求，非电保安措施及应急预案是否完整有效；

8. 供电企业认为必要的其他资料或记录。

（三）竣工检验合格后，应根据现场情况最终核定计费方案和计量方案，记录资产的产权归属信息，告知客户检查结果，并及时办结受电装置接入系统运行的相关手续。

第八十九条 竣工检验的期限，自受理之日起，高压客户不超过 5 个工作日。

第五章 业扩配套电网工程管理

第九十条 业扩配套电网工程建设范围包括：业扩接入引起的公共电网（含输配电线路、开闭站所、环网柜等）新建、改造；各类工业园区、开发区内 35 千伏及以上中心变电所、10（20）千伏开关（环网）站所等共用的供配电设施；国家批准的各类新增省级及以上园区内用户红线外供配电设施；电能替代项目、电动汽车充换电设施红线外供配电设施。

第九十一条 强化市场调研分析，提前获取客户潜在用电需求，并通过系统推送发展、运检等部门，提前做好电网规划和建设。对因电网原因暂时接入受限的业扩项目，应按照先接入、后改造要求实施，并纳入受限项目清单。

第九十二条 畅通"绿色通道"，优化业扩配套电网项目计划和物资供应流程，合理安排项目立项、物资供应、工程实施等建设时序，加快业扩配套电网工程建设，确保与客户工程同步实施、同步投运，满足客户用电需求。

第九十三条 对 35 千伏及以下业扩配套电网基建项目、技改项目，全部纳入 35 千伏及以下电网基建项目包、生产技改项目包，每年由省公司分别上报两个项目包总额。在总部下达项目包计划和预算后，省公司应及时将项目包分解至市县公司，由市县公司根据客户需求匹配具体项目，推送 ERP 建项，并组织实施。

第九十四条 对于 110 千伏常规项目，应尽早提出需求，由省公司负责可研批复，纳入年度投资计划和预算。对于综合计划、预算下达后的新增常规项目，在总部审定的规划规模和投资范围内，由省公司组织调整并负责可研论证及批复，按照公司应急项目增补机制，上报总部备案后，统一纳入计划和预算调整，不纳入考核。

第九十五条 优化园区业扩配套电网项目管理，在总部下达的年度综合计划和预算额度内，优先安排园区业扩配套电网项目投资。对计划外新增的业扩配套电网工程，由市公司先建项实施，再报省公司、总部备案。加强备案管理和事后监督，电网规划、综合计划和预算调整不纳入考核。

第九十六条 快速响应业扩配套电网工程物资需求，物资类根据法律法规及公司制度采取招标、协议库存、供应商寄售、定额储备、成套化采购等方式实施；服务类（设计、施工、监理）中不属于依法公开招标的工程，采取年度框架协议方式确定中标单位和服务报价。业扩配套电网紧急工程物资采购申请纳入总部就近批次实施，也可根据工程实际情况由总部授权省公司开展招标采购。对部分成规模的业扩配套电网紧急工程，可应用 EPC 模式实施采购。

第九十七条 实行业扩配套电网工程建设限时机制，低压项目、10（20）千伏项目，自供电方案答复之日起有效建设周期（不含政府审批程序、施工受阻等电网企业不可控因素消耗时间）最长不超过 10 个、60 个工作日；35 千伏及以上项目，实行领导责任制，定期督办，确保与客户受电工程同步实施、同步送电。对于电网接入受限改造项目，低压、10（20）千伏项目有效建设周期分别不长于 10 个、120 个工作日。

第六章 收费及合同签订

第九十八条 严格按照价格主管部门批准的项目、标准计算业务费用，经审核后书面通知客户交费。收费时应向客户提供相应的票据，严禁自立收费项目或擅自调整收费标准。

第九十九条 根据公司下发的统一供用电合同文本，与客户协商拟订合同内容，形成合同文本初稿及附件。对于低压居民客户，精简供用电合同条款内容，可采取背书方式签订，或通过"掌上电力"手机 App、移动作业终端电子签名方式签订。

第一百条 高压供用电合同实行分级管理，由具有相应管理权限的人员进行审核。对于重要客户或者对供电方式及供电质量有特殊要求的客户，采取网上会签方式，经相关部门审核会签后形成最终合同文本。

第一百〇一条 供用电合同文本经双方审核批准后，由双方法定代表人、企业负责人或授权委托人签订，合同文本应加盖双方的"供用电合同专用章"或公章后生效；如有异议，由双方协商一致后确定合同条款。利用密码认证、智能卡、手机令牌等先进技术，推广应用供用电合同网上签约。

第七章 装 表 接 电

第一百〇二条 电能计量装置和用电信息采集终端的安装应与客户受电工程施工同步进行，送电前完成。

（一）现场安装前，应根据供电方案、设计文件确认安装条件，并提前与客户预约装表时间。

（二）采集终端、电能计量装置安装结束后，应核对装置编号、电能表起度及变比等重要信息，及时加装封印，记录现场安装信息、计量印证使用信息，请客户签字确认。

第一百〇三条 根据客户意向接电时间及施工进度，营销部门提前在营销业务应用系统录入意向接电时间等信息，并推送至 PMS 系统。在停（送）电计划批复发布后，运检部门通过 PMS 系统反馈至营销业务应用系统。根据现场作业条件，优先采用不停电作业。35千伏及以上业扩项目，实行月度计划，10 千伏及以下业扩项目，推行周计划管理。

第一百〇四条 对于已确定停（送）电时间，因客户原因未实施停（送）电的项目，营销部门负责与客户确定接电时间调整安排，重新报送停（送）电计划；因天气等不可抗因素，未按计划实施的项目，若电网运行方式没有发生重大调整，可按原计划顺延执行。

第一百〇五条 正式接电前，应完成接电条件审核，并对全部电气设备做外观检查，确认已拆除所有临时电源，并对二次回路进行联动试验，抄录电能表编号、主要铭牌参数、起度数等信息，填写电能计量装接单（见附件7），并请客户签字确认。

接电条件包括：启动送电方案已审定，新建的供电工程已验收合格，客户的受电工程已竣工检验合格，供用电合同及相关协议已签订，业务相关费用已结清。

第一百〇六条 接电后应检查采集终端、电能计量装置运行是否正常，会同客户现场抄录电能表示数，记录送电时间、变压器启用时间等相关信息，依据现场实际情况填写新装（增容）送电单（见附件8），并请客户签字确认。

第一百〇七条 装表接电的期限

（一）对于无配套电网工程的低压居民客户，在正式受理用电申请后，2个工作日内完成装表接电工作；对于有配套电网工程的低压居民客户，在工程完工当日装表接电。

（二）对于无配套电网工程的低压非居民客户，在正式受理用电申请后，3个工作日内完成装表接电工作；对于有配套电网工程的低压非居民客户，在工程完工当日装表接电。

（三）对于高压客户，在竣工验收合格，签订供用电合同，并办结相关手续后，5个工作日内完成送电工作。

（四）对于有特殊要求的客户，按照与客户约定的时间装表接电。

第八章 资料归档

第一百〇八条 推广应用营销档案电子化，逐步取消纸质工单，实现档案信息的自动采集、动态更新、实时传递和在线查阅。在送电后3个工作日内，收集、整理并核对归档信息和资料，形成归档资料清单（见附件9）。

第一百〇九条 制订客户资料归档目录，利用系统校验、95598回访等方式，核查客户档案资料，确保完整准确。如果档案信息错误或信息不完整，则发起纠错流程。具体要求如下：

（一）档案资料应保留原件，确不能保留原件的，保留与原件核对无误的复印件。供电方案答复单、供用电合同及相关协议必须保留原件。

（二）档案资料应重点核实有关签章是否真实、齐全，资料填写是否完整、清晰。

（三）各类档案资料应满足归档资料要求。档案资料相关信息不完整、不规范、不一致的，应退还给相应业务环节补充完善。

（四）业务人员应建立客户档案台账并统一编号建立索引。

第九章 安全管控与服务质量评价

第一百一十条 实行业扩报装标准化作业，按照国家、行业技术标准开展设计审查、中间检查及竣工检验工作。加强对相关设计、施工、设备供应单位的资质审查，把好客户入网安全关。

第一百一十一条 严格执行"两票三制"，加强作业前的技术交底、安全交底，落实个人安全防护措施和停电、验电等安全技术措施，确保现场作业安全。严格执行现场送电程序，有序衔接施工、验收、接电环节，严禁不按规定程序私自接电。

第一百一十二条 国网客服中心通过 95598 网站、"掌上电力"手机 App 等线上渠道，获取客户对业扩报装服务质量的评价。客户未进行线上评价，或线上评价不满意的，应通过 95598 电话进行回访。

第一百一十三条 国网客服中心按月形成业扩报装服务质量评价专题报告，报国网营销部。国网营销部定期通报公司系统业扩报装服务质量情况。

第十章 检查与考核

第一百一十四条 强化考核评价，建立健全涵盖专业协同、工作质量、客户满意度等多维度指标的业扩报装评价体系，将业扩报装主要环节质量纳入同业对标，实行全方位、全过程评价考核。

第一百一十五条 完善服务质量监测体系，应用业扩全流程信息公开与实时管控平台，开展业扩报装全过程闭环管控。各级运监中心重点对供电方案确定、电网资源受限及整改进度、停（送）电计划编制、配套电网工程建设等部门协同情况进行监督。

第一百一十六条 严格业扩报装服务责任追究制度，对涉嫌"三指定"、侵害客户利益的事件，以及在业扩报装工作过程中造成重大社会影响、重大经济损失的，按照公司相关规定严肃追究相关单位或个人的责任。

第十一章 附 则

第一百一十七条 本规则由国网营销部负责解释并监督执行。

第一百一十八条 本规则自 2017 年 10 月 25 日起施行，原《国家电网公司业扩报装管理规则》〔国家电网企管〔2014〕1082 号之国网（营销/3）378—2014〕同时废止。

附件：1. 用电业务办理告知书（参考文本）
　　　2. 承诺书
　　　3. 登记表
　　　4. 勘察单
　　　5. 答复单
　　　6. 送审单
　　　7. 装接单
　　　8. 新装（增容）送电单
　　　9. 业扩报装归档资料清单
　　　10. 业扩报装流程图
　　　11. 考核时限

附件 1

用电业务办理告知书（参考文本）

用电业务办理告知书（居民生活）

尊敬的电力客户：

欢迎您到国网##供电公司办理用电业务！我公司为您提供营业厅、"掌上电力"手机 App、95598 网站等业务办理渠道。为了方便您办理业务，请您仔细阅读以下内容。

一、业务办理流程

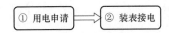

二、业务办理说明

① 用电申请
在受理您用电申请后，请您与我们签订供用电合同，并按照当地物价管理部门价格标准交清相关费用。您需提供的申请材料应包括：房屋产权证明以及与产权人一致的用电人身份证明。 若您暂时无法提供房屋产权证明，我们将提供"一证受理"服务。在您签署《客户承诺书》后，我们将先行受理，启动后续工作。
② 装表接电
受理您用电申请后，我们将在 2 个工作日内，或者按照与您约定的时间开展上门服务并答复供电方案，请您配合做好相关工作。如果您的用电涉及工程施工，在工程竣工后，请及时报验，我们将在 3 个工作日内完成竣工检验。您办结相关手续，并经验收合格后，我们将在 2 个工作日内装表接电。 您应当按照国家有关规定，自行购置、安装合格的漏电保护装置，确保用电安全。

请您对我们的服务进行监督，如有建议或意见，请及时拨打 95598 服务热线或登录"掌上电力"手机 App，我们将竭诚为您服务！

用电业务办理告知书（低压非居民）

尊敬的电力客户：

欢迎您到国网##供电公司办理用电业务！我公司为您提供营业厅、"掌上电力"手机 App、95598 网站等业务办理渠道。为了方便您办理业务，请您仔细阅读以下内容。

一、业务办理流程

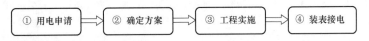

二、业务办理说明

1. 用电申请
您在办理用电申请时，请提供以下申请材料：

续表

用电主体资格证明材料（自然人客户提供身份证、军人证、 护照、户口簿或公安机关户籍证明等；法人或其他组织提供法人代表有效身份证明（同自然人）、营业执照（或组织机构代码证）等； 房屋产权证明或土地权属证明文件； 若您暂时无法提供房屋产权证明或土地权属证明文件，我们将提供"一证受理"服务。在您签署《客户承诺书》后，我们将先行受理，启动后续工作。
2. 确定方案
受理您用电申请后，我们将 5 个工作日内，或者按照与您约定的时间开展上门服务并答复您供电方案，请您配合做好相关工作。
3. 工程实施
如果您的用电涉及工程施工，根据国家规定，产权分界点以下部分由您负责施工，产权分界点以上工程由供电企业负责。 请您自主选择您产权范围内工程的施工单位（具备相应资质），工程竣工后，请及时报验，我们将在 3 个工作日内完成竣工检验。
4. 装表接电
在竣工检验合格，签订《供用电合同》及相关协议，并按照政府物价部门批准的收费标准结清业务费用后，我们将在 3 个工作日内为您装表接电。

请您对我们的服务进行监督，如有建议或意见，请及时拨打 95598 服务热线或登录"掌上电力"手机 App，我们将竭诚为您服务！

用电业务办理告知书（高压）

尊敬的电力客户：

欢迎您到国网##供电公司办理用电业务！我公司为您提供营业厅、"掌上电力"手机 App、95598 网站等业务办理渠道。为了方便您办理业务，请您仔细阅读以下内容。

一、业务办理流程

① 用电申请 ⇒ ② 确定方案 ⇒ ③ 工程设计 ⇒ ④ 工程施工 ⇒ ⑤ 装表接电

二、业务办理说明

1. 用电申请
请您按照材料提供要求准备申请资料，详见本告知书背面。 若您暂时无法提供全部资料，我们将提供一证受理服务。在您签署《承诺书》后，我们将先行受理，启动后续工作。
2. 确定方案
在受理您用电申请后，我们将安排客户经理按照与您约定的时间到现场查看供电条件，并在 15 个工作日（双电源客户 30 个工作日）内答复供电方案。根据国家《供电营业规则》规定，产权分界点以下部分由您负责施工，产权分界点以上工程由供电企业负责。

续表

3. 工程设计	
请您自主选择有相应资质的设计单位开展受电工程设计。 对于重要或特殊负荷客户，设计完成后，请及时提交设计文件，我们将在 10 个工作日内完成审查；其他客户仅查验设计单位资质文件。	
4. 工程施工	
请您自主选择有相应资质的施工单位开展受电工程施工。 对于重要或特殊负荷客户，在电缆管沟、接地网等隐蔽工程覆盖前，请及时通知我们进行中间检查，我们将于 3 个工作日内完成中间检查。 工程竣工后，请及时报验，我们将于 5 个工作日内完成竣工检验。	
5. 装表接电	
在竣工检验合格，签订《供用电合同》及相关协议，并按照政府物价部门批准的收费标准结清业务费用后，我们将在 5 个工作日内为您装表接电。	

请您对我们的服务进行监督，如有建议或意见，请及时拨打 95598 服务热线或登录"掌上电力"手机 App，我们将竭诚为您服务！

申 请 资 料 清 单

序号	资 料 名 称	备 注
一	居民客户	
1	用电主体资格证明材料，即与房屋产权人一致的用电人身份证明（如居民身份证、临时身份证、户口本、军官证或士兵证、台胞证、港澳通行证、外国护照、外国永久居留证（绿卡），或其它有效身份证明文书等）原件及复印件	申请时必备
2	客户承诺书（如果客户申请时提供了与用电人身份一致的有效产权证明原件及复印件的，可不要求签署该承诺书）	如果暂不能提供与用电人身份一致的有效产权证明原件及复印件，签署承诺书后可在后续环节补充
3	产权证明（复印件）或其它证明文书	
二	非居民客户	
1	用电主体资格证明材料（如身份证、营业执照、组织机构代码证等）	申请时必备。已提供加载统一社会信用代码的营业执照的，不再要求提供组织机构代码和税务登记证明
2	客户承诺书（如果客户申请时提供了所有齐全资料的，可不要求签署该承诺书）	如果暂不能提供与用电人身份一致的有效产权证明原件及复印件，签署承诺书后可在后续环节补充
3	产权证明（复印件）或其它证明文书	
4	企业、工商、事业单位、社会团体的申请用电委托代理人办理时，应提供： （1）授权委托书或单位介绍信（原件）； （2）经办人有效身份证明复印件（包括身份证、军人证、护照、户口簿或公安机关户籍证明等）	非企业负责人（法人代表）办理时必备

续表

序号	资 料 名 称	备 注
5	政府职能部门有关本项目立项的批复、核准、备案文件	高危及重要客户、高耗能客户必备
6	高危及重要客户： （1）保安负荷具体设备和明细 （2）非电性质安全措施相关资料； （3）应急电源（包括自备发电机组）相关资料	高危及重要客户必备
7	煤矿客户需增加以下资料： （1）采矿许可证； （2）安全生产许可证	煤矿客户必备
8	非煤矿山客户需增加以下资料： （1）采矿许可证； （2）安全生产许可证； （3）政府主管部门批准文件	非煤矿山客户必备
9	税务登记证复印件	根据客户用电主体类别提供。已提供加载统一社会信用代码的营业执照的，不再要求提供税务登记证明
10	一般纳税人资格复印件	需要开具增值税发票的客户必备
11	对涉及国家优待电价的应提供政府有权部门核发的资质证明和工艺流程	享受国家优待电价的客户必备

注：增容、变更用电时，客户前期已提供且在有效期以内的资料无须再次提供。

附件2

<h1 align="center">承 诺 书</h1>

<h2 align="center">非居民客户承诺书</h2>

国网##供电公司：

本人（单位）因_____需要办理用电申请手续，此次申请用电的地址为_____，申请用电的容量_____千伏安（或千瓦）。因____原因，目前暂时只能提供本单位的主体资格证明资料《_____》，其他相应的用电申请资料在以下时间点提供：

在_____（时间或环节）前提交资料1：《_____》。

在_____（时间或环节）前提交资料2：《_____》。

……

为保证本单位能够及时用电，在提请供电公司先启动相关服务流程，我本人（单位）

承诺：

1. 我方已清楚了解上述各项资料是完成用电报装的必备条件，不能在规定的时间提交将影响后续业务办理，甚至造成无法送电的结果。若因我方无法按照承诺时间提交相应资料，由此引起的流程暂停或终止、延迟送电等相应后果由我方自行承担。

2. 我方已清楚了解所提供各类资料的真实性、合法性、有效性、准确性是合法用电的必备条件。若因我方提供资料的真实性、合法性、有效性、准确性问题造成无法按时送电，或送电后在生产经营过程中发生事故，或被政府有关部门责令中止供电、关停、取缔等情况，所造成的法律责任和各种损失后果由我方全部承担。

用电人（承诺人）：

年　月　日

居 民 客 户 承 诺 书

（说明：如果客户申请时提供了与用电人身份一致的有效产权证明原件及复印件的，可不要求签署该承诺书。）

国网##供电公司：

本人申请居民用电的地址为＿＿＿＿＿＿＿。本人承诺提供的身份证明资料《证件名称：＿＿＿＿＿＿，证件号码：＿＿＿＿＿＿＿＿＿》真实、合法、有效，并与该用电地址的产权人一致。本人已清楚了解用电地址房屋产权以及用电人身份的真实性、合法性、有效性、一致性是完成用电报装、合法用电的必备条件。若因本人提供资料的真实性、合法性、有效性、一致性问题造成的流程暂停或终止、无法按时送电，或送电后发生各种法律纠纷，或被政府有关部门责令中止供电等情况，供电公司有权按照政府部门或实际产权人要求拆表中止供电，所造成的法律责任和各种损失后果由本人全部承担。

用电人（承诺人）：

年　月　日

附件3

登 记 表

附件3-1

低压居民生活用电登记表

客户基本信息				
客户名称				（档案标识二维码，系统自动生成）
（证件名称）	（证件号码）			
用电地址				
通信地址		邮编		
电子邮箱				
固定电话		移动电话		
经办人信息				
经办人		身份证号		
固定电话		移动电话		
服务确认				
业务类型	新装□		增容□	
户　号		户　名		
供电方式		供电容量		
电　价		增值服务		
收费名称		收费金额		
其他说明				
特别说明： 　本人已对本表信息进行确认并核对无误，同时承诺提供的各项资料真实、合法、有效，并愿意签订供用电合同，遵守所签合同中的各项条款。				
供电企业填写	受理人员：		申请编号：	
	受理日期：　　　　年　月　日			

附件 3-2

低压非居民用电登记表

客户基本信息					
户名			户号		（档案标识二维码、系统自动生成）
（证件名称）		（证件号码）			
用电地址					
通信地址			邮编		
电子邮箱					
法人代表		身份证号			
固定电话		移动电话			

经办人信息		
经办人		身份证号
固定电话		移动电话

申请事项		
业务类型	新装□ 增容□ 临时用电□	
申请容量		供电方式
需要增值税发票	是□	否□

增值税发票资料	增值税户名	纳税地址	联系电话
	纳税证号	开户银行	银行账号

告知事项
贵户根据供电可靠性需求，可申请备用电源、自备发电设备或自行采取非电保安措施。

服务确认
特别说明： 本人（单位）已对本表信息进行确认并核对无误，同时承诺提供的各项资料真实、合法、有效。 　　　　　　　　　　　　　　经办人签名（单位盖章）：

供电企业填写	受理人：		申请编号：
	受理日期：　　　　　　　年　　月　　日		

附件 3-3

低压批量用电登记表

客户基本信皇						
户名					户号	
用电地址	县（市/区）		街道（镇/乡）		社区（居委会/村）	
	道路		小区		组团（片区）	
用电类别			申请户数			
单户容量		千瓦	总容量			千瓦
经办单位信息						
经办单位						
单位地址						
通信地址					邮编	
电子邮箱					传真	
经办人		身份证号				
固定电话		移动电话				
告知事项						
多户新装业务完成后电表将暂不通电。单户开通需向供电企业申请，提供身份证明、产权证明等相关资料，并签订供用电合同。通电后请核对户表供电关系是否正确。						
特别说明： 　本人（单位）已对本表及附件中的信息进行确认并核对无误，同时承诺提供的各项资料真实、合法、有效。						
经办人签名（单位盖章）：						
供电企业填写	受理人员：				申请编号：	
	受理日期：　　　年　月　日				供电企业（盖章）：	

附表

低 压 批 量 用 电 清 单

经办单位			申请编号		
用电地址	_____幢_____单元（不同单元分页填写）共_____页，第_____页				
序号	室号	户名	用电容量（千瓦）	身份证号码（或其他证件号码）	移动电话
1					
2					
3					
4					
5					
6					
7					
8					
9					
10					
11					
12					
13					
14					
15					
16					
经办人签名（单位盖章）：　　　　　　　　　　　　　　　年　月　日					

附件 3－4

高压客户用电登记表

<table>
<tr><td colspan="6" align="center">客户基本信息</td></tr>
<tr><td>户名
（证件名称）</td><td colspan="3"></td><td>户号
（证件号码）</td><td></td></tr>
<tr><td>行业</td><td colspan="3"></td><td>重要客户</td><td>是□　否□</td></tr>
<tr><td rowspan="2">用电地址</td><td colspan="5">县（市/区）　　街道（镇/乡）　　社区（居委会/村）</td></tr>
<tr><td colspan="5">道路　　　小区　　　组团（片区）</td></tr>
<tr><td>通信地址</td><td colspan="3"></td><td>邮编</td><td></td></tr>
<tr><td>电子邮箱</td><td colspan="5"></td></tr>
<tr><td>法人代表</td><td></td><td>身份证号</td><td colspan="3"></td></tr>
<tr><td>固定电话</td><td></td><td>移动电话</td><td colspan="3"></td></tr>
<tr><td colspan="6" align="center">客户经办人资料</td></tr>
<tr><td>经办人</td><td></td><td>身份证号</td><td colspan="3"></td></tr>
<tr><td>固定电话</td><td></td><td>移动电话</td><td colspan="3"></td></tr>
<tr><td colspan="6" align="center">用电需求信息</td></tr>
<tr><td>业务类型</td><td colspan="5">新装□　　增容□　　临时用电□</td></tr>
<tr><td>用电类别</td><td colspan="5">工业□　非工业□　商业□　农业□　其它□</td></tr>
<tr><td>第一路
电源容量</td><td colspan="2">千瓦</td><td>原有容量：　　千伏安</td><td colspan="2">申请容量：　　千伏安</td></tr>
<tr><td>第二路
电源容量</td><td colspan="2">千瓦</td><td>原有容量：　　千伏安</td><td colspan="2">申请容量：　　千伏安</td></tr>
<tr><td></td><td colspan="5"></td></tr>
<tr><td>自备电源</td><td colspan="5">有☑　　无□　　容量：　　千瓦</td></tr>
<tr><td>需要增值税发票</td><td colspan="2">是□　　否□</td><td>非线性负荷</td><td colspan="2">有　　无□</td></tr>
<tr><td colspan="6">特别说明：
　本人（单位）已对本表及附件中的信息进行确认并核对无误，同时承诺提供的各项资料真实、合法、有效。

　　　　　　　　　　　　　　　　　　经办人签名（单位盖章）：</td></tr>
<tr><td rowspan="2">供电企业
填写</td><td colspan="2">受理人：</td><td colspan="3">申请编号：</td></tr>
<tr><td colspan="2">受理日期：</td><td colspan="3">供电企业（盖章）：</td></tr>
</table>

附表

客户主要用电设备清单

户号				申请编号	
户名					
序号	设备名称	型号	数量	总容量 （千瓦/千伏安）	负荷等级

用电设备容量合计：

台　　　　　千瓦（千伏安）

根据用电设备容量及用电情况统计

我户需求负荷为　　　　　千瓦

经办人签名（单位盖章）：　　　　　年　月　日

（系统自动生成）

重 要 事 项 告 知

一、客户根据供电可靠性需求，可另外申请备用电源、自备发电设备或自行采取非电保安措施。

二、客户在申请用电时，还需提供用电工程项目批准文件等政府部门要求及《供电营业规则》要求的有关用电资料。

三、客户如有受电工程，可自主选择具备相应资质的设计单位、施工单位和设备供应单位。

四、客户受电工程竣工并自验收合格后，请及时联系供电企业进行竣工检验，需提供施工单位资质证明及竣工报告。

五、送电前须签订《供用电合同》。

六、如勾选了需要增值税发票选项，请填写《业务联系单》增值税发票资料。

附件 3－5

联 系 人 资 料 表

户号				申请编号								
户名												
法人联系人	姓名		固定电话		移动电话							
	邮编		通讯地址									
	传真		电子邮箱									
电气联系人	姓名		固定电话		移动电话							
	邮编		通讯地址									
	传真		电子邮箱									
账务联系人	姓名		固定电话		移动电话							
	邮编		通讯地址									
	传真		电子邮箱									
	姓名		固定电话		移动电话							
	邮编		通讯地址									
	传真		电子邮箱									
经办人签名（单位盖章）：							年　　月　　日					
其他说明	办理高压和低压非居民新装、临时用电业务时应填写本表。办理其他业务，根据实际需要填写。											

附件 4

勘　察　单

高 压 现 场 勘 查 单

客户基本信息				
户号		申请编号		（档案标识二维码，系统自动生成）
户名				
联系人		联系电话		
客户地址				
申请备注				
意向接电时间		年　　月　　日		
现场勘查人员核定				
申请用电类别		核定情况：是□　否□＿＿＿＿＿＿＿		
申请行业分类		核定情况：是□　否□＿＿＿＿＿＿＿		
申请用电容量		核定用电容量		
供电电压				
接入点信息	包括电源点信息、线路敷设方式及路径、电气设备相关情况			
受电点信息	包括变压器容量、建设类型、变压器建议类型（杆上/室内/箱变油变/干变）			
计量点信息	包括计量装置安装位置			
备注				
供电简图：				
勘查人（签名）		勘查日期		年　　月　　日

低 压 现 场 勘 查 单

客户基本信息				
户号		申请编号		（档案标识二维码，系统自动生成）
户名				
联系人		联系电话		
客户地址				
申请备注				

现场勘查人员核定	
申请用电类别	核定情况：是□　否□_____
申请行业分类	核定情况：是□　否□_____
申请供电电压	核实供电电压：220√□　380√□
申请用电容量	核定用电容量：
接入点信息	包括电源点信息、线路敷设方式及路径、电气设备相关情况
受电点信息	包括受电设施建设类型、主要用电设备特性
计量点信息	包括计量装置安装位置
其他	

主要用电设备				
设备名称	型号	数量	总容量（千瓦）	备注

供电简图：

勘查人（签名）		勘查日期	年　月　日

附件 5

答 复 单

低压供电方案答复单

<table>
<tr><td colspan="5" align="center">客户基本信息</td><td rowspan="7" align="center">（档案标识二维码，
系统自动生成）</td></tr>
<tr><td>户号</td><td></td><td>申请编号</td><td colspan="2"></td></tr>
<tr><td>户名</td><td colspan="4"></td></tr>
<tr><td>用电地址</td><td colspan="4"></td></tr>
<tr><td>用电类别</td><td></td><td>行业分类</td><td colspan="2"></td></tr>
<tr><td>供电电压</td><td></td><td>供电容量</td><td colspan="2"></td></tr>
<tr><td>联系人</td><td></td><td>联系电话</td><td colspan="2"></td></tr>
<tr><td colspan="6" align="center">营业费用</td></tr>
<tr><td>费用名称</td><td>单价</td><td>数量（容量）</td><td colspan="2">应收金额（元）</td><td>收费依据</td></tr>
<tr><td></td><td></td><td></td><td colspan="2"></td><td></td></tr>
</table>

<table>
<tr><td colspan="6" align="center">供电方案</td></tr>
<tr><td>电源编号</td><td>电源性质</td><td>供电电压</td><td>供电容量</td><td colspan="2" align="center">电源点信息</td></tr>
<tr><td></td><td></td><td></td><td></td><td colspan="2">供电变压器名称，接入点杆号（电缆分支箱   号），产权分界点，进出线敷设方式建议</td></tr>
<tr><td></td><td></td><td></td><td></td><td colspan="2"></td></tr>
<tr><td rowspan="3">计量点组号</td><td rowspan="3">电价类别</td><td rowspan="3">定量定比</td><td colspan="2" align="center">电能表</td><td colspan="2" align="center">电流互感器</td></tr>
<tr><td>精度</td><td>规格及接线方式</td><td>精度</td><td>变比</td></tr>
<tr><td></td><td></td><td></td><td></td></tr>
<tr><td></td><td></td><td></td><td></td></tr>
</table>

<table>
<tr><td>备注</td><td>1. 表箱安装位置；2. 需客户配合事项说明；3. 其它事项</td></tr>
<tr><td>其他说明</td><td>1. 本供电方案自客户签收之日起三个月内有效。如遇有特殊情况，需延长供电方案有效期的，客户应在有效期到期前十天向供电企业提出申请，供电企业视情况予以办理延长手续。
2. 贵户如有受电工程，可委托有资质的电气设计、承装单位进行设计和施工。
3. 贵户受电工程竣工并经自验收合格后请及时联系供电企业进行竣工检验。</td></tr>
</table>

客户签名（单位盖章）：   供电企业（盖章）：

    年 月 日   年 月 日（系统自动生成）

高压供电方案答复单

客户基本信息				
户号		申请编号		
户名				（档案标识二维码，系统自动生成）
用电地址				
用电类别		行业分类		
拟定客户分级		供电容量		
联系人		联系电话		

营业费用				
费用名称	单价	数量（容量）	应收金额（元）	收费依据

告知事项
依据国家有关政策、贵户用电需求以及当地供电条件，经双方协商一致，现将贵户供电方案答复如下： □ 受电工程具备供电条件，供电方案详见正文。 □ 受电工程不具备供电条件，主要原因是_____，待具备供电条件时另行答复。 　本供电方案有效期自客户签收之日起一年内有效。如遇有特殊情况，需延长供电方案有效期的，客户应在有效期到期前十天向供电企业提出申请，供电企业视情况予以办理延长手续。 　客户接到本通知后，即可委托有资质的电气设计、承装单位进行设计和施工。 　请客户在竣工报验前交清上述营业费用。 客户签名（单位盖章）：　　　　　　　　　　　供电企业（盖章）： 　　　年　　月　　日　　　　　　　　　　　　年　　月　　日（系统自动生成）

一、客户接入系统方案

供电电源情况：

供电企业向客户提供_____三相交流 50 赫兹电源。

（1）第一路电源

电源性质：_____   电源类型：_____

供电电压：_____   供电容量：_____

供电电源接电点：_____

产权分界点：_____，分界
点电源侧产权属供电企业，分界点负荷侧产权属客户。

进出线路敷设方式及路径：建议_____

_____

_____。具体路径和
敷设方式以设计勘察结果以及政府规划部门最终批复为准。

（2）第二路电源

电源性质：_____   电源类型：_____

供电电压：_____   供电容量：_____

供电电源接电点：_____

产权分界点：_____，分界
点电源侧产权属供电企业，分界点负荷侧产权属客户。

进出线路敷设方式及路径：建议_____

_____

_____。具体路径和
敷设方式以设计勘察结果以及政府规划部门最终批复为准。

二、客户受电系统方案

1. 受电点建设类型：采用_____方式。

2. 受电容量：合计_____千伏安。

3. 电气主接线：采用_____方式。

4. 运行方式：电源采用_____方式，
电源联锁采用_____方式。

5. 无功补偿：按无功电力就地平衡的原则，按照国家标准、电力行业标准等规定设计
并合理装设无功补偿设备。补偿设备宜采用自动投切方式，防止无功倒送，在高峰负荷时
的功率因数不宜低于_____。

6. 继电保护：宜采用数字式继电保护装置，电源进线采用_____

_____保护。

7. 调度、通信及的自动化：与_____建立调度关系；配置相应的通信
自动化装置进行联络，通信方案建议_____

_____。

8. 自备应急电源及非电保安措施：客户对重要保安负荷配备足额容量的自备应急电源及非电性质保安措施，自备应急电源容量应不少于保安负荷的 120%，自备应急电源与电网电源之间应设可靠的电气或机械闭锁装置，防止倒送电；非电性质保安措施应符合生产特点，负荷性质，满足无电情况下保证客户安全的需求。

9. 电能质量要求：

（1）存在非线性负荷设备_____接入电网，应委托有资质的机构出具电能质量评估报告，并提交初步治理技术方案。

（2）用电负荷注入公用电网连接点的谐波电压限值及谐波电流允许值应符合《电能质量　公用电网谐波》（GB/T 14549）国家标准的限值。

（3）冲击性负荷产生的电压波动允许值，应符合《电能质量　电压波动和闪变》（GB/T 12326）国家标准的限值。

三、计量计费方案

1. 计量点设置及计量方式：

计量点 1：计量装置装设在_____处，计量方式为_____，接线方式为_____，计量点电压_____。

电压互感器变比为_____、准确度等级为_____；

电流互感器变比为_____、准确度等级为_____；

电价类别为：_____；

定量定比为：_____（应说明是从那个计量点下的电量进行定量定比）

计量点 2：计量装置装设在_____处，计量方式为_____，接线方式为_____，计量点电压_____。

电压互感器变比为_____、准确度等级为_____；

电流互感器变比为_____、准确度等级为_____；

电价类别为：_____；

定量定比为：_____（应说明是针对哪个计量点下的电量进行定量定比）

2. 用电信息采集终端安装方案：配装_____终端_____台，终端装设于_____处，用于远程监控及电量数据采集。

3. 功率因数考核标准：根据国家《功率因数调整电费办法》的规定，功率因数调整电费的考核标准为_____。

根据政府主管部门批准的电价（包括国家规定的随电价征收的有关费用）执行，如发生电价和其他收费项目费率调整，按政府有关电价调整文件执行。

四、其他事项

_____

_____

_____

_____

五、接线简图

附件6

送 审 单

附件6-1

客户受电工程设计文件送审单

客户基本信息					（档案标识二维码，系统自动生成）
户号		申请编号			
户名					
联系人		联系电话			
设计单位信息					
设计单位			设计资质		
联系人			联系电话		
送审信息					
有关说明：					
意向接电时间		年　月　日			
我户受电工程设计文件已完成，请予审核。 经办人签名：					
供电企业	受理人：				
	受理日期：	年　月　日		（系统自动生成）	

附件 6-2

客户受电工程设计文件审查意见单

户号		申请编号		（档案标识二维码，系统自动生成）
户名				
用电地址				
联系人		联系电话		

审查意见（可附页）：

　

　

　

　

　

　

　

　

　

　

供电企业（盖章）：

客户经理		审图日期	年　月　日
主　管		批准日期	年　月　日

客户签收：	年　月　日

其他说明	特别提醒：用户一旦发生变更，必须重新送审，否则供电企业将不予检验和接电。

附件 6－3

客户受电工程变更设计申请联系单

客户基本信息			
户号		申请编号	
户名			
联系人		联系电话	

供电公司：

我单位受电工程设计文件以下内容需要进行变更设计，现特提出变更设计申请，主要变更如下：

客户签名：

年 月 日

供电企业意见：

供电企业（盖章）：

客户签收（单位盖章）：	年 月 日
其他说明	特别提醒：用户受电工程的设计文件，未经供电企业审核同意，用户不得据以施工，否则供电企业将不予检验和接电。

附件 6-4

客户受电工程中间检查报验单

客户基本信息					（档案标识二维码，系统自动生成）
户号		申请编号			
户名					
用电地址					
联系人		联系电话			

报验信息
有关说明：

意向接电时间	年　月　日

我户已具备中间检查条件，请予检查。
经办人签名：

供电企业	受理人：	
	受理日期：　　年　月　日（系统自动生成）	

附件 6-5

客户受电工程中间检查意见单

户号		申请编号		（档案标识二维码，系统自动生成）
户名				
用电地址				
联系人		联系电话		

现场检查意见（可附页）：

供电企业（盖章）：

检查人		检查日期	年　月　日
经办人签收：			年　月　日

附件 6-6

客户受电工程竣工报验单

客户基本信息				
户号		申请编号		（档案标识二维码，系统自动生成）
户名				
用电地址				
联系人		联系电话		

施工单位信息			
施工单位		施工资质	
联系人		联系电话	

报验信息
有关说明：

意向接电时间	年　月　日

我户受电工程已竣工，请予检查。

经办人签名：

供电企业填写	受理人：	
	受理日期：　　　年　月　日	（系统自动生成）

附件 6-7

客户受电工程竣工检验意见单

户号		申请编号		（档案标识二维码，系统自动生成）
户名				
用电地址				
联系人		联系电话		

资料检验	检验结果（合格打"√"，不合格填写不合格具体内容）
设计、施工、试验单位资质	
工程竣工图及说明	
主要设备的型式试验报告	
电气试验及保护整定调试记录	
接地电阻测试报告	

现场检验意见（可附页）：

供电企业（盖章）：

检验人		检验日期	年 月 日（系统自动生成）

经办人签收：　　　　　　　　　　　　　　　　　　　　　　　年　　月　　日

附件 6-8

低压客户受电工程竣工检验意见单

客户基本信息				
户号		申请编号		（档案标识二维码，系统自动生成）
户名				
联系人		联系电话		
供电电压		合同容量		
用电类别		行业分类		
用电地址				
现场检验信息				
设计单位名称			资质	
施工单位名称			资质	
报验人			报验日期	年 月 日

现场检验意见（可附页：）

供电企业（盖章）：

检验人员		检验日期	年 月 日 （系统自动生成）
经办人签收：			年 月 日

附件 7

装 接 单

附件 7-1

低压电能计量装接单

客户基本信息									
户号				申请编号					
户名									
用电地址									
联系人		联系电话			供电电压				
合同容量		电能表准确度			接线方式				

（档案标识二维码，系统自动生成）

装拆计量装置信息									
装/拆	资产编号	计度器类型	表库、仓位码	位数	底度	自身倍率（变比）	电流	规格型号	计量点名称

现场信息					
接电点描述					
表箱条形码	表箱经纬度		表箱类型	表箱封印号	表计封印号
采集器条码		安装位置			
流程摘要			备注		表计和表箱已加封，电能表存度本人已经确认。
					经办人签章：
					年　月　日
装接人员			装接日期		年　月　日

附件 7-2

高压电能计量装接单

客户基本信息										
户号					申请编号					
户名									（档案标识二维码，系统自动生成）		
用电地址										
联系人			联系电话			供电电压					
合同容量			计量方式			接线方式					

装拆计量装置信息										
装/拆	资产编号	计度器类型	表库、仓位码	位数	底度	自身倍率（变比）	电流	规格型号	计量点名称	

流程摘要				备注		表计、计量箱（柜）已加封，电能表存度本人已经确认。		
						经办人签章：		
							年　　月　　日	
装接人员				装接日期			年　　月　　日	

附件 8

新 装 （增 容）送 电 单

户号		申请编号		（档案标识二维码， 系统自动生成）
户名				
用电地址				
联系人		联系电话		
申请容量		合计容量		

电源编号	电源 性质	电源 类型	供电 电压	变电站	线路	杆号	变压 器台	变压器 容量

送电结果和意见：

送电人		送电日期		年　月　日

经办人意见：

经办人签收：　　　　　　　　　　　　　　　　　　　　　　年　月　日

附件 9

业扩报装归档资料清单

环节	名　称	低压		高压
		居民	非居	
受理申请	用电登记表	✓	✓	✓
	客户有效身份证明（复印件）： 低压居民客户：用电主体资格证明材料，即与房屋产权人一致的用电人身份证明（包括居民身份证、临时身份证、户口本、军官证或士兵证、台胞证、港澳通行证、外国护照、外国永久居留证（绿卡），或其它有效身份证明文书等）原件及复印件。 非居民客户：用电主体资格证明材料（包括营业执照、组织机构代码证）	✓	✓	✓
	客户承诺书（"一证受理"客户）	△	△	△
	产权证明（复印件）或其它证明文书	✓	✓	✓
	主要电气设备清单（影响电能质量的用电设备清单）			✓
	企业、工商、事业单位、社会团体的申请用电委托代理人办理时，应提供： 1. 授权委托书或单位介绍信（原件）； 2. 经办人有效身份证明（复印件）		△	△
	政府职能部门有关本项目立项的批复、核准（两高客户必须留存）			△
	1. 非电性质安全措施相关资料； 2. 应急电源（包括自备发电机组）相关资料； 3. 保安负荷、双电源、双回路的必要性及具体设备和明细（高危及重要客户必须留存）			△
供电方案	现场勘查单			✓
	高压（低压）供电方案答复单	✓	✓	✓
受电工程设计文件审查	设计资质证书复印件、客户受电工程设计资质查验意见单			✓
	客户受电工程设计文件送审单			△
	客户受电工程设计文件审查意见单			△
受电工程中检查及竣工检验	承装（修、试）电力设施许可证复印件、客户受电工程施工资质查验意单			✓
	客户受电工程竣工报验单			✓
	竣工资料（包含竣工图纸、电气设备出厂合格证书、电气设备交接试验记录、试验单位资质证明）			✓
	客户受电工程竣工检验意见单			✓
	电能计量装接单	✓	✓	✓
送电	新装（增容）送电单	✓	✓	✓
	供用电合同及其附件	✓	✓	✓

说明：标注✓必需存档，标注△视情况存档。

附件 10

业扩报装流程图

10千伏业扩报装管理流程（直辖市公司适用）　　　　　　　　　　　　　　SGCC-LC-YXB-07

客户	营销部（客户服务中心）	发展部	经研所	发建部	区（县）公司 运维检修部	调控中心	办公室	过程描述
开始	1 业务受理							1. 直辖市区（县）公司营销部（客户服务中心）负责各自所辖用户业务受理。岗位：受理员；时限要求：当日录入系统。
	2 组织现场勘查							2. 直辖市区（县）公司营销部（客户服务中心）组织各自所辖用户现场勘查。岗位：大客户经理、配网运营检查管理、运行方式管理；时限要求：受理报装申请后，3个工作日内。
	大于开放负荷 N / Y		3 拟定供电方案					3-5. 对于在规划和可开放范围内的项目，由营销部（客户服务中心）编制供电方案（含接入系统方案），并组织供电方案上会签。对于超出规划或可开放范围的项目，由营销部（客户服务中心）委托经研院（所）编制供电方案，以同例合形式进行集中审查；时限要求：单电源5（8）个工作日，双电源复10（23）个工作日。
	4.1 组织供电方案审批	4.2 参与供电方案审批	4 供电方案审批		4.3 参与供电方案审批	4.4 参与供电方案审批		
	5.1 拟定供电方案答复	5.2 会签供电方案		5 供电方案审批	5.3 会签供电方案	5.4 会签供电方案		
	6.1 供电方案答复							6. 直辖市区（县）公司营销部（客户服务中心）答复各自所辖用户供电方案，客户对供电方案进行确认。岗位：大客户经理；时限要求：方案审批后1个工作日内。
6.2 供电方案确认	7 业务收费							7. 直辖市区（县）公司营销部（客户服务中心）收取各自所辖用户业务费用。岗位：大客户经理；时限要求：受理设计审查后10个工作日。
	8.1 组织设计审核	8.2 参与设计审核		8.3 参与设计审核 8 设计审核	8.4 参与设计审核	8.5 参与设计审核		8. 直辖市区（县）公司营销部（客户服务中心）设计审核各自所辖用户设计审核。公司集建部配网运检部门同步开展电网配套工程建设。岗位：大客户经理、工程项目管理、运行方式管理；时限要求：受理设计审查后5个工作日。
9.6 配合中间检查	9.1 组织中间检查		9 中间检查	9.2 参与中间检查	9.3 参与中间检查	9.4 参与中间检查		9. 直辖市区（县）公司营销部（客户服务中心）分别组织相关部门进行各自辖区用户中间检查。岗位：大客户经理、配网运检管理、运行方式管理；时限要求：受理申请后5个工作日。

供电方案编制

业扩工程实施

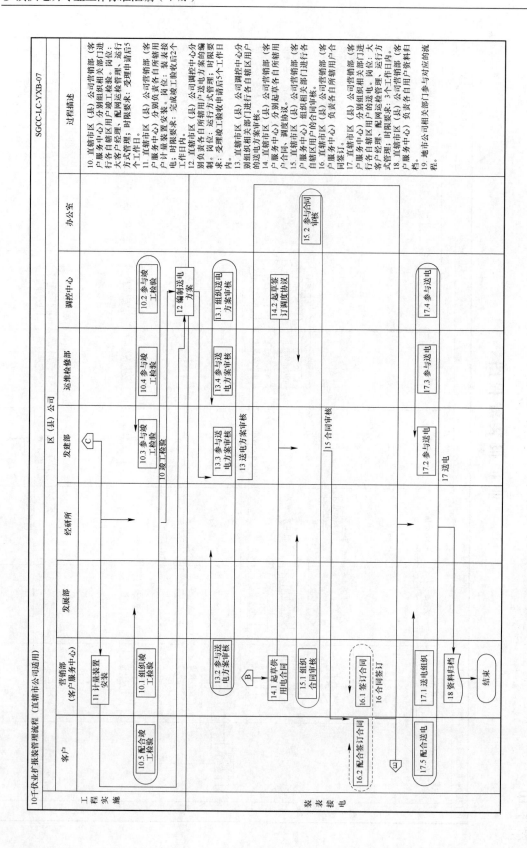

低压业扩报装管理流程（省公司/直辖市公司适用）

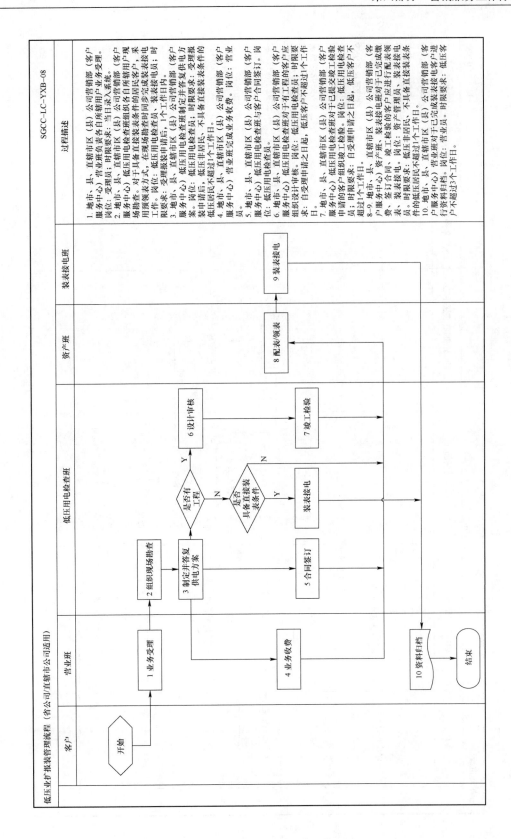

SGCC-LC-YXB-08

过程描述

1. 地市、县、直辖市区（县）公司营销部（客户服务中心）营业员：负责各自所辖用户业务受理。岗位：受理员；时限要求：当日录入系统。

2. 地市、县、直辖市区（县）公司营销部（客户服务中心）低压用电检查班组织各自所辖用户现场勘查。对于具备直接装表条件的居民客户，采用预领表方式，在现场勘查时同步完成装表接电工作，并低压报装申请后，1个工作日内。岗位：受理报装申请后，1个工作日内。

3. 地市、县、直辖市区（县）公司营销部（客户服务中心）低压用电检查班客户复供电方案。岗位：低压用电检查员；时限要求：低压非居民、低压居民，不具备直接装表条件的低压居民不超过1个工作日。

4. 地市、县、直辖市区（县）公司营销部（客户服务中心）营业班完成业务收费。岗位：营业员。

5. 地市、县、直辖市区（县）公司营销部（客户服务中心）低压用电检查班客户合同签订。岗位：低压用电检查员。

6. 地市、县、直辖市区（县）公司营销部（客户服务中心）低压用电检查班对于有工程的客户应组织设计审核。岗位：低压用电检查员；时限要求：自受理申请之日起，低压客户不超过1个工作日。

7. 地市、县、直辖市区（县）公司营销部（客户服务中心）低压用电检查班对于已提交竣工报告的客户应进行竣工检验。岗位：低压用电检查员；时限要求：竣工检验工作，自受理申请之日起，低压客户不超过1个工作日。

8～9. 地市、县、直辖市区（县）公司营销部（客户服务中心）资产班、装表接电班对于已完成缴费、签订合同、竣工检验的客户应进行配表领表、装表接电工作。岗位：资产管理员，装表接电员；时限要求：低压非居民、不具备直接装表条件的低压居民不超过1个工作日；对于具备直接装表条件的低压居民，营业班对于已完成装表接电客户进行资料归档。岗位：营业员；时限要求：低压客户不超过3个工作日。

10. 地市、县、直辖市区（县）公司营销部（客户服务中心）营业班对于已完成装表接电客户进行资料归档。岗位：营业员，时限要求：低压客户不超过3个工作日。

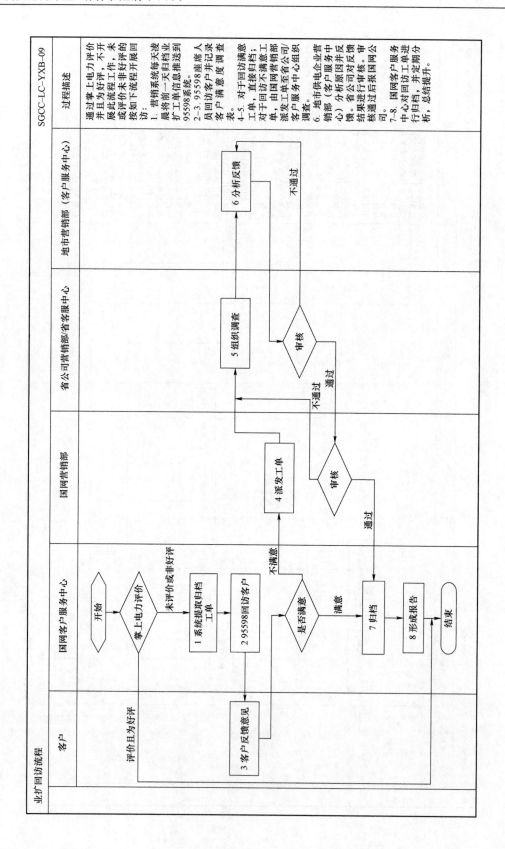

业扩回访流程

客户	国网客户服务中心	国网营销部	省公司营销部/省客服中心	地市营销部（客户服务中心）	SGCC-LC-YXB-09	过程描述

过程描述：

通过掌上电力评价并且为好评，不开展此流程工作，不开展此评价或未非好评的按如下流程开展回访：

1. 营销系统每天凌晨前一天归档业扩工单信息推送到9598系统。

2-3. 9598座席人员回访客户并记录客户满意度调查表。

4-5. 对于回访满意工单，直接归档；对于回访不满意工单，由国网营销部派发工单至省公司/客户服务中心组织调查。

6. 地市供电企业营销部（客户服务中心）分析原因并反馈，省公司对反馈结果进行审核，审核通过后报国网公司。

7-8. 国网客户服务中心对回访工单进行归档，并定期分析，总结提升。

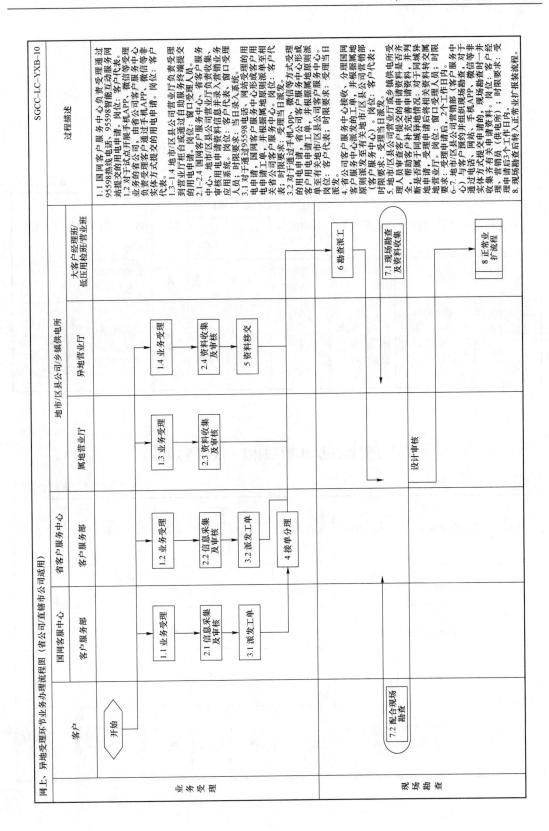

网上、异地受理环节业务办理流程图（省公司/直辖市公司适用）

SGCC-LC-YXB-10

过程描述

1.1 国网客户服务中心负责受理通过9598热线电话、95598智能互动服务网站提交的用电申请。岗位：客户代表。

1.2 对于试点开展手机APP、微信等受理业务的省公司，由省客户服务中心负责受理客户通过手机APP、微信等非实体受理方式提交的用电申请。岗位：客户代表。

1.3-1.4 地市/区县公司营业厅负责受理到营业厅柜台或通过服务终端提交的用电申请。岗位：窗口受理人员。

2.1-2.4 国网客户服务中心、省客户服务中心、地市/区县公司营业厅负责收集、审核用电申请信息并录入营销业务应用系统。时限要求：当日录入系统。岗位：客户代表。

3.1 对于通过9598电话、网站受理的用电申请，国网客户服务中心形成客户用电申请工单，并根据属地原则派发至相关省公司客户服务中心。岗位：客户代表。时限要求：受理当日派发。

3.2 对于通过手机APP、微信等方式受理的用电申请，省客户服务中心形成客户用电申请工单，并根据属地原则派发至有关地市/区县公司营业厅。岗位：客户代表。时限要求：受理当日派发。

4. 省客户服务中心接收、分理国网客户服务中心派发的工单，并根据属地原则派发至乡镇供电所、地市/区县公司营销部。岗位：客户代表。时限要求：受理当日派发。

5. 地市/区县公司营业厅受理客户的申请，帮助客户补充完善申请资料，并判断是否属于异地用电情况；对于异地用电申请，受理后将相关资料转交给地市/区县公司营业厅。岗位：窗口受理人员。时限要求：受理客户申请后，2个工作日内。

6-7. 与客户预约并组织现场勘查，微信等实体或非实体方式提交申请资料。岗位：现场勘查人员（客户服务中心）与客户电话、网站、手机APP、营销员，现场勘查时一并收集有关申请资料（供电所）；时限要求：客户经过现场勘查后进入正常业扩报装流程。

8. 现场勘查后业扩正常流程。

		国网客户服务中心	省客户服务中心	地市/区县公司乡镇供电所			
	客户	客户服务部	客户服务部	属地营业厅	异地营业厅	大客户经理班/低压用检班/营业班	
业务受理	开始	1.1 业务受理 → 2.1 信息采集及审核 → 3.1 派发工单	1.2 业务受理 → 2.2 信息采集及审核 → 3.2 派发工单 → 4 接单分理	1.3 业务受理 → 2.3 资料收集及审核	1.4 业务受理 → 2.4 资料收集及审核 → 5 资料移交		
现场勘查	7.2 配合现场勘查			设计审核		6 勘查派工 / 7.1 现场勘查及资料收集 / 8 正常业扩流程	

附件 11

考 核 时 限

附件 11-1

业扩报装业务办理考核时限（低压居民）

★牵头部门；▲配合部门

阶段名称	工作内容	客户分类	业务办理参考时限（工作日）	参与部门 营销部	参与部门 运检部	客户	收集资料	输出资料
供电方案答复及送电	受理申请	所有客户	当日录入系统	★		▲	有效身份证明	—
供电方案答复及送电	现场勘查、供电方案答复、供用电合同签订和装表送电	具备直接装表条件的客户	1	★		▲	核查房屋产权证明并拍照	现场影像资料、供电方案、供用电合同、装表接电单

附件 11-2

业扩报装业务办理考核时限（低压非居民）

★牵头部门；▲配合部门

阶段名称	环节名称	客户分类	业务环节参考时限（工作日）	参与部门 营销部	参与部门 运检部	客户	收集资料	输出资料
供电方案答复	受理申请	所有客户	当日录入系统	★		▲	客户申请资料	—
供电方案答复	现场勘查、答复供电方案	所有客户	1	★		▲	—	现场影像资料、供电方案
工程建设及送电	电网配套工程实施	有电网配套工程的客户	10		★		—	—
工程建设及送电	签订供用电合同、装表并送电	所有客户	3	★		▲	—	现场影像资料、供用电合同、装表接电单

附件 11-3

业扩报装业务办理考核时限（10 千伏高压客户）

★牵头部门；▲配合部门

阶段	工作内容	客户分类	业务办理参考时限（工作日）	参与部门							客户	收集资料	输出资料
				营销部	发展部	运检部	基建部	财务部	调控中心	经研院（所）			
供电方案答复	受理申请	所有客户	当日录入系统	★							▲	客户申请资料	—
	现场勘查		2	★		▲					▲	现场影像资料	勘查意见单
	确定供电方案	所有客户	单电源：10 双电源：25	★		▲			▲	▲		—	供电方案
	供电方案答复	所有客户	1	★							▲	—	—
工程设计	工程设计	所有客户	—								★	—	设计图纸及说明
	设计图纸审查	重要客户；有特殊负荷的客户	5	★		▲			▲		▲	设计图纸及说明	设计文件审查意见
	业务收费	需交纳业务费的客户	—	★				▲			▲	—	收费票据
工程建设	客户工程施工	所有客户	—								★	—	—
	电网配套工程施工	有电网配套工程的客户	60			★						—	—
	中间检查	有隐蔽工程的重要或有特殊负荷的客户	3	★		▲					▲	隐蔽工程报验资料	现场影像资料、中间检查意见
	竣工验收	所有客户	5	★		▲			▲		▲	竣工报验资料	竣工验收意见
	装表												
	停（送）电计划制订			▲		▲			★		▲	—	停（送）电计划

表（续）

阶段	工作内容	客户分类	业务办理参考时限（工作日）	参与部门							客户	收集资料	输出资料
				营销部	发展部	运检部	基建部	财务部	调控中心	经研院（所）			
送电	供用电合同签订	所有客户	5	★							▲	—	供用电合同
	调度协议签订	调度管辖或许可的客户		▲					★		▲	—	调度协议
	送电	所有客户		★		▲			▲		▲	—	现场影像资料、装表接电单

附件 11-6

业扩报装跨专业协同环节办理考核时限

业务环节	监控项目	时限要求	预警阀值	责任部门
供电方案编制	联合勘查通知	2 个工作日	1 个工作日	发展、运检、调控
	供电方案拟定（35 千伏）	单电源 5 个工作日	单电源 3 个工作日	经研院（所）
		双电源 15 个工作日	双电源 12 个工作日	经研院（所）
	供电方案会审/会签（35 千伏）	5 个工作日	3 个工作日	发展、运检、调控
	接入系统设计要求拟定（110 千伏及以上）	1 个工作日	0 个工作日	发展
	拟定供电方案（经研院）（110 千伏及以上）	单电源：3 个工作日	单电源：2 个工作日	经研院（所）
		双电源：8 个工作日	双电源：6 个工作日	经研院（所）
	供电方案评审（发展部）（110 千伏及以上）	单电源：2 个工作日	单电源：1 个工作日	发展
		双电源：8 个工作日	双电源：6 个工作日	发展
客户受电工程建设	联合审图通知	2 个工作日	1 个工作日	发展、运检、调控

表（续）

业务环节	监控项目	时限要求	预警阀值	责任部门
10千伏电网配套工程建设	ERP建项	3个工作日	2个工作日	运检
	配套工程设计	7个工作日	5个工作日	运检
	配套工程物资领用	27个工作日	22个工作日	物资
	配套工程施工及验收	23个工作日	18个工作日	运检
验收送电	联合验收通知	2个工作日	1个工作日	发展、运检、调控
	停（送）电计划反馈	5个工作日	3个工作日	运检、调控

国家电网公司电费抄核收管理规则

国网（营销/3）273—2014

第一章 总 则

第一条 为深入贯彻落实公司推进"两个转变"、创建"两个一流"、建设"一强三优"现代公司要求，加强电费抄核收管理，规范电费抄核收作业，提高精益化、标准化管理水平，依据国家《电力供应与使用条例》《供电营业规则》，制定本规则。

第二条 本规则所称的电费抄核收管理，主要包括电费抄表、电量电费核算、电费收取过程中的管理、作业和质量考核等工作程序和业务要求。

第三条 电费抄核收管理实施流程规范化及作业标准化的管理模式。应用营销自动化系统，实现电费抄核收工作全过程的量化管控，保障抄表收费及资金安全，确保电费准确、及时、全额回收。

第四条 本规则适用于公司总（分）部、所属各级供电企业。

第二章 职 责 分 工

第五条 国网营销部是电费抄核收工作的归口管理部门，开展电费抄核收业务的管理工作，履行以下职责：

（一）负责研究、分析宏观经济、能源、电力发展形势，制定电费专业发展战略及策略，推进电费相关法律法规的修订出台。

（二）负责制定公司电费抄核收相关规范、制度和指标体系，监督和检查具体落实情况，开展指标评价与考核。

（三）负责定期开展公司电费专业相关统计分析，为公司决策提供依据。

（四）负责建立公司电费风险防控体系，指导、监督各单位开展电费风险防控工作。

（五）负责自动抄表、智能核算、电子收费、远程费控等新技术新应用的研究与推广，负责多元交费渠道和互动服务手段规划设计。

（六）负责协调处理电费抄核收管理过程中的重大事项。

第六条 国网财务部是电费抄核收工作的配合部门，开展电费资金及电费账户的管理工作，履行以下职责：

（一）负责制定公司电费资金及电费账户的管理制度，并监督和检查具体落实情况。

（二）负责与国网营销部共同推进电费相关法律法规的完善与修订。

第七条 省（自治区、直辖市）电力公司（以下简称"省公司"）营销部是本省电费抄核收工作的归口管理部门，贯彻落实公司电费抄核收相关要求，履行以下职责：

（一）负责研究、分析本地区宏观经济、能源、电力发展形势，制定本省电费专业发展规划及工作计划，推进本省电费相关政策的制定出台。

（二）结合本省实际制定电费抄核收相关制度、指标体系，对电费抄核收业务开展常态稽查检查，对相关指标进行评价与考核。

（三）负责定期开展电费专业相关统计分析，按期报送相关统计报表和分析报告。

（四）负责建立本省电费风险防控体系，指导、监督下属各单位开展电费风险防控工作。

（五）负责自动抄表、智能核算、电子交费、远程费控等新技术的推广应用，负责多元交费渠道和互动服务手段建设。

（六）负责协调解决本省电费抄核收管理过程中的各类问题。

第八条　省公司财务资产部是本省电费抄核收工作的配合部门，履行以下职责：

（一）负责电费资金管理，负责电费账户设立、变更、撤销的审批。

（二）负责与省公司营销部共同促进本省电费相关法规政策的制定及出台，参与制定电费抄核收专业相关制度。

（三）负责电费代收业务手续费管理，协调解决银行代收电费的有关事宜。

（四）负责电费票据管理工作，监督电费票据的使用。

第九条　地（市）供电企业营销部（客户服务中心）是本地区电费抄核收工作的归口管理及执行部门，贯彻落实电费抄核收相关要求，开展电费抄核收工作，履行以下职责：

（一）负责细化分解电费抄核收管理要求和指标体系，对本地区电费抄核收业务执行情况开展常态稽查检查，对相关指标进行评价与考核。

（二）负责辖区客户电费核算、发行、账务处理；负责电费票据使用管理，及时将票据购买计划报送财务部门。

（三）负责城区客户、城郊 10 千伏及以上客户、辖区直供直管和有条件的控股、代管县供电企业 110（66）千伏及以上客户的抄表、收费工作。

（四）负责定期开展电费专业相关统计分析，按期报送相关统计报表和分析报告。

（五）负责制定、实施电费风险防控措施，指导、监督下属各单位开展电费风险防控工作。

（六）负责本地区自动抄表、智能核算、电子交费、远程费控等新技术的推广应用，负责电费充值卡的台账及实物管理，负责多元交费渠道和互动服务手段建设。

（七）负责对电费代收机构代收手续费的测算、核定等相关工作。

（八）负责协调解决本地区电费抄核收管理过程中的各类问题。

第十条　地（市）和县供电企业财务资产部是本地区电费抄核收工作的配合部门，履行以下职责：

（一）负责贯彻落实公司电费资金及电费账户的管理要求，按照公司有关管理要求开设电费账户，开展电费资金及电费账户管理工作。

（二）负责电费总账核算相关工作。

（三）负责电费票据的申购、保管、分发和回收缴销工作，监督电费票据的使用。

（四）负责组织办理代收手续费结算，协调代收机构解决电费代收的有关事宜。

第十一条　地（市）供电企业运维检修部（检修分公司）、电力调度控制中心是本地区电费抄核收工作的配合部门，履行配合地（市）供电企业营销部（客户服务中心）对辖区高压欠费客户实施停限电工作的职责。

第十二条　县供电企业营销部（客户服务中心）是本地区电费抄核收工作的执行部门，贯彻落实电费抄核收相关要求，开展电费抄核收工作，履行以下职责：

（一）负责对本县电费抄核收业务执行情况开展常态稽查检查，对相关指标进行评价与考核。

（二）负责城区低压客户、辖区 10～35 千伏客户的抄表、收费工作；负责辖区采集覆盖区域 35 千伏及以下全部客户抄表工作。

（三）负责定期开展电费专业相关统计分析，按期报送相关统计报表和分析报告。

（四）负责落实电费回收风险防控措施和电费资金安全措施。

（五）负责电费票据的使用管理。

（六）负责本地区自动抄表、智能核算、电子交费、远程费控等新技术的推广应用，负责电费充值卡的台账及实物管理，负责多元交费渠道和互动服务手段建设。

第十三条 县供电企业乡镇供电所负责辖区采集尚未覆盖低压客户的抄表工作；负责辖区低压客户收费工作。

第三章 抄 表 管 理

第十四条 严格按规定的抄表周期和抄表例日准确抄录客户用电计量装置记录的数据。严禁违章抄表作业，不得估抄、漏抄、代抄。确因特殊情况不能按期抄表的，应及时采取补抄措施。

第十五条 对 10 千伏及以上电压等级客户和采集覆盖区域内的 0.4 千伏及以下电压等级客户，全部采用远程自动抄表方式。

第十六条 抄表周期管理执行以下规定：

（一）抄表周期为每月一次。确需对居民客户实行双月抄表的，应考虑单、双月电量平衡并报省公司营销部批准后执行。

（二）对用电量较大的客户、临时用电客户、租赁经营客户以及交纳电费信用等级较低的客户，应根据电费回收风险程度，实行每月多次抄表，并按国家有关规定或合同约定实行预收或分次结算电费。

（三）对高压新装客户应在接电后的当月进行抄表。对在新装接电后当月抄表确有困难的其他客户，应在下一个抄表周期内完成抄表。

（四）抄表周期变更时，应履行审批手续，并事前告知相关客户。因抄表周期变更对居民阶梯电费计算等带来影响的，应按相关要求处理。

（五）对实行远程自动抄表方式的客户，应定期安排现场核抄，核抄周期由各单位根据实际需要确定，10 千伏及以上客户现场核抄周期应不超过 6 个月；0.4 千伏及以下客户现场核抄周期应不超过 12 个月。

第十七条 抄表例日管理执行以下规定：

（一）35 千伏及以上电压等级客户抄表时间应安排在月末 24 点，其他高压客户抄表时间应安排在每月 25 日以后。

（二）对同一台区的客户、同一供电线路的专变客户、同一户号有多个计量点的客户、存在转供关系的客户，抄表例日应安排在同一天。

（三）对每月多次抄表的客户，应按"供用电合同"或"电费结算协议"有关条款约定的日期安排抄表。约定的各次抄表日期应在一个日历月内。

（四）抄表例日不得随意变更。确需变更的，应履行审批手续并告知线损相关部门。抄表例日变更时，应事前告知相关客户。因抄表例日变更对阶梯电费计算等带来影响的，应按相关要求处理。

第十八条 抄表段设置应遵循抄表效率最高的原则，综合考虑客户类型、抄表周期、抄表例日、地理分布、便于线损管理等因素。

（一）同一抄表段内的电力客户的抄表周期、抄表例日应相同。

（二）抄表段一经设置，应相对固定。调整抄表段应不影响相关客户正常的电费计算。新建、调整、注销抄表段，须履行审批手续。

（三）新装客户应在归档后 3 个工作日内编入抄表段；注销客户应在下一抄表计划发起前撤出抄表段。

第十九条 抄表机应由专人管理。发放（返还）抄表机时应记录抄表机编码、发放人、领用（返还）人、领用（返还）时间等信息。抄表机发生故障应及时报修，并记录故障信息。抄表机达到使用年限、损坏无法修复按规定办理报废手续。

第二十条 制定抄表计划应综合考虑抄表周期、抄表例日、抄表人员、抄表工作量及抄表区域的计划停电等情况。抄表计划全部制定完成后，应检查抄表段或客户是否有遗漏。抄表员应定期轮换抄表区域，除远程自动抄表方式外，同一抄表员对同一抄表段的抄表时间最长不得超过二年。

第二十一条 采用现场抄表方式的，抄表员应到达现场，使用抄表卡或抄表机逐户对客户端用电计量装置记录的有关用电计量计费数据进行抄录。现场抄表工作必须遵循电力安全生产工作的相关规定，严禁违章作业。需要到客户门内抄录的，应出示工作证件，遵守客户的出入制度。

（一）抄表数据（包括抄表客户信息、变更信息、新装客户档案信息等）下装准备工作、抄表机与服务器的对时工作应在抄表前一个工作日或当日出发前完成，并确保数据完整正确。出发前，应认真检查必备的抄表工器具是否完好、齐全。

（二）抄表时，应认真核对客户电能表箱位、表位、表号、倍率等信息，检查电能计量装置运行是否正常，封印是否完好。对新装及用电变更客户，应核对并确认用电容量、最大需量、电能表参数、互感器参数等信息，做好核对记录。

（三）发现客户电量异常、违约用电或窃电嫌疑、表计故障、有信息（卡）无表、有表无信息（卡）等异常情况，做好现场记录，提出异常报告并及时上报处理。

（四）采用抄表机红外抄表方式的，应在现场完成电能表显示数据与红外抄见数的核对工作。当红外抄见数据与现场不符时，以现场抄见数为准。

（五）抄表计划不得擅自变更。因特殊情况不能按计划抄表的，应履行审批手续。对高压客户不能按计划抄表的，应事先告知客户。

（六）因客户原因未能如期抄表时，应通知客户待期补抄并按合同约定或有关规定计收电费。抄表员应设法在下一抄表日到来前完成补抄。

（七）抄表后应于当日完成抄表数据的上装，上装前应确认该抄表段所有客户的抄表数据均已录入。因特殊情况当日不能完成上装的，须履行审批手续并于次日完成。

（八）对新装客户应做好抄表例日、电价政策、交费方式、交费期限及欠费停电等相关规定的提示告知工作。

第二十二条 采用远程自动抄表方式的，应将原抄表流程中抄表计划制定、抄表数据准备、远程抄表等环节优化为系统自动实现。

（一）远程抄表前，应监控远程自动抄表流程状况、数据获取情况，对远程自动抄表失败、抄表数据异常的，应立即进行消缺处理。

（二）在采用远程自动抄表方式后的前三个抄表周期内，应每个周期进行现场核对抄表。发现数据异常，立即处理。

（三）正常运行后，对连续三个抄表周期出现抄表数据为零度的客户，应抽取一定比例进行现场核实，其中，10 千伏及以上客户应全部进行现场核实；0.4 千伏非居民客户应抽取不少于 80%的客户，居民客户应抽取不少于 20%的客户。

（四）当抄表例日无法正确抄录数据时，应在抄表当日安排现场补抄，并立即进行消缺处理。

（五）对远程自动抄表异常客户现场核抄时，如现场抄见读数与远程获取读数不一致，以现场抄见读数为准。

第二十三条　抄表数据应及时进行复核。发现电量突变或分时段数据不平衡等异常情况，应立即进行现场核实；确有异常时，应提出异常报告并及时处理。

第二十四条　抄表当天应完成全部抄表数据复核工作，并及时将流程转往电费核算环节。

第四章　核　算　管　理

第二十五条　充分利用信息系统技术手段，推行抄表数据复核、电量电费审核的系统自动流转，实施系统智能自动核算、人工处理异常的作业模式，不断提高系统自动复核、审核户数比例。

第二十六条　严格电量电费核算管理，确保电量电费核算的各类数据及参数的完整性、准确性。加强电量电费差错管理，因抄表差错、计费参数错误、计量装置故障、违约用电、窃电等原因需要退补电量电费时，应发起电量电费退补流程，并经逐级审批后方可处理。

第二十七条　抄表数据复核结束后，应在 24 小时内完成电量电费计算工作。及时审核新装和变更工作单，保证计算参数及数据与现场实际情况一致。电价、计量及计费参数等与电量电费计算有关的资料录入、修改、删除等作业，均应有记录备查。做好可靠的数据备份和保存措施，确保数据安全。

第二十八条　电量电费核算应认真细致。按财务制度建立应收电费明细账，编制应收电费日报表、日累计报表、月报表，明细账与报表应核对一致，保证数据完整准确。

（一）对新装用电客户、变更用电客户、电能计量装置参数变化的客户，其业务流程处理完毕后的首次电量电费计算，应进行逐户审核。对电量明显异常及各类特殊供电方式（如多电源、转供电等）的客户应重点审核。

（二）在电价政策调整、数据编码变更、营销业务应用系统软件修改、营销业务应用系统故障等事件发生后，应对电量电费进行试算，并对各电价类别、各电压等级的客户重点抽查审核。

第二十九条　发现电费计算有异常，应立即查找原因，并通知相关部门处理后重新进行电费计算。对电量电费核算过程中发现的问题应按规定的程序和流程及时处理，做好详细记录，并按月汇总形成审核报告。

第五章　电费收交管理

第三十条　严格执行电费收交制度。做到准确、全额、按期收交电费、开具电费发票及相应收费凭证。任何单位和个人不得减免应收电费。

第三十一条　加强电费回收风险控制和管理，及时对电费账龄进行分析排查。对存在政策、经济风险的用电客户应逐户建立风险防控预案，最大程度防范电费回收风险。追收欠费工作中，要采取切实措施避免超过诉讼时效。

第三十二条　严格执行电费账务管理制度。按照财务制度设置电费科目，建立客户电费明细账，电费明细账应能提供客户名称、结算年月、欠费金额、预收金额、电度电费及各项代征基金金额等信息，做到电费应收、实收、预收、未收电费台账及银行电费对账台账（辅助账）等电费账目完整清晰、准确无误，确保电费账目与财务账目一致。

第三十三条　确保电费资金安全。电费核算与收费岗位应分别设置，不得兼岗。抄表及收费人员不得以任何借口挪用、借用电费资金。收费网点应安装监控和报警系统，将收费作业全过程纳入监控范围。

第三十四条　电费发行后，电量电费信息应及时以通知单（账单）、短信或其他与客户约定的方式告知客户，并提供电话或网络等查询服务。通知单内容包括本期电量电费信息、交费方式、交费时间、交费地点、服务电话及网站等。鼓励以电子方式将电量电费信息告知客户，实施前应征得客户同意。

第三十五条　电费收取应做到日清日结，收费人员每日将现金交款单、银行进账单、当日电费汇总表交电费账务人员。

（一）每日收取的现金及支票应当日解交银行。由专人负责每日解款工作并落实保安措施，确保解款安全。当日解款后收取的现金及支票按财务制度存入专用保险箱，于次日解交银行。

（二）收取现金时，应当面点清并验明真伪。收取支票时，应仔细检查票面金额、日期及印鉴等是否清晰正确。

（三）客户实交电费金额大于客户应交电费金额时，作预收电费处理。

第三十六条　采用远程费控业务方式的，应根据平等自愿原则，与客户协商签订协议，条款中应包括电费测算规则、测算频度、预警阈值、停电阈值，预警、取消预警及通知方式，停电、复电及通知方式，通知方式变更，有关责任及免责条款等内容。

第三十七条　采用（预）购电交费方式的，应与客户签订（预）购电协议，明确双方权利和义务。协议内容应包括购电方式、预警方式、跳闸方式、联系方式、违约责任等。

第三十八条　实行分次划拨电费的，每月电费划拨次数一般不少于三次，月末统一抄表后结算。实行分次结算电费的，每月应按结算次数和结算时间，按时抄表后进行电费结算。

第三十九条　采用柜台收费（坐收）方式时，应核对户号、户名、地址等信息，告知客户电费金额及收费明细，避免错收。客户同时采取现金、支票与汇票支付一笔电费的，应分别进行账务处理。

第四十条　确因地区偏远等原因造成客户交费困难的，可采取现场收费（走收）方式。收费前应确定客户清单，领取电费票据，备足找零现金。到达现场收费时，收费人员应出示工作证件，注意做好人身、资金的安全工作。收费时，应仔细核对客户信息与电费发票是否一致，告知客户电费金额及收费明细，避免发生错收。严格按电费发票金额收费，不得打白条收费。

第四十一条　采用代扣、代收与特约委托方式收取电费的，供电企业、用电客户、银行应签订协议，明确各方的权利义务。

（一）采用代扣、代收方式收取电费的，供电企业应与代扣、代收单位签订协议，明确双方权利义务。协议内容应包括交费信息传送内容、方式、时间，交费数据核对要求、错账处理、资金清算、客户服务条款及违约责任等。

（二）采用特约委托方式收取电费的，供电企业、用电客户、银行应签订协议，明确三方的权利义务。协议内容应包括客户编号、客户名称、托收单位名称、地址、托收银行账号、托收协议号、收款银行、扣款时间、客户服务条款及违约责任等。采用分次划拨或分次结算方式的，协议内容应增加分次划拨或分次结算次数及时间等内容。

（三）应严格按约定时间与银行发送、接收并处理交费信息，及时做好对账和销账工作，发现异常情况及时按约定程序处理。客户银行账户资金不足以实现电费扣款时，应及时通知客户。

第四十二条　采用代收、代扣收费方式时，代收、代扣单位应在下个工作日前将当日代收、代扣电费资金转至供电企业账户。客户可持代收、代扣单位打印的有效收款凭证或有效身份证明到供电企业营业网点打印发票，在确认客户电费结清且未打印过发票后，给予出具发票。

第四十三条　采用特约委托收费方式时，应按时生成托收单数据，提供给相应特约委托银行。特约委托成功后，应及时将电费发票送达客户。允许以一个银行账号并账托收多个客户的电费。发生托收退票的，应重新托收或转为其他收费方式。

第四十四条　采用（预）购电收费方式时，每日收费结束后，应进行收费整理，清点现金和票据，保证与购电数据核对一致。

第四十五条　采用自助终端收费方式时，应每日对自助交费终端收取的现金进行日终解款。每日对充值卡和银行卡在自助终端交费的数据进行对账并及时处理单边账。客户在自助终端交费成功后应向其提供交费凭证。

第四十六条　采用充值卡收费方式时，应每日对当日销售的电费充值卡数量、充值记录、充值金额、充值账户抵交电费情况进行核对，并编制日报表。销售充值卡与充值卡交费不能重复开具发票。

第四十七条　实施多元化交费。统筹考虑本地区特点和客户群体差异，巩固和发展自有网点坐收、银行代扣代收等行之有效的交费方式；利用网络信息技术、先进支付手段，拓展95598网站、第三方支付、手机客户端、微信、有线电视等新型交费渠道，加大电子化及社会化交费推广力度，实现城市"十分钟交费圈"、农村"村村有交费点"。

第四十八条　推进账务实时化。在对公收费中推行电子化托收，直接将客户电费划转到公司电费账户，促进电费快速归集；采用电子信息销账及对账方式，建立无纸化账单传递机制，提高电费账务处理效率。

第四十九条　电费账务应准确清晰。按财务制度建立电费明细账，编制实收电费日报表、日累计报表、月报表，严格审核，稽查到位。

（一）每日应审查各类日报表，确保实收电费明细与银行进账单数据一致、实收电费与进账金额一致、实收电费与财务账目一致、各类发票及凭证与报表数据一致。不得将未收到或预计收到的电费计入电费实收。

（二）当日解款前发现错收电费的，可由当日原收费人员进行全额冲正处理，并记录冲正原因，收回并作废原发票。当日解款后发现错收电费的，按退费流程处理，退费应准确、及时，避免产生纠纷。

第五十条　电费资金实行专户管理，不得存入其他银行账户；应加强电费账户的日常管理，确保营销业务系统中电费账户信息准确。

第六章　电费催交管理

第五十一条　对电费欠费客户应建立明细档案，按规定的程序催交电费。

（一）电费催交通知书、停电通知书应由专人审核、专档管理。电费催交通知书内容应包括催交电费年月、欠费金额及违约金、交费时限、交费方式及地点等。停电通知书内容应包括催交电费次数、欠费金额及违约金、停电原因等。

（二）严格按照国家规定的程序对欠费客户实施停电措施。停电通知书须按规定履行审批程序，在停电前三至七天内送达客户，可采取客户签收或公证等方式送达。对重要客户的停电，应将停电通知书报送同级电力管理部门。在停电前30分钟，将停电时间再通知客户一次，方可在通知规定时间实施停电。

第五十二条　严格执行电费违约金制度，不得随意减免电费违约金，不得用电费违约金冲抵电费实收。有下列原因引起的电费违约金，可经审批同意后实施电费违约金免收：

（一）供电营业人员抄表差错或电费计算出现错误影响客户按时交纳电费。

（二）银行代扣电费出现错误或超时影响客户按时交纳电费。

（三）因营销业务应用系统客户档案资料不完整或错误，影响客户按时交纳电费。

（四）因营销业务应用系统或网络发生故障时影响客户正常交纳电费。

第七章　电费票据和印章管理

第五十三条　电费票据应严格管理。经当地税务部门批准后方可印制，并应加印监制章和专用章。电费票据的领取、核对、作废及保管应有完备的登记和签收手续。未经税务机关批准，电费发票不得超越范围使用。严禁转借、转让、代开或重复出具电费票据。票据管理和使用人员变更时，应办理票据交接登记手续。

（一）建立电费发票管理台账。每月编制电费发票使用报表，内容包括电费发票入库数和起讫号码、领取数和起讫号码、已用数和起讫号码、作废数和发票号码、未用数和起讫号码。

（二）电费发票应使用当地税务部门监制的专用发票，加盖"发票专用章"和填制人签章后有效。不得使用白条、收据或其他替代发票向客户开具电费发票。

（三）电费发票应通过营销信息系统计算机打印，并在营销信息系统中如实登记开票时间、开票人、票据类型和票据编号等信息。严禁手工填写开具电费发票。

（四）客户申请开具电费增值税发票的，经审核其提供的税务登记证副本及复印件、银行开户名称、开户银行和账号等资料无误后，从申请当月起给予开具电费增值税发票，申请以前月份的电费发票不予调换或补开增值税发票。

（五）对作废发票，须各联齐全，每联均应加盖"作废"印章，并与发票存根一起保存完好，不得丢失或私自销毁。

第五十四条 电费票据发生差错时，当月票据差错，必须收回原发票联并作废，同时开具正确的票据。往月票据差错，必须收回原发票联，开具相同内容的红字发票，并将收回的发票联粘贴在红字存根联后面以备核查，同时开具正确的票据。需要开具红字增值税发票的，必须按照税务有关规定执行。

第五十五条 票据使用部门应设专人妥善保管空白票据、电费专用印章和票据登记簿，一旦发现票据、印章丢失，应于发现当日立即向上级报告。票据管理和使用人员调动工作时，必须办理票据交接手续，移交票据。电费专用印章应严格在规定的范围使用，印章领用、停用以及管理人员变更时，应办理交接登记手续。

第八章 电费统计和分析管理

第五十六条 各级供电企业逐级编制、审核、汇总并按规定时限上报各类电费报表和分析报告。

第五十七条 各级供电企业建立电费报表数据质量的全过程控制体系，加强数据质量检查与考核，确保统计数据的唯一性、真实性、准确性。

第五十八条 各级供电企业定期开展电费电价分析，主要内容应包括售电量、售电结构、平均电价、大客户用电情况、分时电价执行情况、阶梯电价执行情况等。

第五十九条 各级供电企业定期开展电费回收及风险分析，主要内容应包括欠费结构、重大欠费客户、高风险行业、风险防控措施及成效等。

第九章 检查与考核

第六十条 加强电费抄核收工作管理。建立电费抄核收工作监督、评价与考核制度，对电费抄核收工作开展质量管控和稽查监督，对工作质量和指标完成情况进行评价考核，对电量电费、电费收取、报表等差错追究责任，确保工作质量可控在控，不发生重大电费安全责任事故。

第六十一条 全面落实电费回收工作责任制，建立各级电费回收工作质量考核和激励制度，采用"日实时监控、月跟踪分析、季监督通报、年考核兑现"等方式，对电费回收率、应收电费余额等指标进行考核，确保电费按时全额回收。

第十章 附 则

第六十二条 本办法由国网营销部负责解释。

第六十三条 本办法自 2014 年 7 月 1 日起施行。原《国家电网公司电费抄核收工作规范》（国家电网营销〔2009〕475 号）同时废止。

附件

电费抄核收管理流程图

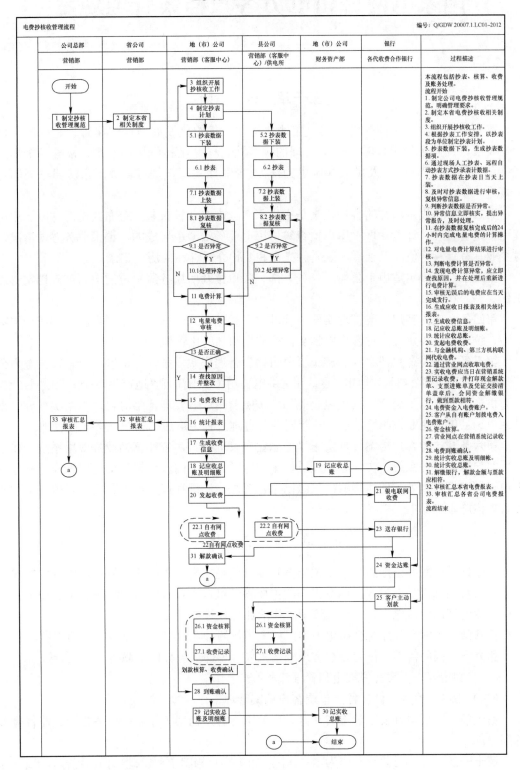

国家电网公司电力客户档案管理规定

国网（营销/3）382—2014

第一章 总 则

第一条 为深入贯彻落实公司"集团化运作、集约化发展、精益化管理、标准化建设"要求，提升各级单位客户档案管理的规范化、标准化和信息化水平，根据《中华人民共和国档案法》《中华人民共和国电力法》《企业档案工作规范》等国家法律法规制定本规定。

第二条 本规定所称的客户档案是指供用电双方在业扩报装、分布式电源并网、用电变更、电费管理、计量管理、用电检查等供用电业务活动中形成的，记录业务办理情况，对企业具有保存价值的以纸质、磁质、光盘和其他介质存在的历史记录。

第三条 本规定适用于公司总（分）部、各单位及所属各级单位的电力客户档案管理工作。

第四条 电力客户档案管理实施"标准化"管理模式，统一档案管理流程、统一档案类型、统一档案室建设，对客户档案实行标准化和制度化管理。

第五条 电力客户档案管理实施"分级化"管理模式，省（自治区、直辖市）电力公司（以下简称"省公司"）、地市（区、州）供电公司（以下简称"地市供电企业"）、县（市、区）供电公司（以下简称"县供电企业"）"按照营销业务管理范围对客户档案实行分级管理；市、县供电企业按照营销业务分级对业务办理过程中形成的客户档案建档管理。

第六条 电力客户档案管理实施"信息化"管理模式，依托营销业务应用系统，建设应用客户档案管理系统，实现客户纸质档案与电子档案的同步流转和全过程管理，充分发挥电子档案管理高效、便捷优势；按照国家有关法律法规和规范要求，采取有效技术手段和管理措施，确保电子档案信息安全。

第二章 职 责 分 工

第七条 国网办公厅和各级单位档案管理部门是档案工作的职能机构；国网营销部和各省公司营销部门是电力客户档案工作的主要管理机构；各省公司客户服务中心和市、县供电企业营销部门是电力客户档案管理工作的业务执行部门。

第八条 国网办公厅对公司电力客户档案工作履行业务指导、监督检查的职责。

第九条 国网营销部作为公司客户档案主要管理部门履行以下职责：

（一）制定客户档案管理规定和管理流程；

（二）指导、检查、监督各级单位客户档案管理工作。

第十条 省公司办公室对本省（区、市）电力客户档案工作履行业务指导、监督检查的职责。

第十一条 省公司营销部作为本省（区、市）客户档案主要管理部门，履行以下职责：

（一）组织贯彻落实电力客户档案管理规范。

（二）明确归档范围、保管期限、组卷原则、整理规则、目录格式、案卷质量要求、库房上架排列办法等具体事项。

（三）指导、监督、考核所属供电企业电力客户档案管理工作。

（四）负责制定所辖区域的电力客户档案的编码规则。

第十二条　省公司客户服务中心作为电力客户档案业务执行部门，履行以下职责：将业扩报装业务办理过程中形成的客户档案资料，在项目投运后移交属地供电企业营销部门归档。

第十三条　地市供电企业办公室对本地区电力客户档案工作履行业务指导、监督检查的职责。

第十四条　市、县供电企业营销部门作为电力客户档案业务执行部门，履行以下职责：

（一）开展日常的客户档案（含电子档案）工作，包括收集、交接、整理、归档、保管、借阅、统计、销毁和检查等工作。

（二）明确专人负责客户档案管理工作，客户档案管理人员负责监督客户资料的收集、流转、更新；负责客户档案（包括纸质、电子档案）建档、分类整理、存放、保管、借阅和安全保密工作；负责对业务办理部门移交的客户资料进行审核，并办理交接手续。

第三章　客户资料收集、整理

第十五条　按照"谁办理、谁提供、谁负责"的原则，业务办理人员负责收集整理客户资料，包括高（低）压、居民用电客户新装增容，变更用电，分布式电源，电费管理、计量管理、用电检查等资料。

第十六条　高（低）压用电申请书、客户合法身份证明、产权证明、合同协议、装拆表工作单、变更用电申请书、变更用电经办人身份证明等资料应同步形成电子文档，并与纸质资料同步流转。

第十七条　客户纸质资料记录与营销业务应用系统和客户现场信息相一致。

第十八条　客户资料归档前，业务办理人员应对资料和数据的完整性、有效性进行检查。检查无误后，将纸质文档扫描上传，并移交档案管理人员归档。

第十九条　客户资料存档后，如需补充完善有关内容，应报营销部门主管领导批准，将补充完善后的资料与原档案一并保存，并将修改内容、修改时间、修改人等信息登记备查。

第四章　客户资料归档

第二十条　业务办理人员负责收集、查验客户资料，于送电后 7 个工作日或工作单办结后 4 个工作日内移交档案管理人员，并做好交接记录。档案管理人员应检查客户资料是否完整、准确，包括资料内容真实、资料建立符合程序、签章齐全有效、资料填写时间是否准确等。

第二十一条　档案管理人员应将纸质资料与电子文档同步整理、存档；客户档案涉及供用电双方合法权益，属于企业商业秘密范畴，档案管理人员和使用人员应遵守《中华人民共和国档案法》《中华人民共和国保守国家秘密法》和国家电网公司有关保密规定。

第二十二条 客户档案分为高压、低压客户两大类。客户档案分类与编号按照方便查找、科学管理的原则，统一分类与编号做好登记。

第二十三条 电子文档应该以国家规定的标准存储格式进行归档，带有商业秘密性质的电子文档应按保密规定办理归档手续。

第二十四条 客户资料归档应满足"一户一档"要求。高压客户档案按"一户一盒"方式归档存放；低压非居民客户和居民客户资料按户号顺序统一归档存放。批量用户的公共资料集中存放在批量用户档案盒。

第二十五条 高压客户、低压客户档案盒（袋）应设置标准的资料目录。客户编号与档案存放位置建立对应查询关系，对客户档案进行定置查询。

第二十六条 整理归档文件使用的书写材料、纸张、装订材料应符合档案保存要求。应统一定制高压客户档案盒、低压客户档案袋、批量用户档案盒。客户档案盒（袋）应统一材质、统一规格，使用国网统一标识；在档案盒、袋正面粘贴客户户名、户号等，侧面粘贴户号码。

第二十七条 客户档案保存期限为永久。客户销户后，按照档案鉴定和销户工作制度执行。

第二十八条 建立健全已销户客户的档案鉴定和销毁工作制度，规范档案销毁鉴定、审批流程。对已销户客户档案，须在档案袋或档案目录上注明"已销户"字样，统一另柜存放；已销户客户档案五年内不得销毁。对确认已无须继续保存的销户客户档案办理档案销毁手续，档案销毁应履行内部审批程序，营销部门主管领导和销毁人应分别签字盖章，由企业主要负责人批准后监督销毁。

第五章 客户档案借阅

第二十九条 建立客户档案查询借阅制度，规范完善客户档案查询、借阅审批流程和手续。

第三十条 司法机关公务需要查阅客户档案的，须持有效证明和身份证件，在法律部门的配合下，经分管领导批准并办理借阅手续后方可查阅。档案原件一般不出档案室外借，借阅采用现场抄阅或复制形式。

第三十一条 供电企业内部人员需借阅客户档案，应说明借阅原因，并完整记录借阅时间、借阅客户档案名称、客户户号、内容、数量等情况并签字确认；借阅时间一般不超过7个工作日。

第三十二条 客户档案借阅完毕后应按时归还，档案管理人员应认真核查归还档案是否完好，并做好归还记录。凡发生客户档案遗失、毁损的，按有关规定处理。

第六章 客户档案管理系统建设应用

第三十三条 建设应用公司统一的客户档案管理系统，实现客户档案收集、整理、归档、保存、管理和使用的信息化管理。

第三十四条 客户档案管理系统采用省公司集中部署、市、县公司分级应用方式；在省公司层面实现客户电子档案的集中存储、定期备份和资源共享。

第三十五条 客户档案管理系统功能应符合国家和国家电网公司有关电子文件管理

系统功能要求的标准规范和管理要求；客户档案管理系统应具备客户电子档案文档捕获登记、整理组织、检索利用、存储保管、统计以及自动记录电子档案文件移交、归档信息等功能。

第三十六条　按照国家电网公司信息系统管理要求，采取必要技术手段和管理措施，确保电子文件信息安全，客户电子档案信息不得越权查阅、使用和修改。

第三十七条　市、县供电企业营销部门负责客户档案管理系统应用，对客户档案维护管理、查询等工作进行监督管理。定期组织对电子档案管理情况进行抽检。

第七章　客户档案室建设

第三十八条　各级档案室建设应符合《档案馆建筑设计规范》（JG 25—2000），满足"十防"要求；纸质档案数字化应符合《国家电网公司纸质档案数字化技术规范》（Q/GDW 135—2006）。

第三十九条　市、县供电企业分别设立统一的客户档案室，对客户档案实行集中统一管理。地域较大，且确不具备集中存放条件的单位，可在客户服务分中心或供电所设立专门的客户档案室。

第四十条　客户档案室应划分高压客户档案资料区、低压客户档案资料区、销户客户档案资料区，客户档案资料归档应放在相应区域内，销户客户档案资料区应按销户年份划分存放。

第四十一条　客户档案室应满足承重要求，符合防盗、防火、防尘、防潮湿、防鼠、防虫等要求，配置必要的温控、除湿设备，保持清洁、干燥和良好通风。档案室设置阻燃性良好的密集型资料柜，资料柜的数量应满足全部客户档案存放的需要，并为未来客户增长预留一定余量空间。

第四十二条　应定期巡视客户档案室，保持客户档案室环境卫生和档案资料的有序整齐摆放；定期进行库存档案的清理和核对，对破损或变质的档案，应及时修补和复制。

第四十三条　客户档案室资料柜应统一标注柜号、列号、层号，并与客户编号建立分类对应关系。

第四十四条　客户档案室应配备扫描仪、打印机、条形码扫描仪、复印机、碎纸机等档案管理专业设备。

第八章　检查考核

第四十五条　各省公司负责制定本省客户档案管理检查考核办法，检查考核内容包括客户档案管理情况、档案资料完整性、客户档案归档、借阅、销户以及客户档案管理系统应用等情况，负责落实本省客户档案管理检查考核要求。客户档案管理应纳入营销管理考核范围。

第四十六条　市、县供电企业应建立客户档案管理自查机制，定期组织对已归档客户档案资料完整性和准确性进行检查，对发现的问题及时处理解决。

第四十七条　建立客户档案管理责任追究机制。对客户档案管理不规范导致档案遗失、损毁的，发生客户投诉或者企业经营风险等情况，对相关责任人和责任部门按相关规定处理。

第九章　附　则

第四十八条　本规定由国家电网公司营销部负责解释。

第四十九条　本规定自 2014 年 10 月 1 日起施行。原《国家电网公司电力客户档案管理规范（试行）》国家电网办〔2013〕71 号同时废止。

客户档案建档流程

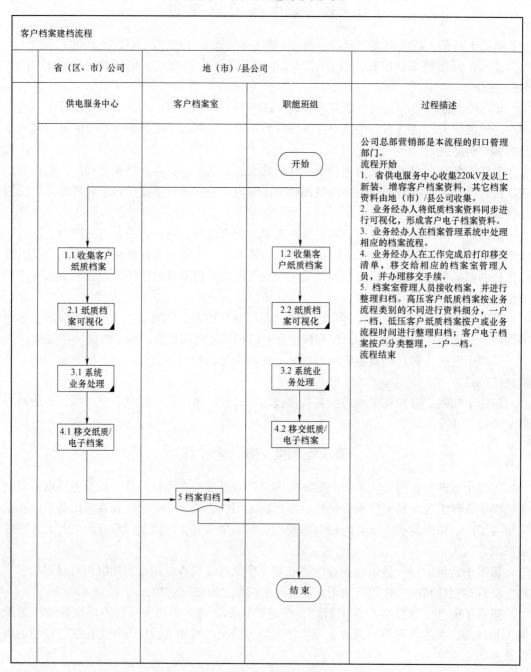

客户档案建档流程				
省（区、市）公司	地（市）/县公司			
供电服务中心	客户档案室	职能班组	过程描述	

过程描述：

公司总部营销部是本流程的归口管理部门。

流程开始

1. 省供电服务中心收集220kV及以上新装、增容客户档案资料，其它档案资料由地（市）/县公司收集。

2. 业务经办人将纸质档案资料同步进行可视化，形成客户电子档案资料。

3. 业务经办人在档案管理系统中处理相应的档案流程。

4. 业务经办人在工作完成后打印移交清单，移交给相应的档案室管理人员，并办理移交手续。

5. 档案室管理人员接收档案，并进行整理归档。高压客户纸质档案按业务流程类别的不同进行资料细分，一户一档，低压客户纸质档案按户或业务流程时间进行整理归档；客户电子档案按户分类整理，一户一档。

流程结束

内部人员客户档案借阅流程

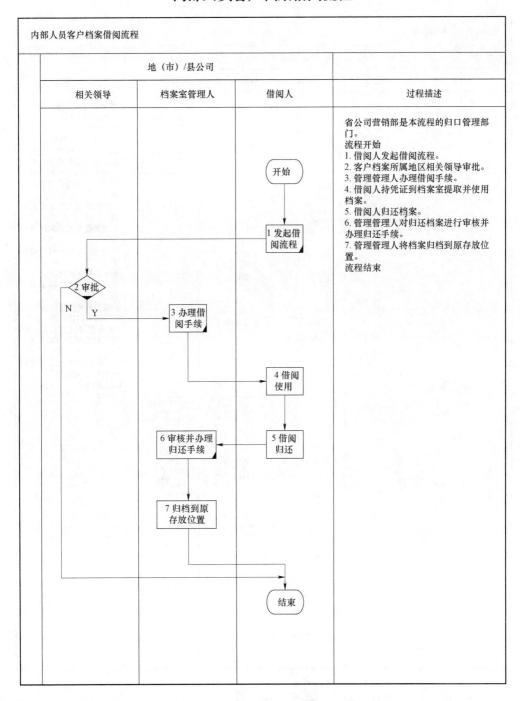

内部人员客户档案借阅流程			
地（市）/县公司			
相关领导	档案室管理人	借阅人	过程描述

省公司营销部是本流程的归口管理部门。
流程开始
1. 借阅人发起借阅流程。
2. 客户档案所属地区相关领导审批。
3. 管理管理人办理借阅手续。
4. 借阅人持凭证到档案室提取并使用档案。
5. 借阅人归还档案。
6. 管理管理人对归还档案进行审核并办理归还手续。
7. 管理管理人将档案归档到原存放位置。
流程结束

开始

1 发起借阅流程

2 审批
N　Y

3 办理借阅手续

4 借阅使用

6 审核并办理归还手续

5 借阅归还

7 归档到原存放位置

结束

外部人员客户档案查阅流程

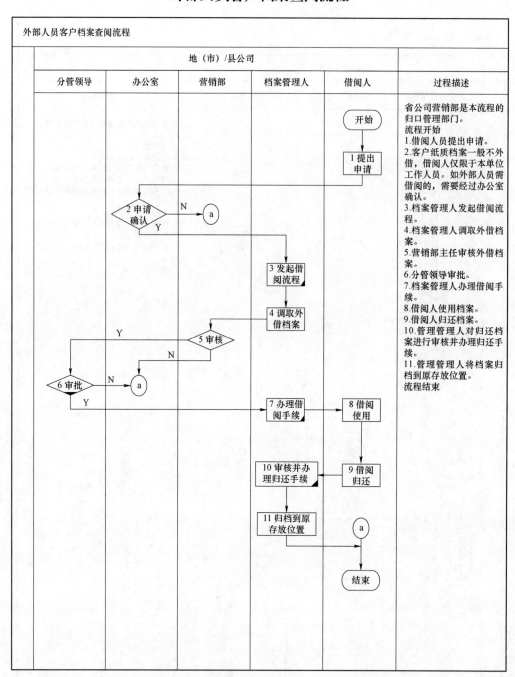

客户档案销毁流程

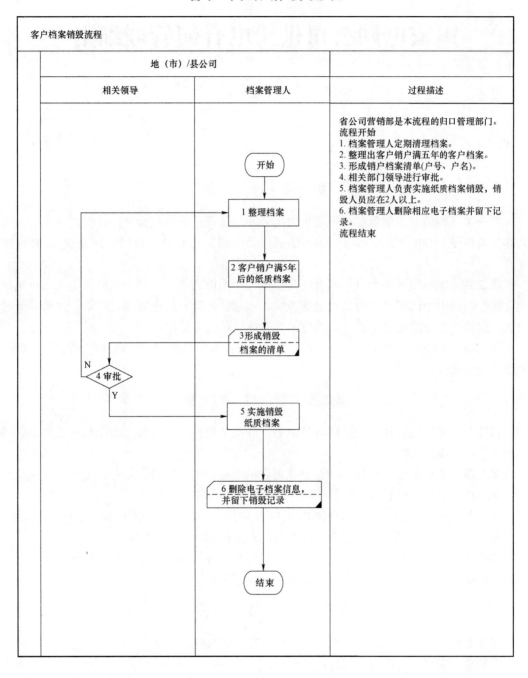

客户档案销毁流程		
地（市）/县公司		过程描述
相关领导	档案管理人	

过程描述：

省公司营销部是本流程的归口管理部门。
流程开始
1. 档案管理人定期清理档案。
2. 整理出客户销户满五年的客户档案。
3. 形成销户档案清单(户号、户名)。
4. 相关部门领导进行审批。
5. 档案管理人负责实施纸质档案销毁，销毁人员应在2人以上。
6. 档案管理人删除相应电子档案并留下记录。
流程结束

流程图节点：
开始
1 整理档案
2 客户销户满5年后的纸质档案
3 形成销毁档案的清单
4 审批（N / Y）
5 实施销毁纸质档案
6 删除电子档案信息，并留下销毁记录
结束

国家电网公司供用电合同管理细则

（节选）

国网（营销/4）393—2014

第一章 总 则

第一条 为进一步规范和加强《供用电合同》管理，防范经营风险，根据《中华人民共和国合同法》《电力法》和相关法律法规以及《国家电网公司合同管理办法》，制定本细则。

第二条 本细则所指的供用电合同是供电人向用电人供电，用电人向供电人支付电费的合同。供用电合同的内容包括供电的方式、质量、时间，用电容量、地址、性质，计量方式，电价、电费的结算方式，供用电设施的维护责任等条款。

第三条 本细则适用于公司总（分）部及所属各级单位的供用电合同管理工作。代管、参股、集体企业参照执行。

第二章 管 理 原 则

第四条 供用电合同实行分级管理原则。各级单位按照各自营业范围负责供用电合同的相关管理工作。

第五条 供用电合同实行闭环管理原则。供用电合同的签订、履行、变更与解除、合同文本及档案管理、检查与监督等管理工作流程要环环相扣。

第六条 供用电合同实行信息化管理原则。供用电合同管理要充分利用信息管理系统，实现各级单位对于合同新签、变更、续签及终止流程的全过程信息化管理。

第七条 供用电合同实行档案电子化管理原则。各级单位应对供用电合同文本、档案资料实行电子化管理，并建立供用电合同借阅管理制度。

第三章 职 责 分 工

第十七条 县（市、区）供电公司（以下简称"县供电企业"）营销部（客户服务中心）履行以下职责：

（一）执行公司相关供用电合同管理规定。

（二）组织开展辖区内 35 千伏及以下供用电合同的起草、签订、履行、变更、续签、补签、终止等日常业务工作。

（三）检查、考核辖区内电力客户供用电合同履行情况。

第十八条 县供电企业负责经济法律工作的部门履行以下职责：

（一）监督、检查供用电合同签订与管理工作，监督供用电合同印章的使用。

（二）对35千伏及以下供用电合同的签订进行法律审核。

（三）指导、协调、处理合同纠纷案件，参与处理合同争议。

（四）负责具体办理有关供用电合同授权委托事宜。

第四章 供用电合同的签订

第十九条 各级单位与用户签订供用电合同，应使用公司统一合同文本，包括：高压供用电合同、低压供用电合同、临时供用电合同和委托转供电协议。对居民用户的供用电合同，各单位可参考本行政区域制定的合同示范文本签订，并采用背书的方式处理。各级单位应按法律法规的要求，向当地工商管理部门申请备案。

第二十条 供用电合同的起草严格按照统一合同文本的条款格式进行。如需变更，应在"特别约定"条款中进行约定。

第二十一条 供用电合同签订前应详细了解对方的主体资格、资信情况、履约能力。对方资信情况不明的，应要求提供有效担保，并对担保人主体资格进行审查，确定担保范围、责任期限、担保方式等内容。

第二十二条 供用电合同的签订应严格履行审批流程。对供电方案的经济性、可行性、安全性以及核定的电价，签约人员必须认真审查。

第二十三条 供用电合同在签约过程中，供电企业必须履行提请注意和异议答复程序；对电力用户书面提出的异议，供电企业必须书面答复，并留有相应的答复记录。

第二十四条 供用电合同编号应符合公司合同编号规则。签订的供用电合同均应经法定代表人（负责人）或授权委托代理人签字，并加盖"供用电合同专用章"，所有供用电合同应加盖合同骑缝章。供用电合同专用章由负责经济法律工作的部门授权供用电业务相关部门使用。

第二十五条 供用电合同在具备合同约定条件和达到合同约定时间后生效。

第二十六条 书面供用电合同期限为：

（一）高压用户不超过5年。

（二）低压用户不超过10年。

（三）临时用户不超过3年。

（四）委托转供电用户不超过4年。

第五章 供用电合同履行、变更、解除和终止

第二十七条 供用电合同生效后应依法履行合同，不得无故中止履行。不因法定代表（负责）人或承办、签约人员的变动而变动或解除。

第二十八条 供用电合用的变更或解除应当依照有关法律、法规的规定，当情况发生变化时，供用电双方应及时协商，修改合同有关内容。

第二十九条 供用电双方在合同履行期间要求变更和解除合同时应以书面形式通知对方；对方应在法定或约定的期限内答复。在未达成变更或解除合同书面协议之前，原合同继续履行。

第三十条 符合供用电合同变更或解除条件的，双方应签订变更或解除协议，变更或

解除合同的程序与合同签订程序相同。供用电合同变更或解除后，其台账、档案等资料应相应更改。

第三十一条　供电企业与客户依法解除供用电合同时，必须与客户结清全部电费和其他债务，同时，终止对该客户的供电。

第三十二条　供用电合同履行期内，用户发生增容，或涉及合同实质性条款调整的变更用电业务时，应重新签订合同。

第三十三条　办理暂停、暂拆、暂换、移表等变更用电业务时，应将办理业务的工单作为原供用电合同的附件，变更的内容以工单内容为准。

第三十四条　经双方同意的有关修改合同的文书、电报、信件等可作为供用电合同的组成部分。

第三十五条　有如下情形供用电合同可进行终止：

（一）用电人主体资格丧失或依法宣告破产；

（二）供电人主体资格丧失或依法宣告破产；

（三）合同依法或依协议解除；

（四）合同有效期届满，双方未就合同继续履行达成有效协议。

第六章　供用电合同纠纷处理

第三十六条　供用电合同在履行过程中发生争议的，应当在法定期限内，通过以下步骤和方式解决。

（一）双方自行协商解决；

（二）提请电力管理部门调解；

（三）供用电合同有明确的仲裁条款的，向约定的仲裁机构申请仲裁；

（四）供用电合同未约定仲裁或约定不明的，依法向人民法院提起诉讼；

（五）供用电合同争议经裁决后，对方拒不执行的，应及时申请法院强制执行。

第三十七条　各级单位应当建立供用电合同争议及处理的报告、备案制度，合同争议发生后 7 日内、结案后 15 日内应将书面材料报省公司备案。

第七章　检　查　与　考　核

第三十八条　各级单位应建立供用电合同的签约、履行情况的检查措施。对发现客户未履行合同的，要查明原因，并按合同约定的条款追究其违约责任。

第三十九条　各级单位负责对合同内容中供电方案的合理性、执行电价的正确性等业务条款进行定期审查，对供用电合同执行情况（含纠纷情况）、管理情况定期进行分析，及时发现和解决存在的问题，并及时上报。

第四十条　国网营销部对各级单位供用电合同管理情况进行不定期抽查或组织互查，实行目标管理考核。供用电合同管理目标为：合同签订率达 100%；合同有效率达 100%；不发生因供用电合同签订失误原因造成的法律纠纷和经济损失事件。

第八章 附 则

第四十一条 本细则由国网营销部负责解释并监督执行。

第四十二条 本细则自 2014 年 10 月 1 日起施行。

附件 1：名词解释

附件 2：管理流程图

附件 1

名 词 解 释

1. 供用电合同新签

受理客户新装用电业务过程中，启动新签供用电合同。

2. 供用电合同变更

在供用电合同有效期内，如遇国家有关政策、法规发生变化，或者客户与供电企业发生变更用电业务，涉及供用电合同条款需变更时，供用电双方应对供用电合同相应条款进行变更的行为。

3. 供用电合同续签

在供用电合同到期时，供电企业与用电客户为了继续保持原有的供用电关系，双方在原合同条款内容的基础上，继续签订新合同期内的供用电合同，保持其有效性和合法性的行为。

4. 供用电合同补签

为维护正常的供用电秩序，依法保护供电企业和用电客户的合法权益，对已经正式供电立户的客户，供电企业在供电之前未与客户签订供用电合同的，与客户补签供用电合同的行为。

5. 供用电合同终止

在供用电合同有效期满，客户与供电企业解除供用电关系，终止供用电合同的行为。供用电合同签订率供用电合同签订率为已签合同数占应签合同数的百分比。

6. 供用电合同有效率

供用电合同有效率为在有效期内的供用电合同数占供用电合同总数的百分比。

7. 供用电合同编号规则

按照《国家电网公司合同管理办法》确定的编号规则进行编号。公司各级单位合同按 19 位六级编码进行编号，其组成为：一级编码统一为 SG；二级编码为 6 位合同签订单位名称代码；三级编码为 2 位合同承办部门代码；四级编号为 2 位合同类型代码；五级编码为 2 位合同年份代码，六级编码为 5 位合同序号代码。具体规则如下：

合同签订单位代码，总部为"ZB0000"；省公司本部为"2 位省名缩写+0000"，地市公司为"2 位省名缩写+2 位地市名称缩写+00"，县公司为"2 位省名缩写+2 位地市名称缩写+2 位县公司名称缩写"，省公司所属单位为"2 位省名缩写+2 位所属单位名称缩写+00"；公司直属单位代码为"2位直属单位名称缩写+0000"，直属单位所属单位代码为"2位直属单位名称缩写+2位所属单位名称缩写+00"。承办部门代码，由承办部门简称的汉语拼音缩写表示。年份代码，由该合同签订年份确定。

合同类型代码，由国家电网公司合同分类表中类型代码表示（供用电合同为GY）。

合同序号代码，按该合同在本单位当年所有合同中的序位表示。

示例：如合同编号 SG HA ZZ XZ JJ GC 13 00001

国网统一标志 河南 郑州 新郑 基建部工程合同年度 序号

附件 2

管 理 流 程 图

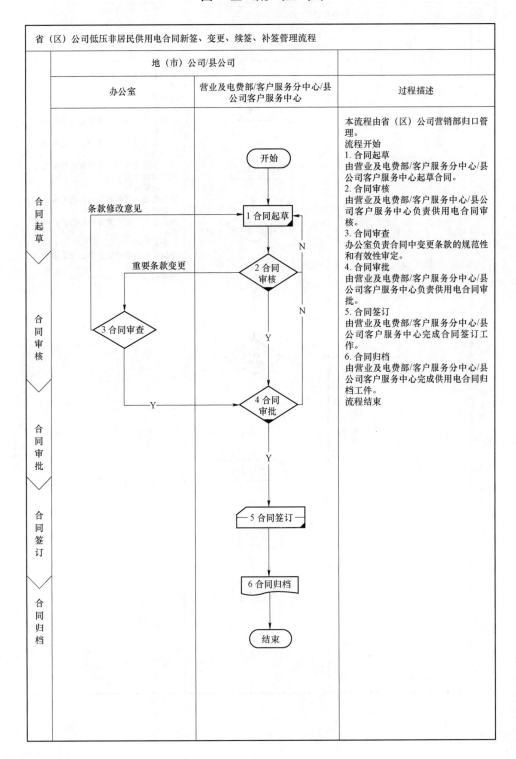

省（区）公司低压非居民供用电合同新签、变更、续签、补签管理流程			
	地（市）公司/县公司		
	办公室	营业及电费部/客户服务分中心/县公司客户服务中心	过程描述
合同起草 合同审核 合同审批 合同签订 合同归档	条款修改意见 重要条款变更 3 合同审查	开始 1 合同起草 N 2 合同审核 N Y 4 合同审批 Y 5 合同签订 6 合同归档 结束	本流程由省（区）公司营销部归口管理。 流程开始 1. 合同起草 由营业及电费部/客户服务分中心/县公司客户服务中心起草合同。 2. 合同审核 由营业及电费部/客户服务中心/县公司客户服务中心负责用电合同审核。 3. 合同审查 办公室负责合同中变更条款的规范性和有效性审定。 4. 合同审批 由营业及电费部/客户服务分中心/县公司客户服务中心负责用电合同审批。 5. 合同签订 由营业及电费部/客户服务分中心/县公司客户服务中心完成合同签订工作。 6. 合同归档 由营业及电费部/客户服务分中心/县公司客户服务中心完成供用电合同归档工作。 流程结束

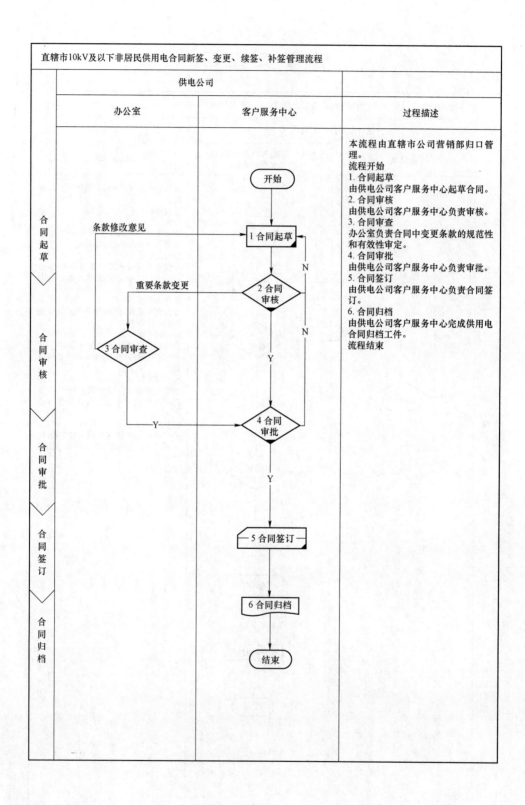

直辖市10kV及以下非居民供用电合同新签、变更、续签、补签管理流程

	供电公司		
	办公室	客户服务中心	过程描述
合同起草 合同审核 合同审批 合同签订 合同归档	条款修改意见 重要条款变更 3 合同审查 Y	开始 1 合同起草 N 2 合同审核 N Y 4 合同审批 Y 5 合同签订 6 合同归档 结束	本流程由直辖市公司营销部归口管理。 流程开始 1.合同起草 由供电公司客户服务中心起草合同。 2.合同审核 由供电公司客户服务中心负责审核。 3.合同审查 办公室负责合同中变更条款的规范性和有效性审定。 4.合同审批 由供电公司客户服务中心负责审批。 5.合同签订 由供电公司客户服务中心负责合同签订。 6.合同归档 由供电公司客户服务中心完成供用电合同归档工件。 流程结束

低压居民供用电合同新签、变更、补签管理流程		
	地（市）公司/县公司	
	直辖市客户服务中心/营业及电费部/ 客户服务分中心/县公司客户服务中心	过程描述
合同起草　合同签订　合同归档	开始 1 合同起草 2 合同签订 3 合同归档 结束	本流程由省（区、市）公司营销部归口管理。 流程开始 1. 合同起草 由直辖市客户服务中心营业及电费部/客户服务分中心/县公司客户服务中心起草属地合同。 2. 合同签订 由直辖市客户服务中心营业及电费部/客户服务分中心/县公司客户服务中心与客户商谈并签订属地合同。 3. 合同归档 由直辖市客户服务中心营业及电费部/客户服务分中心/县公司客户服务中心完成供用电合同归档工作。 流程结束

国家电网公司用电信息采集系统
运行维护管理办法

（节选）

国网（营销/4）278—2018

第六章 现场设备运行维护

第四十三条 现场设备运维对象包括：厂站采集终端、专变采集终端、集中抄表终端（集中器、采集器）、农排费控终端、回路状态巡检仪、通信接口转换器、通信模块、电能表、低压互感器及二次回路、计量箱（含开关）、通信卡、本地通信信道等现场相关设备。

第四十四条 现场各类采集设备安装应严格执行公司标准化作业要求。为保障采集系统安全、稳定运行，确保通信的可靠性，现场智能电能表禁止同时接入其他系统。

第四十五条 运维部门按照闭环管理模式开展现场设备运行维护工作，接到业务工单后，进行现场排查处理，对运维结果及时反馈。对于需要专业协同配合处理的问题，及时向采集监控部门反馈。

第四十六条 运维内容包括现场设备巡视和故障（或隐患）处理。

第四十七条 现场设备的常规巡视应结合用电检查、周期性核抄、现场检验、采集运维等工作同步开展；厂站采集终端、专变采集终端、集中抄表终端（集中器、采集器）、农排费控终端、回路状态巡检仪、高压及台区考核电能表，巡视周期不超过6个月；通信接口转换器、通信模块、低压电能表、低压互感器、计量箱巡视周期不超过12个月；在有序用电期间，或气候剧烈变化（如雷雨、大风、暴雪）后采集终端出现大面积离线或其他异常时，开展特别巡视。

第四十八条 现场设备巡视工作应做好巡视记录，巡视内容主要包括以下内容：

（一）设备封印是否完好，计量箱、箱门及锁具是否有损坏。

（二）现场设备接线是否正常，接线端子是否松动或有灼烧痕迹。

（三）采集终端、回路状态巡检仪外置天线是否损坏，无线信通信号强度是否满足要求。

（四）现场设备环境是否满足现场安全工作要求，有无安全隐患。

（五）电能表、采集设备液晶显示屏是否清晰或正常，是否有报警、异常等情况发生。

第四十九条 现场设备故障处理应根据故障影响的用户类型、数量、距离远近及抄表结算日等因素，综合安排现场工作计划。

第五十条 对于采集终端出现故障，运维人员接到工单后，应于1个工作日内到达现场，2个工作日内反馈结果。对现场采集终端存在问题进行分析，对采集终端不在线、不抄表、抄表不稳定、转发不稳定或采集设备时钟错误、停电事件异常等问题进行处理，保证采集终端正常工作。

（一）采集终端不在线或终端数据不上报，应对采集终端供电状态、运行状态、通信参数、软件版本、通信模块及通信卡等方面进行检查，进行相应的处理、维护、升级或更换。

（二）采集终端不抄表或抄表不稳定，应对采集终端运行状态、软件版本、三相电源接线、终端内电能表信息档案、终端本地通信模块进行检查，进行相应的处理、维护、升级或更换。

（三）采集设备时钟错误，优先通过远程方式进行校时。对远程对时失败的采集设备需进行现场校时，现场对时失败的设备需进行更换。校时时刻应避免在每日零点、整点时刻附近，避免影响采集数据冻结。

第五十一条 对于采集器、通信接口转换器出现故障，运维人员接到工单后，应于 2 个工作日内到达现场，3 个工作日内反馈结果。核对设备信息、检查设备供电状态、运行状态、接线、通信模块等问题，并及时进行维护或更换。

第五十二条 对于高压及台区考核电能表采集失败，运维人员接到工单后，应于 1 个工作日内到达现场，2 个工作日内反馈结果。核对设备信息，对设备供电状态、运行状态、接线、通信模块等问题进行检查，发现问题及时进行维护或更换。

第五十三条 对于低压电能表采集失败，运维人员接到工单后，应于 2 个工作日内到达现场，3 个工作日内反馈结果。核对设备信息，对设备供电状态、运行状态、接线、通信模块等问题进行检查，发现问题及时进行维护或更换。

第五十四条 营销系统档案信息变更后，应于 1 个工作日内同步至采集系统，并同时下发基础信息参数至采集终端，避免采集数据不全或采集数据错误等情况发生。

第五十五条 对于远程采集故障暂时无法排查时，应使用计量现场作业终端，通过红外等自动方式对电能表冻结数据进行采集，提升采集数据完整性。

第五十六条 对于执行失败的费控业务，运维人员接到工单后，应按规定时限到达现场，对设备供电状态、运行状态、接线、通信模块、密钥等情况进行检查，及时进行维护。

（一）对于停电执行失败的任务，运维人员接到工单后，应于 3 个工作日内进行消缺。

（二）对于复电及电费下发执行失败的任务，运维人员接到工单后，应于 8 小时内到达现场，1 个工作日内进行消缺。

第五十七条 对于台区同期线损异常业务，运维人员接到工单后，应于 2 个工作日内到达现场，3 个工作日内反馈结果；涉及电能计量装置故障的，应于 2 个工作日内进行消缺处理。现场核对台区用户对应关系、设备信息，排查台区是否实现全采集，对设备接线、电能表数据等方面进行检查，对发现的问题进行及时处理。对排查出的需要其他专业配合解决的问题，及时向采集监控部门反馈。

第五十八条 采集设备软件升级前，须经省计量中心检测确认，并按软件版本管理要求统一编制版本号后，报省公司营销部批准后组织实施。采集设备软件升级应以远程升级为主，本地升级为辅。

第七章 采集系统应用管理

第五十九条 采集系统应用管理的内容包括抄表数据应用管理、费控功能应用管理、线损监测功能应用管理、计量在线监测功能应用管理、有序用电功能应用管理、主站与其它系统之间的接口管理、新增应用需求的管理等。

第六十条 抄表数据应用管理，主要包括应定期对远程采集的数据进行现场复核，专变用户复核周期不超过 6 个月，低压用户复核周期不超过 1 年。周期复核的同时应完成设备巡视和设备时钟检查工作。

第六十一条 费控、线损监测及计量在线监测功能应用管理，主要包括对各类功能模块的业务应用。采集运维部门技术上支撑各功能的正常应用。各级运检部门应做好配网档案的维护，与营销部门共同做好营配数据的对应工作。对于有窃电嫌疑的异常，用电检查人员进行现场核查处理。

第六十二条 有序用电功能应用管理包括有序用电方案启动或终止必须严格履行相关手续，在有序用电期间，加强采集系统运行维护，做好用户负荷的实时监控和异常处理工作。

第六十三条 各主站数据接口应用部门应做好所应用采集数据有效性的核查，组织开展数据应用。制定本专业采集数据应用的管理措施和考核指标，对确认的数据异常，应及时通知采集运维部门，由采集运维部门安排故障排查和处理。

第六十四条 对于采集系统费控管理、有序用电管理、远程参数设置等操作，各级供电企业应加强操作权限的管理，根据相关的管理规定严格履行系统内、外部各环节的审批流程，确保操作的规范性，实现闭环管理。

第六十五条 考虑到采集系统运行负载均衡、安全防护等因素，采集系统原则上不直接对相关系统提供接口；确对相关数据有实时性等特殊需求时，经审定后可通过统一接口服务平台进行数据交互。各级供电企业营销专业的业务应用系统应通过统一接口服务平台进行数据交互，其他专业业务应用系统应通过全业务统一数据中心营销域或营销基础数据平台获取采集数据，开展相关应用。

第六十六条 各级供电企业业务部门对采集系统有新业务需求或通过数据平台方式无法满足需求时，应逐级上报至本专业总部部门，总部专业部门向国网营销部提出需求，国网营销部组织开展需求可行性的评审工作，做出立即实施、修订标准、组织改造或暂不实施的决定。涉及实施及改造的，需求提出部门应协助落实相关资源。

第九章　检查、考核、评价

第八十条 按照"分级管理、逐级考核、奖罚并重"的原则，开展采集系统运行维护监督与考核。

第八十一条 采集系统运行情况及相关指标应由采集系统运行监控单位按月汇总分析，形成系统运行分析报告上报各级营销部门及信息通信职能管理部门。

第八十二条 采集系统运行维护管理考核指标至少应包括：网络信息安全问题发生情况、现场作业安全问题发生情况等。

第八十三条 采集系统运行维护技术考核指标至少应包括：采集系统日均采集成功率、设备故障处理及时率、闭环工单完成率、数据应用率、费控执行成功率、台区月度同期线损可监测率等。

第八十四条 采集系统运行维护管理及技术考核指标，应根据营销年度工作重点进行相应调整。

第八十五条 国网营销部会同信通部从管理保障、运维队伍、运维对象及运维过程等方面，定期对省公司系统主站运维水平进行综合评估。省公司营销部会同省公司科技信通部根据采集系统主站及相关应用业务运行维护情况，对运行维护单位的相关指标定期进行通报及考核。

第八十六条 应对外委单位和设备供应商定期进行考核与评价，并根据考核评价结果和合同条款的规定进行处置。外委单位、设备供应商的考核评价结果将作为后续采购的评价内容。

国家电网公司供电服务质量标准

SGCC customer service quality standard

Q/GDW 1403 — 2014
代替 Q/GDW 403 — 2009

2014－12－15发布　　　　　　　　　　2014－12－15实施

目　次

前　言

本标准代替 Q/GDW403—2009，与 Q/GDW403—2009 相比，主要技术性差异如下：

——修改和新增部分规范性引用文件（见2条）

——增加了电子渠道术语和定义（见3.6部分）

——修改了供电企业供到用户受电端的供电电压允许偏差部分内容（见4.2条）

——修改了电力系统公共连接点负序电压不平衡度部分内容（见4.3条）

——修改了0.4～220kV各级公用电网电压（相电压）总谐波畸变率部分内容（见4.4条）

——修改了供电营业厅公示内容（见5.1条）

——删除了与客户交互物品规范部分

——修改了95598客服代表服务规范（见5.4条）

——修改了服务渠道名称及服务人员名称（见5.5条）

——修改了现场服务的规范内容（见5.6条）

——增加了高压业扩工程回访人员（见6.5条）

——修改了业扩一次性告知要求（见6.7条）

——补充了供电抢修人员到达现场的时间要求（见6.8条）

——修改了受理客户咨询时限要求（见 6.10 条）

——修改了受理客户投诉时限要求（见 6.11 条）

——修改了受理客户举报、建议、意见业务时限要求（见 6.12 条）

——增加了受理客户服务申请时限要求（见 6.13 条）

——修改了欠费停复电相关要求（见 6.14 条）

——删除了用电指导服务要求

——修改了电能表检验时限要求（见 6.15 条）

——增加了中间检查期限要求（见 6.16 条）

——增加了竣工检验期限要求（见 6.17 条）

——增加了用电变更业务时限要求（见 6.18 条）

——增加了分布式电源项目接入系统方案时限要求（见 6.19 条）

——增加了分布式电源项目关口计量和发电量计量装置安装时限要求（见 6.20 条）

——增加了分布式电源项目并网验收及并网调试时限要求（见 6.21 条）

——修改了高压客户电能表换装内容（见 6.26 条）

——增加了低压客户电能表换装要求（见 6.27 条）

——修改了获知电费信息客户群体（见 6.29 条）

——增加了电费差错处理规范及时限要求（见 6.30 条）

本标准由国家电网公司营销部提出并解释。

本标准由国家电网公司科技部归口。

本标准起草单位：国网福建省电力有限公司、国家电网公司客户服务中心、国网省山东电力公司、国网上海市电力公司、国网江苏省电力公司、国网浙江省电力公司、国网河南省电力公司、国网江西省电力公司、国网重庆市电力公司、国网辽宁省电力有限公司、国网陕西省电力公司。

本标准主要起草人：王凌、王子龙、林敏、黄云谨、闫晓天、季旭、李俊峰、钱梓峰、吴春迎、蔡丽华、叶强、陈思杰、卓生艺、邓艳丽、翁晓春、王春光、许柳金、王婧、董梅、许敏、钱峰、秦峰、李悦、朗顾、江勇、岳寒冰、李静、陈文斌、胡志强、倪慧岚、李鸿莉、刘逊、梁海洪、黄文涛、倪薇、赵晓艳、夏蕾。

本标准 2010 年 3 月首次发布，2014 年第一次修订。

1　范围

本标准规定了电网经营企业和供电企业在电力供应经营活动中，为客户提供供电服务时应达到的质量标准，以满足广大电力客户对供电服务的需求。

本标准适用于公司系统省（自治区、直辖市）电力公司、国网客服中心、地市（区）供电公司及县级供电公司，各省公司可在此基础上，制定实施细则，但具体要求不应低于本标准。

本标准不等同于向客户的承诺。

2　规范性引用文件

下列文件对于本文件的应用是必不可少的。凡是注日期的引用文件，仅所注日期的版本适用于本文件。凡是不注日期的引用文件，其最新版本（包括所有的修改单）适用于本文件。

GB/T 12325—2008 电能质量供电电压偏差

GB/T 14549—1993 电能质量公用电网谐波

GB/T 15543—2008 电能质量三相电压不平衡

GB/T 28583—2012 供电服务规范

3 术语和定义

下列术语和定义适用于本文件。

3.1 客户 customer

可能或已经与供电企业建立供用电关系的组织或个人。

3.2 供电服务 power supply service

服务提供者遵循一定的标准和规范，以特定方式和手段，提供合格的电能产品和满意的服务来实现客户现实或者潜在的用电需求的活动过程。供电服务包括供电产品提供和供电客户服务。

〔GB/T 28583—2012，定义 3.5〕

3.3 供电客户服务 power retailcustomer service

电力供应过程中，企业为满足客户获得和使用电力产品的各种相关需求的一系列活动的总称。以下简称"客户服务"。

3.4 供电客户服务渠道 power retailcustomer service channel

供电企业与客户进行交互、提供服务的具体途径。以下简称"服务渠道"。

3.5 供电客户服务项目 power retailcustomer service item

供电企业针对明确的服务对象，由服务提供者通过具体的服务渠道，在一定周期内按照规范的服务流程和内容提供的一系列服务活动。以下简称"服务项目"。

3.6 电子渠道 electronic channel

供电企业通过网络与客户进行交互、提供服务的途径，包括 95598 智能互动网站、App（移动客户端）、供电服务微信公众号、数字电视媒体等。

4 供电产品质量标准

4.1 在电力系统正常状况下，电网装机容量在 300 万 kW 及以上的，供电频率的允许偏差为 ±0.2Hz；电网装机容量在 300 万 kW 以下的，供电频率的允许偏差为 ±0.5Hz；在电力系统非正常状况下，供电频率允许偏差不应超过 ±1.0Hz。

4.2 在电力系统正常状况下，供电企业供到用户受电端的供电电压允许偏差为：35kV 及以上电压供电的，电压正、负偏差的绝对值之和不超过标称电压的 10%；10kV 及以下三相供电的，为标称电压的 ±7%；220V 单相供电的，为标称电压的 +7%，−10%。在电力系统非正常状况下，用户受电端的电压最大允许偏差不应超过标称电压的 ±10%。

〔GB/T 12325—2008〕

4.3 电网正常运行时，电力系统公共连接点负序电压不平衡度允许值为 2%，短时不得超过 4%。

〔GB/T 15543—2008〕

4.4 0.4kV～220kV 各级公用电网电压（相电压）总谐波畸变率是：0.4kV 为 5.0%，6kV～10kV 为 4.0%，35kV～66kV 为 3.0%，110kV～220kV 为 2.0%。

〔GB/T 14549—1993〕

4.5 城市客户年平均停电时间不超过 37.5h（对应供电可靠率不低于 99.6%）。供电设备计划检修时，对 35kV 及以上电压供电的用户，每年停电不应超过一次；对 10kV 供电的用户，每年停电不应超过三次。

5 服务渠道质量标准

5.1 供电营业厅应准确公示服务承诺、服务项目、业务办理流程、投诉监督电话、电价和收费标准。

5.2 居民客户收费办理时间一般每件不超过 5min，用电业务办理时间一般每件不超过 20min。

5.3 95598 服务热线应 24h 保持畅通。

5.4 95598 客服代表应在振铃 3 声（12s）内接听，使用标准欢迎语。外呼时应首先问候，自我介绍，确认客户身份；一般情况下不得先于客户挂断电话，结束通话应使用标准结束语。

5.5 电子渠道应 24h 受理客户需求，如需人工确认的，电子客服代表在 1 个工作日内与客户确认。

5.6 进入客户现场时，服务人员应统一着装、佩戴工号牌（工作牌），并主动表明身份、出示证件。协作人员应统一着装。

5.7 现场工作结束后应立即清理，不能遗留废弃物，做到设备、场地整洁。

5.8 受供电企业委托的银行及其他代办机构营业窗口应悬挂委托代收电费标识，并明确告知客户其收费方式和时间。

6 服务项目质量标准

6.1 供电方案答复期限：居民客户不超过 3 个工作日，其他低压电力客户不超过 7 个工作日，高压单电源客户不超过 15 个工作日，高压双电源客户不超过 30 个工作日。

6.2 对客户送审的受电工程设计文件和有关资料答复期限：自受理之日起，高压供电的不超过 20 个工作日；低压供电的不超过 8 个工作日。

6.3 向高压客户提交拟签订的供用电合同文本（包括电费结算协议、调度协议、并网协议）期限：自受电工程设计文件和有关资料审核通过后，不超过 7 个工作日。

6.4 城乡居民客户向供电企业申请用电，受电装置检验合格并办理相关手续后，3 个工作日内送电。非居民客户向供电企业申请用电，受电工程验收合格并办理相关手续后，5 个工作日内送电。

6.5 对高压业扩工程，送电后应由 95598 客服代表 100%回访客户。

6.6 严禁为客户指定设计、施工、供货单位。

6.7 对客户用电申请资料的缺件情况、受电工程设计文件的审核意见、中间检查和竣工检验的整改意见，均应以书面形式一次性完整告知，由双方签字确认并存档。

6.8 供电抢修人员到达现场的时间一般为：城区范围 45min；农村地区 90min；特殊边远

地区 2h。若因特殊恶劣天气或交通堵塞等客观因素无法按规定时限到达现场的，抢修人员应在规定时限内与客户联系、说明情况并预约到达现场时间，经客户同意后按预约时间到达现场。

6.9　客户查询故障抢修情况时，应告知客户当前抢修进度或抢修结果。

6.10　受理客户咨询时，对不能当即答复的，应说明原因，并在 5 个工作日内答复客户。

6.11　受理客户投诉后，1 个工作日内联系客户，7 个工作日内答复客户。

6.12　受理客户举报、建议、意见业务后，应在 10 个工作日内答复客户。

6.13　受理客户服务申请后：

    a)　电器损坏核损业务 24h 内到达现场；

    b)　电能表异常业务 5 个工作日内处理；

    c)　抄表数据异常业务 7 个工作日内核实；

    d)　其他服务申请类业务 6 个工作日内处理完毕。

6.14　客户欠电费需依法采取停电措施的，提前 7 天送达停电通知，费用结清后 24h 内恢复供电。

6.15　受理客户计费电能表校验申请后，应在 5 个工作日内提供检测结果。

6.16　对客户受电工程启动中间检查的期限，自受理客户申请之日起，低压供电客户不超过 3 个工作日，高压供电客户不超过 5 个工作日。

6.17　对客户受电工程启动竣工检验的期限，自受理客户受电装置竣工报告和检验申请之日起，低压供电客户不超过 5 个工作日，高压供电客户不超过 7 个工作日。

6.18　居民用户更名、过户业务在正式受理且费用结清后，5 个工作日内办理完毕。暂停、临时性减容（无工程的）业务在正式受理后，5 个工作日内办理完毕。

6.19　分布式电源项目接入系统方案时限：

    a)　受理接入申请后，10kV 及以下电压等级接入且单个并网点总装机容量不超过 6MW 的分布式电源项目不超过 40 个工作日；

    b)　受理接入申请后，35kV 电压等级接入、年自发自用电量大于 50%的分布式电源项目不超过 60 个工作日；

    c)　受理接入申请后，10kV 电压等级接入且单个并网点总装机容量超过 6MW、年自发自用电量大于 50%的分布式电源项目不超过 60 个工作日。

6.20　分布式电源项目受理并网验收及并网调试申请后，10 个工作日内完成关口计量和发电量计量装置安装服务。

6.21　分布式电源项目在电能计量装置安装、合同和协议签署完毕后，10 个工作日内组织并网验收及并网调试。

6.22　因供电设施计划检修需要停电的，提前 7 天公告停电区域、停电线路、停电时间。

6.23　客户交费日期、地点、银行账号等信息发生变更时，应在至少在变更前 3 个工作日告知客户。

6.24　供电设施计划检修停电时，应提前 7 天通知重要客户；临时检修需要停电时，应提前 24h 通知重要客户。

6.25　当电力供应不足或因电网原因不能保证连续供电的,应执行政府批准的有序用电方案。

6.26　高压客户计量装置换装应提前预约，并在约定时间内到达现场。换装后，应请客户核对表计底数并签字确认。

6.27 低压客户电能表换装前，应在小区和单元张贴告知书，或在物业公司（村委会）备案；换装电能表前应对装在现场的原电能表进行底度拍照，拆回的电能表应在表库至少存放 1 个抄表或电费结算周期。

6.28 对专线进行计划停电，应与客户进行协商，并按协商结果执行。

6.29 客户要求订阅电费信息的，应至少在交费截止日前 5 天提供。

6.30 接到客户反映电费差错，经核实确实由供电企业引起的，应于 7 个工作日内将差错电量电费退还给客户，涉及现金款项退费的应于 10 个工作日内完成。

附 录 A
（资料性附录）
供电客户服务的概念与定义

A.1 供电客户服务的构成要素

供电客户服务工作要坚持以客户为中心，以需求为导向，充分满足客户现实和潜在的用电需求。

A.2 客户服务工作的基础是合格的电能产品，电能产品质量的好坏并不取决于客户服务工作，而是由电能产品的生产和传输环节所决定的。

A.3 客户服务工作应遵循国家、行业和企业的相关服务标准和规范，在允许和要求的范围之内开展。

A.4 客户服务工作由特定的服务提供者来完成，提供者包括与客户有直接接触的前台工作人员，以及为前台工作人员提供支持、参与客户服务工作过程的后台工作人员。

A.5 客户服务工作需要借助服务渠道提供特定的客户服务项目来满足客户需求。

A.6 客户服务工作须坚持持续改进原则。针对服务项目和服务渠道进行监测，采用科学的评价方法和手段，发现问题，制定措施，不断改进客户服务工作，提升服务质量和客户满意度。

A.7 相关术语定义

A.8 通用术语

A.8.1 标准

为在一定的范围内获得最佳秩序，经协商一致制定并由公认机构批准，共同使用的和重复使用的一种信息化文件。

注：标准宜以科学、技术和经验的综合成果，以及经过验证正确的信息数据为基础，以促进最佳的共同经济效率和经济效益为目的。

A.8.2 标准化

为在一定范围内获得最佳秩序，对现实问题或潜在问题制定共同使用和重复使用的条款的活动。

注：包括制定、发布及实施标准的过程。标准化的重要意义是改进产品、过程和服务的适用性，防止贸易壁垒，促进技术合作。

A.8.3 规范

对于某一工程作业或者行为进行定性的信息规定。

注：规范是指由群体确立的行为要求，可以由组织正式规定，也可以是非正式形成；因为无法精准定量地形成标准，所以被称为规范。

A.9 服务业基础术语

A.9.1 接触

组织根据顾客的需要与其建立和保持联系的活动。

注：在接触活动中，组织和顾客可能由双方的人员或物品来代表。

A.9.2 接触点

组织与顾客接触时的位置。

注：服务人员与顾客接触的位置，称有人接触点。服务设施与顾客接触的位置，称无人接触点。

A.9.3 接触过程

一组同时或先后发生的具有连续性的接触活动。

注：接触过程通常包含着服务提供之前、服务提供之中、服务提供之后三个阶段。

A.9.4 服务

存在于接触过程之中，是满足顾客要求的接触活动及内部活动共同产生的结果。

注1：过程与结果是同时发生的，一旦过程结束其结果也就随之消失。

注2：同时性、无形性、非重复性、非储存性、非运输性构成了服务不同于有形产品的基本特征。

注3：有形产品的提供和使用可能成为服务的一部分。

A.9.5 服务资源

为顾客提供服务的人力资源和物质资源的总和。

注：人力资源指服务人员，物质资源指服务设施、服务用品和服务环境。

A.9.6 服务提供

将服务资源的输入转化为服务输出的接触活动及内部活动的总和。

注：服务和服务提供是接触过程的两个方面，前者是过程的结果。

A.9.7 服务特性

接触过程中提供的，可以使顾客观察体验并加以评价的有形或无形特性。

注1：有形特性指服务人员、服务设施、服务用品、服务环境等服务资源的固有特性。

注2：无形特性指服务范围、服务程序、服务技巧、服务礼仪等服务活动的固有特性。

A.9.8 服务质量

一组同时或先后发生的服务特性逐个满足顾客要求的程度。

注：服务与有形产品的区别使服务特性无法像有形产品特性那样固化在一个物质实体上面，而是分解为许多无法集中控制的有形或无形特性。对这些服务特性的逐个控制就成为控制服务质量的关键。

A.9.9 服务规范

描述服务提供过程得到的结果所应满足的特性要求。

A.9.10 服务标准

规定服务满足的要求以确保其适用性的标准。

A.9.11 客户满意度

客户在接受某一服务时，实际感知的服务与预期得到的服务的差值。

A.9.12 服务标准化

以服务活动和结果作为标准化对象，规定服务应满足的要求以确保其适用性，其研究范围包括国民经济行业中的全部服务领域。它包括制定、发布及实施标准的过程。

A.9.13 服务质量指标

反映企业服务固有特性满足要求程度的，用于量化测评企业服务质量的一组指标。

A.9.14 服务评价指标

对应于服务质量指标设定的目标值，用于衡量服务质量是否达到目标的一系列指标。

A.10 供电客户服务相关术语

A.10.1 客户

可能或已经与供电企业建立供用电关系的组织或个人。

A.10.2 供电服务

服务提供者遵循一定的标准和规范，以特定方式和手段，提供合格的电能产品和满意的服务来实现客户现实或者潜在的用电需求的活动过程。供电服务包括供电产品提供和供电客户服务。

A.10.3 供电客户服务

电力供应过程中，企业为满足客户获得和使用电力产品的各种相关需求的一系列活动的总称。简称"客户服务"。

A.10.4 供电客户服务渠道

供电企业与客户进行交互、提供服务的具体途径。简称"服务渠道"。

A.10.5 供电客户服务项目

供电企业针对明确的服务对象，由服务提供者通过具体的服务渠道，在一定周期内按照规范的服务流程和内容提供的一系列服务活动。简称"服务项目"。

A.10.6 客户体验轨迹

客户在一个服务渠道中所感知的被服务的有序过程的总称。该轨迹包括未入渠道、进入渠道、等待服务、接受服务、结束服务、离开渠道六个阶段。

A.10.7 服务流程

为实现服务项目的标准提供，以客户要求服务为触发点，以客户需求得到满足为结束，描述各环节服务提供者在提供一系列服务活动时应遵循的有序程序。

A.10.8 服务接触点

在供电客户服务过程中，供电企业为满足客户的某项用电需求，通过一个或多个服务渠道向客户提供某个服务项目时，与客户进行交互的时刻及位置。

A.10.9 供电客户服务提供标准

供电企业实现客户服务的过程中，向客户提供的各项服务资源的基本配置要求，包括服务功能、服务环境、服务方式、服务人员、服务流程、服务设施及用品等。简称"客户服务提供标准"。

A.10.10 供电客户服务质量标准

供电企业对所提供的服务活动和结果应满足客户用电需求的程度，而规定的质量目标及相应的各项质量指标。简称"客户服务质量标准"。

A.10.11 供电客户服务品质内部评价

供电企业为衡量所提供的服务是否达到质量标准要求，以及评测服务品质水平，而自行组织实施的评价工作。简称"客户服务品质内部评价"。

国家电网公司供电客户服务提供标准

SGCC customer service delivery standard

（节选）

Q/GDW 1581—2014

代替 Q/GDW 581—2011

2014-12-15发布　　　　　　　　　　　　2014-12-15实施

目　　次

前　　言

本标准代替 Q/GDW 581—2011，与 Q/GDW 581—2011 相比，主要技术性差异如下：

——修改和新增部分标准适用范围（见1条）

——修改和新增部分规范性引用文件（见2条）

——增加了电子渠道术语和定义（见3.6条）

——增加了缩略语（见4条）

——修改了供电营业厅的服务功能、服务方式、服务人员和服务环境设置标准（见5.1条）

——修改了95598供电服务热线服务网络布设、服务功能、服务人员和服务环境（见5.2条）

——将"网上营业厅"改为"电子渠道"（见5.3条）

——修改和新增了电子渠道的服务网络布设、服务功能及其设置标准、服务方式设置标准、服务人员和服务环境（见5.3条）

——修改了客户现场的功能类别、服务人员、服务设施及用品、服务设施设置标准（见5.4条）

——修改了银行及其他代办机构的部分服务功能（见5.5条）

——修改了社区及其他服务渠道的服务功能和方式（见 5.6 条）

——修改了新装、增容及变更用电服务的服务内容、服务人员；修改了服务流程中新装、增容、减容、暂换、减容恢复、暂换恢复、过户、更名、迁址、移表、分户、并户、改压的部分内容，删除有工程临时用电和无工程临时用电部分，增加了分布式电源并网服务（见 6.1 条）

——修改了故障抢修服务的服务人员（见 6.2 条）

——修改了咨询查询服务的服务内容、服务人员、服务渠道和服务流程（见 6.3 条）

——修改了投诉、举报、意见和建议受理服务的服务内容、服务人员、服务渠道；修改了服务流程中投诉、举报和建议的部分内容，增加了意见的服务流程（见 6.4 条）

——增加了服务申请提供标准（见 6.5 条）

——修改了客户信息更新服务的服务人员（见 6.6 条）

——修改了交费服务的服务内容和服务人员（见 6.7 条）

——修改了账单服务的服务人员（见 6.8 条）

——修改了客户欠费停电告知服务的服务内容和服务渠道（见 6.9 条）

——修改了客户校表服务的服务内容、服务人员和服务流程（见 6.10 条）

——删除了用电指导服务的内容

——修改了信息公告服务的服务人员和服务渠道（见 6.11 条）

——修改了重要客户停限电告知服务的服务人员（见 6.12 条）

——将"高压客户表计轮换告知服务"改为"高压客户电能表换装告知服务"（见 6.13 条）

——修改了高压客户电能表换装告知服务的服务人员和服务流程（见 6.13 条）

——增加了低压客户电能表换装服务（见 6.14 条）

——修改了信息订阅服务的服务内容、服务人员和服务渠道（见 6.17 条）

本标准由国家电网公司营销部提出并解释。

本标准由国家电网公司科技部归口。

本标准起草单位：国网福建省电力有限公司、国家电网公司客户服务中心、国网山东省电力公司、国网上海市电力公司、国网江苏省电力公司、国网浙江省电力公司、国网河南省电力公司、国网江西省电力公司、国网重庆市电力公司、国网辽宁省电力有限公司、国网陕西省电力公司。

本标准主要起草人：王凌、王子龙、林敏、黄云谨、闫晓天、季旭、李俊峰、钱梓峰、吴春迎、蔡丽华、林女贵、陈思杰、邓艳丽、翁晓春、王春光、卜启联、王婧、董梅、许敏、钱峰、秦峰、李悦、朗顾、江勇、岳寒冰、李静、陈文斌、胡志强、倪慧岚、李鸿莉、刘逊、梁海洪、黄文涛、倪薇、赵晓艳、夏蕾。

本标准 2011 年 1 月首次发布，2014 年第一次修订。

1　范围

本标准规定了电网经营企业和供电企业在实现客户服务的过程中，向客户提供的各项服务资源和服务活动的基本配置要求。

本标准适用于公司系统省（自治区、直辖市）电力公司、国网客服中心、地市（区）

供电公司及县级供电公司，各省公司可在此基础上制定实施细则，但具体要求不应低于本标准。

本标准不等同于向客户的承诺，仅作为企业内部工作过程中，为客户提供服务时应达到的基本要求。

2 规范性引用文件

下列文件对于本文的应用是必不可少的。凡是注日期的引用文件，仅注日期的版本适用于本文件。凡是不注日期的引用文件，其最新版本（包括所有的修改单）适用于本文件。

GB/T 28583—2012 供电服务规范

3 术语和定义

下列术语和定义适用于本文件。

3.1 客户 customer

可能或已经与供电企业建立供用电关系的组织或个人。

3.2 供电服务 power supply service

服务提供者遵循一定的标准和规范，以特定方式和手段，提供合格的电能产品和满意的服务来实现客户现实或者潜在的用电需求的活动过程。供电服务包括供电产品提供和供电客户服务。

〔GB/T 28583—2012，定义 3.5〕

3.3 供电客户服务 power retail customer service

电力供应过程中，企业为满足客户获得和使用电力产品的各种相关需求的一系列活动的总称。以下简称"客户服务"。

3.4 供电客户服务渠道 power retail customer service channel

供电企业与客户进行交互、提供服务的具体途径。以下简称"服务渠道"。

3.5 供电客户服务项目 power retail customer service item

供电企业针对明确的服务对象，由服务提供者通过具体的服务渠道，在一定周期内按照规范的服务流程和内容提供的一系列服务活动。以下简称"服务项目"。

3.6 电子渠道 electronic channel

供电企业通过网络与客户进行交互、提供服务的途径，包括 95598 智能互动网站、App（移动客户端）、供电服务微信公众号、数字电视媒体等。

4 符号、代号和缩略语

下列缩略语适用于本文件。

SC：服务渠道（Service Channel）

SI：服务项目（Service Item）

5 服务渠道设置标准

5.1 SC01/供电营业厅

供电营业厅是供电企业为客户办理用电业务需要而设置的固定或流动的服务场所。本标准只给出固定地点营业厅的设置标准。

5.1.1　服务网络布设

5.1.1.1　供电营业厅的服务网络应覆盖公司的供电区域，其布设应综合考虑所服务的客户类型、客户数量、服务半径，以及当地客户的消费习惯，合理设置。

5.1.1.2　供电营业厅按 A、B、C、D 四级设置，其要求如下：

　　a)　A 级厅为地区中心营业厅，兼本地区供电营业厅服务人员的实训基地，设置于地级及以上城市，每个地区范围内最多只能设置 1 个；

　　b)　B 级厅为区县中心营业厅，设置于县级及以上城市，每个区县范围内最多只能设置 1 个；

　　c)　C 级厅为区县的非中心营业厅，可视当地服务需求，设置于城市区域、郊区，乡镇；

　　d)　D 级厅为单一功能收费厅或者自助营业厅，可视当地服务需求，设置于城市区域、郊区，乡镇。

5.1.1.3　供电营业厅应设置在交通方便、容易辨识的地方。

5.1.2　服务功能

5.1.2.1　供电营业厅的服务功能包括：① 业务办理，② 收费，③ 告示，④ 引导，⑤ 洽谈。其中：

　　a)　"业务办理"指受理各类用电业务，包括客户新装、增容及变更用电申请，故障报修，校表，信息订阅，咨询、投诉、举报和建议，客户信息更新等；

　　b)　"收费"指提供电费及各类营业费用的收取和账单服务，以及充值卡销售、表卡售换等；

　　c)　"告示"指提供电价标准及依据、收费标准及依据、用电业务流程、服务项目、95598 供电服务热线等各种服务信息公示，计划停电信息及重大服务事项公告，功能展示，以及公布岗位纪律、服务承诺、电力监管投诉举报电话等；

　　d)　"引导"指根据客户的用电业务需要，将其引导至营业厅内相应的功能区；

　　e)　"洽谈"指根据客户的用电需要，提供专业接洽服务。

5.1.2.2　服务功能的设置标准

　　a)　各级供电营业厅应具备的服务功能如下：

　　　　1)　A、B、C 级营业厅：第①～⑤项服务功能；

　　　　2)　D 级营业厅：电费收取、发票打印，以及服务信息公示等服务功能。

　　b)　各级供电营业厅要求的营业时间如下：

　　　　1)　A、B 级营业厅实行无周休、无午休；

　　　　2)　C 级营业厅、D 级营业厅（单一功能收费厅）可结合服务半径、营业户数、日均业务量等实际情况实行无周休制，如果周末遇当地赶集日、缴费高峰期应安排营业；

　　　　3)　除自助营业厅外，其他各等级营业厅实行法定节假日不营业，但应至少提前 5 个工作日在营业厅公示法定节假日休息信息，并做好缴费提示，同步向 95598 报备。

5.1.3 服务方式

5.1.3.1 供电营业厅的服务方式包括：① 面对面，② 电话，③ 书面留言，④ 传真，⑤ 客户自助。

5.1.3.2 服务方式的设置标准

    a) 供电营业厅的服务方式应多样化。

    b) 各级供电营业厅应具备的服务方式如下：

        1) A、B、C级营业厅：第①～⑤种服务方式；

        2) D级营业厅（单一功能收费厅）：第①、③、⑤种服务方式。

    c) D级营业厅具备"客户自助"服务方式时，可视当地条件和客户需求，提供24小时服务。

5.1.4 服务人员

5.1.4.1 供电营业厅的服务人员包括：① 营业厅主管，② 业务受理员，③ 收费员，④ 引导员，⑤ 保安员，⑥ 保洁员。

5.1.4.2 服务人员的设置标准

    a) 供电营业厅的服务人员应经岗前培训合格，方能上岗工作。要求A级厅的第①～④类服务人员、B级厅第①类服务人员具备大专及以上学历，达到普通话水平测试三级及以上水平；

    b) 各级供电营业厅应配备的服务人员如下：

        1) A级营业厅：第①～⑥类服务人员；

        2) B级营业厅：第①～⑥类服务人员；

        3) C级营业厅：第①～③，⑤类服务人员；

        4) D级营业厅（单一功能收费厅）：第③、⑤类服务人员。

5.1.5 服务环境

5.1.5.1 供电营业厅的功能分区包括：① 业务办理区，② 收费区，③ 业务待办区，④ 展示区，⑤ 洽谈区，⑥ 引导区，⑦ 客户自助区。

5.1.5.2 服务环境的设置标准

    a) 供电营业厅的服务环境应具备统一的国家电网公司标识，符合《国家电网公司标识应用管理办法》《国家电网公司标识应用手册》的要求，整体风格应力求鲜明、统一、醒目；

    b) 各级供电营业厅应具备的功能分区如下：

        1) A、B级营业厅：第①～⑦个功能区；

        2) C级营业厅：第①～④个功能区；

        3) D级营业厅：第②、③、④个功能区。

    c) 供电营业厅各功能分区的设置标准：

        1) 业务办理区：一般设置在面向大厅主要入口的位置，其受理台应为半开放式；

        2) 收费区：一般与业务办理区相邻，应采取相应的保安措施。收费区地面应有一米线，遇客流量大时应设置引导护栏，合理疏导人流；

        3) 业务待办区：应配设与营业厅整体环境相协调且使用舒适的桌椅，配备客户书写台、宣传资料架、报刊架、饮水机、意见箱（簿）等。客户书写台上应有书写工具、登记表书写示范样本等；放置免费赠送的宣传资料；

4） 展示区：通过宣传手册、广告展板、电子多媒体、实物展示等多种形式，向客户宣传科学用电知识，介绍服务功能和方式，公布岗位纪律、服务承诺、服务及投诉电话，公示、公告各类服务信息，展示节能设备、用电设施等；

5） 洽谈区：一般为半封闭或全封闭的空间，应配设与营业厅整体环境相协调且使用舒适的桌椅，以及饮水机、宣传资料架等；

6） 引导区：应设置在大厅入口旁，并配设排队机；

7） 客户自助区：应配设相应的自助终端设施，包括触摸屏、多媒体查询设备、自助缴费终端等。

d） 供电营业厅应整洁明亮、布局合理、舒适安全，做到"四净四无"，即"地面净、桌面净、墙面净、门面净；无灰尘、无纸屑、无杂物、无异味"。营业厅门前无垃圾、杂物，不随意张贴印刷品。

5.1.6 服务设施及用品

5.1.6.1 供电营业厅的服务设施及用品包括：① 营业厅门楣，② 营业厅铭牌，③ 营业厅时间牌，④ 营业厅背景板，⑤ 防撞条，⑥ 时钟日历牌，⑦ "营业中"、"休息中"标志牌，⑧ 95598 双面小型灯箱，⑨ 功能区指示牌，⑩ 禁烟标志，⑪ 营业人员岗位牌，⑫ "暂停服务"标志牌，⑬ 员工介绍栏，⑭ 展示牌，⑮ 意见箱（簿），⑯ 服务台（填单台）及书写工具，⑰ 登记表示范样本，⑱ 客户座椅，⑲ 宣传资料及宣传资料架，⑳ 饮水机，㉑ 报刊及报刊架，㉒ 垃圾筒（可回收、不可回收），㉓ "小心地滑"标志牌，㉔ 便民伞，㉕ 移动护栏，㉖ 多媒体查询设备，㉗ 显示屏，㉘ 自助缴费终端，㉙ 排队机，㉚ 平板电视，㉛ 无障碍设施，㉜ POS 机，㉝ 保险柜，㉞ 复印机，㉟ 传真机，㊱ 录音电话，㊲ 视频监控系统，㊳ 验钞机，㊴ "设备维修中"标志牌，㊵ 评价器，㊶ 24 小时自助服务双面小型灯箱。

5.1.6.2 服务设施及用品的设置标准

a） 各级供电营业厅应具备的服务设施及用品如下：

1） A 级营业厅：第①～㊶项服务设施及用品；

2） B 级营业厅：第①～㊴项服务设施及用品；

3） C 级营业厅：第①～㉗，㉜～㊴项服务设施及用品；

4） D 级（单一功能收费厅）：第①～㉖，㉜，㉝，㊱～㊴项服务设施及用品；

5） D 级（自助营业厅）：第①，⑤，⑩，㉓，㉘，㊲，㊴，㊶项服务设施及用品。

b） 所有服务设施及物品均应符合《国家电网公司标识应用管理办法》、《国家电网公司标识应用手册》的要求；

c） 各项设施及用品摆放整齐、清洁完好、适时消毒；

d） 夜间应保证国家电网徽标及双面小型灯箱明亮易辨；

e） 供电营业厅入口处应配有"营业中"或"休息中"标志牌，营业柜台应配有"暂停服务"标志牌；

f） 功能区指示牌应醒目，必要时可设有中英文对照标识，少数民族地区应设有汉文和民族文字对应标识；

g） 供客户操作使用的服务设施，如发生故障不能使用，应摆设"设备维修中"标志牌，并在 30 天内修复；

    h)   各营业厅应按照实际业务量设置相应的服务设施数量；

    i)   POS 机应设立专用通讯线；

    j)   服务专用录音电话录音至少保留三个月，并粘贴"服务专用"标签加以区别。

5.2　SC02/95598 供电服务热线

95598 供电服务热线是供电企业为电力客户提供的 7×24 小时电话服务热线。

5.2.1　服务网络布设

95598 供电服务热线由国家电网公司统一管理。

5.2.2　服务功能

95598 供电服务热线应通过语音导航，向客户提供故障报修、咨询、投诉、举报、意见、建议和服务申请受理，停电信息公告，客户信息更新，信息订阅，并具备外呼功能。

5.2.3　服务方式

5.2.3.1　95598 的服务方式包括：① 客户自助，② 人工通话，③ 短信，④ 录音留言，⑤ 传真。

5.2.3.2　服务方式的设置标准

    a)   95598 供电服务热线应 7×24 小时人工受理客户故障报修；

    b)   对于第①、③~⑤种服务方式，95598 供电服务热线应提供 7×24 小时不间断服务。

5.2.4　服务人员

5.2.4.1　95598 客服代表包括：普通话客服代表、英语客服代表，并应根据客户需求设置民族语言客服代表。

5.2.4.2　95598 客服代表应具备大专及以上学历，普通话达到普通话水平测试三级及以上水平，语言表达准确清晰，岗前培训合格。

5.2.5　服务环境

5.2.5.1　采用统一的引导语"×××，国家电网 95598 为您服务"。如"你用电，我用心，国家电网 95598 为您服务。"

5.2.5.2　客户话务等待时，应播放轻柔音乐。

5.2.5.3　自动语音导航分级菜单层次应控制在 5 层以内，每层菜单应设置"转人工"、"返回上级"选项。按键设置标准为：人工服务，按"0"；返回上级菜单，按"*"。

5.2.5.4　人工服务接通后，应播报"××号客服代表为您服务"。

5.2.5.5　语音导航播报时，如客户选择菜单功能键，自动终止播报，直接进入对应的服务；如客户未选择菜单功能键，则提示"您的输入有误，请重新输入"。

5.2.5.6　在没有后续操作时播报"结束服务请挂机"。

5.3　SC03/电子渠道

5.3.1　服务网络布设

5.3.1.1　95598 智能互动网站由国网公司统一布设，App（移动客户端）由国网公司统一规划设计，各省（自治区、直辖市）公司独立布设，供电服务微信公众号等渠道由国网客户服务中心和各省（自治区、直辖市）公司独立布设。

5.3.1.2　电子渠道应为客户提供 7×24 小时不间断自助服务。

5.3.2　服务功能

5.3.2.1　电子渠道的服务功能包括：① 会员注册或服务开通，② 宣传展现，③ 信息公告，④ 信息查询，⑤ 充值交费和账单服务，⑥ 业务受理，⑦ 新型业务，⑧ 服务监督。

  a) 会员注册或服务开通功能包括：用户登录、注册、用户编号绑定、留言、问卷调查、账户信息修改、信息推送；

  b) 宣传展现功能包括：业务介绍、服务支持和体验专区；

  c) 信息公告功能包括：停电信息查询、站内公告和营业网点查询；

  d) 信息查询功能包括：电费余额查询、业务办理进度、电量电费、费控余额、付款记录、购电记录、缴费记录、用户基本档案、实时电量查询；

  e) 充值交费和账单服务功能包括：电费缴纳、网上购电和电费充值；

  f) 业务受理功能包括：业务咨询、故障报修、新装增容及变更、信息订阅退阅；

  g) 新型业务功能包括：在线客服、电动汽车服务、增值服务、用能服务和智能用电服务；

  h) 服务监督功能包括：投诉、建议、表扬、意见和举报。

5.3.2.2　服务功能的设置标准

  a) 各类电子渠道应具备的服务功能如下：

    1) 95598 智能互动网站：①～⑧项服务功能；

    2) App（移动客户端）：①～⑧项服务功能；

    3) 供电服务微信公众号：①～⑤项服务功能。

  b) 除宣传展现和信息公告外，其他功能只对注册或开通服务用户开放；

  c) 电子渠道应提供办理各项业务的说明资料，95598 智能互动网站应提供相关表格以便于客户填写或下载；

  d) 电子渠道应提供导航服务，以方便客户使用。

5.3.3　服务方式

5.3.3.1　电子渠道的服务方式包括：① 客户自助，② 留言，③ 在线人工。

5.3.3.2　服务方式的设置标准

  a) 客户自助：应对客户进行身份验证，确保客户信息不外泄；自助缴费服务应确保客户资金安全；

  b) 留言：应对客户留言及回复进行归档，并使客户能查询到 6 个月内的信息；

  c) 在线人工：在需要排队的情况下，应告知客户排队情况，在进入人工服务后，电子客服代表平均响应时间应小于 5 秒。客户无诉求达 30 秒以上，方可退出人工服务。

5.3.4　服务人员

5.3.4.1　电子渠道应设电子客服代表受理相关业务。

5.3.4.2　电子客服代表应具备大专及以上学历，并经岗前培训合格。

5.3.5　服务环境

5.3.5.1　95598 智能互动网站、App（移动客户终端）的界面应符合《国家电网公司标识应用管理办法》《国家电网公司标识应用手册》的要求。

5.3.5.2　95598 智能互动网站服务功能区域划分应科学合理、简洁明了、富人性化。页面制作要求直观，色彩明快，各服务功能分区要有明显色系区分。

5.4 SC04/客户现场

客户现场服务渠道是指供电企业服务人员到客户需求所在地进行服务的一种途径。

5.4.1 服务功能

5.4.1.1 功能类别

现场服务包括：处理新装、增容及变更用电，故障抢修，收缴电费，电能表检验，电能表换装，保供电，服务信息告知，专线客户停电协商，提供电费表单，及受理投诉、举报和建议等。

5.4.1.2 服务功能的设置标准

故障抢修应提供 7×24 小时不间断服务。其它服务功能一般在工作时间为客户提供。

5.4.2 服务方式

现场服务的方式包括：面对面、电话、短信。

5.4.3 服务人员

5.4.3.1 客户现场的服务人员包括：客户经理，现场勘查、中间检查及竣工验收、装表接电、检验检测、故障抢修、保供电、用电指导及催收人员等。

5.4.3.2 客户现场服务人员应经相应的岗前培训合格，方可上岗工作。

5.4.4 服务设施及用品

5.4.4.1 现场服务的设施及用品包括：① 警示牌；② 安全围栏等标志；③ 移动 POS 机；④ 移动作业终端；⑤ 电能表现场检验设备；⑥ 多媒体记录设备（包含摄像机、照相机、录音设备等）。

5.4.4.2 服务设施的设置标准

 a） 现场服务设施及用品应符合《国家电网公司标识应用管理办法》《国家电网公司标识应用手册》的要求；

 b） 在公共场所工作时，应有安全措施，悬挂施工单位标志、安全标志，并配有礼貌用语；在道路两旁工作时，应在恰当位置摆放醒目的警示牌。

5.5 SC05/银行及其它代办机构

银行及其它代办机构服务渠道是指供电企业委托银行、通讯运营商及其它机构（以下统称代办机构），代为提供电费收取及相关服务的特定服务途径。

5.5.1 服务网络布设

应考虑与多家代办机构合作，以对供电企业自有营业厅形成延展补充。

5.5.2 服务功能

5.5.2.1 代办机构的服务功能主要包括：电费收取、欠费查询。

5.5.2.2 各代办机构的营业网点，应严格按照与供电企业签署的协议提供服务。

5.5.3 服务方式

5.5.3.1 代办机构的服务方式包括：面对面、客户自助。

5.5.3.2 代办机构应公布电费收取窗口的营业时间。

5.5.4 服务环境

代办机构营业网点应具有电力企业委托的经营权，并在营业窗口悬挂"供电企业委托授权"标志牌。

5.6 SC06/社区及其它渠道

社区服务渠道是供电企业利用居民社区服务网络向客户提供服务的一种途径。

5.6.1 服务网络布设

各供电企业应综合考虑供电区域内客户需求、现有服务网络的布设情况以及实际具备的服务能力等因素，合理布设社区服务点。

5.6.2 服务功能

包括：咨询，信息公告（停电信息公告、用电常识宣传等），电费催费通知送达，自助缴费（可选），受理客户的投诉、举报、意见和建议等。

5.6.3 服务方式

5.6.3.1 社区服务的方式包括：面对面、客户自助。

5.6.3.2 供电企业应明确到社区服务的时间，并提前向社区居民公告。

5.6.4 服务人员

5.6.4.1 社区服务可设置兼职或专职的社区服务员。

5.6.4.2 社区服务人员应具备电力行业相关知识。

5.6.5 服务设施及用品

5.6.5.1 社区服务的设施及用品包括：服务信息公告栏、宣传资料，自助缴费终端（可选）。

5.6.5.2 服务设施及用品应符合《国家电网公司标识应用管理办法》《国家电网公司标识应用手册》的要求。

6 服务项目设置标准

6.1 SI01/新装、增容、变更用电、分布式电源并网及市政代工服务

6.1.1 服务内容

供电企业根据客户提出的用电需求，统一受理客户的新装、增容、变更用电、分布式电源并网服务、市政代工业务。新装、增容业务包括：低压居民新装（增容）、低压非居民客户新装（增容）、高压客户新装（增容）、小区新装、低压批量新装、装表临时用电、无表临时用电新装等；变更用电包括：减容、暂停、暂换、迁址、移表、暂拆、过户、更名、分户、并户、销户、改压、改类、临时用电延期、临时用电终止。

6.1.2 服务人员

包括：业务受理员、95598 客服代表、电子客服代表、客户经理、现场勘查人员、审图与验收人员、装表接电人员、收费员、用电检查人员等。

6.1.3 服务渠道

包括：供电营业厅、95598 供电服务热线、电子渠道、客户现场、社区及其它渠道。

6.1.4 服务流程

6.1.4.1 SI01−01/新装、增容

本服务子项的流程为：由受理客户申请开始，经过现场勘查、确定供电方案、向客户收取有关营业费用、图纸审核、中间检查、竣工检验、签订供用电合同、装表接电（含采集终端安装）、客户资料归档和回访等流程环节，服务结束。

6.1.4.2 SI01−02/减容、暂换

本服务子项的流程为：由受理客户申请开始，经过现场勘查、确定供电方案、向客户

收取有关营业费用、图纸审核、竣工检验、签订供用电合同、装表接电、客户资料归档和回访等流程环节，服务结束。

6.1.4.3 SI01-03/减容恢复、暂换恢复

本服务子项的流程为：由受理客户申请开始，经过现场勘查、确定供电方案、图纸审核、竣工检验、签订供用电合同、装表接电、客户资料归档和回访等流程环节，服务结束。

6.1.4.4 SI01-04/暂停、暂拆

本服务子项的流程为：由受理客户申请开始，经过现场勘查、办理停电手续、现场拆表、设备封停、客户资料归档等流程环节，服务结束。

6.1.4.5 SI01-05/暂停恢复、复装

本服务子项的流程为：由受理客户申请开始，经过现场勘查、办理停电手续、向客户收取有关营业费用、现场暂拆恢复、装表接电、设备启封、客户资料归档等流程环节，服务结束。

6.1.4.6 SI01-06/过户、更名

本服务子项的流程为：由受理客户申请开始，经过现场勘查、签订供用电合同、客户资料归档等流程环节，服务结束。

6.1.4.7 SI01-07/销户

本服务子项的流程为：由受理客户申请开始，经过现场勘查、拆除采集终端或拆表停电、缴纳并结清相关费用、客户资料归档等流程环节，服务结束。

6.1.4.8 SI01-08/改类

本服务子项的流程为：由受理客户申请开始，经过现场勘查、签订供用电合同、装表接电、客户资料归档等流程环节，服务结束。

6.1.4.9 SI01-09/迁址、移表、分户、并户、改压

本服务子项的流程为：由受理客户申请开始，经过现场勘查、确定供电方案、向客户收取有关营业费用、图纸审核、中间检查、竣工检验、签订供用电合同、装（换）表接电（含采集终端装拆）、客户资料归档和回访等流程环节，服务结束。

6.1.4.10 SI01-10/临时用电延期

本服务子项的流程为：由受理客户申请开始，经过现场勘查、向客户收取有关营业费用、签订供用电合同、客户资料归档及回访等流程环节，服务结束。

6.1.4.11 SI01-11/临时用电终止

本服务子项的流程为：由受理客户申请开始，经过现场勘查、与客户结清有关费用、终止供用电合同、客户资料归档等流程环节，服务结束。

6.1.4.12 SI01-12/分布式电源并网服务

本服务子项的流程为：由受理客户申请开始，经过现场勘查、接入系统方案制定与审查、答复接入系统方案、图纸审核、计量装置安装、签订合同、并网验收与调试、客户资料归档和回访等流程环节，服务结束。

6.1.4.13 SI01-13/市政代工

本服务子项的流程为：由受理市政部门申请开始，经过现场勘查、审批，跟踪供电工程进度，组织图纸审查、中间检查、竣工验收、资料归档等流程环节结束服务。

6.2 SI02/故障抢修服务

6.2.1 服务内容

供电企业受理客户对供电企业产权范围内的供电设施故障报修后，到达现场进行故障处理、恢复供电的服务。

6.2.2 服务人员

包括：业务受理员、95598 客服代表、故障报修处理人员。

6.2.3 服务渠道

包括：供电营业厅、95598 供电服务热线、客户现场。

6.2.4 服务流程

本服务项目的流程为：由受理客户故障报修开始，经过接单派工、故障处理、抢修结果回访、资料归档等流程环节，服务结束。

6.3 SI03/咨询服务

6.3.1 服务内容

供电企业为客户提供电价电费、停送电信息、供电服务信息、用电业务、业务收费、客户资料、计量装置、法律法规、服务规范、电动汽车、能效服务、用电技术及常识等内容的咨询服务。

6.3.2 服务人员

包括：95598 客服代表、业务受理员、电子客服代表、业务处理人员。

6.3.3 服务渠道

包括：95598 供电服务热线、供电营业厅、电子渠道、客户现场、社区及其它渠道。

6.3.4 服务流程

本服务项目的流程为：由受理客户咨询申请开始，经过核实客户信息、处理客户申请、回复客户结果、办结归档等流程环节，服务结束。

6.4 SI04/投诉、举报、意见和建议受理服务

6.4.1 服务内容

供电企业受理客户的投诉、举报、意见和建议，按规定向客户回复处理结果。

6.4.2 服务人员

包括：95598 客服代表、业务受理员、电子客服代表、业务处理人员。

6.4.3 服务渠道

包括：95598 供电服务热线、供电营业厅、电子渠道、社区及其它渠道、客户现场。

6.4.4 服务流程

6.4.4.1 SI04－01/投诉

本服务子项的流程为：由受理客户投诉开始，经过联系客户，调查处理，应客户要求回复回访，办结归档等流程环节，服务结束。

6.4.4.2 SI04－02/举报

本服务子项的流程为：由受理客户举报开始，经过调查处理，应客户要求回复回访，办结归档等流程环节，服务结束。

6.4.4.3 SI04－03/建议

本服务子项的流程为：由受理客户建议开始，经过调查研究，回复回访，办结归档等

流程环节，服务结束。

6.4.4.4　SI04－04/意见

本服务子项的流程为：由受理客户意见开始，经过调查处理，回复回访，办结归档等流程环节，服务结束。

6.5　SI05 服务申请

6.5.1　服务内容

供电企业受理客户的欠费复电登记、电器损坏核损、电能表异常、抄表数据异常、居民客户报装等服务申请，按规定向客户回复处理结果。

6.5.2　服务人员

包括：95598 客服代表、业务受理员、电子客服代表、业务处理人员。

6.5.3　服务渠道

包括：95598 供电服务热线、供电营业厅、电子渠道、客户现场、社区及其它渠道。

6.5.4　服务流程

本服务项目的流程为：由受理客户服务申请开始，经过核实处理、回复回访、办结归档等流程环节，服务结束。

6.6　SI06/客户信息更新服务

6.6.1　服务内容

供电企业为客户提供联系方式、业务密码等客户信息更新的服务。

6.6.2　服务人员

包括：业务受理员、95598 客服代表、电子客服代表。

6.6.3　服务渠道

包括：供电营业厅、95598 供电服务热线、电子渠道、社区及其它渠道、客户现场。

6.6.4　服务流程

本服务项目的流程为：由受理客户信息更新申请开始，经过验证客户身份、客户提供资料、信息更新、资料归档等流程环节，服务结束。

6.7　SI07/交费服务

6.7.1　服务内容

供电企业向客户提供坐收、代收、代扣、充值卡交费、走收、自助交费、网络交费等多种方式的交费服务。

6.7.2　服务人员

包括：涉及电费收取的工作人员。

6.7.3　服务渠道

包括：供电营业厅、95598 供电服务热线、电子渠道、银行及其它代办机构、客户现场、社区及其它渠道。

6.7.4　服务流程

6.7.4.1　SI07－01/坐收

本服务子项的流程为：由供电营业厅受理客户的交费申请开始，经过查找客户应收电费信息、收取费用、开具交费凭证等流程环节，服务结束。

6.7.4.2 SI07-02/走收

本服务子项的流程为：由生成并领取走收电费票据开始，经过供电企业服务人员到收费地点收取费用、交付收费凭证、银行交款与销账，票据交接等流程环节，服务结束。

6.7.4.3 SI07-03/充值卡交费

本服务子项的流程为：由客户拨打95598供电服务热线，要求对充值卡进行充值开始，通过验证客户号、校验客户提供的卡号和密码、进行充值、告知扣款信息及账户余额等流程环节，服务结束。

6.8 SI08/账单服务

6.8.1 服务内容

供电企业通过发放、邮寄等方式向客户提供电费票据和账单的服务。

6.8.2 服务人员

包括：涉及票据或账单的工作人员。

6.8.3 服务渠道

包括：供电营业厅、客户现场、银行及其它代办机构。

6.8.4 服务流程

6.8.4.1 SI08-01/电费票据和账单发放

本服务子项的流程为：由供电营业厅或银行及其它代办机构受理客户要求、提供电费票据或账单的申请开始，经过验证客户身份、开具票据或账单给客户等流程环节，服务结束。

6.8.4.2 SI08-02/账单寄送

本服务子项的流程为：由供电营业厅受理客户寄送账单申请开始，经过验证客户身份、办理账单寄送给客户等流程环节，服务结束。

6.9 SI09/客户欠费停电告知服务

6.9.1 服务内容

供电企业通过电话、邮寄、送单、短信等方式，告知客户欠费停电信息，提醒客户及时缴纳电费的服务。

6.9.2 服务人员

包括：催费人员。

6.9.3 服务渠道

包括：客户现场、95598供电服务热线、电子渠道、社区及其它渠道。

6.9.4 服务流程

本服务项目的流程为：由获知客户欠费信息开始，经过发送欠费停电通知单、告知客户欠费停电信息等环节，服务结束。

6.10 SI10/客户校表服务

6.10.1 服务内容

供电企业受理客户校表的需求，为客户提供电能计量装置检验的服务。

6.10.2 服务人员

包括：业务受理员、95598客服代表、检测检验人员。

6.10.3 服务渠道

包括：供电营业厅、95598供电服务热线、客户现场。

6.10.4 服务流程

本服务项目的流程为：由受理客户的校验申请开始，经过收取相关费用、预约上门时间、电能计量装置检验、发放检测结果、检测结果处理等流程环节，服务结束。

6.11 SI11/信息公告服务

6.11.1 服务内容

供电企业向客户提供用电政策法规、供电服务承诺、电价、收费标准、用电业务流程、计划停电、新服务项目介绍等信息的服务。

6.11.2 服务人员

包括：营业厅主管、95598客服代表、电子客服代表、社区服务员及发布信息的其它人员。

6.11.3 服务渠道

包括：供电营业厅、95598供电服务热线、电子渠道、社区及其它渠道。

6.11.4 服务流程

本服务项目的流程为：由收集信息发布内容开始，经过内容审核、发布方式制定、信息公告等流程环节，服务结束。

6.12 SI12/重要客户停限电告知服务

6.12.1 服务内容

供电企业向重要客户提供计划、临时、事故停限电信息，以及供电可靠性预警的服务。

6.12.2 服务人员

包括：停限电计划制定人员、用电检查人员、95598客服代表及发布信息的其它人员。

6.12.3 服务渠道

包括：客户现场、95598供电服务热线、社区及其它渠道。

6.12.4 服务流程

本服务项目的流程为：由供电企业制定停限电计划开始，经过计划、临时、事故停限电及供电可靠性预警信息告知重要客户、进行相关记录、资料存档等流程环节，服务结束。

6.13 SI13/高压客户电能表换装告知服务

6.13.1 服务内容

供电企业向高压客户提供的表计轮换相关信息告知服务。

6.13.2 服务人员

包括：装表接电人员。

6.13.3 服务渠道

包括：客户现场。

6.13.4 服务流程

本服务项目的流程为：由制定电能表换装计划开始，经过与客户预约时间、客户现场换装电能表、与客户共同确认电能表指示数等流程环节，服务结束。

6.14 SI14/低压客户电能表换装服务

6.14.1 服务内容

供电企业向低压客户提供的表计换装服务。

6.14.2　服务人员

包括：装表接电人员。

6.14.3　服务渠道

包括：客户现场。

6.14.4　服务流程

本服务项目的流程为：由供电企业制定表计换装计划开始，于换装现场进行公告，换装电能表前对装在现场的原电能表进行底度拍照，现场换装电能表，表户复核，底度公告，服务结束。

6.15　SI15/专线客户停电协商服务

6.15.1　服务内容

供电企业提供的与专线客户协商计划停电时间的服务。

6.15.2　服务人员

包括：停电协商人员。

6.15.3　服务渠道

包括：客户现场。

6.15.4　服务流程

本服务项目的流程为：由供电企业预制定停电计划开始，经过与客户协商、按照协商结果确定停电计划等流程环节，服务结束。

6.16　SI16/保供电服务

6.16.1　服务内容

供电企业针对客户需求，对涉及政治、经济、文化等有重大影响的活动提供保电的服务。

6.16.2　服务人员

包括：保供电人员。

6.16.3　服务渠道

包括：客户现场。

6.16.4　服务流程

本服务项目的流程为：由供电企业受理客户保供电需求开始，经过制定保供电方案、专项用电检查、指导客户进行整改、保供电设施准备、保供电人员和设施按时到位，直至保电服务结束。

6.17　SI17/信息订阅服务

6.17.1　服务内容

供电企业以短信、微信等方式，向客户提供电费、停电等信息订阅的服务。

6.17.2　服务人员

包括：业务受理员、95598客服代表、电子客服代表。

6.17.3　服务渠道

包括：供电营业厅、95598供电服务热线、电子渠道。

6.17.4　服务流程

信息订阅服务项目包括2个服务子项：

6.17.4.1　**SI17-01/订阅**

本服务子项的流程为：由受理客户的订阅申请开始，经过验证客户身份、告知订阅事项、办理订阅、发送确认订阅信息等流程环节，服务结束。

6.17.4.2　**SI17-02/退订**

本服务子项的流程为：由受理客户的退订申请开始，经过验证客户身份、办理退订、发送确认退订信息等流程环节，服务结束。

国家电网公司供电服务奖惩规定

国网（营销/3）377—2014

第一章　总　　则

第一条　为进一步强化服务意识，规范员工服务行为，依据《国家电网公司员工奖惩规定》等有关规章制度，结合国家电网公司（以下简称"公司"）供电服务工作实际，制定本规定。

第二条　本规定所称供电服务，是指遵循行业标准或按照合同约定，提供合格的电能产品和规范的服务，实现客户用电需求的过程。

第三条　供电服务奖惩坚持管专业必须管服务、奖惩并举和专业管理与分级负责相结合的原则。

第四条　本规定适用于公司总部（分部）及公司所属各级单位供电服务管理工作。

第二章　职　责　分　工

第五条　公司和各级单位成立供电服务奖惩工作小组，在本单位员工奖惩领导小组的领导下开展工作。日常管理工作由本单位营销部牵头负责。

第六条　公司供电服务奖惩工作小组成员由国网办公厅、发展部、安质部、运检部、营销部、信通部、外联部、法律部、人事部、人资部、监察局、工会、国调中心、交易中心等有关部门负责人组成。

第七条　公司供电服务奖惩工作小组负责制定公司供电服务奖惩管理制度；组织开展供电服务表彰奖励工作；组织相关部门开展特别重大、重大供电服务质量事件调查等工作；向公司员工奖惩工作领导小组提交奖惩建议。

第八条　各级单位供电服务奖惩工作小组负责配合公司供电服务奖惩工作小组开展工作；执行公司供电服务奖惩管理制度；开展本单位表彰奖励工作；组织开展较大、一般供电服务质量事件调查工作；开展供电服务质量事件认定、信息报送工作，并提出惩处建议；开展本单位供电服务过错管理。

第九条　公司各相关部门按照职责分工，负责提出本专业表彰奖励建议；参加供电服务质量事件调查并提出惩处建议。

第三章　奖　　励

第十条　公司、各省电力公司、国网客服中心每两年组织开展一次供电服务评选表彰奖励活动，表彰奖励在供电服务中做出突出贡献的先进单位和先进个人。表彰奖励评选程序执行《国家电网公司表彰奖励工作管理办法》。

第十一条　表彰奖励包括授予荣誉称号和物质奖励。

（一）供电服务先进单位授予"供电服务明星单位"荣誉称号；供电服务先进个人授予"十佳服务之星""优秀服务之星""服务之星"荣誉称号。

（二）对受到表彰的先进单位，原则上不进行物质奖励，只颁发奖牌、奖状或锦旗等。

（三）对受到表彰的先进个人，奖励执行《国家电网公司表彰奖励工作管理办法》。

第十二条 表彰奖励重点向服务责任大、风险高、业绩突出的单位、部门及供电服务一线人员倾斜，供电服务一线人员表彰奖励名额所占比例一般不少于 75%。

第十三条 供电服务纳入各级单位全员绩效考核，并按照责任大小、贡献高低等因素，在绩效考核中给予加分奖励，兑现绩效奖金。

第四章 惩 处

第十四条 对发生供电服务质量事件和供电服务过错的责任单位、部门、班组、责任人予以惩处。（明细见附件 1）

第十五条 供电服务责任人为中国共产党党员，发生违规违纪行为，除执行本规定外，由所在党组织按照党内有关规定处理。

第十六条 供电服务过程中发现涉嫌违法犯罪情节的，将移交司法机关处理。

第一节 供电服务质量事件

第十七条 本规定所称供电服务质量事件，是指供电服务过程中，未遵守有关规定、规范及技术、服务标准，给客户、企业造成重大损失，损害公司品牌形象，造成不良影响的事件。

第十八条 供电服务质量事件根据危害程度和影响范围分为四级：特别重大、重大、较大和一般供电服务质量事件。

（一）特别重大供电服务质量事件

1. 国家部委有关部门（单位）查实属供电部门主观责任，并被国家部委有关部门（单位）行政处罚的供电服务质量事件。

2. 中央或全国性新闻媒体、主要门户网站等曝光属供电部门主观责任并产生重大负面影响的供电服务质量事件。

3. 给客户或企业造成 50 万元及以上直接经济损失。

4. 公司认定的其他特别重大供电服务质量事件。

（二）重大供电服务质量事件

1. 省级政府有关部门（单位）查实属供电部门主观责任，并被省级政府有关部门（单位）行政处罚的供电服务质量事件。

2. 省级新闻媒体等曝光属供电部门主观责任并产生重大负面影响的供电服务质量事件。

3. 给客户或企业造成 20 万元及以上 50 万元以下直接经济损失。

4. 公司认定的其他重大供电服务质量事件。

（三）较大供电服务质量事件

1. 地市级政府有关部门（单位）查实属供电部门主观责任，并被地市级政府有关部门（单位）行政处罚的供电服务质量事件。

2. 省会城市、副省级城市媒体等曝光属供电部门主观责任并产生较大负面影响的供电服务质量事件。

3. 给客户或企业造成 10 万元及以上 20 万元以下直接经济损失。

4. 公司认定的其他较大供电服务质量事件。

（四）一般供电服务质量事件

1. 县级政府有关部门（单位）查实属供电部门主观责任，并被县级政府有关部门（单位）行政处罚的供电服务质量事件。

2. 地市级新闻媒体等曝光属供电部门主观责任并产生一定负面影响的供电服务质量事件。

3. 给客户或企业造成 5 万元及以上 10 万元以下直接经济损失。

4. 公司认定的其他一般供电服务质量事件。

第十九条 发生供电服务质量事件，对企业负责人考核参照《国家电网公司企业负责人年度业绩考核管理办法》标准。

第二十条 发生供电服务质量事件，对各级单位责任人予以纪律处分、经济处罚和组织处理，三种惩处方式可以单独运用，也可以同时运用。

（一）发生特别重大供电服务质量事件，对责任人按以下规定处理：

1. 对责任单位上级单位主要领导、有关分管领导予以警告至记过处分；予以通报批评或调整岗位处理。

2. 对责任单位上级有关部门负责人予以警告至记大过处分；予以通报批评、调整岗位或待岗处理。

3. 对责任单位主要负责人、有关分管负责人予以警告至降级（降职）处分；予以诫勉谈话、通报批评、调整岗位或待岗处理。

4. 对部门、班组级负责人予以警告至留用察看处分；予以通报批评、调整岗位、待岗或停职（检查）处理。

5. 对主要责任人予以记大过至解除劳动合同处分；予以待岗、停职（检查）或责令辞职处理。

6. 对次要责任人予以警告至留用察看处分；予以通报批评、调整岗位、待岗或停职（检查）处理。

7. 对上述责任人予以 5000～30 000 元的经济处罚。

（二）发生重大供电服务质量事件，对责任人按以下规定处理：

1. 对责任单位上级单位主要领导、有关分管领导予以警告处分；予以通报批评处理。

2. 对责任单位上级有关部门负责人予以警告至记过处分；予以通报批评或调整岗位处理。

3. 对责任单位主要负责人、有关分管负责人予以警告至记大过处分；予以通报批评、调整岗位或待岗处理。

4. 对部门、班组级负责人予以警告至撤职处分；予以通报批评、调整岗位、待岗或停职（检查）处理。

5. 对主要责任人予以记过至留用察看处分；予以调整岗位、待岗、停职（检查）或责令辞职处理。

6. 对次要责任人予以警告至撤职处分；予以通报批评、调整岗位、待岗或停职（检查）处理。

7. 对上述责任人予以 3000～20 000 元的经济处罚。

（三）发生较大供电服务质量事件，对责任人按以下规定处理：

1. 对责任单位上级有关部门负责人予以通报批评。

2. 对责任单位主要负责人、有关分管负责人予以警告至记过处分；予以通报批评或调整岗位处理。

3. 对部门、班组级负责人予以警告至记大过处分；予以通报批评、调整岗位或待岗处理。

4. 对主要责任人予警告至撤职处分；予以调整岗位、待岗或停职（检查）处理。

5. 对次要责任人予以警告至记大过处分；予以通报批评、调整岗位或待岗处理。

6. 对上述责任人予以 2000～10 000 元的经济处罚。

（四）发生一般供电服务质量事件，对责任人按以下规定处理：

1. 对责任单位上级有关部门负责人予以通报批评。

2. 对责任单位主要负责人、有关分管负责人予以警告处分；予以通报批评处理。

3. 对部门、班组级负责人予以警告至记过处分；予以通报批评或调整岗位处理。

4. 对主要责任人予以警告至降级（降职）处分；予以通报批评、调整岗位或待岗处理。

5. 对次要责任人予以警告至记过处分；予以通报批评或调整岗位处理。

6. 对上述责任人予以 1000～5000 元的经济处罚。

第二十一条 各级单位供电服务奖惩工作小组应及时上报供电服务质量事件发生的时间、地点、范围、对用电客户的影响和已经采取的措施等信息，并于 4 小时内报送至公司供电服务奖惩工作小组。

第二十二条 特别重大、重大供电服务质量事件由公司供电服务奖惩工作小组认定，并提出惩处建议；较大、一般供电服务质量事件由省公司级单位供电服务奖惩工作小组认定，并提出惩处建议。公司和省公司级单位供电服务奖惩工作小组提出惩处建议后，报同级别员工奖惩工作领导小组审定，由员工奖惩工作办公室执行。公司供电服务奖惩工作小组对省公司级单位认定结果存在异议的，可根据实际重新认定。

第二十三条 对供电服务质量事件隐瞒不报、善后处置不当，造成事件升级的责任单位和相关人员，按照本规定相关条款上限从重惩处，对导致事件升级的单位（部门）主要负责人按事件主要责任人予以惩处。

第二十四条 因电网、设备事故（事件）引发停电的非供电服务质量事件，按照《国家电网公司安全事故调查规程》和《国家电网公司质量事件调查处理暂行办法》进行事故等级认定，并依据《国家电网公司安全工作奖惩规定》予以惩处。

第二节 供 电 服 务 过 错

第二十五条 本规定所称供电服务过错，是指经查实因员工未履行岗位职责或履职不当，造成客户利益受损或不良感知，但未构成供电服务质量事件的供电服务行为。

第二十六条 供电服务过错根据问题性质和影响程度分为三类：一类过错、二类过错和三类过错。

（一）一类过错

情节严重，长期存在，给客户造成 1 万元及以上 5 万元以下直接经济损失，或给企业形象造成较大影响的供电服务过错。

（二）二类过错

情节较重，频繁发生，给客户造成 1 万元以下直接经济损失，或在一定范围内给企业形象造成不良影响的供电服务过错。

（三）三类过错

情节较轻，偶尔发生，未造成不良影响的供电服务过错。

第二十七条　发生供电服务过错，惩处可采取经济处罚或者组织处理。

（一）发生一类过错，对责任人按以下规定处理：

1. 对责任单位上级有关部门负责人予以通报批评。

2. 对责任单位主要负责人、有关分管负责人予以通报批评。

3. 对部门、班组级负责人予以通报批评、调整岗位或待岗。

4. 对主要责任人予以通报批评、调整岗位或待岗。

5. 对次要责任人予以通报批评或调整岗位。

6. 对上述责任人予以 500～3000 元经济处罚。

（二）发生二类过错，对责任人按以下规定处理：

1. 对主要责任人予以通报批评、调整岗位或待岗。

2. 对次要责任人予以通报批评或调整岗位。

3. 对上述责任人予以 100～2000 元经济处罚。

（三）发生三类过错，对责任人按以下规定处理：

1. 对主要责任人予以通报批评或调整岗位。

2. 对次要责任人予以通报批评。

3. 对上述责任人予以 1000 元以下经济处罚。

第二十八条　同一供电服务过程中涉及多项供电服务过错的，按所适用的最高供电服务过错等级标准惩处。

第五章　附　　则

第二十九条　本规定由公司供电服务奖惩工作小组负责解释。

第三十条　本规定自 2014 年 10 月 1 日起施行。

附件：1. 供电服务质量事件及供电服务过错明细

　　　2. 供电服务质量事件及供电服务过错惩处对照表

附件1

供电服务质量事件及供电服务过错明细

序号	一级目录	二级目录	三级目录	供电服务质量事件及供电服务过错
1			服务态度	未落实"首问负责制"，推诿、搪塞、怠慢客户等
2				威胁、辱骂客户，甚至产生肢体冲突等
3			服务规范	未按规定统一着装，仪容仪表不规范
4				欠缺本岗位应具备的业务知识和相关技能，业务处理不当，造成不良影响
5		服务行为		未履行"一次性告知"义务，导致客户无谓往返
6				现场服务未主动出示有效证件，未经客户允许擅自进入客户区域
7				泄露客户个人信息或商业秘密
8				自立收费项目和未按标准向客户收费，违规收取装表接电、业扩报装、农网改造、故障抢修等费用
9				供电服务质量事件、舆情隐患等应急处置不当
10	服务类		服务作风	迟到早退、擅自离岗、酒后上岗，工作时间从事与工作无关的活动等违规行为
11				利用岗位与工作之便谋取不正当利益或进行吃、拿、卡、要等违规行为
12			供电营业厅	营业厅环境卫生脏、乱、差
13				未在营业厅公示电价、收费标准、服务程序等信息
14				未公示营业时间，或未按公示的营业时间营业
15				未按规定提供相关服务
16				自助交费终端、POS机、网络系统等设施设备维护不到位、故障告知不及时
17				拒绝客户现金交费、违规设置交费限额
18		服务渠道		客户交费后未按规定向客户提供有效交费凭证
19			95598供电服务热线	未按规定提供有关内容服务
20				未按规定时限与各户联系或处理工单
21				未及时准确填写、派发工单导致服务纠纷
22				未按规定核实处理投诉、举报等诉求，弄虚作假、刻意隐瞒违规服务行为
23				知识库供电服务信息维护不及时、不准确
24				网络通信系统维护不到位，造成95598供电服务中断等
25				刻意屏蔽、旁路95598供电服务热线

表（续）

序号	一级目录	二级目录	三级目录	供电服务质量事件及供电服务过错
26	服务类	服务渠道	信息系统	因维护不到位，造成营销业务系统业务功能中断
27				因维护不到位，造成95598核心业务系统中断
28				因维护不到位，造成95598互动网站中断
29	营业用电类	用电检查	例行检查	用电检查员巡视检查不到位，客户用电安全隐患等检查、告知不到位
30				违规处理窃电、违约用电，追补电费、违约电费收取不规范
31			高危及重要客户管理	未按要求对高危及重要客户进行认定报备。用电安全隐患"服务、通知、督导、报告"不到位
32			专线客户停电协商	专线计划停电，未与专线客户协商，或未按协商结果执行
33		业扩报装	报装受理	因供电能力不足造成报装受限，在供电能力恢复后未及时通知相关客户
34			报装时限	供电方案答复、设计审核、中间检查、竣工检验、装表接电等未按规定时限办理
35			环节处理	对受理的业扩项目，未按要求书面答复客户
36				答复供电方案时，未明确告知客户涉及的业务费用情况
37				供电方案内容不合理且违反公司规定
38				中间检查、竣工检验不到位，造成客户延迟送电等问题
39				未及时进行信息归档，造成未能正常抄表，客户未能正常交费
40			"三指定"行为	直接、间接或变相为客户指定设计、施工、供货单位
41		电价电费	抄表质量	未按例日抄表，变更抄表时间未及时告知客户
42				未抄、错抄、估抄、漏抄等抄表差错
43				私自请人代替抄表工作
44			电费核算	客户电价执行错误
45				应收、退补等电费金额差错
46				未及时、准确核算电费
47			账单服务及收费	未按规定及时、有效告知客户电费信息，影响客户交费
48				对代收网点拒绝收费、加收手续费等行为监督管理不到位
49				对账、销账不及时、不准确，造成服务纠纷
50			欠费停复电	未按规定程序对欠费客户实施停电
51				欠费停错电
52				客户结清欠费后未按规定及时复电

表（续）

序号	一级目录	二级目录	三级目录	供电服务质量事件及供电服务过错
53	营业用电类	电能计量	计量差置新装与改造	电能表轮换或改造，未按要求提前公示换表事项和具体时间
54				差、拆电能表，未与客户确认起（止）示数
55				计量差置接线错误，造成串户，或影响计量准确性
56				计量差置运维不到位，未及时制定整改措施，导致用电安全问题
57			检验检测	拒绝受理客户电能表校验申请，或受理后超时限出具检测结果
58				未按规定开展高压客户电能计量装置现场周期检验
59				未按规定对智能电能表进行全检验收工作
60	供电能力类	停送电	停送电信息	未按要求报送计划停电、临时停电及其它影响95598对客户答复的停送电信息
61				计划停电、临时停电未按规定公告、通知重要客户
62			停送电操作	未按公告的停电计划实施停电，变更停电计划未履行手续，提前或延迟停送电
63				未严格执行政府批复的有序用电方案，或未及时向社会公告限电序位表
64				无故或未按规定对客户实施中止供电操作
65		故障抢修	抢修质量	未按规定时限到达故障抢修现场，因特殊情况不能按时到达现场，未及时和客户沟通
66				无故拒绝修复供电企业产权范围内的故障
67				故障未修复或抢修不彻底
68		供电质量	电压质量	产权分界点电压值未在合格范围，影响客户正常用电，且发现后未及时治理
69			谐波	各级公用电网电压（相电压）总谐波畸变率超出允许范畴，影响客户正常用电，且发现后未及时治理
70			供电频率	供电频率超标或长期未得到改善、处理不彻底，影响企业生产等问题
71			频繁停电	供电可靠性未达到规定要求，且未制定有效的整改措施
72		供电设施	电网建设	输配电设施安全隐患，且发现后未得到有效解决
73				供电能力不能满足客户需求，未按规定要求落实整改
74				野蛮施工扰民，未及时清理现场或未恢复路面等善后工作
75			环境污染	输配电设备运行噪声超标，影响客户正常生活，且发现后未制定有效整改措施
76		家电损坏赔偿	处理时限	居民客户家用电器损坏处理超时限
77			处理规范	供电企业责任导致客户家电损坏，未按规定处理

附件 2

供电服务质量事件及供电服务过错惩处对照表

事件和过错分类	供电服务质量事件				供电服务过错		
	特别重大供电服务质量事件	重大供电服务质量事件	较大供电服务质量事件	一般供电服务质量事件	一类过错	二类过错	三类过错
责任单位上级主要领导、有关分管领导	警告至记过：通报批评或调整岗位	警告：通报批评	—	—	—	—	—
责任单位上级有关部门负责人	警告至记大过：通报批评、调整岗位或待岗	警告至记过：通报批评或调整岗位	通报批评	通报批评	通报批评		—
责任单位主要负责人、有关分管负责人	警告至降级（降职），诫勉谈话、通报批评、调整岗位或待岗	警告至记大过：通报批评调整岗位或待岗	警告至记过：通报批评或调整岗位	警告：通报批评	通报批评		
部门、班组级负责人	警告至留用察看：通报批评、调整岗位、待岗或停职（检查）	警告至撤职：通报批评、调整岗位、待岗或停职（检查）	警告至记大过：通报批评、调整岗位或待岗	警告至记过：通报批评或调整岗位	通报批评、调整岗位或待岗		—
主要责任人	记大过至解除劳动合同：待岗、停职（检查）或责令辞职	记过至留用察看：调整岗位、待岗、停职（检查）或责令辞职	警告至撤职：调整岗位、待岗或停职（检查）	警告至降级（降职）：通报批评、调整岗位或待岗	通报批评、调整岗位或待岗	通报批评、调整岗位或待岗	通报批评或调整岗位
次要责任人	警告至留用察看：通报批评、调整岗位、符岗或停职（检查）	警告至撤职：通报批评、调整岗位、待岗或停职（检查）	警告至记大过：通报批评、调整岗位或待岗	警告至记过：通报批评或调整岗位	通报批评或调整岗位	通报批评或调整岗位	通报批评
经济处罚（元）	5000～30 000	3000～20 000	2000～10 000	1000～5000	500～3000	100～2000	1000以下

电能计量装置技术管理规程

Technical administrative code of electric energy metering

（节选）

DL/T 448—2016

代替 DL/T 448—2000

2016-12-05发布　　　　　　　　　　　2017-05-01实施

目　　次

前　　言

本标准依据 GB/T 1.1—2009《标准化工作导则　第 1 部分：标准的结构和编写》给出的规则起草。

本标准代替 DL/T 448—2000《电能计量装置技术管理规程》，与 DL/T 448—2000 相比除编辑性修改外，主要技术变化如下：

——修订了第 1 章范围，改第二段为："本标准适用于电力系统发电、变电、输电、配电、用电各环节贸易结算和经济技术指标考核用电能计量装置的技术管理"，增加第三段"电能信息采集终端的技术管理可参照执行"的规定；

——增加了第 3 章"术语和定义"；

——修订并突出了电网企业、发电企业和供电企业作为电能计量装置技术管理主要管理主体的职责，淡化了各企业内部的机构设置和职责划分；

——修订了电能计量装置分类方法和配置准确度等级；

——增加了 3/2 断路器接线方式下电能计量装置接线方式的要求；

——修订了采用直接接入式或经互感器接入式电能表的计算负荷电流条件；

——修订了电能计量器具出入库、库存量、报废与淘汰的相关技术管理要求；

——增加了运输与配送的有关技术管理规定；

——增加了电能计量装置动态管理、在线监测、动态分析与管理以及不断探索电能计量装置状态检测技术与方法等基本要求；

——删除了 DL/T 448—2000"8.4 h）修调前检验"的有关内容；

——修订了 DL/T 448—2000 有关电能表"轮换周期"的相关规定，增加了"运行质量检验"的概念和管理要求等内容；

——修订了二次抽样方案，增加了电能表日计时误差、需量示值误差等技术要求；

——增加"8.5 更换"章节，对电能计量器具更换、拆回后抽样检定等做出了进一步规定；

——将 DL/T 448—2000 第 8 章标题"计量检定与修理"，修订为第 9 章"电能计量检定"，并依据电能计量器具的技术发展和安装使用现状，删除了 DL/T 448—2000"电能表修理"的相关内容，增加了"自动化检定装置""软件、数据及密码管理"等内容；

——增加了 10.3 c）："封印的型式与结构应科学合理、防伪技术先进，宜采用 RFID 等信息传感技术、国家规定的密钥算法，具有满足需要的信息存储能力"的要求；

——将 DL/T 448—2000 第 9 章"电能计量信息管理"修订为第 11 章"电能计量信息"，增加了对所有相关信息的采集与管理的要求，提出了建立计量资产全寿命、管理活动全过程、相关因素全覆盖、工作质量全管控的信息化、智能化管理体系和应用大数据云计算技术开展分析评价与管理的要求；

——增加"11.11 软件及密码（钥）管理"章节，将 DL/T 448—2000 中 8.6 章节并入其中，并补充了电能计量用各类编程、计算、数据传输、安全密钥及密码、信息系统软件和数据的采集、存储、传输、处理及其保密性等技术管理内容；

——将 DL/T 448—2000 第 11 章"技术考核与统计"修订为第 12 章"统计分析与评价"，增加"12.1 基本要求"章节，修订了"主要指标"章节的相关内容；

——删除了 DL/T 448—2000"电能表周期轮换率""现场检验合格率"等考核与统计指标，在"12.2 主要指标"章节，增加现场检验仪器验证、电能计量装置配置和运行电能计量装置检验的统计分析与评价；

——删除了 DL/T 448—2000 附录 C、附录 D、附录 E、附录 F、附录 H、附录 K 等统计表格和附录 G，本标准不再统一规定，由电网企业、发电企业根据其管理需要自行规定；

本标准由中国电力企业联合会提出。

本标准由电力行业电测量标准化技术委员会归口。

本标准起草单位：国家电网公司、中国南方电网有限责任公司、国网河南省电力公司、国网甘肃省电力公司电力科学研究院、中国电力科学研究院、国网福建省电力公司电力科学研究院、国家电网管理学院、国网湖北省电力公司、国网浙江省电力公司、云南电网有限责任公司电力科学研究院、国网湖南省电力公司、国网江苏省电力公司电力科学研究院、国网甘肃省电力公司、国网冀北电力有限公司、国网新疆电力公司、上海市电力行业协会、中国华电集团公司、中国广核集团有限公司。

本标准主要起草人：卢兴远、徐和平、杜新纲、石少青、李学永、邬波、章欣、卢和平、王勤、李熊、陈向群、曹敏、杨湘江、彭楚宁、黄奇峰、张勇红、于海波、秦楠、丁恒春、李宁、吴守建、黄俐萍。

本标准所代替标准的历次版本发布情况为：DL 448—1991《电能计量装置管理规程》，DL/T 448—2000《电能计量装置技术管理规程》。

本标准在执行过程中的意见和建议反馈至中国电力企业联合会标准化管理中心（北京市白广路二条一号，100761）。

1　范围

本标准规定了电能计量装置技术管理的内容、方法和基本要求。

本标准适用于电力系统发电、变电、输电、配电、用电各环节贸易结算和经济技术指标考核用电能计量装置的技术管理。

电能信息采集终端的技术管理可参照执行。

2　规范性引用文件

下列文件对于本文件的应用是必不可少的。凡是注日期的引用文件，仅注日期的版本适用于本文件。凡是不注日期的引用文件，其最新版本（包括所有的修改单）适用于本标准。

GB/T 2828.2—2008　计数抽样检验程序　第2部分：按极限质量（LQ）检索的孤立批检验抽样方案（ISO 2859-2：1985，NEQ）

GB/T 3925—1983　2.0级交流电度表的验收方法（IEC 60514：1975，EQV）

GB/T 7267—2015　电力系统二次回路保护及自动化机柜（屏）基本尺寸系列

GB/T 16934　电能计量柜

GB 17167—2006　用能单位能源计量器具配备和管理通则

GB/T 17215.211　交流电测量设备　通用要求、试验和试验条件　第11部分：测量设备（GB/T 17215.211—2006，IEC 62052-11：2003，IDT）

GB/T 17215.311　交流电测量设备　特殊要求　第11部分：机电式有功电能表（0.5、1和2级）（GB/T 17215.311—2008，IEC 62053-11：2003，MOD）

GB/T 17215.321　交流电测量设备　特殊要求　第21部分：静止式有功电能表（1级和2级）（GB/T 17215.321—2008，IEC 62053-21：2003，IDT）

GB/T 17215.322　交流电测量设备　特殊要求　第 22 部分：静止式有功电能表（0.2S 级和 0.5S 级）（GB/T 17215.322—2008，IEC 62053：2003，IDT）

GB/T 17215.323　交流电测量设备　特殊要求　第 23 部分：静止式无功电能表（2 级和 3 级）（GB/T 17215.323—2008，IEC 62053-23：2003，IDT）

GB/T 17442—1998　1 级和 2 级直接接入静止式交流有功电度表验收检验（IEC 61358：1996，IDT）

GB/Z 21192—2007　电能表外形和安装尺寸

GB 26859　电力安全工作规程　电力线路部分

GB 26860　电力安全工作规程　发电厂和变电站电气部分

GB/T 50063　电力装置的电测量仪表装置设计规范

JJF 1033　计量标准考核规范

JJF 1069　法定计量检定机构考核规范

JJG 597　交流电能表检定装置检定规程

JJG 1085　标准电能表检定规程

DL/T 566—1995　电压失压计时器技术条件

DL/T 645　多功能电能表通信协议

DL/T 825　电能计量装置安装接线规则

DL/T 5137　电测量及电能计量装置设计技术规程

DL/T 5202　电能量计量系统设计技术规程

SD 109　电能计量装置检验规程

中华人民共和国计量法

中华人民共和国电力法

3　术语和定义

下列术语和定义适用于本文件。

3.1　电能计量装置　electric energy metering device

由各种类型的电能表或计量用电压、电流互感器（或专用二次绕组）及其二次回路相连接组成的用于计量电能的装置，包括电能计量柜（箱、屏）。

3.2　关口电能计量点　electric energy tariff point

电网企业之间、电网企业与发电或供电企业之间进行电能量结算、考核的计量点。简称关口计量点。

3.3　运行质量检验　operating quality inspection

为监督和评价电能计量器具的运行质量，对现场运行以及更换拆回的电能计量器具的抽样样本进行的检验或校准。

3.4　临时检定　temporary verification

对运行中或更换拆回的电能计量器具有疑义时所进行的计量准确性检定。

4　总则

4.1　电能计量装置技术管理必须遵守《中华人民共和国计量法》《中华人民共和国电力法》

及相关法律、法规的有关规定，并接受国家计量、电力行政主管等有关部门的监督。

4.2 电能计量装置技术管理的目的是为了保证电能量值的准确性、溯源性，保障电能计量装置安全可靠运行。

4.3 电能计量装置技术管理包括计量点、计量方式、计量方案的确定和设计审查，电能计量装置安装竣工验收、运行维护、现场检验、故障处理，电能计量器具的选用、订货验收、计量检定、存储与运输、运行质量检验、更换、报废的全过程及其全寿命周期管理，以及与电能计量相关设备的管理。

4.4 电能计量装置技术管理以供电营业区划分范围，以电网企业、发电企业、供电企业管理为基础，分类、分工、监督、配合，统一归口管理为原则，即：

    a) 电网企业应当建立电能计量技术管理体系，明确所属单位电能计量技术管理机构和技术机构的业务范围和职责，负责本供电营业区内所有用于贸易结算（含发电企业上网交易电量）和本企业内部考核经济技术指标的电能计量装置的技术管理。

    b) 发电企业负责本企业内部考核经济技术指标用电能计量装置的技术管理，并配合电网企业和（或）供电企业实施与本企业有关的贸易结算用电能计量装置的技术管理。

    c) 供电企业负责本供电营业区及其职责范围内所有用于贸易结算（含发电企业上网交易电量）和本企业内部考核经济技术指标的电能计量装置的技术管理。

    d) 电力企业变电运行部门、电力用户负责电能计量装置的日常监护。

    e) 电网企业负责本网（含供电营业区内发电企业）电能计量装置的监督管理。

    f) 电网企业的电能计量技术机构是本网电能计量技术服务和监督机构，负责对网内发电、供电企业电能计量装置的技术管理提供技术指导和帮助。

4.5 全面推行自动化、信息化、智能化等现代科技成果在电能计量装置技术管理中的应用，积极采用国际标准、国际先进的科学技术和管理方法，建立电能计量管理信息系统，持续提升电能计量装置的技术和管理水平。如：

    a) 开展智能电网、分布式电源、光伏发电、电动汽车充放电和冲击性、非线性、大幅度变化或直流负荷条件下电能计量技术的研究与应用。

    b) 积累电子式互感器、数字式电能表和谐波电能表的运行数据，研究其用于贸易结算的可行性与技术管理。

    c) 完善电能计量装置的通信、传感、控制、监测、卫星定位授时等技术，将物联网技术应用于电能计量装置的技术管理。

5 电能计量机构及职责

5.1 电网企业

5.1.1 技术管理机构

电网企业应有电能计量技术管理机构，负责本供电营业区内电能计量装置的业务归口管理，并配置电能计量专职（责）人，处理日常电能计量技术管理工作。

5.1.2 技术机构

电网企业应设立本网电能计量技术机构，基本要求为：

    a) 电能计量技术机构应有满足各项计量检定、试验等工作需要的场所和设备，并配置满足工作需要的各类电能计量专业技术人员。

b) 电能计量技术机构应配置专职（责）工程师，负责处理疑难计量技术问题，管理维护计量标准装置、标准器和电能计量管理信息系统，开展技术培训等工作。

5.1.3 职责

电网企业电能计量装置技术管理职责如下：

a) 贯彻执行国家计量工作方针、政策、法律法规、行业管理及其上级的有关规定，制定本网电能计量发展规划和各项规章制度、技术规范，并严格实施。

b) 制订本网电能计量标准体系建设规划，建立、使用和维护本网最高电能计量标准；建立符合 JJF 1069 规定的计量技术机构管理体系，并依法取得计量授权。

c) 制订并实施本网电能计量管理信息系统（模块）建设与发展规划。

d) 组织制订并实施本网贸易结算及考核电力系统经济技术指标的电能计量装置和电能信息采集与管理系统的配置、更新与发展规划。

e) 建立、使用和维护电能计量器具常规性型式试验设备，开展电能计量器具、电能信息采集终端的选型试验、验收检测和运行质量检验。

f) 按规定电压等级和重要程度参与电力建设工程、用电业扩工程供电方案中电能计量点、计量方式的确定，组织电能计量和电能信息采集方案的设计审定，开展重要关口和电力用户电能计量装置的竣工验收、现场检验、更换和故障查处。

g) 依据计量授权项目和范围开展量值溯源、量值传递、标准比对、实验室能力验证、计量检定、校准等工作，督导所辖供电企业建立、使用、维护电能计量工作标准和计量检定等工作。

h) 负责电能计量器具的验收、检测、入库、存储、配送及其报废的技术鉴定和统一管理。

i) 负责 220kV 及以上电压、电流互感器和 5000A 及以上电流互感器的计量检定（含现场检验）。

j) 组织本网电能计量重大故障、差错和窃电案件的调查与处理，负责本网有疑义的电能计量装置的技术分析、检定/校准和检测工作。

k) 开展各类计量测试设备、仪器仪表的全寿命周期管理。

l) 负责本网各类电能计量印证的统一定制、使（领）用和监督管理。

m) 开展本网电能计量技术监督，以及各类在用电能计量器具、电能信息采集终端的抽样检验、质量监督与评价工作。

n) 收集并汇总电能计量技术情报与新产品信息，制订并实施本网电能计量技术改进与新技术推广计划，开展电能计量技术研究、技术咨询和技术服务。

o) 开展本网电能计量技术业务培训与经验交流活动。

p) 负责本网电能计量技术管理方面的统计、分析、总结和评价。

q) 完成其他电能计量工作。

5.2 发电企业

5.2.1 技术管理机构

发电企业应有电能计量技术管理机构，负责本企业电能计量装置的业务归口管理，并配置电能计量专（兼）职人员，处理日常电能计量技术管理工作。

5.2.2 技术机构

发电企业宜设立电能计量技术机构，有满足各项计量检定、试验等工作需要的场所和设备，并配置满足工作需要的电能计量技术人员。

5.2.3 职责

发电企业电能计量装置技术管理职责如下：

a) 贯彻执行国家计量工作方针、政策、法律法规、行业管理及其上级的有关规定，制定并实施本企业电能计量技术管理的各项规章制度、技术规范和工作标准。

b) 建立、使用、维护和管理本企业电能计量标准。

c) 配合电网企业开展本企业贸易结算用电能计量装置的竣工验收、现场检验、更换和故障处理，并负责其监护工作。

d) 负责除贸易结算以外其他电能计量装置的检定、校准、安装和运行维护等工作。

e) 负责本单位电能计量技术管理方面的统计、分析、总结和评价。

f) 完成其他电能计量工作。

5.3 供电企业

5.3.1 技术管理机构

供电企业应有电能计量技术管理机构，负责本供电营业区内电能计量装置的业务归口管理，并配置电能计量专职人员，处理日常电能计量技术管理工作。

5.3.2 技术机构

供电企业电能计量技术机构的基本要求：

a) 电能计量技术机构应有满足各项工作需要的场所和设备，并配置满足工作需要的各类电能计量专业技术人员。

b) 电能计量技术机构应配置专职（责）工程师，负责处理疑难计量技术问题、管理维护计量标准器、标准装置和电能计量管理信息系统，开展技术培训等工作。

5.3.3 职责

供电企业电能计量装置技术管理职责如下：

a) 贯彻执行国家计量工作方针、政策、法律法规、行业管理及其上级的有关规定和工作部署。根据工作需要制定并实施本企业电能计量管理制度、技术规范和工作标准。

b) 制订并实施本供电营业区域内电能计量装置和电能信息采集系统的配置、更新与发展规划。

c) 按照国家电能计量检定系统表和本网电能计量标准建设规划，建立、使用和维护电能计量工作标准；建立符合 JJF 1069 规定的计量技术机构管理体系，负责计量技术机构和计量标准的考核申请工作，并依法取得计量授权。

d) 按照计量授权项目、范围，根据要求开展电能计量器具的检定、校准、试验和其他计量测试等技术性工作。监督检查新购入电能计量器具的质量及运行状况。

e) 参与电力建设工程、发电企业并网、用电业扩工程中有关电能计量点、计量方式的确定，电能计量和电能信息采集方案的设计审查，开展电能计量装置、电能信息采集终端的竣工验收。

f) 负责电能计量装置的安装和现场检验、运行质量检验、更换和维护，以及电能信息采集终端的安装和运行维护管理。

g) 编报电能计量设备和电能信息采集终端的需求或订货计划，参与电能计量器具的选用，开展电能计量器具的验收、检测、入库、存储、配送和接收等工作。

h) 组织电能计量故障、差错和窃电案件的调查与处理，负责本供电营业区内有疑义的电能计量装置的检定/校准、检测和技术处理。

i) 管理和使（领）用电能计量印证。

j) 收集、汇总电能计量技术情报与信息，制订并组织实施电能计量技术改进和新技术推广计划。

k) 负责电能表、互感器和计量标准设备的停用及报废管理。

l) 开展本企业电能计量技术业务培训与经验交流活动。

m) 负责本企业电能计量技术管理方面的统计、分析、总结和评价。

n) 完成其他电能计量工作。

6 电能计量装置技术要求

6.1 电能计量装置分类

运行中的电能计量装置按计量对象重要程度和管理需要分为五类（Ⅰ、Ⅱ、Ⅲ、Ⅳ、Ⅴ）。分类细则及要求如下：

a) Ⅰ类电能计量装置。220kV 及以上贸易结算用电能计量装置，500kV 及以上考核用电能计量装置，计量单机容量 300MW 及以上发电机发电量的电能计量装置。

b) Ⅱ类电能计量装置。110（66）kV～220kV 贸易结算用电能计量装置，220kV～500kV 考核用电能计量装置，计量单机容量 100MW～300MW 发电机发电量的电能计量装置。

c) Ⅲ类电能计量装置。10kV～110（66）kV 贸易结算用电能计量装置，10kV～220kV 考核用电能计量装置，计量 100MW 以下发电机发电量、发电企业厂（站）用电量的电能计量装置。

d) Ⅳ类电能计量装置。380V～10kV 电能计量装置。

e) Ⅴ类电能计量装置。220V 单相电能计量装置。

6.2 准确度等级

各类电能计量装置配置准确度等级要求如下：

a) 各类电能计量装置应配置的电能表、互感器准确度等级应不低于表1所示值。

b) 电能计量装置中电压互感器二次回路电压降应不大于其额定二次电压的 0.2%。

表 1 准 确 度 等 级

电能计量装置类别	准确度等级			
	电能表		电力互感器	
	有功	无功	电压互感器	电流互感器*
Ⅰ	0.2S	2	0.2	0.2S
Ⅱ	0.5S	2	0.2	0.2S

表1（续）

电能计量装置类别	准确度等级			
	电能表		电力互感器	
	有功	无功	电压互感器	电流互感器*
Ⅲ	0.5S	2	0.5	0.5S
Ⅳ	1	2	0.5	0.5S
Ⅴ	2	—	—	0.5S
* 发电机出口可选用非 S 级电流互感器。				

6.3 电能计量装置接线方式

电能计量装置接线方式规定如下：

a) 电能计量装置的接线应符合 DL/T 825 的要求。

b) 接入中性点绝缘系统的电能计量装置，应采用三相三线有功、无功或多功能电能表。接入非中性点绝缘系统的电能计量装置，应采用三相四线有功、无功或多功能电能表。

c) 接入中性点绝缘系统的电压互感器，35kV 及以上的宜采用 Yy 方式接线；35kV 以下的宜采用 Vv 方式接线。接入非中性点绝缘系统的电压互感器，宜采用 YNyn 方式接线，其一次侧接地方式和系统接地方式相一致。

d) 三相三线制接线的电能计量装置，其 2 台电流互感器二次绕组与电能表之间应采用四线连接。三相四线制接线的电能计量装置，其 3 台电流互感器二次绕组与电能表之间应采用六线连接。

e) 在 3/2 断路器接线方式下，参与"和相"的 2 台电流互感器，其准确度等级、型号和规格应相同，二次回路在电能计量屏端子排处并联，在并联处一点接地。

f) 低压供电，计算负荷电流为 60A 及以下时，宜采用直接接入电能表的接线方式；计算负荷电流为 60A 以上时，宜采用经电流互感器接入电能表的接线方式。

g) 选用直接接入式的电能表其最大电流不宜超过 100A。

6.4 电能计量装置配置原则

电能计量装置配置原则如下：

a) 贸易结算用的电能计量装置原则上应设置在供用电设施的产权分界处。发电企业上网线路、电网企业间的联络线路和专线供电线路的另一端应配置考核用电能计量装置。分布式电源的出口应配置电能计量装置，其安装位置应便于运行维护和监督管理。

b) 经互感器接入的贸易结算用电能计量装置应按计量点配置电能计量专用电压、电流互感器或专用二次绕组，并不得接入与电能计量无关的设备。

c) 电能计量专用电压、电流互感器或专用二次绕组及其二次回路应有计量专用二次接线盒及试验接线盒。电能表与试验接线盒应按一对一原则配置。

d) Ⅰ类电能计量装置、计量单机容量 100MW 及以上发电机组上网贸易结算电量的电能计量装置和电网企业之间购销电量的 110kV 及以上电能计量装置，宜配置型号、准确度等级相同的计量有功电量的主副两只电能表。

e) 35kV 以上贸易结算用电能计量装置的电压互感器二次回路，不应装设隔离开关辅助接点，但可装设快速自动空气开关。35kV 及以下贸易结算用电能计量装置的电压互感器二次回路，计量点在电力用户侧的应不装设隔离开关辅助接点和快速自动空气开关等；计量点在电力企业变电站侧的可装设快速自动空气开关。

f) 安装在电力用户处的贸易结算用电能计量装置，10kV 及以下电压供电的用户，应配置符合 GB/T 16934 规定的电能计量柜或电能计量箱；35kV 电压供电的用户，宜配置符合 GB/T 16934 规定的电能计量柜或电能计量箱。未配置电能计量柜或箱的，其互感器二次回路的所有接线端子、试验端子应能实施封印。

g) 安装在电力系统和用户变电站的电能表屏，其外形及安装尺寸应符合 GB/T 7267—2015 的规定，屏内应设置交流试验电源回路以及电能表专用的交流或直流电源回路。电力用户侧的电能表屏内应有安装电能信息采集终端的空间，以及二次控制、遥信和报警回路的端子。

h) 贸易结算用高压电能计量装置应具有符合 DL/T 566—1995 要求的电压失压计时功能。

i) 互感器二次回路的连接导线应采用铜质单芯绝缘线，对电流二次回路，连接导线截面积应按电流互感器的额定二次负荷计算确定，至少不应小于 $4mm^2$；对电压二次回路，连接导线截面积应按允许的电压降计算确定，至少不应小于 $2.5mm^2$。

j) 互感器额定二次负荷的选择应保证接入其二次回路的实际负荷在 25%～100%额定二次负荷范围内。二次回路接入静止式电能表时，电压互感器额定二次负荷不宜超过 10VA，额定二次电流为 5A 的电流互感器额定二次负荷不宜超过 15VA，额定二次电流为 1A 的电流互感器额定二次负荷不宜超过 5VA。电流互感器额定二次负荷的功率因数应为 0.8～1.0；电压互感器额定二次负荷的功率因数应与实际二次负荷的功率因数接近。

k) 电流互感器额定一次电流的确定，应保证其在正常运行中的实际负荷电流达到额定值的 60%左右，至少不应小于 30%。否则，应选用高动热稳定电流互感器，以减小变比。

l) 为提高低负荷计量的准确性，应选用过载 4 倍及以上的电能表。

m) 经电流互感器接入的电能表，其额定电流宜不超过电流互感器额定二次电流的 30%，其最大电流宜为电流互感器额定二次电流的 120%左右。

n) 执行功率因数调整电费的电力用户，应配置计量有功电量、感性和容性无功电量的电能表；按最大需量计收基本电费的电力用户，应配置具有最大需量计量功能的电能表；实行分时电价的电力用户，应配置具有多费率计量功能的电能表；具有正、反向送电的计量点应配置计量正向和反向有功电量以及四象限无功电量的电能表。

o) 交流电能表外形尺寸应符合 GB/Z 21192—2007 的相关规定。

p) 计量直流系统电能的计量点应装设直流电能计量装置。

q) 带有数据通信接口的电能表通信协议应符合 DL/T 645 及其备案文件的要求。

r) Ⅰ、Ⅱ类电能计量装置宜根据互感器及其二次回路的组合误差优化选配电能表；

其他经互感器接入的电能计量装置宜进行互感器和电能表的优化配置。

s) 电能计量装置应能接入电能信息采集与管理系统。

7 投运前管理

7.1 电能计量装置设计审查

电能计量装置设计审查的基本要求如下：

a) 各类电能计量装置的设计方案应经有关电能计量专业人员审查通过。

b) 电能计量装置设计审查的主要依据为 GB/T 50063、GB 17167—2006、DL/T 5137、DL/T 5202、本标准及电力营销方面的有关规定。

c) 设计审查的内容包括：计量点、计量方式、电能表与互感器接线方式的选择、电能表的型式和装设套数的确定，电能计量器具的功能、规格和准确度等级，互感器二次回路及附件，电能计量柜（箱、屏）的技术要求及选用、安装条件，以及电能信息采集终端等相关设备的技术要求及选用、安装条件等。

d) 发电企业上网电量关口计量点、电网企业之间贸易结算电量关口计量点、电网企业与其供电企业供电关口计量点的电能计量装置的设计审查应有电网企业的电能计量专职（责）管理人员、电网企业电能计量技术机构的专业技术人员和有关发电、供电企业的电能计量管理和专业技术人员参加。小规模分布式电源企业计量点电能计量装置的设计审查，宜有所在地供电企业电能计量技术机构专业技术人员参加。

e) 7.1 d）条规定以外的其他电能计量装置的设计审查应有相关供电或发电企业的电能计量管理和专业技术人员参加。

f) 凡审查中发现不符合规定的内容应在审查意见中明确列出，原设计单位应据此修改设计。

g) 电能计量装置设计方案的组织审查机构应出具电能计量装置设计审查意见，并经各方代表签字确认。

h) 在与电力用户签订供用电合同、批复供电方案时，电能计量点和计量方式的确定以及电能计量器具技术参数的选择等内容应由电能计量技术管理机构的专职（责）工程师负责审查。

7.2 电能计量器具选型与订货

电能计量器具选型与订货的基本要求：

a) 电力企业应不定期开展电能计量器具选型。选型依据为相关电能计量器具的国家或国际标准和/或电力行业标准，以及本企业特殊要求和以往现场运行监督情况等。

b) 电能计量技术机构应根据电力建设工程、用户业扩及专项工程和正常更换的需要编制常用电能计量器具的需求或订货计划。

c) 电力建设工程中电能计量器具的订货，应根据审查通过的电能计量装置设计所确定的功能、规格、准确度等级等技术要求组织招标订货。

d) 订货合同中电能计量器具的技术要求应符合国家标准或国际标准、本标准和电力行业其他相关标准的规定。

e) 订购的电能计量器具应取得符合相关规定的型式批准（许可），具有型式试验报告、订货方所提出的其他资质证明和出厂检验合格证等。

f) 电网企业或供电企业首次选用的电能计量器具宜小批量试用，并应加强订货验收和现场运行监督。

7.3 电能计量器具订货验收

电能计量器具订货验收的基本要求：

a) 电力企业应制定电能计量器具订货验收管理办法。购置的电能计量器具和与之配套的电能信息采集终端应由电能计量技术机构负责验收。

b) 验收内容包括：装箱单、出厂检验报告（合格证）、使用说明书、铭牌、外观结构、安装尺寸、辅助部件，以及功能和技术指标测试等。验收项目均应符合订货合同的要求。

c) 电力建设工程订购的电能计量器具，宜由工程所在地依法取得计量授权的电力企业电能计量技术机构进行检定或校准。

d) 首次批量购入的电能计量器具应先随机抽取 6 只以上进行全面的、全性能检测，全部合格后再按 7.3 e）的要求进行验收。

e) 2 级交流电能表的订货验收，应符合 GB 3925、GB 17215 系列标准和电力行业的有关规定；0.2S 级、0.5S 级、1 级和 2 级静止式交流电能表的订货验收，应符合 GB 17215 系列标准、GB/T 17442—1998 和国家及电力行业的有关规定。其他类型的电能计量器具，参照 GB 3925 或 GB/T 17442—1998 或 GB/T 2828.2—2008 的抽样方法进行抽样，其检验项目和技术指标参照相应产品的国家标准或国际标准、电力行业标准的规定或订货合同的约定进行验收。

f) 经验收的电能计量器具应出具验收报告。验收合格的办理入库手续，验收不合格的由订货单位负责更换或退货。

7.4 资产管理

7.4.1 基本要求

电网企业和发、供电企业应制定电能计量资产管理制度，其内容主要包括标准装置、标准器具、工作计量器具、试验用仪器仪表和在用计量器具等的购置、入库、保管、领用、转借、调拨、运行、更换、停用、报废和清仓查库等。

电能计量技术机构应设置专责或专人负责资产管理，宜设立陈列室，收集不同时期有代表性的各类计量器具等史料，建立本企业电能计量技术管理年鉴。

7.4.2 资产信息

电能计量资产信息技术管理的基本要求：

a) 电能计量技术机构应采用信息化技术手段收集、存储电能计量资产基本信息，实现电能计量资产管理的信息化，并与相关专业信息共享。

b) 每一资产应有唯一的资产编号。资产编号应采用条形码或其他可靠易识读的技术，将其标注在显要位置。

c) 资产信息应可方便地按制造厂名、类别、型号、规格和批次等进行查询和统计。

d) 每年应定期对资产及其基本信息进行清点，做到资产信息与实物相符。

7.4.3 库房管理

电能计量器具库房管理的基本要求：

a) 电网企业根据工作需要宜采用自动化仓储技术和现代物流系统建设集约高效的智能化仓储设施，实现电能计量器具仓储及其过程控制（自动装箱、自动拆箱、自动转运、自动配表，自动盘点和预警、自动出入库、自动定位和查询等）的智能化管理，建立严格的电能计量器具库房管理制度，并配备专人负责日常管理。

b) 电能表、互感器库房的存储温度、湿度应符合国家标准的相关规定，并保持干燥、整洁，具有防尘、防潮、防盐雾和预防其他腐蚀性气体的措施。库房内不得存放与电能计量资产无关的其他任何物品。出入库宜遵循先入先出的原则，库存周期不宜超过 6 个月，库存量应根据使用需求合理调配。

c) 未采用自动化仓储技术存储的，电能计量器具应区分不同状态（待验收、待检、待装、暂存、停用、待报废等）分区放置，并应有明确的分区线和标识。待装的电能计量器具应按类别、型号、规格分区放置在专用货架或周转箱内，周转箱的叠放层数不得影响计量器具的性能，并应方便取用和装车运输。

7.4.4　报废与淘汰

电能计量器具报废与淘汰技术管理的基本要求：

a) 下列电能计量器具应予淘汰或报废。

　　1）经检验、检定不符合 8.5 a）、8.5 c）及 8.5 d）规定的电能计量器具。

　　2）功能或性能上不能满足使用及管理要求的电能计量器具。

　　3）国家或上级明文规定不准使用的电能计量器具。

b) 经批准报废的电能计量器具应及时销毁，防止其回流市场。负责或承担销毁的机构（企业）应具有相应的废物回收处理资质和环保资质。

7.5　运输与配送

电能计量器具运输与配送技术管理的基本要求：

a) 电能计量技术机构宜配置电能计量器具运输、配送和电能计量装置安装、更换、现场检验所必需的专用车辆，且不准挪作他用。非专用车辆应具备良好的减震和防尘设施。

b) 待装电能表和现场检验用的计量标准器、试验用仪器仪表在运输中应有可靠有效的防震、防尘、防雨措施。经过剧烈震动或撞击后，应重新对其进行检定。

c) 配送装卸过程宜采用自动化或专用机械设备，轻拿轻放，避免碰撞和抛掷。

d) 配送和接收电能计量器具应清点核实，交接人员应在交接单上签字确认、可靠保存。

7.6　安装及其验收

7.6.1　电网企业、供电企业应根据本标准制定电能计量装置安装与竣工验收管理办法。

7.6.2　电能计量装置的安装应严格按照审查通过的施工设计或批复的电力用户供电方案进行，还应遵守如下规定：

a) 待安装的电能计量器具应经依法取得计量授权的电力企业电能计量技术机构检定合格。

b) 电力用户使用的电能计量柜及发、输、变电工程的电能计量装置可由其施工单位负责安装，其他贸易结算用电能计量装置均应由供电企业负责安装。

c) 电能计量装置的安装应符合国家及电力行业有关电气装置安装工程施工及验收规

范、DL/T 825 和本标准的相关规定。

d) 电能表安装尺寸应符合 GB/Z 21192—2007 的相关规定。

e) 电能计量装置安装完工后宜测量、记录并保存电能表和互感器所处位置的三维地理信息数据，应填写竣工单，整理有关的原始技术资料，做好验收交接准备。

7.6.3 电能计量装置投运前应进行全面验收，具体要求如下：

a) 电网企业之间、发电企业上网电量的贸易结算用电能计量装置和电网企业与其供电企业供电的关口电能计量装置的验收由当地电网企业负责组织，以电网企业的电能计量技术机构为主，当地供电企业配合，涉及发电企业的还应由发电企业电能计量管理或专业技术人员配合；其他投运后由供电企业管理的电能计量装置应由供电企业电能计量技术机构负责验收，由发电企业管理的用于内部考核的电能计量装置应由发电企业电能计量管理机构负责组织验收。

b) 技术资料验收。技术资料验收内容及要求如下：

1) 电能计量装置计量方式原理图，一、二次接线图，施工设计图和施工变更资料、竣工图等。

2) 电能表及电压、电流互感器的安装使用说明书、出厂检验报告，授权电能计量技术机构的检定证书。

3) 电能信息采集终端的使用说明书、出厂检验报告、合格证，电能计量技术机构的检验报告。

4) 电能计量柜（箱、屏）安装使用说明书、出厂检验报告。

5) 二次回路导线或电缆型号、规格及长度资料。

6) 电压互感器二次回路中的快速自动空气开关、接线端子的说明书和合格证等。

7) 高压电气设备的接地及绝缘试验报告。

8) 电能表和电能信息采集终端的参数设置记录。

9) 电能计量装置设备清单。

10) 电能表辅助电源原理图和安装图。

11) 电流、电压互感器实际二次负载及电压互感器二次回路压降的检测报告。

12) 互感器实际使用变比确认和复核报告。

13) 施工过程中的变更等需要说明的其他资料。

c) 现场核查。核查内容及要求如下：

1) 电能计量器具的型号、规格、许可标志、出厂编号应与计量检定证书和技术资料的内容相符。

2) 产品外观质量应无明显瑕疵和受损。

3) 安装工艺及其质量应符合有关技术规范的要求。

4) 电能表、互感器及其二次回路接线实况应和竣工图一致。

5) 电能信息采集终端的型号、规格、出厂编号，电能表和采集终端的参数设置应与技术资料及其检定证书/检测报告的内容相符，接线实况应和竣工图一致。

d) 验收试验。验收试验内容及要求如下：

1) 接线正确性检查。

2) 二次回路中间触点、快速自动空气开关、试验接线盒接触情况检查。

3) 电流、电压互感器实际二次负载及电压互感器二次回路压降的测量。

4) 电流、电压互感器现场检验。

5) 新建发电企业上网关口电能计量装置应在验收通过后方可进入 168h 试运行。

e) 验收结果处理。验收结果的处理应遵守如下规定:

1) 经验收的电能计量装置应由验收人员出具电能计量装置验收报告,注明"电能计量装置验收合格"或者"电能计量装置验收不合格"。

2) 验收合格的电能计量装置应由验收人员及时实施封印;封印的位置为互感器二次回路的各接线端子(包括互感器二次接线端子盒、互感器端子箱、隔离开关辅助接点、快速自动空气开关或快速熔断器和试验接线盒等)、电能表接线端子盒、电能计量柜(箱、屏)门等;实施封印后应由被验收方对封印的完好签字认可。

3) 验收不合格的电能计量装置应由验收人员出具整改建议意见书,待整改后再行验收。

4) 验收不合格的电能计量装置不得投入使用。

5) 验收报告及验收资料应及时归档。

8 运行管理

8.1 基本要求

电网企业及发、供电企业应及时收集、存储电能计量装置各类基础信息、验收检定数据、历次现场检验数据、临时检定数据、运行质量检验数据、故障处理情况记录、电能表记录数据和运行工况等信息,开展电能计量装置运行的全过程管理;借助电能信息采集与管理系统、电能量计费系统以及与电能计量装置有关的各类信息实现电能计量装置的动态管理;推广应用现代检测技术、通信技术、大数据技术等信息化、智能化技术,建立并不断完善电能计量管理信息系统及其电能计量装置运行数据库,实现对电能计量装置运行工况的在线监测、动态分析与管理,不断探索电能计量装置状态检测技术与方法。

8.2 运行维护及故障处理

电能计量装置运行维护及故障处理应遵守下列规定:

a) 安装在发、供电企业生产运行场所的电能计量装置,运行人员应负责监护,保证其封印完好。安装在电力用户处的电能计量装置,由用户负责保护其封印完好,装置本身不受损坏或丢失。

b) 供电企业宜采用电能计量装置运行在线监测技术,采集电能计量装置的运行数据,分析、监控其运行状态。

c) 运行电能表的时钟误差累计不得超过 10min。否则,应进行校时或更换电能表。

d) 当发现电能计量装置故障时,应及时通知电能计量技术机构进行处理。贸易结算用电能计量装置故障,应由电网企业和/或供电企业电能计量技术机构依据《中华人民共和国电力法》及其配套法规的有关规定进行处理。对造成的电量差错,应认真调查以认定、分清责任,提出防范措施,并根据《供电营业规则》的有关规定进行差错电量计算。

e) 对窃电行为造成电能计量装置故障或电量差错的,用电检查及管理人员应注意对窃电现场的保护和对窃电事实的依法取证。宜当场对窃电事实做出书面认定材料，由窃电方责任人签字认可。

f)　主副电能表运行应符合下列规定：

1）　主副电能表应有明确标识，运行中主副电能表不得随意调换，其所记录的电量应同时抄录。主副电能表现场检验和更换的技术要求应相同。

2）　主表不超差，应以其所计电量为准；主表超差而副表未超差时，以副表所计电量为准；两者都超差时，以考核表所计电量计算退补电量并及时更换超差表计。

3）　当主副电能表误差均合格，但二者所计电量之差与主表所计电量的相对误差大于电能表准确度等级值的1.5倍时，应更换误差较大的电能表。

g)　对造成电能计量差错超过10万kWh及以上者，应及时报告上级管理机构。

h)　电能计量技术机构对故障电能计量器具，应定期按制造厂名、型号、批次、故障类别等进行分类统计、分析，制定相应措施。

8.3　现场检验

电能计量装置现场检验应遵守下列规定：

a)　电能计量技术机构应制定电能计量装置现场检验管理制度，依据现场检验周期、运行状态评价结果自动生成年、季、月度现场检验计划，并由技术管理机构审批执行。现场检验应按DL/T 1664—2016的规定开展工作，并严格遵守GB 26859及GB 26860等相关规定。

b)　现场检验用标准仪器的准确度等级至少应比被检品高两个准确度等级，其他指示仪表的准确度等级应不低于0.5级，其量限及测试功能应配置合理。电能表现场检验仪器应按规定进行实验室验证（核查）。

c)　现场检验电能表应采用标准电能表法，使用测量电压、电流、相位和带有错误接线判别功能的电能表现场检验仪器，利用光电采样控制或被试表所发电信号控制开展检验。现场检验仪器应有数据存储和通信功能，现场检验数据宜自动上传。

d)　现场检验时不允许打开电能表罩壳和现场调整电能表误差。当现场检验电能表误差超过其准确度等级值或电能表功能故障时应在三个工作日内处理或更换。

e)　新投运或改造后的Ⅰ、Ⅱ、Ⅲ类电能计量装置应在带负荷运行一个月内进行首次电能表现场检验。

f)　运行中的电能计量装置应定期进行电能表现场检验，要求如下：

1）　Ⅰ类电能计量装置宜每6个月现场检验一次。

2）　Ⅱ类电能计量装置宜每12个月现场检验一次。

3）　Ⅲ类电能计量装置宜每24个月现场检验一次。

g)　长期处于备用状态或现场检验时不满足检验条件〔负荷电流低于被检表额定电流的10%（S级电能表为5%）或低于标准仪器量程的标称电流20%或功率因数低于0.5时〕的电能表，经实际检测，不宜进行实负荷误差测定，但应填写现场检验报告、记录现场实际检测状况，可统计为实际检验数。

h)　对发、供电企业内部用于电量考核、电量平衡、经济技术指标分析的电能计量装置，宜应用运行监测技术开展运行状态检测。当发生远程监测报警、电量平衡波动等异常时，应在两个工作日内安排现场检验。

i)　运行中的电压互感器，其二次回路电压降引起的误差应定期检测。35kV 及以上电压互感器二次回路电压降引起的误差，宜每两年检测一次。

j)　当二次回路及其负荷变动时，应及时进行现场检验。当二次回路负荷超过互感器额定二次负荷或二次回路电压降超差时应及时查明原因，并在一个月内处理。

k)　运行中的电压、电流互感器应定期进行现场检验，要求如下：

　　1)　高压电磁式电压、电流互感器宜每 10 年现场检验一次。

　　2)　高压电容式电压互感器宜每 4 年现场检验一次。

　　3)　当现场检验互感器误差超差时，应查明原因，制订更换或改造计划并尽快实施；时间不得超过下一次主设备检修完成日期。

l)　运行中的低压电流互感器，宜在电能表更换时进行变比、二次回路及其负荷的检查。

m)　当现场检验条件可比性较高，相邻两次现场检验数据变差大于误差限的 1/3，或误差的变化趋势持续向一个方向变化时，应加强运行监测，增加现场检验次数。

n)　现场检验发现电能表或电能信息采集终端故障时，应及时进行故障鉴定和处理。

8.4　运行质量检验

电能表运行质量检验应遵守下列规定：

a)　电能计量技术机构应根据电能表检定规程规定的检定周期、本标准规定的抽样方案、运行年限、安装区域和实际工作量等情况，制订每年（月）电能表运行质量检验计划。

b)　运行中的电能表到检定周期前一年，按制造厂商、订货（生产）批次、型号等划分抽样批量（次）范围，抽取其样本开展运行质量检验，以确定整批表是否更换。

c)　抽样方案及抽样结果的判定应符合下列规定：

　　1)　依据 GB/T 2828.2—2008 采用二次抽样方案（见表 2）。抽样时应先选定批量（次），然后抽取样本。批量一经确定，不应随意扩大或缩小。

　　2)　选定批量时，应将同一制造厂商、型号、订货（生产）批次和安装地点相对集中的电能表按表 2 中的批量范围划分若干批次，再按表 2 对应的抽样方案进行抽样、检验和判定。选定的批量应注明抽检批次，存档备查。

　　3)　批量（次）确定后，采用简单随机方式从批次中抽取样本。被抽取的样本应先经目测检查，样本应无外力等所致的损坏，且检定封印完好。

表 2　运行电能表二次抽样方案

序号	批量范围	判定方法	抽样方案
1	≤281～1200	n_1；Ac_1，Re_1 n_2；Ac_2，Re_2	32；0，2 32；1，2
2	1201～3200	n_1；Ac_1，Re_1 n_2；Ac_2，Re_2	50；1，4 50；4，5
3	3201～10 000		80；2，5 80；6，7

表 2（续）

序号	批量范围	判定方法	抽样方案
4	10 001～35 000	n_1；Ac_1，Re_1 n_2；Ac_2，Re_2	125；5，9 125；12，13
5	≥35 001		200；9，14 200；23，24

n_1——第一次抽样样本量；
n_2——第二次抽样样本量；
Ac_1——第一次抽样合格判定数；
Ac_2——第二次抽样合格判定数；
Re_1——第一次抽样不合格判定数；
Re_2——第二次抽样不合格判定数。

4） 根据样本运行质量检验的结果，若在第一样本量中发现的不合格品数小于或等于第一次抽样合格判定数，则判定该批表为合格批；若在第一样本量中发现的不合格品数大于或等于第一次抽样不合格判定数，则判定该批表为不合格批。若在第一样本量中发现的不合格品数，大于第一次抽样合格判定数并小于第一次抽样不合格判定数，则抽取第二样本量进行检验。若在第一和第二样本量中发现的不合格品累计数小于或等于第二次抽样合格判定数，则判定该批表为合格批；若第一和第二样本量中的不合格品累计数大于或等于第二次抽样不合格判定数，则判定该批表为不合格批。

5） 判定为合格批的，该批表可以继续运行，两年后再进行运行质量检验；判定为不合格批的，应将该批表全部更换。

6） 电能计量技术管理机构专责人，应根据选定的批量用随机方式确定样本，监督抽样检验的实施和判定。

d） 对需判定批量（次）电能表合格与否的，应出具"×××抽检批量（次）运行质量检验报告"，并存档备查。

e） 运行质量检验负荷点及其误差的测定应符合下列规定：

1） 运行质量检验的电能表不允许拆启原封印。

2） 运行质量检验负荷点：$\cos\varphi$＝1.0 时，为 I_{max}、I 和 $0.1I$ 三点。

3） 运行质量检验的电能表误差应小于被检电能表准确度等级值。误差计算公式为：

$$误差＝\frac{I_{max}\text{时的误差}＋3I\text{时的误差}＋0.1I\text{时的误差}}{5} \tag{1}$$

式中：

I_{max}——电能表最大电流；

I——I_b（直接接入式电能表基本电流）或 I_n（经互感器接入的电能表额定电流）。

公式（1）中的误差均为其绝对值。

4）　电能表日计时误差不应大于±0.5s/d。

5）　电能表需量示值误差（%）不应大于被检电能表准确度等级值。

f)　静止式电能表使用年限不宜超过其设计寿命。

8.5　更换

电能表、低压电流互感器的更换应遵守下列规定：

a)　电能表经运行质量检验判定为不合格批次的，应根据电能计量装置运行年限、安装区域、实际工作量等情况，制订计划并在一年内全部更换。

b)　更换电能表时宜采取自动抄录、拍照等方法保存底度等信息，存档备查。贸易结算用电能表拆回后至少保存一个结算周期。

c)　更换拆回的Ⅰ～Ⅳ类电能表应抽取其总量的 5%～10%、Ⅴ类电能表应抽取其总量的 1%～5%，依据计量检定规程进行误差测定，并每年统计其检测率及合格率。

d)　低压电流互感器从运行的第20年起,每年应抽取其总量的1%～5%进行后续检定，统计合格率不应小于98%。否则，应加倍抽取和检定、统计其合格率，直至全部更换。

9　电能计量检定

9.1　环境条件及设施

电能计量检定的环境条件及设施应满足如下要求：

a)　电能计量技术机构应建立满足工作要求的各类检定实验室，制定并严格执行检定实验室管理制度。

b)　电能表检定宜按单相、三相、常规性能试验、量值传递以及不同准确度等级的区别，分别设置实验室。

c)　电能表、互感器检定实验室和开展常规计量性能试验的实验室，其环境条件应符合有关检定规程和 JJF 1033 的要求。电能表检定及其量值传递的实验室应有良好的恒温性能，温度场应均匀，并应设立与外界隔离的保温、防尘缓冲间。

d)　检定电压互感器和检定电流互感器的实验室宜分开，且应具有足够的安全工作距离，高电压等级的大型互感器检定实验室应配备起吊设备；被检互感器和检定操作台的工作区域应有防爆隔离措施及带自动闭锁机构的安全遮栏。

e)　互感器检修间应有清灰除尘装置以及必要的起吊设备。

f)　进入恒温实验室的人员，应穿戴防止带入灰尘的衣帽和鞋子。夏季在恒温实验室工作的计量检定人员应配备防寒服。

9.2　计量标准

电能计量标准的技术管理应符合如下规定：

a)　电网企业应制订本网各级电能计量技术机构最高计量标准配置规划。原则上最高计量标准等级应根据被检计量器具的准确度等级、数量、测量量程和国家计量检定系统表的规定配置。

b)　电能计量技术机构应制定电能计量标准维护管理制度,建立计量标准装置履历书。每一台/套电能计量标准器或标准装置均应明确其维护管理专责人员。

c)　电能计量标准器应配置齐全。工作标准器的配置，应根据被检计量器具的准确度等级、规格、工作量大小确定。

d) 电能计量标准装置应选用性能稳定、工作可靠、检定效率高并能直接与信息化系统相连接的装置。如自动化检定系统（检定线），全自动多表位、多功能装置。检定数据应能自动存入电能计量管理信息系统数据库且不被人为改变。

e) 新建和在用电能计量标准必须通过计量标准建标考核（复查）合格并取得《计量标准考核证书》后才能开展检定工作。电能计量标准建标考核（复查）应遵守 JJF 1033。

f) 开展电能表检定的标准装置，应按 JJG 597 的要求定期进行检定，其检定证书应在有效期内。

g) 电能计量标准装置应定期或在其主标准器送检前后进行定期核查，及时收集、存储历次期间核查的信息，考核其稳定性。

h) 电能计量标准装置在考核（复查）期满前 6 个月应申请复查考核；更换主标准器或主要配套设备，以及计量标准的封存与撤销应按 JJF 1033 的规定办理有关手续；环境条件及设施变更时应重新申请考核。

i) 电能计量标准器、标准装置经检定不能满足原准确度等级要求，但能满足低一等级的各项技术指标，并符合 JJG 597、JJG 1085 的有关规定，履行必要的手续后可降级使用。

j) 电能计量标准的溯源性、稳定性、重复性、不确定度等技术指标应符合 JJF 1033 的规定，并根据需要参加计量比对和能力验证。

k) 电能计量标准溯源、量值传递以及计量比对和能力验证时，应对计量标准器具的送检及其运输过程实施跟踪管理。

9.3 检定人员

电能计量检定人员的基本条件及要求为：

a) 从事电能计量检定和校准的人员应具有高中及以上学历，掌握必要的电工基础、电子技术和计量基础等知识，熟悉电能计量器具的原理、结构；能熟练操作计算机，掌握检定、校准的相关知识和操作技能。

b) 每台/套电能计量标准装置应至少配备两名符合规定条件的检定或校准人员，并持有与其所开展的检定或校准项目相一致且有效的资质证书。

c) 电能计量检定人员的考核及复查应按照计量检定人员管理办法进行。

d) 计量检定人员中断检定工作一年以上重新工作的，应进行实际操作考核。

9.4 计量检定

开展电能计量检定应遵守下列规定：

a) 电能计量检定应执行国家计量检定系统表和计量检定规程。对尚无计量检定规程的，电网企业、发电企业应根据行业标准或产品标准制订相应的检定、校准或检测方法。

b) 检定电能表时，不得开启表盖、清除原检定（合格）封印和/或标记。新购入的电能表检定时宜按照不超出检定规程规定的基本误差限的 70% 作为判定标准。

c) 经检定合格的机电式（感应式）电能表在库房保存时间超过 6 个月以上的，在安装使用前应重新进行检定；经检定合格的静止式电能表在库房保存时间超过 6 个月以上的，在安装使用前应检查表计功能、时钟电池、抄表电池等是否正常。

d) 电能表、互感器的检定原始记录应完整、可靠地保存。最高标准器和工作标准器的检定或校准证书应长期保存，其他在用电能计量器具的检定原始记录至少保存两个检定周期。

e) 经检定合格的电能表、互感器应施加检定封印和/或合格标记。

f) 检定合格的电能表、低压电流互感器应随机抽取一定比例，用稳定、可靠、更高等级的标准装置进行复检，并对照原记录评价检定工作质量及其所选用的电能表、低压电流互感器质量。

g) 电能计量技术机构应优化资源配置，采用现代技术与装备，确保检定质量、提高检定效率，实现检定项目与过程控制的自动化及其检定数据的存储、传输、分析和应用的信息化管理。

9.5　临时检定

电能计量器具的临时检定应遵守下列规定：

a) 对运行中或更换拆回的电能计量器具准确性有疑义时，电能计量技术机构宜先进行现场核查或现场检验，仍有疑问时应进行临时检定。

b) 电能计量技术机构受理有疑义的电能计量装置检验申请后，对低压和照明用户的电能计量装置，其电能表一般应在 5 个工作日内，低压电流互感器一般应在 10 个工作日内完成现场核查或临时检定；对高压电能计量装置，应在 5 个工作日内依据 DL/T 1664—2016 的规定先进行现场检验。高压电力互感器的现场检验，应根据电力用户的要求，协商在设备停电检修或计划停电期间进行；现场检验电能表时的负荷电流应为正常情况下的实际负荷，如果误差超差或检验结果有异议时，再进行临时检定。

c) 临时检定电能表，按下列用电负荷测定误差，其误差应小于被检电能表准确度等级值。

1) 对高压用户或低压三相供电的用户，一般应按实际用电负荷测定电能表误差，实际负荷难以确定时，应以正常月份的平均负荷测定，即：

$$平均负荷 = \frac{正常月份用电量（kWh）}{正常月份的用电小时数（h）} \tag{2}$$

2) 对居民用户，一般应按月平均负荷测定电能表误差，即：

$$月平均负荷 = \frac{上次抄表期内平均用电量（kWh）}{30 \times 5（h）} \tag{3}$$

3) 居民用户的月平均负荷难以确定时，可按下列方法测定电能表误差，即：

$$误差 = \frac{I_{max}时的误差 + 3I_b时的误差 + 0.2I_b时的误差}{5} \tag{4}$$

式中：

I_{max} ——电能表最大电流；

I_b ——电能表基本电流。

各种负荷电流的电能表误差，按功率因数为 1.0 时的测定值计算。

d) 临时检定电能表时不得拆启原表封印，检定结果应及时通知申请检验方并存档。临时检定后有异议的电能表、低压电流互感器应至少封存一个月。

e) 电能计量装置的现场核查、现场检验结果应及时告知申请检验方，必要时转有关部门处理。

f) 临时检定应出具检定证书或检定结果通知书（不合格通知书）。

10 电能计量印证

10.1 基本要求

电能计量印证（简称计量印证）应归口统一管理。电网企业应制定本企业计量印证管理办法，并组织实施和督导。其电能计量技术机构应结合实际，制定实施细则，明确计量印证的制作、更换、领用、发放、使用权限以及违反规定的处罚条款等。

10.2 计量印证种类

计量印证主要包括：

a) 检定证书；

b) 检定结果通知书（不合格通知书）；

c) 检定合格证（检定合格标记）；

d) 校准证书；

e) 测试（检验、检测）报告；

f) 封印（检定合格印、安装封印、现场检验封印、计量管理封印、用电检查封印及抄表封印等）；

g) 注销印。

10.3 计量印证格式

计量印证的格式要求如下：

a) 各类计量证书和报告应符合国家统一的标准格式。对尚无国家统一标准格式的，应参照相关规定统一制定。

b) 封印和注销印的式样应由电网企业、发电企业统一规定。

c) 封印的型式与结构应科学合理、防伪技术先进，宜采用 RFID 等信息传感技术、国家规定的密钥算法，具有满足需要的信息存储能力。

10.4 计量印证制作

计量印证的制作应遵守如下规定：

a) 计量印证应定点监制，由电能计量技术机构负责统一制作和管理。

b) 所有计量印证必须统一编号（含计量封钳字头）并备案。编号方式应统一规定。

c) 制作计量印证时应与合作方签订保密协议，其样本、印模等应妥善保管。

d) 封印宜根据适用对象、应用场所及分类管理的需要制作。

e) 新购的封印应进行到货验收、性能检验并登记建档，分类可靠存放。

10.5 计量印证使（领）用

计量印证的使（领）用应遵守如下规定：

a) 计量印证应由电能计量技术机构的专人负责保管、发放和领用，并定期对使用情况进行核查。具体要求如下。

1）　领用人应事先办理申请手续，并经电能计量技术机构负责人审批。领取的印证及其数量应详细登记并可靠保存和使用；印模（封钳）应与领取人签名一起备案。

2）　使用人在工作变动时必须交回其所领取而未使用的计量印证。

3）　封印的使（领）用应有记录，管理可追溯，责任应落实并可追究。

b）　计量印证的领用发放只限于从事电能计量技术管理、检定、安装、更换、现场检验、抄表的人员。领取的计量印证应与其所从事的工作相符，不允许跨区域或超越其职责范围使用。其他人员严禁领用。

c）　封印应按照使用场所及其工作性质分为实验室和现场工作两类，各专业之间不得混用。具体要求如下。

1）　从事检定、校准工作的人员只限于使用检定封印及其合格印；从事安装和更换的人员只限于使用安装封印；从事现场检验的人员只限于使用现场检验封印；电能计量技术机构的主管和电能计量专责人可使用管理封印。

2）　抄表封印适用于只有开启电能计量柜（屏、箱）才能进行抄表的人员，且仅限于对电能计量柜（屏、箱）门和电能表的抄读装置施加此类封印。

3）　安装封印施用于计量二次回路的所有接线端子、电能表接线端子盒及电能计量柜（屏、箱）门等。

4）　注销印施用于被淘汰的电能计量器具。

5）　电能表抽样检验的样本，应由抽样人员及时施加封印或标记。

d）　经实验室检定合格/校准的各类电能计量标准、电能计量器具（含电能表编程盖板）、电压失压计时仪等，应由检定（校准）人员及时施加封印。

e）　现场工作结束后应立即施加相关封印，并应由电力用户或变电运行维护人员在工作票（单）封印完好栏内签字确认。施用各类封印的人员应对其工作负责，电力用户或变电运行维护人员应对检定合格印和各类封印标记的完好负责。

f）　运行中的电能计量装置检定合格印及其他封印标记，未经本单位电能计量技术机构负责人或计量专责人同意不允许启封或清除（确因现场检验工作需要，现场检验人员可启封必要的安装封印），经同意启封或清除的应及时办理或补办备案手续。

g）　经检定、校准的电能计量标准器或标准装置，其检定、校准结果的处理应符合相应检定或校准规程的规定。

h）　经检定的工作计量器具，合格的由其检定人员施加检定合格印，出具"检定合格证"或施加检定合格标记。对检定结论有特殊要求时，合格的由检定人员施加检定合格封印及其合格标记，出具"检定证书"；不合格的，出具"检定结果通知书"（不合格通知书），并清除原检定封印及其检定合格标记。

i）　"检定证书""检定结果通知书"（不合格通知书）应字迹清楚、数据无误、无涂改，且有检定、核验、授权签字人签字，加盖电能计量技术机构计量检定专用章和骑缝印，并在电能计量管理信息系统中存入备份。

j）　计量封钳的持用人应妥善保管所持封钳。封钳损坏或遗失，以及持用人不再任职与封印使用有关的岗位上缴封钳时，应及时办理登记、审核手续，并采取必要的预防措施。

k） 宜采用现代信息与网络技术，对施加、清除封印的操作予以详细记录，实现封印信息与被加封设备信息的绑定或解除以及跟踪查询和统计分析。

10.6　计量印证审核与更换

计量印证应定期审核、适时更换，具体要求如下：

a） 电能计量技术机构应制定并落实计量印证定期审核制度。每年应对所有计量印证及其使用情况进行一次全面的核查，对发现的问题应及时采取纠正和预防措施。

b） 根据工作需求和防伪技术的进步应及时变更封印，按照10.3、10.4的规定重新设计和制作。

c） 各类封印应清晰完整，发现残缺、磨损、防伪性能缺失的封印应立即停止使用，并及时收回和登记，予以封存或报废处理。更换封印应重新办理领用手续。

d） 拆回的已用封印以及不合格、淘汰或者其他原因导致不能使用的未用封印应予以报废。

　　1） 需要淘汰、报废的封印（含印模、封钳）应如数回收和登记。经审批后，及时销毁。

　　2） 封印（含印模、封钳）销毁时应有电能计量专业人员现场监督，并通过影像保留销毁资料。

11　电能计量信息

11.1　基本要求

电网企业、发电企业和供电企业应全面、系统、完整地收集电能计量装置技术管理活动的所有需要信息，统一开发建设电能计量管理信息系统，建立电能计量信息数据库，实现与其他相关业务信息系统的资源共享。建立计量资产全寿命、管理活动全过程、相关因素全覆盖、工作质量全管控的信息化、智能化管理体系。

电能计量资产信息应分类管理，其内容应翔实，宜按一个或多个组合特征进行检索、分析和跟踪管理，并有可靠的备份和益于长期保存的措施。

11.2　电能计量资产信息

11.2.1　计量标准

资产名称、资产编号、制造厂名、出厂编号、型号、规格、等级、常数（脉冲常数）、状态、购置日期、购价、验收（接收）日期、使用日期、使用（保管）地点、使用（保管）人、停用及报废日期、停用及报废原因，以及计量标准考核（复查）日期及有效期、上次送检（周检）日期和有效期等。

11.2.2　电能表

资产名称、购置批次、产权、资产编号、制造厂名、出厂编号、型号、规格、准确度等级、常数（脉冲常数）、状态、购置日期、购价、验收（接收）日期、领用（配送）日期、领用（配送）人，以及信息交换与安全认证的相关信息等。

11.2.3　互感器

资产名称、购置批次、产权、资产编号、制造厂名、出厂编号、型号、额定电压（电流）、额定容量、额定功率因数、准确度等级、变比、出厂日期、状态、购置日期、购价、验收（接收）日期、领用（配送）日期、领用（配送）人等。

11.2.4　电能计量柜（箱、屏）

资产名称、产权、资产编号、制造厂名、型号、规格、出厂编号、生产日期、状态、使用日期、购置日期、购价等。

11.2.5　其他测试仪器仪表

资产名称、制造厂名、名牌参数（如型号、规格等）、状态、购置日期、购价、领用日期、领用人等。

11.2.6　实验室及仓储库房

资产名称（整栋建筑）、产权、竣工日期、投入使用日期、建筑物结构、总使用面积，实验室名称、面积、投运日期，仓储库房名称、面积、层高、投运日期等。

11.2.7　仓储配送设备及设施

仓储配送设备及设施包括：堆（拆）垛机、物流传送设备、机器人和各种运输车辆等。其基本信息为资产名称、产权、资产编号、制造厂名、型号、规格、出厂编号、生产日期、状态、购置日期、购价、投运日期等。

11.3　电能计量器具选型、订货及验收信息

11.3.1　电能计量器具选型、订货和验收的方案、计划及其执行全过程应有记录，原始资料应完整、翔实。

11.3.2　选型

电能计量器具选型信息主要包括：

a）　选型方案；

b）　选型活动信息（选型日期，地点，参加人员等）；

c）　选型试验、评价和结论等。

11.3.3　订货

电能计量器具订货信息主要包括：

a）　订货采购计划、申请、审批及批复意见；

b）　招标结果；

c）　订货合同、清单等。

11.3.4　验收

电能计量器具验收信息主要包括：

a）　全性能检测结果数据；

b）　抽样验收检测结果数据；

c）　所有验收项目信息；

d）　验收人员信息；

e）　验收结论信息等。

11.4　检定（校准、检验）数据信息

计量检定（校准、检验）数据等信息应及时存储、可靠备份并可追溯。据此可分析每一制造厂商、批次、型号的产品质量和检定人员、标准设备、检定工作的质量，自动生成统计分析报告、后续检定提醒以及有关预警等。

计量检定（校准、检验）数据信息主要包括：

a) 计量标准器检定或校准数据；

b) 计量标准装置检定或校准数据；

c) 电能表到货前后批次验收检测数据；

d) 互感器到货前后批次验收检测数据；

e) 电能表、互感器检定数据；

f) 电能表批次划分信息及运行质量检验数据；

g) 电能表、互感器现场检验数据；

h) 二次回路现场检测数据；

i) 其他测试设备及仪器的历次检定、校准或检测数据等。

11.5 电能计量器具仓储、运输及配送信息

记录电能计量器具的仓储库房、库位、状态等信息并及时更新，库存周期应可预警、库存信息应与电能计量器具实物相符；根据电能计量器具配送需求，制订相应的配送计划，并记录运输及配送过程各环节的信息。

电能计量器具仓储、运输及配送信息主要包括：

a) 电能计量器具入库信息；

b) 电能计量器具出库信息；

c) 库房、库位及状态，温湿度等信息；

d) 配送车辆、驾驶员信息；

e) 配送清单、地点；

f) 交接人员、时间和有关手续等。

11.6 电能计量装置设计审查、安装及竣工验收信息

根据电能计量装置设计审查、安装与验收管理规定，记录设计审查、安装及其验收的全过程信息。据此对设计的合规性、安装质量和电能计量装置原始状况进行评价。

电能计量装置设计审查、安装及竣工验收信息主要包括：

a) 设计审查信息：组织审查部门、时间、地点、参加人员、审查意见等。

b) 电力用户信息：企业名称、企业代码、地址、报装容量、供电方式、供电线路、计量方式、电能计量装置套数等。

c) 电能计量装置安装地点及其三维地理坐标数据。

d) 电能表资产编号、型号、规格、准确度等级、安装日期及制造厂商。

e) 互感器资产编号、型号、规格、准确度等级、安装日期及制造厂商。

f) 二次回路连接导线或电缆的型号、规格、长度。

g) 电能计量柜（箱、屏）的编号、型号、封印编号、表位数、安装位置、安装日期及制造厂商等。

h) 技术资料信息（包括Ⅰ、Ⅱ、Ⅲ类电能计量装置的原理接线图和工程竣工图）。

i) 现场核查信息。

j) 验收试验数据。

k) 验收结果信息。

l) 验收人员、时间等。

11.7 电能计量装置运行信息

综合第 11 章电能计量资产、电能计量装置安装与竣工验收等相关信息并及时收集运行维护过程中的各类信息，应能便捷地查询任一电能计量器具运行的全过程和任一计量点（或电力用户）使用过的所有电能计量器具；也可分区、分类、按计量点（或用户）、计量方式检索、查询和统计，实现各类型电能计量器具运行状况和用户用电情况的智能诊断、分析和评价，并按年、季、月自动生成电能计量装置的现场检验计划、运行质量检验计划和更换计划等。

电能计量装置运行信息主要包括：

a) 运行电能计量装置分类一览表；

b) 电能计量装置配置及历次更换情况记录；

c) 日常巡视、处理缺陷和消除隐患等记录；

d) 历次现场检验信息；

e) 封印与被加封设备的绑定与解除记录；

f) 电能表设置信息和异常记录（未用电、电能表烧坏、停走、倒走、门闭等）；

g) 电能量实时或历史冻结信息；

h) 电能质量实时或历史冻结信息；

i) 电能计量装置操作信息；

j) 电能计量装置预警信息；

k) 电能计量装置故障信息；

l) 外界影响信息等。

11.8 报废与淘汰信息

记录电能计量器具报废与淘汰的处理申请、技术鉴定、审核批准和处置的全过程信息，并应与销毁或保存的时间　相符。

11.9 文档及技术资料信息

11.9.1 建立计量文档和技术资料电子信息库，并制定相应的管理制度定期对文档、技术资料进行网络化检索和更新。在用（存）文档和技术资料应内容齐全、版本有效，并妥善保管。

11.9.2 文档和技术资料应分类管理，如分为法律法规、技术标准、管理制度、培训教材和技术档案（如使用说明书、原理图、施工图）等。

11.9.3 根据计量标准考核（复查）证书、计量标准器检定、校准证书（报告）等信息和相关技术规程自动生成计量标准考核（复查）申请和溯源计划。

11.9.4 文档及技术资料信息主要包括：

a) 《中华人民共和国电力法》及其配套法规；

b) 《中华人民共和国计量法》及其配套法规；

c) 各类计量技术规程、规范；

d) 各类计量证书（报告）及计量标准考核（复查）文件；

e) 电能计量技术机构考核、授权文件；

f) 电能计量技术机构管理体系文件；

g) 计量标准装置、标准器及试验用仪器仪表等的说明书、接线及原理图纸等；

h) 有关的电力系统一次、二次接线图，计量点配置图，电能计量装置设计安装图纸等资料；

i) 有关文件档案等。

11.10 人员档案信息

电能计量人员档案信息主要包括：

a) 电能计量技术机构应全面、翔实的建立电能计量人员电子信息档案。

b) 电能计量人员信息，应能按性别、年龄、学历、职称、专业及其工作年限、持证项目及证号等进行查询统计，生成计量人员培训计划、检定人员取证与技能考核计划等。

c) 电能计量技术机构应建立所有授权开展项目的检定、校准、现场检验等技术人员以及负责签发证书（报告）人员的有关授权、能力、教育和专业资格、培训、技能和经验的信息档案。

11.11 软件及密码（钥）管理

电能计量用软件、密码（钥）的技术管理信息主要包括：

a) 建立和实施电能计量用各类编程、计算、数据传输、安全密钥及密码和信息系统软件、参数的保护程序及其管理制度，其中应包括（但不限于）数据输入或采集、数据存储、数据传输和处理的完整性和保密性规定，并严格督查。

b) 电能计量技术机构应定期维护计算机、自动化设备和信息系统，以确保其功能正常，并为其提供保护检定、校准和检验数据完整性所必需的环境和运行条件。

c) 电能表软件、通信协议，在补充数据项、扩展功能时应予备案，遵守有关规定。

d) 电能计量编程软件、安全密钥、移动作业终端应有防止失密、丢失或遗忘的安全保护措施。

e) 对制造厂商提供的各类软件应实行安全认证及软件版本备案管理。

f) 建立电能表密钥管理系统，对密钥的接收、产生、传递、保管、分发、应用、备份、恢复和销毁的全过程，以及各类计量计费卡（用户卡、工具卡、PSAM 卡等）的注入、发行、密钥的更新和密钥介质实施有效的监督和管理。

g) 应用国家信息安全机构认可的加密技术，对电能表信息交换及其安全认证的数据结构和操作流程实行规范管理。

12 统计分析与评价

12.1 基本要求

12.1.1 积极探索大数据、云计算技术在电能计量装置技术管理中的应用，并依托电能计量信息数据库和电能计量管理信息系统，采用科学的统计分析方法，进行多维度、加权、定量化的综合统计与分析，开展电能计量器具产品质量和寿命周期评价、供应商评价、电能计量装置配置和运行工况评价以及技术管理工作质量评价。

12.1.2 电能计量技术机构应定期进行内部评审，验证和评价电能计量装置技术管理的符合性，制定并实施预防和纠正措施，持续改进和提升电能计量装置技术管理水平。内部评审的周期一般不超过 12 个月。

12.2 主要指标

12.2.1 计量标准溯源性

计量标准溯源性指标包括电能计量标准器、标准装置的周期受检率及周检合格率，其计算公式为：

$$周期受检率 = \frac{实际检定数}{按规定周期应检定数} \times 100\% \tag{5}$$

$$周检合格率 = \frac{实际检定合格数}{实际检定数} \times 100\% \tag{6}$$

电能计量标准器、标准装置的周期受检率不应低于 100%，周检合格率不应低于 98%。

12.2.2 在用计量标准考核（复查）

在用电能计量标准考核（复查）率应为 100%，其计算公式为：

$$考核（复查）率 = \frac{实际考核（复查）数}{规定的应考核（复查）数} \times 100\% \tag{7}$$

12.2.3 现场检验仪器稳定性考核

电能计量技术机构每季度应对电能表、互感器现场检验仪器进行稳定性考核。考核方法参照 JJF 1033 相关规定和相关检定规程进行。

电能表、互感器现场检验仪器稳定性考核率应为 100%。其计算公式为：

$$稳定性考核率 = \frac{实际考核数}{规定的应考核数} \times 100\% \tag{8}$$

12.2.4 电能计量装置配置

电能计量装置配置率应满足 GB 17167 的规定。其中，贸易结算用电能计量装置的配置率应为 100%，考核电力系统经济技术指标用电能计量装置的配置率不应低于 95%。其计算公式为：

$$配置率 = \frac{实际配置数}{规定的应配置数} \times 100\% \tag{9}$$

12.2.5 运行电能计量装置检验

运行电能计量装置检验指标包括电能表、低压电流互感器、高压电力互感器和互感器二次回路的检验率及其合格率，其计算公式为：

a）电能表

$$运行质量检验率 = \frac{实际被检验数}{应拆回的电能表总数} \times 100\% \tag{10}$$

$$运行质量检验合格率 = \frac{检验合格数}{实际被检验数} \times 100\% \tag{11}$$

宜分别统计 Ⅰ ～ Ⅴ 类电能表的运行质量检验率及合格率。

$$现场检验率 = \frac{实际检验数}{应检验数} \times 100\% \tag{12}$$

运行电能表的现场检验率应为 100%。

b）低压电流互感器

$$后续检定率 = \frac{实际检定数}{应检定数} \times 100\% \tag{13}$$

$$后续检定合格率 = \frac{检定合格数}{实际检定数} \times 100\% \tag{14}$$

    c)   高压电力互感器。高压电力互感器现场检验率的计算，见公式（12）。

    d)   互感器二次回路

$$检测率 = \frac{实际检测数}{应检测数} \times 100\% \tag{15}$$

电压互感器二次回路电压降引起误差的检测率应为100%。

12.2.6　电能计量装置故障率

$$故障率 = \frac{实际发生故障数}{运行电能表和互感器总数} \times 100\% \tag{16}$$

12.3　统计报表

电能计量技术机构对评价电能计量装置技术管理的各项要素和指标，以及各类计量点、计量资产至少每年统计一次，宜应用电能计量管理信息系统自动生成报表并上报其主管部门。具体统计与上报期限以及报表格式与内容，由电网企业、发电企业根据其管理需要自行规定。

电能计量装置安装接线规则

Installation and wiring connection rules for Electric energy metering device

DL/T 825－2002

2002–09–16发布　　　　　　　　　　　　　　　　2002–12–01实施

目　　次

前　　言

　　为了保障电能计量装置的准确安全可靠，本标准参照国家有关标准和电力行业标准，结合电力系统发供电整体管理的特点而制定。

　　本标准还考虑计量接线与准确度的关系，除标准中提出线径的计算外，还在附录中比较详细地介绍了电压互感器二次回路导线截面的计算。

　　本标准的附录A、附录B、附录C、附录D均为规范性附录。

　　本标准由原电力工业部安全司提出。

　　本标准由电力行业电测量标准化技术委员会归口。

　　本标准起草单位：国家电力公司发输电运营部。

　　本标准主要起草人：朱淑琴　陈俪　侯绍绪　陈　伟　严序良　黄寿海　崔向东

1　范围

　　本标准规定了电力系统中计费用和非计费用交流电能计量装置的接线方式及安装规定。

　　本标准适用于各种电压等级的交流电能计量装置。

　　电能计量装置中弱电输出部分由于尚无统一规范，故暂不包括在内。

2 规范性引用文件

下列文件中的条款通过本标准的引用而成为本标准的条款。凡是注日期的引用文件，其随后所有的修改单（不包括勘误的内容）或修订版均不适用于本标准，然而鼓励根据本标准达成协议的各方研究是否可使用这些文件的最新版本。凡是不注日期的引用文件，其最新版本适用于本标准。

GB 156　标准电压

GB 1404　酚醛模塑料

GB/T 2681　电工成套装置中的导线颜色

GB/T 16934　电能计量柜

GB 16935.1　低压系统内设备的绝缘配合　第 1 部分：原理、要求和试验

DL/T 448　电能计量装置技术管理规程

DL/T 5137　电测量及电能计量装置设计技术规范

3 术语

下列术语和定义适用于本标准：

3.1 电能计量装置　electric energy metering device

为计量电能所必需的计量器具和辅助设备的总体（包括电能表和电压、电流互感器及其二次回路等）。

3.2 试验接线盒　test terminal block

用以进行电能表现场试验及换表时，不致影响计量单元各电气设备正常工作的专用部件。

3.3 中性点非有效接地系统　ineffective neutral-point grounded system

中性点不接地、经高值阻抗接地、谐振接地的系统。本系统也称小电流接地系统。

3.4 中性点有效接地系统　effective neutral-point grounded system

中性点直接接地系统或经一低值阻抗接地的系统。本系统也称为大电流接地系统。

3.5 谐振接地系统　resonant grounded system

中性点经消弧线圈接地的系统。

3.6 低压电力系统（简称低压）　low voltage distribution network

一般低压指小于 1kV 的电压，但本标准中专指 220/380V 电力系统。

3.7 高压电力系统（简称高压）high voltage power system

本标准中指大于 1kV 的电力系统。电压等级见 GB 156。

3.8 分相接法　split phase connection

各相电流互感器分别单独与电能表对应相的电流线路连接。

3.9 完全星型接法　star connection

三相四线电路各相电流互感器的二次回路，按 Y 形方式连接。

3.10 不完全星型接法　incomplete star connection

三相三线电路两相（一般为 U、W 相）电流互感器的二次回路，按 V 形方式连接。

4　技术要求

4.1　接线方式

4.1.1　低压计量

4.1.1.1　低压供电方式为单相二线者应安装单相有功电能表。

4.1.1.2　低压供电方式为三相者应安装三相四线有功电能表，有考核功率因数要求者，应加装三相无功电能表。特殊情况亦可安装三只感应式无止逆单相有功电能表。

4.1.2　高压计量

4.1.2.1　中性点非有效接地系统一般采用兰相三线有功、无功电能表，但经消弧线圈等接地的计费用户且年平均中性点电流（至少每季测试一次）大于 $0.1\%I_{\mathrm{N}}$（额定电流）时，也应采用三相四线有功、无功电能表。

4.1.2.2　中设点有效接地系统应采用三相四线有功、无功电能表。

4.1.3　电能计量装置常用的几种典型接线图见附录 A。电能表的实际配置按不同计量方式确定，有功电能表、无功电能表根据需要可换接为多费率电能表、多功能电能表。

4.2　二次回路

4.2.1　所有计费用电流互感器的二次接线应采用分相接线方式。非计费用电流互感器可以采用星形（或不完全星形）接线方式（简称：简化接线方式）。

4.2.2　电压、电流回路 U、V、W 各相导线应分别采用黄、绿、红色线，中性线应采用黑色线或采用专用编号电缆。导线颜色见 GB/T 2681。

4.2.3　电压、电流回路导线均应加装与图纸相符的端子编号，导线排列顺序应按正相序（即黄、绿、红色线为自左向右或自上向下）排列。

4.2.4　导线应采用单股绝缘铜质线；电压、电流互感器从输出端子直接接至试验接线盒，中间不得有任何辅助接点、接头或其他连接端子。35kV 及以上电压互感器可经端子箱接至试验接线盒。导线留有足够长的裕度。110kV 及以上电压互感器回路中必须加装快速熔断器。

4.2.5　经电流互感器接入的低压三相四线电能表，其电压引入线应单独接入，不得与电流线共用，电压引入线的另一端应接在电流互感器一次电源侧，并在电源侧母线上另行引出，禁止在母线连接螺丝处引出。电压引入线与电流互感器一次电源应同时切合。

4.2.6　电流互感器二次回路导线截面 A 应按式（1）进行选择，但不得小于 4mm²。

$$A = \rho L 10^6 / R_{\mathrm{L}}\;(\mathrm{mm}^2) \tag{1}$$

式中：

ρ——铜导线的电阻率，此处 $\rho = 1.8 \times 10^{-8}\,\Omega \cdot \mathrm{m}$；

L——二次回路导线单根长度，m；

R_{L}——二次回路导线电阻，Ω。

R_{L} 值按式（2）进行计算：

$$R_{\mathrm{L}} \leqslant \frac{S_{2\mathrm{N}} - I_{2\mathrm{N}}^2(K_{\mathrm{jx2}}Z_{\mathrm{m}} + R_{\mathrm{k}})}{K_{\mathrm{jx}}I_{2\mathrm{N}}^2} \tag{2}$$

式中：

K_{jx}——二次回路导线接线系数，分相接法为 2，不完全星形接法为 $\sqrt{3}$，星形接法为 1；

K_{jx2} ——串联线圈总阻抗接线系数，不完全星形接法时如存在 V 相串联线圈（例：接入 90° 跨相无功电能表）则为 $\sqrt{3}$，其余均为 1；

S_{2N} ——电流互感器二次额定负荷，VA；

I_{2N} ——电流互感器二次额定电流，A，一般为 5A；

Z_m ——计算相二次接入电能表电流线圈总阻抗，Ω；

R_k ——二次回路接头接触电阻，Ω，一般取 0.05Ω～0.1Ω，此处取 0.1Ω。

根据以上设定值，对分相接法的二次回路导线截面可按式（3）计算：

$$A \geqslant 0.9L / (S_{2N} - 25Z_m - 2.5) \quad (mm^2) \tag{3}$$

4.2.7 电压互感器实际二次负荷在不同接线方式下，有不同的计算方法，参见附录 B。

4.2.8 电压互感器二次回路导线截面应根据导线压降不超过允许值进行选择，但其最小截面不得小于 2.5mm²。I、II 类电能计量装置二次导线压降的允许值为 $0.2\%U_{2N}$，其他类电能计量装置二次导线压降的允许值为 $0.5\%U_{2N}$。此处允许值包括比差和角差，即按式（4）计算：

$$\Delta U_{2N}\% = \sqrt{f^2 + \delta^2} \times 100\% \tag{4}$$

式中：

f ——电压互感器二次回路导线引起的比差；

δ ——电压互感器二次回路导线引起的角差（弧度），如以（′）为单位的角差是 θ，δ 则按式（5）计算：

$$\delta = 2.9 \times 10^{-4} \times \theta \tag{5}$$

凡仅考虑比差的计算方法均不可采用，如负荷矩法等。采用感应式电能表时的选择可见附录 C。

4.2.9 电压互感器及高压电流互感器二次回路均应只有一处可靠接地。高压电流互感器应将互感器二次 n_2 端与外壳直接接地，星形接线电压互感器应在中心点处接地，V—V 接线电压互感器在 V 相接地。

4.2.10 双回路供电，应分别安装电能计量装置，电压互感器不得切换。

4.3 直接接通式电能表

4.3.1 属金属外壳的直接接通式电能表，如装在非金属盘上，外壳必须接地。

4.3.2 直接接通式电能表的导线截面应根据额定的正常负荷电流按表 1 选择。所选导线截面必须小于端钮盒接线孔。

表 1　负荷电流与导线截面选择表

负荷电流 A	铜芯绝缘导线截面 mm²
$I < 20$	4.0
$20 \leqslant I < 40$	6.0
$40 \leqslant I < 60$	7×1.5
$60 \leqslant I < 80$	7×2.5
$80 \leqslant I < 100$	7×4.0
注：按 DL/T 448—2000 规定，负荷电流为 50A 以上时，宜采用经电流互感器接入式的接线方式。	

4.4　二次回路的绝缘测试

二次回路的绝缘测试是指测量绝缘电阻。绝缘配合见 GB 16935.1。

绝缘电阻测量，采用 500V 兆欧表进行测量，其绝缘电阻不应小于 5MW。试验部位为：所有电流、电压回路对地；各相电压回路之间；电流回路与电压回路之间。

5　安装要求

5.1　计量柜（屏、箱）

5.1.1　63kV 及以上的计费电能表应配有专用的电流、电压互感器或电流互感器专用二次绕组和电压互感器专用二次回路。

5.1.2　35kV 电压供电的计费电能表应采用专用的互感器或电能计量柜。电能计量柜见 GB/T 16934 规定。

5.1.3　10kV 及以下电力用户处的电能计量点应采用全国统一标准的电能计量柜（箱），低压计量柜应紧靠进线处，高压计量柜则可设置在主受电柜后面。

5.1.4　居民用户的计费电能计量装置，必须采用符合要求的计量箱。

5.2　电能表

5.2.1　电能表应安装在电能计量柜（屏）上，每一回路的有功和无功电能表应垂直排列或水平排列，无功电能表应在有功电能表下方或右方，电能表下端应加有回路名称的标签，二只三相电能表相距的最小距离应大于 80mm，单相电能表相距的最小距离为 30mm，电能表与屏边的最小距离应大于 40mm。

5.2.2　室内电能表宜装在 0.8m～1.8m 的高度（表水平中心线距地面尺寸）。

5.2.3　电能表安装必须垂直牢固，表中心线向各方向的倾斜不大于 1°。

5.2.4　装于室外的电能表应采用户外式电能表。

5.3　互感器

5.3.1　为了减少三相三线电能计量装置的合成误差，安装互感器时，宜考虑互感器合理匹配问题，即尽量使接到电能表同一元件的电流、电压互感器比差符号相反，数值相近；角差符号相同，数值相近。当计量感性负荷时，宜把误差小的电流、电压互感器接到电能表的 W 相元件。

5.3.2　同一组的电流（电压）互感器应采用制造厂、型号、额定电流（电压）变比、准确度等级、二次容量均相同的互感器。

5.3.3　二只或三只电流（电压）互感器进线端极性符号应一致，以便确认该组电流（电压）互感器一次及二次回路电流（电压）的正方向。

5.3.4　互感器二次回路应安装试验接线盒，便于实负荷校表和带电换表，试验接线盒的技术要求见附录 D。

5.3.5　低压穿芯式电流互感器应采用固定单一的变比，以防发生互感器倍率差错。

5.3.6　低压电流互感器二次负荷容量不得小于 10VA。高压电流互感器二次负荷可根据实际安装情况计算确定。

电流互感器二次负荷容量按式（6）计算：

$$S = I_{2N}^2 (K_{jx}R_L + K_{jx2}Z_m + R_k)　\text{（6）}$$

5.4 熔断器

5.4.1 35kV 以上电压互感器一次侧安装隔离开关，二次侧安装快速熔断器或快速开关。35kV 及以下电压互感器一次侧安装熔断器，二次侧不允许装接熔断器。

5.4.2 低压计量电压回路在试验接线盒上不允许加装熔断器。

5.5 电力用户用于高压计量的电压互感器二次回路，应加装电压失压计时仪或其他电压监视装置。

5.6 施工结束后，电能表端钮盒盖、试验接线盒盖及计量柜（屏、箱）门等均应加封。

5.7 基本施工工艺

基本要求是：按图施工、接线正确；电气连接可靠、接触良好；配线整齐美观；导线无损伤、绝缘良好。

5.7.1 二次回路接线应注意电压、电流互感器的极性端符号。接线时可先接电流回路，分相接线的电流互感器二次回路宜按相色逐相接入，并核对无误后，再连接各相的接地线。简化接线方式的电流互感器二次回路，可利用公共线，分相接入时公共线只与该相另一端连接，其余步骤同上。电流回路接好后再按相接入电压回路。

5.7.2 二次回路接好后，应进行接线正确性检查。

5.7.3 电流互感器二次回路每只接线螺钉只允许接入两根导线。

5.7.4 当导线接入的端子是接触螺钉，应根据螺钉的直径将导线的末端弯成一个环，其弯曲方向应与螺钉旋入方向相同，螺钉（或螺帽）与导线间、导线与导线间应加垫圈。

5.7.5 直接接入式电能表采用多股绝缘导线，应按表计容量选择。遇若选择的导线过粗时，应采用断股后再接入电能表端钮盒的方式。

5.7.6 当导线小于端子孔径较多时，应在接入导线上加扎线后再接入。

<h2 style="text-align:center">附　录　A</h2>

（规范性附录）

<h3 style="text-align:center">电能计量装置常用的几种典型接线图</h3>

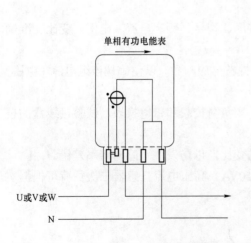

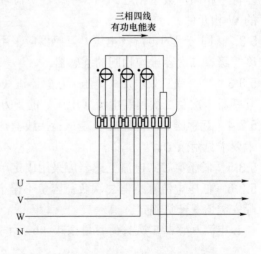

图 A.1　单相计量有功负荷直接接入方式　　图 A.2　低压计量有功电能直接接入方式

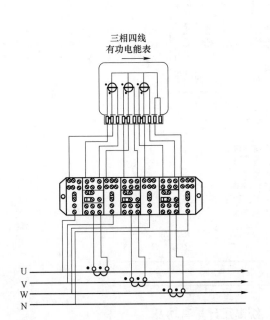

图 A.3 低压计量有功电能分相接线方式

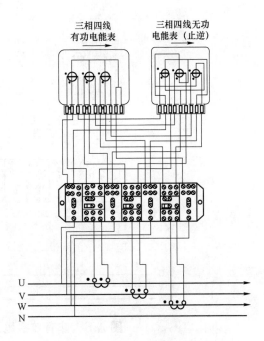

图 A.4 低压计量有功及无功
电能电流分相接线方式

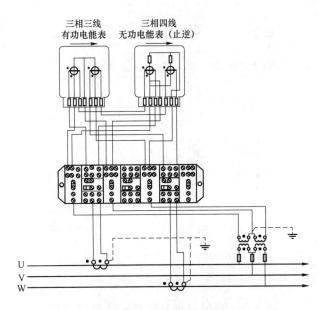

图 A.5 非有效接地系统高压计量有功及
感性无功电能分相接线方式

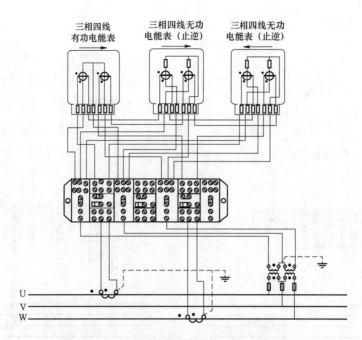

图 A.6　非有效接地系统高压计量有功及
感性、容性无功电能分相接线方式

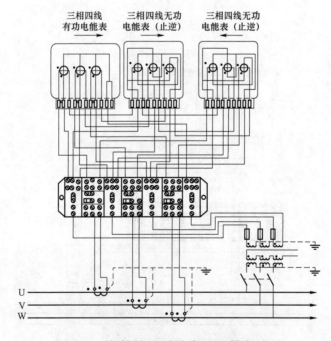

图 A.7　有效接地系统高压计量有功及
感性、容性无功电能分相接线方式

附 录 B

（规范性附录）

电压互感器实际二次负荷的计算

电压互感器二次负荷仅考虑所接表计电压回路的负荷，不同接线方式下，各相有功功率和无功功率见表 B.1，电压线路功率消耗极限见表 B.2。

表 B.1 电压互感器各相有功功率和无功功率

TV 和负荷都是 V 形接线	$P_{uv}=W_{uv}\cos\varphi_{uv}$
	$Q_{uv}=W_{uv}\sin\varphi_{uv}$
	$P_{vw}=W_{vw}\cos\varphi_{vw}$
	$Q_{uw}=W_{uw}\sin\varphi_{uw}$
TV V 形接线、负荷 △形接线	$P_{uv}=W_{uv}\cos\varphi_{uv}+W_{wu}\cos(\varphi_{wu}+60°)$
	$Q_{uv}=W_{uv}\sin\varphi_{uv}+W_{wu}\sin(\varphi_{wu}+60°)$
	$P_{vw}=W_{vw}\cos\varphi_{vw}+W_{wu}\cos(\varphi_{wu}-60°)$
	$Q_{vw}=W_{vw}\sin\varphi_{vw}+W_{wu}\sin(\varphi_{wu}-60°)$
TV和负荷都是Y形接线	$P_{u}=W_{u}\cos\varphi_{u}$
	$Q_{u}=W_{u}\sin\varphi_{u}$
	$P_{v}=W_{v}\cos\varphi_{v}$
	$Q_{v}=W_{v}\sin\varphi_{v}$
	$P_{w}=W_{w}\cos\varphi_{w}$
	$Q_{w}=W_{w}\sin\varphi_{w}$
TV Y形接线、负荷 V 形接线	$P_{u}=(1/\sqrt{3})W_{uv}\cos(\varphi_{uv}-30°)$
	$Q_{u}=(1/\sqrt{3})W_{uv}\sin(\varphi_{uv}-30°)$
	$P_{v}=(1/\sqrt{3})[W_{uv}\cos(\varphi_{uv}+30°)+W_{vw}\cos(\varphi_{vw}-30°)]$
	$Q_{v}=(1/\sqrt{3})[W_{uv}\sin(\varphi_{uv}+30°)+W_{vw}\sin(\varphi_{vw}-30°)]$
	$P_{w}=(1/\sqrt{3})W_{vw}\cos(\varphi_{vw}+30°)$
	$Q_{w}=(1/\sqrt{3})W_{vw}\sin(\varphi_{vw}+30°)$
TV Y形接线、负荷△形接线	$P_{u}=(1/\sqrt{3})[W_{uv}\cos(\varphi_{uv}-30°)+W_{wu}\cos(\varphi_{wu}+30°)]$
	$Q_{u}=(1/\sqrt{3})[W_{vu}\sin(\varphi_{uv}-30°)+W_{wu}\sin(\varphi_{wu}+30°)]$
	$P_{v}=(1/\sqrt{3})[W_{uv}\cos(\varphi_{uv}+30°)+W_{vw}\cos(\varphi_{vw}-30°)]$
	$Q_{v}=(1/\sqrt{3})[W_{uv}\sin(\varphi_{uv}+30°)+W_{vw}\sin(\varphi_{vw}-30°)]$
	$P_{w}=(1/\sqrt{3})[W_{vw}\cos(\varphi_{vw}+30°)+W_{wu}\cos(\varphi_{wu}-30°)]$
	$Q_{w}=(1/\sqrt{3})[W_{vw}\sin(\varphi_{vw}+30°)+W_{wu}\sin(\varphi_{wu}-30°)]$

注 1：电压互感器各相视在功率 $W=\sqrt{P^2+Q^2}$，各相功率因数角 $\varphi=\tan^{-1}(Q/P)$。

注 2：表中 W_{uv}、W_{vw}、W_{wu}、W_{u}、W_{v}、W_{w} 分别是 UV、VW、WU、U、V、W 相所接表计的视在功率，可根据表 B.2 选取，φ_{uv}、φ_{vw}、φ_{wu}、φ_{u}、φ_{v}、φ_{w} 是各相表计的功率因数角。

表 B.2 电压线路功率消耗极限

表计等级	0.5 级	1 级	2 级	3 级
有功电能表($I_{max}<4I_b$)	3W 和 12VA	3W 和 12VA	2W 和 8VA	
有功电能表($I_{max}\geqslant4I_b$)			2W 和 8VA	
无功电能表			5W 和 10VA	5W 和 10VA
60°无功电能表			5W 和 10VA	5W 和 10VA
多功能电能表（单相）	4W 和 15VA	3W 和 11VA		
多功能电能表（三相）	4W 和 15VA	4W 和 15VA	3W 和 13VA	6W 和 13VA
电子式电能表	2W 和 10VA	2W 和 10VA	2W 和 10VA	2W 和 10VA

附　录　C
（规范性附录）
电压互感器二次回路导线截面的选择

C.1　根据电能表套数选择导线截面

对高压三相三线计量回路,电压互感器为 V 型接线,负荷接三相三线有功电能表和 60°型无功电能表（如采用其他型式电能表,可按公式自行计算列表使用）,选择二次导线截面简便的方法是参照表 C.1、表 C.2。

表 C.1、表 C.2 分别列出了二次导线压降为$\Delta U\leqslant0.5\%U_{2N}$和$\Delta U\leqslant0.2\%U_{2N}$时,电压互感器与电能表在一定距离下,导线截面和电能表套数的关系,按一只三相三线有功电能表和一只 60°型无功电能表作为一套电能表考虑。

表 C.1　三相三线系统当压降$\Delta U\leqslant0.5\%U_{2N}$时根据套数选择导线截面选择参照表

电能表与 TV 的距离 m 导线截面 mm²	30	50	100	150	200
2.5	6	4	2	1	0
4	8	5	3	2	1
6	10	7	4	3	2
8		9	6	4	3
10			7	5	4
15				6	5
25					8

表 C.2　三相三线系统当压降$\Delta U \leqslant 0.2\% U_{2N}$时根据套数选择导线截面参照表

电能表与TV的距离 m 导线截面 mm²	30	50	100	150	200
2.5	3	2	1		
4	4	3	1	1	
6	5	3	2	1	1
8		4	3	2	1
10			3	2	2
15				3	2
25					4

附　录　D

（规范性附录）

试验接线盒的技术要求

D.1　试验接线盒功能

D.1.1　带负荷现场校表。

D.1.2　带负荷换表。

D.2　试验接线盒的型式

试验接线盒分为接线式和插接式两种。电能计量装置接线图集中各种接线图的试验接线盒，均按接线式试验接线盒绘制。

接线式接线盒结构示意图如图 D.1 所示，共有 7 组端子组成，其中电流线路用 3 组，每组有 3 只接线端子，每只端子上下是一个整体，端子间用联片进行连接或断开。电压线

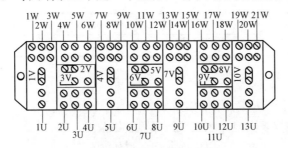

注：1V、4V、7V、10V—电压连接端子，运行时接通。

2V、5V、8V—电流短接端子，运行时 2V、5V 及 8V 接通，其余断开。

其余端子的连接方法参见接线图。

图 D.1　接线式接线盒结构示意图

路用 4 组，每组有 3 只接线孔，它们是一个整体，上下是断开的，采用联片进行连接或断开。具体使用方法可见《电能计量装置接线图集》中有关"试验接线盒的接线"内容。

D.3 试验接线盒的技术性能要求

D.3.1 材料技术性能

要求达到三防（霉、潮、蛀），能耐高温，并可阻燃。（即 GB 1404《酚醛模塑料》中推荐按电气类 PF_2E_2 品级技术指标要求）主要技术性能应符合表 D.1 的要求。

表 D.1　接线盒主要材料的技术性能

序号	名　　称	单　位	指　　标
1	变形温度	℃	≥140
2	吸水性	mg	≤1.5
3	冲击强度	kJ/m²	≥2.0
4	绝缘电阻	Ω	≥10^{12}
5	介电强度（90°）	MV/m	≥5.8

D.3.2 工频耐压

接线盒的各端子间及各端子对地间加交流 50Hz、2500V、1min 进行工频耐压试验，应无击穿及闪络现象。

D.3.3 绝缘电阻

接线盒的各端子间及各端子对地间绝缘电阻应不小于 30MΩ（1000V 兆欧表）。

D.3.4 热稳定性能

热稳定性能应符合表 D.2 的要求。

表 D.2　热稳定性能要求表

试验电流 A	允许极限温升 ℃
5	25
10	30
15	40
20	60

D.3.5 耐盐雾性能

经盐雾试验后，仍能符合下列规定：

D.3.5.1 铜端子的主要表面应无灰色或浅绿色腐蚀痕迹。

D.3.5.2 紧固件的主要表面应无白色或灰黑色腐蚀痕迹。

D.3.6 可靠性

接线式接线盒在电流回路连片通 10A，电压回路通 5A 情况下应能可靠地断开或闭合，电寿命不少于 1000 次。

国家电网公司电能计量封印管理办法

（节选）

国网（营销/4）275—2014

第一章 总 则

第一条 为规范和加强国家电网公司（以下简称"公司"）电能计量封印管理，有效防范窃电行为、维护供用电双方的合法权益，保证电能计量准确可靠，依据国家计量有关法律法规及公司相关管理规定，制定本办法。

第二条 本办法所称的电能计量封印，是指具有唯一编码、自锁、防撬、防伪等功能，用来防止未授权的人员非法开启电能计量装置或确保电能计量装置不被无意开启，且具有法定效力的一次性使用的专用标识物体。

第三条 本办法适用于公司总（分）部、所属各级单位的电能计量封印（以下简称封印）管理工作。

第五章 封印（钳）的发放和使用

第十九条 封印（钳）发放。省计量中心、地市、县供电企业营销部（客户服务中心）均应建立封印台账，指定专人负责封印发放和领用，封印发放信息应录入省级计量生产调度平台（MDS 系统）和营销业务应用系统。封印发放人员填写"电能计量封印发放登记表"（见附件 2），封印领用人员签字确认后，方可履行封印发放手续。

第二十条 封印的保管。封印（钳）领用人应妥善保管持有的封印（钳），当调离岗位时及时上交本供电企业封印发放人员；当领用的封印（钳）损坏、丢失时，应立即向本供电企业领导报告，填写"电能计量封钳损坏、丢失审批表"（见附件 3），说明理由，并由本供电企业领导组织做好补救措施。

第二十一条 封印使用原则。封印使用人员在安装使用封印时应按照"谁使用、谁负责"的原则，严格按照附件 4 规定的权限使用封印，使用人只限于从事计量检定、采集运维、用电检查、装表接电等专业人员，不允许跨区域、超越职责范围使用。

第二十二条 封印使用规定。省计量中心、各地市、县供电企业营销部（客户服务中心）计量人员应根据工作权限和职责，对电能计量装置各部位（包括电能表、联合接线盒、互感器二次端子盖、电能计量箱、刀闸、电能量信息采集终端）施加封印。

（一）省计量中心实验室检定（检测）人员在检定（检测）合格后，对安装式电能表（含编程盖板）、用电信息采集终端、失压计时仪施加检定封。

（二）省计量中心和各地市、县供电企业营销部（客户服务中心）现场工作人员在电能计量装置和用电信息采集终端的新装、换装（含拆除）、现场校验、故障处理、编程、更换模块和读取数据等工作开始前，应检查原封印是否完好，若发现异常，应立即通知运行维护人员或用检人员现场处理。

（三）省计量中心和各地市、县供电企业营销部（客户服务中心）现场工作人员在现场工作结束后，应根据管理职责、权限对电能计量装置和用电信息采集设备施封，检查保证封印状态完好，并在现场工作单上记录施或拆（启）封信息，记录的信息至少包括工作内容、施或拆（启）封编号、执行人、施或拆（启）封日期等。电能计量装置施封或拆（启）封时，电力客户应在场并在工作单上签字确认。

（四）地市、县供电企业运维检修人员在完成辖区内电能计量装置应急抢修工作后，及时通知地市、县供电企业营销部（客户服务中心）计量人员到现场对电能计量装置施封。

（五）拆下的封印应妥善保管，统一上交后集中销毁。

第二十三条 实施封印信息化管理。室内检定过程中检定封与被加封计量设备的绑定信息应录入计量生产调度平台（MDS 系统）；现场运行电能计量装置的封印信息应录入营销业务应用系统，并实现封印的跟踪查询和统计分析。

第六章　检　查　考　核

第二十四条 按照"分级管理、逐级考核"的原则，每年至少开展一次封印管理工作的监督、评价与考核。

第二十五条 违规使用、私自转借、丢失封印等造成工作失误的，应根据相关规定对责任人进行处罚。复制、伪造和利用封印徇私舞弊、以权谋私造成公司经济损失的应依据法律和公司相关规定严肃处理，直至追究刑事责任。

第二十六条 国网营销部对本办法规定的管理活动进行检查并对附件 5 评价项目与指标进行评价，依据评价结果提出考核意见。

第七章　附　　则

第二十七条 本办法由国网营销部负责解释并监督执行。

第二十八条 本办法自 2014 年 7 月 1 日起施行。

国家电网公司计量资产全寿命周期管理办法

（节选）

国网（营销/4）390－2017

第七章 库 房 管 理

第四十八条 计量资产库房（以下简称库房）是指用于存放电能表、互感器、用电信息采集终端等计量资产的库房，按级别可分为省计量中心库房、地市供电企业库房、县级供电企业库房和乡镇供电所库房。

第四十九条 库房建设标准。省计量中心库房建设管理应按照 Q/GDW 1890—2013《计量用智能化仓储系统技术规范》企业技术标准要求进行建设；具备条件的地市、县供电企业可参照上述标准建设；乡镇供电所应按照《计量周转柜技术规范》配置计量周转柜。

第五十条 库房管理要求。

库房应设有专人负责管理，定期（至少每月一次）对仓库各种设备状态进行检查，确保设备保持良好的使用状态；仓库库区应规划合理，储物空间分区编号，标识醒目，通道顺畅，便于盘点和领取；库房应具备货架、周转箱、设备的定置编码管理，相关信息应纳入信息系统管理；库房应干燥、通风、防尘、防潮、防腐、整洁、明亮、环保，符合防盗、消防要求，保证人身、物资和仓库的安全，并对库房环境进行监测；库房内需配备必要的运输设施、装卸设备、识别设备、视频监控及辅助工具等设备；库房设备的出入库，应使用扫描条形码或电子标签方式录入信息系统。

第五十一条 库房存放管理要求。计量资产应放置在专用的储藏架或周转车上，不具备上架条件的，可装箱后以周转箱为单位落地放置，垒放整齐。智能立体库房内计量资产应按不同状态（新品、待检定、合格、待报废等）、分类（类别、等级、型号、规格等）放置，或存放在不同颜色的周转箱里。对于平库库存设备应实行定置管理，有序存放，妥善保存；计量资产应按不同状态（新品、待检定、合格、待报废等）、分类（类别、等级、型号、规格等）、分区（合格品区、返厂区、待检区、待处理区、故障区、待报废区等）放置，并具有明确的分区线和标识，分区线采用黄色10cm宽的喷漆线条，各分区货架宜采用彩色标识规定为：

1）合格区——绿色；

2）返厂区——蓝色；

3）待检区——黄色；

4）待处理区——白色；

5）故障区——红色；

6）待报废区——黑色。

第五十二条 出入库管理。计量资产出入库应遵循"先进先出、分类存放、定置管理"

的原则。经检定合格的电能表在库房保存时间超过 6 个月以上的，在安装前应检查表计功能、时钟电池、抄表电池等是否正常。

（一）省级库房对新购的计量资产应进行外观验收，清点数目，检查产品包装和产品外观质量，对照"送货通知单"与实物进行核实，核实无误后进行抽样验收。抽样验收合格后，该批计量资产正式入库，建立资产档案；抽样验收不合格，该批次电能计量器具退回生产厂家。未达到抽检标准的计量资产批次直接入库。

（二）省计量中心对验收合格入库的计量器具进行全检，根据检定结果分别存入合格品区和不合格品区。校验合格的计量资产装箱组盘，扫描入库，将数据读入 MDS 中。不合格品存入不合格区，录入数据，作退厂处理。

（三）应保证预入库信息当天录入 MDS 或营销业务应用系统，录入数据应准确无误。电能计量器具应安全、可靠地搬运和交接，交接双方应在单据上签字确认。新计量资产到货后，应按抽检计划安排抽样试验。

（四）各级库房在接收配送计量资产时必须进行入库前验收，进行外观检查和信息核对，核对配送单上计量资产的数量、规格、编号范围、到货日期以及所属批次号，同时清点和核对容器数量。验收合格后，进行扫描入库，将计量资产及容器录入资产档案；验收不合格的计量资产立即退回省计量中心配送单位。

（五）对换装、拆除、超期、抽检、故障等拆回的暂存电能表做好底码示数核对，保存含有资产编号和电量底码的数码档案，并及时异地备份，及入库操作数据维护。拆回的电能表，按照一定规则有序存放，方便今后查找，至少存放 2 个抄表或电费结算周期。

（六）成品计量资产的出库操作。工作人员凭工单、传票对各类成品计量资产配置出库，同时在 MDS 或营销业务应用系统的相应模块做好状态维护，确保计算机数据、台账与实物状态相一致。

（七）对于成品计量资产出现外力损坏，各级库房应确定外力损坏原因，发起库存复检流程，确认计量资产是否满足使用要求。如确定无法继续使用，按待报废或返厂维修流程进行处理和移交。

（八）资产人员将抽检、超期库存、需检定的疑似故障计量资产作待检定处理和移交，按接收计划送至检定单位重新检定；对废旧计量资产出库操作时，应进行数据维护，并有交接签字记录；对淘汰、烧损的计量资产，按待报废进行处理和移交。

（九）需要平级库房间相互调配资产时，应根据调配单对相应的计量资产进行出入库操作。

第五十三条　库存预警值的设定与盘点

（一）库存预警值的设定

对有库存数量限制的计量资产，计量资产库房管理单位应对所管辖的库房设置库存量预警值，预警值的上下限宜分布设置为每月平均用量的 1.5 倍和 0.5 倍，智能周转柜的库存量预警值下限宜设置为库存容量的 0.5 倍，库存量预警值应结合业扩、故障等短期需求实时调整。对库存期限有要求的计量资产，计量资产库房管理单位应设置库存成品超期预警值，预警值的大小可依据 DL/T 448 等规程、规定的要求。

（二）超限处理

计量资产成品库存量超限值预警：调整配送需求计划，进行库房调拨。计量资产待检库存量超限值预警：调整到货计划，合理安排检定工作。计量资产待报废超限值预警：联系各级物资供应中心，及时进行报废处理。库存成品超周期预警：经检定合格的电能表，在库房中保存时间超过 6 个月以上的，在安装使用前应检查表计功能、时钟电池、抄表电池。

（三）盘点管理

1. 时限要求。对人工管理模式和采用智能仓储管理模式的库房管理单位，应至少每年对计量资产库房进行一次盘点。

2. 盘点准备。库房管理单位在盘点期间停止各类库房作业，库房盘点至少安排两人同时参与，需指定盘点人和监盘人。盘点人在盘点前应检查当月的各类库存作业数据是否全部入账。对特殊原因无法登记完毕时，应将尚未入账的有关单据统一整理，编制结存调整表，将账面数调整为正确的账面结存数。被盘点库房管理人员应准备"盘点单"，做好库房的整理工作。

3. 现场盘点。盘点人员按照盘点单的内容，对库房计量资产实物进行盘点。资产盘点后，存在以下两种结果：

（1）信息系统内资产信息与实物相同。

（2）实物与信息系统内信息不一致。一是信息系统内无该资产信息，但存在实物资产。二是信息系统内存在该资产信息，但无实物资产。

4. 结果处理。盘点结束后，库房管理单位编制盘点报告，并将盘点结果录入相关信息系统，同时上报归口管理单位。

（1）各级单位库房管理人员将信息系统内无资产信息但存在实物资产的物资调配至应属库房；如无库房信息，各级单位应在 MDS 或营销业务应用系统进行台账调整处理，保证实物与信息系统信息一致。

（2）各级单位库房管理人员应分析实物与信息系统信息不一致的原因，如属物资调配错误的，由各级库房管理人员重新对物资进行库房调配；属于资产丢失的，按照丢失流程处理，需明确相关责任人，确定相应赔偿金额，填写计量资产遗失单，并录入 MDS 或营销业务应用系统。

第八章 计量档案管理

第五十四条 计量档案指在计量资产全寿命周期管理过程中形成且办理完毕，对企业具有保存价值的以纸质、磁质、光盘和其他介质形式存在的历史记录。

第五十五条 计量资产全寿命周期管理文件材料归档范围包括外来文件、计量标准文件、内部计量体系管理文件、现场检验文件、质量监督文件、用电信息采集系统建设文件、仓储配送文件、客户资料、设备管理文件、其他应归档的文件材料。

第五十六条 档案材料应分类、组卷、排列与编目，根据档案管理目录体系，建立案卷目录和全引目录。根据档案管理目录体系，建立档案备查簿及相关子目录体系，填写文件卷内目录，并按其归档类型、基本情况（如时间、名称等）、机密程度、保存时间等进行统一管理。归档材料应严格按照要求整理，装订成册，编号入档，分类存放。

（一）保存时限及保存方式：

计量纸质档案或电子档案的保管期限应满足国家法律法规及公司相关规定，推荐采用电子档案方式保存。

1. 纸质档案的保存。国家法律法规、公司相关制度明确规定必须采用纸质文档方式保存的、在工作中客户履行签字确认手续需要保存留证的纸质文档，应采用纸质档案保存。具体要求如下：

1）计量标准档案应按计量标准建标后的全寿命周期保存，直至报废为止；国网（省）计量中心最高计量标准档案应保存至计量标准报废后一年；

2）客户申校申请工作单、计量装置装拆工单、检测记录等客户履行签字手续的材料应至少保存三年；

3）现场校验档案应至少保存三年；

4）用电信息采集建设工程档案保管期限参照电网建设项目档案保管期限执行；

5）其他档案可视其重要程度而定。

2. 电子档案的保存。营销信息系统中保存的电子数据属于电子档案，其保存期限原则上随设备的全寿命周期管理的终止而结束；涉及影响贸易结算、计量纠纷、设备状态评估等方面重要档案资料，应按以下要求进行保存：

1）计量装置台账按照计量装置寿命周期保存；

2）计量器具检定/检测/校准的原始数据应按照计量器具寿命周期保存；

3）出具的计量标准/计量器具检定证书应保存电子版，保存期至少为一个检定周期；

4）现场表计拍摄的表码图片，竣工验收等拍摄的图片、音频、视频等资料，应按照计量装置的全寿命周期保存。

（二）特殊文档保管

受控文件按照规定程序进行发放，确保使用文件的现行有效版本；对文件的新版本应重新受控发放，作废的受控文件按规定进行登记回收。

第五十七条 移交、归档时间限制

（一）计量现场作业产生的工单及数据材料，现场业务工作人员应在任务工单办结 2 个工作日内在营销信息系统中维护业务数据；在 7 个工作日内移交纸质文档及相关电子材料至本部门整理存放，并在每月月底移交至档案室归档；

（二）对计量检定/检测/校准数据，工作人员应每日保存检定结果，在每月月底前完成当月检定数据的电子备份后移交电子文档至档案室；如已在 MDS、营销信息系统实现数据双备份或异地备份、灾备等，不必再将电子备份移交档案室；

（三）对用电信息采集工程建设资料应在完成采集工程决算，并且系统运行稳定半年后，由工程管理部门移交纸质记录，同步移交工程管理有关的电子文稿、图像、图形、影音等文件至档案室；

（四）对其他类材料，应在计量生产活动办结 7 个工作日内移交纸质档案至本部门整理存放，每月月底统一移交至档案室，需要移交相关电子档案的可同步移交。

第五十八条 文件材料的整理应遵循文件材料形成的规律，保持有机的联系，并且符合有关的标准和规范。

（一）归档的文件材料一般一式一份且应为原件，承办部门可保留一份复印件，因故无原件归档的可采用具有凭证作用的文件材料；

（二）非纸质文件材料应与文字说明一并归档；

（三）凡归档的文字材料必须收集齐全、完整、核对准确，经有关负责人审批，能够准确地反映计量活动的真实内容和历史过程，做到数据可靠，文字相符。

第五十九条　档案管理人员与移交人员应履行档案移交手续，注明归档日期、归档内容、载体形式、签收人姓名。

第六十条　档案借阅必须履行借阅申请与审批手续。

（一）计量档案管理单位内部人员需要借阅计量档案，应说明借阅原因，办理借阅手续，借阅时间不超过 7 个工作日，确需延长借阅时间的，应办理续借手续，属于保密文件的只允许在档案室查阅；

（二）由于法律或积累知识原因所保留作参考的生效或作废文件应进行标识，与有效版本隔离保存，只准查阅不准外借；

（三）外来人员需要查阅计量档案的，需要持有效证明和身份证件，经计量档案管理单位主管领导批准并办理借阅手续后方可查阅；

（四）计量档案借阅完毕后应按时归还，档案管理人员应认真检查归还档案是否完好，并做好归还记录。凡借阅人发生计量档案遗失、毁损的，按有关规定处理。

第六十一条　营销计量档案室对到期和失去保存价值的档案提出进行鉴定和销毁工作的申请，履行审批手续。

（一）档案鉴定。鉴定工作包括鉴定的目的、内容、参加人员、时间等。档案鉴定工作由本单位营销部门牵头组织，相关部门参与，对到期档案提出鉴定意见后进行登记造册，并撰写鉴定报告，说明销毁的原因、期限、数量，附以档案销毁清册意见。

（二）档案销毁。档案管理单位对档案销毁清册进行审查后履行审批手续。档案的销毁严格按照相关规定执行，涉及国家秘密的档案必须送各单位保密部门指定的地点销毁。销毁档案时必须有两名监销人，档案管理人员应有一人监毁，并在销毁清册上注明"已销毁"字样和销毁日期，监销人分别在销毁清册上签字。档案管理单位将销毁工作中形成的销毁申请、鉴定报告及销毁清册等材料立卷归档。

 第五部分　新型业务工作标准

国家电网公司电动汽车智能充换电服务网络建设管理办法

国网（营销/3）488—2018

第一章 总 则

第一条 为规范国家电网公司（以下简称"公司"）电动汽车智能充换电服务网络（以下简称"充换电网络"）建设管理，依据国家有关法律法规和公司有关规章制度，制定本办法。

第二条 充换电网络建设坚持"统一标准、统一规范、统一标识、按需建设、经济实用、安全可靠"的原则，与城市发展规划、电网规划和电动汽车推广应用相结合，满足各种充换电需求。

第三条 本办法所指充换电网络是通过智能电网、物联网和交通网的"三网"技术融合，实施网络化、信息化和自动化的"三化"管理，实现对电动汽车用户跨区域全覆盖的服务网络。

第四条 本办法适用于公司总（分）部、各单位及所属各级单位投资建设的充换电网络，包括规划、计划、设计、施工、安装、调试、验收、投运及后评价等管理工作内容。

第五条 本办法所称"各级单位"，包括各省（自治区、直辖市）电力公司（以下简称"省公司"）、地（市、州）供电公司（以下简称"地市供电企业"）。

第六条 本办法所称"各级电动汽车公司"，包括国网电动汽车服务有限公司（以下简称"国网电动汽车公司"）、国网电动汽车公司与省公司合资设立的省（自治区、直辖市）电动汽车服务公司（以下简称"省电动汽车公司"）及其下设的地市分公司。

第七条 本办法所称"项目单位"，是指承担充换电网络建设管理和具体实施的单位。

第二章 管 理 职 责

第八条 各级营销部是公司充换电网络建设的归口管理部门。各级运检部是公司充换电设施配套电网接入工程建设的归口管理部门。

第九条 以充换电设施供电变压器低压综合配电箱（低压配电柜）出线开关为管理分界点，分界点及以上配套供电设施建设纳入配电网工程项目管理，分界点以下部分纳入公司充换电项目管理。

第十条 国网营销部主要职责：

（一）负责组织编制公司充换电网络总体规划，并纳入公司营销发展规划；

（二）负责组织评审各级单位充换电网络发展规划；

（三）负责组织评审、批复限上的充换电网络建设项目可行性研究报告，审批所属各级单位充换电网络储备项目建议，纳入营销储备项目；

（四）负责审核省公司充换电网络建设年度项目建议，配合国网发展部、财务部纳入公司综合计划和年度预算；

（五）负责组织提出充换电网络建设原则，编制建设规范和典型设计；

（六）负责组织建立健全充换电设施标准体系，编制、修订技术标准；

（七）配合物资招标部门开展充换电设备招标采购工作；

（八）组织对各级单位充换电网络建设工作开展情况进行督导检查、项目验收和后评价工作；

（九）负责与政府有关部门沟通汇报，配合国网财务部争取价格财税政策支持，争取国家其他相关政策支持。

第十一条 国网运检部主要职责：

（一）负责组织制定充换电设施配套电网的建设改造技术原则；

（二）负责对各单位充换电设施配套电网接入工程的建设工作进行指导和评价；

（三）参与评审各省公司充换电网络发展规划。

第十二条 国网电动汽车公司主要职责：

（一）负责充换电网络建设项目的专业化管理工作；

（二）依托车联网平台开展充换电项目跟踪管控工作；

（三）负责承担公司充换电网络总体规划的具体研究工作，提出规划边界条件、规划目标和各级单位规划目标分解方案的建议。受公司委托，具体组织对各级单位充换电网络发展规划的评审，提出评审意见建议；

（四）根据市场发展需求，提出充换电网络建设原则建议，承担充换电网络建设规范和典型设计的制修订工作；

（五）负责开展充换电网络建设项目安全质量、标准执行、项目验收和后评价等工作的监督、检查和专业指导；

（六）配合公司有关部门，与政府部门沟通汇报，争取国家相关政策支持。

第十三条 省公司营销部主要职责：

（一）负责审查地市供电企业充换电网络发展规划，编制本单位充换电网络发展规划，配合省公司发展部、运检部将配套电网建设与改造纳入本省配电网规划和大检修专项规划；

（二）负责组织初审限上充换电项目可行性研究报告，组织评审、批复限下及零星项目可行性研究报告，审查、评级和排序地市供电企业充换电储备项目建议，纳入营销储备项目；

（三）负责提报充换电网络建设年度项目建议。根据公司下达的年度计划和预算，分解、细化充换电项目；

（四）组织评审和批复充换电网络建设项目初步设计，组织开展充换电设施建设；

（五）配合省公司物资招标部门开展充换电项目相关招标采购工作；

（六）组织开展重点充换电项目验收，对其他项目验收情况进行检查和备案；

（七）负责本省充换电网络建设工作总结，组织对地市供电企业充换电网络建设情况进行后评价；

（八）负责与政府沟通，宣传充换电网络工作成果，会同相关部门争取支持政策；

（九）可委托省电动汽车公司开展充换电项目建设管理工作。

第十四条 省公司运检部主要职责：

（一）负责组织开展辖区内充换电设施配套电网工程全过程管理工作；

（二）参与审查本单位充换电网络发展规划。

第十五条 地市供电企业营销部（农电工作部、客户服务中心）主要职责：

（一）负责编制本单位充换电网络发展规划，配合地市公司发展部、运检部将配套电网建设与改造纳入本市配电网规划和大检修专项规划；

（二）负责提报充换电储备项目建议，编制项目可行性研究报告；

（三）组织编制充换电项目初步设计，组织办理充换电设施建设前期核准、土地使用、开工许可等手续；

（四）组织开展充换电设施施工、验收、结算、资料归档等工作，配合财务部门开展决算、转资等工作，配合审计部门开展审计工作；

（五）负责本市充换电网络建设工作总结；

（六）负责与政府沟通，宣传充换电网络工作成果，会同相关部门争取支持政策。

第十六条 地市供电企业运检部主要职责：

（一）组织制定本单位充换电设施配套电网的接入方案；

（二）组织开展本单位充换电设施配套工程的建设、管理工作；

（三）参与审查本单位充换电网络发展规划。

第三章 充 换 电 网 络 规 划

第十七条 充换电网络发展规划应与城市发展规划、电网规划相衔接。

第十八条 充换电网络发展规划应逐年进行滚动修编，为年度项目计划和预算编制提供依据。

第十九条 充换电网络发展规划纳入公司营销发展规划和电网智能化规划，配套电网建设与改造纳入配电网发展规划。

第二十条 国网电动汽车公司应根据电动汽车及充换电产业发展情况，提出充换电网络布局优化建议。

第四章 充 换 电 项 目 管 理

第二十一条 充换电项目管理过程按照《国家电网公司营销项目管理办法》执行。

第二十二条 充换电设施配套电网建设项目，按照公司配电网项目管理有关规定执行。

第二十三条 各级单位应同步开展充换电项目和配套电网项目的年度综合计划和预算建议编制，保证充换电项目和配套电网项目同步立项、同步实施。

第二十四条 项目单位严格按照公司综合计划和预算管理中的项目内容、资金预算和时间安排组织项目实施。

第二十五条 项目下达后，原则上不作调整。确需调整的，应按照公司综合计划和预算管理有关规定，同步调整充换电项目和配套电网项目。

第二十六条 公司确定的临时应急项目，应同步开展充换电项目和配套电网项目增补流程、同步实施。

第五章 工 程 建 设 管 理

第二十七条 项目单位在充换电设施选址过程中，应充分考虑当地实际需求，积极争取地方政府支持政策，及时办理相关用地和备案等手续。

第二十八条 充换电项目实行项目里程碑进度控制管理，国网电动汽车公司负责审核里程碑计划并对项目实施进行管控、分析和统计。充换电项目里程碑计划和配套电网项目里程碑计划应有效衔接，确保同步开展。

第二十九条 充换电项目初步设计编制、评审和批复按照《国家电网公司营销项目管理办法》执行。

第三十条 充换电项目在实施过程中不得擅自变更设计，不得擅自超出项目概算（预算）。

第三十一条 充换电设施建设实行项目法人制、招投标制、工程监理制和合同管理制。设备、材料的采购，以及设计、施工、监理单位的选择，严格按照公司招投标和合同管理有关规定执行，确保相关工作规范合法。

第三十二条 项目开工前，应进行必要的开工手续（包括施工许可、开工报告和安全培训等），开展安全和技术交底工作。

第三十三条 项目单位应组织开展施工方案审查，并组织施工单位严格按照施工图纸进行土建施工、设备安装和调试工作。

第三十四条 项目单位在充换电设备供货前应组织开展出厂验收，在设备到货后应组织到货验收和抽检工作。

第三十五条 项目单位应定期到项目施工现场巡视、指导，重点检查工程施工进度、安全和质量。

第三十六条 项目单位应及时组织隐蔽工程验收、交安验收等中间验收工作，并组织施工单位对验收过程中发现的缺陷进行整改。复验合格后，方可继续施工。

第三十七条 充换电设备应履行车联网平台联调测试，取得合格证明后，方可接入车联网平台并投运。

第六章 验 收 与 投 运 管 理

第三十八条 项目单位应组织运维、施工、监理、设计等单位共同开展竣工验收工作。对验收不合格的项目，及时组织消缺整改，整改完成后由监理单位组织复验。未经验收或验收不合格的工程项目不得交付运行。

第三十九条 项目通过验收后，项目单位应出具项目竣工验收报告，办理项目竣工移交投产手续。形成的固定资产，及时办理资产登记手续，实施全寿命周期管理。

第四十条 竣工验收合格后，项目单位应及时组织完成结算、决算工作，并将决算报告提交审计部门审计。按照《国家电网公司营销项目管理办法》档案管理要求，完成项目档案资料的收集、整理及移交工作。

第七章 安 全 质 量 管 理

第四十一条 项目单位应严格执行国家、公司有关的安全和质量管理规定，加强项目安全和质量管理。

第四十二条　项目单位应落实安全生产责任制，及时与施工单位签订相关安全协议，并定期组织开展危险点排查，制定安全质量风险预控措施。

第四十三条　项目单位应组织施工单位制定质量控制措施，严格按照国家、行业和公司有关规定、技术规范、标准、设计文件及合同所规定的要求执行。

第四十四条　项目单位应加强外包审查，督促施工单位建立健全安全保证和质量管理体系，防止发生人员、电网、设备等方面的安全事故或质量事故。

第八章　后 评 价 管 理

第四十五条　公司重点项目投运半年后，省公司可组织开展项目后评价，形成后评价报告。

（一）重点总结评价项目建设管理、技术路线、运行情况和投资收益等，开展工程造价、项目成本分析，比较实际状况与可研预测存在的偏差，分析产生偏差的原因；

（二）对项目后评价提出的问题，项目单位应及时采取相应补救措施。对提出的差距和意见，认真分析原因、总结经验，提出改进措施。

第九章　监 督 与 考 核

第四十六条　按照"奖惩结合、逐级考核"的原则，对项目安全、质量、进度、投资与规范性管理等进行监督与考核。

第十章　附　　　则

第四十七条　本办法由国网营销部负责解释并监督执行。

第四十八条　本办法自 2018 年 5 月 20 日起施行。原《国家电网公司电动汽车智能充换电服务网络建设管理办法》［国家电网企管〔2014〕1429 号之国网（营销/3）488—2014］同时废止。

国家电网公司电动汽车智能充换电
服务网络运营管理办法

国网（营销/3）489—2018

第一章 总 则

第一条 为规范国家电网公司（以下简称"公司"）电动汽车智能充换电服务网络（以下简称"充换电网络"）运营管理，依据国家有关法律法规和公司有关规章制度，制定本办法。

第二条 本办法所指充换电网络是通过智能电网、物联网和交通网的"三网"技术融合，实施网络化、信息化和自动化的"三化"管理，实现对电动汽车用户跨区域全覆盖的服务网络。

第三条 本办法适用于公司总（分）部、各单位及所属各级单位投资建设的充换电网络，包括运行监控、运维检修、清分结算和营运管理等管理工作内容。

第四条 本办法所称"各级单位"，包括各省（自治区、直辖市）电力公司（以下简称"省公司"）、地（市、州）供电公司（以下简称"地市供电企业"）。

第五条 本办法所称"各级电动汽车公司"，包括国网电动汽车服务有限公司（以下简称"国网电动汽车公司"）、国网电动汽车公司与省公司合资设立的省（自治区、直辖市）电动汽车服务公司（以下简称"省电动汽车公司"）及其下设的地市分公司。

第六条 本办法所称"运营单位"，是指承担充换电网络运营服务管理和具体业务实施的各级单位。

第二章 管 理 职 责

第七条 各级营销部是公司充换电网络运营的归口管理部门，各级电动汽车公司受托承担充换电网络的专业化运营。各级运检部是公司充换电设施配套电网运维的归口管理部门。

第八条 以充换电设施供电变压器低压综合配电箱（低压配电柜）的出线开关为管理分界点，分界点及以上配套供电设施运维纳入公司配电网运维管理，分界点以下部分纳入公司充换电网络运维管理。

第九条 国网营销部主要职责：

（一）负责制定公司充换电网络运营模式、运营业务规则；

（二）负责组织开展充换电网络运营情况统计、效益分析；

（三）负责对省公司及国网电动汽车公司充换电网络运营工作的监督、考核与评价；

（四）负责组织充换电网络运营安全事件的调查、分析工作；

（五）配合国网财务部研究制定充换电服务价格机制，制定清分结算规则。

第十条 国网电动汽车公司主要职责

（一）负责公司充换电网络运营工作的专业化管理；

（二）负责承担公司充换电网络运营模式的具体研究工作，开展运营情况统计、效益分析、运营业务规则编制，提出运营优化建议；

（三）负责公司智慧车联网建设和运营，承担公司充换电网络的运营监控，受托对省公司充换电网络运营工作进行监督、考核与评价，提出考核建议；

（四）负责开展与省公司充换电服务费的清分结算工作；

（五）参与或受托开展充换电网络运营安全事件调查、分析工作。

第十一条 省公司营销部主要职责：

（一）负责制定本单位运营业务实施细则，组织开展本省充换电网络的运维检修和营业服务工作；

（二）负责组织开展本省充换电网络的运营情况统计、效益分析，提出运营优化建议；

（三）负责对本省充换电网络运营工作的监督、考核及评价；

（四）负责本省充换电网络运营安全事件的调查、分析工作；

（五）负责研究本地区充换电市场形势，配合省公司财务部动态调整充换电服务价格；

（六）负责组织开展省内充换电服务费的清分结算工作。

第十二条 省电动汽车公司主要职责：

（一）受托开展本省充换电网络运维检修、营业服务、省内清分结算等工作；

（二）受托开展本省充换电网络运营情况统计、效益分析，提出运营优化建议。

第十三条 地市供电企业营销部（农电工作部、客户服务中心）（以下简称"地市营销部"）主要职责：

（一）已成立省电动汽车公司的，地市营销部负责本地市充换电网络运营工作的监督及评价；

（二）未成立省电动汽车公司的，地市营销部负责本地市充换电网络运维检修、营业服务和运营情况统计、效益分析等工作。

第三章 运行监控管理

第十四条 充换电网络运行监控内容包括充换电网络设备运行情况、运维检修情况、客户服务情况等。

第十五条 国网电动汽车公司及各级运营单位应建立 24 小时运营监控体系，制定组织管理、岗位职责、工作要求、交接班管理等相关措施。

第十六条 国网电动汽车公司应开展的运行监控工作：

（一）对充换电网络设备运行状况进行实时监控，出现大面积异常情况时指挥省运营单位进行处理；

（二）对省运营单位的巡视、检修和充换电设施故障抢修完成情况进行实时监控，对省运营单位的运行监控和运维检修工作进行督导；

（三）对客户服务全业务流程进行实时监控，及时完成车联网平台线上服务业务办理，对省运营单位负责办理的电动汽车用户业务咨询、故障报修、投诉办理情况进行督导；

第十七条 省运营单位应开展的运行监控工作：

（一）对本省充换电网络设备运行状况进行实时监控，出现大面积异常情况时组织地市运营单位进行处理；

（二）审查、批复巡视和检修计划，督导计划执行；

（三）对充换电设施故障抢修工作情况进行监视和督导，确保抢修工作在时限内完成；

（四）对地市运营单位负责办理的电动汽车用户业务咨询、故障报修业务进行督导。

第十八条 地市运营单位应开展的运行监控工作：

（一）对本地市充换电网络设备运行状况进行实时监控，发现故障和异常情况及时开展排查和消缺工作；

（二）及时办理电动汽车用户业务咨询、故障报修业务。

第四章　运维检修管理

第十九条 充换电网络运维检修包括巡视、检修、故障抢修、缺陷管理、设施接入、停复退运等。

第二十条 地市运营单位应建立完善的现场运维检修体系，落实组织管理、岗位职责、工作要求等相关措施。

第二十一条 地市运营单位应根据设备运行情况，科学合理制定巡视计划。巡视工作应做好巡视记录，对巡视发现的缺陷和故障应及时报修。

第二十二条 地市运营单位应根据设备运行情况、升级改造要求等情况制定检修计划。检修时，参照公司安全、技术等相关规定做好现场管理工作。

第二十三条 地市运营单位应及时对影响用户充电或安全的故障或缺陷进行抢修。抢修时，参照公司安全、技术等相关规定做好现场管理工作。

第二十四条 地市运营单位应配合充换电设施项目单位开展充换电设施接入车联网平台工作，包括充换电、通信、监控、计量计费等功能测试以及业务数据、档案信息准确性验证。

第二十五条 地市运营单位应及时将短期无法对外服务的充换电设施进行停运，待故障消除后向车联网平台申请复运。

第二十六条 地市运营单位应在充换电设备报废同时向车联网平台申请退运。

第二十七条 配电设施运行参照《配电网运维规程》（Q/GDW 1519—2014）的相关要求执行。

第二十八条 地市运营单位应定期对充换电设施的防雨棚、视频监控、照明、标志标识、围栏、限位器等附属设施进行维修保养。

第二十九条 地市运营单位应制定工器具、备品备件的管理措施，明确台账管理、日常保管、定期维护送检及领用使用等相关流程。合理制定备品备件储备定额及采购计划，确保资产使用效率。

第五章　清分结算管理

第三十条 清分结算依据充换电交易数据纳入车联网平台管理，由国网电动汽车公司提供，省公司核对确认。省公司根据充换电交易数据向国网电动汽车公司开具发票，国网电动汽车公司向省公司结算。

第三十一条　省内结算由省运营单位按照车联网平台交易数据自行开展。

第六章　充电营运管理

第三十二条　各级运营单位应严格执行充换电价格政策，在充换电服务费限定价格区间内，根据本地区充换电服务市场情况，提出充换电服务费定价。

第三十三条　运营单位应对本地区充换电设施运营效益进行统计分析。

第三十四条　各级运营单位可针对利用率较低的充换电设施，适时开展优惠或套餐活动，运用市场化手段，提高充换电设施运营效益和效率。

第七章　安全管理

第三十五条　落实安全生产责任制，严格执行公司安全工作规程的有关规定，全面实施危险因素辨识、评价及控制程序。

第三十六条　运营单位应编制专项应急处置预案，并定期组织开展培训和应急演练工作。

第三十七条　国网电动汽车公司应按照公司信息安全相关管理规定，加强车联网平台安全防护，保障车联网平台网络信息安全。

第三十八条　各单位应做好统计数据保密工作，与使用运营信息的单位及个人签署保密协议，防止信息泄露。

第八章　资产档案管理

第三十九条　各级运营单位应制定技术资料的收集、整理、归档、修改流程，并由专人负责更新管理，根据资料的类型按照不同保存周期进行分类保存。

第四十条　充换电网络运营中涉及客户基本信息、运营交易记录等档案，应按照《国家电网公司电力客户档案管理办法》的相关规定进行管理。

第四十一条　运营单位应定期对充换电网络设施资产信息进行维护更新，确保资产信息准确无误。

第九章　监督考核

第四十二条　按照"奖惩结合、逐级考核"的原则进行监督与考核，包括安全、服务、运维管理。

第十章　附则

第四十三条　本办法由国网营销部负责解释并监督执行。

第四十四条　本办法自 2018 年 5 月 20 日起施行。原《国家电网公司电动汽车智能充换电服务网络运营管理办法》[国家电网营销〔2014〕1429 号之国网（营销/3）489—2014]同时废止。

国家电网公司电动汽车智能充换电
服务网络服务管理办法

国网（营销/3）898—2018

第一章 总 则

第一条 为规范国家电网公司（以下简称"公司"）电动汽车智能充换电服务网络（以下简称"充换电网络"）服务管理，依据国家有关法律法规和公司有关规章制度，制定本办法。

第二条 本办法所指充换电网络是由充换电设施组成的，通过智能电网、物联网和交通网的"三网"技术融合，实施网络化、信息化和自动化的"三化"管理，实现对电动汽车用户跨区域全覆盖的服务网络。

第三条 本办法适用于公司总（分）部、各单位及所属各级单位投资建设的充换电网络，包括线上服务、现场服务、电话客服、营业网点服务等管理工作内容。

第四条 本办法所称"各级单位"，包括各省（自治区、直辖市）电力公司（以下简称"省公司"）、地（市、州）供电公司（以下简称"地市供电企业"）。

第五条 本办法所称"各级电动汽车公司"，包括国网电动汽车服务有限公司（以下简称"国网电动汽车公司"）、国网电动汽车公司与省公司合资设立的省（自治区、直辖市）电动汽车服务公司（以下简称"省电动汽车公司"）及其下设的地市分公司。

第六条 本办法所称"运营单位"，是指承担充换电网络运营服务管理和具体业务实施的各级单位。

第二章 职 责 分 工

第七条 各级营销部是公司充换电网络服务的归口管理部门，各级电动汽车公司受托开展充换电网络专业化服务。

第八条 国网营销部主要职责：

（一）负责制定公司充换电服务标准、服务流程；

（二）负责组织开展充换电服务情况统计分析；

（三）负责对省公司及国网电动汽车公司充换电服务工作的监督、考核和评价；

（四）负责组织处理重大服务事件。

第九条 国网电动汽车公司主要职责：

（一）负责公司充换电服务工作的专业化管理；

（二）负责承担公司充换电服务模式研究工作，具体编制服务标准、服务流程，开展服务情况统计分析，提出优化建议；

（三）负责开展充换电网络线上服务业务；

（四）受托对省公司充换电服务工作进行监督、考核与评价，提出考核建议；

（五）配合国网客服中心做好充换电网络 95598 电话业务；

（六）参与或受托处理重大服务事件。

第十条　国网客服中心主要职责：

（一）负责通过 95598 电话与 95598 网站受理电动汽车客户的服务诉求；

（二）参与或受托处理重大服务事件。

第十一条　省公司营销部主要职责：

（一）负责组织开展本省充换电网络的现场服务；

（二）负责组织开展本省营业网点开展充电卡售卡、充值、退费、挂失、咨询等服务；

（三）负责组织开展本省充换电服务情况统计分析；

（四）负责本省充换电服务工作的监督、考核和评价；

（五）负责处理本省重大服务事件。

第十二条　省电动汽车公司主要职责：

（一）受托开展本省充换电现场服务；

（二）受托开展本省充换电服务情况统计分析。

第十三条　地市供电企业营销部（农电工作部、客户服务中心）（以下简称"地市营销部"）主要职责：

（一）已成立省电动汽车公司的，地市营销部负责本地市充换电现场服务工作的监督及评价；

（二）未成立省电动汽车公司的，地市营销部负责本地市充换电服务、统计分析等工作；

（三）负责组织本地市营业网点开展充电卡售卡、充值、退费、挂失、咨询等服务。

第三章　线　上　服　务　管　理

第十四条　充换电网络线上服务是通过车联网平台的 e 充电 App、e 充电网站、微信公众号等互联网线上渠道，为客户提供的服务。

第十五条　国网电动汽车公司应以客户需求为导向，加强与客户互动，迭代升级车联网平台功能，优化线上服务体验，提升服务能力和水平。

第十六条　国网电动汽车公司应按照公司信息安全相关管理规定，加强车联网平台安全防护，确保电动汽车用户信息、充电交易信息等重要数据安全。

第四章　现　场　服　务　管　理

第十七条　充换电设施现场服务是充换电设施通过采用自助或人工形式，为电动汽车客户提供的本地充换电服务。

第十八条　充换电设施应具备引导标识、警示标志、价格公示、设备状态、使用说明、操作流程及注意事项等。

第十九条　各运营单位应按照公司统一标识、标志、公示、提示等设置标准，组织落实实施。

第五章 电 话 客 服 管 理

第二十条 充换电网络 95598 电话服务业务包括业务咨询、故障报修、投诉、意见等，各项业务流程实行闭环管理。

第二十一条 国网客服中心受理客户诉求后，可立即办结的业务，应直接答复客户并办结工单；不能立即办结的业务，按具体业务规则派发并跟踪处理进展及回访。

第六章 营 业 网 点 服 务 管 理

第二十二条 营业网点服务内容包括充电卡业务、业务咨询及增值服务等。

第二十三条 营业网点应根据业务需要配备服务设备。加强业务培训，提升服务水平和质量。

第二十四条 营业网点应加强充电卡业务现金管理，定期进行现金解款，确保资金安全。

第七章 重 大 服 务 事 件 管 理

第二十五条 充换电网络重大服务事件主要包括：

（一）充换电设施大面积故障或离线事件；

（二）涉及重要客户的故障或离线事件；

（三）新闻媒体曝光并产生重大负面影响的服务事件；

（四）其他需要报告的重大服务事件。

第二十六条 各单位应建立充换电网络重大服务事件的快速反应及报告机制，编制应急处置预案，定期开展培训和模拟演练。

第二十七条 充换电网络出现重大服务事件时，国网电动汽车公司、国网客服中心及省公司应协同联动，按照应急处置预案及公司相关规定及时处理并上报。

第八章 检 查 考 核

第二十八条 按照"奖惩结合、逐级考核"的原则进行监督与考核，包括线上服务、现场服务、电话客服、营业网点服务等。

第九章 附 则

第二十九条 本办法由国网营销部负责解释并监督执行。

第三十条 本办法自 2018 年 5 月 20 日起施行。

电动汽车交流充电桩技术条件

Technical specification for electric vehicle AC charging spot

Q/GDW 1485—2014
代替 Q/GDW 485—2010

2014-10-15发布   2014-10-15实施

目　次

前　言

　　为促进我国电动汽车产业的发展和应用，支撑电动汽车充换电设施建设，国家电网公司营销部组织制定了电动汽车充换电设施系列标准。

　　本标准代替 Q/GDW 485—2010，与 Q/GDW 485—2010 相比主要技术性差异如下：

　　——增加了充电桩充电接口的紧急停机、锁止装置要求（见 6.5）；

　　——修改了充电桩的额定电流选项（见 7.2.2）；

　　——修改了充电桩的电气间隙和爬电距离要求（见 7.6）；

　　——增加了充电桩的控制导引和充电控制要求（见 7.9）；

　　——修改了充电桩的电磁兼容性要求（见 7.10）；

　　——增加了充电桩的包装、运输、贮存要求（见 8）。

　　本标准由国家电网公司营销部提出并解释。

　　本标准由国家电网公司科技部归口。

　　本标准起草单位：南瑞集团有限公司、许继集团有限公司、中国电力科学研究院、国网山东电力集团公司、国网北京市电力公司。

本标准主要起草人：苏胜新、沈建新、孙鼎浩、武斌、史双龙、吾喻明、耿群峰、金杰、李武峰、李索宇、李凯旋、胡林林、霍军超、林晶怡、夏露、卢剑峰、胡勇、杜岩平、陈强、张萱。

本标准2010年首次发布，2014年第一次修订。

1 范围

本标准规定了电动汽车交流充电桩（以下简称充电桩）的基本构成、功能要求、技术要求、标志、包装、运输和贮存的要求。

本标准适用于国家电网公司建设的电动汽车交流充电桩。

2 规范性引用文件

下列文件对于本文件的应用是必不可少的。凡是注日期的引用文件，仅注日期的版本适用于本文件。凡是不注日期的引用文件，其最新版本（包括所有的修改单）适用于本文件。

GB 4208—2008 外壳防护等级（IP代码）

GB 7251.1—2005 低压成套开关设备和控制设备 第1部分：型式试验和部分型式试验成套设备

GB 7251.3—2006 低压成套开关设备和控制设备 第3部分：对非专业人员可进入场地的低压成套开关设备和控制设备——配电板的特殊要求

GB/T 13384—2008 机电产品包装通用技术条件

GB/T 17626.2—2006 电磁兼容试验和测量技术静电放电抗扰度试验

GB/T 17626.3—2006 电磁兼容试验和测量技术射频电磁场辐射抗扰度试验

GB/T 17626.4—2008 电磁兼容试验和测量技术电快速瞬变脉冲群抗扰度试验

GB/T 17626.5—2008 电磁兼容试验和测量技术浪涌（冲击）抗扰度试验

GB/T 17626.11—2008 电磁兼容试验和测量技术电压暂降、短时中断和电压变化的抗扰度试验

GB/T 18487.3—2001 电动车辆传导充电系统电动车辆交流直流充电机（站）

GB/T 20234.2—2011 电动汽车传导充电用连接装置 第2部分：交流充电接口

GB/T 29317—2012 电动汽车充换电设施术语

3 术语和定义

GB/T 29317—2012中界定的术语和定义适用于本文件。

4 总则

4.1 充电桩应为车载充电机提供安全、可靠的交流电源。

4.2 充电桩的操作应安全、简便、可靠。

5 基本构成

充电桩由桩体、电气模块、计量模块等部分组成。桩体包括外壳和人机交互界面；电气模块包括充电插座、电缆转接端子排、安全防护装置等。

6　功能要求

6.1　人机交互功能

6.1.1　充电桩应能显示或借助外部设备显示各状态下的相关信息,显示字符应清晰、完整、没有缺损现象,不应依靠环境光源即可辨认。

6.1.2　充电桩宜具备手动设置充电参数的功能。

6.2　计量功能

6.2.1　充电桩宜具备电能计量功能。

6.2.2　充电桩宜提供实施电能表现场检定的接口。

6.3　付费交易功能

充电桩应具备付费交易功能,宜配备 IC 卡读卡或相关装置,实现充电控制及充电计费。

6.4　通信功能

充电桩应具备与外部通信的接口。

6.5　安全防护功能

6.5.1　充电过程中当发生下列情况时,充电桩输出电压应能在 200ms 内下降至交流峰值 42.40V 以下:

　　a)　启动急停开关;

　　b)　控制导引故障。

6.5.2　主回路应具备带负载分合电路功能。

6.5.3　充电桩应具备过负荷保护、短路保护和漏电保护功能。

6.5.4　充电桩的电源回路应安装 D 级防雷装置。

6.5.5　充电接口应具有机械或电子锁止装置,锁止装置在充电过程中应保持锁止状态。如采用电子锁止装置,在桩体充电过程中突发停电时应保持锁止状态,并具备人工解锁方式。

6.5.6　充电桩应具备接触器故障检测功能。

6.6　自检功能

充电桩应具备自检及故障报警功能。

6.7　软件升级功能

充电桩应具备软件升级功能。

7　技术要求

7.1　环境条件

7.1.1　工作环境温度:−20℃～+50℃。

7.1.2　相对湿度:5%～95%。

7.1.3　海拔高度:≤1000m。

7.1.4　在特殊环境下,充电桩的使用应在厂家和用户之间进行协商。

7.2　电源要求

7.2.1　额定电压:单相交流 220V/三相交流 380V。

7.2.2　额定电流:10A/16A/32A/63A。

7.2.3　允许电压波动范围:220V±10%,380V±10%。

7.2.4 频率：50Hz±1Hz。

7.3 结构要求

7.3.1 充电连接方式

7.3.1.1 充电桩应提供充电插座。

7.3.1.2 充电插座应能满足 GB/T 20234.2—2011 的相关规定。

7.3.2 桩体

7.3.2.1 桩体可采用落地式或壁挂式等安装方式。

7.3.2.2 整体无外露锐角，表面涂覆色泽层应均匀光洁，不起泡、不龟裂、不脱落。

7.3.2.3 桩体应采用抗冲击力强、抗老化的材质。

7.3.2.4 桩体应采用防盗设计。

7.3.2.5 非绝缘材料外壳应可靠接地。

7.3.2.6 在结构上应防止人轻易触及带电部件。

7.3.2.7 充电桩内部电气设备宜设置在离地面 600mm 以上的位置。

7.3.2.8 操作按键和显示界面应设置在便于人操作和查看的位置。

7.4 耐气候环境要求

7.4.1 防护等级

充电桩的外壳防护等级应达到：室内 IP32，室外 IP54。

7.4.2 三防（防潮湿，防霉变，防盐雾）保护

充电桩内印刷线路板、接插件等电路应进行防潮湿、防霉变、防盐雾处理。

7.4.3 防锈（防氧化）保护

充电桩铁质外壳和暴露在外的铁质支架、零件应采取双层防锈措施，非铁质的金属外壳也应具有防氧化保护膜或进行防氧化处理。

7.4.4 耐冲击强度

充电桩的外壳应能承受 8.10.4 规定的耐冲击强度试验。

7.5 电击防护要求

充电桩的电击防护要求应能满足 GB 7251.1—2005 中 7.4 及 GB 7251.3—2006 中规定的要求。

7.6 电气间隙和爬电距离

电气间隙和爬电距离应能满足表 1 的规定。

表 1 电气间隙和爬电距离

额定绝缘电压 U_i V	电气间隙 mm	爬电距离 mm
$U_i \leqslant 60$	3.0	3.0
$60 < U_i \leqslant 300$	5.0	6.0
$300 < U_i \leqslant 700$	8.0	10.0

注 1：当主电路与控制电路或辅助电路的额定绝缘电压不一致时，其电气间隙和爬电距离可分别按其额定值选取。

注 2：具有不同额定值主电路或控制电路导电部分之间的电气间隙与爬电距离，应按最高额定绝缘电压选取。

注 3：小母线、汇流排或不同级的裸露的带电导体之间，以及裸露的带电导体与未经绝缘的不带电导体之间的电气间隙不小于 12mm，爬电距离不小于 20mm。

7.7 电气绝缘性能

7.7.1 绝缘电阻

充电桩非电气连接的各带电回路之间、各独立带电回路与地（金属外壳）之间绝缘电阻不应小于 $10M\Omega$。

7.7.2 工频耐压

充电桩非电气连接的各带电回路之间、各独立带电回路与地（金属外壳）之间，按其工作电压应能承受表 2 所规定历时 1min 的工频耐压试验。试验过程中应无绝缘击穿和闪络现象。

7.7.3 冲击耐压

充电桩非电气连接的各带电回路之间、各独立带电回路对地（金属外壳）之间，按其工作电压应能承受表 2 所规定标准雷电波的短时冲击电压试验。试验过程中应无击穿放电。

表 2 绝缘试验的试验等级

额定绝缘电压 U_i V	绝缘电阻测试仪器的电压等级 V	工频耐压试验电压 kV	冲击耐压试验电压 kV
$U_i \leq 60$	250	1.0（1.4）	1.0
$60 < U_i \leq 300$	500	2.0（2.8）	5.0
$300 < U_i \leq 700$	1000	2.5（3.5）	12.0
注 1：括号内数据位直流工频耐压试验值。 注 2：出厂试验时，工频耐压试验允许试验电压高于表中规定值的 10%，试验时间 1s。			

7.8 泄漏电流要求

充电桩的泄漏电流要求应能满足 GB/T 18487.3—2001 中 10.2 中表 2 的规定。

7.9 控制导引和充电控制

充电桩应具备控制导引功能，控制导引电路、充电控制过程及时序应能满足附录 A 的规定。

7.10 电磁兼容性

7.10.1 抗扰度要求

7.10.1.1 静电放电抗扰度

充电桩应能承受 GB/T 17626.2—2006 中第 5 章规定的试验等级为 3 级的静电放电抗扰度试验。

7.10.1.2 射频电磁场辐射抗扰度

充电桩应能承受 GB/T 17626.3—2006 中第 5 章规定的试验等级为 3 级的射频电磁场辐射抗扰度试验。

7.10.1.3 电快速瞬变脉冲群抗扰度

充电桩应能承受 GB/T 17626.4—2008 中第 5 章规定的试验等级为 3 级的电快速瞬变脉冲群抗扰度试验。

7.10.1.4 浪涌（冲击）抗扰度

充电桩应能承受 GB/T 17626.5—2008 中第 5 章规定的试验等级为 3 级的浪涌（冲击）

抗扰度试验。

7.10.1.5 电压暂降、短时中断抗扰度

充电桩应能承受 GB/T 17626.11—2008 中第 5 章规定的电压试验等级在 0%、40%、70% 的额定工作电压的电压暂降、短时中断抗扰度试验。

7.10.2 无线电骚扰限值

7.10.2.1 辐射骚扰限值

充电桩应符合表 3 规定的辐射骚扰限值。

7.10.2.2 传导骚扰限值

7.10.2.2.1 电源端子

充电桩电源端子应符合表 4 规定的传导骚扰电压限值。

7.10.2.2.2 信号和控制端口

充电桩信号和控制端口应符合表 5 规定的传导骚扰电压限值和电流限值。

表 3　在 10m 测量距离处的辐射骚扰限值

频率范围 MHz	准峰值限值 dB（μV/m）
30～230	40
230～1000	47

表 4　电源端子传导骚扰限值

频率范围 MHz	限值 dB（μV）	
	准峰值	平均值
0.15～0.50	79	66
0.50～30	73	60

表 5　信号和控制端口传导共模（不对称）骚扰限值

频率范围 MHz	电压限值 dB（μV）		电流限值 dB（μV）	
	准峰值	平均值	准峰值	平均值
0.15～0.50	97～87	84～74	53～43	40～30
0.50～30	87	74	43	30

7.11 平均故障间隔时间（MTBF）

平均故障间隔时间（MTBF）应大于等于 8760h（置信度为 85%）。

8 标志、包装、运输、贮存

8.1 标志

8.1.1 每套产品必须有铭牌，在柜的明显位置，铭牌上应标明以下内容：

a) 产品名称。

b) 产品型号。

c) 技术参数:

1) 额定输入电压,V;

2) 额定输入电流,A。

d) 出厂编号。

e) 制造年月。

f) 制造厂名。

8.1.2 产品的各种开关、仪表,应有相应的文字符号作为标志,并与接线图上的文字符号一致;相应位置上应具有接线、接地及安全标志,要求字迹清晰易辨、不褪色、不脱落、布置均匀、便于观察。

8.2 包装

产品的包装应能满足 GB/T 13384—2008 的规定,装箱资料应有:

a) 装箱清单;

b) 出厂试验报告;

c) 合格证;

d) 电气原理图和接线图;

e) 安装使用说明书;

f) 随机附件及备件清单。

8.3 运输

产品在运输过程中,不应有剧烈震动、冲击、曝晒雨淋和倾倒放置等。

8.4 贮存

产品在贮存期间,应放在空气流通、温度在-25℃~55℃之间,月平均相对湿度不大于90%,无腐蚀性和爆炸气体的仓库内,在贮存期间不应淋雨、曝晒、凝露和霜冻。

附 录 A
（规范性附录）
控制导引电路与控制原理

A.1 控制导引电路

A.1.1 充电模式 3

当电动汽车使用充电模式 3 进行充电时,推荐使用如图 A.1(连接方式 A)、图 A.2(连接方式 B)及图 A.3(连接方式 C)所示的典型控制导引电路进行充电连接装置的连接确认及额定电流参数的判断。该电路由供电控制装置、接触器 K1 和 K2(可以仅设一个)、电阻 R1、R2、R3、RC、二极管 D1、开关 S1、S2、S3、车载充电机和车辆控制装置组成,其中车辆控制装置可以集成在车载充电机或其他车载控制单元中。控制导引电路的推荐参数参见表 A.5,电阻 RC 安装在车辆插头上。开关 S1 为供电设备内部开关。开关 S2 为车辆内部开关,在车辆接口与供电接口完全连接后,如果车载充电机自检测完成后无故障,并且电池组处于可充电状态时，S2 闭合（如果车辆设置有"充电请求"或"充电控制"功能，则同时应满足车辆处于"充电请求"或"可充电"状态）。开关 S3 为车辆插头的内部常闭开关，与插头上的下压按钮（用以触发机械锁止装置）联动，按下按钮解除机械锁止功能的同时，S3 处于断开状态。对于充电电流不大于 16A 的车辆（由所配置车载充电机输入功率决定），控制导引电路中也可以不配置开关 S2。本附录中的功能和控制逻辑分析基于配置了开关 S2 的控制导引电路，对于未配置开关 S2 的控制导引电路，等同于开关 S2 为常闭状态。

A.1.2　充电模式 2

当电动汽车使用充电模式 2 的连接方式 B 进行充电时，推荐使用如图 A.4 所示的控制导引电路进行充电连接装置的连接确认及额定电流参数的判断。

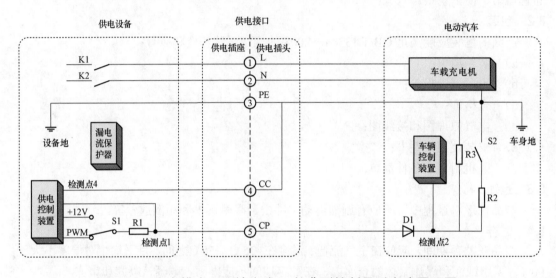

图 A.1　充电模式 3 连接方式 A 的典型控制导引电路原理图

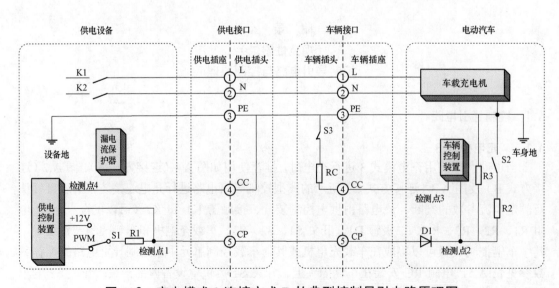

图 A.2　充电模式 3 连接方式 B 的典型控制导引电路原理图

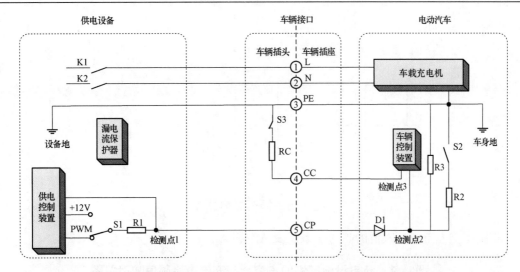

图 A.3　充电模式 3 连接方式 C 的典型控制导引电路原理图

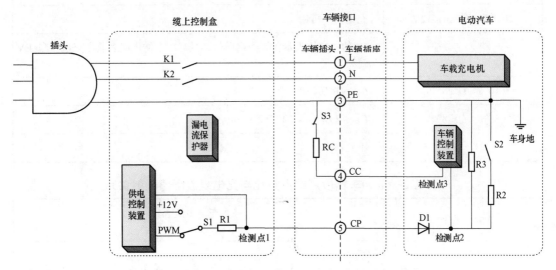

图 A.4　充电模式 2 连接方式 B 的控制导引电路原理图

A.2　控制导引电路的基本功能

A.2.1　连接确认

车辆控制装置通过测量检测点 3 与 PE 之间的电阻值来判断车辆插头与车辆插座是否完全连接（对于连接方式 B 和 C）。供电控制装置通过测量检测点 1 或检测点 4 的电压来判断供电插头和供电插座是否完全连接（对于连接方式 A 和 B）。

A.2.2　充电连接装置载流能力和供电设备供电功率的识别

车辆控制装置通过测量检测点 3 与 PE 之间的电阻值来确认当前充电连接装置（电缆）的额定容量；通过测量检测点 2 的 PWM 信号占空比确认当前供电设备的最大供电电流。振荡器电压如图 A.5 所示。

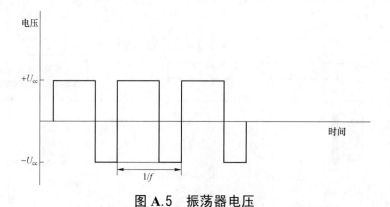

图 A.5 振荡器电压

占空比与充电电流限值的映射关系见表 A.1 和 A.2。

表 A.1 充电设施产生的占空比与充电电流限值映射关系

PWM 占空比 D	最大充电电流 I_{max} A
$D=0\%$，连续的−12V	充电桩不可用
$D=5\%$	5%的占空比表示需要数字通信，且需在电能供应之前在充电桩和 EV 间建立通信
$10\%\leqslant D\leqslant85\%$	$I_{max}=D\times100\times0.6$
$85\%<D\leqslant89\%$	$I_{max}=（D\times100-64）\times2.5$
$D>89\%$	不允许

表 A.2 电动车辆检测的占空比与充电电流限值映射关系

PWM 占空比 D	最大充电电流 I_{max} A
$D<3\%$	不允许充电
$3\%\leqslant D\leqslant7\%$	5%的占空比表示需要数字通信，且需在充电前在充电桩和 EV 之间建立。没有数字通信不允许充电。数字通信可通过其他占空比使用
$7\%<D<8\%$	不允许充电
$8\%\leqslant D<10\%$	$I_{max}=6$
$10\%\leqslant D\leqslant85\%$	$I_{max}=（D\times100）\times0.6$
$85\%<D\leqslant89\%$	$I_{max}=（D\times100-64）\times2.5$
$D=90\%$	$I_{max}=63$
$D>90\%$	不允许充电

A.2.3　充电过程的监测

充电过程中，车辆控制装置可以对检测点 3 与 PE 之间的电阻值（对于连接方式 B 和 C）及检测点 2 的 PWM 信号占空比进行监测，供电控制装置可以对检测点 4 及检测点 1（对于充电模式 3 的连接方式 A 和 B）的电压值进行监测。

A.2.4　充电系统的停止

在充电过程中，当充电完成或因为其他原因不能满足继续充电的条件时，车辆控制装置和供电控制装置分别停止充电的相关控制功能。

A.3　充电过程的工作控制程序

A.3.1　车辆插头与车辆插座插合，使车辆处于不可行驶状态

当车辆插头与车辆插座插合后，车辆的总体设计方案可以自动启动某种触发条件（如打开充电门、车辆插头与车辆插座连接或者对车辆的充电按钮、开关等进行功能触发设置），通过互锁或者其他控制措施使车辆处于不可行驶状态。

A.3.2　确认供电接口已完全连接（对于充电模式 3 的连接方式 A 和 B）

供电控制装置通过测量检测点 1 或检测点 4 的电压值来判断供电插头与供电插座是否完全连接。

A.3.3　确认车辆接口已完全连接（对于连接方式 B 和 C）

车辆控制装置通过测量检测点 3 与 PE 之间的电阻值来判断车辆插头与车辆插座是否完全连接。

A.3.4　确认充电连接装置是否已完全连接

如供电设备无故障，并且供电接口已完全连接（对于充电模式 3 的连接方式 A 和 B），则开关 S1 从连接 12V+状态切换至 PWM 连接状态，供电控制装置发出 PWM 信号。供电控制装置通过测量检测点 1 的电压值或检测点 4 来判断充电连接装置是否完全连接。车辆控制装置通过测量检测点 2 的 PWM 信号，判断充电连接装置是否已完全连接。

A.3.5　车辆准备就绪

在车载充电机自检完成没有故障的情况下，并且电池组处于可充电状态时，车辆控制装置闭合开关 S2（如果车辆设置有"充电请求"或"充电控制"功能时，则同时应满足车辆处于"充电请求"或"可充电"状态）。

A.3.6　供电设备准备就绪

供电控制装置通过测量检测点 1 的电压值判断车辆是否准备就绪。当检测点 1 的峰值电压为表 A.3 中状态 3 对应的电压值时，则供电控制装置通过闭合接触器 K1 和 K2 使交流供电回路导通。

A.3.7　充电系统的启动

A.3.7.1　当电动汽车和供电设备建立电气连接后，车辆控制装置通过判断检测点 2 的 PWM 信号占空比确认供电设备的最大可供电能力，并且通过判断检测点 3 与 PE 之间的电阻值来确认电缆的额定容量。车辆的连接状态及 RC 的电阻值见表 A.4。车辆控制装置对供电设备当前提供的最大供电电流值、车载充电机的额定输入电流值及电缆的额定容量进行比较，将其最小值设定为车载充电机当前最大允许输入电流。当车辆控制装置判断充电连接装置已完全连接，并完成车载充电机最大允许输入电流设置后，车载充电机开始对电动汽车进

行充电。控制引导电路的推荐参数见表 A.5。

A.3.7.2 当车辆接口处于完全连接状态，并且车辆控制装置没有接收到检测点 2 的 PWM 信号时，如果车辆控制装置接收到驾驶员的强制充电请求信号（要求车辆设置充电请求的手动触发装置）时，则车载充电机的功率设置按照输入电流不大于 10A 的模式对电动汽车进行充电。在充电过程中，如果接收到检测点 2 的 PWM 信号时，则车载充电机最大允许输入电流设置取决于供电设备的可供电能力和车载充电机的额定电流的最小值。

A.3.8 检查充电接口的连接状态及供电设备的供电能力变化情况

A.3.8.1 在充电过程中，车辆控制装置通过周期性监测检测点 2 和检测点 3，供电控制装置通过周期性监测检测点 1 和检测点 4，确认供电接口和车辆接口的连接状态，监测周期不大于 50ms。

A.3.8.2 车辆控制装置对检测点 2 的 PWM 信号进行不间断检测，当占空比有变化时，车辆控制装置实时调整车载充电机的输出功率，检测周期不大于 5s。

A.3.9 正常条件下充电结束或停止

A.3.9.1 在充电过程中，当达到车辆设置的结束条件或者驾驶员对车辆实施了停止充电的指令时，车辆控制装置断开开关 S2，并使车载充电机处于停止充电状态。

A.3.9.2 在充电过程中，当达到操作人员设置的结束条件、操作人员对供电装置实施了停止充电的指令或检测到开关 S2 断开时，则供电控制装置控制开关 S1 切换到+12V 连接状态，并通过断开接触器 K1 和 K2 切断交流供电回路。

A.3.10 非正常条件下充电结束或停止

A.3.10.1 在充电过程中，车辆控制装置通过检测 PE 与检测点 3 之间的电阻值（对于连接方式 B 和 C）来判断车辆插头和车辆插座的连接状态，如判断开关 S3 由闭合变为断开（状态 B），并在一定时间内（如 300ms）持续保持，则车辆控制装置控制车载充电机停止充电，并断开 S2。

A.3.10.2 在充电过程中，车辆控制装置通过检测 PE 与检测点 3 之间的电阻值（对于连接方式 B 和 C）来判断车辆插头和车辆插座的连接状态，如判断车辆接口由完全连接变为断开（状态 A），则车辆控制装置控制车载充电机停止充电，并断开 S2。

A.3.10.3 在充电过程中，车辆控制装置通过对检测点 2 的 PWM 信号进行检测，当信号中断时，则车辆控制装置控制车载充电机停止充电。

A.3.10.4 在充电过程中，如果检测点 1 的电压值为 12V（状态 1）、9V（状态 2）或者其他非 6V（状态 3）的状态，则供电控制装置断开交流供电回路。

A.3.10.5 在充电过程中，供电控制装置通过对检测点 4 进行检测（对于充电模式 3 的连接方式 A 和 B），如检测到供电接口由完全连接变为断开（状态 A），则供电控制装置控制开关 S1 切换到与+12V 连接状态并断开交流供电回路。

A.3.10.6 在充电过程中，如果漏电流保护器（漏电断路器）动作，则车载充电机处于欠压状态，车辆控制装置断开开关 S2。

A.3.10.7 当充电设备检测到车载充电机实际工作电流超过充电桩 PWM 信号对应的最大供电电流 1.1 倍倍率时，充电设备延时 5s 断开输出电源。

> 注：如供电控制装置因充电连接装置由完全连接变为断开（状态 A 和状态 1）的原因而切断供电回路并结束充电时，则操作人员需要检查和恢复连接，并重新启动充电设置才能进行充电。

表 A.3 检测点 1 的电压状态

充电过程状态	充电连接装置是否连接	S2	车辆是否可以充电	检测点 1 峰值电压（稳定后测量）V	说明
状态 1	否	断开	否	12	S1 切换至与 PWM 连接状态，车辆接口未完全连接，检测点 2 的电压为 0
状态 2	是	断开	否	9	R3 被检测到
状态 3	是	闭合	可	6	车载充电机及供电设备处于正常工作状态

表 A.4 车辆接口连接状态及 RC 的电阻值

状态	RC	S3	车辆接口连接状态及额定电流
状态 A	—	—	车辆接口未完全连接
状态 B		断开	机械锁止装置处于解锁状态
状态 C	1.5kΩ/0.5W[a]	闭合	车辆接口已完全连接，充电电缆容量为 10A
状态 D	680Ω/0.5W[a]	闭合	车辆接口已完全连接，充电电缆容量为 16A
状态 E	220Ω/0.5W[a]	闭合	车辆接口已完全连接，充电电缆容量为 32A
状态 F	100Ω/0.5W[a]	闭合	车辆接口已完全连接，充电电缆容量为 63A
[a] 电阻 RC 的精度为 ±3%。			

表 A.5 控制引导电路的推荐参数

对象	参数[a]	符号	单位	标称值	最大值	最小值
供电设备	输出高电压	$+U_{cc}$	V	12.00	12.60	11.40
	输出低电压	$-U_{cc}$	V	−12.00	−12.60	−11.40
	输出频率	f	Hz	1000.00	1030.00	970.00
	输出占空比	D_{co}	—	—	+1%	−1%
	信号设置时间[b]	T_s	μs	n.a.	3	n.a.
	信号上升时间（10%～90%）	T_r	μs	n.a.	2	n.a.
	信号下降时间（90%～10%）	T_f	μs	n.a.	2	n.a.
	R1 等效电阻	R1	Ω	1000	1030	970
	状态 1（检测点 1 电压）	U_{1a}	V	12	12.8	11.2
	状态 2（检测点 1 电压）	U_{1b}	V	9	9.8	8.2
	状态 3（检测点 1 电压）	U_{1c}	V	6	6.8	5.2

表 A.5（续）

对象	参数 [a]	符号	单位	标称值	最大值	最小值
电动汽车	R2 等效电阻	R2	Ω	1300	1399	1261
	R3 等效电阻	R3	Ω	2740	2822	2658
	等效二极管压降	U_{d1}	V	0.70	0.85	0.55
	输入占空比	D_{ci}	—	—	+1%	−1%

[a] 在使用环境条件下和可用寿命内都要达到精度要求。
[b] 从开始转变到达稳定值的 95%时所用的时间。

A.4 充电连接控制时序

典型的交流充电连接过程和控制时序参见图 A.6。图中，T_1-T_1'小于 10min，$T_1'-T_2$小于 30s，T_2-T_2'小于 3s。

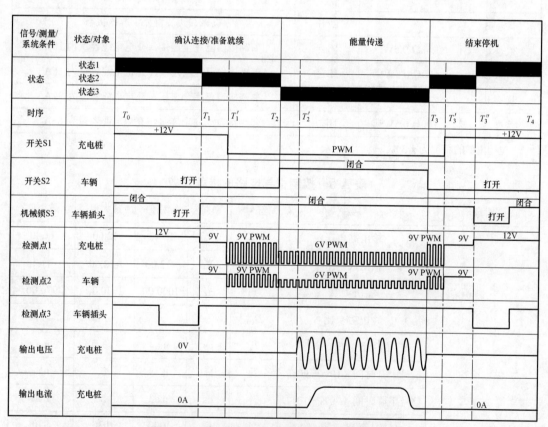

图 A.6 典型的交流充电连接控制时序图

具备常闭开关 S2 的交流充电连接过程和控制时序参见图 A.7。图中，T_1-T_1'小于 10min，$T_1'-T_1'''$小于 3s。

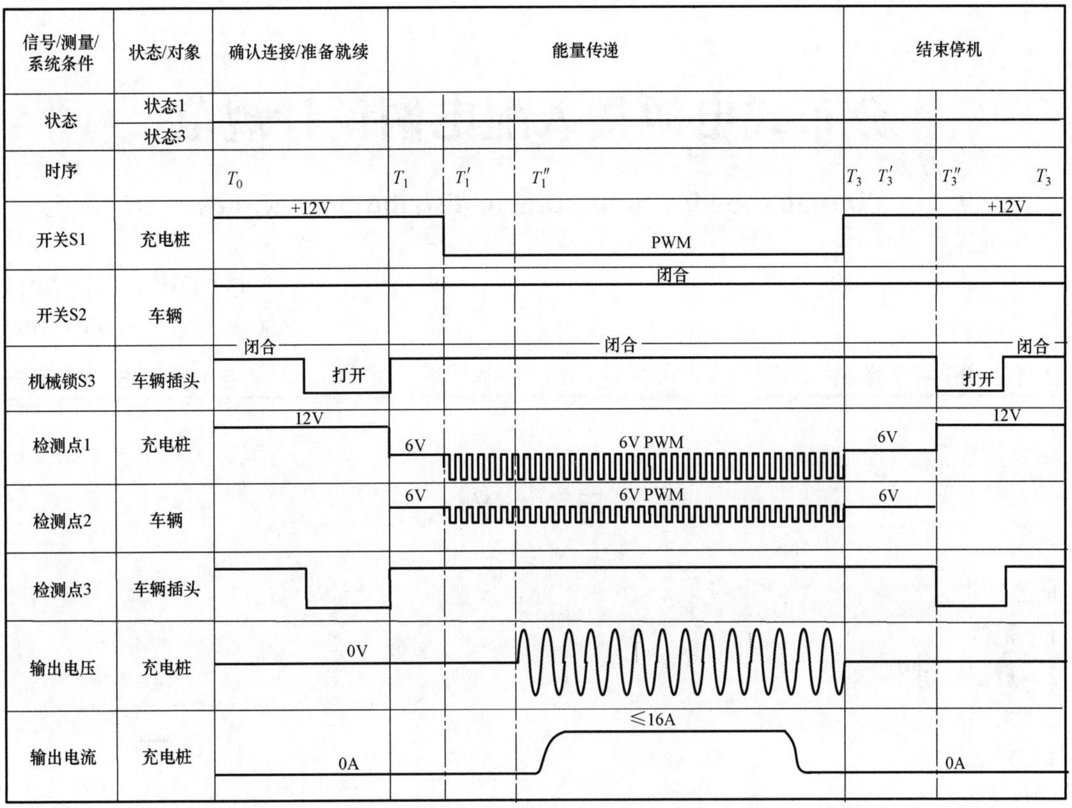

信号/测量/系统条件	状态/对象	确认连接/准备就绪	能量传递	结束停机
状态	状态1			
	状态3			
时序		T_0	T_1　T_1'　T_1''	T_3　T_3'　T_3''　T_3
开关S1	充电桩	+12V	PWM	+12V
开关S2	车辆		闭合	
机械锁S3	车辆插头	闭合　打开	闭合	打开　闭合
检测点1	充电桩	12V　6V	6V PWM	6V　12V
检测点2	车辆	6V	6V PWM	6V
检测点3	车辆插头			
输出电压	充电桩	0V		
输出电流	充电桩	0A	≤16A	0A

图 A.7　具备常闭开关 S2 的交流充电连接控制时序图

分布式电源接入配电网设计规范

Design code for connecting to distribution network

Q/GDW 11147—2017
代替 Q/GDW 11147—2013

2018—06—27发布

2018—06—27实施

目　次

前　言

为了规范以 35kV 及以下电压等级并网的新建、改建和扩建的分布式电源接入系统设计，提高设计质量，制定本标准。

本标准代替 Q/GDW 11147—2013《分布式电源接入配电网设计规范》，与 Q/GDW

11147—2013 相比，主要技术性差异如下：

　　——增加了用户电压偏差、设备电磁兼容的要求；

　　——修改了分布式电源接入电压等级、接入点、潮流计算、线路保护、通信方式选择的内容。本标准由国家电网有限公司发展策划部提出并解释。

　　本标准由国家电网有限公司科技部归口。

　　本标准起草单位：国网北京经济技术研究院、中国能源建设集团江苏省电力设计院有限公司、上海电力设计院有限公司、浙江华云电力工程设计咨询有限公司、国网山东省电力公司经济技术研究院。本标准主要起草人：李敬如、谷毅、赵子臣、吴志力、王基、史梓男、金强、马唯婧、杨卫红、林茸、黄河、钱康、闫安心、顾辰方、杜振东、钱啸、郁丹、史添、陈云辉、徐群、王艳、赵龙、蒯圣宇、赵锋。

　　本标准 2014 年 2 月首次发布，2016 年 11 月第一次修订。

　　本标准在执行过程中的意见或建议反馈至国家电网有限公司科技部。

1　范围

　　本标准规定了新建、改建和扩建的分布式电源接入 35kV 及以下电压等级配电网设计应遵循的一般原则和技术要求。

　　本标准适用于国家电网有限公司经营区域内以 35kV 及以下电压等级并网的新建、改建和扩建的分布式电源接入系统设计。小水电执行国家电网有限公司常规电源相关规定。

2　规范性引用文件

　　下列文件对于本文件的应用是必不可少的。凡是注日期的引用文件，仅注日期的版本适用于本文件。凡是不注日期的引用文件，其最新版本（包括所有的修改单）适用于本文件。

　　GB 2894　安全标志及其使用导则

　　GB/T 6451　油浸式电力变压器技术参数和要求

　　GB/T 12325　电能质量　供电电压偏差

　　GB/T 12326　电能质量　电压波动和闪变

　　GB/T 14285　继电保护和安全自动装置技术规程

　　GB/T 14549　电能质量　公用电网谐波

　　GB/T 15543　电能质量　三相电压不平衡

　　GB/T 17215.322　交流电测量设备　特殊要求　第 22 部分：静止式有功电能表（0.2S 级和 0.5S 级）

　　GB/T 17468　电力变压器选用导则

　　GB/T 19862　电能质量监测设备通用要求

　　GB/T 22239　信息安全技术–信息系统安全等级保护基本要求

　　GB/T 24337　电能质量　公用电网间谐波

　　GB 24790　电力变压器能效限定值及能效等级标准

　　GB/T 29319　光伏发电系统接入配电网技术规定

　　GB 50052　供配电系统设计规范

GB 50054　低压配电设计规范

GB 50057　建筑物防雷设计规范

GB 50060　3～110kV 高压配电装置设计规范

DL/T 448　电能计量装置技术管理规程

DL/T 584　3～110kV 电网继电保护装置运行整定规程

DL/T 599　中低压配电网改造技术导则

DL/T 614　多功能电能表

DL/T 645　多功能电能表通信协议

DL/T 634.5101　远动设备及系统　第 5-101 部分：传输规约　基本远动任务配套标准

DL/T 634.5104　远动设备及系统　第 5-104 部分：传输规约　采用标准传输协议集的 IEC 60870-5-101 网络访问

DL 755　电力系统安全稳定导则

DL/T 1485　三相智能电能表技术规范

DL/T 1486　单相静止式多费率电能表技术规范

DL/T 1487　单相智能电能表技术规范

DL/T 5002　地区电网调度自动化设计技术规程

DL/T 5202　电能量计量系统设计技术规程

Q/GDW 212　电力系统无功补偿配置技术原则

Q/GDW 370　城市配电网技术导则

Q/GDW 380.2　电力用户用电信息采集系统管理规范　第二部分：通信信道建设管理规范

Q/GDW 594　国家电网公司信息化"SG186"工程安全防护总体方案

Q/GDW 625　配电自动化建设与改造标准化设计技术规定

Q/GDW 738　配电网规划设计技术导则

Q/GDW 1480　分布式电源接入电网技术规定

国能安全〔2015〕36 号文　关于印发电力监控系统安全防护总体方案等安全防护方案和评估规范的通知

3　术语和定义

下列术语和定义适用于本文件。

3.1　分布式电源　distributed generation

接入 35kV 及以下电压等级、位于用户附近、就地消纳为主的电源。

3.2　公共连接点　point of common coupling

用户系统（发电或用电）接入公用电网的连接处。

3.3　并网点　point of interconnection

对于有升压站的分布式电源，并网点为分布式电源升压站高压侧母线或节点；对于无升压站的分布式电源，并网点为分布式电源的输出汇总点。

3.4　专线接入　special interconnection

接入点处设置了专用开关设备（间隔）的接入方式，如分布式电源通过专用线路直接接入变电站、开关站、配电室母线或环网单元等方式。

3.5 "T"接 T-type interconnection
接入点处未设置专用开关设备(间隔)的接入方式,如分布式电源通过 T 接接入架空线路或电缆分支箱的方式。

3.6 变流器 converter
用于将电功率变换成适合于电网或用户使用的一种或多种形式的电功率的电气设备。

3.7 变流器类型分布式电源 converter-type power supply
采用变流器连接到电网的分布式电源。

3.8 同步电机类型分布式电源 synchronous-machine-type power supply
通过同步电机发电并直接连接到电网的分布式电源。

3.9 感应电机类型分布式电源 asynchronous-machine-type power supply
通过感应电机发电并直接连接到电网的分布式电源。

3.10 孤岛 islanding
包含负荷和电源的部分电网,从主网脱离后继续孤立运行的状态。孤岛可分为非计划性孤岛和计划性孤岛。

4 基本规定

分布式电源接入 35kV 及以下电压等级配电网设计应遵循以下基本原则:

a) 接入配电网的分布式电源按照类型主要包括变流器型分布式电源、感应电机型分布式电源及同步电机型分布式电源;

b) 分布式电源接入配电网,其电能质量、有功功率及其变化率、无功功率及电压、在电网电压/频率发生异常时的响应,均应满足现行国家、行业标准的有关规定;

c) 分布式电源接入配电网设计应遵循资源节约、环境友好、新技术、新材料、新工艺的原则。

5 一次系统设计

5.1 接入电压等级及接入点

5.1.1 接入电压等级
对于单个并网点,接入的电压等级应按照安全性、灵活性、经济性的原则,根据分布式电源容量、发电特性、导线载流量、上级变压器及线路可接纳能力、所在地区配电网情况、周边分布式电源规划情况,经过综合比选后确定,具体可参考表1。

表 1 分布式电源接入电压等级建议表

单个并网点容量	并网电压等级
8kW 以下	220V
8kW~400kW	380V
400kW~6MW	10kV

表 1（续）

单个并网点容量	并网电压等级
6MW～20MW	35kV

注：最终并网电压等级应根据电网条件，通过技术经济比选论证确定。若高低两级电压均具备接入条件，优先采用低电压等级接入。

5.1.2 接入点

分布式电源可接入公共电网或用户电网，接入点选择应根据其电压等级及周边电网情况确定，具体见表 2。

表 2 分布式电源接入点选择推荐表

电压等级	接入点
35kV	变电站、开关站 35kV 母线
10kV	变电站、开关站、配电室、箱变、环网箱（室）的 10kV 母线；10kV 线路（架空线路）
380V/220V	配电箱/线路；配电室、箱变或柱上变压器低压母线

5.2 潮流计算

分布式电源接入系统潮流计算应遵循以下原则：

a) 潮流计算无需对分布式电源送出线路进行 $N-1$ 校核，但应分析电源典型出力变化引起的线路功率和节点电压的变化；

b) 分布式电源接入配电网设计时，应对设计水平年有代表性的电源出力和不同负荷组合的运行方式、检修运行方式以及事故运行方式进行分析，还应计算光伏发电等最大出力主要出现时段的运行方式，必要时进行潮流计算以校核该地区潮流分布情况及上级电网输送能力，分析电压、谐波等存在问题；

c) 必要时应考虑本项目投运后 5～10 年相关地区预计投运的其他分布式电源项目，并纳入潮流计算。相关地区指本项目公共连接点上级变电站所有低压侧出线覆盖地区；

d) 针对变电站主变跳闸后的状态，应对分布式电源接入侧相关主变/配电室高压侧母线残压进行计算校核，对低压侧母线母联自投时的非同期合环电流进行计算校核。

5.3 短路电流计算

5.3.1 计算原则

应针对分布式电源最大运行方式，对分布式电源并网点及相关节点进行三相及单相短路电流计算。短路电流计算为现有保护装置的整定和更换以及设备选型提供依据。当已有设备短路电流开断能力不满足短路计算结果时，应提出限流措施或解决方案。

5.3.2 计算依据

变流器型分布式电源提供的短路电流按 1.5 倍额定电流计算；分布式同步电机及感应电机型发电系统提供的短路电流按公式（1）计算：

$$I_G = \frac{U_n}{\sqrt{3}X''_d} \tag{1}$$

式中：

I_G——分布式电源提供短路电流；

U_n——同步电机及感应电机型发电系统出口基准电压；

X''_d——同步电机或感应电机的直轴次暂态阻抗。

5.4 稳定计算

同步电机类型的分布式电源接入 35kV/10kV 配电网时应进行稳定计算。其他类型的发电系统及接入 380V/220V 系统的分布式电源，可省略稳定计算。稳定计算分析应符合 DL 755 的要求，当分布式电源存在失步风险时应能够实现解列功能。

5.5 设备选择

5.5.1 一般原则

分布式电源接入配电网工程设备选择应遵循以下原则：

a) 分布式电源接入系统工程应选用参数、性能满足电网及分布式电源安全可靠运行的设备；

b) 分布式电源的接地方式应与配电网侧接地方式相配合，并应满足人身设备安全和保护配合的要求。接地设计应符合 GB 50052、GB 50054、GB 50060、DL/T 599、Q/GDW 370、Q/GDW 738 的要求。采用 10kV 及以上电压等级直接并网的同步发电机中性点应经避雷器接地；

c) 变流器类型分布式电源接入容量超过本台区配变额定容量 25% 时，配变低压侧刀熔总开关应改造为低压总开关，并在配变低压母线处装设反孤岛装置；低压总开关应与反孤岛装置间具备操作闭锁功能，母线间有联络时，联络开关也应与反孤岛装置间具备操作闭锁功能。

5.5.2 主接线选择

分布式电源升压站或输出汇总点的电气主接线方式，应根据分布式电源规划容量、分期建设情况、供电范围、当地负荷情况、接入电压等级和出线回路数等条件，通过技术经济分析比较后确定，可采用如下主接线方式：

a) 220V：采用单元或单母线接线；

b) 380V：采用单元或单母线接线；

c) 10kV：采用线变组或单母线接线；

d) 35kV：采用线变组或单母线接线；

e) 接有分布式电源的配电台区，不得与其他台区建立低压联络（配电室、箱式变低压母线间联络除外）。

5.5.3 电气设备参数

用于分布式电源接入配电网工程的电气设备参数应符合下列要求：

a) 分布式电源升压变压器参数应包括台数、额定电压、容量、阻抗、调压方式、调压范围、联接组别、分接头以及中性点接地方式，应符合 GB 24790、GB/T 6451、GB/T 17468 的有关规定。变压器容量可根据实际情况选择；

b) 分布式电源送出线路导线截面选择应遵循以下原则：

1) 送出线路导线截面选择应根据所需送出的容量、并网电压等级选取，并考虑分布式电源发电效率等因素，一般按持续极限输送容量选择；

2) 当接入公共电网时，应结合本地配电网规划与建设情况选择适合的导线。

c) 分布式电源接入系统工程断路器选择应遵循以下原则：

1) 380V/220V：分布式电源并网时，应设置明显开断点，并网点应安装易操作、具有明显开断指示、具备开断故障电流能力的断路器。断路器可选用微型、塑壳式或万能断路器，根据短路电流水平选择设备开断能力，并应留有一定裕度，应具备电源端与负荷端反接能力。其中，变流器类型分布式电源并网点应安装低压并网专用开关，专用开关应具备失压跳闸及低电压闭锁合闸功能，失压跳闸定值宜整定为 $20\%U_N$、10s，检有压定值宜整定为大于 $85\%U_N$；

2) 35kV/10kV：分布式电源并网点应安装易操作、可闭锁、具有明显开断点、具备接地条件、可开断故障电流的断路器；

3) 当分布式电源并网公共连接点为负荷开关时，宜改造为断路器；并根据短路电流水平选择设备开断能力，留有一定裕度。

5.6 无功配置

5.6.1 一般原则

分布式电源接入系统工程设计的无功配置应满足以下要求：

a) 分布式电源的无功功率和电压调节能力应满足 Q/GDW 212、GB/T 29319 的有关规定，应通过技术经济比较，提出合理的无功补偿措施，包括无功补偿装置的容量、类型和安装位置；

b) 分布式电源系统无功补偿容量的计算应依据变流器功率因数、汇集线路、变压器和送出线路的无功损耗等因素；

c) 分布式电源接入用户配电系统，用户应根据运行情况配置无功补偿装置或采取措施保障用户功率因数达到考核要求；

d) 对于同步电机类型分布式发电系统，可省略无功计算；

e) 分布式发电系统配置的无功补偿装置类型、容量及安装位置应结合分布式发电系统实际接入情况、统筹电能质量考核结果确定，还应考虑分布式电源的无功调节能力，必要时安装动态无功补偿装置。

5.6.2 并网功率因数

分布式电源接入配电网的并网点功率因数应满足 Q/GDW 1480 的要求，并宜在设计中实现以下功能：

a) 35kV/10kV 电压等级接入的同步发电机类型分布式电源参与并网点的电压调节；

b) 35kV/10kV 电压等级接入的异步发电机类型分布式电源通过调整功率因数稳定电压水平；

c) 35kV/10kV 电压等级接入的变流器类型分布式电源在其无功输出范围内，根据并网点电压水平调节无功输出，参与电网电压调节。

5.7 电能质量

5.7.1 电能质量指标

分布式电源向所接入的配电网送出电能的质量，在谐波、电压偏差、三相电压不平衡、电压波动和闪变等方面的指标,应满足 GB/T 14549、GB/T 24337、GB/T 12325、GB/T 15543、GB/T 12326 的有关规定。

5.7.2　电能质量监测装置

分布式电源接入系统的公共连接点的电能质量应满足 GB/T 19862 的要求,并加装电能质量在线监测装置,满足以下要求:

 a)　分布式电源以 35kV/10kV 接入,宜在并网点电源侧配置电能质量在线监测装置;

 b)　同步电机类型分布式电源接入时,可不配置电能质量在线监测装置。

5.7.3　用户电压偏差

分布式电源接入用户配电系统应根据运行方式校核负荷供电电压及公共连接点电压变化范围,当电压偏差超出 GB/T 12325 的要求时,应采取改造措施保证电能质量。

5.8　电磁兼容

分布式电源系统应具备一定的抗电磁干扰能力,保证信号传输不受电磁干扰,执行部件不发生误动作。分布式电源产生的电磁干扰不应超过相关设备对电磁干扰的要求。

6　二次系统设计

6.1　继电保护及安全自动装置

6.1.1　一般原则

分布式电源的继电保护应以保证公共电网的可靠性为原则,兼顾分布式电源的运行方式,采取合理的保护方案,其技术条件应符合 GB 50054、GB/T 14285 和 DL/T 584 的要求。

6.1.2　线路保护

6.1.2.1　380V/220V 电压等级接入

分布式电源以 380V/220V 电压等级接入公共电网时,并网点和公共连接点的断路器应具备短路速断、延时保护功能和分励脱扣、失压跳闸及低压闭锁合闸等功能,同时应配置剩余电流保护装置。

6.1.2.2　35kV/10kV 电压等级接入

分布式电源接入 35kV/10kV 电压等级系统保护参考以下原则配置:

 a)　分布式电源采用专用送出线路接入变电站、开关站、环网室(箱)、配电室或箱变 10kV 母线时,宜配置(方向)过流保护,也可配置距离保护;当上述两种保护无法整定或配合困难时,应增配纵联电流差动保护;

 b)　分布式电源采用 T 接线路接入系统时,宜在分布式电源站侧配置无延时过流保护反映内部故障并配置联切装置,条件具备时可配置三端光差保护。

6.1.2.3　系统侧保护校验及完善

系统相关保护应按照以下原则校验和完善:

 a)　分布式电源接入配电网后,应对分布式电源送出线路相邻线路现有保护进行校验,当不满足要求时,应调整保护配置;

 b)　分布式电源接入配电网后,应校验相邻线路的开关和电流互感器是否满足最大短路电流情况的要求;

 c)　分布式电源接入配电网后,必要时按双侧电源线路完善保护配置;

 d)　公共电网变电站 10kV 侧接入分布式电源的,主变中性点无处 PT 的应加装中性点 PT。

6.1.3 母线保护

分布式电源接入系统母线保护宜按照以下原则配置：

a) 分布式电源系统设有母线时，可不设专用母线保护，发生故障时可由母线有源连接元件的后备保护切除故障。如后备保护时限不能满足稳定要求，可相应配置保护装置，快速切除母线故障；

b) 应对系统侧变电站或开关站侧的母线保护进行校验，若不能满足要求时，则变电站或开关站侧应配置保护装置，快速切除母线故障。

6.1.4 安全自动装置

分布式电源接入 35kV/10kV 电压等级系统安全自动装置应满足以下要求：

a) 实现频率电压异常紧急控制功能，按照整定值跳开并网点断路器；

b) 以 35kV/10kV 电压等级接入配电网时，在并网点设置安全自动装置；若 35kV/10kV 线路保护具备失压跳闸及低压闭锁功能，可以按 U_N 实现解列，可不配置具备该功能的自动装置；

c) 实现防孤岛功能，防止产生非计划性孤岛，可以由独立装置实现，也可以由设备中的防孤岛模块或变流器等实现；

d) 以 380V/220V 电压等级接入时，不独立配置安全自动装置；

e) 分布式电源本体应具备故障和异常工作状态报警和保护的功能。

6.1.5 电网异常时的响应特性

6.1.5.1 以 380V/220V 接入配电网的分布式电源和接入用户侧的 10kV 分布式电源在并网点处电网电压发生异常时的响应要求见表 3。此要求适用于多相系统中的任何一相。

表3 分布式电源在电网电压异常时的响应要求

并网点电压	最大分闸时间
$U < 0.5U_N$	不超过 0.2s
$0.5U_N \leq U < 0.85U_N$	不超过 2.0s
$0.85U_N \leq U \leq 1.1U_N$	连续运行
$1.1U_N < U < 1.35U_N$	不超过 2.0s
$1.35U_N \leq U$	不超过 0.2s

注1：U_N 为分布式电源并网点的电网标称电压。
注2：最大分闸时间是指异常状态发生到电源停止向电网送电的时间。
注3：各种电力系统故障类型下的考核电压为：三相短路故障和两相短路故障考核并网点线电压，单相接地短路故障考核并网点相电压。

6.1.5.2 通过 10（6）kV 电压等级直接接入公共电网，以及通过 35kV 电压等级并网的分布式电源，应具备低电压穿越能力，低电压穿越技术指标应符合 Q/GDW 1480 的要求。

6.1.5.3 接入配电网的分布式电源在电网频率异常时的响应满足 Q/GDW 1480 的要求。

6.1.6 同期装置

分布式电源接入系统工程设计的同期装置配置应满足以下要求：

a) 经同步电机直接接入配电网的分布式电源，应在必要位置配置同期装置；

b) 经感应电机直接接入配电网的分布式电源，应保证其并网过程不对系统产生严重不良影响，必要时采取适当的并网措施，如可在并网点加装软并网设备；

c) 变流器类型分布式电源（经电力电子设备并网）接入配电网时，不配置同期装置。

6.1.7　其他

分布式电源接入系统工程设计还应满足以下要求：

a) 当以 35kV/10kV 线路接入公共电网环网箱（室）、开关站等时，环网箱（室）或开关站需要进行相应改造，具备二次电源和设备安装条件。对于空间实在无法满足需求的，可选用壁挂式、分散式直流电源模块，实现分布式电源接入配电网方案的要求；

b) 系统侧变电站或开关站线路保护重合闸检无压配置应根据当地调度主管部门要求设置，必要时配置单相 PT；

c) 35kV/10kV 接入配电网的分布式电源电站内应具备直流电源，供新配置的保护装置、测控装置、电能质量在线监测装置等设备使用；

d) 35kV/10kV 接入配电网的分布式电源电站内应配置 UPS 交流电源，供关口电能表、电能量终端服务器、交换机等设备使用；

e) 分布式电源并网变流器应具备过流保护与短路保护，在频率电压异常时自动脱离系统的功能；

f) 同步电机和感应电机并网的分布式电源其电机本体应该具有反映内部故障及过载等异常运行情况的保护功能。

6.2　调度自动化

6.2.1　一般原则

根据 GB/Z 19964、DL/T 5002、Q/GDW 617 等有关标准进行分布式电源的系统调度自动化设计。主要设计范围为相关调度系统接口、分布式电源及对侧变电站的远动设备、通道要求及附属设备选择等。

6.2.2　调度自动化需求

分布式电源调度管理按以下原则执行：

a) 以 35kV/10kV 电压等级接入的分布式电源，应按当地相关规定执行调度管理，上传信息包括并网设备状态、并网点电压、电流、有功功率、无功功率和发电量，调控中心应实时监视运行情况。35kV/10kV 接入的分布式电源应具备与电力系统调度机构之间进行数据通信的能力，能够采集电源并网状态、电流、电压、有功、无功、发电量等电气运行工况，上传至相应的电网调度机构；

b) 以 380V/220V 电压等级接入的分布式电源，应上传发电量信息，经同步电机形式接入配电网的分布式电源应同时具备并网点开关状态信息采集和上传能力。

6.2.3　远动系统

分布式电源远动系统按以下原则执行：

a) 以 380V 电压等级接入的分布式电源，按照相关暂行规定，可通过配置无线采集终端装置或接入现有集抄系统实现电量信息采集及远传，一般不配置独立的远动系统；

b) 以 35kV/10kV 电压等级接入的分布式电源本体远动系统功能宜由本体监控系统集

成，本体监控系统具备信息远传功能；本体不具备条件时，应独立配置远方终端，采集相关信息；

c) 以多点、多电压等级接入时，380V 部分信息由 35kV/10kV 电压等级接入的分布式电源本体远动系统统一采集并远传。

6.2.4 功率控制要求

分布式电源接入系统的功率控制应满足以下要求：

a) 当调度端对分布式电源有功率控制要求时，应明确参与控制的上下行信息及控制方案；

b) 分布式电源通信服务器应具备与控制系统的接口，接受配网调度部门的指令，具体调节方案由配网调度部门根据运行方式确定；

c) 分布式电源有功功率控制系统应能够接收并自动执行配网调度部门发送的有功功率及有功功率变化的控制指令，确保分布式电源有功功率及有功功率变化按照配网调度部门的要求运行；

d) 分布式电源无功电压控制系统应能根据配网调度部门指令，自动调节其发出（或吸收）的无功功率，控制并网点电压在正常运行范围内，其调节速度和控制精度应能满足电力系统电压调节的要求。

6.2.5 信息传输

分布式电源接入系统的信息传输应满足以下要求：

a) 35kV 接入的分布式电源远动信息上传宜采用专网方式，可单路配置专网远动通道，优先采用电力调度数据网络；

b) 10kV 接入用户侧的分布式光伏发电、风电、海洋能发电项目，380V 接入的分布式电源项目，可采用无线公网通信方式，但应满足信息安全防护要求；

c) 通信方式和信息传输应符合相关标准的要求，一般可采取基于 DL/T 634.5101 和 DL/T 634.5104 通信协议。

6.2.6 安全防护

分布式电源接入时，应根据"安全分区、网络专用、横向隔离、纵向认证"的二次安全防护总体原则配置相应的安全防护设备，技术满足国家发改委 14 号令和国能安全〔2015〕36 号文的要求。

6.2.7 对时方式

分布式电源 35kV/10kV 接入时，应能够实现对时功能，可采用北斗对时方式、GPS 对时方式或网络对时方式。

6.3 计量

6.3.1 设置原则

分布式电源接入配电网计量装置设置应满足以下要求：

a) 自发自用余量上网运营模式，应采用多点计量，分别设置在分布式电源并网点（并网开关的发电侧）、发电量计量点和用户负荷支路，同时在电网侧安装比对表；

b) 自发自用余量不上网运营模式，可按照常规用户设置在产权分界点，同时在电网侧安装比对表；

c) 全部上网运营模式，应设置在分布式电源并网点和发电量计量点，同时在电网侧安装比对表。

6.3.2　计量配置

分布式电源接入系统的计量配置应满足以下要求：

a) 每个计量点均应装设电能计量装置，其设备配置和技术要求应符合 DL/T 448、DL/T 5202 的要求，电能表宜采用智能电能表，技术性能符合 DL/T 1485、DL/T 1486 和 DL/T 1487 的要求；

b) 电能表应具备正向和反向有功电能计量以及四象限无功电量计量功能、事件记录功能，配有数据通信接口，具备本地通信和接入电能信息采集与管理系统的功能，电能表通信协议应符合 DL/T 645 及其备案文件的要求；

c) 以 35kV/10kV 电压等级接入配电网，关口计量点应安装同型号、同规格、准确度相同的主、副电能表各一只；

d) 以 380V/220V 电压等级接入配电网的分布式电源，在每个计量点宜配置一只智能电能表。

6.3.3　计量用电流、电压互感器

分布式电源接入系统的计量用电流、电压互感器应满足以下要求：

a) 以 35kV/10kV 电压等级接入配电网时，计量用互感器的二次计量绕组应专用，不得接入与电能计量无关的设备；

b) 电能计量装置应配置专用的整体式电能计量柜（箱），电流、电压互感器宜在一个柜内，在电流、电压互感器分柜的情况下，电能表应安装在电流互感器柜内。

6.3.4　电能量采集终端技术要求

分布式电源接入系统的电能量采集终端应满足以下要求：

a) 以 35kV/10kV 电压等级接入配电网时，电能量关口计量点宜设置专用电能量信息采集终端，采集信息可支持接入多个电能信息采集系统；

b) 以 220V/380V 电压等级接入配电网时，电能计量装置可采用无线采集方式；

c) 以多点接入时，各表计计量信息应统一采集后，传输至相关信息系统。

6.3.5　回路状态巡检仪技术要求

分布式电源接入系统在使用电流互感器计量时，应安装回路状态巡检仪，并满足以下要求：

a) 应选取与所接入回路电能表相同的额定工作电压、电流；

b) 宜采用与现场电能量采集终端相同的工作电源供电；

c) 应具备实时监测互感器二次回路运行状态的功能；

d) 回路状态巡检仪与主站数据传输通道应支持无线公网及以太网。

6.4　通信

6.4.1　通道要求

分布式电源接入配电网的通信应遵循可靠、实用、扩容方便和经济的原则根据配电网规模、传输容量、传输速率进行设计，同时应符合以下设计原则：

a) 根据分布式电源的规模、电压等级、运营模式、接入方式，提出通道要求；

b) 通信通道应具备故障监测、通道配置、安全管理、资源统计等维护管理功能；

c) 分布式电源接入设计时可按单通道考虑；

    d）   分布式电源接入配电网的通信通道安全防护应符合国能安全〔2015〕36 号文、GB/T 22239 和 Q/GDW 594 的规定。

6.4.2　通信方式

分布式电源接入配电网时应根据当地电力系统通信现状，因地制宜的选择下列通信方式：

    a）   光纤通信：根据分布式电源接入方案，光缆可采用 ADSS 光缆、OPGW 光缆、普通光缆等，光缆芯数 12～24 芯，纤芯均应采用 ITU–TG.652 光纤，结合本地电网整体通信网络规划，采用 EPON 技术、工业以太网技术、SDH/MSTP 技术等多种光纤通信方式；

    b）   电力线载波：对于接入 35kV/10kV 配电网中的分布式电源，当不具备光纤通信条件时，可采用电力线载波技术；

    c）   无线方式：可采用无线专网或 GPRS、CDMA、3G、4G 等无线公网通信方式。当有控制要求时，不得采用无线公网通信方式。采用无线公网的通信方式应满足 Q/GDW 625 和 Q/GDW 380.2 的相关规定，支持用户优先级管理。

6.4.3　通信设备供电

分布式电源接入系统的通信设备供电应满足以下要求：

    a）   与其它设备共用电源时，可不独立设置通信电源；

    b）   通信设备电源应满足可靠性要求，配置蓄电池以保证通信设备不间断供电要求，备用时间宜不低于 2h。

6.4.4　通信设备布置

通信设备宜与其它二次设备合并布置。

光伏发电站并网验收规范

Photovoltaic power station connected to the grid for acceptance specification

Q/GDW 1999—2013

2014-05-01发布   2014-05-01实施

目　　次

前　　言

本标准由国家电力调度控制中心提出并解释。本标准由国家电网公司科技部归口。本标准起草单位：青海省电力公司、中国电力科学研究院、宁夏电力公司。

本标准主要起草人：李春来、薛俊茹、张军军、张海宁、黄永宁、杨小库、董凌、贾昆、王海亭、杨嘉、马勇飞、孔祥鹏、丛贵斌、苟晓侃。

本标准首次发布。

1　范围

本标准规定了光伏发电站并网验收应遵循的一般原则和技术要求。

本标准适用于通过10kV及以上电压等级与公共电网连接的且容量在6MW以上的新建、改建和扩建光伏发电站。

2 规范性引用文件

下列文件对于本文件的应用是必不可少的。凡是注日期的引用文件，仅所注日期的版本适用于本文件。凡是不注日期的引用文件，其最新版本（包括所有的修改单）适用于本文件。

GB 50150—2006　电气装置安装工程电气设备交接试验标准

GB 50797—2012　光伏发电站设计规范

GB/T 12325　电能质量供电电压偏差

GB/T 12326　电能质量电压波动与闪变

GB/T 14549　电能质量公用电网谐波

GB/T 15543　电能质量三相电压不平衡

GB/T 15945　电能质量电力系统频率偏差

GB/T 19862　电能质量监测设备通用要求

GB/T 19939　光伏系统并网技术要求

GB/T 19964—2011　光伏发电站接入电力系统技术规定

GB/T 20046　光伏（PV）系统电网接口特性

GB/T 24337　电能质量公用电网间谐波

DL/T 448—2000　电能计量装置技术管理规程

DL/T 645—2007　多功能电能表通信协议

DL/T 698.31　电能信息采集与管理系统电能采集终端通用要求

DL/T 698.32　电能信息采集与管理系统厂站终端特殊要求

DL/T 755—2001　电力系统安全稳定导则

DL/T 995—2006　继电保护和电网安全自动装置检验规程

DL/T 1040—2007　电网运行准则

DL/T 5202　电能量计量系统设计技术规程

SD 325—1989　电力系统电压和无功技术导则

Q/GDW 347—2009　电能计量装置通用设计

国家电监市场 42 号　发电厂并网运行管理规定

3 术语和定义

下列术语和定义适用于本文件。

3.1 光伏发电站　photovoltaic（PV）power station

利用光伏电池的光生伏特效应，将太阳辐射能直接转换成电能的发电系统，一般包含变压器、逆变器、相关的平衡系统部件（BOS）和太阳电池方阵等。

3.2 公共连接点　point of common coupling（PCC）

电力系统中一个以上用户的连接处。

3.3 光伏发电站并网点　point of interconnection（POI）of PV power station

对于有升压站的光伏发电站，指升压站高压侧母线或节点。对于无升压站的光伏发电站，指光伏发电站的输出汇总点。

3.4 光伏发电站送出线路 transmission line of PV power station

从光伏发电站并网点至公共连接点的输电线路。

3.5 有功功率变化 active power change

一定时间间隔内，光伏发电站有功功率最大值与最小值之差（一般指 1min 及 10min 有功功率变化）。

3.6 低电压穿越 low voltage ride through

当电力系统事故或扰动引起光伏发电站并网点的电压跌落时，在一定的电压跌落范围和时间间隔内，光伏发电站能够保证不脱网连续运行。

3.7 孤岛现象 islanding

电网失压时，光伏发电站仍保持对失压电网中的某一部分线路继续供电的状态。孤岛现象可分为非计划性孤岛现象和计划性孤岛现象。

3.8 非计划性孤岛现象 unintentional islanding

非计划、不受控地发生孤岛现象。

3.9 计划性孤岛现象 intentional islanding

按预先配置的控制策略，有计划地发生孤岛现象。

3.10 防孤岛 anti-islanding

禁止非计划性孤岛现象的发生。

3.11 峰瓦 watts peak

太阳电池组件方阵，在标准测试条件下的额定最大输出功率。标准测试条件为：$25℃ \pm 2℃$，用标准太阳电池测量的光源辐照度为 $1000W/m^2$ 并具有 AM1.5 标准的太阳光谱辐照度分布。

3.12 基波（分量） fundamental（component）

对周期性交流量进行傅立叶级数分解，得到的频率与工频相同的分量。

3.13 谐波（分量） harmonic（component）

对周期性交流量进行傅立叶级数分解，得到频率为基波频率大于 1 整数倍的分量。

4 总则

4.1 通过 10kV 及以上电压等级与公共电网连接的容量在 6MW 以上的新建、改建和扩建光伏发电站应依照本规范开展并网验收工作，验收合格的方可正式并网运行。

4.2 光伏发电站并网验收内容依据 GB/T 19964—2012、DL/T 1040—2007、国家电监市场〔2006〕42 号制定，验收规范的内容由光伏发电站并网验收前应具备的条件、光伏发电站并网前验收（涉网资料验收、技术条件验收）和光伏发电站并网后验收（并网测试验收、商业运营条件验收）三部分组成。

5 光伏发电站并网验收前应具备的条件

5.1 基本条件

5.1.1 新建光伏发电站应具有政府批复的项目核准、上网电价批复等文件，取得了主管电监局颁发的《发电业务许可证》，符合国家及行业规定的各项要求。

5.1.2 光伏发电站已按要求向调度部门报送光伏发电站施工图纸，设备参数，保护、通信、自动化等技术资料；涉网电气设备具有正规出厂试验报告和质量认证报告，包括：光伏逆变器质量认证报告、光伏逆变器并网性能测试（实验室）报告等。

5.1.3 光伏发电站已与电力公司签订完成《并网调度协议》、《购售电合同》、《供用电合同》，并按照约定完成了相关工作。

5.1.4 光伏发电站运行值长及接受调度命令的值班人员，经过调度部门培训并取得上岗证书。

5.1.5 光伏发电站已编制完成满足安全生产需要的运行规程、事故处理规程和反事故与预案等技术资料，相关人员已学习并考试通过。

5.2 电气一次系统

5.2.1 光伏发电站一次系统并网验收涉及内容包括升压变压器、箱式变压器、高低压配电系统、母线及架构、高压开关设备、GIS 电气组合开关、光伏发电站安全防护设施、光伏发电站自用电设备、无功补偿装置、过电压保护装置、防雷和接地装置、防误操作技术措施、安全设施、设备编号及标志等。

5.2.2 光伏发电站并网验收前，已按照 GB 50150—2006 的要求，委托有资质的单位完成了涉网电气设备并网前交接性试验，提供了试验报告或试验合格的结论意见。

5.2.3 光伏发电站已按调度部门下达的光伏发电站本体及并网设备命名编号，规范进行了现场设备的标识和命名。

5.2.4 光伏发电站电气主接线及场、站用电系统应按国家和电力行业标准设计、建设，满足电网的安全要求。

5.2.5 电气一次设备满足安装点短路电流水平要求；接地装置、接地引下线截面积满足热稳定校验要求，主变压器中性点和高压并联电抗器中性点装有符合要求的铜排接地。35kV及以上变压器中性点接地方式、并网光伏发电站高压侧或升压站电气设备遮断容量满足电网安全要求。

5.2.6 光伏发电站应按所辖电网接入系统批复的要求配置动态无功补偿装置（SVC 或者SVG）。光伏发电站动态无功补偿设备应符合国家标准相关规定。

5.3 电气二次系统

5.3.1 光伏发电站电气二次系统并网验收涉及内容包括继电保护及安全稳定自动装置、微机监控系统、仪表及计量装置、远动装置、防误闭锁装置、通信系统设备等。

5.3.2 光伏发电站已由具备资质的单位完成了工程安装、调试及试验，涉网设备符合接入系统审查意见的有关要求，涉网电气设备没有危及电网安全运行的隐患；110kV 及以上线路完成线路参数测试和线路保护定值计算；继电保护及安全自动装置、电力调度通信设施、自动化设备能正常发送和接收调度生产所需信息，满足电网调度管理要求。

5.3.3 母线、断路器、高压并联电抗器、主变压器和 35kV 及以上的线路保护装置及安全自动装置的配置选型，必须满足电网相关要求；光伏发电站涉网继电保护装置的定值应报相应调度部门备案。

5.3.4 正式并网前关口计量装置、电量采集装置已按照要求配置、安装、检定、调试完毕，并能够向电网电能量采集系统正常传送数据；具有上网关口计量装置及电能量采集装置验收合格报告。

5.3.5 光伏发电站防误闭锁装置已按要求与工程同时设计、同时建设、同时验收、同时投运。

5.3.6　通信系统设备配置应满足调度自动化业务、调度通信业务和线路保护业务的要求；所用通信设备应符合国家相关标准、电力行业标准和其他有关规定，通信设备选型和配置应与电网通信网协调一致，满足所接入系统的组网要求；通信站应配置专用不停电电源系统，至少应有两路交流电源输入；通信高频开关电源整流模块应按 N+1 原则配置，能可靠地自动投入、自动切换。

5.3.7　光伏发电站调度管辖设备应按调度自动化有关技术规程及设计规定接入采集信息。

6　光伏发电站并网前验收

6.1　涉网资料验收
6.1.1　工程建设资料

设备制造厂、光伏发电站涉网设备的设计资料及技术档案、出厂及交接试验报告、现场运行规程及检修规程是否齐全、正确规范。

6.1.2　设备资料

6.1.2.1　应提供光伏发电站电气主接线图等设计资料和图纸、光伏发电站涉网设备参数（逆变器、变压器、断路器、电流互感器、电压互感器、动态无功补偿装置、太阳辐射现场观测站等）、光伏发电站保护配置及定值、稳控装置的配置及控制策略、电能质量在线监测装置的功能范围、有功功率控制系统（AGC）、无功功率控制系统（AVC）、光功率预测系统等。

6.1.2.2　按照 GB 50150—2006 的要求，提供有资质单位完成的涉网电气设备并网前交接性试验报告等资料。

6.1.2.3　查验各保护设备技术资料、继电保护设计图纸、互联电网间相互提供的等值阻抗、电气设备及线路实测参数完整准确、联网点处保护定值以及整定配合要求、保护定值单及整定值、保护装置调试报告、通道联调报告及保护整组传动试验是否完备且满足现场要求。

6.1.2.4　通信自动化设备的台账、说明书、设计资料、系统结构图、出厂验收报告、通信自动化信息表（纸制、电子）、现场试验及验收报告是否完备且满足现场要求。

6.1.2.5　光伏逆变器的产品说明书、资料清单、质量认证报告、并网性能测试（实验室）报告、出厂验收报告、现场验收报告、电气接线图、系统结构图是否完备且满足现场要求。

6.1.2.6　光伏发电站光功率预测装置的技术说明书、使用说明书、系统设计资料、出厂验收报告、现场验收报告是否完备且满足现场要求。

6.1.2.7　安全稳定控制装置的设备台账、技术说明书、设计资料、出厂验收报告、现场验收报告是否完备且满足现场要求。

6.1.2.8　电能质量在线监测装置的技术说明书、使用说明书、出厂认证报告是否完备且满足现场要求。

6.1.2.9　有功功率和无功功率控制系统的技术说明书、使用说明书、系统设计资料、出厂验收报告、现场验收报告是否完备且满足现场要求。

6.1.3　安全管理资料

6.1.3.1　调度管辖范围明确，有关设备命名标志符合要求。

6.1.3.2 应具备满足生产需要的典型操作票、运行规程和管理标准，并经调度认可。

6.1.3.3 并（联）网双方交换整定计算所需的资料、系统参数和整定限额。

6.2 技术条件验收

6.2.1 基本要求

待验收的光伏发电站应符合如下基本要求：

a) 光伏发电站应满足 GB/T 19964—2012 相关要求；

b) 光伏发电站动态无功补偿装置应满足 GB/T 19964—2012 的相关要求，光伏发电站需具备要求的低电压穿越能力；

c) 光伏发电站应在并网点装设满足 IEC61000–4–30 标准要求的 A 类电能质量在线监测装置。电能质量数据传输格式应满足接入电网企业的要求，并按照要求传送至各网省公司；

d) 光伏发电站逆变器相关参数应符合相关要求；

e) 光伏发电站并网点功率因数应满足+0.98～−0.98 连续可调的要求；

f) 10MW 及以上的光伏发电站应装设光功率预测系统，并将相关数据上传省调和地调。

6.2.2 电能质量

光伏发电站的电能质量应满足 GB/T 14549—1993、GB/T 24337—2009、GB/T 12325—2008、GB/T 12326—2008、GB/T 15543—2008、GB/T 15945—2008 的要求。具体指标应满足附录 A 的要求。

6.2.3 功率控制与电压调节

光伏发电站应具备参与电力系统的调频和调峰的能力及有功功率控制与无功功率控制功能，并符合 DL/T 1040—2007、DL 755—2001、SD325—1989、GB/T 19964—2012 的相关要求。具体指标应满足附录 B 的要求。

6.2.4 电网异常响应特性

6.2.4.1 光伏发电站应具备电压异常响应特性及低电压穿越能力，并符合 GB/T 19964—2012 的相关要求。具体指标应满足附录 C 的要求。

6.2.4.2 电压异常时的响应特性电压异常时的响应特性如下：

a) 电力系统发生不同类型故障时，若光伏发电站并网点考核电压全部在给定的曲线电压轮廓线及以上的区域内，光伏发电站应保证不脱网连续运行；否则，允许光伏发电站切出；

b) 对电力系统故障期间没有切出的光伏发电站，其有功功率在故障清除后应快速恢复，自故障清除时刻开始，以至少 30%额定功率/秒的功率变化率恢复至故障前的值；

c) 光伏发电站并网点电压跌至 0 时，光伏发电站应不脱网连续运行 0.15s；

d) 低电压期间，光伏发电站应提供动态无功支撑；

e) 应具备电网单相永久故障下重合闸动作失败带来的二次穿越考验能力。

6.2.4.3 频率异常时的响应特性

具体指标应满足附录 C 的要求。

6.2.5 通用技术条件

6.2.5.1 接地

光伏发电站接地技术要求，参照 SJ/T 11127—1997 和 DL/T 621—1997。光伏方阵场地内应设置接地网，接地网除采用人工接地极外，还应充分利用光伏组件的支架和基础。光伏汇集变电站（开关站）的接地，参照 DL/T 621—1997 的有关技术要求。

6.2.5.2 防雷

防雷保护（包括直击雷防护和雷电侵入波防护）应符合 DL/T 620—1997 的要求，并满足被保护设备、设施和架构、建筑物安全运行的要求。

6.2.5.3 电磁兼容

光伏发电站电磁兼容应符合如下要求：

a) 辐射电磁场干扰试验符合 GB/T 14598.9 规定；

b) 快速瞬变干扰试验符合 GB/T 14598.10 规定；

c) 工频磁场抗扰动试验符合 GB/T 17626.8 规定；

d) 脉冲磁场抗扰动试验符合 GB/T 17626.9 规定；

e) 浪涌（冲击）抗扰动试验符合 GB/T 17626.5 规定。

6.2.5.4 耐压要求

光伏发电站的设备应满足 GB 311.1—1997 和 GB 50150—2006 要求。

6.2.5.5 抗干扰要求

当光伏发电站并网点的电压波动和闪变值满足 GB/T 12326—2008、谐波值满足 GB/T 14549—1993、三相电压不平衡度满足 GB/T 15543—2008、间谐波含有率满足 GB/T 24337—2009 的要求时，光伏发电站应能正常运行。

6.2.5.6 安全标识

光伏发电站安全标识应满足 GB2894—2008 和 GB/T 16179—1996 的要求。具体指标应满足附录 C 的要求。

6.2.6 光伏发电功率预测

装机容量 10MW 及以上的光伏发电站应配置光伏发电功率预测系统，系统具有 0～72h 短期光伏发电功率预测以及 15min～4h 超短期光伏发电功率预测功能。

a) 光伏发电站每 15min 自动向电网调度机构滚动上报未来 15min～4h 的光伏发电站发电功率预测曲线，预测值的时间分辨率为 15min；

b) 光伏发电站每天按照电网调度机构规定的时间上报次日 0～24 时光伏发电站发电功率预测曲线，预测值的时间分辨率为 15min。

6.2.7 仿真模型和参数

6.2.7.1 仿真模型

光伏发电站开发商应提供可用于电力系统仿真计算的光伏发电单元（含光伏组件、逆变器、单元升压变压器等）、光伏发电站汇集线路、光伏发电站控制系统模型及参数，用于光伏发电站接入电力系统的规划设计及调度运行。

6.2.7.2 参数变化

光伏发电站应跟踪其各个元件模型和参数的变化情况，并随时将最新情况反馈给电网调度机构。

6.2.8 二次系统

6.2.8.1 基本要求

光伏发电站的二次设备及系统应符合电力二次系统技术规范、电力二次系统安全防护要求及相关设计规程；光伏发电站与电网调度机构之间的通信方式、传输通道和信息传输由电网调度机构作出规定，包括提供遥测信号、遥信信号、遥控信号、遥调信号以及其他安全自动装置的信号，信号的实时性要求应满足调度自动化有关技术规程及技术规定。

6.2.8.2 安全保护

光伏发电站应具备一定的过电流能力，在120%倍额定电流以下，光伏发电站连续可靠工作时间应不小于1min。

电网发生扰动后，在电网电压和频率恢复正常范围之前光伏发电站不允许并网，且在电网电压和频率恢复正常后，光伏发电站应按电力调度机构指令执行，不可自行并网。

光伏发电站应配置相应的安全保护装置。光伏发电站的保护应符合可靠性、选择性、灵敏性和速动性的要求，与电网的保护相匹配。光伏发电站应在光伏发电站并网点内侧设置易于操作、可闭锁且具有明显断开点的并网总断路器。

- a) 光伏发电站继电保护、安全自动装置以及二次回路应满足电力系统有关标准、规定和反事故措施的要求；
- b) 光伏发电站应配置独立的防孤岛保护装置，动作时间应不大于2s。防孤岛保护还应与电网侧线路保护相配合；
- c) 光伏发电站10kV~35kV馈线发生单相接地故障时，应具备可靠、快速切除站内汇集系统单相故障的保护措施。一般情况下，专线接入公用电网的光伏发电站应配置光纤电流差动保护；
- d) 通过110（66）kV及以上电压等级接入电网的光伏发电站应配备故障录波设备，该设备应具有足够的记录通道并能够记录故障前10s到故障后60s的情况，并配备至电网调度机构的数据传输通道。

6.2.8.3 光伏发电站调度自动化

光伏发电站调度自动化应满足如下要求：

- a) 光伏发电站应配备计算机监控系统、电能量远方终端设备、二次系统安全防护设备、调度数据网络接入设备等，并满足电力二次系统设备技术管理规范要求；
- b) 光伏发电站调度自动化系统远动信息采集范围按电网调度的要求接入信息量，具体接入的信息应执行由其所属调控机构的相关规定；
- c) 光伏发电站调度自动化信息传输应采用主/备信道的通信方式，直送电网调度机构；
- d) 光伏发电站调度管辖设备供电电源应采用不间断电源装置（UPS）或站内直流电源系统供电，在交流供电电源消失后，不间断电源装置带负荷运行时间应大于1h；
- e) 对于接入220kV及以上电压等级（或按调度要求指定）的光伏发电站应配置相角测量系统（PMU），为光伏发电站的安全监控与电力调度机构提供统一时标下的光伏发电站动态过程中的电压、相角、功率等关键参数的变化曲线。

6.2.8.4 电能计量

光伏发电站电能计量的要求如下：

a) 光伏发电站电能计量点（关口）应设在光伏发电站与电网的产权分界处，产权分界处按国家有关规定确定。产权分界点处不适宜安装电能计量装置的，关口计量点由光伏发电站业主与电网企业协商确定。计量装置设备配置和技术要求符合 DL/T 448—2000 的要求；

b) 电能表应采用电子式多功能电能表，技术性能符合 GB/T 17883—1999 和 DL/T 614—2007 的要求。电能表通信协议符合 DL/T 645—2007 的要求，采集信息应接入电力系统电能信息采集系统；

c) 关口计量点应安装同型号、同规格、准确度相同的主、副电能表各一套。主、副表应有明确标志。电能表有功配置 0.2S 级、无功配置 2.0 级；电流互感器和电压互感器配置准确度 0.2S 级专用绕组。

6.2.8.5　光伏发电站通信

光伏发电站通信的要求如下：

a) 通过 10kV（35kV）及以上电压等级接入电网的光伏发电站，至调度端应具备一路光缆通道；

b) 通过 110kV（66kV）及以上电压等级接入电网的光伏发电站，至调度端应具备两路通信通道，其中一路为光缆通道；

c) 光伏发电站与电力系统直接连接的通信设备（如光纤传输设备、脉码调制终端设备（PCM）、调度程控交换机、数据通信网、通信监测等）应具有与系统接入端设备一致的接口与协议。

7　光伏发电站并网后验收

7.1　并网测试验收

7.1.1　测试要求

光伏发电站并网测试应具备如下条件：

a) 光伏发电站应在全部光伏部件并网调试运行后 6 个月内向电网调度机构提供有关光伏发电站并网特性测试和无功补偿特性试验的检测报告。并网测试不合格的光伏发电站应按照调度部门的要求按时完成整改，并重新测试；当累计新增装机容量超过 6MW 或光伏发电站更换逆变器或变压器等主要设备时，需要重新提交检测报告；

b) 光伏发电站接入电力系统检测由具备相应资质的机构进行，并在检测前 30 日将检测方案报所接入地区的电网调度机构备案。

7.1.2　测试内容

检测应按照国家或有关行业对光伏发电站并网运行制定的相关标准或规定进行。测试应包括但不仅限于以下内容：

a) 电能质量测试；

b) 功率特性测试（有功功率输出特性测试、有功功率控制特性测试、无功功率调节特性测试）；

c) 低电压穿越能力测试；

d) 频率异常（扰动）响应特性测试；

e) 通用性能测试（防雷和接地测试、耐压测试、安全标识测试）；

f) 防孤岛保护测试（各网省公司调度部门的要求）；

g) 电压异常（扰动）响应特性测试；

h) 调度部门要求的其它并网调试项目。

7.2 商业运营条件验收

商业运营条件验收要求准备下列批复文件：

a) 项目核准文件；

b) 项目环评批复文件；

c) 项目接入系统审查文件；

d) 电价批复文件；

e) 工商营业执照、税务登记证、组织机构代码证；

f) 发电业务许可证或正在办理的证明文件；

g) 并网工程验收合格报告；

h) 项目工程质检合格报告；

i) 并网调度协议；

j) 购售电合同。

附 录 A

（规范性附录）

电能质量具体指标要求

A.1 谐波

A.1.1 光伏发电站所接入的公共连接点的各次谐波电压（相电压）含有率及单个光伏发电站引起的各次谐波电压含有率应满足 GB/T 14549—1993 的要求，如表 A.1 所示。

表 A.1 公用电网谐波电压限值

电网标称电压 kV	电压总畸变 %	各次谐波电压含有率 %	
		奇次	偶次
10	4	3.2	1.6
35	3	2.1	1.2
66			
110	2	1.6	0.8

公共连接点定义为电力系统中一个以上用户的连接处。

A.1.2 光伏发电站所接入的公共连接点的谐波注入电流参照 GB/T 14549—1993 的要求，如表 A.2 所示。

表 A.2　注入公共连接点的谐波电流最大允许值

标称电压 kV	基准短路容量 MVA	谐波次数及谐波电流允许值 A											
		2	3	4	5	6	7	8	9	10	11	12	13
10	100	26	20	13	20	8.5	15	6.4	6.8	5.1	9.3	4.3	7.9
35	250	15	12	7.7	12	5.1	8.8	3.8	4.1	3.1	5.6	2.6	4.7
66	300	16	13	8.1	13	5.1	9.3	4.1	4.3	3.3	5.9	2.7	5
110	750	12	9.6	6	9.6	4	6.8	3	3.2	2.4	4.3	2	3.7
		14	15	16	17	18	19	20	21	22	23	24	25
10	100	3.7	4.1	3.2	6	2.8	5.4	2.6	2.9	2.3	4.5	2.1	4.1
35	250	2.2	2.5	1.9	3.6	1.7	3.2	1.5	1.8	1.4	2.7	1.3	2.5
66	300	2.3	2.6	2	3.8	1.8	3.4	1.6	1.9	1.5	2.8	1.4	2.6
110	750	1.7	1.9	1.5	2.8	1.3	2.5	1.2	1.4	1.1	2.1	1	1.9

GB/T 14549—1993 中规定了 110kV 及以下电压等级电网的谐波电流要求，220kV 及以上电压等级的谐波电流指标参照执行。

A.1.3　光伏发电站所接入的公共连接点各次间谐波电压含有率参照 GB/T 24337—2009 的要求，如表 A.3 所示。

表 A.3　间谐波电压含有率限制

电压等级	频率	
	<100Hz	100～800Hz
1000V 及以下	0.2%	0.5%
1000V 及以上	0.16%	0.4%

频率 800Hz 以上的间谐波电压限制还处于研究中，频率低于 100Hz 的上限值参照 GB/T 24337 的附录 D。

A.2　电压偏差

光伏发电站接入电网后，公共连接点的电压偏差参照 GB/T 12325—2008 的要求，即：35kV 及以上公共连接点电压正、负偏差的绝对值之和不超过标称电压的 10%。20kV 及以下三相公共连接点电压偏差为标称电压的 ±7%。如公共连接点电压上下偏差同号（均为正或负）时，按较大的偏差绝对值作为衡量依据。采用 A 级性能电压监测仪，选择时间长度为两个小时计算供电电压偏差，基本测量时间窗口为 10 个周波（200ms）。

A.3　电压波动和闪变

A.3.1　光伏发电站接入电网后，公共连接点的电压波动参照 GB/T 12326—2008 的要求，如表 A.4 所示。

表 A.4　电压波动限值

r 次/h	d %	
	LV、MV	HV
r≤1	4	3
1＜r≤10	3*	2.5*
10＜r≤100	2	1.5
100＜r≤1000	1.25	1

注 1：很少的变动频度 r（每日少于 1 次），电压变动限值 d 还可以放宽。
注 2：对于随机性不规则的电压波动，依 95%概率大值衡量，表中标有"*"的值为其限值。
注 3：本标准中系统标称电压 U_N 等级按以下划分：低压（LV）U_N≤1kV；中压（MV）1kV＜U_N≤35kV；高压（HV）35kV＜U_N≤220kV。

A.3.2　光伏发电站接入电网后，公共连接点的电压闪变参照 GB/T 12326—2008 的要求，如表 A.5 所示。

表 A.5　电压闪变限值

Plt	
≤110kV	＞110kV
1	0.8

A.4　电压不平衡度

　　光伏发电站引起的电压不平衡度应满足 GB/T 15543—2008 的要求，光伏发电站接入电网后，由光伏发电站引起的负序电压不平衡度应不超过 1.3%，短时不超过 2.6%。

A.5　直流分量

　　光伏发电站并网运行时，向电网馈送的直流电流分量不应超过其交流电流额定值的 0.5%。

A.6　监测与治理

A.6.1　光伏发电站并网点应装设满足 IEC 61000–4–30—2003 和 GB/T 19862—2005 的 A 类电能质量在线监测装置。光伏发电站电能质量数据应能够远程传送到电网电能质量在线监测中心，保证电网企业对电能质量的监控。当光伏发电站电能质量指标不满足要求时，光伏发电站应安装电能质量治理设备。

A.6.2　光伏发电站电能质量在线监测装置监测数据包含：电压偏差、三相不平衡度、谐波电压、闪变值、谐波电流、间谐波等指标。

A.6.3 光伏发电站电能质量数据按照要求传送至各网省公司，保证电网企业对电能质量的监控，光伏发电站电能质量数据应具备一年及以上的储存能力。传输格式应满足接入电网企业的要求。

附 录 B

（规范性附录）

功率控制与电压调节具体指标要求

B.1 有功功率控制

B.1.1 基本要求

B.1.1.1 光伏发电站应配置有功功率控制系统，具备有功功率连续平滑调节的能力，并能够参与系统有功功率控制。

B.1.1.2 光伏发电站有功功率控制系统应能够接收并自动执行电网调度机构下达的有功功率及有功功率变化的控制指令。

B.1.2 正常运行情况下有功功率变化

B.1.2.1 在光伏发电站并网、正常停机以及太阳能辐照度增长过程中，光伏发电站有功功率变化应满足电力系统安全稳定运行的要求，其限值应根据所接入电力系统的频率调节特性，由电网调度机构确定。

B.1.2.2 光伏发电站有功功率变化速率应不超过 10%装机容量/min，允许出现因太阳能辐照度降低而引起的光伏发电站有功功率变化速率超出限值的情况。

B.1.3 有功功率恢复

对电力系统故障期间没有脱网的光伏发电站，其有功功率在故障清除后应快速恢复，自故障清除时刻开始，以至少 30%额定功率每秒的功率变化率恢复至故障前的值。

B.1.4 紧急控制

B.1.4.1 在电力系统事故或紧急情况下，光伏发电站应按下列要求运行：

a) 电力系统事故或特殊运行方式下，按照电网调度机构的要求降低光伏发电站有功功率；

b) 当电力系统频率高于 50.2Hz 时，按照电网调度机构指令降低光伏发电站有功功率，严重情况下切除整个光伏发电站；

c) 若光伏发电站的运行危及电力系统安全稳定，电网调度机构应按规定暂时将光伏发电站切除。

B.1.4.2 事故处理完毕，电力系统恢复正常运行状态后，光伏发电站应按调度指令并网运行。

B.2 无功容量

B.2.1 无功电源

B.2.1.1 光伏发电站的无功电源包括光伏并网逆变器及光伏发电站无功补偿装置。

B.2.1.2　光伏发电站安装的并网逆变器应满足额定有功出力下功率因数在超前 0.95～滞后 0.95 的范围内动态可调，并应满足在图 B.1 所示矩形框内动态可调。

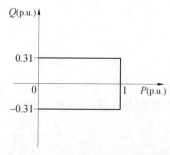

图 **B**.1　逆变器无功出力范围

B.2.1.3　光伏发电站要充分利用并网逆变器的无功容量及其调节能力；当逆变器的无功容量不能满足系统电压调节需要时，应在光伏发电站集中加装适当容量的无功补偿装置，必要时加装动态无功补偿装置。

B.2.2　无功容量配置

B.2.2.1　无功容量配置原则

B.2.2.1.1　光伏发电站的无功容量应按照分（电压）层和分（电）区基本平衡的原则进行配置，并满足检修备用要求。

B.2.2.1.2　通过 10kV～35kV 电压等级并网的光伏发电站功率因数应能在超前 0.98～滞后 0.98 范围内连续可调，有特殊要求时，可做适当调整以稳定电压水平。

B.2.2.1.3　对于通过 110（66）kV 及以上电压等级并网的光伏发电站，其配置的容性无功容量能够补偿光伏发电站满发时站内汇集线路、主变压器的感性无功及光伏发电站送出线路的一半感性无功之和，其配置的感性无功容量能够补偿光伏发电站自身的容性充电无功功率及光伏发电站送出线路的一半充电无功功率之和。

B.2.2.1.4　对于通过 220kV（或 330kV）光伏发电汇集系统升压至 500kV（或 750kV）电压等级接入电网的光伏发电站群中的光伏发电站，无功容量配置宜满足下列要求：

 a)　容性无功容量能够补偿光伏发电站满发时汇集线路、主变压器的感性无功及光伏发电站送出线路的全部感性无功之和；

 b)　感性无功容量能够补偿光伏发电站自身的容性充电无功功率及光伏发电站送出线路的全部充电无功功率之和。

B.2.2.1.5　光伏发电站配置的无功装置类型及其容量范围应结合光伏发电站实际接入情况，通过光伏发电站接入电力系统无功电压专题研究来确定。

B.2.2.2　动态无功支撑能力计算原则

对于通过 220kV（或 330kV）光伏发电汇集系统升压至 500kV（或 750kV）电压等级接入电网的光伏发电站群中的光伏发电站，当电力系统发生短路故障引起电压跌落时，光伏发电站注入电网的动态无功电流应满足以下要求：

 a)　自并网点电压跌落的时刻起，动态无功电流的响应时间不大于 30ms；

 b)　自动态无功电流响应起直到电压恢复至 0.9p.u. 期间，光伏发电站注入电力系统的

无功电流 I_T 应实时跟踪并网点电压变化，并应满足式（B.1）规定：

$$I_\text{T} \geq 1.5 \times (0.9 - U_\text{T})I_\text{N} \quad (0.2 \leq U_\text{T} \leq 0.9)$$

$$I_\text{T} \geq 1.05 I_\text{N}(U_\text{T} \leq 0.2)$$

$$I_\text{T} = 0(U_\text{T} > 0.9) \qquad\qquad\qquad \text{（B.1）}$$

式中：

U_T ——光伏发电站并网点电压标幺值；

I_N ——光伏发电站额定电流。

B.2.3　电压控制

对光伏发电站电压控制的要求如下：

a)　通过 10kV～35kV 电压等级接入电网的光伏发电站在其无功输出范围内，应具备根据光伏发电站并网点电压水平调节无功输出，参与电网电压调节的能力，其调节方式和参考电压、电压调差率等参数应由电网调度机构设定。

b)　接入电网光伏发电站应按照调度机构相应要求配置无功电压控制系统，在光伏发电站或其接入汇集站配置不小于规定容量的补偿装置，具备无功功率调节及电压控制能力。根据电网调度机构指令，光伏发电站自动调节其发出（或吸收）的无功功率，实现对并网点电压的控制，其调节速度和控制精度应满足电力系统电压调节的要求。

c)　当公共电网电压处于正常范围内时，通过 110（66）kV 电压等级接入电网的光伏发电站应能够控制光伏发电站并网点电压在标称电压的 97%～107% 范围内。

d)　当公共电网电压处于正常范围内时，通过 220kV 及以上电压等级接入电网的光伏发电站应能够控制光伏发电站并网点电压在标称电压的 100%～110% 范围内。

主变压器选择：通过 35kV 及以上电压等级接入电网的光伏发电站，其升压站的主变压器应采用有载调压变压器。

附　录　C

（规范性附录）

电网异常响应特性指标要求

C.1　电压异常时的响应特性

C.1.1　故障类型及考核电压

C.1.1.1　电力系统发生不同类型故障时，若光伏发电站并网点考核电压全部在图 C.1 中电压轮廓线及以上的区域内，光伏发电站应保证不脱网连续运行；否则，允许光伏发电站切出。

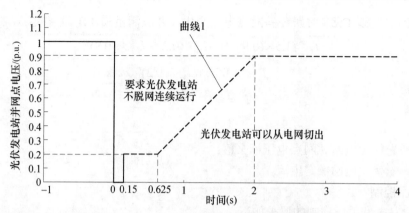

图 C.1　光伏发电站的低电压穿越能力要求

C.1.1.2　对电力系统故障期间没有切出的光伏发电站，其有功功率在故障清除后应快速恢复，自故障清除时刻开始，以至少 30%额定功率/秒的功率变化率恢复至故障前的值。

C.1.1.3　低电压期间，光伏发电站应提供动态无功支撑。

C.1.1.4　针对不同故障类型的考核电压如表 C.1 所示，光伏发电站应在表 C.2 所示并网点电压范围内按规定运行。

表 C.1　光伏发电站低电压穿越考核电压

故障类型	考核电压
三相短路故障	并网点线电压
两相短路故障	并网点线电压
单相接地短路故障	并网点相电压

表 C.2　光伏发电站在不同并网点电压范围内的运行规定

电压范围	运行要求
＜0.9p.u.	应符合 GB/T 19964—2011《光伏发电站接入电力系统技术规定》的要求
0.9p.u.≤U_T≤1.1p.u.	应正常运行
1.1p.u.＜U_T＜1.2p.u.	应至少持续运行 10s
1.2p.u.≤U_T≤1.3p.u.	应至少持续运行 0.5s

C.1.2　低电压穿越

　　a）　光伏发电站并网点电压跌至 0 时，光伏发电站应不脱网连续运行 0.15s；

　　b）　光伏发电站并网点电压跌至图 C.1 曲线 1 以下时，光伏发电站可以从电网切出。

C.2　频率异常时的响应特性

　　光伏发电站应在表 C.3 所示电力系统频率范围内按规定运行。

表 C.3 光伏发电站在不同电力系统频率范围内的运行规定

频率范围	运行要求
<48Hz	根据光伏发电站逆变器允许运行的最低频率而定
48Hz≤f<49.5Hz	频率低于 49.5Hz 时要求光伏发电站具有至少运行 10min 的能力
49.5Hz≤f≤50.2Hz	连续运行
>50.2Hz	频率高于 50.2Hz 时,要求光伏发电站具有至少运行 2min 的能力,并执行电网调度机构下达的降低出力或高周切机策略;不允许处于停运状态的光伏发电站并网

附 录 D
（规范性附录）
通用技术条件具体指标要求

D.1 接地

D.1.1 光伏方阵区接地应连续、可靠,接地电阻应小于 4Ω。

D.1.2 直流电路可以在光伏方阵输出电路的任意一点上接地。但是,接地点应尽可能置于靠近光伏组件和任何其它元件如开关、熔断器、保护二极管之前,这样能更好地保护系统免遭雷电引起的电压冲击。当从光伏方阵中拆去任何一个组件时,系统接地和设备接地都不应被切断。

D.1.3 直流电路的地线和设备的地线应共用同一接地极。如果直流系统有中性地线,应将地线焊到接地干线上。直流系统和交流系统采用联合接地系统。

D.1.4 防雷接地与交流工作接地、直流工作接地、安全保护接地共用一组接地装置时,接地装置的接地电阻值按接入设备中要求的最小值确定。

D.1.5 各种接地装置应利用直接埋入地中或水中的自然接地极。光伏发电站除利用自然接地极外,当接地电阻达不到要求时,还应敷设人工接地极。

D.1.6 当利用自然接地极和引外接地装置时,应采用不少于两根导体在不同地点与接地网相连接。

D.1.7 在腐蚀严重地区,敷设在电缆沟中的接地线和敷设在屋内或地面上的接地线,宜采用热镀锌,对埋入地下的接地极宜采取适合当地条件的防腐蚀措施。接地线与接地极或接地极之间的焊接点,应涂防腐材料。

D.1.8 在接地线引进建筑物的入口处,应设标志。明敷的接地线表面应涂 15～100mm 宽度相等的绿色和黄色相间的条纹。

D.2 防雷

D.2.1 光伏发电站生产管理区及升压站采用避雷针或避雷线实现直击雷保护并采取措施防止反击和雷电波侵入。

D.2.2 采取措施防止或减少光伏发电站近区线路的雷击闪络并在站内适当配置避雷器以

减少雷电侵入波过电压的危害。

D.3　电磁兼容

光伏发电站应具有适当的抗电磁干扰的能力，应保证信号传输不受电磁干扰，执行部件不发生误动作。同时，设备本身产生的电磁干扰不应超过相关设备标准。

D.4　耐压要求

光伏发电站的设备应满足工频耐压要求如表 D.1 所示，电力变压器中性点绝缘水平要求如表 D.2 所示。

D.5　安全标识

D.5.1　安全标识应设置在光线充足、醒目、稍高于视线的地方。

D.5.2　对于隐蔽工程（如地下电缆）在地面上要有标识桩或依靠永久性建筑挂标识牌，注明工程位置。

D.5.3　对于容易被人忽视的电气部位，如封闭的架线槽、设备上的电气盒，要用红漆画上电气箭头。

D.5.4　常设警示牌（如户外架构上的"禁止攀登，高压危险"，户内外间隔门上的"止步，高压危险"等）应齐全，字迹清晰。

表 D.1　光伏发电站各类设备的短时（1min）工频耐受电压（有效值）

单位：kV

系统标称电压（有效值）	设备最高电压（有效值）	变压器	并联电抗器	电容器	母线支柱绝缘子（干试）	互感器	断路器		支柱绝缘子、隔离开关		穿墙套管	
							真空	SF$_6$	纯瓷	固体有机绝缘	纯瓷和纯瓷充油绝缘	固体有机绝缘、油浸电容干式、SF$_6$式
1	2	3	4	4	8	4	5	4	—	—	—	—
3	3.5	14	14	19	25	20	25	20	25	22	25	20
6	6.9	20	20	23	32	24	30	24	32	26	30	24
10	11.5	28	28	32	42	34	42	34	42	38	42	33
15	17.5	36	36	41	57	44	55	44	57	50	55	44
20	23.0	44	44	49	68	52	65	52	68	59	65	52
35	40.5	68	68	71	100	76	95	76	100	90	95	76
66	72.5	112	112	120	185	128	160	128	165	148	185	148
110	126.0	160	160	150	265	160	200	160	255	240	230	184
330	363.0	408	408	383	—	408	510	408	—	—	630	504

表 D.2　电力变压器中性点绝缘水平　　　　　　　　　单位：kV

系统标称电压（有效值）	设备最高电压（有效值）	中性点接地方式	雷电冲击全波和截波耐受电压（峰值）	短时工频耐受电压（有效值）（内、外绝缘，干试与湿试）
110	126	不固定接地	250	95
330	363	固定接地	185	85
		不固定接地	550	230

D.5.5　高压开关设备应有双重编号的编号牌，色标正确；主控室的控制开关、按钮、二次回路压板名称应齐全、清晰、正确；户内柜前后都应装有编号牌，并应字迹清晰，颜色正确，安装牢固。

附　录　E
（资料性附录）
光伏发电站并网验收意见

并网前必须整改的问题：

并网后整改问题及建议：

验收结论：

验收组长：＿＿＿＿＿＿＿＿＿＿＿＿＿＿＿＿＿＿＿
验收副组长：＿＿＿＿＿＿＿＿＿＿＿＿＿＿＿＿＿
验收组成员：＿＿＿＿＿＿＿＿＿＿＿＿＿＿＿＿＿

　　　　　　　　　　　　　　　　　　　年　　月　　日